湖北省公益学术著作出版专项资金资助

# 纳米材料制备与新能源应用

Nanomaterical Preparation and New Energy Applications

余家国　张留洋　刘　涛　余火根　编著

图书在版编目(CIP)数据

纳米材料制备与新能源应用/余家国等编著. —武汉:中国地质大学出版社,2024.12. — ISBN 978-7-5625-5895-8

Ⅰ.TB383

中国国家版本馆 CIP 数据核字第 2024WB1180 号

| 纳米材料制备与新能源应用 | 余家国　张留洋　刘　涛　余火根　编著 |
|---|---|
| 责任编辑:武慧君　　　　选题策划:武慧君　毕克成 | 责任校对:徐蕾蕾 |

| 出版发行:中国地质大学出版社(武汉市洪山区鲁磨路388号) | 邮编:430074 |
|---|---|
| 电　　话:(027)67883511　　　传　　真:(027)67883580 | E-mail:cbb@cug.edu.cn |
| 经　　销:全国新华书店 | http://cugp.cug.edu.cn |

| 开本:787 毫米×1092 毫米　1/16 | 字数:743 千字 | 印张:29 |
|---|---|---|
| 版次:2024 年 12 月第 1 版 | 印次:2024 年 12 月第 1 次印刷 | |
| 印刷:湖北金港彩印有限公司 | | |
| ISBN 978-7-5625-5895-8 | | 定价:298.00 元 |

如有印装质量问题请与印刷厂联系调换

# 作者简介

余家国,男,中国地质大学(武汉)教授,欧洲科学院外籍院士,国家杰出青年科学基金获得者。在半导体光催化材料、光催化分解水产氢、$CO_2$ 还原、污染物降解、室内空气净化、太阳能电池、电催化、吸附等领域从事研究工作,获得全国优秀教师、全国优秀科技工作者、全国先进工作者、全国劳动模范等荣誉称号,2014—2023 连续 10 年入选全球材料、化学、工程等学科高引用研究人员名单,2020 年获得第二届全国创新争先奖,2020 年入选欧洲科学院外籍院士,2022 年获得第 35 届花刺子模国际奖(35th Khwarizmi International Award)。研究成果获国家自然科学奖二等奖 1 项,省级自然科学奖一等奖 4 项。主持国家重点研发计划项目、国家自然科学基金重点项目等多项科研项目。担任过 Applied Surface Science、Chinese Journal of Catalysis、Acta Physico-Chimica Sinica、Chinese Journal of Structural Chemistry 等多个期刊编辑、副主编和编委。

张留洋,女,中国地质大学(武汉)材料与化学学院教授,博士生导师,国家优秀青年科学基金获得者,入选湖北省高层次人才计划、湖北省杰出青年。针对光催化分解水产氢、$CO_2$ 还原等反应,在明晰反应机理和催化剂构效关系等领域取得了若干系统性和创新性的研究成果。以第一作者或通讯作者在 Advanced Materials、Nature Communications、Angewandte Chemie International Edition 等多个国内外期刊上发表论文 50 余篇,论文被引用 11 000 余次,个人引文 H 指数 69。2022—2024 年入选科睿唯安"全球高被引科学家"榜单。主持国家自然科学基金国际合作项目、面上项目等多项科研项目。担任 Acta Physico-Chimica Sinica 的编委。

刘涛，男，中国地质大学（武汉）材料与化学学院研究员，博士生导师，主要从事电化学能源存储材料方面的研究与应用。研究成果发表在 *Advanced Materials*、*Advanced Energy Materials* 等刊物上，发表 SCI 论文 40 余篇，被引用 2000 余次，个人引文 H 指数为 26。主持国家自然科学基金面上项目等项目。担任 *Acta Physico-Chimica Sinica* 和 *Rare Metals* 的青年编委。

余火根，男，中国地质大学（武汉）材料与化学学院教授，博士生导师，国务院政府特殊津贴专家，获"有突出贡献中青年专家""教育部新世纪优秀人才"等称号。主要从事光催化环境净化、光催化分解水制氢等研究工作。2014—2023 年连续十年入选爱思唯尔"中国高被引学者"榜单。在国际刊物 *Nature Communications*、*Angewandte Chemie International Edition*、*Advanced Materials* 等发表 200 余篇 SCI 研究论文，个人引文 H 指数为 77。主持国家自然科学基金区域创新发展联合基金重点项目、国家自然科学基金面上项目、湖北省自然科学基金创新群体项目等多项科研项目。担任 *Chinese Journal of Catalysis* 和 *Acta Physico-Chimica Sinica* 的编委。

# 序

## PREAMBLE

纳米技术是当今科技领域的热点之一,其特殊的尺寸效应赋予了材料特殊的性质,这对于新能源材料的研究和应用有着重要的意义。而纳米材料制备则是理工科高等院校相关专业的重要组成部分。《纳米材料制备与新能源应用》为读者介绍了纳米材料制备过程中涉及的基本概念和基础理论。在基础理论部分,作者力求理论阐述的准确性,同时还详细介绍了纳米材料的制备方法。在这一核心部分,注重理论联系实际,便于读者理解。为了做到与时俱进,作者综述和概括了纳米材料在新能源领域取得的一些前沿研究成果,便于读者了解纳米材料在新能源领域中的应用前景。这些内容对于当前能源领域的研究者、从业人员及学生都具有重要的参考价值。所涉及的研究成果将拓宽读者的视野,帮助读者更好地了解当前能源材料领域的发展方向。

纳米材料制备和新能源应用领域有很多重要的发现,形成了若干新概念,因此,温故而知新的同时紧跟时代步伐,扩展新的理论和实践范例十分必要。本书就为读者提供了这样一个机会。本书由中国地质大学(武汉)材料与化学学院太阳燃料实验室余家国教授团队编著完成。其中,前7章讲解基本内容和概念,后4章分别概述纳米材料在新能源不同领域中的应用。

衷心希望《纳米材料制备与新能源应用》这本书能够为广大读者提供有益的知识和启发,加深对新能源材料制备方法的深入理解,促进新能源领域的发展,推动我国能源产业的绿色转型和可持续发展。这本书是编著者团队心血的结晶,对于新的概念,如何选择恰当的表述方式,对于成熟的经典问题,如何讲述才能不至于重复且更容易理解,是他们全力以赴追求的境界,然而其中仍有的疏漏,诚望读者指正。

华东理工大学教授
欧洲科学院院士

# 前言

## PREFACE

材料是现代文明和社会发展的基石,材料、能源和信息被称为现代文明的三大支柱,而材料制备是材料在能源和信息领域应用的基础。2023年诺贝尔化学奖授予了美国麻省理工学院的蒙吉·巴文迪(Moungi G. Bawendi)、美国纳米晶体科技公司的阿列克谢·埃基莫夫(Alexei I. Ekimov)和美国哥伦比亚大学的路易斯·布鲁斯(Louis E. Brus),以表彰他们为"发现和合成量子点"作出的贡献,该奖的授予进一步凸显了纳米材料制备的重要性。近年来,中国一直在生态文明建设和绿色可持续发展方面持续发力,湖北省亦积极践行"绿水青山就是金山银山"理念,加速能源绿色转型。为此,《纳米材料制备与新能源应用》一书在借鉴原有材料制备相关图书的基础上,融入了作者团队多年在材料研究领域的深厚积累和纳米材料相关领域的最新进展。同时,在高等学校材料专业不断拓宽的趋势下,对于一本系统介绍材料制备方面的基础理论图书需求迫切,本书正是在这样的背景下应运而生的。

本书共有11章,第1章讲述纳米材料制备的基础知识,以便读者根据自身情况有选择地学习所需的基础知识,第2章概述了纳米颗粒材料的重要制备方法,第3章至第7章分别介绍了胶体、一维、二维、特殊形貌颗粒和纳米陶瓷的制备、合成方法,第8章至第11章结合编写团队多年在新能源材料方面的研究成果,介绍了不同纳米材料在电化学储能、太阳能电池、电催化和光催化等相关领域的应用。

本书以当前研究的热点纳米材料为例,揭示材料的制备方法及后续处理与材料的结构性能之间的关系,以期读者管中窥豹,通过此书了解材料和化学应用领域及其独特优势。在编写过程中我们精心收集了近年的学术论文和科研成果,力求尽量全面地向读者介绍纳米材料制备和应用的最新进展与趋势。本书既可作为材料化学相关专业的教材,也可以作为从事相关研究和生产的科研、技术人员的参考书。

编著者团队的研究工作多年来得到了国家重点研发计划项目(2022YFB3803600)、国家杰出青年科学基金(50625208)及多项国家自然科学基金(52322214,22238009,51932007,22361142704),包括国家优秀青年科学基金,国家自然科学基金重点项目等的持续支持。本书也有幸获得了湖北省公益学术著作出版专项资金的支持。感谢中国地质大学出版社编辑团队的支持,他们在本书的选题策划、写作方案设计、出版基金申请和具体编审等方面,提出了许多宝贵意见,付出了大量的心血。纳米材料制备和新能源的研究日新月异,高新技术层出不穷,限于编著者的水平和经验,且时间仓促,本书难免存在疏漏或欠妥之处,敬请广大读者批评指正,以便今后修订时加以改进。

编著者

于中国地质大学(武汉)

# 目录

## 第1章 纳米材料制备基础知识 (1)
- 1.1 基本概念介绍 (1)
- 1.2 晶体成核和生长理论发展历史 (8)
- 1.3 成核理论 (10)
- 1.4 生长理论 (18)
- 1.5 晶粒成核和生长的表征 (28)
- 1.6 小结与展望 (30)
- 参考文献 (31)

## 第2章 纳米颗粒材料制备方法 (42)
- 2.1 纳米材料的制备方法分类 (42)
- 2.2 物理法 (43)
- 2.3 化学法 (59)
- 2.4 小结与展望 (84)
- 参考文献 (85)

## 第3章 胶体的性质与制备方法 (93)
- 3.1 胶体的定义 (93)
- 3.2 胶体的形成条件 (95)
- 3.3 胶体的制备方法 (95)
- 3.4 胶体的净化 (101)
- 3.5 胶体的光学性质 (104)
- 3.6 胶体的运动性质 (107)
- 3.7 胶体的稳定性 (112)
- 3.8 双电层理论 (114)
- 3.9 胶体的电学性质 (115)
- 3.10 电动现象 (119)
- 3.11 胶体颗粒的结构 (121)
- 3.12 量子点的制备实例 (122)
- 3.13 小结与展望 (127)
- 参考文献 (128)

## 第4章 一维纳米材料制备方法 (136)
- 4.1 水热法 (136)

4.2　溶剂热法 ································································· (145)
　4.3　气相法 ···································································· (148)
　4.4　气相-液相-固相(VLS)和溶液-液相-固相(SLS)机理 ········· (153)
　4.5　静电纺丝法 ····························································· (156)
　4.6　电化学法 ································································ (162)
　4.7　小结与展望 ····························································· (168)
　参考文献 ········································································ (169)

## 第5章　二维纳米薄膜材料制备

　5.1　薄膜的形成机理 ······················································· (175)
　5.2　基体的表面处理 ······················································· (180)
　5.3　化学气相沉积方法 ···················································· (186)
　5.4　磁控溅射方法 ·························································· (193)
　5.5　溶胶-凝胶法 ···························································· (197)
　5.6　小结与展望 ····························································· (204)
　参考文献 ········································································ (205)

## 第6章　特殊形貌颗粒材料合成方法

　6.1　引　言 ···································································· (213)
　6.2　制备暴露{001}高能面的 $TiO_2$ ··································· (214)
　6.3　硬模板法制备空心结构材料 ········································ (220)
　6.4　软模板法制备空心结构材料 ········································ (227)
　6.5　无模板法制备空心结构材料 ········································ (229)
　6.6　分级多孔材料 ·························································· (237)
　6.7　小结与展望 ····························································· (241)
　参考文献 ········································································ (242)

## 第7章　纳米陶瓷材料制备

　7.1　粉体制备工艺 ·························································· (254)
　7.2　成型工艺 ································································ (260)
　7.3　烧结工艺 ································································ (266)
　7.4　小结与展望 ····························································· (282)
　参考文献 ········································································ (282)

## 第8章　碳空心微球复合材料制备及其在储能中的应用

　8.1　引　言 ···································································· (284)
　8.2　碳空心球的合成方法 ················································· (285)
　8.3　碳空心球及其复合材料的结构调控 ······························· (290)
　8.4　电化学储能 ····························································· (304)
　8.5　小结与展望 ····························································· (316)
　参考文献 ········································································ (317)

# 第9章 无机纳米材料制备及其在钙钛矿太阳能电池中的应用 (325)
- 9.1 钙钛矿太阳能电池的简介 (325)
- 9.2 钙钛矿太阳能电池的关键难题 (328)
- 9.3 无机纳米材料的制备及其应用 (329)
- 9.4 小结与展望 (350)
- 参考文献 (350)

# 第10章 纳米电催化材料制备与电解水制氢 (357)
- 10.1 引言 (357)
- 10.2 电催化分解水性能评价指标 (359)
- 10.3 纳米电催化材料制备与制氢性能 (364)
- 10.4 小结与展望 (396)
- 参考文献 (398)

# 第11章 纳米结构光催化材料制备及其在产氢、$CO_2$还原和$H_2O_2$合成中的应用 (406)
- 11.1 光催化技术 (406)
- 11.2 光催化产氢 (407)
- 11.3 光催化$CO_2$还原 (419)
- 11.4 光催化合成$H_2O_2$ (431)
- 11.5 小结与展望 (443)
- 参考文献 (443)

# 第1章 纳米材料制备基础知识

## 1.1 基本概念介绍

纳米材料因具有独特且新颖的磁学性能、光学性能、电学性能和催化性能,在生物医学、催化、电池、磁数据存储等领域受到广泛关注。而纳米材料的性质与制备条件息息相关,因此,了解纳米材料制备的基础知识至关重要。

纳米材料的种类繁多,而且生长过程十分复杂。例如,量子点的生长过程可以人为地分成4个阶段[1]:①前驱体反应生成单体;②单体聚合成二聚体、三聚体等低聚体;③单体或者低聚体结晶成核,发生相变;④单体在核表面生长,最终形成量子点。但是现实中这4个阶段常常相互交叠,难以严格区分。而且这4个阶段涉及有机反应、无机反应、结晶学和有机无机材料界面相互作用[2]。由此可以看出,纳米材料的生长过程十分复杂。而深入理解结晶过程中晶体的成核和生长机制是实现晶体材料可控制备的前提。为了揭示晶体成核和生长的热力学和动力学过程,科学家们在过去的几十年中进行了许多尝试,迄今为止,针对不同的材料体系,已经提出了多种不同的理论和模型。本章将介绍一些成核和生长的基础理论。

### 1.1.1 过饱和溶液

本章主要讨论纳米材料在液相中的成核和生长过程。因此,有必要对前驱体的溶解度特性进行介绍。溶解度指定温、定压时,每单位饱和溶液中所含溶质的量,也就是一种物质能够被溶解的最大程度或饱和溶液的浓度,通常用体积摩尔浓度或质量百分浓度来表示。溶解度主要取决于溶质在溶剂中的溶解平衡常数(溶度积常数)、极性、温度和压强。相同溶质在不同溶剂中的溶解度不尽相同,相同溶剂在不同溶质中的溶解度不尽相同,即使是相同的溶质和溶剂,在不同的环境中溶解度也不尽相同。当溶质分子进入溶剂时,因为分子可以自由移动,有些分子会碰撞到未溶解的晶体表面,并被吸引回到晶体表面析出,此即为结晶或沉淀。在分子不断溶解和结晶的过程中,当溶解速率和结晶速率相等时,这种现象称为溶解平衡。达到溶解平衡的溶液称为饱和溶液,将此时溶质的浓度定义为溶解度。溶质浓度低于溶解度的溶液称为未饱和溶液;在某些特殊环境下会形成溶质浓度大于溶解度的溶液,称为过饱和溶液[3]。

## 1.1.2 溶度积

溶度积也叫作溶度积常数($K_{sp}$),其大小反映了难溶电解质的溶解能力,对于理解纳米材料生长十分重要。对于 $A_mB_n$,存在如下的沉淀-溶解平衡:

$$A_mB_n \rightleftharpoons m\,A^{n+}(aq) + n\,B^{m-}(aq) \tag{1-1}$$

其溶度积为

$$K_{sp} = c(A^{n+})^m \cdot c(B^{m-})^n \tag{1-2}$$

常见难溶物的溶度积常数见表 1-1,可以通过溶度积常数的大小从热力学角度初步估计生长晶粒的大小。例如,在没有调控其他外界条件的情况下,碳酸钙从溶液中析出的一次晶粒非常大,尺寸接近微米;相较而言,在同样的情况下,硫化镉的一次晶粒非常小,尺寸均在纳米范围。这种现象可以从两个方面来理解,碳酸钙的溶度积常数很大,而硫化镉的溶度积常数很小,同样浓度下,碳酸钙的过饱和度小,一次晶粒非常少,而硫化镉的过饱和度大,同时成核的一次晶粒非常多。此外,碳酸钙的溶度积常数大,其奥斯特瓦尔德熟化(Ostwald ripening)过程占据优势,晶粒很容易生长;而硫化镉晶粒的生长过程则受限。因此,通过溶度积常数可以推断纳米材料的结晶尺寸。

表 1-1 常见难溶物的溶度积常数[4-5]

| 化学式 | 溶度积常数 $K_{sp}$ | 温度/℃ | 化学式 | 溶度积常数 $K_{sp}$ | 温度/℃ |
| --- | --- | --- | --- | --- | --- |
| $Ag_2C_2O_4$ | $1.3 \times 10^{-11}$ | 25 | $Hg(OH)_2$ | $3.6 \times 10^{-26}$ | 25 |
| $Ag_2CO_3$ | $6.15 \times 10^{-12}$ | 25 | $Hg_2(SCN)_2$ | $3.2 \times 10^{-20}$ | 25 |
| $Ag_2Cr_2O_7$ | $2 \times 10^{-7}$ | 25 | $Hg_2Br_2$ | $1.3 \times 10^{-21}$ | 25 |
| $Ag_2CrO_4$ | $9 \times 10^{-12}$ | 25 | $Hg_2C_2O_4$ | $1.75 \times 10^{-13}$ | 25 |
| $Ag_2S$ | $1.6 \times 10^{-49}$ | 18 | $Hg_2Cl_2$ | $2 \times 10^{-18}$ | 25 |
| $Ag_2SO_3$ | $1.50 \times 10^{-14}$ | 25 | $Hg_2CO_3$ | $3.6 \times 10^{-17}$ | 25 |
| $Ag_2SO_4$ | $1.2 \times 10^{-5}$ | 25 | $Hg_2F_2$ | $3.10 \times 10^{-6}$ | 25 |
| $Ag_3AsO_4$ | $1.03 \times 10^{-22}$ | 25 | $Hg_2SO_4$ | $6.5 \times 10^{-7}$ | 25 |
| $Ag_3PO_4$ | $8.89 \times 10^{-17}$ | 25 | $HgBr_2$ | $8 \times 10^{-20}$ | 25 |
| $AgBr$ | $5.35 \times 10^{-13}$ | 25 | $HgCl_2$ | $2.6 \times 10^{-15}$ | 25 |
| $AgBrO_3$ | $5.77 \times 10^{-5}$ | 25 | $HgI_2$ | $3.2 \times 10^{-29}$ | 25 |
| $AgCl$ | $1.77 \times 10^{-10}$ | 25 | $HgS$ | $4 \times 10^{-53}$ | 18 |
| $AgCN$ | $2.2 \times 10^{-12}$ | 20 | $K_2PtCl_6$ | $7.48 \times 10^{-6}$ | 25 |
| $AgI$ | $1.5 \times 10^{-16}$ | 25 | $KClO_4$ | $1.05 \times 10^{-2}$ | 25 |
| $AgIO_3$ | $0.92 \times 10^{-8}$ | 9.4 | $KHC_4H_4O_6$ | $3.8 \times 10^{-4}$ | 18 |
| $AgOH$ | $1.52 \times 10^{-8}$ | 20 | $KIO_4$ | $3.71 \times 10^{-4}$ | 25 |
| $AgSCN$ | $1.16 \times 10^{-12}$ | 25 | $La(IO_3)_3$ | $7.50 \times 10^{-12}$ | 25 |

续表 1-1

| 化学式 | 溶度积常数 $K_{sp}$ | 温度/℃ | 化学式 | 溶度积常数 $K_{sp}$ | 温度/℃ |
|---|---|---|---|---|---|
| $Al(OH)_3$ | $3\times10^{-34}$ | 25 | $Li_2CO_3$ | $1.7\times10^{-3}$ | 25 |
| $AlPO_4$ | $9.84\times10^{-21}$ | 25 | $Li_3PO_4$ | $2.37\times10^{-4}$ | 25 |
| $Ba(BrO_3)_2$ | $2.43\times10^{-4}$ | 25 | $LiF$ | $1.84\times10^{-3}$ | 25 |
| $Ba(IO_3)_2$ | $4.01\times10^{-9}$ | 25 | $Mg(OH)_2$ | $1.2\times10^{-11}$ | 18 |
| $Ba(IO_3)_2 \cdot H_2O$ | $1.67\times10^{-9}$ | 25 | $Mg_3(PO_4)_2$ | $1.04\times10^{-24}$ | 25 |
| $Ba(OH)_2 \cdot 8H_2O$ | $2.55\times10^{-4}$ | 25 | $MgC_2O_4$ | $8.57\times10^{-5}$ | 18 |
| $BaC_2O_4$ | $1.2\times10^{-7}$ | 18 | $MgC_2O_4 \cdot 2H_2O$ | $4.83\times10^{-6}$ | 25 |
| $BaCO_3$ | $8.1\times10^{-9}$ | 25 | $MgCO_3$ | $2.6\times10^{-5}$ | 12 |
| $BaCrO_4$ | $2.4\times10^{-10}$ | 28 | $MgCO_3 \cdot 3H_2O$ | $2.38\times10^{-6}$ | 25 |
| $BaF_2$ | $1.73\times10^{-6}$ | 26 | $MgF_2$ | $6.4\times10^{-9}$ | 25 |
| $BaMoO_4$ | $3.54\times10^{-8}$ | 25 | $MgNH_4PO_4$ | $2.5\times10^{-13}$ | 25 |
| $BaSO_3$ | $5.0\times10^{-10}$ | 25 | $Mn(IO_3)_2$ | $4.37\times10^{-7}$ | 25 |
| $BaSO_4$ | $1.08\times10^{-10}$ | 25 | $Mn(OH)_2$ | $4\times10^{-14}$ | 18 |
| $Be(OH)_2$ | $6.92\times10^{-22}$ | 25 | $MnC_2O_4 \cdot 2H_2O$ | $1.70\times10^{-7}$ | 25 |
| $BiAsO_4$ | $4.43\times10^{-10}$ | 25 | $MnCO_3$ | $9\times10^{-11}$ | 25 |
| $BiI_3$ | $7.71\times10^{-19}$ | 25 | $MnS$ | $1.4\times10^{-15}$ | 18 |
| $Ca(IO_3)_2$ | $6.47\times10^{-6}$ | 25 | $Nd_2(CO_3)_3$ | $1.08\times10^{-33}$ | 25 |
| $Ca(OH)_2$ | $5.02\times10^{-6}$ | 25 | $Ni(IO_3)_2$ | $4.71\times10^{-5}$ | 25 |
| $Ca_3(PO_4)_2$ | $2.07\times10^{-33}$ | 25 | $Ni(OH)_2$ | $5.48\times10^{-16}$ | 25 |
| $CaC_2O_4$ | $2.57\times10^{-9}$ | 25 | $Ni_3(PO_4)_2$ | $4.74\times10^{-32}$ | 25 |
| $CaC_4H_4O_6$ | $7.7\times10^{-7}$ | 18 | $NiCO_3$ | $1.42\times10^{-7}$ | 25 |
| $CaCO_3$ | $0.87\times10^{-8}$ | 25 | $NiS$ | $1.4\times10^{-24}$ | 18 |
| $CaCrO_4$ | $2.3\times10^{-2}$ | 18 | $Pb(IO_3)_2$ | $1.2\times10^{-13}$ | 18 |
| $CaF_2$ | $3.95\times10^{-11}$ | 25 | $Pb(IO_3)_2$ | $2.6\times10^{-13}$ | 25.8 |
| $CaMoO_4$ | $1.46\times10^{-8}$ | 25 | $Pb(OH)_2$ | $1.43\times10^{-20}$ | 25 |
| $CaSO_3 \cdot 0.5H_2O$ | $3.1\times10^{-7}$ | 25 | $PbBr_2$ | $6.60\times10^{-6}$ | 25 |
| $CaSO_4$ | $4.93\times10^{-5}$ | 25 | $PbCl_2$ | $1.0\times10^{-4}$ | 25.2 |
| $CaSO_4 \cdot 2H_2O$ | $3.14\times10^{-5}$ | 25 | $PbCO_3$ | $3.3\times10^{-14}$ | 18 |
| $Cd(IO_3)_2$ | $2.5\times10^{-8}$ | 25 | $PbF_2$ | $3.2\times10^{-8}$ | 18 |
| $Cd(OH)_2$ | $7.2\times10^{-15}$ | 25 | $PbI_2$ | $1.39\times10^{-8}$ | 25 |
| $Cd_3(AsO_4)_2$ | $2.2\times10^{-33}$ | 25 | $PbS$ | $3.4\times10^{-28}$ | 18 |

续表 1-1

| 化学式 | 溶度积常数 $K_{sp}$ | 温度/℃ | 化学式 | 溶度积常数 $K_{sp}$ | 温度/℃ |
|---|---|---|---|---|---|
| $Cd_3(PO_4)_2$ | $2.53×10^{-33}$ | 25 | $PbSO_4$ | $1.6×10^{-8}$ | 18 |
| $CdC_2O_4$ | $1.53×10^{-8}$ | 18 | $Pd(SCN)_2$ | $4.39×10^{-23}$ | 25 |
| $CdCO_3$ | $1.0×10^{-12}$ | 25 | $Pr(OH)_3$ | $3.39×10^{-24}$ | 25 |
| $CdF_2$ | $6.44×10^{-3}$ | 25 | $Ra(IO_3)_2$ | $1.16×10^{-9}$ | 25 |
| $CdS$ | $3.6×10^{-29}$ | 18 | $RaSO_4$ | $3.66×10^{-11}$ | 25 |
| $Co(IO_3)_2·2H_2O$ | $1.21×10^{-2}$ | 25 | $RbClO_4$ | $3.00×10^{-3}$ | 25 |
| $Co(OH)_2$ | $1.6×10^{-15}$ | 25 | $Sc(OH)_3$ | $2.22×10^{-31}$ | 25 |
| $Co_3(AsO_4)_2$ | $6.80×10^{-29}$ | 25 | $ScF_3$ | $5.81×10^{-24}$ | 25 |
| $Co_3(PO_4)_2$ | $2.05×10^{-35}$ | 25 | $Sn(OH)_2$ | $5.45×10^{-27}$ | 25 |
| $CoS$ | $10^{-21}$ | 25 | $SnS$ | $10^{-28}$ | 25 |
| $Cr(OH)_2$ | $2×10^{-16}$ | 25 | $Sr(IO_3)_2$ | $1.14×10^{-7}$ | 25 |
| $Cr(OH)_3$ | $6.3×10^{-31}$ | 25 | $Sr(IO_3)_2·6H_2O$ | $4.55×10^{-7}$ | 25 |
| $CsClO_4$ | $3.95×10^{-3}$ | 25 | $Sr(IO_3)_2·H_2O$ | $3.77×10^{-7}$ | 25 |
| $CsIO_4$ | $5.16×10^{-6}$ | 25 | $Sr_3(AsO_4)_2$ | $4.29×10^{-19}$ | 25 |
| $Cu(IO_3)_2$ | $1.4×10^{-7}$ | 25 | $SrC_2O_4$ | $5.61×10^{-8}$ | 18 |
| $Cu(IO_3)_2·H_2O$ | $6.94×10^{-8}$ | 25 | $SrCO_3$ | $1.6×10^{-9}$ | 25 |
| $Cu(OH)_2$ | $4.8×10^{-20}$ | 25 | $SrCrO_4$ | $3.6×10^{-5}$ | 25 |
| $Cu_2S$ | $2×10^{-47}$ | 18 | $SrF_2$ | $2.8×10^{-9}$ | 18 |
| $Cu_3(AsO_4)_2$ | $7.95×10^{-36}$ | 25 | $SrSO_4$ | $2.81×10^{-7}$ | 17.4 |
| $Cu_3(PO_4)_2$ | $1.40×10^{-37}$ | 25 | $Tl(OH)_3$ | $1.68×10^{-44}$ | 25 |
| $CuBr$ | $4.15×10^{-8}$ | 20 | $Tl_2SO_4$ | $3.6×10^{-4}$ | 25 |
| $CuC_2O_4$ | $2.87×10^{-8}$ | 25 | $TlBr$ | $4×10^{-6}$ | 25 |
| $CuCl$ | $1.02×10^{-6}$ | 20 | $TlBrO_3$ | $1.10×10^{-4}$ | 25 |
| $CuCN$ | $3.47×10^{-20}$ | 25 | $TlCl$ | $2.65×10^{-4}$ | 25 |
| $CuCO_3$ | $1×10^{-10}$ | 25 | $TlI$ | $5.54×10^{-8}$ | 25 |
| $CuI$ | $5.06×10^{-12}$ | 20 | $TlIO_3$ | $3.12×10^{-6}$ | 25 |
| $CuOH$ | $2×10^{-15}$ | 25 | $TlSCN$ | $2.25×10^{-4}$ | 25 |
| $CuS$ | $8.5×10^{-45}$ | 18 | $Y(IO_3)_3$ | $1.12×10^{-10}$ | 25 |
| $CuSCN$ | $1.64×10^{-11}$ | 18 | $Y(OH)_3$ | $1.00×10^{-22}$ | 25 |
| $Eu(OH)_3$ | $9.38×10^{-27}$ | 25 | $Y_2(CO_3)_3$ | $1.03×10^{-31}$ | 25 |
| $Fe(OH)_2$ | $1.64×10^{-14}$ | 18 | $YF_3$ | $8.62×10^{-21}$ | 25 |

续表 1-1

| 化学式 | 溶度积常数 $K_{sp}$ | 温度/℃ | 化学式 | 溶度积常数 $K_{sp}$ | 温度/℃ |
| --- | --- | --- | --- | --- | --- |
| $Fe(OH)_3$ | $1.1×10^{-36}$ | 18 | $Zn(IO_3)_2·2H_2O$ | $4.1×10^{-6}$ | 25 |
| $FeC_2O_4$ | $2.1×10^{-7}$ | 25 | $Zn(OH)_2$ | $1.8×10^{-14}$ | 18 |
| $FeCO_3$ | $2×10^{-11}$ | 25 | $Zn_3(AsO_4)_2$ | $2.8×10^{-28}$ | 25 |
| $FeF_2$ | $2.36×10^{-6}$ | 25 | $ZnC_2O_4$ | $1.35×10^{-9}$ | 18 |
| $FePO_4·2H_2O$ | $9.91×10^{-16}$ | 25 | $ZnCO_3$ | $5.42×10^{-11}$ | 25 |
| $FeS$ | $3.7×10^{-19}$ | 18 | $ZnF_2$ | $3.04×10^{-2}$ | 25 |
| $Ga(OH)_3$ | $7.28×10^{-36}$ | 25 | $ZnS$ | $1.2×10^{-23}$ | 18 |

## 1.1.3 Zeta 电位与等电点

在纳米科学领域，Zeta 电位是一个非常重要的概念，它是对颗粒之间相互排斥或者吸引力的强度的度量[6]。Zeta 电位，又称电动电位或电动电势，可以定义为分散介质和附着在分散颗粒上的固定流体层之间的电位差[7]。图 1-1(a)所示的是水相中固体颗粒的滑动面相对于远处(即离子平衡处)的电位，它形成于固体和周围液体的界面。通过测量 Zeta 电位，人们能够更加详细地了解分子的分散机制和胶体的稳定性。

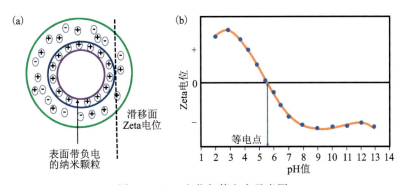

图 1-1 Zata 电位与等电点示意图
(a)Zeta 电位示意图；(b)等电点示意图

首先介绍双电层理论[8]。在液相中，带电的粒子排斥带同种电荷的离子，并将带异种电荷的离子吸引至表面附近。与此同时，所有的离子一直处于热运动中。这两种作用的综合效果是所有离子在纳米颗粒的表面获得某种平衡分布[9]。根据斯特恩(Stern)的观点，围绕粒子的液体层由称为斯特恩层或者吸附层的内部区域和称为扩散层的外部区域组成。在斯特恩层，离子与粒子通过库仑吸引力或者范德华力紧密结合，结合力很强；而在扩散层，离子的结合力较弱[10]。扩散层中有一个名义上的界面，大致上我们可以这样理解：纳米颗粒在液体中运动时，在这个界面内的任何离子都会随着纳米颗粒移动，但是在界面外的任何离子都会停留在它们原来的位置，所以两者之间会产生滑动。这个界面被称为滑移面或者剪切面，存在于这个界面的势称为 Zeta 电位，可以用仪器测量。

因此，纳米颗粒本身带电荷多少不重要，重要的是 Zeta 电位为正，则纳米颗粒整体表现带正电荷，反之，则整体表现带负电荷。Zeta 电位介于 $-10\sim+10\text{mV}$ 的纳米颗粒被认为是近似中性的，而 Zeta 电位大于 $+30\text{mV}$ 或小于 $-30\text{mV}$ 的纳米颗粒分别被认为是强阳离子和强阴离子。

此外，Zeta 电位的另一重要意义在于它的数值与胶体的稳定性相关。纳米颗粒的 Zeta 电位的绝对值越大，体系越稳定。反之，纳米颗粒的 Zeta 电位的绝对值越小，则粒子越容易快速凝结或凝聚，即粒子之间的吸引力超过了排斥力，粒子的均匀分散状态被破坏。根据一般胶体化学原理，当 Zeta 电位的绝对值降低至 30mV 以下时，静电稳定的分散体系会失去稳定性。

等电点（isoelectric point，IEP）指胶体溶液的 pH 值，在这个 pH 值下，胶体的净电荷或 Zeta 电位为零，如图 1-1(b)所示[11]。等电点是一个分子不携带净电荷或统计平均值是电中性时的 pH 值，当 pH 值大于此值时，带负电，小于此值时，带正电[11]。在胶体的等电点处，由于没有颗粒间的静电排斥力，其结构更疏水、更紧凑、更不稳定。例如，蛋白质很容易在其 IEP 处聚集和沉淀。离子强度、pH 值和离子类型等因素对材料的 IEP 有明显的影响。此外，所用的实验方法亦可因测量技术调整，进而影响等电点的值。

常见半导体金属氧化物和金属硫化物的等电点对应的 pH 值分别如表 1-2 和表 1-3 所示。

表 1-2　常见半导体金属氧化物的等电点对应的 pH 值

| 氧化物 | 等电点对应的 pH 值 | 参考文献 | 氧化物 | 等电点对应的 pH 值 | 参考文献 |
| --- | --- | --- | --- | --- | --- |
| $Ag_2O$ | 11.20 | [12] | $LiTaO_3$ | 7.94 | |
| $AlTiO_3$ | 8.23 | | $MgTiO_3$ | 7.81 | |
| $BaTiO_3$ | 9.00 | [12] | $MnO$ | 8.61 | |
| $Bi_2O_3$ | 6.20 | | $MnO_2$ | 4.60 | [13] |
| $CdO$ | 11.60 | [12] | $MnTiO_3$ | 7.83 | |
| $CdFe_2O_4$ | 7.22 | | $Nb_2O_5$ | 6.06 | |
| $Ce_2O_3$ | 8.85 | | $Nd_2O_3$ | 8.81 | |
| $CoO$ | 7.59 | | $NiO$ | 10.30 | [12] |
| $CoTiO_3$ | 7.41 | | $NiTiO_3$ | 7.34 | |
| $Cr_2O_3$ | 8.10 | [12] | $PbO$ | 8.29 | |
| $CuO$ | 9.50 | [12] | $PbFe_{12}O_{19}$ | 7.17 | |
| $Cu_2O$ | 8.53 | | $PdO$ | 7.34 | |
| $CuTiO_3$ | 7.29 | | $Pr_2O_3$ | 8.87 | |
| $FeO$ | 8.00 | | $Sb_2O_3$ | 5.98 | |
| $Fe_2O_3$ | 8.60 | [12] | $Sm_2O_3$ | 8.69 | |
| $Fe_3O_4$ | 6.50 | [12] | $SnO$ | 7.59 | |

续表 1-2

| 氧化物 | 等电点对应的 pH 值 | 参考文献 | 氧化物 | 等电点对应的 pH 值 | 参考文献 |
|---|---|---|---|---|---|
| FeOOH | 9.70 | [13] | $SnO_2$ | 4.30 | [12] |
| $FeTiO_3$ | 6.30 | [12] | $SrTiO_3$ | 8.60 | [12] |
| $Ga_2O_3$ | 8.47 | | $Ta_2O_5$ | 2.90 | [12] |
| HgO | 7.30 | [12] | $Tb_2O_3$ | 8.50 | |
| $Hg_2Nb_2O_7$ | 6.25 | | $TiO_2$ | 5.80 | [12] |
| $Hg_2Ta_2O_7$ | 6.17 | | $Tl_2O_3$ | 8.47 | |
| $In_2O_3$ | 8.64 | | $V_2O_5$ | 6.54 | |
| $KNbO_3$ | 8.62 | | $WO_3$ | 0.43 | [12] |
| $KTaO_3$ | 855.00 | | $Yb_2O_3$ | 8.15 | |
| $La_2O_3$ | 10.40 | [14] | $YFeO_3$ | 7.81 | |
| $LaTi_2O_7$ | 7.06 | | ZnO | 8.80 | [12] |
| $LiNbO_3$ | 8.02 | | $ZnTiO_3$ | 7.31 | |
| $LiTaO_3$ | 7.94 | | $ZrO_2$ | 6.70 | [12] |

表 1-3 常见半导体金属硫化物的等电点对应的 pH 值

| 硫化物 | 等电点对应的 pH 值 | 参考文献 | 硫化物 | 等电点对应的 pH 值 | 参考文献 |
|---|---|---|---|---|---|
| $Ag_2S$ | 2.00 | | MnS | 2.00 | |
| $AgAsS_2$ | 2.00 | | $MnS_2$ | 2.00 | |
| $AgSbS_2$ | 2.00 | | $MoS_2$ | 2.00 | |
| $As_2S_3$ | 3.00 | | $Nd_2S_3$ | 2.00 | |
| CdS | 1.40 | [15] | NiS | 2.00 | |
| $Ce_2S_3$ | 2.00 | | $NiS_2$ | 0.60 | [15] |
| CoS | 1.50 | [15] | $OsS_2$ | 2.00 | |
| $CoS_2$ | 2.00 | | PbS | 1.40 | [15] |
| CoAsS | 2.00 | | $Pb_{10}Ag_3Sb_{11}S_{28}$ | 2.00 | |
| CuS | 2.00 | | $Pb_2As_2S_5$ | 2.00 | |
| $Cu_2S$ | 2.00 | | $PbCu_3SbS_3$ | 2.00 | |
| $CuS_2$ | 2.00 | | $Pb_5Sn_3Sb_2S_{14}$ | 2.00 | |
| $Cu_3AsS_4$ | 2.00 | | $Pr_2S_3$ | 2.00 | |
| $CuFeS_2$ | 2.00 | | $PtS_2$ | 2.00 | |
| $Cu_5FeS_4$ | 2.00 | | $Rh_2S_3$ | 2.00 | |

续表 1-3

| 硫化物 | 等电点对应的 pH 值 | 参考文献 | 硫化物 | 等电点对应的 pH 值 | 参考文献 |
| --- | --- | --- | --- | --- | --- |
| $CuInS_2$ | 2.00 | | $RuS_2$ | 2.00 | |
| $CuIn_5S_8$ | 2.00 | | $Sb_2S_3$ | 2.00 | |
| $Dy_2S_3$ | 2.00 | | $Sm_2S_3$ | 2.00 | |
| FeS | 0.60 | [15] | SnS | 2.00 | |
| $FeS_2$ | 2.00 | | $SnS_2$ | 2.00 | |
| $Fe_3S_4$ | 1.40 | [15] | $Tb_2S_3$ | 2.00 | |
| FeAsS | 2.00 | | $TiS_2$ | 2.00 | |
| $Gd_2S_3$ | 1.50 | [15] | $TlAsS_2$ | 2.00 | |
| $HfS_3$ | 2.00 | | $WS_2$ | 2.00 | |
| HgS | 2.00 | | ZnS | 1.70 | [15] |
| $HgSb_4S_8$ | 2.00 | | $ZnS_2$ | 2.00 | |
| $In_2S_3$ | 2.00 | | $Zn_3In_2S_6$ | 2.00 | |
| $La_2S_3$ | 2.00 | | $ZrS_2$ | 2.00 | |

## 1.2　晶体成核和生长理论发展历史

虽然晶体可以仅凭经验制备,但通过对晶体生长过程的深入了解,可以控制晶体生长速率、完美性、尺寸、成分和物理特性[16]。在过去的一个世纪,通过化学、物理和晶体学等相关领域的许多科学家和工程师的不懈努力,一系列理论基础已经建立起来[17]。过去主要对两个方面进行研究,一是了解材料的性质(晶体结构、形态、相平衡等),二是确定影响晶体生长过程的因素(成核、生长动力学、偏析行为、界面稳定性、传热传质等)[18]。尽管取得了显著进展,但该领域的复杂性以及新材料种类和结构的不断变化持续挑战着我们对晶体生长过程的理解。

最早对晶体生长进行研究的是矿物晶体学家,其中的代表性人物是瑞士的康拉德·格斯纳(Conrad Gesner),他在 1564 年研究了不同的晶体后,发现不同晶体在角度和形状上各不相同。16 世纪后期,安德鲁斯·凯撒尔皮努斯(Andreas Caesalpinus)在 De Metallicis 中写道,在盐、糖和明矾等不同水溶液中生长的晶体形状各不相同,而这种差异与材料本质相关。然而,松川一郎(Ichiro Sunagaw)提出,晶体生长科学始于尼古拉斯·斯坦诺(Nicolas Steno)的论文[19]。斯坦诺是丹麦著名的地质学和解剖学专家,也是晶体学的创始人之一。他在 1669 年发表的论文中提出,尽管石英晶体的外观各不相同,但对应面之间的角度始终相同。此外,他还指出它们是在无机水热过程中而不是通过细菌的作用生长的[20]。

多年后,斯坦诺的晶体界面角恒定定律得到了广泛的证实。首先是意大利的多梅尼科·古列尔米尼(Domenico Guglielmini)提出每种盐都有独特的形状。一个世纪后,法国矿物学家让·巴蒂斯特·路易·罗梅德利尔(Jean-Baptiste-Louis Romé de l'Isle)也通过对数百种不同晶体的研究得出结论:每种成分特定的晶体物质都具有独特的晶体形状,如图 1-2 所示[21]。图 1-2(a)中天然石英和黄铁矿的不同形貌反映了它们内部的晶体结构(三角形和正方形)。他发现了 6 种不同的基本形状,而所有其他晶体形状都可以从中衍生出来。虽然前人工作为我们理解晶体的本质奠定了基础,但过了很久,人们的注意力才转向晶体如何生长以及其中涉及哪些机制等问题。图 1-2(b)显示了铌酸锂晶体的内部结构,该晶体被迅速加热以使其与熔体表面分离,由此产生的树枝状结构揭示了沿着这种菱形晶体轴线的内部三重对称性。

图 1-2　晶体的独特形状

(a)天然存在的石英($SiO_2$)晶体与黄铁矿($FeS_2$)晶体;(b)$c$ 轴直拉法生长的铌酸锂晶体的底部[21]

当代的晶体生长科学起源于美国物理学家和化学家约西亚·威拉德·吉布斯(Josiah Willard Gibbs)的热力学研究。吉布斯研究了在温度和压力等状态变量的影响下,非均相系统中各相的行为。他的开创性著作《论多相物质平衡》(分两部,分别于 1876 年和 1878 年出版)囊括了热力学第一定律和第二定律[22]。从那时起,吉布斯采用的图形,也就是最早的相图,其应用已经扩展到众多材料系统。当时的相图是通过实验测试得到的,而近年来相图也可以通过理论模拟得出。相图是晶体生长的重要数据来源,借助相图,人们能够选择最合适的生长方法,并制备出具有所需组成和性质的晶体。吉布斯还提出了相变的驱动力是系统吉布斯自由能的降低这一观点。

瓦尔特·科塞尔(Walther Kossel)于 1928 年提出了晶体生长的原子论观点(动力学理论),而不是"连续体"热力学解释。这一理论与保加利亚物理化学家伊万·尼科洛夫·斯特兰斯基(Iwan N. Stranski)独立提出的观点一致,都是以质量输送的扩散理论为基础[23]。两种理论的区别在于,科塞尔的理论认为界面的影响不可忽略。他们都从岩盐结构的早期研究工作中得出结论,除了(100)、(001)这样的平面外,其他平面如(110)、(111)并不以完整平面的形式存在,而是由几个原子厚度的交替(001)和(100)面组成。由这项工作得出了 TLK(terrace-ledge-kink)模型,其中科塞尔认为,如果晶体需要纳入一个新原子,则它需要横向分布的台阶面。巴克利(Buckley)的著作《晶体生长》(*Crystal Growth*)和许多其他近期的出版物对科塞尔和斯特兰斯基的研究以及其他同时代学者的研究进行了更加深入的讨论[24]。

近年来,成核和晶体生长的基础研究有了很大发展(图 1-3)[25],旧的理论和概念得到了完善,新的概念也被提出和验证。晶体表征技术的重大进步极大地提高了人们的基本认识。这些先进技术提供了晶体完美性和原子尺度下生长行为的直接证据。其中,透射电子显微镜和原位原子力显微镜是最具代表性的表征仪器[26]。前一种仪器使观测晶体的真实原子结构成为可能,从而可以研究晶体的完整性和缺陷[27]。后一种仪器可用于研究溶液生长(特别是生物大分子)过程中生长层的形成和动力学,以及生长后的热处理(表面重建)过程中生长层的变化[28]。

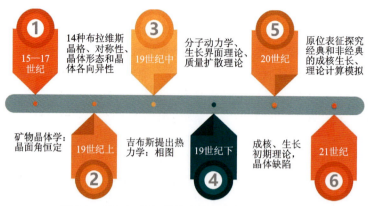

图 1-3　15—21 世纪晶体成核和生长理论发展简图

例如,通过透射电子显微镜观察到的晶体缺陷,如刃位错、螺旋位错、堆垛层错和点缺陷等,一方面深化了我们对晶体特性的理解,另一方面也带来了对晶体生长机制理解上的革新[29]。它们对材料的电子和机械性能的研究也具有重要的技术意义。1934 年,英国著名物理学家和数学家杰弗里·泰勒(Geoffrey Taylor)提出,韧性材料的塑性变形可以用维托·沃尔泰拉(Vito Volterra)在 1905 年提出的位错理论来解释。几年后,著名的英国晶体学家查尔斯·弗兰克(Charles Frank),继续发展位错理论的思想[30]。他对晶体生长领域的基本贡献包括提出控制位错分支的定律、证实位错网络的存在并研究其性质,以及 1950 年提出位错产生的弗兰克-里德位错源(Frank-Read Source)机制。查尔斯和里德(W. T. Read,一位在通用电气公司工作的美国人)同时独立地提出了后一种机制。弗兰克在 1949 年已经证明了二维成核理论不能很好地解释在低过饱和度下观察到的高晶体生长速率。然而,如果生长面包含一个螺旋位错,则可以解释上述现象。这种位错可以通过实验观察到的实际晶体上形成的生长螺旋纹来验证。现代关于晶体对称性的一些重要工作是由唐内(Donnay)和哈克(Harker)在 1937 年开展的[31],后来由哈特曼(Hartman)和佩尔多克(Perdok)完成。哈特曼和佩尔多克将不同类型的面分类,发现其中只有一种类型的面可以构成晶面[32]。对于离子晶体,他们将生长过程中释放的能量定义为 $E(hkl)$,并假设 $E(hkl)$ 与生长速率成正比,从而得出这些离子晶体的生长方式。这些计算方式应用于天然或人造晶体,如石榴石、锆石等。许多其他研究人员也观察到,由于杂质吸附在生长面上,晶体形态与预测或预期的不同。这衍生出了为特定应用改变晶体形态的方法。例如,刻意让快速生长的晶轴被杂质吸附,则可以形成等轴晶体。

## 1.3　成核理论

成核指在溶液中,在局部纳米尺度的范围内,出现一个独特的热力学相,其宏观尺寸随着生长单元的附着而增大,这一相变是由热涨落驱动的原子运动的结果。

从前我们认为,晶体成核的过程是一些分子碰巧聚集在了一起,并且碰巧以晶体的形式排列。接着,其他分子一个接一个地附着在晶核上,逐渐形成一个更大的结构。小的团簇是不稳定的,而大的团簇则可以稳定存在。近年来,通过冷冻电子显微镜成像技术和原子探针断层扫描等技术观察晶体成核过程,并结合模拟等手段,对晶体成核过程的理解取得了显著的进展。现在我们认识到,达到临界成核团簇的过程比之前设想的复杂得多,其中多个中间阶段都需要发挥作用。因此,成核途径已经成为现代结晶学研究的重点。

成核需要成核位点才可发生。晶核的成核有两种形式:初级成核(包括初级均相成核和初级非均相成核)及二次成核。在高于饱和度的情况下,溶液自发形成晶核的过程,称为初级均相成核;若晶核是在溶液外来物的诱导下生成,则称为初级非均相成核。晶核若在含有溶质晶体的溶液中生成,则称为二次成核。在介绍经典的成核理论之前,首先对均相成核和异相成核进行定义[33]。

均相成核,指在发生液-固转变的过程中,没有其他物质参与,仅由液体分子形成最初的固体胚芽(晶核)的过程。均相成核的条件十分苛刻,须无外来物的干扰[图1-4(a)][34]。

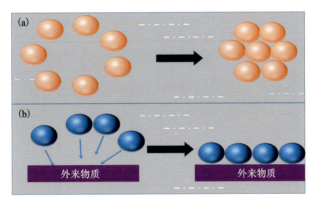

图1-4 成核对比示意图
(a)均相成核;(b)异相成核

异相成核的成核位点在外界引入的杂质或自身残留的晶种上[图1-4(b)][35]。热力学亚稳态条件下,一次成核和二次成核以及晶体生长动力学变化很大。然而在非均相一次成核过程中,晶核可以在粉尘颗粒、结晶器壁、气溶液界面或额外添加的模板等物质表面形成[36]。必须指出的是,在实验室中,尤其是在工业规模生产过程中,不可避免地存在许多不同的异质颗粒。这些异质颗粒的存在最终导致异相成核比均相成核更为常见,且成核速度更快。例如,在过冷水滴形成冰晶核的过程中,如果通过净化来去除几乎所有的杂质,那么水滴形成冰核的温度在-35℃左右;相较而言,含有杂质的水可能会在-5℃或更高温度下冻结。这种现象是因为晶体中的分子可以与衬底(杂质)中的分子形成比溶剂化键更强的键,因而晶核和衬底之间的界面能远低于晶核与溶液之间的界面能[37-38]。并且衬底附近的过饱和度更大,这样,成核将优先发生在该衬底上。

在通常情况下,异相成核占据主导地位,只有在极端情况下,均相成核才是主要的成核机制。成核速率可用在给定的组成和温度下每单位时间、每单位溶液体积产生的新晶体的数量来表示。成核可以均匀发生在整个流体中[39]。然而,更常见的情况可能是局部极端条件(过饱和、流体动力学、混合点)导致局部成核。

### 1.3.1 经典成核理论

经典成核理论(classical nucleation theory,CNT)是描述热力学自发的新相成核过程时最常用的理论[40]。在经典成核理论中,晶核是由气体、液体或溶液中的物质(原子、离子或分子)自发随机聚集而直接产生的,可以被视为一个一步过程,不涉及非晶体或其他晶体中间体的形成[41]。在19世纪末,吉布斯发展了热力学,并用公式描述了经典成核过程。成核的驱动力是形成母相和新相之间的相变自由能差值,而成核的阻力是母相和新相之间产生新的界面而增加的界面能,以及母相和新相比容不同导致的弹性应变能[42]。因此,成核所需的自由能变化($\Delta G$)是相变自由能变化($\Delta G_v$)和表面形成自由能变化($\Delta G_s$)的总和。

对于半径为 $r$ 的球形粒子,其表面能为 $\gamma$,而块状晶体的自由能为 $\Delta G_v$。式(1-3)给出总自由能 $\Delta G$,第一项为 $\Delta G_s$,第二项为 $\Delta G_v$[43]。晶体自由能 $\Delta G_v$ 由式(1-4)定义,其大小取决于温度 $T$、玻尔兹曼常数 $k_B$、溶液过饱和度 $S$ 及其摩尔体积 $v$。

$$\Delta G = 4\pi r^2 \gamma + \frac{4}{3}\pi r^3 \Delta G_v \tag{1-3}$$

$$\Delta G_v = \frac{-k_B T \ln S}{v} \tag{1-4}$$

由于表面自由能始终为正,并且晶体自由能始终为负,因而有可能找到最大自由能($d\Delta G/dr=0$),或者称为临界自由能,由式(1-5)定义。而在此条件下的临界半径则由式(1-6)来定义。

$$\Delta G_{\text{临界}} = \frac{4}{3}\pi \gamma r_{\text{临界}}^2 = \frac{16\pi}{3}\frac{\gamma^3 v^2}{(k_B \Delta T \ln S)^2} = \Delta G_{\text{临界}}^{\text{均相}} \tag{1-5}$$

$$r_{\text{临界}} = \frac{-2\gamma}{\Delta G_v} = \frac{2\gamma v}{k_B \Delta T \ln S} \tag{1-6}$$

根据经典成核理论,可以按照上述公式画出成核自由能变化与临界半径之间的关系,如图1-5所示。式(1-6)反映了临界半径对过饱和度 $S$ 和过冷度 $\Delta T$ 的依赖性,可以看出,增加过饱和度和过冷度有利于三维晶核的形成。在上述公式中,将晶核假想为球形,式(1-5)中的 $16\pi/3$ 对应的是球状晶核,对于其他几何形状的晶核,该几何因子有其他合适的取值。例如,对于立方体晶核,几何因子取32。由式(1-5)可以看出,自由能的整体变化决定了生长系统中晶核形成后是否能保持稳定,临界势垒越高,获得稳定晶核的难度就越大[44]。同样地,自由能变化越大,所形成的晶核的稳定性就越高。在给定温度下,由于晶体自由能等于其焓变与温度和熵变乘积的差值,生长系统中结晶相的稳定性与其焓变和熵变有关。

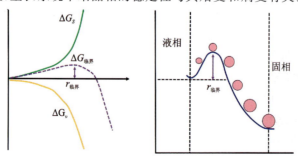

图1-5 成核势垒 $\Delta G$ 和成核半径 $r$ 的依赖关系示意图

在大型或开放系统中,临界晶核与周围的母相处于不稳定的平衡状态[45]。这种平衡状态是不稳定的,因为临界晶核尺寸的微小增加也会导致吉布斯自由能的降低[图1-6(a)],这种微小波动有利于晶核的生长。随着晶核的进一步生长,液滴蒸气压不断下降。由于在这样的系统中外部压力保持不变,因而生长过程变得不可逆。相反,如果临界晶核半径减小,则其蒸气压升高,液滴就会蒸发。这种不稳定平衡的机制模拟如图1-6(a)所示。

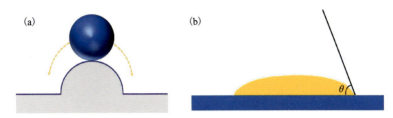

图1-6　不稳定平衡机制和非均匀成核接触角示意图

(a)不稳定平衡的机制模拟示意图。即使对球施加极小的推力也会导致它向下滚动,向右(对应晶核生长)或向左(对应晶核溶解);(b)非均匀成核接触角 $\theta$ 的示意图

上述晶核溶解和晶核生长的临界半径为一个粒子可以在溶液中存在而不会被重新溶解的最小尺寸。粒子的自由能也是如此,临界自由能是在溶液中稳定存在的粒子的最小能量。值得注意的是,临界半径和成核能垒是经典成核的关键特征,在许多实验和理论讨论中都得到了证实。成核通常发生在亚稳态,当核的大小超过一个临界值时,就会形成一个稳定的大尺寸核。如果核的尺寸小于临界尺寸,形成的核是不稳定的,它们将在液体中重新溶解[46]。在通过过饱和溶液或蒸气成核制备纳米颗粒或量子点的过程中,这一临界尺寸代表了纳米颗粒合成的极限尺寸。综上所述,新相形成的必要条件如下:①必须有成核驱动力;②需要原子结构起伏来提供具有临界成核半径的原子基团;③需要能量起伏提供超额能量;④需要成分起伏提供新相核心所具有的成分。

时间 $t$ 期间 $N$ 个粒子的成核速率可以使用 Arrhenius 方程来描述,其中 $A$ 指前因子,由式(1-7)和式(1-8)来定义。

$$J = \frac{dN}{dt} = A\exp\left(-\frac{\Delta G_{临界}}{k_B T}\right) \tag{1-7}$$

$$J = \frac{dN}{dt} = A\exp\left[\frac{16\pi\gamma^3 v^2}{3\, k_B^3\, T^3\, (\ln S)^2}\right] \tag{1-8}$$

从式(1-7)可以看出,3个实验参数会影响粒子的成核速率,包括过饱和度、温度和表面自由能。Kwon 和 Hyeon[47]研究了这3个参数对 CdSe 成核速率的影响。结果表明,对成核速率影响最大的参数是过饱和度,过饱和度由2变为4将导致成核率增加约1070倍。

在存在活性中心(杂质、壁、气泡、液滴等)的情况下,由于已经存在稳定的成核位点(表面、边缘或角),异相成核很容易发生,因而成核的难度会整体降低。在这种情况下,成核晶核不再是球形(经典成核理论的假设),而是与成核支撑面形成接触角为 $\theta$ 的帽子形状,如图1-6(b)所示。如果 $\theta$ 小于 $\pi$,成核中心和活性中心之间具有很高的亲和力,因此,表面能这一项将会大大减小。为了解释这一自由能现象,在均相成核定律中引入了一个修正项[48],因此异相成核所需要的自由能等于均相成核自由能和接触角函数的乘积,如式(1-9)和式(1-10)所示。其中,Ø 是一个与接触角有关的函数。

$$\Delta G_{\text{临界}}^{\text{异相}} = \varnothing \Delta G_{\text{临界}}^{\text{均相}} \tag{1-9}$$

$$\varnothing = \frac{(2+\cos\theta)(1-\cos\theta)^2}{4} \tag{1-10}$$

为了减小临界尺寸和临界自由能,新相生成时的相变吉布斯自由能变化 $\Delta G_v$ 需要增大,而新相的表面能 $\gamma$ 需要减小。对于给定的体系,增加过饱和度 $S$ 可以显著提高 $\Delta G_v$[49]。温度也可以影响表面能,其他因素也会影响纳米颗粒合成的极限值,包括:①使用不同的溶剂;②引入添加剂;③掺杂。

过饱和度 $S$ 是表征成核驱动力的物理量,过饱和度为浓度 $C$ 与溶解度 $C^*$ 的比值

$$S = \frac{C}{C^*} \tag{1-11}$$

可以通过蒸发溶剂增大浓度或者降低温度从而降低溶解度的方式来增大过饱和度。在晶体生长过程中,溶液浓度降低,溶液过饱和度也随之降低。如果浓度超过溶解度,即过饱和度 $S>1$,则溶液过饱和时,存在的任何晶体都会生长;如果浓度低于溶解度,即 $S<1$,则溶液不饱和,存在的晶体就会溶解[50]。在热力学平衡条件下,浓度和溶解度相等,存在的任何晶体都将保持生长与溶解平衡。由于过饱和度驱动结晶过程,化合物的溶解度是结晶过程设计中的关键参数。例如,一般来说,溶解度随着温度的升高而急剧增大,因此,最优的结晶方向一般是逆着温度梯度的。

经典成核理论通过简化解决了多通路复杂性问题,并假设成核问题可以简化为溶液中原子核的基本物理特性,即它们的表面自由能和体自由能,因此通常被视为具有普适性[25,51]。经典成核理论的历史公式基于所谓的毛细管假设(即假设纳米级晶核的行为与宏观颗粒的行为一致,这是一种过分简单化的假设)和相共存的传统热力学。其中,标准状态的自由能定义为

$$\Delta G = -RT\ln K \tag{1-12}$$

因此,经典成核理论中准平衡方法依赖于热力学中定义的标准状态[51]。根据经典成核理论,成核率 $J$ 与临界晶核形成的平衡常数 $K_{\text{临界}}$ 相关,临界晶核被定义为成核过程中的过渡态。

由于临界晶核的表面自由能过剩,经典成核理论规定自由能变化大于零,也就是说其平衡常数大于零,但是远远小于 1,而形成临界晶核的自由能最大,与过饱和度有关。此外,式(1-12)说明只有不稳定的物质才与动力学势垒的概念相容。

而另一种理论,稳定预成核簇(pre-nucleation clusters,PNC)理论与经典成核理论相反,预成核簇被认为是溶质[52]。因此,它们的形成与相分离问题无关,至少在初始阶段是这样。从机制上讲,预成核簇的形成过程被认为与缩聚反应过程类似,主要由单体组装成链状[53]。溶质缔合导致预成核簇的大小遵循 Schulz-Flory 分布。由于预成核簇的广泛分布有利于熵增,热力学稳定的预成核簇不会无限制地增长到宏观尺寸。此外,预成核簇不会聚集,这是因为没有界面表面,所以没有驱动力。

预成核簇具有如下 5 个关键特征[54]:①由化学实体组成,这些化学实体构成最终的固体,但也可能包含水等其他分子;②预成核簇是热力学稳定的溶质,平均大小在 1~3nm,与周围溶液在形式上没有相界面存在;③它们是相分离物质的直接分子前体;④稳定的预成核簇是

高度动态的,并且会在数百皮秒的时间尺度上改变其形态,这是溶液中重排的典型特征;⑤它们可以表现出不同的结构,从而引起在中间体中可以观察到的多晶现象[55]。

计算机模拟证明,在达到一定尺寸后,预成核簇可以在内部形成比初始链状形式更高的配位数[56],并具有生长速率随时间明显减缓的动力学特征。因此,这些团簇变得不同于溶液,它们应被视为第二相的纳米液滴。由此产生的相界面随后通过聚集减少,最后产生尺寸更大的固态非晶纳米颗粒。然而,不应断然排除预成核簇直接形成纳米晶的可能。回到成核的标志,在成核前团簇路径中接近溶解度极限的相分离势垒,被认为是小的动态溶质团簇凝聚形成具有明显更高配位数的块状颗粒而产生的巨大能量差。团簇只有朝着更大的簇尺寸发展才能获得更高的配位数,减缓动力学,并且可以如上所述启动在第一个液体纳米液滴中产生的相分离过程。这在物理意义上可以被认为是一个纳米级的液-液混溶过程[57]。经典成核途径和稳定预成核簇形成途径的对比示意图如图1-7所示。

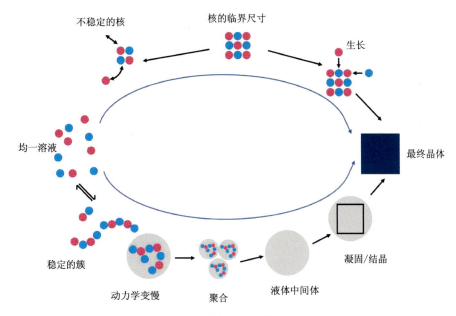

图1-7 相分离基本机制示意图

近年来,通过对不同理论方法的机制进行合理化研究,经典成核理论和两步成核理论等经典理论均取得了一些新的进展[58-70]。然而,根据经典理论,溶剂水的作用很难明确。根据PNC,无论是最初由单体溶质释放水合分子引起的熵增加驱动,还是后来由逐步持续脱水形成大颗粒的动力学控制,水都起着关键作用[61-62]。最近,Du和Amstad在碳酸钙形成的研究中强调了水的作用[63]。也有学者表明,溶剂的核心作用可能会使非经典成核现象更加普遍。事实上,溶剂的这种关键作用为工程化结晶提供了可能,如杂化钙钛矿的形成[64]。特定水合非晶态中间体的出现甚至可以提供以前未知的各种形态的晶体[65-66]。

## 1.3.2 非经典成核理论

尽管经典成核理论在解释晶体成核方面已经非常成功,但是研究者们已经证明经典成核并不是唯一的成核途径,而且由于经典成核理论存在很多简化假设,如球成核假设、毛细近似

(表面张力的曲率或尺寸依赖性被忽略),以及静止假设(团簇处于静止状态,没有平移、振动或旋转),因而在解释某些结晶情况时并不适用[71]。与经典成核理论不同,近几十年来发现的许多非经典成核理论,允许亚稳态中间相的存在,或者在没有达到自由能垒和临界成核尺寸临界值的情况下成核,这种成核方式存在多步成核机制[72]。

非经典成核机制可概括为失稳相分离成核、无自由能垒直接成核、两步成核和三步成核[73]。图1-8显示了不同成核途径中的能量障碍。下面提供了详细的描述和讨论。

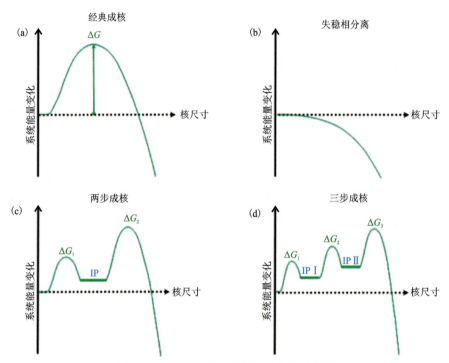

图1-8　不同成核途径中的能量变化示意图
(a)经典成核;(b)无自由能垒的失稳相分离或直接成核;(c)两步成核;(d)三步成核。
IP(intermediate phase)表示亚稳态中间相

#### 1.3.2.1　失稳相分离成核

失稳相分离是一种连续的相变机制,发生在整个溶液中。其自由能密度远离平衡时的自由能密度,以致内部自由度凸度不复存在[74-75]。在混相系统中,热涨落导致局部浓度偏离平均浓度 $C$。当局部起伏引起的平均自由能低于初始能量 $\Delta G_m$ 时,会立即引发相分离。在这种情况下

$$\frac{\partial^2 \Delta G_m}{\partial C^2} < 0 \tag{1-13}$$

界面上的组分自发地向高浓度的方向扩散,导致大规模的相分离或成核[76],这种机制被称为失稳相分离成核。在这种机制中,原子核的表面能与它们的体自由能相比是微不足道的,类似于直接成核,但是以一种失稳相分离的方式。因此,失稳相分离可能自发发生,并且相分离可以发生在各种介质中[77]。

### 1.3.2.2　无自由能垒直接成核

黄(Huang)和尤雷奥(De Yoreo)等首次在二维体系中发现了无自由能垒的直接成核机制[78]。与经典成核理论不同,无自由能垒的直接成核机制被描述为一次结晶一排。在这个机制中,晶核最初形成时即有序,不存在临界成核大小和自由能垒。直接成核机制展示了一个长期存在但未被证实的猜测,即一维经典成核理论同时揭示了二维结构组装过程中潜在的关键相互作用[25]。这种机制有助于理解二维材料的结晶过程。

### 1.3.2.3　两步成核

与传统的一步成核相比,两步成核机制下晶体在结晶初期表现为从亚稳态中间相向稳定晶核的结构转变[54]。在典型的两步成核过程中,亚稳态中间相的热力学稳定性介于旧相和新相之间。晶体成核动力学的原位实验研究表明,亚稳态中间相可以是致密溶液液滴、表面有序液滴、非晶态或替代晶体中间体[79-80]。目前,两步成核理论已经日趋完善,两步成核过程可以通过唯象处理或借助在介观或分子尺度下的模拟实现。近年来,两步成核机制在许多体系中被发现,并呈现出不同的成核途径,如非晶体到晶体的两步成核[81]、液滴合并驱动的成核[82]及有序液滴到晶体的成核[83]等。

### 1.3.2.4　三步成核

与经典的一步成核机制和非经典的两步成核机制相比,三步成核过程显示了从亚稳态中间相Ⅰ和亚稳态中间相Ⅱ到稳定晶核的结构转变。亚稳态中间相Ⅰ和Ⅱ的热力学稳定性与非经典的两步成核机制中的亚稳态定态中间相类似,介于旧相和新相之间。然而,与两步成核相比,三步成核的实验实例相对较少[84]。

### 1.3.2.5　温度影响的晶体成核

温度作为晶化过程中的一个重要参数,对晶体的成核有着重要的影响[85]。根据理论和实验研究,温度的影响可概括如下:①成核速率受温度影响,在经典成核理论中,成核速率与温度成正比;②晶核大小受温度影响。

### 1.3.2.6　衬底影响下的非均相成核

与均相成核相比,非均相成核具有较低的能垒。为了检测基底诱导的非均相成核,研究者们采用原子尺度的透射电子显微镜进行观察。以下3种情况已经在原子尺度上被发现:一是在$TiO_2$或$MgO$衬底上,金(Au)、铑铱(Rh-Ir)合金和锇(Os)团簇出现有序结构[86-89];二是在石墨烯衬底上,NaCl团簇形成六角形[90];三是在无定形碳上生长的链状或随机结构的金(Au)和锗(Ge)团簇[91-92]。结果表明,在非均相成核的初始阶段,衬底可以触发相干团簇的有序生长。衬底与生长晶体之间的晶格失配度决定了在晶格诱导的非均相成核过程中形成的相干团簇的最大尺寸。随后,相干团簇与衬底一起生长并转移到半相干或非相干结构中。此外,形成晶核的形态和原子结构的演化与衬底息息相关。因此,对于外延晶体生长,推荐使用晶格参数相似或相同的晶体衬底。然而,值得注意的是,在晶体衬底上,外延生长并非总是发生,这是因为生长的晶体和衬底之间存在晶格失配,以及在制造过程中并未选用特定的实验方法和实验参数。在非晶衬底上,初始原子核(小于20个原子)在低温下倾向形成链状或随机簇状结构,随着原子数的增加,原子核转变为球形。当球核的尺寸大于临界尺寸时,发生团簇到晶体的经典变换。

## 1.4 生长理论

纳米材料的生长动力学决定了晶体材料的主要设计参数(如对称性、形态和表面结构)及其应用。例如,纳米颗粒在晶体生长过程中的流动形成了粗糙表面或晶粒边界和缺陷,从而调节了表面等离子体激元模式以及声子和电荷载流子的传输,因此,纳米材料的生长与太阳能电池、发光二极管、探测器和纳米激光等应用息息相关。此外,有关纳米晶体生长行为的信息将有助于缩小纳米尺寸和微米尺寸胶体之间的差距,从而可以对各种结构单元尺寸的生长模式进行分类,并解释明显缺乏普适性的原因。晶体生长理论在原子尺度的描述在几十年前就已形成,并成功地解释和指导实验。

### 1.4.1 经典生长理论

晶体及其生长习性和特性长期以来一直是科学家们感兴趣的研究领域。许多早期的晶体生长研究工作集中在从平衡或热力学角度解释观察到的晶体习性的差异。工业材料实践者更感兴趣的是处理晶体生长动力学(速率)的理论。Ohara 和 Reid[93]、Nývlt[94]、Levi 和 Kotrla[95]、Byrappa 和 Ohachi[96]、Rudolph[97]均对晶体生长理论进行了综合性描述。虽然许多理论从数学角度解释是相当复杂的,但是这些理论的某些特征值得回顾,并且对于研究者理解晶体生长过程的本质非常有帮助。

在讨论晶体生长时,有必要关注单个晶面并跟踪该面的生长情况。晶面的线性增长速度通常被定义为晶面在垂直晶面方向的增长速度。晶体被认为以逐层方式生长,这种生长方式如图1-9(a)所示。首先,溶液中的分子必须去溶剂化并吸附在晶体表面。分子结合到晶体表面的3个可能位点为$A$、$B$和$C$。这3个位点可以通过分子与晶体形成的键数来区分。在$A$点,分子将仅附着在生长层的表面;而在$B$点,分子既能附着在表面上,也能附着在生长台阶上;在$C$点,分子附着在3个表面,即所谓的扭结位点。从能量的角度来看,分子附着于$C$点比$B$点更有利,附着于$B$点比$A$点更有利。这可以概括为分子倾向于在具有最多附着面且最近邻的位置结合生长,这些位点是最有利的生长位点。将分子结合到晶面上的一般机制是表面吸附,然后分子沿着表面扩散到阶梯($B$点)或扭结($C$点)以结合。这个机制解释了为什么晶体以逐层方式生长,因为分子更容易结合在表面已经存在的现有台阶面上,而不是形成一个新的台阶面。因此,晶面的线性增长率$G$可以用步进速度$V_\infty$、步进高度$h$和步进间距$\gamma_0$来描述:

$$G = \frac{hV_\infty}{\gamma_0} \tag{1-14}$$

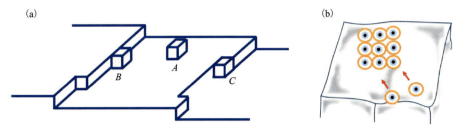

图 1-9 表面成核生长示意图
(a)生长过程中晶体的表面形态；(b)在晶体表面形成一个二维晶核的示意图

上述方程虽然为解释晶面生长提供了一个简单的例子，但它并没有帮助我们解决两个基本问题：①这些台阶面来自哪里？②决定晶体生长速率的速率控制因素是什么？晶体生长理论就是试图回答这两个问题的。

#### 1.4.1.1 二维成核理论模型

可以采用二维成核理论来描述台阶的形成[98]。成核需要形成临界尺寸的分子团簇。当团簇达到临界尺寸时，吉布斯自由能有利于这一团簇的增长，当尺寸低于临界尺寸时，团簇就会消失。这也可以推广到在一个平面上的二维成核。分子将在表面不断地吸附、扩散和解吸[99]。它们还会相互碰撞，形成二维聚集体，如图 1-9(b)所示。

根据二维成核理论得出的临界尺寸表达式为

$$r_c = \sigma V_m / kT \ln S \tag{1-15}$$

式中：$r_c$ 是临界尺寸团簇的半径；$\sigma$ 是表面能；$V_m$ 是分子的体积；$k$ 是玻尔兹曼常数；$T$ 是温度；$S$ 是过饱和度。解上述方程需要先确定表面能，而这可能很难获得。运用成核理论，可以推导出单位时间内单位面积的临界尺寸核形成速率的表达式。完整的推导过程可以在 Ohara 和 Reid 的著作中找到[93]。速率表达式的简化版本为

$$I = C_1 (\ln S)^{1/2} \exp\left(-\frac{C_2}{T^2 \ln S}\right) \tag{1-16}$$

$$C_1 = \left(\frac{2}{\pi}\right) n^2 \bar{v} \left(\frac{V_m}{h}\right)^{1/2} \tag{1-17}$$

$$C_2 = \pi h \sigma^2 V_m / k^2 \tag{1-18}$$

式中：$I$ 是二维成核率；$S$ 是过饱和度；$\sigma$ 是表面能；$n$ 是溶液中分子或单体的平衡数；$\bar{v}$ 是表面吸附分子的速度；$V$ 是分子的体积；$T$ 是温度；$k$ 是玻尔兹曼常数。$C_1$ 和 $C_2$ 通常采用从实验中获得的经验参数。上述方程表明二维核形成的速率是过饱和度和温度的强关联函数。一旦表面核形成，下一个问题是核如何扩散形成一个完整的层。根据最简单的晶体生长理论假设，当表面核形成时，它会以无穷大的速度在整个表面扩散。然后必须等待另一个核的形成。由于该模型中的决速步是表面核的形成，因而晶体的生长速率可以表示为

$$G = hAI \tag{1-19}$$

或者将 $I$ 用式(1-16)替换，则式(1-19)推导为

$$G = hA C_1 (\ln S)^{1/2} \exp\left(-\frac{C_2}{T^2 \ln S}\right) \tag{1-20}$$

根据上述公式,晶面的增长速度与该晶面的面积成正比。该模型被称为单核模型。如果我们假设二维核在形成时根本不扩散,那么形成的足够多的临界尺寸的二维核就会覆盖该层。因此,晶体生长速率的表达式为

$$G = I\pi r_c^2 h \tag{1-21}$$

或者式(1-21)可以推导为

$$G = \left(\frac{C_3}{T^2}\ln S^{\frac{3}{2}}\right)\exp\left(\frac{-C_2}{T^2\ln S}\right) \tag{1-22}$$

式中:$C_3$ 是从实验中获得的经验参数。该模型被称为多核模型(polynuclear model)。

在扩散速度无穷大的单核模型和扩散速度为零的多核模型的两个极端之间,还有一种诞生和扩散(birth and spread)模型。诞生和扩散模型允许原子核以有限的恒定速率扩散,并假设该速率与原子核的大小无关且原子核可以在任何位置形成,包括不完整的层,并且原子核之间没有相互作用。根据该模型,1973年,Ohara和Reid推导出了晶体的生长速率表达式[100]

$$G = (S-1)^{\frac{2}{3}}(\ln S)^{\frac{1}{6}}\exp\left(\frac{-C_5}{T^2\ln S}\right) \tag{1-23}$$

式中:$C_5$ 是从实验中获得的经验参数。文献中已经开发并报道了许多以该模型为基础,经调整和修改的新模型。

回顾上述3种模型,我们不难发现,每个模型都会预测晶体生长速率与饱和度、温度或表面积的相关函数有关[101]。在单核模型中,一个面上的晶体生长速率与该面的面积成正比,这表明面积大的面比面积小的面生长得更快。然而这与生长最快面的面积最小,而生长最慢面的面积最大的观察结果相矛盾。这基本上消除了单核模型作为有用模型的可能性。而多核模型预测生长速率随成核速率的增大而增大,但生长速率随临界核尺寸的减小而减小。临界核尺寸随过饱和度的增大而减小,使生长速率成为过饱和度 $S$ 的复变函数。多核模型还预测,在一定过饱和度下,生长速率 $G$ 存在最大值[102]。这意味着多核模型并没有预测晶体生长速率会随着过饱和度的增大而持续增大;相反,它预测在一定的过饱和度下,生长速率是最大的。当体系达到这个过饱和度时,如果过饱和度增大或减小,生长速率则会减小,而这个结果并未被观察到。诞生和扩散模型以及它的修正模型预测了生长速率 $G$ 随着过饱和度的增大和温度的升高而增大。生长速率与过饱和度这些变量不是简单的函数关系,因此该模型不存在其他两个模型所具有的明显问题[103]。出于这个原因,从诞生和扩散模型中获得的一些半经验关系有时被用来关联实验生长数据并获得所需的常数。依赖于二维表面成核的所有模型的另一个困难是,除非在方程中使用非常小的表面能值,否则每个模型在低过饱和度下预测都会失败,预测的生长速率比实验观察到的低得多。本节讨论的模型有助于加深对可能的晶体生长机制的理解,然而,不建议将这些模型用于真正的预测,尽管有时仍然会使用通过上述模型的简化方程获得的经验方程。

### 1.4.1.2 伯顿-卡布雷拉-弗兰克(Burton-Cabrera-Frank)理论模型(BCF 理论模型)

上一小节中讨论的模型都需要二维成核才能启动新层的生长。然而,这些模型无法解释

在低过饱和度下观察到的晶体生长速率，而且在某种意义上，上述模型预测晶体生长为一个非连续的过程，临界尺寸二维核的形成成为生长的决速步，这一结论并不能令人满意。Frank 提出了一个模型，其中的台阶是自发形成的[104]。他认为，晶体中的位错是新台阶的来源，一种称为螺旋位错的位错可以为台阶连续生长提供一种方式[105]。图 1-10 给出了螺旋位错生长的一个简单示例。

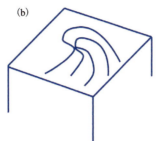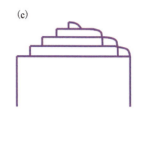

图 1-10　晶体从螺旋位错开始的生长示意图
(a)从螺旋位错顶部台阶开始生长；(b)变成顶部螺旋楼梯；(c)逐渐扩散生长

首先，分子吸附在晶体表面并扩散到螺旋位错两个平面的顶部台阶，表面呈螺旋楼梯状（可以是右螺旋位错或左螺旋位错）。一层堆叠完成后，位错仍然存在，它只是高了一层。Frank 想法的引人入胜之处在于，他认为晶体生长不需要表面成核，并且可以在低过饱和度下以有限速率生长。1951 年，Burton 等通过假设表面扩散是决速步，在一个增长模型中公式化了这个概念[106]。Burton-Cabrera-Frank(BCF)增长方程的描述和推导可以在 Nývlt[94] 以及 Ohara 和 Reid 等的著作[93]中找到。由这一理论得到的动力学表达式为

$$G = K_1 T(S-1)\ln S \tanh(K_2/T\ln S) \tag{1-24}$$

式(1-24)包含的系统常数($K_1$ 和 $K_2$)虽然很难计算或从实验中获得，但确实提供了重要信息。在低过饱和度下，该方程简化晶核增长与过饱和度的二次方成正比这一表达形式；而在较高过饱和度下，晶核增长与过饱和度呈线性关系。BCF 理论告诉我们，随着过饱和度的增大，晶体生长速率从对过饱和度的抛物线依赖变为线性依赖[107]。这一模型称为 BCF 表面扩散模型，因为晶体表面的扩散被认为是速率控制步骤。虽然该理论在气相生长中是正确的，但在溶液生长中，从本体溶液到晶体-液体界面的扩散通常是限速步骤。

基于 BCF 理论的自我永生螺旋生长思想，各种针对体积扩散受限情况的生长模型层出不穷[108]。这些模型中最著名的是切尔诺夫(Chernov)模型[109]。在这个模型中，溶质分子通过边界层的扩散是决速步。模型推导的细节可以在 Ohara 和 Reid、Nývlt 发表的著作中找到。由此推导出的晶体生长方程式为

$$G = \frac{V_m \xi C^* (S-1)^2 h}{S_{cr}(1+(\xi h/D)\ln\left[\dfrac{S_{cr}\delta}{(S-1)h}\right]\sin\left[\dfrac{h(S-1)}{S_{cr}}\right]} \tag{1-25}$$

式中：$\xi$ 是与扭结密度有关的系数；$\delta$ 是边界层厚度；$S_{cr}$ 则由下式定义

$$S_{cr} = 4V_m\sigma/kT\delta \tag{1-26}$$

$S_{cr}$ 参数是一个无量纲群，有时被称为临界转变过饱和，因为当($S-1$)远小于 $S_{cr}$ 时，上述方程可以简化为

$$G \propto (S-1)^2/[1+k\ln(\delta/h)] \tag{1-27}$$

式中:$k=\xi h/D$。

式(1-25)至式(1-27)表明,在相对低的过饱和度下,生长速率与过饱和度呈抛物线关系。这与根据 BCF 表面扩散模型得出的结果相同。此外,生长速率 $G$ 随着边界层厚度 $\delta$ 的增加而降低。这一结论十分重要,因为边界层厚度直接关系流体动力学条件和搅拌速率。如果 $(S-1)$ 远大于 $S_{cr}$,但远小于 1,则根据上述方程会得出 $G$ 随过饱和度呈线性增大并随 $\delta$ 增加而下降的结论。切尔诺夫体积扩散模型为晶体生长理论与工业实际结晶应用提供了桥梁,其中流体流动和搅拌很重要。虽然还有其他类型的模型,但这两个是最著名也是最有用的。在表面扩散模型中,限速步骤是分子在晶体表面向台阶扩散这一步骤[110]。在本体扩散模型中,限速步骤变成了分子从本体溶液扩散到晶体-液体界面这一步骤。采用 BCF 生长机制的更通用的模型结合了表面扩散和体积扩散,并考虑了这些作用的平行或者串联效应对晶体生长速率的影响。这类模型预测的一个重要结论是,随着晶体和溶液之间的相对速度的增大,晶体生长速率将先增加到最大值,然后保持不变。该最大值是当只有表面扩散限制生长时获得的值。在文献中,这被称为受界面附着动力学限制的生长。当可以通过改变流体动力学条件来改变晶体生长速率时,就称为传质限制的生长[111]。

### 1.4.1.3 扩散层理论

到目前为止,我们所讨论的晶体生长模型在数学上呈现复杂性,分子主要是通过二维成核理论或者 BCF 理论中的螺旋位错在晶体表面的台阶扩散。正如我们在切尔诺夫体积扩散模型中所看到的,溶质在边界层中的扩散和边界层的厚度可以在控制晶体生长速率方面发挥重要作用。一个简单的溶质集中在边界层的模型被称为扩散层模型。一般来说,工业结晶过程的相关数据研究都使用这种模型。当晶体在过饱和溶液中生长时,溶质离开溶液在晶体-液体界面结晶并成为晶体的一部分,这将耗尽晶体-液体界面区域的溶质。因为溶质离开界面时浓度更大,所以会向晶体表面扩散[112],溶质的浓度将从界面处至溶液中不断增大。浓度变化的区域称为浓度边界层(也有动量边界层和热量边界层)。从晶体表面到浓度为体积浓度的区域的距离称为边界层厚度。扩散层模型的基础是溶质通过边界层扩散,然后并入晶体中[113]。对于单——维情况,晶体质量增长速率可以等同于通过边界层的扩散速率,表达为

$$\frac{\mathrm{d}m_c}{\mathrm{d}t} = DA\left(\frac{\mathrm{d}C}{\mathrm{d}x}\right) \tag{1-28}$$

式中:$D$ 是扩散系数;$A$ 是晶体的表面积。在经典生长模型的基础上,将晶体生长看作"一个简单的扩增过程,通过单元细胞复制扩大稳定的核,而不引起体内或表面的结构变化",这主要取决于表面反应和单体的扩散机制。当表面反应是晶体生长的控制因素时,根据菲克第一定律,可以通过颗粒尺寸随时间的增加来估算晶体生长速率[114]。对于球形颗粒,晶体生长速率可近似为

$$J = 4\pi x^2 D \frac{\mathrm{d}C}{\mathrm{d}x} \tag{1-29}$$

式中:$J$ 是单体通过半径为 $x$ 的球面的总通量;$x$ 是粒子半径;$D$ 是扩散系数;$C$ 是距离为 $x$ 处的浓度。

对于溶液中的纳米颗粒,当 $\delta$ 为颗粒表面到溶液中单体体积浓度的距离,$C_b$ 为溶液中单体体积浓度,$C_i$ 为固-液界面单体浓度,$C_r$ 为颗粒的溶解度时,菲克第一定律可以改写为

$$J = \frac{4\pi Dr(r+\delta)}{\delta}(C_b - C_i) \tag{1-30}$$

溶质稳定扩散,使得 $J$ 与 $x$ 无关,因此 $C(x)$ 从 $(r+\delta)$ 到 $r$ 积分后可以得到

$$J = 4\pi Dr(C_b - C_i) \tag{1-31}$$

表面反应速率 $k$ 也可以写成类似的公式,假设表面反应的速率与纳米颗粒的大小无关,则晶体生长速率可以近似为

$$J = 4\pi r^2 k(C_i - r) \tag{1-32}$$

式(1-31)和式(1-32)有两个限制因素,单体向表面的扩散速率或这些单体在表面上的反应速率。上述溶液中纳米晶体生长理论的数学方面的更多细节可以参考其他专业的资料[115]。

## 1.4.2 其他生长理论

### 1.4.2.1 LaMer 理论

LaMer 理论首先将成核与生长进行概念性分离,认为成核生长过程可分为 3 个阶段[116]:①单体浓度逐渐增加至饱和状态,过程中没有纳米颗粒生成;②单体浓度过饱和,达到一定程度后开始大量成核,此时单体浓度急剧降低,成核终止;③以核为中心并通过单体扩散长大(图 1-11)[117]。LaMer 研究了通过硫代硫酸钠的分解合成硫溶胶,这一过程包括两个步骤:第一步是借助硫代硫酸盐中形成游离的硫,第二步是在溶液中形成硫溶胶。在这一理论中,成核过程和生长过程可以分为 3 个部分:一是溶液中游离单体浓度的迅速增加;二是单体经历"爆裂成核",这将显著降低溶液中游离单体的浓度,这一刻的成核速率被描述为"无限大",在这一刻之后,由于溶液中单体浓度很低,因而后续几乎没有成核;三是受溶液中单体扩散控制的核的生长过程。卤化银的生长已经被深入研究,并被证实是遵循 LaMer 理论的[118]。

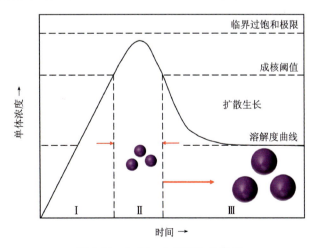

图 1-11 LaMer 生长理论示意图

### 1.4.2.2 奥斯特瓦尔德熟化和分步规则

奥斯特瓦尔德(Ostwald)是1909年诺贝尔化学奖的获得者,他提出了两个沿用至今的概念:奥斯特瓦尔德熟化(Ostwald ripening,OR)[119]和奥斯特瓦尔德分步规则(Ostwald's step rule)。

**1. 奥斯特瓦尔德熟化**

在等温条件下,过饱和溶液结晶是固相三维成核和生长的结果。因此,最终溶液中会出现大小不一的固体颗粒的混合物。从热力学角度来看,这种粒子始终不处于吉布斯自由能最小的状态,由式(1-33)可以看出,这种状态代表一种过剩表面能的构型[120]。

$$dG = -SdT - Vdp + \sum \mu_i dn_i + \gamma dA \tag{1-33}$$

式中:$S$是系统的熵;$T$是温度;$V$是体积;$p$是压强;$\mu_i$是它的化学势;$n_i$是$i$物质的数量;$\gamma$和$A$分别是表面自由能和固体粒子的面积。在给定的$T$、$V$和$p$条件下,系统倾向于通过增大晶体颗粒的尺寸来达到最小能量状态,从而减小它们的总界面面积。理想情况下,这种演化过程将导致最终单个颗粒(或晶体聚集体)的形成。这种由过剩表面能驱动的固体粒子大小$L$分布的演化过程称为奥斯特瓦尔德熟化或粗化[121]。

当热力学平衡时,界面面积的减小伴随着粒子的粗化,因为粒子在体系中的溶解度随其尺寸$L$的变化而变化,这种变化关系遵循吉布斯-汤姆逊(Gibbs-Thomson)关系,也称为奥斯特瓦尔德-弗罗因德利希(Ostwald-Freunlich)关系[122]。

$$\ln\left[\frac{c(L)}{c_0}\right] = \left(\frac{4\gamma\Omega}{k_B T}\right)\frac{1}{L} = \frac{\kappa}{L} \tag{1-34}$$

式中:$c(L)$是直径为$L$的球形颗粒的溶解度;$c_0$是半径为无穷大的颗粒在平衡体系中平面界面上的溶质浓度(即平衡溶解度);$\Omega$是分子体积;毛细管长度$\kappa$包含了粒子的其他参数。对于非球形晶体,需要考虑面积和体积形状因子$k_A$和$k_V$,这时,系数4被$2k_A/3k_V$取代。由于奥斯特瓦尔德熟化发生在过饱和度$S$较低的时候,使用近似$\ln[c(L)/c_0] \approx [c(L)-c_0]/c_0$,得到

$$c(L) = c_0\left(1 + \frac{\kappa}{L}\right) \tag{1-35}$$

显然,晶体颗粒的溶解度取决于颗粒直径$L$,过饱和度随颗粒直径$L$的变化而变化。

在经典的奥斯特瓦尔德熟化机制中,小颗粒在晶体生长过程中消失,而大颗粒进一步生长。该过程的驱动力源于粒子总表面积的减少产生的总界面自由能的降低。在成核初期,产生的晶核有大有小,由于具有更高的表面积与体积比,因而具有更高的表面能,不稳定[123]。因此,小颗粒比大颗粒溶解得更快,将离子或分子释放到溶液中。之后溶液的过饱和度增加,这些离子或分子通过扩散并吸附到较大颗粒的表面,导致大颗粒生长,而较小的颗粒继续溶解(图1-12)。根据吉布斯-汤姆逊方程,小颗粒表面溶质离子浓度高于大颗粒表面溶质离子浓度,形成溶质离子浓度梯度。这种浓度梯度有利于溶质离子从较小的纳米颗粒表面扩散到溶液中较大的纳米颗粒表面,导致较小的纳米颗粒数量的减少和较大的纳米颗粒平均尺寸的增加,形成更窄的尺寸分布[124]。奥斯特瓦尔德熟化过程包括两个主要步骤:溶解和再生长。奥斯特瓦尔德分步规则近年来被广泛应用于纳米颗粒的制备。虽然绝大多数实验结果符合这个规则,但它的普适性并没有得到公认,主要由于仍存在极个别观察不到亚稳态例外情况

报道且尚无不容置疑的理论基础[125]。

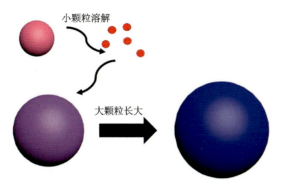

图 1-12 奥斯特瓦尔德熟化理论示意图

**2. 奥斯特瓦尔德分步规则**

根据大量实验观察,Ostwald 在 1897 年总结出晶体生长及相变过程的经验规律[126]:晶体生长过程中最先出现的晶型不是最稳定的,反而是最不稳定的,即亚稳态晶型,它在热力学上最接近其母体[127]。然后随着温度的继续降低或时间的推移,亚稳态晶型逐步向更稳定的晶型转变,所以在晶体中会存在多种晶型共存的情况(图 1-13)。热力学控制和动力学控制下的结晶途径,称为奥斯特瓦尔德分步规则。主要区别是形成非晶态或多晶型的活化能不同。Sung-Yoon Chung 等[128]研究了金属磷酸盐的结晶行为。实验结果表明,非晶材料通过一系列的中间晶型转变成稳定的晶型。Sung-Yoon Chung 断言,这些实验结果直接证明了奥斯特瓦尔德提出的分步规则的正确性,其形式是"在将不稳定状态(或亚稳态)转化为稳定状态的过程中,系统不会直接进入最稳定的构象(对应于自由能最低的构象),而是倾向于进入与初始状态有最接近自由能差的中间阶段(对应于其他可能的亚稳态构象)。"

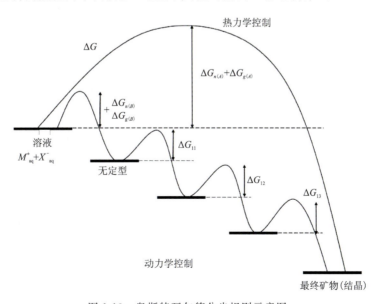

图 1-13 奥斯特瓦尔德分步规则示意图

### 1.4.2.3 取向附着生长

取向附着生长(oriented attachment,OA)机制最早由 Penn 和 Banfield 合作提出[129]。他们在研究水热合成 $TiO_2$ 纳米晶的时候,发现 $TiO_2$ 纳米晶可以形成一维链状结构,而且这个结构是由一些纳米微晶组成的。他们利用高分辨电子显微镜研究发现,这些纳米微晶的晶体取向是完全一致的,所以他们提出了定向生长的概念。也就是说,纳米颗粒可以通过共用一个晶面连接形成更大的颗粒。其实很早以前 Averback 等在铜片上沉积 Ag 的时候就发现了类似的现象,不过他们把它称作"接触外延生长(contact epitaxy)"[130]。团聚机制(coalescence)与取向附着生长机制十分相似,区别在于团聚机制中纳米微晶的取向并不一致,它是由多个取向不一致的纳米团微晶直接连接而成的。

取向附着生长过程是胶体粒子通过对齐排列它们的原子晶格并一起生长成单晶体的过程(图1-14)。因此,两个对齐的晶体通过外延两个特定的面,变成一个更大的晶体[131]。如果我们简单地考虑两个晶体的系统,取向附着的生长方式减少了表面能。取向附着生长常常发生在当晶体大量分散在液相、溶胶或晶体悬浮液中时。溶液中的粒子根据不同的形状优先附着并对齐排列在与之相似的粒子表面,从而生长成薄板形、蜂窝形、线形、方形的超晶格。在这种情况下,取向附着降低了晶体悬浮液的总自由能,主要通过去除纳米晶体/液体界面区域实现[132]。单体一般优先附着在纳米颗粒的高指数晶面上,这些高指数晶面具有较高的表面能,与附着在低指数稳定晶面相比,晶体具有更快的生长速度。而邻近的纳米颗粒可通过取向附着等方式聚合成更大的纳米颗粒,进而降低系统的表面能。在纳米颗粒取向附着生长过程中,为了减少颗粒内部和颗粒之间晶界上的位错,纳米颗粒可能会发生旋转,进而降低系统的总能量[133]。当然在取向附着的过程中难免会出现一些位错和缺陷,以这种生长机制形成的单晶同以奥斯特瓦尔德熟化机制形成的单晶不同[134],后者形成的单晶大多是规则的,其结构与材料本身晶体结构相关;而取向附着生长机制则不受结构和形貌的限制,任何形状和结构的单晶材料都能通过此机制形成。

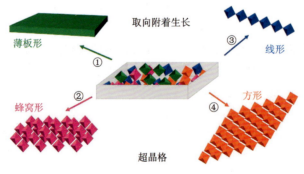

图 1-14 取向附着生长示意图

取向附着生长可以采用有机溶剂热注入法实现,这一方法可以制备具有明确晶体结构和形状的晶体,这类晶体具有独特的表面化学结构和特定的能量。因此,配体分子在特定面上的结合能和密度相差很大。与电荷稳定的纳米晶体相比,有机封端晶体的取向附着具有更明显的面特异性。同时,纳米晶体的形状也受到端面封接密度的影响。例如,一个封装良好的 PbSe

纳米晶体具有截角八面体的形状,但是如果通过洗涤降低配体密度,就会变成截短的立方体。

### 1.4.2.4 相变促进晶粒长大

近年来,纳米晶材料的固态相变研究逐渐成为本领域研究的热点之一。由于含有大量晶界,纳米晶体系发生相变(如铁素体/奥氏体相变[135]、马氏体逆相变[136]、第二相析出[137]、晶界相变[138]等)的同时往往伴随晶界迁移(晶粒长大),即相变与晶粒长大共生(以下简称共生),如图1-15所示。该共生往往对应特殊的转变机制,通过得到非均质结构获得优良的综合力学性能。例如,碳钢由铁和碳(重量百分比高达2%)组成,含有少量合金元素,并存在于3种稳定的晶相中:具有面心立方结构的奥氏体、具有体心立方结构的铁素体和具有正交结构的渗碳体($Fe_3C$)。碳钢中的主要相变反应是高温奥氏体相转变为低温铁素体相,是一种典型的扩散控制固相转变。通过控制退火工艺,可以获得性能优良的钢材。在其他功能性纳米材料的制备中,相变促进晶体长大也常常被报道。例如,经典的光催化材料$TiO_2$,在低温时晶粒生长不明显,而在高温时,晶粒迅速生长,这是由于$TiO_2$由锐钛矿相转变为金红石相,在相变过程中的原子扩散进一步促进了晶粒长大,在相变点附近锐钛矿相粉体的晶粒尺寸明显增大。

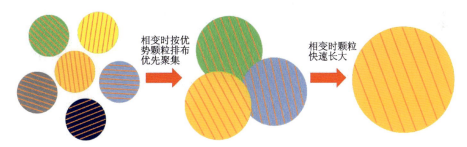

图1-15 相变促进生长示意图

### 1.4.2.5 尺寸依赖性生长

在对晶体生长理论和动力学的讨论中,我们假设晶体生长速率不是晶体尺寸的函数。虽然这个假设是合理的,但并不总是正确的。其实非常小的颗粒和较大的颗粒的溶解度存在差异。这种溶解度差异将导致过饱和度的差异,因为过饱和度也是粒径的函数。较小的颗粒与较大的颗粒相比具有较低的过饱和度,因此不会生长得那么快(图1-16,图中纵坐标$n$表示尺寸为$L$的颗粒的数量)。这是尺寸依赖性生长的一个典型例子,但这种机制仅在晶体尺寸非常小($L<1\mu m$)时才能凸显其重要性。对于较大尺寸的晶体,针对界面附着动力学控制晶体生长速率的情况,Garside提出了尺寸依赖性生长机制[139]。这种机制的提出基于如下想法:随着晶体变大,其总表面积增加,表面上出现位错的可能性也会增加。如果晶体通过BCF机制生长,表明较大的晶体可能比较小的晶体生长得更快。此外,Garside还提出了一种基于体积扩散的机制,这也从另一个角度表明在某些条件下,较大的晶体可以比较小的晶体生长得更快。Randolph总结了科学家提出的各种包含尺寸依赖性的经验性的生长速率表达式。

虽然尺寸依赖性增长确实存在,但近年的研究表明,在许多情况下,尺寸依赖性增长是晶体生长速率离散所导致的。也就是说,相同尺寸和成分的晶体,即使在相同过饱和度、温度和流体动力学条件下,仍然可能以不同的速率生长。这与尺寸依赖性生长不同,在尺寸依赖性

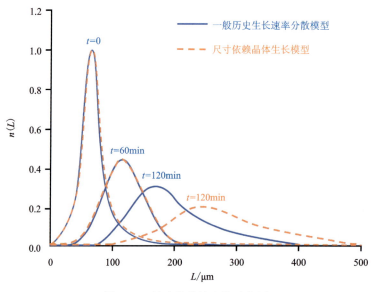

图 1-16　尺寸依赖性生长示意图

生长中,不同尺寸的晶体显示不同的生长速率。White 和 Wright 首次使用生长速率分布不均的概念来解释在蔗糖批量生长期间观察到的尺寸分布范围扩大现象。研究者对生长速率分布不均进行研究后发现了两种截然不同的机制。其中一种机制如下:虽然晶体有一个生长速率的分布范围,但每个单独的晶体都以一个恒定的速率(在一组固定的条件下)生长。这意味着晶核天生就具有生长速率分布的特点。研究者在稳态条件下观察结晶器中的两个晶核,他们发现每个晶核以恒定但不同的速率生长[140]。上述晶体生长机制已经被实验证实,研究还包括对磨损产生的晶体碎片、次级核及初级成核产生的单晶的研究。

生长分散的第二种机制如下:虽然所有晶体的平均生长速率相同,但单个晶体的生长速率会随时间显著波动。这种机制意味着在相同条件下生长的两种不同晶体的生长情况在任何时候都可能不同,因为很长一段时间内平均生长速率是相同的,也有实验证据支持这种机制。文献中出现的对生长速率分散分布的解释大部分采用晶体生长 BCF 理论。BCF 理论表明晶体的生长速率取决于表面存在的螺旋位错。实验工作表明,螺旋位错的位置或密度的变化会引起晶体生长速率的较大变化。晶体与晶体,晶体与叶轮、壁的碰撞会导致位错损坏,从而改变晶体生长速率,对于次级核尤其如此。此外,晶体生长过程的不完美可能导致晶面位错的变化。生长速率分散和尺寸依赖性生长都会影响从实验室和工业结晶器获得的晶体尺寸分布。

## 1.5　晶粒成核和生长的表征

### 1.5.1　原位表征

关于成核和晶体生长的许多结论得益于近年来几种原位高分辨溶液分析技术的重大发

展。研究人员从不同角度探测晶体在溶液中的成核和早期生长阶段,这些技术需要满足如下几点特征或要求:①从原子尺度开始生成的物质;②(预)成核和生长过程中发生化学反应;③高动态和快速过程;④多物质的大小和形状分布。迄今为止,还没有一种实验技术能够满足上述所有要求,但是将这些技术结合起来可以将成核和生长过程中涉及的复杂过程绘成一幅完整的图像。用液相透射电子显微镜(liquid phase transmission electron microscopy, LP-TEM)或原位原子力显微镜(atomic force microscopy, AFM)可以观察到非常小的物质(第①点)。对于化学反应的检测(第②点),基于X射线的光谱学的扩展X射线吸收精细结构(extended X-ray absorption fine structure, EXAFS)或X射线吸收近边结构(X-ray absorption near edge structure, XANES)检测技术,是检测待测元素周围的局部环境以及氧化状态或化学键形成/断裂的合适方法[141]。采用配对分布函数(pair distribution function, PDF)分析可以进一步揭示键长的定量信息,例如,金[142]、铂[143]、棒状 $CaSO_4$ 团簇的成核生长过程可以用PDF分析[144]。因此,时间尺度上分辨EXAFS、XANES技术和PDF是研究(预)成核和早期生长物质的化学反应和结构的宝贵工具。除了上述复杂的基于同步加速器的技术之外,如果存在合适的发色团,简单的紫外-可见分光光谱如果与小角X射线散射(small angle X-Ray scattering, SAXS)/广角X射线散射(wide angle X-ray scattering, WAXS)[145]或分析超速离心(analytical ultracentrifugation, AUC)[146]相结合,也可以检测到有价值的信息。这对研究半导体/金属纳米颗粒成核和生长的早期阶段特别有用,因为紫外-可见分光光谱包含很多信息,如尺寸、形状和结晶度[147]。对基于离子的反应,电导电极适用于分辨不同时间反应化合物的形态[148]。二维固态核磁共振(nuclear magnetic resonance, NMR)实验对于描述复杂多组分混合物的非经典生长过程非常有用。例如,利用NMR发现珊瑚中的无定形碳酸钙(amorphous calcium carbonate, ACC)颗粒可以促进文石晶体的生长。超极化核磁共振技术可以显著提高稀溶液测量的灵敏度,这些技术的进步可以使人们在不久的将来更好地了解溶液前驱体和成核机制。如果使用自由反应物射流,则时间分辨率可降至微秒域,这时SAXS可以检测颗粒的平均值,甚至可以检测颗粒大小分布(第③点)。例如,通过SAXS(时间分辨率为1~30s)发现石膏形成和聚集小于3nm初级物质的四阶段生长过程[149],并通过结构重排最终结晶,形成石膏。此外,用SAXS/WAXS方法对硅酸盐矿物进行时间分辨率为1s的测定,发现了类似的情况[150]。未来,SAXS/WAXS的时间分辨率可以通过应用自由电子激光器大大提高,SAXS/WAXS可以在1s内产生与同步加速器光束具有同样多光子的脉冲,从而在原子尺度上对物质成像。

相比之下,分析超速离心技术是一种发展缓慢的技术,但在0.1nm范围内具有极高的粒径分辨率,并且可以检测到单个离子或分子。采用SAXS和AUC可以检测样本中所有种类的物质,而采用AFM和LP-TEM只能观察到少数物质,但可以对它们进行成像。对于溶液中进行得较慢的反应,LP-TEM、AUC、滴定形态、SAXS/WAXS、EXAFS、XANES的组合可以检测到所需的信息。反应产物可以通过冷冻TEM成像[151]。该技术已成功用于研究葡萄糖异构酶成核和早期生长阶段。

对于复杂的混合系统,如有机基质内无机颗粒的成核,LP-TEM、SAXS、WAXS和AUC的组合可以进行有效表征。另一种可以监测快速反应的技术则是AUC。该项技术利用了一种特殊的合成边界元,即其中一种反应物溶液可以叠加到另一种反应物溶液上,形成的一个狭窄的具有明确界面的反应区,可以用于研究 CdS 的形成。这种方法的优势在于,即使覆盖的反应物在几秒钟内被消耗殆尽,形成的物质淬灭、分离依旧可以被监测,并可用紫外-可见光谱仪表征每种化合物的光谱。

纳米 Ag 成核过程显示存在 8 种不同大小的物质,其个体光谱信息被分别确定[152]。研究发现,粒径介于 0.4~0.6nm(仅对应 1~5 个 Ag 原子)之间的 7 种物质可以被探测到,它们相应的原子尺度的紫外-可见光谱也可以获得。如果扩散系数分布与沉降系数分布同时确定,则可以确定每种物质的密度,以及离子的大小、摩尔质量、离子核的原子数和稳定剂分子数。因此,即使对于复杂的多组分混合物,AUC 也可用于表征纳米颗粒的成核和早期生长过程(第④点)。

LP-TEM 是另一种用于研究纳米颗粒成核生长的有用方法。它已经被成功用于 Au 纳米颗粒的成核成像研究,亚稳态核的存在表明晶核形成和溶解过程的波动。LP-TEM 的结果显示,Au 纳米颗粒是在富金属液相中的非晶纳米团簇结晶之前通过前驱体溶液的失稳相分离形成的。此外,Au 纳米颗粒在离其表面约 1nm 的界面区域形成次级颗粒,然后附着到初级纳米颗粒上,表明 Au 纳米颗粒的成核和生长是一个复杂的非经典过程。

尽管最新的 LP-TEM 的研究进展使得能以单粒子分辨率对溶液成核的实时时间和实时空间动力学进行直接成像,但前面提及的例子都集中在小体系中。而生长过程的研究发生在比成核过程大得多的时间尺度和长度尺度上,并且涉及更多的粒子,这给实验表征带来了很大的挑战。生长过程的直接观察需要控制传质,这在封闭液体腔室中一直很困难。成核后晶体生长动力学的建模也遇到了挑战,因为构建单元的大小与溶剂和配体分子的大小相当,所以准确表示相互作用和纳入涨落效应是至关重要的。同样重要的是,缺乏关于动力学参数的实验数据,也就是缺乏用于模拟的可靠输入参数,这将导致这些参数无法验证,因为生长模拟和结晶模拟不同。因此,对于生长过程中的原位研究还需要进一步的努力。

## 1.6 小结与展望

本章首先介绍了溶液中纳米材料成核和生长中的基本概念与物理量,然后回顾了理论的发展历史,之后概述了纳米材料成核、生长的经典理论和近年来提出的新理论。不仅分析了不同理论的优越性和局限性,为后续章节中纳米材料的生长、形貌、结构研究等提供了理论基础,同时还从不同角度阐述了纳米材料成核和生长的关键因素。最后,随着原位表征技术的不断发展,人们对纳米材料成核和生长过程的理解越来越深入,也将原有理论补充得更加完整。本章还选取了一些具有代表性的原位表征结果,以期为读者理解深奥的理论提供更加直接明了的辅证。

然而,由于纳米材料成核和生长过程十分复杂,介绍的理论十分有限,在晶体生长的热力学基础部分仅讨论了均匀成核和非均匀成核。在晶体生长的动力学基础部分,各种不同的热量输运和质量输运理论涉及大量的数学公式,在本章中并未详细讨论,对于晶体目前仅针对有限的简单系统进行了深入研究。不同晶体的生长习性和晶体形态不仅受自身性质,如溶度积、相变熵、表面自由能、缺陷等的影响,也受晶体生长环境的影响,因此,很难用一种通用的理论来解释所有晶体的成核和生长过程。未来通过结合多种表征手段和模拟计算模型,可以对其他更多的复杂系统进行深入的研究。

# 参考文献

[1] ZHANG J, ZHANG S, ZHANG Y, et al. Colloidal quantum dots: synthesis, composition, structure, and emerging optoelectronic applications[J]. Laser & Photonics Reviews, 2023, 17(3): 2200551.

[2] EVANS C M, EVANS M E, KRAUSS T D, et al. Mysteries of TOPSe revealed: insights into quantum dot nucleation[J]. Journal of the American Chemical Society, 2010, 132(32): 10973-10975.

[3] MERSMANN A. Crystallization technology handbook[M]. Boca Raton: CRC Press, 2001.

[4] LIDE D R. CRC handbook of chemistry and physics[M]. Boca Raton: CRC Press, 2004.

[5] RAHMAN F, SKYLLAS-KAZACOS M. Solubility of vanadyl sulfate in concentrated sulfuric acid solutions[J]. Journal of Power Sources, 1998(72): 105-110.

[6] HUNTER R J. Zeta potential in colloid science: principles and applications[M]. Amsterdam: Elsevier Science B. V., 2013.

[7] SALOPEK B, KRASIC D, FILIPOVIC S. Measurement and application of zeta-potential [J]. RUDARSKO-GEOLOŠKO-NAFTNI ZBORNIK, 1992, 4(1): 147-151.

[8] HENDERSON D. Recent progress in the theory of the electric double layer[J]. Progress in Surface Science, 1983, 13(3): 197-224.

[9] LYKLEMA J, DUVAL J F L. Hetero-interaction between Gouy-Stern double layers: charge and potential regulation[J]. Advances in Colloid and Interface Science, 2005, 114-115(30): 27-45.

[10] OLDHAM K B. A Gouy-Chapman-Stern model of the double layer at a(metal)/(ionic liquid) interface[J]. Journal of Electroanalytical Chemistry, 2008, 613(2): 131-138.

[11] GULICOVSKI J J, ČEROVIĆ L S, MILONJIĆ S K. Point of zero charge and isoelectric point of alumina[J]. Materials and Manufacturing Processes, 2008, 23(6): 615-619.

[12] BUTLER M, GINLEY D. Prediction of flatband potentials at semiconductor-electrolyte interfaces from atomic electronegativities[J]. Journal of the Electrochemical Society, 1978, 125(2): 228.

[13] SVERJENSKY D A. Zero-point-of-charge prediction from crystal chemistry and solvation theory[J]. Geochimica et Cosmochimica Acta, 1994, 58(14): 3123-3129.

[14] YOON R H, SALMAN T, DONNAY G. Predicting points of zero charge of oxides

and hydroxides[J]. Journal of Colloid and Interface Science,1979,70(3):483-493.

[15] BEBIE J,SCHOONEN M A,FUHRMANN M,et al. Surface charge development on transition metal sulfides:an electrokinetic study[J]. Geochimica et Cosmochimica Acta,1998,62(4):633-642.

[16] MYERSON A. Handbook of industrial crystallization[M]. Cambridge:Cambridge University Press,2002.

[17] MARKOV I V. Crystal growth for beginners:fundamentals of nucleation,crystal growth and epitaxy[M]. Singapore:World Scientific,2016.

[18] CODOLUTO S C,BAUMGARDNER W J,HANRATH T. Fundamental aspects of nucleation and growth in the solution-phase synthesis of germanium nanocrystals[J]. CrystEngComm,2010(12):2903-2909.

[19] FEIGELSON R. 50 years progress in crystal growth:a reprintcollection[M]. Amsterdam:Elsevier Science B. V. ,2004.

[20] STENSEN N. De solido intra solidum naturaliter contento[M]. Florence:Ex typographia sub signo stellae,1669.

[21] FEIGELSON R S. Crystal growth through the ages:a historical perspective[M]// NISHIN AGA T. Handbook of crystal growth Amsterdam:Elsevier Science B. V. ,2015.

[22] CGK. The scientific papers of J. Willard Gibbs[J]. Nature,1907(75):361-362.

[23] STRANSKI I,KAISCHEW R. Gleichgewichtsformen homöopolarer Kristalle[J]. Zeitschrift für Kristallographie-Crystalline Materials,1931,78(1-6):373-385.

[24] BUCKLEY H E,WALKER A C. Crystal growth[J]. American Journal of Modern Physics,1951,19(7):430.

[25] DE YOREO J J,VEKILOV P G. Principles of crystal nucleation and growth[J]. Reviews in Mineralogy and Geochemistry,2003,54(1):57-93.

[26] KOOI B,GROOT W,DE HOSSON J T M. In situ transmission electron microscopy study of the crystallization of $Ge_2Sb_2Te_5$[J]. Journal of Applied Physics,2004,95(3):924-932.

[27] XIANG B,HWANG D J,IN J B,et al. In situ TEM near-field optical probing of nanoscale silicon crystallization[J]. Nano Letters,2012,12(5):2524-2529.

[28] WU S,YU M,LI M,et al. In situ atomic force microscopy imaging of octacalcium phosphate crystallization and its modulation by amelogenin's C-terminus[J]. Crystal Growth Design,2017,17(4):2194-2202.

[29] KIM S D,PARK J Y,PARK S J,et al. Direct observation of dislocation plasticity in high-Mn lightweight steel by in-situ TEM[J]. Scientific Report,2019(9):15171.

[30] FRANK F C. The influence of dislocations on crystal growth[J]. Journal of the American Chemical Society,1949(5):48-54.

[31] DONNAY J D H, HARKER D. A new law of crystal morphology extending the Law of Bravais[J]. American Mineralogist, 1937, 22(5):446-467.

[32] HARTMAN P, PERDOK W G. On the relations between structure and morphology of crystals. I[J]. Acta Crystallographica, 1955, 8(1):49-52.

[33] LIU X. Heterogeneous nucleation or homogeneous nucleation?[J]. Journal of Chemical Physics, 2000, 112(22):9949-9955.

[34] KHALEGHI A, SADRAMELI S M, MANTEGHIAN M. Thermodynamic and kinetics investigation of homogeneous and heterogeneous nucleation[J]. Reviews in Inorganic Chemistry, 2020, 40(4):167-192.

[35] KOŽÍŠEK Z. Crystallization in small droplets: competition between homogeneous and heterogeneous nucleation[J]. Journal of Crystal Growth, 2019, 522(9):53-60.

[36] KELTON K F, GREER A L. Nucleation in condensed matter: applications in materials and biology[M]. Amsterdam: Pergamon, 2010.

[37] CHERNOV A A. Modern crystallography Ⅲ: crystal growth [M]. Berlin/Heidelberg: Springer, 1984.

[38] MULLIN J W. Crystallization[M]. Amsterdam: Elsevier Science B. V., 2001.

[39] JUN Y S, KIM D, NEIL C W. Heterogeneous nucleation and growth of nanoparticles at environmental interfaces, Accounts[J]. Journal of Chemical Research, 2016, 49(9):1681-1690.

[40] ERDEMIR D, LEE A Y, MYERSON A S. Nucleation of crystals from solution: classical and two-step models[J]. Accounts of Chemical Research, 2009, 42(5):621-629.

[41] LI J, LEONARD DEEPAK F. In situ generation of sub-10 nm silver nanowires under electron beam irradiation in a TEM[J]. Chemical Communications, 2020(56):4765-4768.

[42] KALIKMANOV V I. Nucleation theory[M]. Berlin/Heidelberg: Springer, 2012.

[43] VEHKAMÄKI H. Classical nucleation theory in multicomponent systems[M]. Berlin/Heidelberg: Springer, 2006.

[44] WU K -J, TSE E C M, SHANG C. Nucleation and growth in solution synthesis of nanostructures: from fundamentals to advanced applications[J]. Progress in Materials Science, 2022(123):100821.

[45] KELTON K F, GREER A L. Nucleation in condensed matter: applications in materials and biology[M]. Amsterdam: Elsevier Science B. V., 2010.

[46] VAN VLEET M J, WENG T, LI X, et al. In situ, time-resolved, and mechanistic studies of metal-organic framework nucleation and growth[J]. Chemical Reviews, 2018, 118(7):3681-3721.

[47] KWON S G, HYEON T. Formation mechanisms of uniform nanocrystals via

hot-injection and heat-up methods[J]. Small,2011,19(7):2685-2702.

[48] VOLMER M, WEBER A. Nucleus formation in supersaturated systems[J]. Physical Chemistry,1926(119):277-301.

[49] LUTSKO J F, DURÁN-OLIVENCIA M A. A two-parameter extension of classical nucleation theory[J]. Journal of Physics:Condensed Matter,2015(27):235101.

[50] LAMAS C, ESPINOSA J, CONDE M, et al. Homogeneous nucleation of NaCl in supersaturated solutions[J]. Physical Chemistry Chemical Physics,2021(23):26843-26852.

[51] SMEETS P J M, FINNEY A R, HABRAKEN W J E M, et al. A classical view on nonclassical nucleation[J]. Proceedings of the National Academy of Sciences,2017(114):E7882-E7890.

[52] DE YOREO J. More than one pathway[J]. Nature Materials,2013(12):284-285.

[53] GEBAUER D, WOLF S E. Designing solid materials from their solute state:a shift in paradigms toward a holistic approach in functional materials chemistry[J]. Journal of the American Chemical Society,2019,141(11):4490-4504.

[54] GEBAUER D, KELLERMEIER M, GALE J D, et al. Pre-nucleation clusters as solute precursors in crystallisation[J]. Chemical Society Reviews,2014,43(7):2348-2371.

[55] ZHANG Y, TÜRKMEN I, WASSERMANN B, et al. Structural motifs of pre-nucleation clusters[J]. The Journal of Chemical Physics,2013,139(13):134506.

[56] GEBAUER D, CÖLFEN H. Prenucleation clusters and non-classical nucleation[J]. Nano Today,2011,6(6):564-584.

[57] GEBAUER D. How can additives control the early stages of mineralisation?[J]. Minerals,2018,8(5):179.

[58] LUTSKO J F. How crystals form:a theory of nucleation pathways[J]. Science Advances,2019,5(4):eaav7399.

[59] DURÁN-OLIVENCIA M A, YATSYSHIN P, KALLIADASIS S, et al. General framework for nonclassical nucleation[J]. New Journal of Physics,2018(20):083019.

[60] KASHCHIEV D. Classical nucleation theory approach to two-step nucleation of crystals[J]. Journal of Crystal Growth,2020(530):125300.

[61] KELLERMEIER M, RAITERI P, BERG J K, et al. Entropy drives calcium carbonate ion association[J]. ChemPhysChem,2016(17):3535-3541.

[62] SCHECK J, FUHRER L M, WU B, et al. Nucleation of hematite:a nonclassical mechanism[J]. Chemistry,2019(25):13002-13007.

[63] DU H, AMSTAD E. Water:how does it influence the $CaCO_3$ formation?[J]. Angewandte Chemie International Edition,2020,59(5):1798-1816.

[64] ORTOLL-BLOCH A G, HERBOL H C, SORENSON B A, et al. Bypassing solid-state intermediates by solvent engineering the crystallization pathway in hybrid organic-

inorganic perovskites[J]. Crystal Growth Design,2020(20):1162-1171.

[65] LU B Q,WILLHAMMAR T,SUN B B,et al. Introducing the crystalline phase of dicalcium phosphate monohydrate[J]. Nature Communications,2020(11):1546.

[66] ZOU Z,HABRAKEN W J E M,MATVEEVA G,et al. A hydrated crystalline calcium carbonate phase:calcium carbonate hemihydrate[J]. Science,2019,6425(363):396-400.

[67] MIRABELLO G,IANIRO A,BOMANS P H H,et al. Crystallization by particle attachment is a colloidal assembly process[J]. Nature Materials,2020(19):391-396.

[68] LUKIĆ M J,GEBAUER D,ROSE A. Nonclassical nucleation towards separation and recycling science:iron and aluminium(Oxy)(hydr)oxides[J]. Current Opinion in Colloid & Interface Science,2020,46(4):114-127.

[69] CÖELFEN H,ANTONIETTI M. Mesocrystals and nonclassical crystallization[M]. Hoboken:John Wiley & Sons,Inc,2008.

[70] NIKOLAKIS V,KOKKOLI E,TIRRELL M,et al. Zeolite growth by addition of subcolloidal particles:modeling and experimental validation[J]. Chemistry of Materials,2000,12(3):845-853.

[71] FU X,WANG X,ZHAO B,et al. Atomic-scale observation of non-classical nucleation-mediated phase transformation in a titanium alloy[J]. Nature Materials,2022(21):290-296.

[72] DENIS G,PAOLO R,JULIAN D G,et al. On classical and non-classical views on nucleation[J]. American Journal of Science,2018,318(9):969.

[73] ZAHN D. Thermodynamics and kinetics of prenucleation clusters, classical and non-classical nucleation[J]. ChemPhysChem,2015,16(10):2069-2075.

[74] ANDROULAKIS J,LIN C H,KONG H J,et al. Spinodal decomposition and nucleation and growth as a means to bulk nanostructured thermoelectrics:enhanced performance in $Pb_{1-x}Sn_xTe$-PbS[J]. Journal of the American Chemical Society,2007,129(31):9780-9788.

[75] MCKEOWN J T,WU Y,FOWLKES J D,et al. Simultaneous in-situ synthesis and characterization of Co@Cu core-shell nanoparticle arrays[J]. Advanced Materials,2015,27(6):1060-1065.

[76] HU W. Polymer physics:a molecular approach[M]. Vienna:Springer Vienna,2013.

[77] MITRA M K,MUTHUKUMAR M. Theory of spinodal decomposition assisted crystallization in binary mixtures[J]. The Journal of Chemical Physics,2010,132(13):184908.

[78] CHEN J,ZHU E,LIU J,et al. Building two-dimensional materials one row at a time:avoiding the nucleation barrier[J]. Science,2018(362):1135-1139.

[79] THANH N T K,MACLEAN N,MAHIDDINE S. Mechanisms of nucleation and growth of nanoparticles in solution[J]. Chemical Reviews,2014,114(15):7610-7630.

[80] GUO C,WANG J,LI J,et al. Kinetic pathways and mechanisms of two-step nucleation in crystallization[J]. Journal of Physical Chemistry Letters,2016,7(24):5008-5014.

[81] NIELSEN M H,ALONI S,DE YOREO J J. In situ TEM imaging of $CaCO_3$ nucleation reveals coexistence of direct and indirect pathways[J]. Science,2014,345(6201):1158-1162.

[82] LI J,WANG Z,DEEPAK F L. In situ atomic-scale observation of droplet coalescence driven nucleation and growth at liquid/solid interfaces[J]. ACS Nano,2017,11(6):5590-5597.

[83] LI J,LI Y,LI Q,et al. Leonard Deepak,atomic-scale dynamic observation reveals temperature-dependent multistep nucleation pathways in crystallization[J]. Nanoscale Horizons,2019,4(6):1302-1309.

[84] LOH N D,SEN S,BOSMAN M,et al. Multistep nucleation of nanocrystals in aqueous solution[J]. Nature Chemistry,2017(9):77-82.

[85] MADRAS G,MCCOY B J. Temperature effects on the transition from nucleation and growth to Ostwald ripening[J]. Chemical Engineering Science,2004,59(13):2753-2765.

[86] LI Q,YIN D,LI J,et al. Atomic-scale understanding of gold cluster growth on different substrates and adsorption-induced structural change[J]. Journal of Physical Chemistry C,2018,122(3):1753-1760.

[87] SHIBATA N,GOTO A,MATSUNAGA K,et al. Interface structures of gold nanoparticles on $TiO_2$(110)[J]. Physical Review Letters,2009,102(3):136105.

[88] ORTALAN V,UZUN A,GATES B C,et al. Towards full-structure determination of bimetallic nanoparticles with an aberration-corrected electron microscope[J]. Nature Nanotechnology,2010(5):843-847.

[89] AYDIN C,KULKARNI A,CHI M,et al. Three-dimensional structural analysis of MgO-supported osmium clusters by electron microscopy with single-atom sensitivity[J]. Angewandte Chemie International Edition,2013,52(20):5262-5265.

[90] TIKHOMIROVA K A,TANTARDINI C,SUKHANOVA E V,et al. Exotic two-dimensional structure:the first case of hexagonal NaCl[J]. Journal of Physical Chemistry Letters,2020(11):3821-3827.

[91] LI J,YIN D,CHEN C,et al. Atomic-scale observation of dynamical fluctuation and three-dimensional structure of gold clusters[J]. Journal of Applied Physics,2015,117(8):085303.

[92] BALS S,VAN AERT S,ROMERO C P,et al. Atomic scale dynamics of ultrasmall germanium clusters[J]. Nature Communications,2012(3):897.

[93] OHARA M,REID R C. Modeling crystal growth rates from solution[M]. Upper

Saddle River:Prentice-Hall,1973.

[94] NÝVLT J. The Kinetics of industrial crystallization[M]. Amsterdam:Elsevier Science B. V. ,1985.

[95] LEVI A C,KOTRLA M. Theory and simulation of crystal growth[J]. Journal of Physics:Condensed Matter,1997(9):299-344.

[96] BYRAPPA K,OHACHI T. Crystal growth technology[M]. Berlin/Heidelberg:Springer,2003.

[97] RUDOLPH P. Defect generation and interaction during crystal growth[M]// KLAPPER H,RUDOLPH P. Handbook of crystal growth. Amsterdam:Elsevier Science B. V. ,2015.

[98] VASUDEVAN S,NAGALINGAM S,DHANASEKARAN R,et al. Studies on two-dimensional nucleation[J]. Kristall und Technik,1981,16(3):293-297.

[99] KASHCHIEV D. Two-dimensional nucleation in crystal growth:thermodynamically consistent description of the nucleation work[J]. Journal of Crystal Growth,2004,267(3-4):685-702.

[100] BOTSARIS G D,DENK E G,ERSAN G S,et al. ,Crystallization:part Ⅱ. crystallization processes[J]. Industrial & Engineering Chemistry,1969,61(11):3-136.

[101] TER HORST J H,KASHCHIEV D. Rate of two-dimensional nucleation: verifying classical and atomistic theories by Monte Carlo simulation[J]. Journal of Physical Chemistry B,2008,112(29):8614-8618.

[102] LIU X,MAIWA K,TSUKAMOTO K. Heterogeneous two-dimensional nucleation and growth kinetics[J]. The Journal of Chemical Physics,1997,106(5):1870-1879.

[103] HICKEY J,L'HEUREUX I. Classical nucleation theory with a radius-dependent surface tension:a two-dimensional lattice-gas automata model[J]. Physical Review E,2013,87(2):022406.

[104] KLAPPER H. Generation and propagation of dislocations during crystal growth [J]. Materials Chemistry and Physics,2000(66):101-109.

[105] BURTON W K,CABRERA N,FRANK F C. Role of dislocations in crystal growth[J]. Nature,1949(163):398-399.

[106] BENNEMA P. Spiral growth and surface roughening:developments since Burton,Cabrera and Frank[J]. Journal of Crystal Growth,1984,69(1):182-197.

[107] CHERNOV A A. Notes on interface growth kinetics 50 years after Burton,Cabrera and Frank[J]. Journal of Crystal Growth,2004,264(4):499-518.

[108] MYERS-BEAGHTON A K,VVEDENSKY D D. Generalized Burton-Cabrera-Frank theory for growth and equilibration on stepped surfaces[J]. Physical Review A,1991,44(4):2457-2468.

[109] CHERNOV A A. The spiral growth of crystals[J]. Soviet Physics Uspekhi,1961,4(1):116.

[110] WOODRUFF D P. How does your crystal grow? A commentary on Burton, Cabrera and Frank(1951)'The growth of crystals and the equilibrium structure of their surfaces'[J]. Philosophical Transactions. Series A,2015,373(2039):20140230.

[111] REDKOV A V, KUKUSHKIN S A. Development of Burton-Cabrera-Frank Theory for the growth of a Non-Kossel crystal via chemical reaction[J]. Crystal Growth Design,2020,20(4):2590-2601.

[112] BENNEMA P. The importance of surface diffusion for crystal growth from solution[J]. Journal of Crystal Growth,1969,5(1):29-43.

[113] MÜLLER-KRUMBHAAR H. Diffusion theory for crystal growth at arbitrary solute concentration[J]. The Journal of Chemical Physics,2008,63(12):5131-5138.

[114] PAUL A, LAURILA T, VUORINEN V, et al. Fick's laws of diffusion[M]// Thermodynamics,diffusion and the Kirkendall Effect in solids. Berlin/Heidelberg:Springer,2014.

[115] SUN C, XUE D. Crystallization of nanomaterials[J]. Current Opinion in Chemical Engineering,2012,1(2):108-116.

[116] LAMER V K, DINEGAR R H. Theory, production and mechanism of formation of monodispersed hydrosols[J]. Journal of the American Chemical Society,1950,72(11):4847-4854.

[117] MER V K L. Nucleation in phase transitions[J]. Industrial & Engineering Chemistry Research,1952,44(6):1270-1277.

[118] SUGIMOTO T, SHIBA F, SEKIGUCHI T, et al. Spontaneous nucleation of monodisperse silver halide particles from homogeneous gelatin solution I:silver chloride[J]. Colloids and Surfaces A:Physicochemical and Engineering Aspects,2000,164(2-3):183-203.

[119] OSTWALD W. Über die vermeintliche Isomerie des roten und gelben Quecksilberoxyds und die Oberflächenspannung fester Körper[J]. Zeitschrift für Physikalische Chemie,1900(34U):495-503.

[120] KABALNOV A. Ostwald ripening and related phenomena[J]. Journal of Dispersion Science and Technology,2001,22(1):1-12.

[121] VENGRENOVITCH R D. On the ostwald ripening theory[J]. Acta Metallurgica,1982,30(6):1079-1086.

[122] YAO J H, ELDER K R, GUO H, et al. Theory and simulation of Ostwald ripening[J]. Physical Review B,1993,47(21):14110-14125.

[123] VOORHEES P W. The theory of Ostwald ripening[J]. Journal of Statistical Physics,1985(38):231-252.

[124] RATKE L, VOORHEES P W. Growth and coarsening: Ostwald ripening in

material processing[M]. New York:Springer,2002.

[125] Casey W H. Entropy production and the Ostwald step rule[J]. Journal of Physical Chemistry,1988,92(1):226-227.

[126] REIN TEN WOLDE P,FRENKEL D. Homogeneous nucleation and the Ostwald step rule[J]. Physical Chemistry Chemical Physics,1999,1(9):2191-2196.

[127] VAN SANTEN R A. The Ostwald step rule[J]. Journal of Physical Chemistry, 1984,88(24):5768-5769.

[128] CHUNG S Y,KIM Y M,KIM J G,et al. Multiphase transformation and Ostwald's rule of stages during crystallization of a metal phosphate[J]. Nature Physics,2009(5):68-73.

[129] PENN R L,BANFIELD J F. Oriented attachment and growth, twinning, polytypism, and formation of metastable phases: insights from nanocrystalline $TiO_2$ [J]. American Mineralogist,1998,83(9-10):1077-1082.

[130] YEADON M,GHALY M,YANG J C,et al. "Contact epitaxy" observed in supported nanoparticles[J]. Applied Physics Letters,1998,73(22):3208-3210.

[131] IVANOV V K,FEDOROV P P,BARANCHIKOV A Y,et al. Oriented attachment of particles: 100years of investigations of non-classical crystal growth[J]. Russian Chemical Reviews,2014(83):1204.

[132] SALZMANN B B V,VAN DER SLUIJS M M,SOLIGNO G,et al. Oriented attachment: from natural crystal growth to a materials engineering tool[J]. Accounts of Chemical Research,2021,54(4):787-797.

[133] ZHANG H,PENN R L,LIN Z,et al. Nanocrystal growth via oriented attachment [J]. CrystEngComm,2014,16(8):1407-1408.

[134] LIN M,FU Z Y,TAN H R,et al. Hydrothermal synthesis of $CeO_2$ nanocrystals: Ostwald ripening or oriented attachment? [J]. Crystal Growth Design,2012,12(6):3296-3303.

[135] HUANG L,LIN W,WANG K,et al. Grain boundary-constrained reverse austenite transformation in nanostructured Fe alloy: model and application[J]. Acta Materialia,2018(154):56-70.

[136] LI J Y,NI C,LIU J Y,et al. Extraordinary stability of nano-twinned structure formed during phase transformation coupled with grain growth in electrodeposited Co-Ni alloys[J]. Materials Chemistry and Physics,2014,148(3):1202-1211.

[137] GUO J,HABERFEHLNER G,ROSALIE J,et al. In situ atomic-scale observation of oxidation and decomposition processes in nanocrystalline alloys[J]. Nature Communications,2018 (9):946.

[138] KHALAJHEDAYATI A,PAN Z,RUPERT T J. Manipulating the interfacial structure of nanomaterials to achieve a unique combination of strength and ductility[J]. Nature Communications,2016(7):10802.

[139] GARSIDE J, MULLIN J W, DAS S N. Growth and dissolution kinetics of potassium sulfate crystals in an agitated vessel[J]. Industrial & Engineering Chemistry Fundamentals, 1974, 13(4): 299-305.

[140] GARSIDE J, RISTIĆ R. Growth rate dispersion among ADP crystals formed by primary nucleation[J]. Journal of Crystal Growth, 1983, 61(2): 215-220.

[141] WU S, LI M, SUN Y. In situ synchrotron X-ray characterization shining light on the nucleation and growth kinetics of colloidal nanoparticles[J]. Angewandte Chemie International Edition, 2019, 58(7): 8987-8995.

[142] TANAKA T, OHYAMA J, TERAMURA K, et al. Formation mechanism of metal nanoparticles studied by XAFS spectroscopy and effective synthesis of small metal nanoparticles[J]. Catalysis Today, 2012, 183(1): 108-118.

[143] SAHA D, BØJESEN E D, JENSEN K M Ø, et al. Formation mechanisms of Pt and $Pt_3$Gd nanoparticles under solvothermal conditions: an in situ total X-ray scattering study[J]. Journal of Physical Chemistry C, 2015, 119(23): 13357-13362.

[144] STAWSKI T M, VAN DRIESSCHE A E S, BESSELINK R, et al. The structure of $CaSO_4$ nanorods: the precursor of gypsum[J]. Journal of Physical Chemistry C, 2019(123): 23151-23158.

[145] HERBST M, HOFMANN E, FÖRSTER S. Nucleation and growth kinetics of ZnO nanoparticles studied by in situ microfluidic SAXS/WAXS/UV-Vis experiments[J]. Langmuir, 2019, 35(36): 11702-11709.

[146] KELLERMEIER M, CÖLFEN H, GEBAUER D. Investigating the early stages of mineral precipitation by potentiometric titration and analytical ultracentrifugation[M]// Methods in enzymology. Amsterdam: Elsevier Science B. V. 2013.

[147] KARABUDAK E, BROOKES E, LESNYAK V, et al. Simultaneous identification of spectral properties and sizes of multiple particles in solution with subnanometer resolution[J]. Angewandte Chemie International Edition, 2016, 55(39): 11770-11774.

[148] SCHIENER A, MAGERL A, KRACH A, et al. In situ investigation of two-step nucleation and growth of CdS nanoparticles from solution[J]. Nanoscale, 2015, 7(26): 11328-11333.

[149] STAWSKI T M, VAN DRIESSCHE A E S, OSSORIO M, et al. Formation of calcium sulfate through the aggregation of sub-3 nanometre primary species[J]. Nature Communications, 2016(7): 11177.

[150] STAWSKI T M, BESSELINK R, CHATZIPANAGIS K, et al. Nucleation pathway of calcium sulfate hemihydrate(bassanite) from solution: implications for calcium sulfates on mars[J]. Journal of Physical Chemistry C, 2020, 124(15): 8411-8422.

[151] VAN DRIESSCHE A E, VAN GERVEN N, BOMANS P H, et al. Molecular nucleation mechanisms and control strategies for crystal polymorph selection[J]. Nature,

2018(556):89-94.

[152] SCHNEIDER C M, CÖLFEN H. High-resolution analysis of small silver clusters by analytical ultracentrifugation[J]. Journal of Physical Chemistry Letters, 2019, 10(21): 6558-6564.

# 第 2 章 纳米颗粒材料制备方法

## 2.1 纳米材料的制备方法分类

材料的形貌和状态不但取决于材料的制备方法,也与其结构、性能存在一定的关系。选择合适的制备方法是达到实验目的的关键。根据所需材料的性能(如硬度、磁性、电磁性、光学性能、导电特性等),通过选取合适的制备方法,可以合成具有特殊结构和性能的新材料。材料的制备方法多种多样,根据材料在制备过程中是否发生化学反应可分为物理法、化学法两大类。

物理法主要通过高能粉碎成粉、蒸发凝聚成粉或液体雾化的方法使材料的聚集态发生变化而得到粉末。常用的物理法有机械混合法、气流粉碎法、球磨法、静电自组装法、喷雾干燥法、蒸发沉积法、冷冻干燥法等。

机械法属于物理法中的一个大类,主要指借助设备提供的能量,将粗大颗粒细化。目前最常见的机械法包括机械混合法、气流粉碎法和球磨法。机械法粉碎颗粒的本质是对材料内部结合力的破坏,从而达到破碎块体材料的目的。常用的设备主要为颚式破碎机和搅拌机,目前主要用于工业上制备尺寸较大的颗粒。机械混合法是指将制备目标催化剂所需的原料在机械腔内经细化、充分分散混合的一种方法[1]。气流粉碎法主要是指以高压气流为载体,将物料经喷嘴喷入粉碎室,使物料呈流态化,通过物料之间强烈的碰撞、摩擦及剪切进而将物料进行粉碎的一种方法[2]。球磨法是材料科学研究中最常用的一种机械制粉方法,主要是通过传送带将动能传递至球磨筒中,使原料和研磨球在高速运动中相互产生挤压力、冲击力、摩擦力等,从而使粉体材料得到细化[3]。静电自组装法主要基于两种材料之间正负电荷相互吸引的原理来制备复合粉体材料,通常以水溶液为介质,将两种带有不同电荷的材料依次加入,在混合的过程中,两者依靠自身的电性产生库仑引力制备复合材料。该方法简单易行,对装置无特殊要求[4]。喷雾干燥法主要是指溶液、乳浊液、悬浮液等物料通过高压或高速离心方式形成极小的雾状液滴,再借助加热装置产生的热风,将雾状液滴迅速干燥,使溶剂迅速汽化来制备粉体材料的一种方法[5]。该方法具有瞬间干燥、产品质量好、生产流程简易且能够不间断生产等优点,但设备消耗热量大、体积大。蒸发沉积法主要是指依靠外界的热源、激光将物质原料加热熔融,依靠气流的运动使物质原子脱离材料表面,并在冷凝过程中凝聚沉积的一种方法。该方法通常使用惰性气体作为保护气,物质在制备过程中不发生化学变化,是一种特别适合制备高熔点、高纯物质的方法[6]。冷冻干燥法基于冰晶在低温低压下从固态向气态转化的升华过程,从而制得干燥粉末。该方法能够保证在制备材料的过程中不引入新的杂质,且能够制备具有丰富纳米孔洞结构的材料[7]。

化学法是依靠在制备过程中发生的化学反应来制备粉末物质的方法,主要包括化学气相反应法、沉淀法、浸渍法、水热/溶剂热法、溶胶-凝胶法、水解法、喷雾热解法、超声化学法等。

化学气相反应法是指将多种反应原料通过某种方法气化,从而使物质之间发生气-固相变或者气相化学反应,进而制备金属及其化合物纳米颗粒的方法[8]。该方法制备的产品纯度高,粒度分布窄。沉淀法是液相合成高纯纳米颗粒的方法之一,其原理是将沉淀剂引入阳离子盐溶液,通过沉淀剂离子与金属离子的配位,在一定条件下发生水解反应或者生成沉淀,再经热分解去除水分获得目标纳米颗粒[9],产物具有纯度低、颗粒半径大、粒径不均一等特点。浸渍法基于多孔固体的毛细管现象和与液体接触后对催化剂的吸附作用,利用溶液浸湿多孔固体,在这个过程中,固体材料的毛细管作用力确保溶液被充分吸入孔中,进而将溶液组分均匀吸附在载体材料表面。该方法有效成分利用率高且制备工艺简单,制备步骤也较少[10]。水热合成法是指将反应原料置于密闭容器中,利用外部热源在容器内形成较高的压力,经过一系列的化学反应,再通过分离和热处理得到纳米材料的方法,产物具有纯度高、分散性好、粒度易控制等特点[11]。溶剂热法是指以有机溶剂为介质,将一种或多种前驱体分散在溶液中进行反应,同样能够在相对低的温度和压力下合成纳米材料的方法。该方法具有制备过程简单,目标产物的颗粒尺寸和形貌可控,产物分散性良好等特点[12]。溶胶-凝胶法涉及无机物或金属盐类经过溶液—溶胶—凝胶固化过程。原料在溶液中形成均匀的化合物溶液,在加热或催化的过程中,经水解、缩聚等反应逐渐成胶,再经干燥和热处理等过程制备纳米材料[13]。水解法是指以金属盐水溶液为原料,在高温条件下制备金属水合物或氢氧化物,再经热处理制备纳米材料的一种方法。该方法具有制备工艺简单、所得纳米材料粒径小且均匀等特点[6]。喷雾热解法作为喷雾干燥法的延伸,其特点是喷雾热解过程中化学变化和物理变化共存。其原理是通过高压气流使溶液形成喷雾,并随气流传输至经加热的反应室内,在高温环境下发生化学反应生成纳米材料。该方法集合了液相法和气相法的优点,且制备过程简单,从溶液配置到纳米材料的形成,可以一步完成,且制备的纳米材料粒径均匀,一般呈球状[14]。超声化学法的原理是在超声波空化过程中产生的气泡破裂,会导致极端的局部温度、加热/冷却速率和压力的变化,起到分散搅拌、消泡脱气、加快反应速率等效果[15]。该方法具有效率高、时间短、使用范围广等特点。

本章根据制备过程中发生的物理和化学反应对常用的纳米材料制备方法进行分类,并对各种制备方法的原理、制备工艺、影响因素及应用进行了阐述。

## 2.2 物理法

### 2.2.1 机械混合法

#### 2.2.1.1 机械混合法简介

机械混合法也称直接混合法,顾名思义,是将两种或两种以上的物质加入混合设备内混合,利用产生的剪切、摩擦等机械作用力使几种成分均匀混合,各组分间相互渗入和扩散均匀。机械混合法的突出优点是处理方式简单,变量少,处理时间短,反应过程容易控制,可连续批量生产。得益于这些优势,机械混合法在高分子树脂粉体和无机陶瓷粉体的制备、矿石加工生产中得到了广泛应用,但很少用于精细化工,因为对于分散性差的多组分相,该方法难以实现它们的均匀分布,且反应过程难以控制[16]。例如,Chethan 等[17]采用聚苯胺(PANI)与不同进料质量比的氧化钇($Y_2O_3$)进行机械混合,形成 4 种聚苯胺/氧化钇复合材料(PYO)。与 PANI 和其他复合材料相比,PYO-4 复合材料呈具有高长宽比的纳米棒结构,且缺陷和空位最少,具有相对较好的感应和测试能力,如较低的真实灵敏度、最佳线性和完美的稳定性孔隙度、含水量和溶胀度等参数。Ning 等[18]采用机械混合法制备的 $BaMnO_3$-$CeO_2$-M 催化剂,经过 700℃热处理,粉末的催化活性大大提高,由此可见粉料粒度的减小对催化剂催化活性的提高意义重大。

### 2.2.1.2 机械混合法的 3 种机理

参与机械混合的物质可以分为两大类:一类是包覆剂,一类是基体物质。机械混合机理有以下 3 种。

第一种是化学键机理,即通过化学反应在基体物质和包覆剂之间形成牢固的化学键,从而生成均匀致密的包覆层[16]。

第二种是库仑引力机理,如果包覆剂颗粒带有与基体表面相反的电荷,库仑引力使包覆剂颗粒吸附到基体表面,形成包覆层。

第三种是过饱和度机理。这种机理从结晶学角度出发,认为在某一 pH 值下,有异相物质存在时,如果溶液浓度超过溶质的饱和度就会有大量的晶核立即生成,沉积到异相颗粒表面形成包覆层[19]。

### 2.2.1.3 机械混合法制备纳米材料的基本工艺

机械混合法制备纳米材料的基本工艺通常由以下几个部分组成。

(1)根据所制备纳米材料的元素组成和所选粉料粒度及物理性质,选择两种或多种粉料组成初始粉末。

(2)选择球磨介质,根据所制纳米材料的性质,选择钢球、刚玉球或其他材质的球作为球磨介质。

(3)将初始粉末和球磨介质按一定的球料比放入球磨罐中进行球磨。在球磨过程中,通过球与球、球与球磨罐壁的摩擦、剪切、冲击使颗粒破碎。随着球磨过程的进行,包覆剂逐渐扩散进入基体颗粒的内部或者吸附在颗粒表面形成包覆层,新的晶相逐渐形成[20]。

## 2.2.2 气流粉碎法

### 2.2.2.1 气流粉碎法的原理

压缩后的空气或惰性气体在喷管内受压后,利用高速气流(300~500m/s)的喷射力,使颗粒之间、气体与颗粒、颗粒与器壁及其他部件相互产生强烈的冲击、剪切、碰撞、摩擦等作用。

同时,在气流旋转离心力的作用下,或者与分级器联用,对粗细颗粒进行分级,实现超细研磨。气流粉碎机作为纳米材料的常用制备设备,制备的颗粒粒径可达微米级别,相比于球磨法等机械方法,采用该方法得到的颗粒粒径更小。气流粉碎机的工作原理是将压缩空气通过拉瓦尔喷管加速至亚音速或超音速,喷出的射流带动物料作高速运动,使物料通过碰撞、摩擦、剪切而粉碎。被粉碎的物料随气流至分级区进行分级,达到粒度要求的物料由收集器收集,未达到粒度要求的物料再返回粉碎室继续粉碎,直至达到粒度要求并被捕集[2]。图 2-1 为气流粉碎机原理示意图。

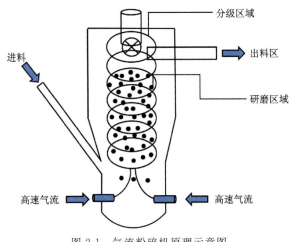

图 2-1　气流粉碎机原理示意图

### 2.2.2.2　影响气流粉碎效率的工艺参数

影响气流粉碎效率的因素首先是粉料自身的物理性质,如粉料的硬度和粒度,其次是气流粉碎机的工作参数。气流粉碎机的工作参数分为几何参数和工艺参数两大类。几何参数包括喷嘴直径、物料与靶(或者喷嘴)间的轴向距离、研磨区域大小等。工艺参数包括原料初始粒度、分级区域的分级轮频率、高速气流速度、进料速度等。本节将重点讲述实验室制备纳米材料时常考虑的气流速度、进料速度(进料量)、分离距离等参数。

气流速度即空气压缩机输送的气体通过喷嘴进入粉碎室时的速度。设在高速气流中运动的颗粒质量为 $m$,高速气流赋予它的运动速度为 $v$,则该颗粒所具有的动能为 $E=0.5mv^2$ [21]。动能 $E$ 只有一部分用于物料颗粒的粉碎,这部分动能是物料产生剪切作用力的主要来源。在物料颗粒与冲击板或与正在运动的其他颗粒发生冲击、碰撞时,产生的摩擦力使物料粉碎,动能最终转变为热能消散。因此需要选择一个合适的气流速度,使物料通过喷嘴进入粉碎室时,大部分动能用于颗粒的粉碎。气流速度过大,也不利于提高粉碎效率[22]。

进料速度也对粉碎效果有很大影响。粉碎室内的能量是一定的,相同条件下,进料速度快,进料量多,粉碎室内物料的密度大,那么每个颗粒所获得的能量小,颗粒之间相互碰撞的动能减少,相互碰撞导致粉碎的可能性下降,获得颗粒的粒径偏大且分布不均匀。当进料速度过慢,粉碎室内颗粒密度小,每个颗粒获得的能量高,相互之间碰撞的动能充足,大量的颗粒可以通过相互碰撞粉碎,进而获得颗粒粒径小且粒度分布均匀的产物,因此对于进料速度的选择很重要。

两喷嘴末端的距离或喷嘴末端与靶的距离称为分离距离。对喷嘴-靶式粉碎机而言,喷嘴末端与靶的距离越小,粉碎的力度越大,颗粒的粒径越小且分布越均匀;喷嘴末端与靶的距离越大,粉碎的力度越小,颗粒的粒径越大且分布越不均匀。对喷嘴-喷嘴式粉碎机,颗粒的粒径大小随两喷嘴末端的距离增加略有减小。如果两喷嘴末端的距离太大,粉碎室里颗粒所获得的动能将会减小,所得的产物粒径就会变大,粉碎效果变差[23]。

### 2.2.2.3 几种常见的气流粉碎机

对喷式气流粉碎机,工作原理是同一直线上方向相反的喷嘴喷射出的超音速气流使物料进行冲击和碰撞,喷嘴的数量可以是一对也可以是若干对。这种两个方向相反的喷嘴,通过巧妙的结构设计避免了颗粒与管壁碰撞造成的磨损,也避免了管壁破损材料混入物料中对物粒产生污染,降低产物的污染程度。设备工作时,被加速的物料与两股超高速气流从喷嘴同时喷出,携带物料的两股气流在相遇之后进行冲击、剪切与摩擦,从而达到粉碎目的。随后物料随气流旋转到分级室,粒径大的物料被留在分级室外围,并在气流带动下返回粉碎室继续粉碎;粒径小的物料在分级室内侧,由出口流出,经过分离,粒径测量确认合格后,成为合格的产品。该设备突出的优点是物料被污染程度小,获得产品的粒径小,同时在运作过程中冲击部件磨损小,设备维修保养成本低。

靶式气流粉碎机,工作原理是靶式气流粉碎机工作时,喷射出来的高速气流携带物料在各种样式的靶板上进行冲击,除了物料与靶板发生强烈碰撞外,物料还在粉碎室内壁上发生多次反弹,进而粉碎(图2-2)。粉碎后的物料随气流经出口排出后进入分级器。靶式气流粉碎机的颗粒产量大,产物粒径小但分布不均匀,工业生产中常用该设备进行大规模生产以降低成本和提高生产效率[24]。靶式气流粉碎机具有的明显优势是能量大、粉碎效果好,对于硬度较大的材料具有很强的粉碎能力和很高的处理效率。但靶板及内部交联管容易磨损,须定期保养,否则会对物料造成污染,也会使产物的粒径变大,降低粉碎效率,消耗的动能更多转换成摩擦热能,热能在腔体中会对气流粉碎机产生不良影响。

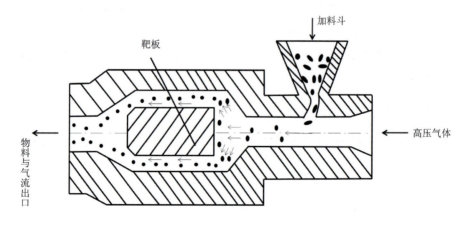

图 2-2 靶式气流粉碎机结构示意图

图2-3为流化床式气流粉碎机的结构示意图。设备工作时,供料系统中的物料经过空气压缩机压缩的空气后,由3~7个逆向的卡尔文喷嘴喷入粉碎机构,粉碎机构中的物料由于气

压差形成流动态,它们被加速后在各喷嘴交会处相遇,互相碰撞、摩擦从而达到粉碎目的。经过一次粉碎的物料被气流带入水平分级机构,二次粉碎后的超细物料由高速气流带至旋风分级系统,符合粒径要求的产品再由收尘系统大批量收集,进行防火防爆贮存[22]。不符合要求的物料无法随气流进入收尘系统,返回粉碎机构后再次粉碎。流化床式气流粉碎机是一种先进的气流粉碎机,且根据粒径可以对产物进行相对准确的分离,常用于药品制作,酚醛树脂等高分子树脂合成,高强度无机陶瓷材料和精细化妆品等粒径小的物料的生产[25]。该设备价格昂贵,且对初始粉粒的精细度要求高,要求初始物料有足够的细度。

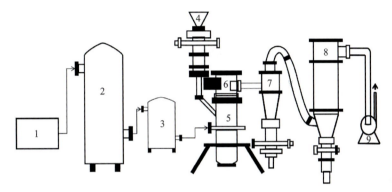

1—空气压缩机;2—储气罐;3—冷干净化系统;4—供料系统;5—粉碎机构;
6—水平分级机构;7—旋风分级系统;8—收尘系统;9—引风机。
图 2-3　流化床式气流粉碎机结构示意图

### 2.2.3　球磨法

在实验室合成材料时,粉碎研磨样品是反应前的重要操作,能够使反应进行完全。球磨也是研磨的一种,主要以研磨球为介质,利用撞击、挤压、摩擦方式来实现物料的粉碎。在密封的球磨罐内,具有动能的研磨球会进行高速运动,进而对物料进行碰撞,物料在受到撞击后,会破碎分裂为更小的物料,从而实现样品的精细研磨。物料不断地受到撞击、摩擦、剪切,表面会产生许多不可控的缺陷和新生的界面,同时经过球磨的材料粒径减小、比表面积增大、材料本身的活性位点数量急剧增多,更有利于化学反应的发生。常见的球磨机主要有滚筒式、行星式、振动式等。

#### 2.2.3.1　球磨法制备纳米材料概述

滚筒式球磨机主体部分是一个可自由转动的圆柱形滚筒,在开机之后,滚筒会将内部的研磨球带至滚筒顶端,由于自身重力,研磨球在掉落的过程中会将物料砸碎,物料与物料之间也会有相互摩擦作用,从而实现物料的精细研磨。行星式球磨机主体部分是一个高速旋转的圆形轮盘,轮盘上均匀分布着 4 个或者 6 个罐座,罐座上放置可密封的球磨罐,球磨罐需要对称放置,罐内放入研磨球和物料。当设备开始工作时,圆形轮盘开始高速旋转并带动球磨罐向反方向转动,罐内的物料得到充分的撞击、剪切、挤压,这个过程反复进行,物料被逐渐研磨至纳米级别。振动式球磨机与行星式球磨机类似,主要由高频振动的机械结构带动球磨罐振动,研磨球对样品进行不断的碾压撞击。振动式球磨机的研磨效率比行星式球磨机高,原因是它产生的研磨能量转化率高,大部分物料都被研磨至纳米级别。除了根据球磨罐内研磨球不同相互作用方式分类,根据工作环境,球磨方式还可以分为干法球磨和湿法球磨两种。干法球磨顾名思义是仅将样品和研磨球混合在一起研磨,而湿法球磨还会加入一定量的助磨剂,比如超纯水、无水乙醇等,选择的助磨溶剂一定要避免与物料发生反应或者自身对球磨过程有不良干扰。显而易见,湿法球磨的实验步骤相比干法球磨更多,但湿法球磨工艺制备的物料粒径更小,粒径分布更均匀,转化效率更高,因此当产品的粒径要求是几微米或者几纳米时,通常采用湿法球磨,即在球磨过程中加入乙醇等助磨剂[3]。

### 2.2.3.2 球磨法的作用机理

球磨法的作用机理比较复杂,归纳起来有以下几种[26]。①热化学机理。内部物料与研磨球、研磨球与研磨球、物料与物料的摩擦和碰撞,会产生很多热量,导致物料表面局部发生微观的化学反应,引起晶格畸变和晶界移动,导致新的位错形成。这个过程不断累积,物料的粒径会逐渐变小。②应力集中机理。研磨球与物料在相互接触过程中不断被赋予机械能,处于极其不稳定状态,有着向稳定状态转变的趋势,因此在颗粒与研磨球的接触面就会产生大量的应力集中点,产生大量的裂纹和晶格缺陷,当缺陷累积到一定程度时,颗粒开始破碎。这个过程在球磨中一直存在,这也是球磨最主要的作用机理(图2-4)。

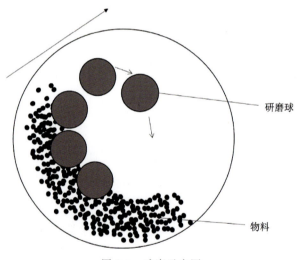

图 2-4　球磨示意图

### 2.2.3.3 球磨效果的影响因素

影响球磨效果的因素有很多,不同类型的球磨机球磨效果和研磨效率不同,要根据所需要产品的要求进行合理选择。除了球磨设备,物料自身的理化性质对研磨效率的影响也很大,一般硬度大的物料需要研磨较长时间才能达到较小的尺寸,粒径大或者分布不均匀的物料可能需要进行反复湿法研磨,才能达到所需要的粒径。另外,球磨过程中需要控制的一个重要的变量是球料比,即研磨球的数量与物料总量的比例。表2-1为不同尺寸钢球对应的物料装填量。如果研磨球数量过多,研磨球间相互碰撞的概率变大,物料的破碎效率降低,导致无用的能量消耗;如果研磨球数量过少,虽然研磨球间相互碰撞的概率减小,但是总的破碎能力有限,会有很多物料不能得到充分的破碎研磨,导致球磨效率降低,浪费大量原料和能量,因此必须选择适当的球料比。球磨机工作时,总的工作效率可以简化成每个研磨球所做功的总和,尽量避免沿着不同轨迹运动的研磨球发生相遇碰撞,减少不必要的能量耗散,从而提高工作效率,降低成本。研磨过程中研磨温度不能太高,否则研磨出来的粉尘容易聚集发生爆炸,造成实验室事故。因此要进行间歇式球磨,让球磨罐充分降温,避免事故发生,特别是乙醇作为助磨剂时,更应该注意安全。

表 2-1  不同尺寸钢球对应物料装填量表

| 钢球直径/mm | 100 | 80 | 60 | 40 | 20 |
|---|---|---|---|---|---|
| 物料质量/总填装量/% | 7.5 | 6.9 | 33.5 | 30.1 | 22 |

### 2.2.4 静电自组装法

#### 2.2.4.1 静电自组装法的原理

自组装是发生在自然界生物系统中非常基本的一个过程,无处不在。从宏观角度看,一个系统从无序变成有序的过程,就是一种自组装的过程。从微观角度看,正负电荷相互吸引也是自组装的过程。自组装是一种非常新颖的制备纳米材料的方法,在制备柔性可控材料、纳米级别分级材料等方面具有非常广阔的应用前景。静电自组装指利用自组装过程中的静电力作用使基本结构单元自发地组织或聚集为稳定的、具有一定规则几何外观的结构。一般过程基于溶液中带正电荷和带负电荷的分子,两者在所处的化学环境,如溶液酸碱度改变后相互吸引,自发组成了一种具有更加优越特性的新物质[4]。

#### 2.2.4.2 静电自组装法的特点及组装过程

相比于其他纳米材料制备方法,静电自组装法有许多无法企及的优点,例如,可对沉积过程中的膜结构进行分子级控制,可以灵活地控制薄膜厚度,且采用该方法生长的薄膜具有可控性,利于广泛运用,因此它是制备高精密薄膜和导电分子器件的最优方法。相比于其他方法,静电自组装法更加简易,且产物结构可调控,投入成本低,无须购买额外设备,再加上静电力比范德华力强,因此静电自组装膜比传统的膜稳定,其应用在近年来得到很大发展。目前静电自组装法已经不局限于静电力,而是扩展到氢键、电荷转移相互作用、疏水相互作用等自组装技术;参与组装的物质也从电解质扩展到多官能团小分子、无机纳米颗粒、蛋白质等[27]。经过多层自组装,可以在基体颗粒的界面选择性组装各种具有特殊功能的成分,甚至可以得到具有空心结构或者具有核壳结构的特殊纳米材料。相比于传统的煅烧法和模板法,静电自组装法更加简便,反应更加迅速。综上所述,静电自组装法能够通过非共价键能,如静电力、氢键、电荷转移相互作用将纳米结构单元自组装为选择性可控有序结构单元,通过静电自组装来调控结构,从而充分发挥该结构的优异性能。

## 2.2.5 喷雾干燥法

喷雾干燥是一种工业技术,与其他干燥工艺不同的是,前驱体溶液被分解成小的气溶胶液滴,随后与热气流接触。与前驱体溶液相比,气溶胶液滴的表面体积比更大,这促进了液滴中溶质的快速蒸发和沉淀。随着喷雾干燥技术研究和开发的不断深入,这项技术已广泛应用于食品、医药、生化、陶瓷、冶金、材料加工等领域[5]。

在现代社会中,大多数工业产品粉末都是由溶液制成的,而粉末的形成必须经过蒸发、结晶、过滤、干燥、粉碎等一系列过程[28]。通过喷雾干燥技术,溶液可直接形成粉末,不仅大大简化了生产工艺,同时提高了生产效率和产品质量。因此,无论是在日常生活中还是在工业生产中,喷雾干燥技术都有着非常广泛的应用和发展前景。

### 2.2.5.1 喷雾干燥法的工作原理

气体介质首先通过加热装置进入干燥室上部的热风分配器,在热风分配器的作用下,气体均匀地流入干燥室,同时,液体物料在蠕动泵和雾化器的作用下,形成极细的雾滴,雾滴与热气体介质接触后水分迅速蒸发,使干燥产品在短时间内变成粉末状。干燥后的产品排入收集仓,废气经除尘器收集后由风机排出[29]。图 2-5 是喷雾干燥机的工作原理图。

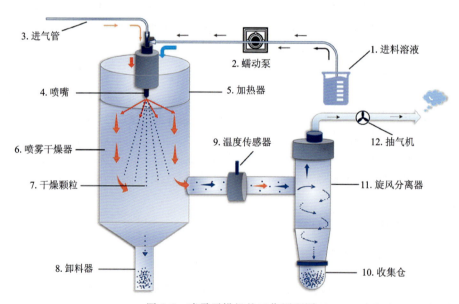

图 2-5　喷雾干燥机的工作原理图

初始料液可以是溶液、悬浮液或乳液等。根据不同产品的需要,经过喷雾干燥后,可将初始料液转化为粉状、颗粒状、空心状、团料状等。最常用的干燥剂是热空气,但对于在空气中易氧化、燃烧或爆炸的溶剂,也可使用惰性气体(如氮气)。

### 2.2.5.2 喷雾干燥系统的结构组成

喷雾干燥机种类很多,它们的结构也不尽相同。小型喷雾干燥机主要包括干燥塔、雾化器、旋风分离器、收料瓶、废料收集瓶、供气罐、风机、喷雾干燥机本体和集成控制电路。大多数喷雾干燥机由以下5个部分组成。

(1)进料系统：主要由储液罐、供液管、蠕动泵等组成，其作用是将料液顺利输送到雾化器。通常使用螺杆泵、隔膜泵、计量泵等进行输送。对于气流式雾化器，除了进料泵外，还必须安装空气压缩机或其他储气罐。

(2)供热系统：为喷雾干燥系统提供热量，主要包括加热器、风机、管道和阀门。根据物料的性质和产品的需要，可选择特定的加热系统。

(3)雾化系统：喷雾干燥系统的核心，溶液通过进料泵首先进入雾化器，雾化器的功率决定雾化效果。雾化器的分散度越高，干燥效果越好，雾化越均匀。因此，在选择雾化器时，注意保证料液的分散程度。

(4)干燥系统：主要设备是喷雾干燥机，作用是提供热风和保证物料停留时间，使产品达到所需的成分和性质。在干燥室内不发生热分解反应，不发生气体附壁现象。

(5)气固分离系统：液滴经干燥除湿后，一部分在干燥塔底部与气体分离并排入收集仓，另一部分与废气一起进入气固分离系统，进行除尘。

### 2.2.5.3 喷雾干燥法的工艺流程

喷雾干燥系统虽然种类繁多，所得的产品也形状各异，但其工艺流程却基本相同。首先，液体前驱体在蠕动泵的作用下从储液罐被输送到喷雾干燥器顶部的雾化器，在雾化器的作用下雾化成液滴；同时，干燥过程所需的压缩空气或惰性气体通过加热器被加热到预定温度，然后在风机的作用下进入喷雾干燥器的上部；由雾化器雾化的液滴与来自热风分配器的热风接触并相互混合[30]，被干燥产品中较大的颗粒进入喷雾干燥器底部的排料装置并通过排料装置排出，而另一部分则与废气一起进入旋风分离器向下分离，废气则通过强排风扇排入空气中。

喷雾干燥是一个连续过程，可直接将各种液体(如溶液、乳液、分散液、悬浮液、糊状物甚至熔体)转化为尺寸、分布、形状、孔隙率、密度和化学成分可调的固体颗粒。通常情况下，收集仓位于旋风气流分离器的底部，通过气流切向的旋转运动，将固体颗粒与废气分离，这种结构可防止颗粒进入废气。值得注意的是，整个工艺流程可在闭环中连续运行，这从技术和环境角度来看都是有利的。

### 2.2.5.4 喷雾干燥工艺参数

蠕动泵泵速可以影响进料速率，而进料速率会影响液滴的成型形态。当雾化器的频率一定时，雾化器单位时间内能处理的溶液量是一定的。例如，加快进料速率可以提高产量，但这是以增加雾化和干燥的能量需求为代价的(即更高的流速和入口温度)。

进风温度是最初始的热量来源，温度设置须满足雾化后的料液在经进风干燥后能处于干燥或半干燥状态。进风温度过高，溶剂在挥发后依然有大量的热量残留，干燥后的产品则会吸热发生熔融或分解，导致产品粘壁无法收料或变质；进风温度过低，溶剂没有足够的热源蒸发，料液会粘黏导致产品结块，产率降低[28]。

出风温度是一个综合参数，由进风温度、进料速率、气流量等共同决定。但进风温度是出风温度最大的决定因素，在其他参数不变的情况下，可以通过调节进风温度来调节出风温度。

由于出风温度作用于已经经过进风干燥处理的干燥或半干燥状态产品,因而出风温度决定产品的最终状态。

风机频率往往决定着一个部件单位时间内的热量供给。气体被风机带动形成气流,气流经过加热器获得最初始热量,流经至雾化器,一部分热量供给雾化器加热,另一部分为溶液蒸发提供所需热量。剩余的气流在喷雾干燥器中继续为半干产品提供热量并带着水蒸气与干燥的颗粒进入旋风分离器。

以上这些参数不仅可以决定最终产品的质量和生产效率,而且还会影响产品的形态和尺寸。

### 2.2.5.5 喷雾干燥法特点

喷雾干燥法主要有以下特点[29]。

(1)优点:①喷雾干燥装置调节方便,可通过改变设备运转时的参数条件以控制产品的质量指标,如颗粒大小、形态(非晶/结晶形式、孔隙率)等;②喷雾干燥设备的封闭循环设计,使干燥室内保持负压状态,可防止灰尘在车间内飞扬,确保生产环境卫生和安全,同时提高产品的纯度;③可直接将各种液体干燥成粉末,生产效率高;④工艺简单,易于操作,干燥过程非常迅速。

(2)缺点:①设备较复杂,占地面积和体积较大,投资较大;②气体需求量大,鼓风机的能耗较大,回收装置的容量较小;③热效率不高,且热消耗大。

### 2.2.5.6 喷雾干燥法应用领域

喷雾干燥法是一种常用的制备纳米颗粒的方法,在纳米材料制备领域中应用广泛[31]。例如,制备纳米粉体,将溶解的高分子材料喷雾成微小液滴,经过干燥形成粉末,从而制备出纳米粉体;制备纳米颗粒载体,将纳米颗粒和载体溶解在有机溶剂中,通过喷雾干燥形成载体纳米颗粒,用于药物递送、催化剂等领域;制备纳米材料复合物,将不同组分的溶液通过分别喷雾,然后混合干燥得到纳米复合材料,用于催化剂、光电材料等领域;制备纳米涂层,通过溶解或悬浮纳米颗粒,并将其喷涂在基体表面形成纳米涂层,从而实现光学、电学等性能的调控。

总的来说,喷雾干燥法具有生产效率高、产物粒径分布窄、纳米粉末易于储存等优点,在纳米材料制备和相关应用领域具有广泛的应用前景。

### 2.2.5.7 未来发展趋势

与传统方法不同,喷雾干燥法可以快速、连续和以可扩展的方式生产干燥的微球形粉末,从而降低制造成本、缩短生产时间。此外,由于其工艺和操作的简单性,喷雾干燥适合近乎无限多种前驱体、组分和反应条件。最近在大规模喷雾干燥合成方面的进展使该方法应用于工业生产方面指日可待。

一方面,随着科技的不断发展,纳米材料的应用领域越来越广泛,对其制备方法的要求也越来越高,而喷雾干燥法具有生产效率高、产物粒径分布窄、纳米粉末易于储存等优点[32],可以满足产业化生产的需求。另一方面,随着喷雾干燥技术的不断改进,如多级喷雾干燥技术、超声波喷雾干燥技术等的开发,该方法的可控性和稳定性也得到了提高,可以进一步优化纳米材料的制备过程,实现质量更高、微观结构更精细和性能更优良的目标。因此,喷雾干燥法在制备纳米材料方面具有广阔的应用前景,可以推动纳米科技的不断进步。

## 2.2.6 蒸发沉积法

蒸发沉积法是当前制备纳米颗粒最常见的一种方法,主要有热蒸发法、离子溅射法等。蒸发沉积与化学气相沉积的主要区别在于反应过程中不伴随燃烧之类的化学反应。热蒸发法主要是使原料经加热、蒸发,以气相原子、分子状态存在于反应室内,再通过冷凝等手段使气相原子、分子发生凝聚形成纳米颗粒的方法[6]。离子溅射法与热蒸发法的主要区别在于加热方式和微粒的形成方式不同。基于普通的热蒸发技术原理,目前研究者们开发出了一系列的技术设备用于制备纳米颗粒。热蒸发法制备纳米颗粒可细分为金属蒸气颗粒结晶法、真空蒸发法、气体蒸发法等几类。依据反应原料加热蒸发技术手段的差异,可以将热蒸发法分为电极蒸发法、高频感应蒸发法、电子束蒸发法、等离子体蒸发沉积法、激光蒸发沉积法等几类[33]。

### 2.2.6.1 金属蒸气颗粒结晶法

金属蒸气颗粒的制备可以通过热蒸发法来实现,热蒸发法能够使金属原料加热形成金属蒸气,进而通过冷凝沉积来得到纳米晶体。整个过程包括以下几步:在真空室电极发热体中加入金属原料,之后通过真空室抽真空或者在真空室中充入惰性气体,再经发热体对金属原料加热蒸发,金属蒸气在真空室内壁冷却凝聚即得金属颗粒[34]。金属蒸气颗粒结晶法的实验原理如图 2-6(a)所示。利用金属蒸气颗粒结晶法可制备大多数的金属纳米颗粒。

在实验过程中,经进气阀进入的气体所形成的压力会直接影响金属纳米颗粒的尺寸,如果真空室的压力降低,制备的纳米颗粒粒径将会偏小,如果真空室的气氛压力非常低,金属蒸气倾向于在真空室内壁上形成薄膜。此外,若真空室的气氛压力较高,也同样对金属纳米颗粒的形成有害。金属蒸气颗粒结晶法同样可以用来制备金属合金、金属氧化物、氮化物等纳米材料[35]。

### 2.2.6.2 等离子体蒸发沉积法

热蒸发法主要通过高温使物质达到沸点后蒸发,在温度较低的区域进行沉积。在该过程中需要提供充足的热量使物质蒸发,并确保蒸发原料可迅速凝结。此外,热源附近较窄的温度分布场和较大的温度梯度也是获得粒径较小且均一的纳米颗粒的前提,而等离子体技术能够满足这两点需求。

等离子体中存在大量具有较高活性的激发态微粒,这些微粒在反应原料相互作用时可以通过能量的迅速交换,使反应原料的温度急剧升高,进而形成纳米颗粒。等离子体的尾焰呈集中分布状态,尾焰的温度能够达到 2000K 以上,在这个过程中存在的大量原子和离子对原料进行高速轰击,使原料迅速变为熔融态,从而使气相微粒在尾焰区达到饱和态。由于离开尾焰区后温度会急剧降低,因而由高能等离子体激发的原料微粒会在离开尾焰区后处于过饱和态,从而迅速成核并结晶[6]。

等离子体蒸发沉积法较为适合制备具有高熔点原料的纳米颗粒,包括各种金属单质及化

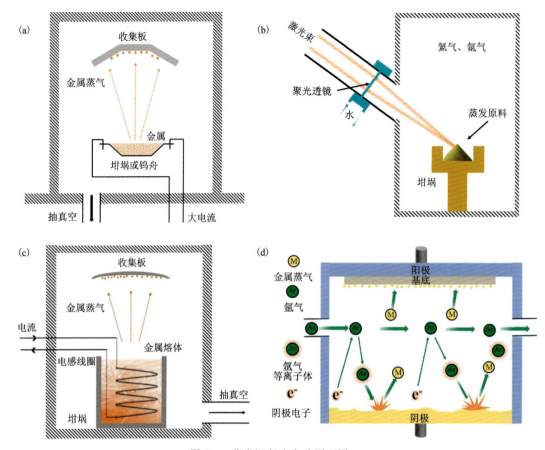

图 2-6 蒸发沉积法实验原理图

(a)金属蒸气颗粒结晶法制备纳米颗粒原理示意图;(b)激光蒸发沉积法原理示意图;(c)高频感应蒸发法制备纳米颗粒原理示意图;(d)离子溅射法制备纳米颗粒原理示意图

合物、非金属化合物,在该过程中,金属或合金经蒸发冷凝后可以直接得到纳米颗粒,而对于金属化合物来说,还需要经过一步化学反应才能形成目标化合物颗粒[36]。该方法具有产率高的特点,适合大批量纳米颗粒的快速制备,但高速等离子流容易在激发原料的过程中将熔融态物质吹飞,对产物的收集造成影响。

### 2.2.6.3 激光蒸发沉积法

通过高功率激光器产生的激光直接作用于原料上,原料吸收激光产生的能量从而被蒸发,之后经过冷凝沉积形成纳米颗粒。通常采用的大功率激光器均发射平行光束,当采用透镜聚焦后,功率密度可以达到 $10^4\,\mathrm{W/cm^2}$,极高的功率密度可以使具有高熔点的原料熔融蒸发,进而制得纳米颗粒[37]。

该方法具有较多优点,采用激光蒸发沉积法可以制备各类高熔点金属和化合物的纳米颗粒,且通常实验装置配备的激光光源位于蒸发系统的外部,可以避免对蒸发室内部环境造成不利影响,由于激光器可提供较大的功率密度,物料在吸收激光能量后可以被迅速加热。此外,激光光束的能量较为集中,内部和外部存在较大的温度梯度,有利于物料蒸发后的快速凝聚,所制备的纳米颗粒具有较小的粒径,且粒径分布集中[38]。

激光蒸发沉积法制备纳米颗粒的原理如图 2-6(b)所示。通常采用 Ge 或者 NaCl 单晶板材作为激光窗口材料。此外,选用的坩埚材料应避免在高温下与蒸发原料发生反应。针对不同粒径的原料,应选择合适的激光功率,通常对于粉末样品应选用较小的激光功率,而对于需要连续蒸发的较大块体材料,应选用较大的激光功率。蒸发时的气氛压力同样对纳米颗粒的粒径具有一定的影响,随着气氛压力的增大,纳米颗粒的粒径逐渐增大。还需要考虑蒸发原料能否有效地对激光进行吸收,这也是激光蒸发沉积法制备纳米颗粒的一个关键问题。在制备金属氧化物及氮化物等材料时,需要考虑蒸发室内的气氛,通常会选用一些较为活泼的气氛。

#### 2.2.6.4 电子束蒸发沉积法

电子束蒸发沉积法同样是通过对物料进行轰击,使原料蒸发、凝聚,从而制备纳米颗粒的方法。其原理是通过在电子枪与蒸发室之间施加较高的偏压,再通过电子透射显微镜使电子束聚焦并对原料物质表面进行轰击,使原料加热蒸发后凝聚成纳米颗粒。电子束较高的能量密度特别适合高熔点材料 W、Ta、Pt 的蒸发沉积,且可以制备出相应的金属、合金纳米颗粒及金属化合物[39]。

电子束的运动会受到腔室内气体和水分的干扰,导致电子束碰撞发生散射,从而使电子束不能有效地到达原料表面,因此电子束加热需要在真空度较高的状态下进行,需要配置排气速度极快的真空泵,避免因异常放电导致电子束利用率降低[36]。

#### 2.2.6.5 电弧放电加热蒸发法

电弧的本质是气体放电现象,通过一定的外部条件使两电极之间的气体产生空间导电,进而将电能转化为热能、光能和机械能。电弧放电具有能量集中、温度高、亮度大等特点[40]。电弧放电加热蒸发法是一种通过在反应室内充入一定的气体介质,再经两电极通电产生电弧对原料加热,使其熔融、蒸发,经冷却后获得纳米颗粒材料的方法,由于该方法需要在腔室中充入一定比例的氧气等气体,因而该方法适合用于制备金属氧化物纳米颗粒。

#### 2.2.6.6 高频感应蒸发法

高频感应蒸发法的原理是将装有原料的坩埚置于螺旋线圈中央,当接入高频感应电流后,电感线圈产生的强大涡流会使坩埚内部的原料升温进而得以蒸发。在熔体加热熔融过程中,整个坩埚内部熔融态的原料在电磁波的作用下会产生对流,使得整个坩埚内的熔体温度相对较为均匀[41]。其原理如图 2-6(c)所示。

高频感应蒸发法具有较多优点:原料蒸发速率大,比电阻蒸发源速率大 10 倍左右,适合于大批量制备;坩埚内的温度相对恒定,不会因温度不均等引发原料飞溅现象;经一次投料后可以连续长时间工作;规模化生产的加热功率可达兆瓦级;坩埚的温度较低,不会对原料产生污染。

#### 2.2.6.7 离子溅射法

离子溅射法是一种通过在金属阳极板和阴极板之间施加较高的负压,使阴极发射电子,由电场加速电子,使电子的能量增加,从而对极板间的氩气进行轰击,使氩气产生联级电离,形成氩离子等离子体,继而对阴极进行轰击,将阴极靶中的金属原子从表面撞击出来,从而制得纳米颗粒的方法。相比于前述的热蒸发法,其主要区别在于离子溅射法并不是通过加热蒸发使原子从材料表面释放,而是通过阴极发射电子对氩气进行轰击产生等离子体,当等离子体的能量超过阴极靶材原子的结合能时,将原子从靶材表面撞击出来[42]。离子溅射法制备纳米颗粒原理如图2-6(d)所示。

在离子溅射法制备纳米颗粒的过程中,两极板之间的距离越近,离子溅射的速度就越快,但冲击产生的热能会对设备产生损伤。加速电压过高,也会使样品产生热损伤。设备的真空度越低,离子溅射速度越快,不仅会产生大量的热量,也会使制备的纳米颗粒较粗。同时还需要保证反应室内真空气氛的纯净度,杂质越多,样品的质量较低。

### 2.2.7 冷冻干燥法

#### 2.2.7.1 冷冻干燥法简介

冷冻干燥,也称为冻干,是将溶液在冷浴中冷冻,利用冰晶升华的原理,将已冻结的物料通过真空升华除去冷冻溶剂,从而使物料干燥的方法。当除去溶剂时,杂质不会带入样品,因此不需要进一步纯化。更重要的是,通过在冷冻期间改变变量,可以制备具有丰富孔形态和纳米结构的材料。冻干技术,不仅广泛用于制备组织工程和生物应用的多孔材料[7],也用于制药工业以提高不稳定药物的稳定性。近年来,冷冻干燥法已成为制备新型多孔材料的独特方法,已成功制备了不同类型的多孔纳米材料,如定向多孔纳米材料和杂化多孔材料。

#### 2.2.7.2 冷冻干燥法制备纳米材料的基本原理

冷冻干燥法制备纳米材料的基本原理:将要干燥的物质预冷,直至冻结,并在冻结状态下除去水分,在低温和低压条件下使溶剂不经过液态而直接升华。具体而言,材料液体或湿固体首先在其共沸点下冷冻,使材料中的液体完全冻结,然后向冷冻材料提供能量,在适当的压力条件下,冷冻材料中的湿分子升华,以此得到干燥产品。

冷冻干燥过程由3个阶段组成:预冻结、升华干燥和解析干燥[43]。预冻结过程通过将液体样品与冷浴接触或将其置于冷浴中来实现,然后将冷冻的样品置于冷冻干燥机(图2-7)中,通过升华除去冷冻溶剂。在冷冻干燥过程中,冷冻样品应保持低于玻璃化转变温度或熔点,并在真空条件下除去冷冻溶剂。

**1. 预冻结**

预冻结就是固化材料中的游离水,从而保证干燥后的产品与干燥前的具有相同的形态,防止真空干燥时溶质产生发泡、收缩和位移等不可逆转的变化,尽量避免因样品的溶解

图2-7 冷冻干燥机示意图

度降低和真空干燥后温度下降引起样品特性变化。在预冻结过程中,溶剂晶体生长,溶质分子从冷冻溶剂中排出,直到样品完全冷冻。不同的冷冻条件,如冷冻温度、溶质浓度、溶剂类型和冷冻方向,会对材料的结构产生很大的影响。当水溶液在液氮中冷冻时,液氮的温度(-196℃)极低,会导致冰核快速形成和小冰晶的生长。然而,当冷冻过程在较高温度(如-20℃)下进行时,冰核形成缓慢,并且冰核往往会生长成更大的冰晶[44]。

**2. 升华干燥**

升华干燥指将冻结后的产品置于密闭的真空容器中加热,使冰晶升华成水蒸气逸出,从而使产品脱水干燥。升华干燥通常在带有温控架的冷冻干燥机中进行(图2-8)。当冷冻溶剂在压力降至低于三相点的值而升华时,发生初级干燥。此步骤通常是过程中最耗时的步骤,与冰升华速率直接相关,并由真空水平、隔板温度、样品体积和暴露表面积以及产品电阻等因素决定[45]。

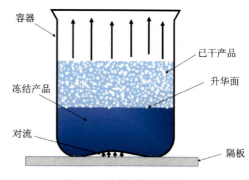

图2-8 升华干燥示意图

**3. 解析干燥**

在升华干燥过程结束后,样品内还存在10%左右的水分吸附在干燥物质的毛细管壁和极性基团上,这一部分的水是未被冻结的。当它们达到一定含量,就为某些化学反应提供了条件。为了加快干燥速度,缩短干燥时间,解析干燥时可适当提高温度,使水蒸气有足够的动力从物料中逸出[46]。

由于解析干燥样品含水量少,干燥过程可以在较短时间内完成,整个干燥过程的时间主要取决于升华干燥速率。

### 2.2.7.3 冷冻干燥法的应用

**1. 在太阳能光催化材料中的应用**

光催化是一种利用太阳能进行环境净化和能量转换的技术。开发高性能的光催化材料是提高光催化效率的关键。研究表明,由均匀的超细粉体制备的光催化材料可以显著提高光催化活性和稳定性,这些材料由于比表面积大,因而可以提供更多的活性位点。冷冻干燥超细纳米材料在光催化技术中的应用也引起了人们极大的关注。Eggenhuisen等[46]考察了冷冻干燥和常规干燥法对Co/SiO$_2$费托催化剂稳定性的影响,发现冷冻干燥法可以有效地限制前驱体的流动性。常规干燥会导致单个纳米颗粒簇的形成,而将溶液在液氮温度下冷冻干燥,可以实现颗粒在载体上的均匀分布。Bin等[47]采用冷冻干燥法制备了三维多孔石墨烯-Co$_3$O$_4$(Co$_3$O$_4$-G)光催化纳米材料。他们发现,由于Co$_3$O$_4$-G提供了更高的比表面积,因而与Co$_3$O$_4$相比,Co$_3$O$_4$-G呈现出优异的光催化性能。但进一步增加石墨烯的含量将减少活性位点的数量,从而降低到达光催化剂表面的光强度。

**2. 在锂离子电池材料中的应用**

锂离子电池(LIB)具有能量密度高、循环寿命长、倍率容量好等优点,已经成为太阳能、风能等的容量存储装置。电极材料直接影响 LIB 的性能。纳米材料的微观结构对 LIB 的电化学性能有着更为显著的影响。高比表面积、小粒径、弱团聚性能的纳米材料增大了电极与电解液的接触面积,有利于锂离子在电解液与材料表面之间迁移[48]。研究表明,微晶尺寸的减小可以缩短电子和锂离子的扩散与传输距离。与粗颗粒相比,由于扩散距离较短,锂离子嵌入微晶的速度更快,均匀性更好。冷冻干燥技术是控制锂离子电池电极粉末粒度和形貌的有效方法,已用于制备 $LiMn_2O_4$、$LiFePO_4$、$LiNi_{0.5}Mn_{0.5}O_2$、$Li_4Ti_5O_{12}$ 等微结构锂离子电池正极材料。该技术也被认为是合成高质量表面涂层电极材料的有效途径,如 $Li_2FeSiO_4/C$、$Li_3V_2(PO_4)_3/C$、$LiFePO_4/C$ 等。LIB 的性能改善与前驱体冻干粉的粒度分布、形态和均匀性密切相关。Huang 等[49]基于 LIB 的冷冻干燥路线,合成了分级板阵列 $LiV_3O_8$ 粉末。分级板状 $LiV_3O_8$ 纳米材料的形貌发生了变化。在 500℃下制备的 $LiV_3O_8/C$ 纳米材料呈均匀的板状排列结构,提高了电化学性能,而大的棒状纳米材料由于锂离子的扩散路径较长,不利于电化学性能的提高,可以通过调节冷冻干燥工艺条件来控制纳米材料的微观结构和形貌。

**3. 在固体氧化物燃料电池材料中的应用**

固体氧化物燃料电池(SOFC)是一种具有较高发电效率的电化学装置。由超细纳米材料复合而成的电极、电解质和催化剂材料,由于具有快的离子电导率和较高催化活性而被认为是实现 SOFC 可靠性、耐久性和高电化学活性的最佳材料[50]。SOFC 的这些优异性能在很大程度上取决于制备过程中纳米材料的粒度分布和规整形状。El-Himri 等[51]通过冷冻干燥和常规固相反应制备了用于 IT-SOFC 的 $Pr_{0.7}Ca_{0.3}Cr_{1-y}Mn_yO_{3-d}$($y=0.2,0.4,0.6,0.8$)电解质材料。采用冷冻干燥法比固相反应法制得多晶材料粒度更细。由冷冻干燥粉末制备的电极材料呈现更高的孔隙率,这增加了活性位点的数量。在冷冻干燥过程中,可以通过调节初始溶液的阳离子浓度来控制材料的粒度和孔隙率。Traina 等[52]采用冷冻干燥法合成了中温固体氧化物燃料电池电解质 $La_{0.9}Sr_{0.1}Ga_{0.8}Mg_{0.2}O_{2.85}$ 纳米材料。结果表明,烧结体的孔隙率受粒度分布的影响。低孔隙率有助于改善电性能。

### 2.2.7.4 冷冻干燥法的优点

冷冻干燥法具有以下几项优点。

(1)低温干燥时,产品中某些挥发性成分的损失很小。

(2)在冷冻干燥过程中,水溶液常用于制备多孔材料。水是一种环境友好的溶剂,使用冰晶作为致孔剂是绿色且可持续的。

(3)去除溶剂时,冷冻干燥过程不会将杂质带入样品中,因此不需要进一步纯化。

(4)通过改变冷冻过程中的变量,可以制备具有丰富孔隙形态和纳米结构的材料。此类材料可广泛用于生物工程、药物输送、催化剂支持和分离等领域。

(5)冷冻干燥法的独特优势是可应用于水基系统,这对于生物和环境应用至关重要。冷冻干燥法可以避免有毒有机溶剂的使用,且低温过程有助于保持生物大分子(如蛋白质、酶)和药物的活性。

## 2.3 化学法

### 2.3.1 化学气相反应法

#### 2.3.1.1 化学气相反应法简介

新材料是当前新兴材料化学工业中的重要组成部分,现代科学技术对各种新材料具有较高的功能性要求,对材料的成分和纯度具有更高的要求标准。目前常用的传统材料制备方法,如共沉淀法、重结晶法和高温熔炼法等都难以满足制备高纯材料这一要求。因此,纳米材料的新合成方法成为现代材料科学的重要研究方向之一。

化学气相反应法又称化学气相沉积法(chemical vapor deposition,CVD),作为近几十年发展起来的无机纳米材料制备技术,已经在物质提纯、薄膜制备、晶体沉积、多晶制备等领域得到广泛应用和发展[8]。化学气相沉积法是指挥发性原料在经加热、激光、等离子体作用下产生蒸气,通过发生化学反应合成微小颗粒的方法。因此反应的原料应具有较高的蒸气压和化学反应活性。化学气相沉积法制备纳米颗粒主要包括原料加热产生蒸气、进行化学反应、沉积3个步骤,使用该方法制备的纳米颗粒具有颗粒均匀、纯度高、粒径小、均一性好、反应活性高等特点。这种方法适合制备各种金属及其化合物纳米颗粒,非金属化合物纳米颗粒。

#### 2.3.1.2 化学气相反应法分类

根据反应物料的状态,可以将化学气相反应法分为气-气反应法、气-固反应法及气-液反应法。根据反应体系类型又可分为气相分解法和气相合成法两种方法[33]。

**1. 气相分解法**

气相分解法是一种常用的通过气-固反应制备纳米颗粒的方法。例如,将吡啶作为原料,在气体作用下加热分解,经脱氢热解后形成超薄石墨烯[53]。也可通过气-固反应法合成金属以及其化合物纳米颗粒。采用气-固反应法时,一般情况下,起始固相原料要求为超微颗粒,对于需要分解的化合物原料而言,一般需要经过加热、蒸发、分解过程,才能制备目标产物。通常气相分解法的反应物应包含目标化合物中的所有元素。热分解一般反应形式为

$$A(气) \longrightarrow B(固) + C(气) \uparrow$$

此外,反应原料的蒸气压、挥发性和反应活性也是热分解过程中选择原料时应考虑的因素。

**2. 气相合成法**

气相合成法是指在外部条件的干涉下,使两种或两种以上物质以气相形式发生化学反应,进而合成目标产物,再进入冷凝区进行沉积的制备纳米颗粒的方法。使用该方法可以合成多种纳米颗粒,其主要的反应形式为

$$A(气) + B(气) \longrightarrow C(固) + D(气) \uparrow$$

气相合成法制备纳米颗粒主要包括物理气相法和化学气相法,无论采用哪种方法,组分

在合成过程中都会经历气相颗粒的成核、晶体生长、凝聚等过程,在这些过程中,纳米颗粒的合成取决于多组分能否在气相条件下自发成核[33]。晶体颗粒的结晶过程复杂,在这个过程中,要求参加反应的气氛形成高的饱和度,反应体系要有较大的平衡常数。

采用气相反应法合成纳米颗粒具有诸多优点:目标化合物具有较高的纯度,颗粒具有良好的分散性和均匀性、粒径小、粒径分布较窄、比表面积大、具有较高的活性。对于难以合成的合金、非金属化合物纳米颗粒,可以对反应过程中的气体介质和合成工艺参数进行合理的优化调整,进而合成具有优异性能的纳米颗粒[54]。

反应原料具有高化学活性和对体系反应物进行活化是化学反应发生的前提,通常通过对反应物进行加热可以使整个体系的反应原料得到活化。当前常用的活化方法有电阻炉加热、化学火焰加热、等离子体加热等[55]。

### 2.3.1.3 热管式炉加热化学气相反应法

热管式炉具有较为简单的结构,且设备成本较低,是当前实验室化学气相反应法制备纳米材料采用最为普遍的基础设备之一,且热管式炉加热化学气相反应法更适合实验室制备向工业制备的跨越[56]。该方法制备纳米材料主要包括以下步骤:①原料纯化处理;②预热与蒸发;③反应操作参量控制;④成核与颗粒生长控制;⑤冷凝控制等过程。该实验装置系统如图 2-9 所示。

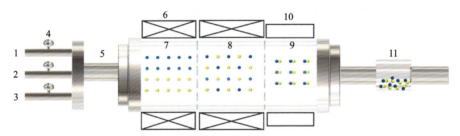

1、2—反应气;3—保护气与载气;4—气体阀流量控制器;5—反应器;6—热电偶;
7—预热区;8—混合区;9—成核生长区;10—冷凝器;11—收集仓。
图 2-9 热管式炉加热化学气相反应法装置示意图

(1)原料纯化处理。采用气相法制备纳米颗粒时,反应原料主要是各种类型的反应气、保护气和载气,由于这些原料中存在的水分和微量杂质都会对合成的纳米颗粒造成污染,影响产物的纯度,因而需要进行纯化处理。纯化处理主要是为了获得高纯度的目标产物。通常在反应前,使反应气经过各种规格的分子筛、变色硅胶、活性氧化钙等试剂,通过物理和化学反应去除原料中的水分,此外也可以采用活性炭或各类贵金属去除气体中的微量氧。不同的反应气需要选择对应的脱水剂,对于 $NH_3$ 之类的反应气,会溶解一定的水分,水分的存在会阻碍高温合成,因此在反应前应对其中存在的水分进行去除。同时 $NH_3$ 作为碱性物质,选用脱水剂时应选用碱性脱水剂,防止因脱水剂选择不合适导致酸碱中和反应的发生,降低反应原料的利用率[6,33]。

(2)预热与蒸发。反应原料的预热有利于增加反应气体分子的平均平动动能,使各组分的反应气在进入高温反应器之前得以均匀混合。该步骤是反应气进行高温反应前的一个必需步骤,可以根据反应的需求对装置预热室进行设计,以实现反应气的均匀混合,为纳米颗粒的均匀生长创造有利条件,这也是加快纳米颗粒生成速率的一个关键步骤。如果使用固态原料进行气相化学反应,需要对固态原料进行蒸发处理,预先制备出相应的反应气体[55]。

(3)反应操作参数控制。影响化学气相反应的参数主要有反应温度、压力和反应气配比及载气流量等,目标产物的产率及物理化学性质都与这些反应参数有紧密的关系[57]。通常在采用热管式炉制备纳米颗粒的过程中,需要采用热电偶和温控仪对反应区、蒸发区、混气区和预热区的温度进行实时监测和控制。对于进入反应器的各路反应气需要进行稳流稳压控制,反应区的压力也应当控制在 1MPa 以下。反应气体的流量需要根据目标产物的化学计量比确定,进行摩尔比和体积比换算,从而控制反应气的流量。

(4)成核与颗粒生长控制。前述的各反应参数、反应体系的平衡常数与过饱和度比对化学气相反应过程中颗粒的成核和生长起着决定性作用,反应压力、气体流速须在进入反应器前进行调节,反应温度可通过热电偶和温控仪进行监测调整。而体系的化学平衡常数要大,同时要保证足够快的成核速率,这就需要体系具有大的过饱和度比[58]。针对具体的反应,过饱和度比和平衡常数要根据反应体系实际分压与平衡分压来确定,通常过饱和度比与反应系统的平衡常数及原料分压成一确定的比例,一般采用大流量的反应气体来保证较大的过饱和度比。

(5)冷凝控制。冷凝是控制纳米颗粒凝聚和生长的重要手段。颗粒间的静电力、范德华力、磁场力及颗粒之间的化学反应都是在纳米颗粒制备过程中导致凝聚的因素。在颗粒生长区采用保护气体对反应体系进行稀释和加装冷却系统都能达到抑制颗粒凝聚的目的[59]。

#### 2.3.1.4 等离子体化学气相反应

通过对气体进行电离可以形成大量带正负电荷的粒子和中性粒子的等离子体,电子、正离子、负离子、激发态的原子或分子、基态的原子或分子及光子是等离子体中的 6 种典型粒子,这些粒子均具有准中性气体的特性[59]。直流电弧产生等离子体技术、射频产生等离子体技术、混合产生等离子体技术、微波产生等离子体技术等均可产生等离子体。等离子体作为热源有以下优点:①具有极高的温度;②经高度电离的气体具有更高的活性,有利于化学反应的进行;③由纯净气体电离产生的等离子体具有极高的纯度,不会引入其他杂质,有利于制备高纯目标产物;④不同温区的温度梯度大,反应体系能够实现较高的过饱和度,实现产物的快速淬冷。

**1. 基本原理**

直流电弧、射频、混合式和微波等离子体技术,都可通过无极放电产生等离子体[60]。所形成的高温、高活性、离子化导电流体中的活性原子、分子、离子或电子通过加速发射到各类金属单质或化合物原料表面时,即刻就会溶入反应物,使体系温度迅速超过原料熔点,原料瞬间熔融,进而蒸发。蒸发的原料与等离子体或反应气体发生化学反应,目标产物经历成核和生长过程,所形成的颗粒逃离反应区后,经冷却得到相应的纳米颗粒。

**2. 制备纳米颗粒的过程**

采用等离子体化学气相反应合成纳米颗粒主要包括以下几个步骤:①等离子体室抽真

空;②充入惰性气体;③接通电源;④通入反应气和保护气体;⑤收集微粒。

**3. 制备过程工艺控制**

由于等离子体化学气相反应过程中会产生极高的温度,对目标产物的物理化学性质具有较大的影响,因而对反应室内温度场的控制是合成过程中的关键一步。对于直流电弧产生等离子体,该系统中发生器的功率和气体流量决定着温度场的变化。通过对发生器功率和各路气体流量进行控制,可以对等离子体温度分布进行调节[61]。高频感应等离子体产生的火焰分布体积大,这就会使焰流发生紊乱。两种等离子体技术相结合,使等离子体沿轴向喷射,不仅可以改善等离子体焰流紊乱的现象,还能够调节高频等离子体分布。

在颗粒生成的过程中,由于气体流动导致的颗粒运动和传热差异会使发生器和反应气中出现层流、紊流现象以及速度场分布,这对纳米颗粒的形态和性能存在着影响。通过对保护气进行稀释和对反应器结构进行调整可以实现流体的速度分布优化,有助于合成目标产物。针对反应室内的浓度场分布,通过对气相原料和保护气体比例的优化调整,可以改变混合流体中各组分的比例,从而对反应室内的浓度分布、速度分布、电荷密度及能量输运方式进行调整,对目标产物的性能进行控制。

等离子体化学气相反应过程中的反应物浓度、反应室温度、冷凝方式、反应器参数设置等均会影响最终纳米材料的形貌。基于等离子体化学气相反应温度高、速度快等特点,合理地控制反应物的流量和浓度能够对产物形态进行调整优化。此外颗粒间存在的库仑力、范德华力等相互作用力也会导致颗粒的撞击和凝聚,以及温度梯度的分布态,均会影响纳米颗粒的最终形态和性质[62]。

## 2.3.2 化学沉淀法

化学沉淀法的原理是利用溶液中化合物的溶解度差异,通过添加沉淀剂使之沉淀。在制备纳米材料时,共沉淀法和液相沉淀法是常用的沉淀方法,它们都是以化学反应的方式获得沉淀。

化学沉淀法不仅得到的纳米材料组分混合均匀、产品性能良好,而且具有制备成本低、制备流程简单等优点。化学沉淀法的工艺流程为:根据需要沉淀的物质选择合适的沉淀剂,然后进行沉淀反应,将沉淀进行洗涤和干燥,经热分解后研磨即得到纳米材料。化学沉淀法工艺简单,因此适合大规模工业应用和各种纳米材料的制备。化学沉淀法工艺流程如图2-10所示[9]。

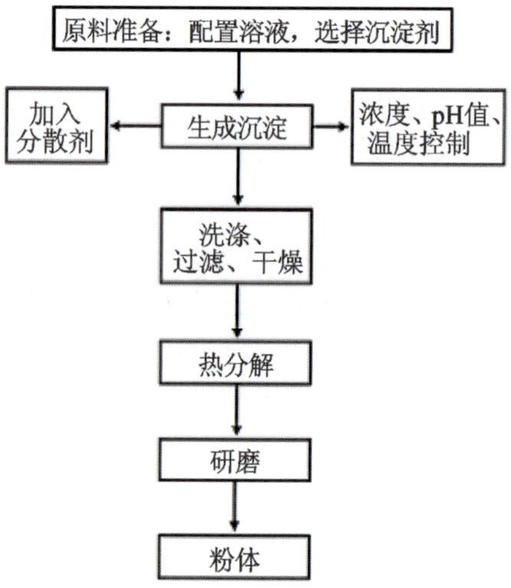

图 2-10 化学沉淀法工艺流程

### 2.3.2.1 共沉淀法

共沉淀法指通过引入沉淀剂的方式,将溶液中游离的金属离子沉淀出来。当溶液中有两种及两种以上的金属离子共存时,采用共沉淀法可得到化学成分均一的沉淀。在一般的共沉淀过程中,溶液中可能存在几种组分,通常含有不同金属离子的前驱体和沉淀剂。共沉淀法是合成含两种或多种复合金属氧化物粉体的重要方法。溶液中的金属离子与沉淀剂结合,再经过滤、洗涤得到复合金属沉淀或固溶体前驱体,最后煅烧,得到复合金属氧化物。采用共沉淀法可通过液相反应获得沉淀,制备的粉体成分均一、粒度小且粒径分布均匀。

例如,可通过单相共沉淀法制备纳米磁性 $Fe_3O_4$。向含有 $Fe^{2+}$ 和 $Fe^{3+}$ 的混合盐溶液加入碱性沉淀剂,持续搅拌即可得纳米磁性 $Fe_3O_4$。其反应式为

$$Fe^{2+} + 2Fe^{3+} + 8OH^- \Longrightarrow Fe_3O_4 + 4H_2O$$

共沉淀法也可用于制备粒径和形貌并优的高质量纳米材料 $La_2Zr_2O_7$。沉淀 $La_2Zr_2O_7$ 时既可以使用直接滴定法将氨水加入含有 $Zr^{4+}$ 和 $La^{3+}$ 的混合溶液中,也可使用反滴定法将混合溶液加入氨水中。滴定方法的选择是控制最终纳米材料形貌的关键,此外,不同的滴定方法也会影响最终产品的尺寸。采用直接滴定法时反应在酸性环境中发生,随后反应环境缓慢转变为碱性,而采用反滴定法时反应发生在恒定的强碱性环境中。不同的反应环境和温度导致最终沉淀物的形态、大小、晶相,甚至化学成分不同。例如,采用直接滴定法制备的沉淀在 800℃ 下煅烧可得到萤石结构的纳米材料,而采用反滴定法制备的沉淀在 1000℃ 下煅烧得到的纳米材料则为焦绿石结构[63]。

除了传统的共沉淀法,反向沉淀法也是一种常用的沉淀方法。反向沉淀法又称反应沉淀法,是在传统沉淀法的基础上改进后的方法。反向沉淀法并不沉淀需要的物质,而是根据溶液中所含杂质的特点,通过引入不与产物离子反应的化学试剂,使之与杂质发生反应生成沉淀。这种方法可以更有效地将溶剂中的杂质沉淀出来,从而得到更纯净的溶液。

共沉淀法获得的组分多样且各组分比例恒定,常用的方法有单相共沉淀法和多相共沉淀法。

**1. 单相共沉淀法**

单相共沉淀法又称化合物沉淀法,沉淀产物仅有一种或为单相固溶体。溶液中的金属离子按照其化学计量比生成沉淀。因此,为了保证沉淀物的组成在原子尺度上相对均匀,需要控制沉淀颗粒的金属元素之比等于沉淀化合物的金属离子之比。当化合物中的金属元素不止一种时,金属离子的比例若是简单整数比,它们在原子尺度上依旧保持组成的均匀性。但是,在沉淀时若需要定量地加入微量助剂,则其组成的均匀性往往很容易被破坏。此时为了得到原子尺度上均匀性仍然良好的沉淀,可考虑形成固溶体的方法。然而,固溶体的形成系统十分有限,适用范围窄,仅适用部分草酸盐沉淀。例如,超细 $CeO_2$ 可通过草酸盐沉淀法制备。在一定温度下向 $Ce(NO_3)_3$ 溶液中滴入草酸沉淀剂后,可获得相应的草酸沉淀,干燥后在 600℃ 下煅烧即可获得超细 $CeO_2$。超细 $BaTiO_3$ 纳米材料同样可以使用草酸盐沉淀法制备[64]。

**2. 多相共沉淀法**

多相共沉淀法,即混合物共沉淀法,所得沉淀产物为混合物。由于沉淀组分种类较多,为保证沉淀的均匀性,通常将含有各种金属离子的盐溶液在剧烈搅拌下逐滴加入沉淀剂。过量的沉淀剂会导致体系中所有金属离子的浓度远高于其沉淀平衡浓度。因此,每种成分都按相应比例同时沉淀,从而使得到的沉淀产物更均匀。然而,在实际沉淀过程中,各组分的浓度和

沉淀速率并不完全相等,因此所形成的沉淀产物在原子尺度上并不完全均匀。多相共沉淀过程中形成的沉淀产物通常以氢氧化物或水合氧化物的形式存在,草酸盐和碳酸盐等沉淀物也会采用这种方法制备。多相共沉淀法的关键在于控制各组分的离子同时沉淀,才能获得组分均匀的粉体。一般可通过快速搅拌、加入过量沉淀剂以及调节 pH 值来获得均匀的沉淀产物。

氢氧化物共沉淀法可制备 Li-Mn-Ni-Co 氧化物正极材料。通过调节氨水和 NaOH 溶液的滴入速率,可严格控制反应体系的 pH 值。获得的沉淀经陈化、过滤、洗涤、干燥、研磨后煅烧,可得氧化物正极材料。工艺流程如图 2-11 所示。

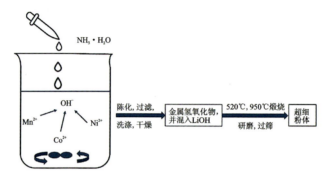

图 2-11 氢氧化物共沉淀法制备 Li-Mn-Ni-Co 氧化物流程

采用控制溶液 pH 值的方式也可合成 $Gd^{3+}$ 掺杂的 Co-Mg 铁氧体,如 $Co_{0.7}Mg_{0.3}Fe_{2-x}Gd_xO_4$ ($x=0.02$)。将一定化学计量比的 $CoCl_2$、$FeCl_3$、$Gd(NO_3)_3$ 和 $Mg(NO_3)_2$ 溶液在持续搅拌的情况下,滴加 NaOH 溶液调节溶液的 pH 值至 12。共沉淀物水洗并干燥后在 800℃和 900℃下煅烧即可得到纳米材料[65]。

此外,$BaTiO_3$ 微粉也可通过混合物共沉淀法合成。在 $TiCl_4$ 和 $BaCl_2$ 混合溶液中加入沉淀剂 $NH_4HCO_3$ 和 $NH_3 \cdot H_2O$,控制 pH>10 时可发生如下反应:

$$NH_3 \cdot H_2O + HCO_3^- \rightleftharpoons CO_3^{2-} + NH_4^+ + H_2O \quad (2-1)$$

$$Ba^{2+} + CO_3^{2-} \rightleftharpoons BaCO_3 \downarrow \quad (2-2)$$

$$TiCl_4 + 4NH_3 \cdot H_2O \rightleftharpoons TiO(OH)_2 \downarrow + 4NH_4Cl + H_2O \quad (2-3)$$

反应结束后,经过滤、洗涤、陈化、煅烧即可得 $BaTiO_3$ 纳米材料。除了 $BaTiO_3$,$Bi_4Ti_3O_{12}$ 纳米材料也可用同样的方法制备。$(C_4H_9O)_4Ti$ 在水中生成 $H_2TiO_3$ 化合物后,以 $H_2O_2$ 作为氧化剂溶解 $H_2TiO_3$。随后加入大量 $NH_3 \cdot H_2O$ 生成 $(NH_4)_2TiO_4$,再将溶液缓慢加入 $Bi(NO_3)_3$ 酸性溶液中得到沉淀产物。沉淀产物洗涤干燥后经煅烧即可得 $Bi_4Ti_3O_{12}$ 纳米材料[66]。

反应过程中随着沉淀剂的加入,局部浓度过高是不可避免的,局部浓度高会产生团聚,所得组分就不均匀。因此多相共沉淀法有时还会采用反滴定的方式,即将金属离子混合溶液滴入沉淀剂中,使所有沉淀离子浓度远大于沉淀平衡浓度,从而尽可能同时得到一定比例的混合沉淀。多相共沉淀法不仅工艺简单、煅烧时间短、产品性能良好,还可使原料细化。

#### 2.3.2.2 均相沉淀法

均相沉淀法是指在单一相,如均相溶液中,借助化学反应,将需要沉淀的离子在化学反应的动态平衡中缓慢析出的方法。此方法可以控制沉淀所需的离子生成。从而在相对均匀的溶液中析出密度较大的无定形沉淀或大颗粒的晶态沉淀。

均相沉淀法通常是将一种不与阳离子反应的物质加入溶液体系,先得到均相溶液,随后发生化学反应(如分解反应),生成所需的沉淀剂,沉淀剂再与阳离子反应生成沉淀。沉淀剂是在均相溶液体系中通过化学反应生成的,因此需要控制反应进程和速率才能获得粒度均匀的纳米材料。

这种沉淀方法避免了局部过浓现象导致的溶液不均匀问题。一般的沉淀法在物质相混的瞬间,溶液滴入的地方,反应物的浓度不可避免地会偏高。在这种不均匀的溶液中进行沉淀,通常会干扰分析的结果。而使用不与阳离子反应且缓慢生成沉淀剂的物质,就可以避免上述问题,从而在一个均匀的体系中得到纳米材料。

一种控制均匀沉淀的方法是用尿素代替常用的碱。尿素溶于水,且在 90℃ 下缓慢分解生成 $NH_3$[67],反应式为

$$NH_2CONH_2 + H_2O \Longrightarrow CO_2\uparrow + 2NH_3\uparrow \quad (2-4)$$

尿素常用于氧化物纳米粉体的制备。尿素分解产生 $NH_3$ 使体系的 pH 值升高,从而得到金属氢氧化物或碱式盐沉淀。将沉淀再经煅烧可得氧化物纳米粉体。由于水解过程比沉淀生成过程时间长,$NH_3$ 的生成与消耗速度相等,因此不会改变溶液的 pH 值。这个过程虽然耗时,但溶液体系始终均匀,所得产物也非常均匀。

采用尿素均相沉淀的方式,还可得到具有包裹结构的共沉淀物。例如,通过严格把控 pH 值获得共沉淀物,在 900℃ 下煅烧后可以获得纯钇铝石榴石(yttrium aluminum garnet,YAG)纳米材料。可通过工艺的优化,控制颗粒直径为 20~30nm。同样地,高度烧结的 Nd:YAG 纳米材料也可以使用尿素均相沉淀法合成。$Y_2O_3$ 和 $Nd_2O_3$ 溶解在 $HNO_3$ 溶液中制成金属离子原液,采用 $Al(NO_3)_3$ 作为铝源。按一定的化学计量比投料合成 YAG 前驱体,尿素分解改变溶液 pH 值即可获得相应沉淀,然后将沉淀置于马弗炉中煅烧即可获得氧化物颗粒[68]。

根据反应机理的不同可对均相沉淀法进行如下分类。

**1. 控制溶液 pH 值的均相沉淀**

尿素分解法是经典的控制溶液 pH 值以得到沉淀的方法。尿素溶于水,且分解产生氨的过程不会破坏体系的均一性,因此可用于制备密度较大且结构较为紧实的无定形沉淀或大颗粒的晶态沉淀。例如,草酸钙和铬酸钡等结晶沉淀物适合采用这种方法制备。草酸钙可溶于酸性溶液,因此尿素水解可缓慢升高溶液的 pH 值,并逐渐将草酸钙转化为结晶良好的粗粒沉淀。

控制溶液的 pH 值是合成 CuO-NiO 混合金属氧化物纳米颗粒的良好方法。在 $Cu(NO_3)_2$ 和 $Ni(NO_3)_2$ 混合溶液中加入适量尿素并溶解。当溶液的温度升高至 80℃ 时,尿素开始分解。鉴于沉淀 $Cu^{2+}$ 和 $Ni^{2+}$ 所需的时间不同(沉淀 $Cu^{2+}$ 需要 2h 而沉淀 $Ni^{2+}$ 则需要 6h),因此一般采用较长时间沉淀。将得到的 $Cu_2(OH)_3NO_3$ 等前驱体洗涤并干燥。随后按 1℃/min 的速率升温,并维持在 350℃ 下煅烧,即可得到 CuO-NiO 混合金属氧化物纳米颗粒[69]。

除了提高溶液的 pH 值,还可以通过缓慢降低溶液的 pH 值来制备纳米材料。例如,$Ag(NH_3)_2Cl$ 络合物在碱性溶液中可稳定存在,β-羟乙基乙酸酯水解产生乙酸,乙酸缓慢降低

溶液的 pH 值,使 Ag(NH$_3$)$_2$Cl 分解并释放出 Ag$^+$ 和 Cl$^-$,从而结合形成大量氯化银晶体沉淀。

**2. 酯类或其他化合物水解生成沉淀剂**

这类方法可用的试剂种类很多,可以通过有机物分解产生所需的沉淀剂。有机物不同释放的离子也不同,如酯类化合物分解释放羧酸根离子等,常见的释出离子有 SO$_4^{2-}$、C—O$^-$、Cl$^-$ 等。一些有机试剂可直接作为沉淀剂使用,如 8-羟基喹啉、丁二酮肟、四苯硼酸钠等。这种方法所得的沉淀绝大部分属于晶态沉淀。反应过程中只需控制反应速率即可,得到的晶体普遍颗粒大且晶形良好,而且可有效抑制共沉淀,取得的分离效果较好。

高催化活性的 ZnO-SnO$_2$ 纳米材料可以通过这种方法得到。向 Zn(NO$_3$)$_2$ 水溶液中滴入 NaOH 以调节 pH 值,生成 Na$_2$[Zn(OH)$_4$]。加入 Na$_2$SnO$_3$ 溶液后按一定比例引入 CH$_3$COCH$_3$ 和 CH$_3$COOC$_2$H$_5$。在溶液中通过 CH$_3$COOC$_2$H$_5$ 的水解产生沉淀,当溶液体系的 pH 值为 9~10 时反应结束。将所得沉淀分离、洗涤、干燥,并在空气中煅烧合成 ZnO-SnO$_2$ 颗粒[70]。

**3. 络合物分解以释出待沉淀离子**

金属离子与相应络合剂结合后,再破坏络合剂即可对金属离子进行均相沉淀。高密度且结构紧实的钨酸沉淀可通过钨的氯络合物或钨的草酸络合物缓慢分解得到。同样地,利用络合剂如乙二胺四乙酸(EDTA)等络合金属离子,然后用氧化物将络合剂氧化。过氧化氢的氧化产物为 H$_2$O,不会产生杂质。使用过氧化氢氧化络合剂,络合剂分解随即释放金属离子,同时进行均相沉淀。络合物分解法通常能获得性能良好的沉淀,然而反应过程中破坏了络合剂,离子的同时释放可能会影响沉淀分离的选择性。

**4. 反应改变价态产生所需的沉淀离子**

本不与金属离子反应的阴离子被氧化后,可变成具有反应活性的沉淀剂。例如,钍与碘离子共存,但遇碘酸根可生成沉淀。用次氯酸将碘离子氧化成碘酸根,从而将钍沉淀为碘酸钍。此外,上述反应中用高碘酸还原也可以得到碘酸根离子。除了阴离子氧化还原反应,改变阳离子的价态的方式同样可以考虑。Ce$^{4+}$ 遇碘酸根可得沉淀,但 Ce$^{3+}$ 不与碘酸根反应。在含有碘酸根的 HNO$_3$ 溶液中,用过硫酸铵或溴酸钠作氧化剂,氧化 Ce$^{3+}$ 为 Ce$^{4+}$ 即可得碘酸高铈沉淀。将沉淀煅烧,生成氧化物后,可用于铈的定量分析。由于氧化还原反应在溶液中进行,沉淀所需的离子是逐步产生的,这样所得的沉淀质地密实且便于过滤和洗涤。沉淀与其他离子可以很好地分离[71]。

**5. 合成螯合沉淀剂法**

除了将试剂降解为沉淀所需的离子之外,还可以在溶液中合成沉淀所需的物质。将简单的试剂组合成结构复杂的螯合沉淀剂也是实现均相沉淀的常见思路。所需的螯合沉淀剂在溶液中通过反应直接制备,从而实现沉淀分离与合成同时进行。

**6. 酶催化反应**

自 20 世纪末以来,酶催化反应得到了广泛的关注,也被用于均相沉淀。例如,由 Mn$^{2+}$ 和 8-羟基喹啉形成的螯合物会在 pH>5 时沉淀。但由于尿素在室温下几乎不水解,酶催化尿素水解可使溶液的 pH 值升高。先将溶液置于恒温 35℃ 的水浴中并溶解尿素,此时溶液保持清澈。加入少量脲酶后,在脲酶催化下尿素水解。溶液 pH 值逐渐升高,形成 $Mn^{2+}$ 的螯合物沉淀 $Mn(C_9H_6ON)_2$[72]。

均相沉淀法是提高沉淀产量和分离效率,以及研究共沉淀过程的一种非常有效的方法。

### 2.3.3 浸渍法

#### 2.3.3.1 浸渍法的原理

将表面充满微孔的载体浸入含有一种或多种金属离子的溶液中,保持一定的时间,溶液中的离子逐渐浸入载体的孔隙中。当达到浸渍平衡后,将载体沥干,经干燥、煅烧,载体内表面即附着一层所需的固态金属氧化物或其盐类。浸渍的过程包括溶液渗透、离子扩散、离子吸附、离子沉积、离子交换及发生反应等。浸渍法可使具有催化活性的组分高度分散,并均匀分布在载体表面,在催化过程中得到充分利用[10]。基本原理如下:首先,是具有丰富微孔的载体在溶液中由于表面张力的作用而产生毛细管压力,使金属离子渗透到载体的微孔内部;其次,溶液中的金属离子在载体表面吸附和孔内扩散,扩散更加充分。为了提高浸渍效果,可采用真空浸渍法,或者提高浸渍液浓度和加速搅拌。浸渍法的操作很简单,但是溶液内发生的吸附过程相当复杂,各种类型的吸附结合都有可能发生,因此浸渍法的可控制性不强,这大大减少了其应用。特别需要注意的是,干燥过程会导致活性组分迁移,这是无法避免的。因此在工艺实施过程中有许多方面需要注意。

#### 2.3.3.2 浸渍法的特点

浸渍法有以下特点:①载体形状和尺寸已确定,可以选择具有合适比表面积、孔径、强度、导热性能的载体;②设备成本低廉;③可在常温下操作,能量消耗小;④活性组分利用率高、成本低;⑤生产方法比较简单易行,生产效率高。

#### 2.3.3.3 浸渍法的主要工艺

(1)过量浸渍:将载体浸渍在过量的活性组分溶液中,溶液体积大于载体可吸附的液体体积,一段时间后除去过剩的液体,进行干燥、焙烧、活化[73]。

(2)等体积浸渍:预先测定载体吸附溶液的能力,然后加入正好使载体完全浸渍所需的溶液量[74]。

(3)蒸气浸渍:借助浸渍化合物的挥发性,以蒸气相的形式将化合物负载于载体上。

(4)多次浸渍:将浸渍、干燥和焙烧过程反复进行。采用多次浸渍的原因有如下几种:①活性组分溶液的浓度太低时,一次不能充分浸渍,须重复多次浸渍;②载体的孔体积太小,一次浸渍时间太长,易造成孔隙浸渍不均匀;③当活性组分溶液含有多种成分时,由于各活性组分在载体上的吸附能力不同,一次浸渍容易导致浸渍不均匀,需要进行多次浸渍。

### 2.3.4 水热/溶剂热法

水热/溶剂热法是一种在密闭容器中以水溶液/溶剂作为反应体系,对体系施以高温高压从而合成目标产物的液相化学法。这种方法不仅能够得到各种尺寸的颗粒,也能够用于制备薄膜,是目前较为常见的材料合成手段。但这种方法和普通的液相化学法有着明显的区别,由于反应是在高温高压的密闭环境中进行的,因而会有一些独特的影响因素,如水热/溶剂热的温度和时间、溶剂的种类和时间及 pH 值等,都会对产物的物理化学性质、晶粒大小和分散程度等造成明显的影响。因此,对于水热/溶剂热法的探索仍未止步,还有许多问题需要解决,这就需要对这种方法形成系统化的认知,对合成条件下物质的反应性质、反应规律和反应产物的性质开展研究。

#### 2.3.4.1 水热/溶剂热法发展历程

水热法最初是在 19 世纪由法国地质学家道布勒、谢纳尔蒙等[75]发明的,主要目的是合成矿物材料,探索它们在自然界的生成条件,为水热合成工业矿物和晶体奠定了基础。1900 年,水热法的合成理论被明确确立,并快速迈进了合成工业矿物和晶体的新阶段。1904 年,水热法制备较大尺寸的晶体首次得以实现,也使这一方法由理论研究走向实际生产。1948 年美国地球物理研究所研发了一种新型弹式高压筒,为实验室水热合成矿物和晶体材料开创了新局面。当时,摩勒等设计出使用压力达 1000~3000 大气压(101.325~303.975MPa)、温度高达 500~600℃的实验室用水热高温高压装置。随着水热高温高压装置的不断改进升级,矿物和晶体合成科学得到了极大的发展,并向着功能材料的合成研究转变。1960 年,功能陶瓷材料用的结晶粉末,如 $BaTiO_3$、$CaTiO_3$、$SrTiO_3$ 等也通过水热法被成功合成。随后日本在水热合成锆钛酸铝(PZT)压电晶体粉末方面取得较大成功。

水热法也是一种较为常见的制备能源材料方法。Xie 等[11]以磷钼酸、半胱氨酸和氧化石墨烯为原料,在 200℃下采用水热法制备了一种 $MoS_2$/rGO 二维异质界面的钠离子电池负极材料,最终得到的水热产物经过离心洗涤、干燥、退火,得到目标样物。该方法合成的材料具有极大的暴露面积,有效地增加了钠离子电池负极材料的可逆比容量。

溶剂热法作为一种以水热法为基础但又不同于水热法的合成手段也逐渐得到了研究人员的关注,溶剂热法与水热法的不同之处在于溶剂热法所用的溶剂是有机溶剂,而水热法的反应载体是水[12]。在溶剂热反应过程中,需要先把一种或几种前驱体溶解在非水溶剂中,通过高温高压条件下的液相反应,体系内原料的各种物理化学性质发生极大的变化,随着反应的进行,溶剂热产物缓慢生成。水热/溶剂热法的原理简单,过程易于控制,通过调整反应的各类参数控制反应和晶体生长速度,可以制备出晶型完整、分散性好、形貌可控的目标产物。

#### 2.3.4.2 水热/溶剂热法原理简介

采用水热/溶剂热法制备矿物材料和电池材料等材料时,对水热反应机理进行探讨是一个重要的研究方面。通常可以将水热/溶剂热合成晶体过程分为 3 个反应过程:①溶质溶解,反应物在溶剂中随着温度的升高和压力的不断增大,逐渐溶解在水热介质中;②物质输运,由于在溶剂中反应物形成的离子、分子及离子团存在浓度差和热对流,因而在整个水热合成过程中都会发生物质的输运;③晶体形成与生长,这些离子、分子和离子团在生长界面处吸/脱附、分解,开始形成晶核并不断长大[76]。要使原料能够进行上述反应,合成目标产物,不仅要通过热力学计算,确认从热力学角度考虑反应是可以发生的,还必须从化学反应动力学的角度考虑反应速率,两者缺一不可。

在高温高压条件下,水热和溶剂热合成化学已经明显不同于普通条件下的溶液化学,在这种条件下水与溶剂已经处于超临界状态,此时液体的蒸气压变高,离子反应加速,氧化还原势改变,水解反应加剧,且水热介质的各种物理化学性质均发生改变,使常温常压下难以进行的反应成为可能。

#### 2.3.4.3 热力学

在高温高压的水热反应釜中,固相与液相之间的反应性质决定了合成晶体的性质,因此对反应温度、反应时间、溶剂的种类及含量、pH值和反应压力等条件进行调整能够控制纳米材料的性质。但是在密闭条件下对实验过程的控制显然是难以实现的,因此从热力学角度对反应条件进行设计和计算是十分必要的。

在水热反应过程中除了要考虑化学平衡关系,还需要考虑物料平衡和电荷平衡关系。在各化学组分(反应物和产物)的标准生成吉布斯自由能和活度系数已知的情况下,通过联立各组分的平衡常数方程组,就能够计算出达到化学平衡时反应物的浓度。若已知标准吉布斯自由能、热焓、偏摩尔体积及热容等变量,则其中每一组分在水热反应温度和压力下的标准生成吉布斯自由能可以通过下列热力学关系式计算[77]。

设反应体系内存在 $k$ 个反应,其中第 $j$ 个反应包含 $nj$ 个不同的化学组分 $A_i^{(j)}$($i=1,2,\cdots,k$),则水热体系内中的一系列反应可表示为

$$\sum_{i=0}^{nj} V^{(j)} A_i^{(j)} = 0 \qquad j=1,2,\cdots,k \tag{2-5}$$

式中,$V^{(j)}$ 为组分 $A_i^{(j)}$ 的化学计量系数。

平衡时组分 $A_i^{(j)}$ 的标准生成吉布斯自由能为

$$\Delta G_{nj}^0 = \sum_{i=1}^{nj} V^{(j)} G_f^0(A_i^{(j)}) = RT\ln K_j(T,P) \qquad j=1,2,\cdots,k \tag{2-6}$$

式中,$K_j(T,P)$ 为第 $j$ 个反应的平衡常数,可以根据组分 $A_i^{(j)}$ 的活度系数求得。

#### 2.3.4.4 动力学

水热法能够使很多热力学条件满足但在常温常压下进行缓慢甚至难以进行的化学反应进程大大加快。在水热反应过程中,不断溶解的前驱物或中间产物与稳定氧化物之间存在明显的溶解度差,进而形成了水热反应的驱动力。反应过程中晶体的生长速率与温度、压力及反应物溶解区和晶体生长区之间的温度梯度密切相关。通常情况下,在反应釜内的填充度恒定,即溶液中的压力保持一致时,反应温度越高,晶体生长速率越快;在保持反应体系的温度恒定时,反应釜内的填充度越大,反应体系内的压力越高,晶体生长速率越快;而当保持温度、压力恒定时,溶解区和生长区的温度梯度越大,反应速率也越快。

#### 2.2.4.5 水热/溶剂热法应用范围

水热/溶剂热法主要应用于实验室少量合成与工业化大规模生产,因此水热/溶剂热法的装置、操作流程和注意事项等都不尽相同。其中实验室条件下的水热合成是大规模合成的前提和基础,也是合成各种新型功能材料的摇篮。水热反应釜分为内胆与外釜,内胆通常为热

稳定性和化学稳定性优异的特氟龙材质,同时也具有较好的不粘性及刚韧度,能够充分满足水热反应对容器的要求;外釜为不锈钢材质,主要作用是在较高压力下能够保护内胆不被高蒸气压弹开,防止安全事故的发生。水热烘箱能够将烘箱内的空气加热至一定温度并保持恒温,置于其中的装有反应物的反应釜能够均匀受热并进行恒温反应。

相比于溶胶-凝胶法、共沉淀法等湿化学方法,水热/溶剂热法的反应温度通常在130~250℃之间,相应的水的蒸气压为0.3~4MPa,制备结晶粉末无须经过高温烧结,有效地避免了微粒的团聚。通过调节水热/溶剂热过程中的反应条件可以控制颗粒的晶体结构、结晶形态与晶粒纯度,所得纳米材料的粒径通常为几百纳米至几微米,甚至能够达到几十纳米。相比于气相法和固相法,水热/溶剂热法的低温、高压、液相条件,有利于制备缺陷少、取向好的晶体,产物的结晶度高、分散性好、不发生团聚现象且晶体粒径易于控制[78]。该法对温度要求相对较低,因而更加节能环保,成本也较低。

但是水热/溶剂热法也存在着一些不足,例如,水热/溶剂热过程中的液体状态无法实时监控和干预,对晶核形成和晶体生长的影响因素的控制缺乏系统研究,并且高温高压水热/溶剂热合成对设备的要求较高,反应周期较长,在大规模工业化生产中可能存在着安全问题。

#### 2.3.4.6 水热/溶剂热法技术类型

本小节根据水热/溶剂热法制备材料和技术方向的不同,从晶体生长技术、薄膜制备技术、纳米材料合成技术和水热装置发展方面展开讨论。

**1. 晶体生长技术**

和其他制备晶体的方法不同,水热/溶剂热法一般具有以下特点:①水热/溶剂热法是在较低的热应力条件下实现晶体生长,相比于高温固相法,制备的晶体位错密度较低;②水热/溶剂热法是在较低温度下进行的,因此有可能获得低温同质异构体;③水热/溶剂热法能够通过控制密闭容器中的气氛,形成氧化或还原条件,获得其他方法难以获得的物相;④高温高压下进行的水热/溶剂热法反应,对流速度较快,溶质得以有效扩散,使得合成晶体的生长速率较快[79]。但并不是所有材料都适合采用水热/溶剂热法制备,是否选用此方法的准则有:结晶物质各组分溶解具有一致性;结晶物质具有足够高的溶解度;结晶物质的溶解度随温度变化大;中间产物随温度的改变易于分解。

通常水热晶体生长技术包括温差技术、降温技术、亚稳态相技术等。

水热晶体生长中最常用的技术是温差技术,该方法主要是通过控制水热反应装置中的温度梯度来合成目标晶体。例如,对一种具有正的温度系数的反应物,可以采取降低生长区温度的方法,在溶解区与生长区之间形成一定的温度梯度,进而形成热对流,使温度梯度客观地反映溶质的密度梯度;当反应体系内的温度不断升高时,溶液会热膨胀从而使溶质的密度减小,但是随着温度升高,溶质的不断溶解使其密度增大程度远远大于体积膨胀导致的密度减小程度,因此当温度达到一定值,且在反应体系内存在适当的温度梯度时,溶质的密度梯度会导致高压反应釜内剧烈的物质输运,当较高温度区域(溶解区)形成的饱和溶液输运到较低温度区域(生长区)时,溶液就变为了过饱和溶液,晶体开始生长[75]。

但是当高压反应釜内无法形成较为宽泛的温度梯度时,降温技术就成为了一种容易实现的水热/溶剂热晶体生长技术。将整个高压釜加热到一定温度时逐步缓慢降低反应体系的温度,从而实现高温饱和溶液向低温过饱和溶液的转变。在这种晶体生长技术中,物质输运不是通过对流实现的,而是通过扩散完成的。通常也将降温技术与温差技术结合使用。

当反应物的溶解度较低时,可以采用亚稳态相技术制备晶体[80]。由于在溶液中亚稳态相的溶解度通常大于稳定相的溶解度,因而水热/溶剂热法制备晶体主要利用目标晶体与前驱体的溶解度差异。如果反应体系中含有该反应条件下热力学不稳定的化合物或者目标晶体的同素异构体,这种亚稳态相结构的不断溶解就可以促进稳定相的结晶和生长。

**2. 薄膜制备技术**

采用溶胶-凝胶法等湿化学法制备薄膜时,必须利用高温灼烧实现晶体从无定形向晶态的转变,但在烧结过程中,可能会由于受热不均匀,薄膜开裂、脱落,甚至晶化不完全。而利用水热/溶剂热法进行薄膜制备可以有效避免此类问题,既可以制备单晶薄膜,也可以制备多晶薄膜。

水热/溶剂热法制备单晶薄膜可以采用较为简单的倾斜法,首先将籽晶或衬底置于高压釜的气相中,避免与溶液接触,随后当水热/溶剂热温度升高至晶体开始生长的温度时,将釜体倾斜使籽晶或衬底与液相接触,即可制备单晶外延膜。

水热/溶剂热法制备多晶薄膜技术主要可以分为两类:一类是水热/溶剂热-电化学反应[81],另一类是普通的水热/溶剂热反应。前者是在高温高压的条件下施加直流电,使反应介质中的溶质在电场作用下沉积到衬底表面,从而获得具有金属光泽、厚度为几百纳米的薄膜;普通水热/溶剂热法是将衬底和薄膜前驱体材料的反应介质置于反应釜中进行薄膜制备,获得的薄膜厚度为几微米[82]。

**3. 纳米材料合成技术**

为了操作更加简便、低能耗地制备颗粒小、结晶性好、无团聚的纳米粉体,通常采用水热/溶剂热法纳米材料合成技术[83]。根据化学反应类型的不同,水热/溶剂热法纳米材料合成技术可以分为水热氧化法、水热沉淀法、水热合成法、水热还原法、水热分解法和水热结晶法。水热氧化法是指在水热条件下水与金属或合金直接反应生成新的化合物。水热沉淀法是指在水热条件下反应生成某些在常温常压下无法或很难生成沉淀的化合物。水热合成法是指改变水热条件,使两种或两种以上的化合物反应获得新的化合物。水热还原法是指将金属盐类化合物、氢氧化物、碳酸盐或复式盐置于水热条件下,只需少量或无须试剂即可得到超细金属微粉。水热分解法是指将某些化合物在水热条件下分解形成新的化合物,进行分离得到单一化合物。水热结晶法是指非晶态的氢氧化物、氧化物或水凝胶前驱体在水热条件下结晶,形成新的氧化物[78]。相较于其他纳米材料的合成方法,水热/溶剂热法纳米材料合成技术具有以下特点:无须高温烧结即可合成目标粉体,避免了高温烧结过程中可能形成的粉体团聚问题,使产物分散性和结晶性都满足要求;通过控制水热条件可以调节纳米材料的物相、粒径和形貌;水热/溶剂热法合成纳米材料工艺较为简单,且能耗较低、适用范围广[84]。

**4. 水热装置发展**

随着水热/溶剂热法的推广和普及,水热装置也出现了多种手段相结合、对水热条件的控制更加精确的发展趋势,如已经出现了在水热反应体系中施加直流电场、磁场、微波等条件的水热装置。施加电场、磁场甚至直接附加搅拌装置能够有效促进水热装置中的物质输运,定向的场也能够控制装置中物质的定向移动,实现沉积镀膜或分离产物等特殊目的[85]。作为一种低能耗、产物质量高的合成技术,水热/溶剂热法不仅在实验室中得到了持续的研究和应用,而且正在不断扩大产业化应用的规模,水热装置不断得到改进,从而使操作更加安全,应用更加广泛。

### 2.3.5 溶胶-凝胶法

#### 2.3.5.1 溶胶-凝胶法简介

溶胶-凝胶法是在溶液中制备无机聚合物或陶瓷的一种方法,通过将液体前驱体转化为溶胶,最后转化为具有网络结构的凝胶。该方法起源于19世纪,法国化学家J. J. Ebelmen观察到由$SiCl_4$制备的醇盐暴露于空气中可形成凝胶[86]。后来研究发现这是由大气水分引起的,大气水分首先导致硅醇盐水解,然后冷凝。这些过程已被广泛研究,并可进行调整,如通过酸或碱催化,可以形成具有不同结构的凝胶。传统意义上的溶胶是通过金属醇盐前驱体的水解和缩合形成的,但溶胶可以更广泛地定义为胶体悬浮液。国际纯粹与应用化学联合会(International Union of Pure and Applied Chemistry,IUPAC)将胶体系统定义为一个相在另一个相中的分散体,其中"分散在介质中的分子或多分子颗粒至少在一个方向上具有在1～1000nm之间的尺寸"。

#### 2.3.5.2 溶胶-凝胶法制备纳米材料的基本原理

溶胶-凝胶法制备纳米材料的基本原理:将金属醇盐或无机盐经水解直接形成溶胶或经解凝形成溶胶,之后溶质聚合凝胶化,再将凝胶干燥、焙烧去除有机成分,最后得到无机材料[13]。

**1. 溶剂化**

金属盐电离出金属阳离子$M^+$与水分子结合形成溶剂单元,为保持它的配位数并有强烈地释放$H^+$的趋势。

$$M(H_2O)_n^{z+} \longrightarrow M(H_2O)_{n-1}(OH)^{(z-1)} + H^+ \tag{2-7}$$

**2. 水解反应**

金属盐水解形成均相溶液,为保证溶液的均相性,在配置过程中需要对溶液进行剧烈搅拌,使醇盐在分子水平上进行水解,如金属醇盐$M(OR)n$($n$与金属离子M的价数)相同与水反应。反应一直进行,直到生成$M(OH)_n$。水解反应机理为

$$M(OR)_n + xH_2O \longrightarrow M(OH)_x(OR)_{n-x} + xROH \longrightarrow \cdots \longrightarrow M(OH)_n \tag{2-8}$$

**3. 缩聚反应**

缩聚反应的进展取决于已经发生的水解程度,按所脱去分子种类,缩聚反应可分为以下两类。

失水缩聚:—M—OH+HO—M— $\longrightarrow$ —M—O—M—+$H_2O$ \qquad (2-9)

失醇缩聚:—M—OR+HO—M— $\longrightarrow$ —M—O—M—+ROH \qquad (2-10)

### 2.3.5.3 溶胶-凝胶法制备纳米材料的工艺过程

纳米技术是指对材料进行改性,使其尺寸介于1～100nm的纳米级范围的技术。由于材料极高的表面能、大的比表面积和量子限制,在纳米尺度上生产的材料具有多种独特的性质(光学、磁性、电学等)[87]。纳米材料具有重要的科学意义,因为它们搭建起了散装材料和原子或分子之间的桥梁。

在溶胶-凝胶过程中,有许多不同的方法可以形成凝胶。有时前驱体相同,只需反应条件的微小变化就可以形成截然不同的结构。一般来说,凝胶态简单地定义为延伸穿过流体相的非流体3D网络。1974年,Flory将凝胶分为4种类型,包括有序的层状凝胶(如黏土或表面活性剂中间相)、共价聚合物网络凝胶、物理聚集的聚合物网络凝胶(如通过螺旋连接形成的水凝胶)以及无序颗粒凝胶[88]。

除了前驱体制备之外,溶胶-凝胶制备工艺可以总结为以下关键步骤,如图2-12所示。

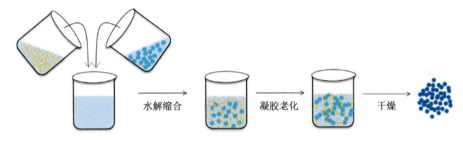

图2-12 溶胶-凝胶工艺流程

**1. 醇盐水解和部分缩合合成"溶胶"**

为保证溶液的均相性,在配置过程中须剧烈搅拌。控制醇盐溶胶-凝胶化学的关键是水解反应和缩合反应。这些反应受工艺参数的强烈影响,如R基团的性质(如诱导效应)、水与醇盐的比例及催化剂的存在和浓度。例如,二氧化硅的溶胶-凝胶化学反应通常由酸或碱催化剂驱动,中性条件下反应非常缓慢。所得凝胶的结构由于催化剂的不同而显著不同,这是由水解反应和缩合反应的相对速率差异造成的。每个水解步骤的速率取决于过渡态的稳定性,而过渡态的稳定性又取决于—OH与—OR基团的相对吸电子或供电子能力。结果是连续的水解步骤在酸性条件下逐渐变慢,而在碱性条件下逐渐变快。

**2. 通过缩聚形成凝胶,以形成金属—氧代—金属键或金属—羟基—金属键**

湿凝胶是通过溶胶老化获得的。将溶胶保持在一个开放或封闭的容器中,由于溶剂的蒸发或冷凝反应的继续,溶胶逐渐过渡到凝胶,这通常伴随着颗粒的奥斯瓦尔德熟化,即由于小颗粒和大颗粒的溶解度不同而导致颗粒的平均尺寸增大。在老化过程中,胶体颗粒逐渐聚集,形成网状结构,整个体系失去流动性,溶胶由牛顿流体转化为宾汉流体,表现出明显的触变性。纤维、涂层、铸件等产品可在此期间形成[89]。

**3. 脱水收缩或"老化"**

凝胶网络持续冷凝,通常会收缩并导致溶剂被挤出。通过干燥凝胶使多孔网络坍塌以形成致密的"干凝胶",或者通过超临界干燥技术,获得具有纳米孔结构的干燥气凝胶[90]。

凝胶是含有溶剂的固体基质，需要干燥才能去除溶剂。凝胶形成和干燥之间的时间称为老化时间，也是一个重要的参数。在老化过程中，凝胶不会保持静止，而是继续水解和凝结。此外，由于凝胶收缩，溶剂可能会被挤出，凝胶的老化会导致颗粒溶解和再循环。这些现象影响凝胶的结构和化学性质。

**4. 通过在高达 800℃ 的高温下煅烧去除表面 M—OH 基团（如果需要）**

最后，对干燥后的凝胶进行热处理，以确保凝胶无孔隙，产品的相组成和微观结构符合其性能要求。由于凝胶的高比表面积和高活性，其烧结温度比传统粉坯低几百摄氏度，采用热烧结法可缩短烧结时间，提高产品质量。

#### 2.3.5.4　溶胶-凝胶法制备纳米材料的应用

具有明确纳米结构的材料由于其独特的物理和化学性质而在材料科学领域引起了极大的关注，其物理和化学性质明显不同于传统的块状材料。作为一种重要的纳米材料合成方法，溶液加工技术得到了广泛的研究，包括共沉淀法、水热法、溶剂热法和溶胶-凝胶法。在这些技术中，溶胶-凝胶衍生合成方法由于在制备均匀尺寸分布、特定形态和可控化学计量的纳米结构材料方面具有独特的优势，因而能够精确控制产物的物理和化学性质。这些优点使得溶胶-凝胶法制备的纳米材料被广泛应用于各个领域，如电子陶瓷、微波陶瓷、电接触材料、能量转换和储存材料、光催化剂等。

**1. 溶胶-凝胶法制备电池纳米材料的应用**

近年来，对替代能源和清洁能源不断增长的需求引发了研究人员对能量转换和存储研究的巨大兴趣，促进了新型电化学能源装置的发展，如锂离子/钠离子电池、超级电容器和燃料电池。寻求具有优越的电化学性能、高能量密度、良好的循环稳定性、高安全性的电极材料一直是能量转换和储存研究的活跃课题[91]。例如，作为为锂离子电池提供更好的比能量的替代物，锂硫电池具广阔的应用前景，但仍然存在许多缺点，如 S、$Li_2S$ 的离子和电子传导性差。为了克服这些缺点，Tao 等[90]采用一步 Pechini 溶胶-凝胶法制备了 $Li_7La_3Zr_2O_{12}$（LLZO）纳米颗粒修饰的多孔碳泡沫（LLZO@C），LLZO 纳米颗粒充当界面稳定剂，以降低 S 和离子/电子导电基质之间的界面电阻，并提高聚环氧乙烷（PEO）电解质的导电性。在另一项研究中，Luo 等[89]通过两步溶胶-凝胶涂覆工艺展示了硅/介孔碳/结晶 $TiO_2$ 核壳纳米颗粒，由于双壳设计避免了硅与电解质的直接接触，并提供了更好的结构刚性，因而纳米颗粒显示出优异的锂储存性能。

**2. 溶胶-凝胶法制备光催化纳米材料的应用**

光催化纳米材料是溶胶-凝胶衍生纳米结构材料的另一个热门研究领域。基于半导体的光催化纳米材料已被广泛研究并应用于降解有机污染物、去除重金属和制氢等领域。然而，半导体光催化剂的光催化性能可能会因光生电子-空穴对的快速复合而显著受损。解决这一问题的一个有效策略是掺杂过渡金属元素或稀土元素，在半导体晶格中产生电子或空穴捕获位点。研究发现，溶胶-凝胶工艺是合成掺杂氧化物半导体的一种特别有效的途径，因为它可以精确控制其化学计量。迄今为止，溶胶-凝胶工艺已被广泛用于合成铋铁氧体（$BiFeO_3$，BFO）纳米颗粒，这是一种钙钛矿型可见光驱动氧化物半导体光催化剂，具有优异的光伏性能和光催化活性。近年来,由于 Gd 掺杂的 BFO 中铁电畴的增加,将 Gd 掺杂到 BFO 晶格中已被证明是提高其光催化活性的有效方法[87]。

**3. 溶胶-凝胶法合成核壳结构纳米材料的应用**

溶胶-凝胶法可用于制备具有核壳结构的纳米颗粒,这些纳米颗粒在多铁材料、荧光和光学材料及用于储能应用的电极材料等领域具有独特的特性。Wang 等[92]采用溶胶-凝胶法合成 $g-C_3N_4@TiO_2$ 核壳结构光催化剂,在可见光照射下降解苯酚。由于核壳结构促进了电荷分离和电子转移,越来越多具有 $g-C_3N_4$ 层的光催化剂表现出更高的光催化活性,溶胶-凝胶法使得核和壳之间形成更强的结合力,导致 $g-C_3N_4$ 材料的溶解度降低。这些独特的核结构产生了 CoNi 核的强磁损耗、$TiO_2$ 纳米片壳的优异介电损耗,以及作为阻抗匹配介质的空气/$SiO_2$ 中间层,材料表现出显著增强的微波吸收性能。

**4. 溶胶-凝胶法合成 2D 纳米片的应用**

溶胶-凝胶法也是合成片状纳米结构无机化合物的一种简单方法,如合成片状二硫化钼、钛酸铋和锰酸钠。溶胶-凝胶法衍生的 2D 纳米片的应用范围从光催化剂和电池到电磁屏蔽材料。例如,Chen 等[93]通过溶胶-凝胶水热法合成了可降解水污染物的 $Bi_4Te_3O_{12}$ 纳米片和 Cr 改性的 $Bi_4Te_3O_{12}$ 纳米片。所制备的 $Bi_4Te_3O_{12}$ 纳米片为矩形,边长为 100~150nm,厚度约为 20nm,在自然光下显示出 79.2% 的罗丹明 B 的光降解效率,并具有良好的可重复使用性。经过 Cr 改性的 $Bi_4Te_3O_{12}$ 纳米片显示出类似的矩形片状纳米结构,并且由于光生电子-空穴对的低复合率或高分离效率,Cr 的添加可以有效地提高它们的光催化析氢和污染物降解性能。

### 2.3.5.5 溶胶-凝胶法制备纳米材料的优势

溶胶-凝胶法制备纳米材料具有许多优势,主要有如下几点。

(1)工艺简单,设备低廉,不需要复杂的实验流程即可得到比表面积很大的凝胶或粉末,与通常的熔融法或化学气相沉积法相比,煅烧成型温度较低,且材料强度、韧性较高。

(2)可以从化学成分分布均匀的前驱体制备固态材料。通过试剂在溶液中的随机分布,确保试剂可在原子级别混合,能够在加工温度较低和合成时间较短的条件下合成复杂的无机材料,如三元氧化物和四元氧化物。

(3)产物颗粒形状规则。

(4)化学组成均匀。所用原料纯度高,溶剂在制备过程中易被除去。

## 2.3.6 水解法

水解法是合成无机纳米材料的常用方法之一,是先在高温下将一定浓度的金属盐溶液水解沉淀,生成相应的水合金属氧化物或者氢氧化物,再通过高温加热分解使金属氧化物或氢氧化物转变为纳米颗粒的一种方法。这种方法也称为水解沉淀法。

水解法可分为金属醇盐水解法、无机盐水解法、强制水解法和微波水解法等。其中,金属醇盐水解法是目前使用最为广泛的一种方法。这种方法可以从溶液中得到粒径很小且分布很窄的超微细粉体。它的制备过程非常简单,可以对溶液的化学组成进行准确的控制,而且产物的质量和产量均很高。但是该方法也有一个缺点,那就是原材料成本很高,如果能克服这个缺点,它将会成为一种很有竞争力的纳米材料制备方法。

### 2.3.6.1 金属醇盐水解法

金属醇盐水解法是利用某些金属有机醇盐可在有机溶剂中溶解,并有可能发生水解,进而产生氢氧化物或氧化物沉淀的特点制备超细粉末的方法[94]。

**1. 单金属醇盐的制备**

(1)由金属和醇直接反应制备。碱金属、碱土金属、镧系金属可以直接与醇反应生成相应的金属醇盐和氢气[95],反应式为

$$M+nROH \longrightarrow M(OR)_n + n/2\ H_2 \uparrow \tag{2-11}$$

式中,M 为金属,R 为—$C_3H_7$、—$C_4H_9$ 等有机基团。使 Li、Na、K、Ca、Sr 等电负性很强的金属在惰性气体的保护下反应,可以制备出纯度很高的醇盐。而 Be、Mg、Al、Y、Yb 等弱电负性金属则需要在有 $I_2$、$HgCl_2$、$HgI_2$ 等催化剂的条件下进行反应。

(2)由金属的氢氧化物、氧化物与醇反应制备。金属的氢氧化物、氧化物可以直接与醇反应或与醇发生置换反应获得醇盐,反应式为

$$M(OH)_n + nROH \longrightarrow M(OR)_n + nH_2O \tag{2-12}$$

$$MO_{n/2} + nROH \longrightarrow M(OR)_n + n/2H_2O \tag{2-13}$$

此方法可用于 Ge、Sn、Pb、V、Hg 的醇类化合物的合成,其反应完成程度与醇类化合物的沸点、支化度及使用的溶剂有关。

(3)由金属卤化物与醇反应制备。当金属不能直接与醇反应时,可以用其卤化物代替。

①直接反应法(置换反应)。

$$MX_n + nROH \longrightarrow M(OR)_n + nHX \tag{2-14}$$

其中 X 为 Cl、Br 等卤素元素。

②碱性基团加入法。

在与醇类化合物的反应中,只有一部分金属氯化物中的氯原子被烷氧基取代。要加快该反应,就需要添加含有碱基的材料,如 $NH_3$、吡啶、三烷基胺、醇钠,以完成该反应。例如,四氯化钛与乙醇反应会产生 HCl,在加入 $NH_3$ 后会产生 $NH_4Cl$,而 $NH_4Cl$ 不溶于醇,会沉淀析出,从而推动化学反应平衡向右移动,得到更多的 $Ti(OC_2H_5)_4$。

$$TiCl_4 + 4C_2H_5OH \longrightarrow TiCl_2(OC_2H_5)_4 + 4HCl \tag{2-15}$$

加入 $NH_3$ 后,反应式为

$$TiCl_4 + 4C_2H_5OH + 4\ NH_3 \longrightarrow Ti\ (OC_2H_5)_4 + 4NH_4Cl \tag{2-16}$$

**2. 双金属醇盐的制备**

(1)碱性醇盐和酸性醇盐直接发生中和反应形成复合醇盐[96]。

$$M_1(OR)_n + M_2(OR)_x \longrightarrow M_1M_2(OR)_{n+x} \tag{2-17}$$

(2)碱土金属和过渡金属醇盐反应合成复合醇盐(通常以 $HgCl_2$ 或 $I_2$ 为催化剂)。

$$M_1 + 2ROH + 4M_2(OR)_4 \longrightarrow M_1[M_2(OR)_9]_2 \tag{2-18}$$

$$M_1 + 2ROH + 2M_3(OR)_5 \longrightarrow M_1[M_3(OR)_6]_2 \tag{2-19}$$

其中:$M_1$ = Mg、Ca、Sr、Ba;$M_2$ = Zr、Hf;$M_3$ = Nb、Ta;R = Et、Pr。

(3) 金属卤化物与双金属醇盐反应。
$$M_1Cl + nM_2[M_3(OR)_x] \longrightarrow M_1[M_3(OR)_x]_n + nM_2Cl\downarrow \quad (2\text{-}20)$$

(4) 醇解和酯的交换反应。与简单的醇盐一样，高级醇的双金属衍生物也能通过低级醇盐与另一种醇或有机酯相互交换来合成：
$$M_1[M_2(OR)_x] + nxR'OH \longrightarrow M_1[M_2(OR')_x]_n + nxROH \quad (2\text{-}21)$$
$$M_1[M_2(OR)_x]_n + nxR''COOR' \longrightarrow M_1[M_2(OR')_x]_n + nxR''COOR \quad (2\text{-}22)$$

#### 2.3.6.2 金属醇盐水解法的特点

本小节介绍了 Massart 水解和滴定水解两种方法。两者本质上是有所不同的，前者是向碱液中添加金属盐，而后者则是缓慢地将碱液添加到铁盐中，也就是说，前者的反应环境是碱性的，而后者则是中性的。

金属醇盐水解法主要有两个特点：①将有机试剂用作金属醇盐的溶剂，因为有机试剂具有较高的纯度，所以得到的氧化物粉末也具有较高的纯度；②可制得按一定比例配比的复合金属氧化物粉末，采用醇水溶液可得到相同成分的金属粉末[97]。

采用金属醇盐水解法制备 $BaTiO_3$ 纳米粉体的具体流程如图 2-13 所示。

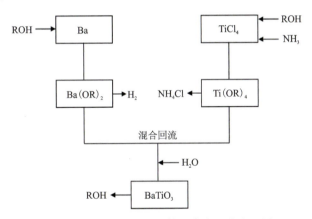

图 2-13　$BaTiO_3$ 纳米粉体的合成工艺流程图

按照图 2-13 所描述的流程，可以制备粒径为 10~15nm、纯度高于 99.98% 的 $BaTiO_3$ 纳米颗粒。醇盐的种类不会对纳米颗粒的粒径、形状以及结构产生过多的影响，且醇盐的浓度对纳米颗粒粒径的影响也是微乎其微的[98]。

#### 2.3.6.3 无机盐水解法

大部分金属盐在水溶液中均可水解，只有碱金属的盐和一些碱土金属的盐难以水解，生成 $Mg(OH)Cl$、$Al(OH)SO_4$、$Zn(OH)Cl$ 等可溶性碱式盐，或 $Sn(OH)Cl$、$SbOCl$、$BiONO_3$ 等难溶性碱式盐。水解方程式可表示为
$$M^{n+} + H_2O \longrightarrow M(OH)^{(n-1)} + H^+ \quad (2\text{-}23)$$
$$M^{2+} + H_2O + Cl^- \longrightarrow M(OH)Cl + 4H^+ \quad (2\text{-}24)$$

利用金属的氯化物、硫酸盐及硝酸盐溶液，通过溶液胶体化来合成超细微粒，这是一种常用的制备金属氧化物或者水合金属氧化物的方法[99]。水解法通过控制水解条件来合成单分

散球形纳米颗粒,因而反应条件在纳米颗粒的制备过程中具有很大的影响。

以下几个条件均对水解反应有着较大的影响。

(1)金属离子本身的性质。一般来说,金属离子所带的电荷越高,半径越小,则离子极化作用越强,越容易水解。为了得到均匀分散的纳米溶胶,通常控制金属离子处于较低的浓度,或在溶液中加入表面活性剂、配位螯合剂。

(2)反应温度。水解反应是吸热反应,升高温度有利于水解反应的进行。由此得到的纳米材料一般为多晶体,且可直接得到相应的氧化物。只要金属离子的浓度、溶液的pH值控制准确,即可得到均匀分散的纳米材料。可采用电热恒温法和微波辅助法进行加热。

(3)溶液的酸性。水解反应过程中均会有$H^+$产生,如果能降低溶液的酸性,就能让水解过程朝着正方向进行,从而获得更多的纳米氧化物。

### 2.3.6.4　强制水解法

强制水解法是指在一定的温度和压力下,由高价金属离子生成氧化物或水合氧化物的一种方法。科研人员研究了水解条件对水解反应的影响。结果表明,不同的金属盐对水解产物的影响不同。通过强制水解法,可以使较难水解的金属离子转化为粒径较小且分布均匀的纳米颗粒。但是,该工艺过程费时费力,而且生成的溶胶浓度很小,产率很低。

### 2.3.6.5　微波水解法

微波是一种快速、高效的加热方式,在很多化学过程中表现出即时、高效、升温速率快等优势。微波辐照可以有效地改变析出相的初始动态,使析出相在析出后快速生长,从而缩短析出相的老化时间。而水解法则是以金属离子为主要原料,通过对金属离子进行强水解,得到粒径小且分布均匀、表面光滑的纳米颗粒,但是通常的水解过程都是在沸水中进行的。采用微波加热和水解相结合的方法,既可获得粒径较小、表面平整的纳米颗粒,又可充分利用微波的低耗和快速加热的优势[100]。

微波水解法是一种利用微波场促进金属离子水解的新方法。传统的加热模式是通过外部和内部的热传导或者热对流实现的,而微波加热是通过内部加热实现的,它可以在更短的时间内为金属离子提供更多的热量,进而加速金属离子的水解。除此之外,微波不仅可以产生热量,还可以极化极性分子或极性离子,这在加快反应速率方面有很大的作用。采用此方法能够获得高浓度的金属溶液溶胶,而且水解所需时间也不长。在微波场的作用下,金属盐会被强制水解,从而生成均匀的金属氧化物或水合物。通过过滤、洗涤、加热、分解等过程,可以获得纳米金属氧化物粉体。采用传统方法加热时会形成一个温度非常高的容器壁,相对于传统的加热法,微波加热具有更好的穿透力和更高的效率,可以直接穿过容器壁,在分子尺度上对反应体系进行加热,且加热均匀,极大地消除了温度梯度带来的影响[101],因此被广泛应用于陶瓷粉末和亚微颗粒的制备。

微波对不同的容器壁的穿透能力不同(图2-14),微波在遇到金属容器壁时无法穿透,会发生反弹现象;在遇到玻璃或者石英容器壁时会直接穿透;在遇到溶液时则会被吸收。

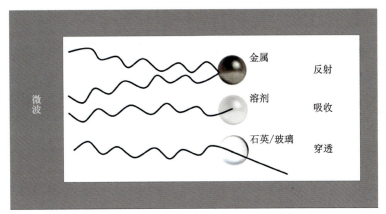

图 2-14　不同容器壁对微波穿透能力的影响

## 2.3.7　喷雾热解法

1956 年,以色列的 Aman[102]首次采用喷雾热解法制备氧化镁。20 世纪 30 年代,由于技术的不断改进,喷雾热分解法的发展也日新月异。20 世纪 70 年代,奥地利的鲁斯纳公司首次将该技术商业化。经过几十年的发展,喷雾热解法已成为制备各种纳米颗粒的重要方法。

喷雾热解法起源于喷雾干燥法,是一种在高温下雾化金属盐溶液,使溶剂的蒸发和金属盐的热解同时进行,一次获得氧化物粉末的方法,广泛应用于纳米材料的合成。得到的纳米材料广泛应用于填料、催化剂、传感器、太阳能电池、化妆品、抗菌涂层、自洁材料和水体净化等领域[103]。喷雾热解法具有工艺简单、产品纯度和活性高、组分分布均匀、产量大、效率高等特点,被认为是一种具有广阔工业应用前景的粉体生产技术。但喷雾热解装置能耗高,且难以获得纳米级单分散性好的金属/金属氧化物。

### 2.3.7.1　工作方法及工艺流程

喷雾热解法的工艺流程如下:将金属盐按照所需产品的化学计量比精确配制成前驱体溶液,然后用雾化器将前驱体溶液雾化成气溶胶液滴,在不断迅速流动的惰性气体或还原性气体(如 $N_2/H_2$)作用下,将气溶胶状液滴在几秒内转移到高温反应炉中,液滴在高温热解炉内随即完成溶剂蒸发、溶剂沉淀后形成固体颗粒,之后对颗粒进行干燥、分解、烧结成型,获得超细粉体[14]。

喷雾热解是一种气溶胶过程,虽然属于气相法的范畴,但由于采用液相物料作为前驱体,因而同时具有气相法和液相法的许多优点。例如,原料是在溶液状态下混合,各组分分布十分均匀;产物以微米级液滴为单一单元,不会形成组分偏析,可形成规则的球状颗粒,化学计量比可以精确控制,保证了组分的均匀分布。

喷雾热解过程是一个比较复杂的过程,可简单分为 3 个阶段:料液雾化后变成雾滴;雾滴被载气带入反应器,每个雾滴在其中作为一个单独的微反应器,进行一系列物理和化学反应,包括溶剂蒸发、沉淀、干燥和分解;最后分离热解产品与热空气,对颗粒产品进行收集。

图 2-15 为典型的大容量喷雾热解装置原理示意图,该装置由进气系统、给料系统、雾化

器、热解室、集粉器5个部分组成。

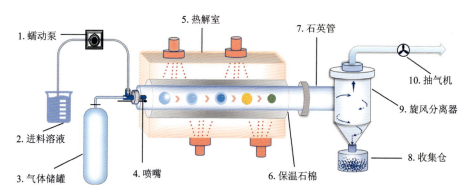

图2-15 喷雾热解装置原理示意图

具体工艺可分为4个阶段。

**1. 前驱体溶液的配制**

根据最终产物的化学成分精确配制前驱体溶液,使各种金属盐在分子水平均匀混合。通常以去离子水为溶剂,也可使用有机溶剂,如乙醇、乙酸或有机溶剂与去离子水的混合物。硝酸盐、硫酸盐、醋酸盐[104]等通常用作溶质。溶液的浓度越高,产率越高,但在热解过程中,雾滴会迅速达到饱和浓度,导致溶质在雾滴表面析出,形成较大的中空结构,出现颗粒尺寸较大、球体易碎等缺陷。所以需要综合考虑前驱体溶液的浓度、产物的品质以及生产效率三者之间的关系。

**2. 溶液的雾化**

使用雾化器将所得溶液雾化成微米级气溶胶,这一过程可直接影响最终产品的粒度、形态和产量。常见的雾化方法有单流体雾化法、双流体雾化法、超声雾化法和静电雾化法。对于不同的雾化方法,需要调节的参数也不尽相同。参数通常包括雾滴的粒度、粒度分布、体积,雾化速度,前驱体溶液的黏度、密度和表面张力等[104],这些参数对雾化效果有直接影响。在工业生产的大多数情况下,要达到理想的雾化效果,需要调节条件参数来保证较慢的液滴雾化速度,使液滴在炉膛内有足够的停留时间;除此之外,形成的雾滴还需要具有相对较小的雾化粒度、较高的分布均匀程度及单位时间内较高的雾化量。

**3. 雾滴的干燥**

干燥过程主要是指雾滴中溶剂的蒸发以及溶质的析出,这一过程可分为以下两个阶段。

溶剂首先在液滴表面蒸发,并从液滴表面扩散到气相主体中,从而减小液滴体积。随着溶剂的蒸发,溶质首先在液滴表面达到过饱和状态,然后逐渐扩散到整个液滴,形成固相主体。

沉淀可能在整个液滴内生成,得到实心颗粒[105];但如果固相外壳过于致密,内部溶剂蒸发后不能及时排出,就会导致内部压力过高,壳体破碎,形成不规则破碎颗粒。若内部压力过高且排出的气体不能达到球体边缘,则会形成空心的颗粒结构。影响这些现象发生的因素包括金属盐的物理化学特性,如渗透性和热特性;溶液的物理特性,如溶解度、过饱和浓度、平衡浓度;环境温度和湿度等。在前驱体溶液的配置过程中,溶剂和溶解剂的合理选择及工艺参数的适当调整都有利于固体球形颗粒的形成。

#### 4. 液滴的热解和烧结

热解是指溶质在溶剂蒸发完毕之后发生的高温分解反应,一般发生在300℃以上,常伴随气体产生。在热解过程中,可通过提高热解温度,延长雾滴在高温炉膛内停留的时间获得晶型完整的产物。但是如果热解温度过高,会形成较大的一次颗粒,也会降低材料的性能[103]。

当烧结温度高于1000℃时,颗粒很难烧结成团,这是因为颗粒在烧结室内碰撞的概率低、时间短且黏度系数低。在实际生产中,固体球形颗粒的形成得益于较高的热解温度和足够长的烧结时间。

#### 5. 产物的收集与尾气处理

收集方法直接影响产物的品质,常用的收集方法有布袋收尘法、静电法、旋风分离法、过滤器法及淋洗法。选择收集方法时要对粉体性质、热解过程和尾气处理进行综合考虑。若尾气含有对环境有害的气体,需要对尾气进行处理后才能排放。

### 2.3.7.2 喷雾热解法的特点

喷雾热解是一种很有应用前景的气溶胶过程,可以生成形态精确控制的"设计颗粒",如形成致密、中空、中微孔、球形、棒状等多种形态,可能取代传统的固相反应工艺或液体沉淀法。

喷雾热解法制备纳米材料与其他方法相比有以下几个优点[105]。

(1)通过控制前驱体溶液、溶质,调节热解温度,改变载气流速率,调整造雾装置的参数等,可以对所制备的材料进行成分和形貌的调整与控制。这是高温固相法、沉淀法、燃烧法等[106]多种制备方法都无法实现的。

(2)与固相法相比,喷雾热解法提供了一种一步反应制得粉末的方法,该方法不需要研磨,避免引入杂质和破坏晶体结构,可保证产品的高纯度和高活性。

(3)与其他方法制备的产品相比,该方法制得的产品表观密度更小,比表面积更大,粉末烧结特性更好。

(4)在前驱体溶液中加入含有某种元素的物质,便可以实现对粉体的掺杂和改性,工艺过程和设备简单,可以精确控制掺杂的效果,达到产物组成可控的目的。

(5)整个制备过程为连续过程,无须再进行过滤、洗涤、干燥、粉碎等步骤,操作简单,非常适合连续大规模自动化生产。

总体来说,喷雾热解法具有制备过程简单、反应条件易于控制、产量高等优点,可以实现多种纳米颗粒的制备和纳米复合材料的设计,因此在制备纳米材料方面具有广泛的应用前景。

### 2.3.7.3 喷雾热解法的应用领域

喷雾热解法是一种常用的制备纳米材料的方法,在制备各种纳米颗粒和纳米复合材料方面都有应用,应用领域包括但不限于以下几个方面。①制备金属纳米颗粒:通过喷雾热解法可以将金属盐溶液喷雾成微小液滴,经过加热处理后得到金属纳米颗粒[107]。②制备氧化物纳米颗粒:将金属盐和氧化剂一起进行喷雾,经过加热处理后得到氧化物纳米颗粒。③制备纳米复合材料：将不同的纳米颗粒或纳米结构体系喷雾混合在一起，经过热解处理得到纳米复合材料。④制备催化剂：喷雾热解法也可用于制备催化剂，如通过喷雾热解制备金属-氧化物复合催化剂。

#### 2.3.7.4 喷雾热解法的发展前景

喷雾热解法在纳米材料合成方面具有很广阔的发展前景。

首先，随着纳米科技的不断发展，纳米材料在各个领域的应用需求越来越多，对纳米材料的结构和性能要求也不断提高。而喷雾热解法具有制备过程简单、反应条件易于控制、产量高等优点，能够制备尺寸可控、分散性好、纯度高的纳米材料，以满足不同领域对纳米材料的要求。

其次，喷雾热解法也在不断发展变化，在控制结构和性能方面具有更大的潜力。如采用高温喷雾热解技术，可以制备结晶度高的纳米材料；采用毛细喷雾技术，可以制备粒径更小的纳米颗粒；采用超临界流体喷雾技术，可以制备高纯度、高比表面积的纳米材料。通过对技术进行不断创新和改进，喷雾热解法在制备纳米材料方面的应用前景会更加广阔。

最后，随着对绿色环保生产的要求越来越高，喷雾热解法作为一种无溶剂、无污染的合成方法，在实现可持续发展的同时也具有更好的应用前景。

### 2.3.8 超声化学法

#### 2.3.8.1 超声化学法概述

超声化学法是利用超声波加速化学反应的一种方法，化学是研究能量和物质之间的相互作用的一门学科，化学反应需要某种形式的能量（如热、光、辐射、电势等）才能进行[15]。对化学反应的精确控制是纳米材料成功合成的关键，但目前仅限于对各种反应参数的调控，包括时间、能量输入和压力等。然而，这些参数只能根据反应中使用的能源限定在一定范围内调节。每种类型的能量都有其反应条件范围，由其固有的反应参数决定。与传统能源相比，超声波辐射提供了其他方法无法实现的不寻常的反应条件（液体中短暂的极高温度和压力）。当材料的尺寸缩小至纳米级时，内部电子将被限制在一个小空间内，从而改变材料的物理化学特性。因此，合成具有适当形态和适用特性的纳米材料的想法激发了人们对这一技术演变的极大兴趣。通过简单的基于溶液的方法，如水热、溶剂热、超声化学，以及烧蚀、外延和光刻等，超声化学法提供了一种在极端条件下促使氧化还原、水解、分解反应发生制备纳米材料的方法。在过去的30~40年，随着人们对材料加工和工程的关注增加，该方法变得越来越突出。尽管如此，使用超声化学法对化学溶液和化学反应的研究可以追溯到20世纪初。物理方法，如气相沉积、等离子体辉光放电和气相溅射，成本高得令人望而却步，而化学方法，如电解、光化学合成和电还原，会产生更大的纳米颗粒尺寸，并在大规模加工方面存在问题。但超声化学法工艺简单，通过产生更小尺寸的纳米颗粒克服了上述一些缺点[108]。与溶剂热法要持续48h的要求相比，超声化学合成仅需要不到1h的时间。此外，超声化学过程产生的颗粒尺寸比传统合成产生的颗粒都要小。

### 2.3.8.2 超声化学法的基本原理

超声化学法是利用超声波的空化作用,由高强度超声波驱动的声空化(即液体中气泡的形成、生长和内爆破裂)解释了超声波的化学效应[109]。当液体受到超声波照射时,交替的膨胀声波和压缩声波产生气泡(即空腔)并使气泡振荡。振荡的气泡可以有效地积累超声波能量,同时生长到一定的尺寸(通常为数十微米)。在适当的条件下,气泡会过度生长并随后破裂,在很短的时间内(加热和冷却速率大于1010K/s)释放存储在气泡中的集中能量。这种空化内爆是在局部发生并非常短暂的,温度大约为5000K,压力大约为20MPa。如图2-16所示,高强度超声导致声空化,进而启动能量和物质之间的独特界面,这使得能够发生广泛的化学反应和制备一系列特殊的纳米材料。声空化动力学取决于局部环境,无论是均匀的液体还是固体和液体之间的非均匀界面。对于产生球形空腔的均质液体,声空化产生内爆气泡和波,产生振幅超过10kbar(1kbar=0.1GPa)的更高压力[110]。相反,对于不均匀介质,声空化是不对称的,并且与影响固体表面的高速微射流有关,从而导致机械损伤。一般认为,超声化学反应过程可能发生在3个不同的区域:①流体空化泡中;②在空化泡与液体的气液界面上;③在空化冲击波传播的流体里面。

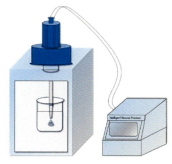

图2-16 超声波细胞粉碎仪

### 2.3.8.3 超声化学法的分类

**1. 超声雾化热解法**

与超声波直接引发化学反应的超声化学不同,在超声雾化热解中,超声波不是直接引发化学反应,而是用于热驱动的。超声波在超声雾化热解中的作用是提供一个微滴反应器与另一个微滴反应器的相隔离。虽然在超声化学中使用低频率(通常为20kHz)的高强度超声波,但超声雾化热解通常使用高频率(如约2MHz)的低强度超声波。在超声雾化热解过程中,超声波雾化前驱体溶液以产生微米级的液滴,这些液滴充当隔离的、单独的微米级化学反应器。一般来说,空化引起的超声化学和超声雾化热解都涉及相分离(即两相,有时是多相)化学反应。在超声雾化热解过程中,超声波雾化产生的液滴在气流中被加热,随后发生固相,有时是液相(当前驱体在分解前熔化或使用高沸点液体时)化学反应[111]。雾滴直径与超声波频率有关,通常小于3μm,体积小于1μL。这种技术所产生的小雾滴流速强烈依赖载气流动的速率,小雾滴流速靠载气流速来控制,因而反应过程会更加可控。此外,超声热解法无须真空环境,可在常压下进行,操作简单,无须设置复杂的操作工艺。

**2. 超声共沉淀法**

沉淀法制备纳米材料的关键在于在液相中通过控制反应条件来控制成核和生长速率,最终得到单分散的沉淀物。在沉淀法的基础上加载超声波,利用超声波的机械作用来影响沉淀形成过程动力学,利用超声波产生冲击波和微射流对颗粒尺寸进行控制。图2-17为超声分散示意图。与水热法相比,超声共沉淀法大大缩短了反应时间,降低了反应温度。

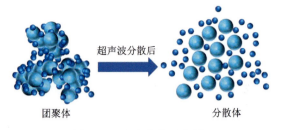

图 2-17　超声分散示意图

**3. 超声还原法**

超声还原法是制备纳米金属或合金材料常用的方法,利用超声空化作用在水溶液或醇溶液中产生还原剂,将金属盐还原成相应的金属。

### 2.3.8.4　超声化学法在纳米材料制备中的应用

多年来,世界各地的研究团队已经成功制备了各种形状的纳米材料,如纳米棒、纳米管、球体、非球体、纳米六边形等。Wani 和 Ahmad[111]在没有任何稳定剂的情况下,通过超声化学法制备了具有多面体结构的金纳米颗粒和纳米盘。硼氢化钠被用作还原剂,并有可能制备各种形态的纳米晶体混合物,包括六边形、立方体和其他平均尺寸为 30nm 的多面体形式。Okitsu 等[109]报道了一种在有抗坏血酸、硝酸银和十六烷基三甲基溴化铵存在的水溶液中短时间内制备金纳米棒的快速超声化学路线,研究了浓度、超声处理时间和封端剂等有效变量在通过声化学途径形成金纳米棒中的作用。研究发现,辐射时间越短,生长开始前的诱导时间越长。结果表明,超声化学法形成的金籽数量随着辐照时间的增加而增加。当照射时间较短时,形成的金纳米棒较宽且较长。Neto 等[110]采用超声化学方法在 12min 内制备了平均直径为 9～11nm 的球形 $Fe_3O_4$ 纳米颗粒。纳米颗粒使用功率为 585W、频率为 20kHz 的超声波探针分两步合成,具有优异的物理化学特性。此外,即使使用非磁性材料覆盖,超声化学方法制备的 $Fe_3O_4$ 纳米颗粒也具有约 77emu/g 的高磁化值。

### 2.3.8.5　超声化学法的优点

超声化学法具有以下几方面的优点。
(1)无二次污染,设备简单,应用面广。
(2)超声功率振幅简单易调,集成温度易控制,可防止样品过热。
(3)能量损耗低、无辐射、操作简便、安全环保。
(4)超声探头为钛合金材质,具有较好的耐腐蚀性,不会对样品造成污染。
(5)可用来乳化、分离、匀化、提取、消泡、清洗、制备纳米材料、分散及加速化学反应等。

## 2.4　小结与展望

该章主要阐述了当前较为常用的纳米材料制备技术,对各种制备方法的基本原理、工艺参数及相关应用作了介绍,所涉及的纳米材料制备技术目前相对较为成熟,但是在高精端材料制备中仍存在一定的短板,各种制备方法工艺仍需改进和提升。此外,当前的制备技术很多是局限于实验室的制备方法,要进行产业化的扩大生产不仅需要设备的放大和改进,也需要对各种工艺参数进行调整并对制备稳定性进行控制。

纳米材料制备的创新是科学技术进步的基础。当前,纳米材料的应用涉及生物、医学、能源、环境、芯片、航空航天等各个领域,我们必须考虑和重视纳米材料在人类文明进步中的重要性。尽管在过去的几十年中,纳米材料的发展已经取得较大的进步,但仍有很多问题亟须解决。在诸多问题中,纳米材料的制备技术与工艺是解决当前问题的关键,如何制备大面积、高纯度、超薄的纳米材料;如何通过微结构的设计与控制,开拓新型纳米材料制备技术;如何通过优化制备工艺,使纳米材料在应用过程中保持良好的性能和结构稳定性仍是高精端装备发展的瓶颈,也是纳米材料产业化的关键。

如今材料科学的发展涉及的各个领域也衍生出不同学科交叉融合发展的趋势。21世纪以来,信息、能源、生物、材料并称为"现代文明的四大支柱",而材料又是其他支柱的基础。根据《中国材料科学2035发展战略》发布的未来材料发展趋势,各种高新技术对功能材料的战略需求,前沿学科的发展和新兴交叉学科的萌发,未来材料学科的发展会与信息技术、人工智能和生物医学相互促进;航空航天、核工业等领域的进步会给材料学科的发展带来新的机遇和挑战。而材料制备作为新型材料开发的关键技术,必须考虑在学科交叉发展中的创新和变革,以满足社会高速发展的需求。

# 参考文献

[1] 崔平,李凤生,杨毅,等. 机械混合法改性微纳米粉体的设备设计[J]. 中国粉体技术,2006(1):117-19.

[2] KOZAWA K, SETO T, OTANI Y. Development of a spiral-flow jet mill with improved classification performance[J]. Advanced Powder Technology,2012,23(5):601-606.

[3] 刘银,王静,张明旭,等. 机械球磨法制备纳米材料的研究进展[J]. 材料导报,2003,17(7):20-22.

[4] WANG X, ZHU B, XU D, et al. Synergistic effects of $Co_3Se_4$ and $Ti_2C_3T_x$ for performance enhancement on lithium-sulfur batteries[J]. ACS Applied Materials & Interfaces,2023,15(22):26882-26892.

[5] 杨浩,蔡源源,唐敏,等. 喷雾干燥技术及其应用[J]. 河南大学学报(医学版),2013,32(1):71-74.

[6] 王世敏,许祖勋,傅晶. 纳米材料制备技术[M]. 北京:化学工业出版社,2001.

[7] BADYLAK S F, FREYTES D O, GILBERT T W. Extracellular matrix as a biological scaffold material:structure and function[J]. Acta Biomaterialia,2009,5(1):1-13.

[8] JIANG H, ZHANG P, WANG X, et al. Synthesis of magnetic two-dimensional materials by chemical vapor deposition[J]. Nano Research,2021,14(6):1789-1801.

[9] LI Z, SUN Y, GE S, et al. An overview of synthesis and structural regulation of magnetic nanomaterials prepared by chemical coprecipitation[J]. Metals,2023,13(1):152.

[10] 刘寿长,罗鸽,韩民乐,等.浸渍法制备的苯部分加氢制环己烯催化剂的表征[J].催化学报,2001,22(6):559-562.

[11] XIE X,MAKARYAN T,ZHAO M,et al. MoS$_2$ nanosheets vertically aligned on carbon paper: a freestanding electrode for highly reversible sodium-ion batteries[J]. Advanced Energy Materials,2016,6(5):1502161.

[12] 吴会军,朱冬生,向兰.有机溶剂热法合成纳米材料的研究与发展[J].化工新型材料,2005,33(8):1-4.

[13] 姚敏琪,卫英慧,胡兰青,等.溶胶-凝胶法制备纳米粉体[J].稀有金属材料与工程,2002,31(5):325-329.

[14] SUN Y,MURPHY C J,REYES-GIL K R,et al. Photoelectrochemical and structural characterization of carbon-doped WO$_3$ films prepared via spray pyrolysis[J]. International Journal of Hydrogen Energy,2009,34(20):8476-8484.

[15] HOLMER N G. Ultrasound: its chemical,physical,and biological effects[J]. Acta Radiologica,1989,30(3):336.

[16] 陈加娜,叶红齐,谢辉玲.超细粉体表面包覆技术综述[J].安徽化工,2006,140(2):12-15.

[17] CHETHAN B,RAJ PRAKASH H G,RAVIKIRAN Y T,et al. Humidity sensing performance of hybrid nanorods of polyaniline-Yttrium oxide composite prepared by mechanical mixing method[J]. Talanta,2020(215):120906.

[18] NING H,JI W,LI Y,et al. Engineering the mechanically mixed BaMnO$_3$-CeO$_2$ catalyst for NO direct decomposition: effect of thermal treatment on catalytic activity[J]. Catalysts,2023,13(2):259.

[19] NEPAPUSHEV A A,BUINEVICH V S,GALLINGTON L C,et al. Kinetics and mechanism of mechanochemical synthesis of hafnium nitride ceramics in a planetary ball mill[J]. Ceramics International,2019,45(18):24818-24826.

[20] JIA Y,WU Y,ZHAO S,et al. Tailoring precursor and medium of ball milling to optimize magnetic properties in Mn-Al bonded permanent magnets[J]. Journal of Magnetism and Magnetic Materials,2021(530):167933.

[21] LOMOVSKIY I,BYCHKOV A,LOMOVSKY O,et al. Mechanochemical and size reduction machines for biorefining[J]. Molecules,2020,25(22):5345.

[22] KOENINGER B,SPOETTER C,ROMEIS S,et al. Classifier performance during dynamic fine grinding in fluidized bed opposed jet mills[J]. Advanced Powder Technology,2019,30(8):1678-1686.

[23] GHAMBARI M,EMADI SHAIBANI M,ESHRAGHI N. Production of grey cast iron powder via target jet milling[J]. Powder Technology,2012(221):318-324.

[24] ZHANG Z,LIN J,TAO Y,et al. A supersonic target jet mill based on the entrainment of annular supersonic flow[J]. Review of Scientific Instruments,2018,89(8):085104.

[25] YAO Y,CRIDDLE C S,FRINGER O B. Comparison of the properties of

segregated layers in a bidispersed fluidized bed to those of a monodispersed fluidized bed[J]. Physical Review Fluids,2021,6(8):084306.

[26] 杨克勇.球磨法制备 Co 纳米晶晶粒长大动力学研究[D].北京:北京工业大学,2006.

[27] 马娟.纳米粒子薄膜生长机制及光纤 SERS-pH 传感器的研究[D].长沙:湖南大学,2010.

[28] NANDIYANTO A B D, OKUYAMA K. Progress in developing spray-drying methods for the production of controlled morphology particles: from the nanometer to submicrometer size ranges[J]. Advanced Powder Technology,2011,22(1):1-19.

[29] 唐金鑫,黄立新,王宗濂,等.喷雾干燥工程的研究进展及其开发应用[J].南京林业大学学报(自然科学版),1997,21(S1):10-14.

[30] 黄立新,王宗濂,唐金鑫.我国喷雾干燥技术研究及进展[J].化学工程,2001,29(2):51-55.

[31] ZHU G, LIU H, ZHUANG J, et al. Carbon-coated nano-sized $Li_4Ti_5O_{12}$ nanoporous micro-sphere as anode material for high-rate lithium-ion batteries[J]. Energy & Environmental Science,2011,4(10):4016-4022.

[32] SCHOUBBEN A, GIOVAGNOLI S, TIRALTI M C, et al. Capreomycin inhalable powders prepared with an innovative spraydrying technique[J]. International Journal of Pharmaceutics,2014,469(1):132-139.

[33] 倪星元,姚兰芳,沈军,等.纳米材料制备技术[M].北京:化学工业出版社,2007.

[34] 何杰,陈康烨,林拉,等.热沉积法制备纳米二硫化钼薄膜及其光电特性研究[J].物理实验,2013,33(9):1-5.

[35] DASTAN D, SHAN K, JAFARI A, et al. Influence of heat treatment on $H_2S$ gas sensing features of NiO thin films deposited via thermal evaporation technique[J]. Materials Science in Semiconductor Processing,2023(154):107232.

[36] 邓辉,李烨.等离子体辅助对蒸发沉积制备铜锌锡硫薄膜的影响[J].电子世界,2016,491(5):93-94.

[37] 孙玉绣,张大伟,金政伟.纳米材料的制备方法及其应用[M].北京:中国纺织出版社,2010.

[38] 袁伟东,邵天敏,周明,等.真空激光快速扫描/蒸发沉积装置的研制[J].中国激光,2002,29(2):181-184.

[39] BARRANCO A, BORRAS A, GONZALEZ-ELIPE A R, et al. Perspectives on oblique angle deposition of thin films:from fundamentals to devices[J]. Progress in Materials Science,2016(76):59-153.

[40] KUMARESAN L, HARSHINI K S, AMIR H, et al. Single-step synthesis of $Mn_3N_2$, $Mn_xON$ and $Mn_3O_4$ nanoparticles by thermal plasma arc discharge technique and their comparative study as electrode material for supercapacitor application[J]. Journal of Alloys and Compounds,2023(942):169121.

[41] 吴卓寰,刘威,温志成,等.微米铜银复合结构与纳米银混合连接材料制备与高频感

应快速烧结方法研究[J].机械工程学报,2022,58(2):26-33.

[42] 李昌明,范海陆,尹荔松.离子溅射镀膜对纳米材料形貌观察的影响[J].五邑大学学报(自然科学版),2009,23(2):23-25.

[43] CHEN G,WANG W. Role of freeze drying in nanotechnology[J]. Drying Technology,2007,25(1):29-35.

[44] QIAN L,ZHANG H. Controlled freezing and freeze drying:a versatile route for porous and micro-/nano-structured materials[J]. Journal of Chemical Technology & Biotechnology,2011, 86(2):172-184.

[45] TANG X,PIKAL M J. Design of freeze-drying processes for pharmaceuticals: practical advice[J]. Pharmaceutical Research,2004,21(2):191-200.

[46] EGGENHUISEN T M,MUNNIK P,TALSMA H,et al. Freeze-drying for controlled nanoparticle distribution in Co/$SiO_2$ Fischer-Tropsch catalysts[J]. Journal of Catalysis,2013(297):306-313.

[47] ZENG B,LONG H. Three-dimensional porous graphene-$Co_3O_4$ nanocomposites for high performance photocatalysts[J]. Applied Surface Science,2015(357):439-444.

[48] QIAO Y,WANG X,MAI Y,et al. Freeze-drying synthesis of $Li_3V_2(PO_4)_3$/C cathode material for lithium-ion batteries[J]. Journal of Alloys and Compounds,2012(536):132-137.

[49] HUANG S,LU Y,WANG T Q,et al. Polyacrylamide-assisted freeze drying synthesis of hierarchical plate-arrayed $LiV_3O_8$ for high-rate lithium-ion batteries[J]. Journal of Power Sources,2013(235):256-264.

[50] WANG X,MA Y,LI S,et al. SDC/$Na_2CO_3$ nanocomposite:new freeze drying based synthesis and application as electrolyte in low-temperature solid oxide fuel cells[J]. International Journal of Hydrogen Energy,2012,37(24):19380-19387.

[51] EL-HIMRI A,MARRERO-LÓPEZ D,RUIZ-MORALES J C,et al. Structural and electrochemical characterisation of $Pr_{0.7}Ca_{0.3}Cr_{1-y}Mn_yO_{3-\delta}$ as symmetrical solid oxide fuel cell electrodes[J]. Journal of Power Sources,2009,188(1):230-237.

[52] TRAINA K,HENRIST C,VERTRUYEN B. et al. Dense $La_{0.9}Sr_{0.1}Ga_{0.8}Mg_{0.2}O_{2.85}$ electrolyte for IT-SOFC's:sintering study and electrochemical characterization[J]. Journal of Alloys and Compounds,2011,509(5):1493-1500.

[53] BIE C,ZHU B,XU F,et al. In situ grown monolayer N-doped graphene on CdS hollow spheres with seamless contact for photocatalytic $CO_2$ reduction[J]. Advanced Materials,2019,31(42):1902868.

[54] 施利毅,李春忠,古宏晨,等.高温气相反应合成金红石型纳米$TiO_2$颗粒的研究[J].金属学报,2000,36(3):295-299.

[55] 杨振宁,周树新,唐勇,等.四甲基脲气相法合成工艺开发[J].广州化工,2023,51(7):159-162.

[56] 钟小华,冯建民,瞧小花,等.化学气相反应合成单分散性碳纳米管研究[J].材料工

[57] 高静,刘颖,李军,等.化学气相沉积法制备 Nd-Fe-B/α-Fe 纳米复合磁体[J].稀有金属材料与工程,2010,39(6):1121-1124.

[58] 祝祖送,朱德权,邱俊,等.化学气相沉积单层ⅥB族过渡金属硫化物的研究进展[J].人工晶体学报,2017,46(6):1175-1183.

[59] 胡黎明,袁渭康,陈敏恒,等.低温化学气相合成氧化钛超细粒子[J].化工学报,1993,44(2):240-245.

[60] 程世昌,张辉,刘石柱,等.射频等离子体法在单晶硅衬底上形成的非晶碳膜及其性质[J].核技术,1987(1):29-32.

[61] 倪秋芽,童建忠.高频等离子体沉积技术的研究近况[J].物理,1987,16(10):614-618.

[62] 傅广生,于威,韩理,等.脉冲激光等离子体合成 SiC 陶瓷粉末过程研究[J].光电子·激光,1994(5):290-295.

[63] CHEN H, GAO Y, LIU Y, et al. Coprecipitation synthesis and thermal conductivity of $La_2Zr_2O_7$[J]. Journal of Alloys and Compounds,2009,480(2):843-848.

[64] FENG J, ZHANG X, FU J, et al. Catalytic ozonation of oxalic acid over rod-like ceria coated on activated carbon[J]. Catalysis Communications,2018(110):28-32.

[65] ABOUZIR E, ELANSARY M, BELAICHE M, et al. Magnetic and structural properties of single-phase $Gd^{3+}$-substituted Co-Mg ferrite nanoparticles[J]. RSC Advances,2020,10(19):11244-11256.

[66] DU Y, FANG J, ZHANG M, et al. Phase character and structural anomaly of $Bi_4Ti_3O_{12}$ nanoparticles prepared by chemical coprecipitation[J]. Materials Letters,2002,57(4):802-806.

[67] CHANTURIYA V A, SHADRUNOVA I V, MINEEVA I A, et al. Mechanism of carbamide action in leaching the ores of nonferrous metals[J]. Journal of Mining Science,2002,38(5):492-498.

[68] LV Y, ZHANG W, LIU H, et al. Synthesis of nano-sized and highly sinterable Nd:YAG powders by the urea homogeneous precipitation method[J]. Powder Technology,2012(217):140-147.

[69] BAYAL N, JEEVANANDAM P. Synthesis of CuO@NiO core-shell nanoparticles by homogeneous precipitation method[J]. Journal of Alloys and Compounds,2012(537):232-241.

[70] ZHANG M, SHENG G, FU J, et al. Novel preparation of nanosized $ZnO-SnO_2$ with high photocatalytic activity by homogeneous co-precipitation method[J]. Materials Letters,2005,59(28):3641-3644.

[71] 张宇旭.混合氯化稀土选择性沉淀铈元素工艺条件的研究[D].包头:内蒙古科技大学,2020.

[72] 胡元听.8-羟基喹啉容量法测定锰[J].分析试验室,1985,4(12):18-19.

[73] DRESSLER A,LEYDIER A,GRANDJEAN A. Effects of impregnated amidophosphonate ligand concentration on the uranium extraction behavior of mesoporous silica[J]. Molecules,2022,27(14):4342.

[74] DONG Y,REN X,WANG M,et al. Effect of impregnation methods on sorbents made from lignite for desulfurization at middle temperature[J]. Journal of Energy Chemistry,2013,22(5):783-789.

[75] 施尔畏,夏长泰,王步国,等.水热法的应用与发展[J].无机材料学报,1996,11(2):193-206.

[76] 李爱东,刘建国.先进材料合成与制备技术[M].北京:科学出版社,2014.

[77] LENCKA M M,RIMAN R E. Thermodynamic modeling of hydrothermal synthesis of ceramic powders[J]. Chemistry of Materials,1993,5(1):61-70.

[78] 席国喜,姚路,路迈西.水热法在无机粉体材料制备中的研究进展[J].材料导报,2007,21(S1):134-136.

[79] 李汶军,施尔畏,郑燕青,等.氧化物晶体的成核机理与晶粒粒度[J].无机材料学报,2000,15(5):777-786.

[80] 张永才.水热与溶剂热合成亚稳态相功能材料研究[D].北京:北京工业大学,2003.

[81] SUCHANEK W,WATANABE T,YOSHIMURA M,et al. Preparation of $BaTiO_3$ thin films by the hydrothermal-electrochemical method in the flowing solution[J]. Solid State Ionics,1998,109(1-2):65-72.

[82] 黄晖,罗宏杰,姚熹.水热法制备 $TiO_2$ 薄膜的研究[J].物理学报,2002,51(8):1881-1886.

[83] 李竟先,吴基球,鄢程.纳米颗粒的水热法制备[J].中国陶瓷,2002,38(5):36-39+3.

[84] 张克从.晶体生长科学与技术[M].北京:科学出版社,1997.

[85] 张勇,王友法,闫玉华.水热法在低维人工晶体生长中的应用与发展[J].硅酸盐通报,2002,3(3):22-26.

[86] HENCH L L,WEST J K. The sol-gel process[J]. Chemical Reviews,1990,90(1):33-72.

[87] GUO R,FANG L,DONG W,et al. Enhanced photocatalytic activity and ferromagnetism in Gd doped $BiFeO_3$ nanoparticles[J]. The Journal of Physical Chemistry C,2010,114(49):21390-21396.

[88] ABD EL-MAGEED A I A,SHALAN A E,MOHAMED L A,et al. Effect of pH and zeta potential of Pickering stabilizing magnetite nanoparticles on the features of magnetized polystyrene microspheres[J]. Polymer Engineering & Science,2021,61(1):234-244.

[89] LUO W,WANG Y,WANG L,et al. Silicon/mesoporous carbon/crystalline $TiO_2$ nanoparticles for highly stable lithium storage[J]. ACS Nano,2016,10(11):10524-10532.

[90] TAO X,LIU Y,LIU W,et al. Solid-state lithium-sulfur batteries operated at 37℃ with composites of nanostructured $Li_7La_3Zr_2O_{12}$/Carbon Foam and polymer[J]. Nano Letters,

2017,17(5):2967-2972.

[91] ALBERTUS P, BABINEC S, LITZELMAN S, et al. Status and challenges in enabling the lithium metal electrode for high-energy and low-cost rechargeable batteries[J]. Nature Energy,2017,3(1):16-21.

[92] WANG Y, YANG W, CHEN X, et al. Photocatalytic activity enhancement of core-shell structure g-$C_3N_4$@$TiO_2$ via controlled ultrathin g-$C_3N_4$ layer[J]. Applied Catalysis B: Environmental,2018(220):337-347.

[93] CHEN Z, JIANG X, ZHU C, et al. Chromium-modified $Bi_4Ti_3O_{12}$ photocatalyst: Application for hydrogen evolution and pollutant degradation[J]. Applied Catalysis B: Environmental,2016(199):241-251.

[94] 阎圣刚,周科衍.金属醇盐在制备陶瓷材料中的应用进展[J].稀有金属,1994,18(4):301-304.

[95] 张洋.镁铝双金属醇盐溶胶凝胶法制备$MgAl_2O_4$粉体的研究[D].大连:大连铁道学院,2003.

[96] 王修慧.镁铝尖晶石、钇铝石榴石粉体的制备研究[D].大连:大连铁道学院,2003.

[97] ABOTHU I R, RAO A V P, KOMARNENI S. Nanocomposite and monophasic synthesis routes to magnesium titanate[J]. Materials Letters,1999,38(3):186-189.

[98] 王春风,黎先财.纳米$BaTiO_3$的制备及其研究现状[J].江西化工,2002,4(4):28-31.

[99] SHANG X, WANG X, NIE W, et al. A template-free synthesis of mesoporous crystalline gamma-alumina through partial hydrolysis of aluminum nitrate aqueous solution[J]. Materials Letters,2012(83):91-93.

[100] MEENACHI S, KANDASAMY S. Investigation of tannery liming waste water using green synthesised iron oxide nano particles[J]. International Journal of Environmental Analytical Chemistry,2019,99(13):1286-1297.

[101] 邹建辉,张传福,湛菁,等.超声波在粉体材料制备中的应用[J].有色金属,2001,53(3):81-87.

[102] AMAN Y, ROSSIGNOL C, GARNIER V, et al. Low temperature synthesis of ultrafine non vermicular alpha-alumina from aerosol decomposition of aluminum nitrates salts[J]. Journal of the European Ceramic Society,2013,33(10):1917-1928.

[103] MESSING G, ZHANG S, JAYANTHI G. Ceramic powder synthesis by spray pyrolysis[J]. Journal of the American Ceramic Society,1993,76(11):2707-2726.

[104] 胡国荣,方正升,刘智敏,等.喷雾热解法制备锂离子电池正极材料的进展[J].电池,2005,35(3):244-245.

[105] LIM M A, KANG Y C, PARK H D. $Gd_2O_3$:Eu phosphor particles prepared from the polymeric precursors in spray pyrolysis[J]. Journal of the Electrochemical Society,2001,148(12):H171-H175.

[106] 周朝金,郭胜惠,张利华,等.喷雾热解法制备ITO粉体的研究[J].功能材料,

2016,47(2):2212-2218.

[107] 张明福,韩杰才,赫晓东,等.喷雾热解法制备功能材料研究进展[J].压电与声光,1999,21(5):401-406.

[108] OKOLI C U,KUTTIYIEL K A,COLE J,et al. Solvent effect in sonochemical synthesis of metal-alloy nanoparticles for use as electrocatalysts[J]. Ultrasonics Sonochemistry,2018(41):427-434.

[109] OKITSU K,NUNOTA Y. One-pot synthesis of gold nanorods via autocatalytic growth of sonochemically formed gold seeds:The effect of irradiation time on the formation of seeds and nanorods[J]. Ultrasonics Sonochemistry,2014,21(6):1928-1932.

[110] NETO D M A,FREIRE R M,GALLO J,et al. Rapid sonochemical approach produces functionalized $Fe_3O_4$ nanoparticles with excellent magnetic, colloidal, and relaxivity properties for MRI application[J]. The Journal of Physical Chemistry C,2017,121(43):24206-24222.

[111] WANI I A,AHMAD,TOKEER. Size and shape dependant antifungal activity of gold nanoparticles:a case study of *Candida*[J]. Colloids and Surfaces B:Biointerfaces,2013(101):162-170.

# 第3章 胶体的性质与制备方法

## 3.1 胶体的定义

胶体(colloid)又称胶状分散体(colloidal dispersion)或者胶状体系(colloidal systems)。基于不同的物理化学性质,胶体与溶液(solution)和浊液(suspension)共同组成自然界中的3种主要混合物。这些混合物至少包含两种不同的物质,可以是液体、气体或固体。其中,溶液是一种简单、均相(homogeneous)的混合物,由两种或两种以上相互作用的物质组成,包含溶剂和至少一种溶质。其中,含量最多的物质被认为是溶剂,而其余的都是溶质。溶质以分子、原子或离子态分散于溶剂中。例如,白砂糖溶于水形成白砂糖溶液,其中蔗糖分子是溶质,均匀分散于溶剂水中。溶液是均一的相,不能通过离心、过滤等物理手段分离。相反,浊液是一种不均相(heterogeneous)的混合物。如果任其静止,经过长时间后,各组分将分离成若干相。例如,将沙砾倒入水中搅拌后,会形成沙砾与水的浊液。静置一段时间后,沙砾会形成沉淀,与水分离为两相(图 3-1)。

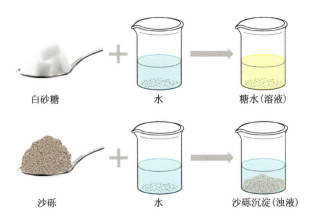

图 3-1 白砂糖溶液与沙砾浊液示意图

相较于熟知的溶液和浊液体系,胶体是一个较新的概念。胶体是介于溶液和浊液之间的一种半均匀、介稳态的混合物。胶体包含分散相(disperse phase)和分散介质(dispersion medium)。其中,分散相具有溶质的特性,由肉眼不可见的微小颗粒构成;分散介质具有溶剂的特性,用于分散这些颗粒并防止它们聚集。与浊液体系不同的是,胶体在宏观上能保持稳定。但不同于溶液,胶体内部的颗粒并未以分子、原子或离子态分散于溶剂中,而是以纳米颗粒形态悬浮在分散介质中。简单的物理过程(如过滤)可能无法分离胶体的各种成分。然而,较强的物理方法(如高速离心)有助于分离各个组分。

这一特殊性质是由分散相的尺寸决定的。如图 3-2 所示,在溶液中,溶质以分子、原子或离子的形式分散于溶剂中,形成均匀、稳定的混合物。这些溶质颗粒与分子的尺寸相当(小于 1nm)。在胶体系统中,分散颗粒的直径更大(一般为 1～100nm)[1],这些颗粒不溶解于分散介质,也不发生沉降,而是稳定地分散在连续相中。当颗粒的尺寸进一步增大时(大于100nm),体系开始变得不稳定,胶体颗粒发生沉降,形成浊液。因此,胶体系统既可以视为一种物质分散于另一种物质中的体系,也可以整体视为均一的材料。

图 3-2 溶液、胶体与浊液中分散相的尺寸

根据分散颗粒与分散介质的状态,可以将胶体系统分为以下几类。

(1)分散介质是气体,分散相是液滴,这种体系也称为液态气溶胶(liquid aerosol),如水汽、雾等。

(2)分散介质是气体,分散相是固体微粒,这种体系也称为固态气溶胶(solid aerosol),如烟尘、积雪云等。

(3)分散介质是液体,分散相是小气泡,这种胶体也称为泡沫(foam),如剃须膏、鲜奶油等。

(4)分散介质是液体,分散相为小液滴,这种胶体也称为乳液(emulsion),如牛奶、蛋黄酱等。

(5)分散介质是液体,分散相是固体微粒,这种体系也称为溶胶(sol),如墨水、油漆、明胶等。

(6)分散介质是固体,分散相是气体,这种也称为固体泡沫(solid foam),如棉花糖、泡沫塑料等。

(7)分散介质是固体,分散相是液体,这种也称为固体乳液(solid emulsion)或凝胶(gel),如固体黄油、奶酪等。

(8)分散介质和分散相均为固体微粒,这种体系也称为固溶胶(solid sol),如有色玻璃、烟水晶等。

如果分散相与分散介质均为气体,由于气体均以分子或原子形态分散,会形成气体溶液而非胶体。

对胶体的科学研究可以追溯到 19 世纪初。最早值得注意的研究是英国植物学家罗伯特·布朗(Robert Brown)的调查。19 世纪 20 年代末,布朗借助显微镜,发现悬浮在液体中的花粉颗粒处于持续的、随机的运动状态[1]。这一现象后来被命名为布朗运动,是由于周围液体的分子对胶体粒子的不规则轰击造成的。意大利化学家弗朗西斯科·塞尔米(Francesco Selmi)发表了第一份关于无机胶体的系统研究报告。塞尔米证明了盐会使氯化银和普鲁士蓝等胶体材料凝固,而且它们的沉淀能力不同。苏格兰化学家托马斯·格雷厄姆(Thomas Graham)被普遍认为是现代胶体科学的创始人,他描述了胶体状态及其突出的特性。他以羊皮纸为半透膜进行渗透实验,发现有些物质,如糖、无机盐等能透过羊皮纸;另一些物质,如明胶、蛋白质等不能或极难透过。当溶剂蒸发后,前一类物质呈晶体析出,后一类则呈黏稠状。于是,格雷厄姆把物质分为两大类,前一类叫晶体,后一类叫胶体。20世纪初,物理学和化学领域出现了各项重要的发展,其中一些直接影响胶体的研究。这些发展包括对原子、电子结构的进一步理解,对分子的大小和形状及对溶液性质的深入了解。此外,研究胶体颗粒大小和结构的有效方法很快被开发出来,如超速离心分析法、电泳法、扩散法,以及可见光和X射线散射法。最近,对胶体系统的研究让人们对生物和工业领域的材料有了新的见解,如染料、洗涤剂、聚合物、蛋白质和其他日常生活中的重要物质。

## 3.2 胶体的形成条件

胶体的种类众多,并且在自然界和人工体系中都很常见,因此胶体的成因不能一概而论,只能概括为由外力将分散相分散于分散介质中。胶体的形成需要特定条件。首先,胶体的粒径尺寸有明确的范围(1~100nm),分散相颗粒须满足该尺寸要求。除此之外,分散相在分散介质中的溶解度要小,避免胶体颗粒溶解而形成溶液。其次,由于胶体颗粒的粒径小,比表面积大,表面能高,容易自发团聚形成大颗粒,引发聚沉,因而需要有稳定剂的存在,避免胶体颗粒的聚集。稳定剂一般是电解质、高分子物质或表面活性剂,它们可有效降低表面张力,并且在胶体分散颗粒表面形成表面结构层,避免胶体颗粒聚合,使胶体体系稳定。选用高分子物质作为胶体体系的分散稳定剂时,当浓度和相对分子质量合适时,高分子物质可以降低胶体的表面能,抑制胶体颗粒的聚集,使胶体体系稳定。然而,如果高分子物质的浓度较低,不能有效包裹胶体颗粒,则会起到架桥的作用,与不同胶体颗粒反应,引发絮凝现象。此外,表面活性剂也可以用来稳定胶体体系,它可以在胶体颗粒表面形成包覆膜,从而降低胶体粒子的表面能,使胶体颗粒更加稳定。

## 3.3 胶体的制备方法

胶体可以通过涉及物理、化学及一些分散方法的各种技术来制备。从制备逻辑上讲,包括自上而下(top-down)的分散法和自下而上(bottom-up)的凝聚法。分散法是通过研磨、喷洒或施加剪切力(如摇晃、混合)将大颗粒或液滴打碎至胶体尺寸,然后分散于介质中。凝聚法是通过沉淀、凝结等物理方法,或氧化还原等化学方法将小的分子聚集成较大的胶体颗粒。分散法主要适合大规模量化生产,其工艺简单、易放大。然而,由于大颗粒受外力作用时,物体各部分受力不均匀,因而所制得的胶体往往存在分散性差、粒径尺寸不均一等缺点。因此,凝聚法更适用于胶体的小规模精细合成。

## 3.3.1 分散法

### 3.3.1.1 机械分散法

这种方法适用于具有脆性和易碎的物质。在这种方法中,物质首先被研磨成粗大的颗粒。然后将研磨的颗粒与分散介质混合,得到悬浮液,再注入胶体磨中进行研磨。如图3-3所示,胶体磨由两个几乎相互接触的金属圆盘组成,两者以非常快的速度向相反的方向旋转,使颗粒粗大的悬浮液受到巨大的剪切力,产生胶体尺寸的颗粒。机械分散法广泛用于工业生产,例如,为了获得胶体石墨和胶体颜料,可将粗石墨颗粒放入胶体磨中充分研磨。在研磨过程中添加单宁或明胶作为稳定剂,防止产生的胶体凝聚。对于柔性物质,必须在研磨前进行硬化,例如,将废旧轮胎切碎后,须先用液氮硬化,再进行研磨。

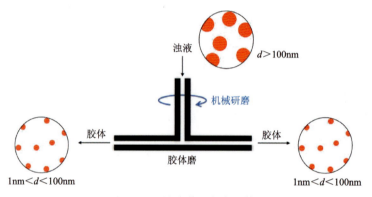

图3-3 机械分散法制备胶体

### 3.3.1.2 超声分散法

高强度的超声波(频率大于16 000HZ)可以用来分散物质,利用超声波所产生的能量来制备胶体颗粒的方法称为超声分散法。如图3-4所示,超声波在分散体系中以驻波的形式传播,使液体受到周期性的拉伸和压缩。同时,在超声过程中,强大的拉应力可把液体"撕开",形成空化泡。这种机械应力导致液体中的超声空化(ultrasonic cavitation)现象。空化泡内部可为液体的蒸气,或者为真空。空化作用形成的真空空化泡会立即破灭,破灭时周围液体突然冲入空化泡,产生瞬时的高温、高压,同时形成速度高达1000km/h的高速液体喷流[2]。这种喷流在颗粒之间以高压压迫液体,使它们彼此分离。较小的颗粒与液体喷流一起被加速,并高速碰撞,"撕碎"成更小的胶体颗粒。某些物质,如油、汞、硫、硫化物和金属氧化物都可以通过这种方法以胶体状态分散。

Sato等[3]利用超声分散法制备了碳纳米管(CNTs)溶胶。但是,由于碳纳米管的润湿性差,在超声过程中,空气层和气泡往往被困在碳纳米管表面或管束的间隙中。此外,用于稳定碳纳米管分散体的表面活性剂往往会产生大量的泡沫。这是因为传入的超声波在空气和液体的界面上被反射,这些空气层和泡沫阻止了超声波到达碳纳米管表面。为了解决这个问题,作者在分散液中添加了消泡剂,以提高碳纳米管的超声分散效率。在某些情况下,分散性

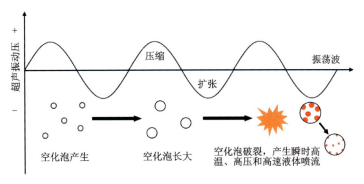

图 3-4　超声波的空化作用撕裂大颗粒制备胶体

增强了 20 倍以上。共振拉曼光谱结果表明，消泡剂有助于超声波将厚的碳纳米管束状物同时分解成许多薄的束状物。而在使用表面活性剂而不使用消泡剂时，碳纳米管束状物每次只释放一根单独的碳纳米管。因此，消泡剂显著提高了碳纳米管的分散程度和速率。

### 3.3.1.3　胶溶法

胶溶法（peptization）又称解胶法，是通过向新生成的沉淀中加入合适的电解质，再经过搅拌，使沉淀重新分散转化为胶体颗粒的一种方法。该方法在合成水相分散的溶胶方面特别重要。胶溶法的原理是，由于库仑力作用，当胶体颗粒带有相同符号的电荷时，它们会相互排斥，不能聚集在一起。因此，当给沉淀加入电荷时，它们会分散为更小的胶体颗粒。如图 3-5 所示，在新生成的 $Fe(OH)_3$ 沉淀中，颗粒聚集体之间的结合力较弱。此时加入少量 $FeCl_3$ 稀溶液并搅拌，由于 $Fe(OH)_3$ 沉淀吸附过量的 $Fe^{3+}$ 而带正电，产生静电排斥而分散为更小的初级颗粒，因而可制得红棕色的 $Fe(OH)_3$ 溶胶。另外，在用胶溶法合成 $TiO_2$ 胶体时，在 $TiO_2$ 表面吸附季铵阳离子，可导致表面带正电。聚集的 $TiO_2$ 粒子受静电排斥，将分解成初级粒子。胶溶法一般用于化学凝聚法制溶胶时，为了将多余的电解质离子去掉，可先将胶粒过滤、洗涤，然后尽快分散在含有电解质的介质中，形成溶胶。

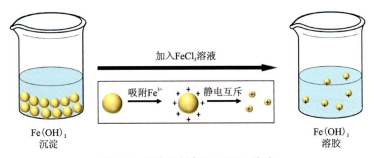

图 3-5　胶溶法制备 $Fe(OH)_3$ 溶胶

Lee 等[4]通过在稀硝酸中用硅酸钠溶液浸泡 $SiO_2$ 凝胶，制备了粒径均匀分布的水相 $SiO_2$ 溶胶。作者研究了影响胶溶效率和颗粒性质的各种参数，通过透射电子显微镜（TEM）、热重分析法（TGA）和傅里叶红外（FT-IR）光谱法表征了所制备 $SiO_2$ 溶胶的特性。结果表明，胶溶效率主要取决于 $SiO_2$ 凝胶的性质，如硅源的浓度、胶凝的 pH 值和老化时间。此外，水热处理

可以降低 $SiO_2$ 溶胶表面硅醇基团的密度,抑制了 $SiO_2$ 溶胶颗粒之间的相互作用,从而稳定胶溶的 $SiO_2$ 溶胶。在另一项研究中,Li 等[5]提出了一种简单、安全、节约成本的沉淀-胶溶法,利用无机的 $VOSO_4$-$NH_3·H_2O$-$H_2O_2$ 反应物体系,在室温下制备了 $VO_2$ 溶胶。在这个过程中,$VOSO_4$ 首先被沉淀形成 $VO(OH)_2$,然后通过 $VO(OH)_2$ 和 $H_2O_2$ 之间的配位,形成 $VO(O_2)(OH)$ 的单金属物种。$VO(O_2)(OH)$ 的重排和分子间的缩合反应形成了多核物种。最后,通过多核物种之间的缩合反应,得到 $VO_2$ 溶胶。

#### 3.3.1.4 电弧法

电弧法(electrical disintegration)也被称为 Bredig 法(Bredig's arc method),主要用于在水中制备贵金属(如金、银、铂等)的溶胶。在该制备方法中,分散介质和微量的稳定剂被放在瓷质或玻璃等非导电的容器中,容器被冻结的混合物包围。要分散的金属以电极的形式浸入容器,电极的两端靠得非常近,并与高压电源相连(图 3-6)。当施加非常高的电压时,电极尖端会产生电弧,释放巨大的热量,将金属棒熔化、蒸发。随

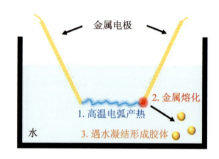

图 3-6 电弧法制备金属溶胶

后,这些金属蒸气遇水骤冷凝结,变为纳米颗粒,形成溶胶。由于这些金属纳米颗粒是疏水的,该水溶胶并不稳定,所以需要在溶胶中加入碱,作为电解质稳定剂。加入的碱可以在金属的纳米颗粒周围形成一层负电荷。因此,所有金属胶体颗粒都带有相同的负电荷,使得它们产生静电排斥,抑制其聚结而生成沉淀。

电弧法制备的贵金属胶体在电催化、太阳能电池等领域有重要的应用。例如,Yae 等[6]利用电弧法制备了 Pt 胶体颗粒。实验过程中,作者在两根铂金丝之间施加 35V 的高频直流电压,在乙醇中反复通电约 10 000 次,直到液体变成深灰色。采用这种方法得到的溶胶中含有 $0.1\sim0.2mg/cm^3$ 的铂金。这些 Pt 胶体被用于改性硅电极,也用于制备光电化学电池(photoelectrochemical cell,PEC)。Mucalo 等[7]使用 214V 的电弧发生器,在 0.1mol/L 的 KOH 水溶液中采用电弧法制备 Pt 胶体。研究发现,在连续的短电弧作用下溶胶的分散性最好,而较长的电弧则会导致大尺寸的 Pt 颗粒从铂金柱上析出。

### 3.3.2 凝聚法

#### 3.3.2.1 物理凝聚法

**1. 溶剂交换法(solvent exchange)**

溶剂交换法是利用一种物质在不同溶剂中溶解度之差来制备胶体的方法,这两种溶剂要完全互溶。例如,松香易溶于酒精而难溶于水,如果把松香的稀酒精溶液滴入水中,由于松香在水中溶解度很低,松香溶质则以胶体形式析出,即形成松香的水溶胶(图 3-7)。另外,将硫磺的酒精溶液加入水中,可制备硫磺胶体,这利用的也

图 3-7 溶剂交换法形成松香的水溶胶

是硫磺在酒精和水中溶解度悬殊的特性。

Maples 等[8]采用溶剂交换法,用甲苯、四氢呋喃、丙酮和水等溶剂制备了富勒烯($C_{60}$)聚集体($nC_{60}$)的水溶胶。作者将制备条件进行优化,生产了粒径约75nm的$nC_{60}$胶体颗粒。具体实验步骤为将10~15mg $C_{60}$置于100mL甲苯中搅拌。随着$C_{60}$的溶解,透明的甲苯溶液变成紫色。随后,将10mL四氢呋喃加入$C_{60}$/甲苯溶液并继续搅拌10~30min。由于$C_{60}$在四氢呋喃中的溶解度明显低于它在甲苯中的溶解度,加入四氢呋喃后$C_{60}$胶体的雏形开始形成。接下来继续加入100mL丙酮并搅拌10~30min。最后,向浅紫色溶液中加入100mL去离子或超纯水。由于水相与有机相不互溶,液相分为两层。剧烈搅拌12~18h后,通过缓慢蒸发除去有机溶剂,留下$nC_{60}$浅黄色悬浮液。有机相的蒸发通常是在150~175mbar的压力下,在室温水浴中开始的。随着溶剂的去除,压力每10~15min降低10~20mbar,直到达到85mbar的真空度。在蒸发后期液面降低时,向烧瓶中分3次补入纯水,每次20~30mL,并每隔15~20min升温1~2℃,直到有机层完全消失。在此过程中,$C_{60}$转变为稳定的胶体形式,还有一部分残留在水层表面或附着在烧瓶壁。这些残留物可通过玻璃超细纤维滤纸过滤除去,以除去潜在的成核位点。

Nikoubashman 等[9]通过将聚合物溶液与非溶剂快速混合,定向组装了聚苯乙烯(PS)的胶体颗粒。首先,将PS溶于四氢呋喃,得到0.2mg/mL的PS溶液。PS溶液和非溶剂通过一个多口涡流混合器进行混合,该混合器包含4个进样口和1个出样口。随后,PS/四氢呋喃溶液被装入一个进样口,其他3个进样口则装入纯水。通过调整进样速度,作者研究了混合时间和溶剂交换对颗粒大小的影响。作者同时进行了实验和计算机模拟,研究了各种过程参数的作用。当水被用作非溶剂时,不需要添加外部稳定剂或带电端基团来防止PS胶体颗粒的团聚。此外,胶体颗粒的尺寸可以通过混合速度及聚合物溶液和非溶剂之间的比例进行调整。

**2. 蒸气冷凝法(steam condensation)**

该方法是一种利用溶质物理状态的变化制备胶体的方法。例如,将汞蒸气通入冷水中就可以得到汞的胶体。

### 3.3.2.2 化学反应法

某些反应能生成难溶物,可以通过控制反应物浓度和难溶物生成量来制备对应胶体。利用化学反应法制备胶体时,不必另外加入稳定剂,某一过量的反应物一般即可作为稳定剂。

**1. 水解法(hydrolysis)**

水解法是制备溶胶的一种重要方式。在这个过程中,盐类的水溶液在高温下老化。该过程通常在80~100℃的范围内发生,时间长短取决于相关阳离子的水解能力。在反应过程中,由于水合阳离子的去质子化,pH值会下降,最终导致固体水合氧化物的形成。例如,沸水制备$Fe(OH)_3$胶体,利用的就是$FeCl_3$的水解反应,其中过量的$FeCl_3$充当$Fe(OH)_3$溶胶的稳定剂。

$$FeCl_3(稀) + 3H_2O \xrightarrow{煮沸} Fe(OH)_3(溶胶) + 3HCl \tag{3-1}$$

在这个水解反应中,因为铁与羟基结合,$FeCl_3$转化为$Fe(OH)_3$溶胶。同时,氯与水中的氢结合形成氯化氢。再者,将碱金属硅酸盐类水解,可制得硅酸溶胶。

$$\text{Na}_2\text{SiO}_3(\text{稀}) + 2\text{H}_2\text{O} \xrightarrow{\text{水解}} \text{H}_2\text{SiO}_3(\text{溶胶}) + 2\text{NaOH} \tag{3-2}$$

**2. 化学沉淀法**

溶胶的分散相除了通过水解法制备,也可通过在稀溶液中引发化学沉淀反应来生成。例如,可用稀的 $AgNO_3$ 溶液与稀的 KI 溶液反应来制备 AgI 溶胶。

$$AgNO_3(\text{稀}) + KI(\text{稀}) \longrightarrow AgI(\text{溶胶}) + KNO_3 \tag{3-3}$$

$As_2S_3$ 溶胶也可通过化学沉淀法制备。例如,当硫化氢气体通过蒸馏水中的亚砷酸溶液时,可得到 $As_2S_3$ 的溶胶溶液。

$$2H_3AsO_3 + 3H_2S \longrightarrow As_2S_3(\text{溶胶}) + 6H_2O \tag{3-4}$$

Zhong 等[10]通过受控的双通道喷射沉淀法,制备了不同形态的均匀 ZnO 溶胶颗粒。实验装置包括一个装有加热套的 0.5L 反应器,其中加入 0.1L 水并预热到 90℃,以 500 转/min 的转速搅拌。然后,在蠕动泵控制下,同时通过两支玻璃管,以恒定的流量分别引入 0.1L $Zn(NO_3)_2$ 溶液(0.02~0.1mol/L)和 0.1L 浓度为 1.6mol/L 的三乙醇胺(TEA)溶液引发沉淀。老化后,通过离心、洗涤、干燥,得到纯净的 ZnO 溶胶颗粒。SEM 和 XRD 测试结果表明,不同条件下生成的 ZnO 具有相同的晶体结构,溶胶颗粒的粒径为 15~107nm。

**3. 分解法(decomposition)**

当几滴酸被添加到硫代硫酸钠($Na_2S_2O_3$)的稀溶液中时,由 $S_2O_3^{2-}$ 分解产生的不溶性游离单质硫会聚集成小的溶胶颗粒。根据溶胶尺寸的增长情况和粒径,系统会呈现蓝色、黄色甚至红色。

$$S_2O_3^{2-} + 2H^+ \longrightarrow S + H_2O + SO_2 \tag{3-5}$$

将四羰基镍溶解在苯中加热可得镍溶胶。

$$Ni(CO)_4 \xrightarrow{\triangle} Ni(\text{溶胶}) + 4CO \tag{3-6}$$

在 Esumi 等的工作中,双金属 $Pd-Cu_2O$ 的溶胶由 Pd 和 Cu 的醋酸盐 $Pd(Ac)_2$ 与 $Cu(Ac)_2$ 在甲基异丁基酮或溴苯介质中经过热分解而制备[11]。在具体制备过程中,将 $2\times10^{-5}$ mol/L 的醋酸铜[$Cu(Ac)_2$]溶于有机溶剂(40mL),并在沸点下将溶液回流 20min。$Pd(Ac)_2$ 在有机溶剂中的临界热分解温度在 110~116℃ 之间。在制备双金属 Pd-Cu 胶体时,将不同比例的 $Pd(Ac)_2$ 与 $Cu(Ac)_2$ 溶解在有机溶剂中,并在上述条件下加热回流 20min。混合醋酸盐的总浓度固定为 0.5mmol/L,调控 $Pd(Ac)_2$ 与 $Cu(Ac)_2$ 的进样比。研究人员发现,在甲基异丁基酮介质中,随着 $Pd(Ac)_2$ 摩尔分数的增加,$Pd-Cu_2O$ 溶胶的直径从约 130nm 降至 50nm。而在溴苯中,Pd-Cu 胶体的尺寸从约 8nm 增至 15nm。Pd-Cu 或 $Pd-Cu_2O$ 胶体的组成比例几乎与它们的醋酸盐的进料比例相同。

**4. 氧化还原法(redox reactions)**

把氧气(或二氧化硫)通入稀的硫化氢水溶液中,硫化氢可被氧化,得到硫磺胶体。

$$2H_2S(\text{稀}) + O_2 \longrightarrow 2S(\text{胶体}) + 2H_2O \tag{3-7}$$

$$2H_2S(\text{稀}) + SO_2 \longrightarrow 3S(\text{胶体}) + 2H_2O \tag{3-8}$$

同理,把硫化氢气体通入氧化剂(如溴水、硝酸)溶液,也可以通过氧化反应制得硫磺胶体。

$$H_2S + [O] \longrightarrow S(\text{胶体}) + H_2O \tag{3-9}$$

还原法常用于制备银、金和铂等金属的胶体溶液。例如，金的氯化物($AuCl_3$)与甲醛和水反应时发生还原反应，生成金颗粒，氯元素从 $AuCl_3$ 中分离出来，而甲醛被氧化形成羧酸(HCOOH)，水被转化为 HCl，反应式为

$$2AuCl_3 + 3HCHO + 3H_2O \longrightarrow 2Au(胶体) + 3HCOOH + 6HCl \quad (3-10)$$

在这个反应中，利用甲醛和水还原生成金，从氯化物中分离出来的金成为分散相的胶体颗粒，盐酸成为分散介质。金的还原也可以通过使用 $AuCl_3$ 与 $SnCl_2$ 反应来实现。

$$2AuCl_3 + 3SnCl_2 \longrightarrow 2Au(胶体) + 3SnCl_4 \quad (3-11)$$

Wang 等[12]以 $H_2O_2$ 为氧化剂，锑白($Sb_2O_3$)为原料，通过氧化反应法制备了 $Sb_2O_5$ 胶体。将精制锑白、去离子水和硼砂稳定剂按一定比例加入带有搅拌器、回流冷凝管和滴液漏斗的四颈烧瓶，置于恒温水浴中。在搅拌下缓慢滴加 $H_2O_2$。恒温反应一定时间即得 $Sb_2O_5$ 胶体。研究者们通过正交实验探究了去离子水、硼砂稳定剂的用量和加入方式对胶体分散性和稳定性的影响。Kim 等[13]通过还原法在液相中制备了纳米级的 Ag 胶体。其中，$AgNO_3$、$FeSO_4 \cdot 7H_2O$ 和 $Na_3C_6H_5O_7 \cdot 2H_2O$ 分别作为 Ag 前驱体、还原剂和分散剂。随着前驱体浓度的降低或分散剂浓度的升高，所制备的颗粒尺寸从 180nm 降至 20nm。显然，随着搅拌速度的加快，胶体颗粒的尺寸有所下降。但 TEM 结果证实，初级胶体颗粒的尺寸不随搅拌速度的加快而变化。这表明反应器中前驱体的均匀性会影响所制备胶体颗粒的尺寸，因此搅拌速率应保持高于临界值，以防止颗粒团聚。

## 3.4 胶体的净化

无论采用哪种方法，制得的胶体常含有很多电解质和其他杂质，电解质和其他可溶性杂质通常以高浓度存在于胶体溶液中。除了在胶体颗粒表面吸附的维持离子平衡的适量电解质具有稳定胶体的作用外，过量的电解质反而会影响胶体的稳定性。因此，只有微量存在的电解质才能使胶体溶液稳定，过量则会导致团聚，必须将杂质浓度控制在尽量低的水平。胶体净化通常有如下几种方法。

### 3.4.1 透析法

透析法(dialysis)是一种以扩散原理为基础的方法。用于分离胶体溶液的仪器被称为透析器，由透析膜、胶体溶液和流动的淡水组成(图 3-8)。透析膜是选择性渗透膜，可以让粒径较小的分子和离子透过。在透析过程中，胶体溶液装在膜袋里并悬浮在一个装满淡水的容器中，淡水不断流过。由于渗透压的作用，小分子杂质和电解质离子通过透析膜扩散到淡水中，胶体颗粒则无法通过。动物膜(膀胱)、羊皮纸或玻璃纸片都可用作透析膜。

透析法纯化胶体在生物医学方面有着重要的应用。从治疗和诊断的角度看，纳米生物技术引发了很多关注，特别是开发生物相容性的纳米颗粒胶体。在这种情况下，胶体的纯化也是一个

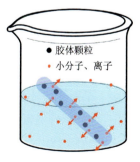

图 3-8 透析法净化胶体溶液

关键步骤,因为未反应物种的残留可能危及生物健康和影响医疗效果。为提高纳米颗粒的纯度,Al-kattan 等[14]从物理化学的角度研究了基于生物仿生纳米晶磷灰石胶体的透析纯化。该胶体能与特定细胞反应,发挥药效。在这个过程中,磷灰石中的杂质离子($Ca^{2+}$、$PO_4^{3-}$、$NO_3^-$、$NH_4^+$)沿浓度梯度移动,通过扩散穿过膜的孔隙,最终进入透析介质(透析液)。因此,膜就像一个筛子,将胶体颗粒和杂质分离。在透析过程中,位于透析液中的电导仪(Pt 电极)跟踪测量透析效果的变化,pH 酸度计跟踪测量溶液的 pH 值。此外,在透析的不同阶段,部分磷灰石胶体被取样并冷冻干燥,进行物理化学性质的表征。该研究表明,透析法是一种通用和廉价的方法,在生物医学方面可以用于净化矿物-有机物混合胶体,该研究还指出了一些能追踪净化过程随时间变化的表征技术。

### 3.4.2 电渗析法

电渗析法(electrodialysis)的原理是,当电场作用于电解质溶液时,离子会向相反电荷的电极移动。如果胶体溶液中存在的杂质只含有一种电解质,就可以使用电渗析法纯化胶体。与简单的透析法相比,附加电场使离子迁移更快。在电渗析装置中,胶体溶液被放在一个合适的膜袋中,而纯水置于外面,电极被安装在装置两端。当在电极两端施加电场时,存在于胶体溶液中的离子穿过透析膜并迁移到带相反电荷的电极上,而胶体颗粒由于尺寸较大而留在溶液中。例如,导电油墨中用到的 Cu 纳米胶体颗粒在印刷电子工业中的应用越来越多。在 Wang 课题组的一项研究中,新制备的 Cu 纳米胶体颗粒采用电渗析法进行了纯化,以防止胶体颗粒聚集[15]。电渗析的装置如图 3-9 所示。该装置被一个阳离子交换膜和一个阴离子交换膜分成了 3 个区间,其中两端加入纯水,中间加入刚制备的 Cu 胶体。通电后,在最初的 8h 内,Cu 胶体从紫褐色逐渐变为暗红色,这意味着杂质离子的减少。从 8h 后到电解过程结束,胶体颜色没有明显变化,标志着纯化过程的结束。

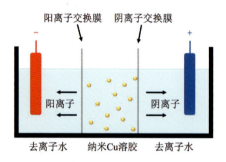

图 3-9 电渗析纯化胶体的装置示意图

### 3.4.3 超滤法

超滤法(ultrafiltration)是一种膜分离技术。它采用专门的膜过滤器,将胶体颗粒与溶剂、溶质分子分离。当溶液经过一定孔径的超滤膜表面时,在外界压力(0.1~0.5MPa)的作用下,溶液中小分子溶质和分散介质分子可以透过超滤膜,形成滤过液(简称滤液);同时,粒径较大的胶体颗粒则被膜所截留。随着超滤过程的进行,胶体逐渐浓缩,达到一定浓度时,以浓缩液(亦称母液)的形式排出。此膜过滤器能渗透除胶体颗粒外的所有物质。超滤法可用于浓缩和纯化中—高分子量的组分,如植物与乳品的蛋白质、多糖和酶。它也被广泛用于生产饮用水。经过超滤后,将留在超滤纸上的胶体颗粒与新的分散介质进行搅拌,以获得纯净的胶体溶液。用生物分子对纳米颗粒进行功能化以形成生物偶联的胶体,在生物医学应用中已受到了广泛关注。然而,从生物分子(如肽)中提纯这些生物偶联的胶体仍然是一个重大挑战,传统的分离方法往往会破坏产品的结构。Alele 等[16]将生物肽分子与 Au 纳米颗粒

（AuNP）结合后，利用商用再生纤维素超滤膜的筛分特性，去除生物偶联的 AuNP-肽胶体系统中多余的未结合肽，以获得功能化的 AuNP。其超滤原理如图 3-10 所示，再生纤维素超滤膜在压力驱动的超滤过程中精确地分馏了混合物，纯化了 AuNP-肽胶体。该超滤膜显示出对肽修饰 Au 胶体的绝对排斥，相对于混合物中的初始量，回流液中 AuNP-肽的生物复合物的回收率大于 87%。作者通过选择适当的膜和屏障孔径，以及优化各种过滤参数，发现该超滤膜可以很好地应用于生物结合的纳米胶体的纯化，而且双滤模式非常适用于扩大生产。

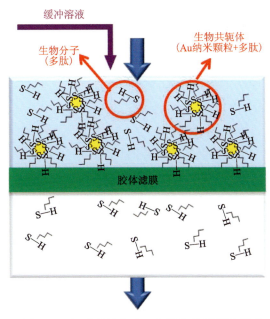

图 3-10 超滤膜纯化 AuNP-肽胶体原理示意图

## 3.4.4 高速离心法

高速离心法（high-speed centrifugation）基于沉降原理，即在重力作用下，密度大的颗粒比密度小的颗粒沉降得更快。在高速离心技术中，样品以非常高的速度旋转。一方面，密度较大的胶体颗粒移动得更快，并以沉淀的形式沉降在离心管底部；另一方面，杂质分子和离子仍溶解于溶液中或漂浮在表面，离心后，可通过固液相分离，再将胶体颗粒与新的分散介质混合，以获得纯净的胶体溶液。

然而，重复的离心—洗涤—再分散过程操作烦琐，效率低下，而且容易引起胶体团聚。因此，Kuang 等[17]利用密度梯度离心法，实现了高效的、可扩展的纳米颗粒胶体纯化。具体方法为在离心管中加入不同密度的 3 种液相，如图 3-11 所示。其中密度最小的顶层液体和密度最大的底层液体可以分散胶体颗粒，而中间的液体则不行。离心前，巨大的界面张力和介质密度差异稳定了不同液相间的界面，使 3 层液体稳定分离。当施加离心力场时，顶层的胶体颗粒被迫穿过中间层，然后分散在新的底层介质中。这项技术几乎可以使任何浓度的胶体切换溶剂而不发生聚集，同时通过将胶体与副产品和杂质分离来净化胶体纳米颗粒。

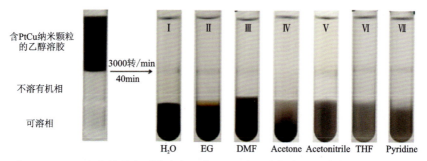

图 3-11　PtCu 合金的纳米颗粒在离心作用下,从乙醇相穿越不溶有机相,并重新分散到可溶相(水和各种有机溶剂)中[17]

## 3.5　胶体的光学性质

胶体的光学性质是由光与这些分散的颗粒的相互作用决定的。其光学特性也由其尺寸、形状和化学组成决定。

### 3.5.1　光散射

首先,胶体最重要的光学特性是其散射光的能力。当光线穿过一种悬浮于气体或液体中的胶体颗粒时,这些颗粒会散射光线,呈现可见的光散射现象,这种现象称为丁达尔效应(Tyndall effect)。这是由于当颗粒大小与光线波长相当时,胶体导致散射现象发生而产生的。例如,将少量的白色牛奶倒入透明的水中,搅拌均匀后可以看到整个溶液变为乳白色。如果用手电筒照向乳白色的牛奶,可以看到光线呈现散射现象,而如果用手电筒照向透明的水,则看不到光线散射的现象。这是因为牛奶中蛋白质与脂肪形成的微小颗粒对光线的散射作用,使得光线的传播路径发生了改变,从而使得光线的散射现象可见。此现象通常被用来检测和确认胶体的存在。除此之外,自然界中的胶体也会产生丁达尔效应,如在有雾的地方会看见清晰的阳光线条,这是由雾中的液态气溶胶散射阳光形成的(图 3-12)。

图 3-12　清晨森林里的露水形成雾,在阳光的照射下产生丁达尔效应

## 3.5.2 光吸收

除了光线的散射,胶体还表现出对光的吸收。吸收光线的能力与胶体中的物质种类和浓度有关。当光线的波长与胶体中物质的电子结构和分子振动频率匹配时,吸收现象将变得显著。此时,吸收光线的能量将被转换为粒子的激发能,从而改变其电子状态或分子结构。胶体的颜色也与其光吸收特性有关。当胶体中的物质吸收某些波长的光线时,其颜色将呈现反射或透过的光线波长的补色。例如,金红石胶体能吸收蓝色光线,因此呈现出红色;银纳米颗粒胶体吸收紫外线,因此呈现出金色。光的吸收也受胶体颗粒大小及介质折射率的影响。

当胶体颗粒是半导体时,会具有半导体的光学带隙特征。半导体的能带由导带和价带组成,两者之间的能量差值称为禁带宽度($E_g$)。当半导体处于未激发状态时,绝大部分电子处于价带,此时半导体不具有导电性。当半导体在光的照射下,如果光子的能量($h\nu$)大于禁带的宽度,则光子可被该半导体吸收,半导体被光激发[图 3-13(a)]。此时,价带中的电子迁移至导带,形成光生电子,同时在价带产生空穴。光生电子在导带中可以自由移动,具有导电性。另一类常见的胶体是金属纳米颗粒。入射光照射金属纳米颗粒时,当入射光的频率与金属纳米颗粒表面电子的振动频率相匹配时,金属纳米颗粒的电子云会对光子产生很强的吸收作用,称为局域表面等离子体共振。该现象的本质是金属中的自由电子随着光电磁波的波动而振动,光子的能量传递给电子[图 3-13(b)]。这两种作用导致了胶体颗粒的光吸收。

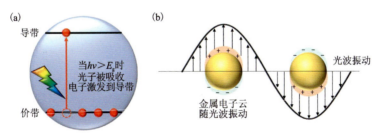

图 3-13 胶体光吸收的两种模式
(a)半导体的禁带吸收;(b)金属纳米颗粒的表面等离子体共振

胶体颗粒对光的吸收和传输在许多领域中均有应用,如比色传感、成像、医学治疗等。例如,Au 胶体颗粒(AuNP)的光吸收性能对癌细胞的治疗有重要功效[18]。当 AuNP 被特定波长的光照射时,其表面电子被激发并产生强烈的共振,因此光能被迅速转化为热能(约 1ps)。通过这种方式,癌细胞可以在数十分钟内被加热到 41~47℃,并在光热消融的过程中被产生的热能破坏,这种治疗方法被称为光热疗法。使用 AuNP 有几个优点:首先,AuNP 的共振波长允许其吸收近红外光区的光,因为在这个范围内(800~1200nm),身体组织对近红外光是适度透明的,近红外光可以更深入地渗透到癌症组织中,以获得更有效的治疗效果;其次,使用 AuNP 的光热疗法可与定向药物输送或增强肿瘤检测等疗法相结合,从而提高其疗效。

## 3.5.3 光致发光

物体的光致发光(photoluminescence)现象可以分为荧光(fluorescence)和磷光(phosphorescence)。当物质吸收入射光(通常是紫外线或 X 射线)时,电子会从基态单重态

($S_0$)进入激发态单重态($S_1$),然后经过振动弛豫(vibration relaxation,VR)转移到 $S_1$ 中最低的振动能级,之后以辐射形式发射光子后跃迁回到 $S_0$,这时发射的光子称为荧光。如果激发的电子发生自旋反转,当它所处的激发单重态($S_1$)的某一较低振动能级与其他激发三重态($T_1$)的某一较高振动能级重叠时,就会发生系间穿跃(intersystem crossing,ISC),到达激发三重态。此时电子再经过振动弛豫到达三重态的最低振动能级,并以辐射形式发射光子后跃迁回基态,这时发射的光子称为磷光(图 3-14)。

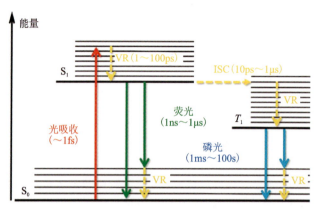

图 3-14　荧光和磷光的产生,包括光吸收(absorption)、振动弛豫(VR)、系间穿越(ISC)、荧光和磷光[19]

胶体的光致发光特性使其成为优异的光学材料,尤其是量子点胶体。这种特殊的胶体由直径小于 100nm 的半导体纳米晶分散在液体介质中形成。用光激发这种纳米半导体材料,它们便会发出特定频率的光。更重要的是,通过改变纳米晶的尺寸,可以精确调控发射光的频率,展现不同颜色的荧光(图 3-15)。这是因为在量子点的尺寸下,能级是不连续的,电子只能在这些能级之间跃迁,对应地发出特定波长的光。同时,能级间距由量子点的大小决定,因此不同尺寸的量子点将会发出不同颜色的荧光。早在 1993 年,Bawendi 课题组首次在有机溶液中合成大小均一的胶体量子点[20]。他们将 3 种氧族元素(S、Se、Te)溶解在三正辛基氧膦中,然后在 200～300℃的有机溶液中与二甲基镉反应,生成相应的量子点材料(CdS、CdSe、CdTe)。实验产生的颗粒具有统一的尺寸和形状,并在室温下显示出清晰的光吸收和单一波长的荧光。目前,常用的量子点胶体包括 Pb、Ag、Hg 的硫属化物等[21]。

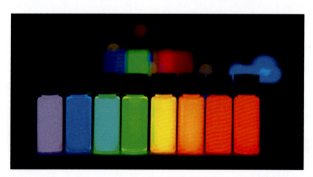

图 3-15　不同尺寸的量子点在紫外光激发后产生的不同颜色的荧光
(图片来自 Antipoff,CC BY-SA 3.0 协议)

## 3.6 胶体的运动性质

胶体是悬浮在液体或气体介质中的小颗粒。由于胶体与周围介质的相互作用,它们会表现出如下独特的运动特性。

### 3.6.1 布朗运动

布朗运动(Brownian motion)是流体中的颗粒由于流体分子的碰撞而产生的随机运动,是植物学家罗伯特·布朗在1827年发现的。当他研究微生物时,在显微镜下观察到花粉颗粒在液体中抖动。他意识到这些颗粒不是生物,而只是在水中移动的尘粒。为了证实这一猜想,他从地下取出一块年代久远的石英岩,其中含有一些可能被储存了数百万年的水。在这些水中,同样观察到微小颗粒的抖动

图 3-16 胶体颗粒做不规则的布朗运动

现象。这后来被证明是分子运动的效果之一,就像在运动场上有很多人,在向不同方向推一个巨大的球,使这个球做不规则的运动。布朗运动是由流体的热能引起的,它使胶体颗粒做随机、无规则的运动(图 3-16)。布朗运动的剧烈程度取决于颗粒的大小,较小的颗粒会做更快速和不稳定的运动。牛奶是一个典型的胶体做布朗运动的体系,由悬浮在水中的小脂肪滴组成。这些小脂肪滴的布朗运动导致它们在牛奶中随机移动。

对于一个液体中的胶体颗粒,它被水分子从四面八方轰击着,因此做不规则抖动。如果把时间分成小的间隔,如 1fs,那么颗粒第一飞秒在这里移动,下一飞秒又移动了一些,再下一飞秒又移动到别的地方,如此循环。每一次碰撞之后,胶体颗粒的运动都与前一次碰撞后的运动没有关系。每一步都是以任意的角度随机运动的。经过数学计算可以证明,当经过 $N$ 次随机碰撞后,颗粒距原始位置的距离 $R_N$ 的均方 $\langle R_N^2 \rangle$ 与碰撞次数 $N$ 成正比,即

$$\langle R_N^2 \rangle = NL^2 \tag{3-12}$$

式中,$L$ 为每次碰撞后胶体颗粒运动的长度。由于碰撞次数 $N$ 与时间成正比,所以均方距离与时间成正比,即

$$\langle R_N^2 \rangle = at \tag{3-13}$$

式(3-13)的最终形式由爱因斯坦和斯莫鲁霍夫斯基解出:

$$\langle R^2 \rangle = 6kT\frac{t}{\mu} \tag{3-14}$$

式中:$\langle R^2 \rangle$ 为颗粒运动距离的均方,$k$ 为玻尔兹曼常数,$T$ 为开尔文温度,$t$ 为运动时间,$\mu$ 为流体的阻力系数。由于胶体颗粒受外力(如重力、电场力)作用而运动,同时液体具有阻力,限制了颗粒的运动速度,$\mu$ 则是其所受外力与最大运动速度的比值。

### 3.6.2 扩散

扩散(diffusion)是指物质分子基于热运动,从高浓度区域向低浓度区域转移,直到均匀分布的过程。扩散的速率与物质的浓度梯度成正比。从微观层面看,当温度高于绝对零度时,

分子会永不停息地运动。热运动导致分子之间频繁碰撞,不断地改变运动方向。虽然分子的运动方向是随机的,但是由于高浓度区域的分子数量更多,在任意参考面上,由高浓度向低浓度运动的分子多于由低浓度向高浓度运动的分子。因此,虽然分子是做随机运动,但高浓度的一侧有更多的分子运动至低浓度的一侧,导致了扩散现象的产生。如图3-17所示,在高浓度侧和低浓度侧的参考面上,靠近参考面的胶体颗粒做随机运动(一半向左,一半向右),但由于高浓度侧的颗粒数量多,有更多的颗粒转移到低浓度侧,宏观上则表现为胶体颗粒从高浓度向低浓度扩散。

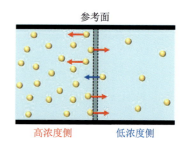

图 3-17 胶体颗粒由高浓度向低浓度的一侧扩散

扩散有两个重要的定律。首先是菲克第一定律(Fick's first law),即单位时间内通过垂直于扩散方向的单位截面面积的扩散通量 $J[\text{mol}/(\text{m}^2 \cdot \text{s}^{-1})]$ 与该截面处的物质的量浓度梯度成正比,扩散方向与浓度梯度方向相反。式(3-14)描述了一种稳态的扩散,即物质的量浓度是恒定,不随时间而变化。

$$J = -D\frac{dc}{dx} \tag{3-15}$$

式中:$D$ 为扩散系数($\text{m}^2/\text{s}$),描述了物质的传质速率;$\frac{dc}{dx}$ 为扩散的物质的量浓度梯度$[\text{mol}/(\text{L} \cdot \text{m}^{-1})]$。如果考虑物质的量的浓度变化,可用菲克第二定律(Fick's second law)计算。

$$\frac{\partial c(x,t)}{\partial t} = D\frac{\partial^2 c(x,t)}{\partial x^2} \tag{3-16}$$

式中,$c$ 为物质的量浓度(mol/L)。

在胶体系统中,扩散主要由布朗运动驱动,并受颗粒的大小、形状和表面电荷影响。较大尺寸的和具有较高表面电荷的颗粒扩散得更慢。为了描述胶体的扩散行为,爱因斯坦将胶体颗粒视为球形颗粒,并提出了如下公式。

$$D = \frac{k_B T}{6\pi\eta R} \tag{3-17}$$

式中:$\eta$ 为分散介质的黏度系数$[\text{kg} \cdot \text{m}^{-1} \cdot \text{s}^{-1}]$,$R$ 为球形胶体颗粒的半径,$k_B$ 为玻尔兹曼常数,$T$ 为开尔文温度。式(3-16)表明:①分子的扩散速度随着颗粒尺寸的增加而减慢;②分子的扩散速度随着温度的升高而加快;③随着分散介质黏度的降低,胶体颗粒的运动速度加快。

### 3.6.3 沉降

地球的引力场也作用于胶体颗粒。因此,如果胶体颗粒的密度大于悬浮介质的密度,它们就会沉降到容器底部,这种现象称为沉降(sedimentation)现象(图 3-18)。如果胶体的密度较小,它们就会浮在分散介质顶部并凝聚。较大的颗粒会有更明显的沉淀趋势,因为它们的布朗运动不剧烈且扩散速率较慢。胶体的沉降在实验室和工业中都很重要。例如,重力沉淀器、浓缩器或澄清器可以从各种工艺环节产生的废物流中去除胶体颗粒。这些通常是连续过程,可以将进料分成两个产品流,一个是透明液体,另一个是沉降后的胶体污泥。设计这些装置需要了解颗粒在分散介质中的沉降速度及颗粒间的相互作用。在一定浓度下,分散介质分子可以加快或减慢胶体的沉降速度。另外，胶体颗粒间的吸引力会引起胶体聚集，使两个或更多的颗粒组合为一个更大的颗粒，以更快的速度沉降。

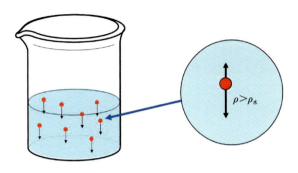

图 3-18　胶体颗粒在重力作用下沉降

如果对单个胶体颗粒进行受力分析，其受重力作用沉降。由于胶体处于分散介质的流体中，可以通过流体力学的斯托克斯定律（Stokes' law）求得该颗粒所受的阻力。

$$F = 6\pi\eta R v \tag{3-18}$$

式中：$F$ 为颗粒受到的摩擦力，作用于流体和颗粒之间的界面；$\eta$ 为流体的黏度（kg·m$^{-1}$·s$^{-1}$）；$R$ 为胶体颗粒的半径；$v$ 为颗粒的沉降速率。该模型基于以下几种假设：层流，颗粒为球形且表面光滑，颗粒之间相不干扰。当胶体达到最大沉降速率时，根据受力平衡可知胶体的重力与浮力加阻力相等，即

$$(\rho_1 - \rho_2) V g = 6\pi\eta R v \tag{3-19}$$

$$V = \frac{4}{3}\pi R^3 \tag{3-20}$$

式中：$\rho_1$ 和 $\rho_2$ 分别为颗粒与分散介质的密度；$V$ 为颗粒的体积。通过式(3-18)和式(3-19)可知：

$$v = \frac{2(\rho_1 - \rho_2) g R^2}{9\eta} \tag{3-21}$$

由于胶体的沉降，胶体颗粒自发向容器底部运动。因此，容器底部的胶体颗粒浓度会高于顶部，产生浓度梯度。这个浓度梯度又会导致胶体的扩散。当沉降与扩散两种作用达到平衡时，称为沉降平衡。该现象由让·巴蒂斯特·佩林（Jean Baptiste Perrin）发现，他因此在 1926 年获得了诺贝尔物理学奖。对于低浓度的胶体，可以用拉普拉斯-佩林分布方程［式(3-20)］来描述沉降平衡时的胶体浓度分布。

$$\Phi(z) = \Phi_0 \exp\left(-\frac{m^* g}{k_B T} z\right) \tag{3-22}$$

式中：$z$ 为高度；$\Phi_0$ 为胶体在 $z=0$ 时的浓度；$\Phi(z)$ 为在相对高度为 $z$ 时，胶体颗粒的浓度；$m^*$ 为胶体颗粒的浮力质量，即去除掉浮力因素后的等效质量；$g$ 为重力加速度，$k_B$ 为玻尔兹曼常数；$T$ 为开尔文温度。对于某一个胶体颗粒，其质量和温度都已确定，因此可以将拉普拉斯-佩林分布方程重新排列，得到沉淀长度 $l_g$：

$$\Phi(z) = \Phi_0 \exp\left(-\frac{z}{l_g}\right) \tag{3-23}$$

其中，

$$l_g = \frac{k_B T}{m^* g} \tag{3-24}$$

沉降长度 $l_g$ 描述了在相对高度为 $z$ 时,找到一个胶体颗粒的概率。由此可得,在沉降平衡状态,胶体颗粒的浓度自下而上呈指数衰减。如果一个胶体颗粒的沉淀长度远远大于其直径($l_g \gg d$),就能保持胶体的介稳状态。然而,如果沉降长度小于胶体颗粒的直径($l_g < d$),颗粒只能以更短的长度扩散。它们会在重力的作用下沉淀下来,并沉降到容器的底部,因此该物质不能再被认为是胶体[22]。沉降在胶体科学的发展中起到了关键作用。事实上,佩林的著名实验为爱因斯坦的布朗运动理论提供了强有力的支持,至此胶体才进入了基础物理学领域。

### 3.6.4 渗透压

渗透压(osmotic pressure)是胶体最重要的动力学特性之一,在生物和医药领域有大量应用。渗透压是指当半透膜允许溶剂分子通过而阻止胶体颗粒通过时,如果半透膜两侧的胶体浓度不同,为阻止溶剂从低浓度的一侧渗透到高浓度一侧,需要在高浓度一侧施加的最小额外压强。如图 3-19 所示,当两个容器内的液体通过半透膜连通时,两端的液面高度一致。然而,如果在一端加入胶体,由于两端胶体的浓度不同,溶剂会由低浓度的右侧通过半透膜,流入高浓度的左侧以稀释胶体,造成两端液面高度不一致。当再次达到平衡状态时,渗透压可由两端液面的高度差求得。

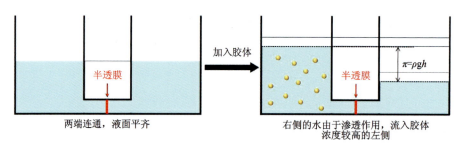

图 3-19 胶体的渗透现象

在低浓度下,可用范特霍夫(Van't Hoff)方程描述胶体溶液的渗透压。

$$\pi = cRT \tag{3-25}$$

式中:$c$ 为胶体物质的量浓度;$R$ 为理想气体常数;$T$ 为开尔文温度。

胶体的渗透压在医学领域有着重要应用。例如,Grundmann 等[23]对 55 名随机患者的胶体渗透压进行了术后追踪测量。在小手术和短期输液治疗后,胶体渗透压只有微小的变化,因此这类治疗后没有必要测量胶体渗透压。然而,在重大手术干预后,胶体渗透压的变化可以提供宝贵的信息。研究表明,即使在中度失血的情况下,血液内的胶体渗透压也比较稳定,没有大幅下降。这一点也可用于指导术前血液稀释,由于抽取血液不会大幅降低胶体渗透压,因而没有必要用胶体溶液替代所抽取的血液来维持渗透压稳定。此外,胶体渗透压的测量有助于判断患者是否有必要进行昂贵的白蛋白注射。

### 3.6.5 光学诱捕

光学诱捕(optical trapping),也被称为光镊(optical tweezers),是一种使用激光来诱捕和操纵胶体颗粒的技术。早在1970年,美国贝尔实验室的阿瑟·阿什金(Arthur Ashkin)意识到,激光束的辐射压力可以用来操纵电介质粒子[24]。该技术最早的应用是让粒子在重力等外力的作用下悬浮起来。当光学诱捕的作用力与重力等外力相互平衡时,可以将粒子定位在三维空间。在20世纪80年代初,阿什金发现一束聚焦良好的激光可以在三维空间中捕获足够大的电介质颗粒,光镊因此诞生。这种单光束光学梯度力捕集器可以方便地抓取和移动尺寸从几十纳米到几十微米的颗粒。光镊能精确地、非破坏性地、远距离地操纵微米级颗粒,在生物和物理科学领域有着广泛应用[25]。阿什金对光镊现象的研究也使他荣获2018年诺贝尔物理学奖。

光镊的基本原理在于光与物质微粒之间动量传递的力学效应。光与物质是可以相互影响的。例如,一柱水喷到我们身上,或者一阵风迎面吹来,我们都能感觉到少量的压力。具有波粒二象性的光也一样会对我们产生压力,即光压,只不过这个力极其微小而已。在光束中形成的能束缚粒子的"陷阱",通常被称为势阱。那么势阱又是如何产生的呢?如图[3-20(a)]所示,当聚集的入射光照射到胶体颗粒表面时,由于光轴不经过胶体颗粒中心,胶体颗粒会使入射光发生折射。这时,由于折射光有一个向下的动量,为了使系统的动量守恒,胶体颗粒必须产生一个向上的动量,这个动量会把胶体颗粒"吸"向入射光的轴线。同理,如图[3-20(b)]所示,如果胶体颗粒在光束轴线上,但在焦点之外,则胶体颗粒会汇聚光束。这个汇聚光束的动量大于入射光动量,因此胶体颗粒需要一个反向的动量,将胶体颗粒拉回焦点。因此,只要胶体颗粒偏离光束的焦点,为了使系统动量守恒,胶体颗粒就会产生一个动量,将其拉回到焦点。这个动量像一个陷阱,把胶体颗粒束缚住。我们可以通过移动光束,像镊子控制小球的运动一样精确地控制胶体颗粒,这就是光镊的基本原理。

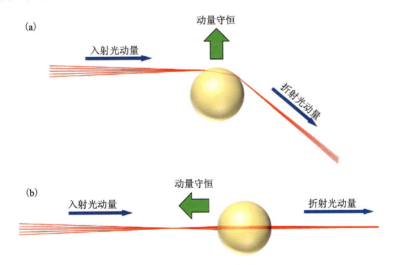

图 3-20 光镊的基本原理

(a)胶体颗粒不在光轴上时,入射光被胶体颗粒折射引发动量方向改变,由于动量守恒,胶体颗粒向上移动;(b)胶体颗粒在光轴焦点外时,入射光被胶体颗粒进一步聚焦,使得折射光动量增大,由于动量守恒作用,胶体颗粒移向焦点

### 3.6.6　电动现象

由于胶体可以吸附带电离子,因而胶体颗粒表面是带电荷的。同时,由于胶体体系为电中性,分散介质中有着过量的与胶体颗粒表面电荷相反的离子。因此,在固-液相的溶胶体系中,外加电场可引起固相与液相做相对运动。另外,固相与液相的相对运动也可以产生电势差。胶体的电动现象主要分为电渗、电泳、沉降电势和流动电势,这部分内容将在 3.9 节中做更详细介绍。

## 3.7　胶体的稳定性

胶体颗粒具有很大的比表面积,体系的表面能也很高,所以胶体颗粒有自动聚集的趋势,以降低系统的自由能。当分散介质中的胶体颗粒继续作为单独的颗粒存在时,也就是说,如果它们不聚集在一起或形成聚合体时,那么就可以说胶体的分散体是稳定的。保持胶体稳定的关键是防止颗粒聚集或絮凝。一般来说,胶体在热力学上或动力学上都可能是稳定的。

胶体热力学稳定的一个例子是当油、水和表面活性剂以一定比例混合时形成的微乳液。这在癸烷、水和阴离子表面活性剂的混合物中被广泛研究。将超过临界浓度的表面活性剂与水混合,也能产生热力学稳定的胶体分散体。这种胶体分散体在混合时自发形成,因为加入表面活性剂后,混合体系的整体自由能变小,这在热力学上是有利于胶体形成的。热力学上稳定的胶体表现出非凡的长期稳定性。在一些情况下,胶体颗粒仅能在良好的分散状态下存在。例如,由于高表面积和吸引力的相互作用,金属胶体经常聚集在一起并从溶液中析出。用于稳定金属胶体并防止胶体聚沉的常见策略是赋予它们动力学稳定性,使胶体的聚沉过程存在较大的能量壁垒,或减小胶体颗粒之间的吸引力。胶体颗粒的聚集可以通过静电稳定、立体稳定和耗竭稳定的手段来预防[26]。

### 3.7.1　静电稳定

静电稳定(electrostatic stabilization)是指通过同种电荷的相互斥力,防止胶体颗粒的聚结。胶体颗粒的表面可以存在多个化学分子,它们与颗粒表面的分子/原子以共价键形式连接或附着。当这种胶体分散在液体中时,颗粒表面的化学基团可能会解离,导致颗粒表面存在带电基团,并将反荷离子释放到溶液中。例如,当具有—COOH 基团的胶体颗粒分散在水溶液中时,基团的电离会导致颗粒表面产生—COO⁻ 基团,使颗粒表面带负电荷,同时释放 $H^+$ 到水中。由于这种机制,颗粒的表面带有负电荷。静电互斥导致胶体颗粒不易聚结,增强了胶体的稳定性[图 3-21(a)]。另外,颗粒也可以通过在颗粒表面吸附离子而获得表面电荷。例如,$H^+$ 或 $OH^-$ 在赤铁矿颗粒($\alpha$—$Fe_2O_3$)表面吸附,可使颗粒带正电或负电。加入到胶体分散体中的带电分子也会吸附在颗粒表面,提高胶体的稳定性。

由于带电粒子产生的电场,溶液中的反荷离子和同荷离子分别被吸引和排斥。因此,胶体颗粒表面会形成一层电荷层,并且带电颗粒的附近会由库仑力吸引一层反荷离子,这种结构被称为双电层,将在 3.8 节详细说明。当相邻颗粒的双电层重叠时,胶体颗粒之间会产生

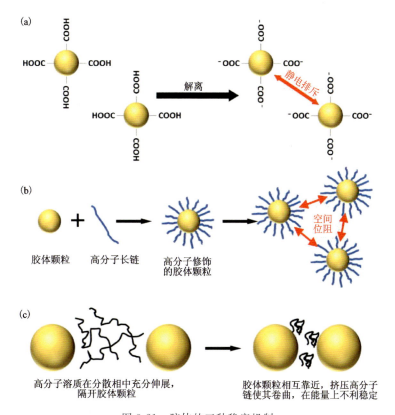

图 3-21 胶体的三种稳定机制

(a)胶体的静电稳定机制;(b)空间位阻稳定的机制;(c)胶体中加入高分子溶质后产生空缺稳定

排斥性相互作用,使胶体体系稳定。表面电荷越高,胶体颗粒间的排斥力越强,胶体系统就越稳定。

## 3.7.2 空间位阻稳定

在胶体的空间位阻稳定(steric stabilization)中,长链分子被固定在胶体颗粒的表面,使每个颗粒都被长链分子形成的薄壳所覆盖。因此,颗粒表面呈现像刷子一样的外观[图 3-21(b)]。长链分子的锚定可以通过化学合成来实现,也可以通过吸附来实现。当这种颗粒分散在溶剂中时,形成刷状结构的分子可能会呈现出延伸或塌陷的构象。当刷状层的尺寸超过几纳米时,胶体颗粒间的范德华吸引力可以被完全掩盖,从而使胶体稳定。例如,Elbasuney 等[27]通过湿法研磨,制备了球形的铝颗粒,并用一种聚合物表面活性剂进行了有效的表面修饰。有机修饰的铝颗粒显示了表面特性从亲水到疏水的完全变化,实现了从水相到有机相的完全相转移。铝颗粒在肼中的分散和稳定通过空间位阻稳定作用实现。

## 3.7.3 空缺稳定

1954 年,Asakura 和 Oosawa 首次指出,如果两个表面之间的距离小于溶质分子的直径,这个区域将只包含纯溶剂分子,该区域称为耗竭区[28]。因此,两个胶体颗粒之间的吸引力相当于该区域产生的渗透压。由这种作用引起的团聚被称为空缺絮凝。在 1958 年,Asakura

和 Oosawa 又建立了数学模型,计算不同形状的胶体间相互作用的势能[29]。虽然空缺絮凝作用在距离非常小的胶体颗粒中占优势,但当溶剂中加入大分子后,这些胶体颗粒之间的空间被大分子占据,距离增大,就会表现出排斥作用[图 3-21(c)]。这是因为,当处于聚合物溶液中的胶体颗粒相互接近时,这些相互靠近的颗粒会挤压聚合物分子,使得聚合物分子离开间隙,即颗粒之间的区域。然而,当聚合物处于其良好的溶剂中,即当聚合物和溶剂之间的相互作用比较理想时,聚合物分子链会在溶剂中充分伸展,尽量增大与溶剂分子的接触面积,因为更有利于降低体系的能量。在这种情况下,聚合物分子不容易被相互靠近的胶体颗粒挤压,从而阻止了颗粒的靠近,为胶体的分散提供良好的稳定性。该现象也称为空缺稳定(depletion stabilization)效应[30]。

然而,如果聚合物能够与胶体颗粒相互作用,产生吸附[31],那么添加的聚合物通常会破坏胶体系统的稳定性。这是因为颗粒之间形成了聚合物桥,导致胶体颗粒与聚合物形成更大的颗粒从而引发聚沉[32]。另外,自由聚合物的大小和多分散性对胶体颗粒的排斥和吸引效应之间的平衡力有很大影响[33]。

Semenov 等[32]从理论角度研究了高浓度聚合物溶液中胶体颗粒之间的聚合物诱导力。这项工作着重研究含有吸附位点的胶体表面,包括一些能够捕获聚合物片段的吸附中心。在游离聚合物存在的情况下,颗粒被自组装的绒毛层覆盖。研究表明,游离聚合物引起的颗粒间相互作用在颗粒距离超过一定范围时表现为排斥,并且由于绒毛层的存在,这种排斥得到加强。这种绒毛层排斥机制与空缺稳定形成协同作用,进一步稳定胶体。通过增加聚合物添加剂的分子量或改变其浓度,可以调控胶体的稳定性。

## 3.8 双电层理论

在表面科学中,双电层(electrical double layer)是当一个物体暴露在液体中时在其表面出现的结构,该结构对于胶体颗粒在环境中的行为具有重要意义。当胶体颗粒的表面带有电荷时,该颗粒能吸引溶液中的反荷离子,直到表面电荷被颗粒附近的反荷离子中和。这个胶体颗粒表面和其周围的反荷离子可以视为两个电荷相反的层,称为双电层。颗粒表面和溶剂之间界面上的电荷来源是多方面的,可以由电离、官能团的酸/碱反应和离子的吸附/脱附产生。一类重要的胶体颗粒是氧化物,如 $SiO_2$ 或 $TiO_2$。当这些颗粒悬浮在水介质中时,表面会形成两性的羟基(—OH),这些羟基可以被质子化或去质子化,这取决于分散相的 pH 值。正负电荷相互平衡时表面的 pH 值被称为零电荷点(point of zero charge,PZC),在零电荷点,胶体颗粒表面的净电荷为零。当 pH 值低于零电荷点时,表面电荷为正;当 pH 值超过零电荷点时,表面电荷为负。

双电层的结构在很大程度上取决于颗粒和分散介质的物理化学特性。一般来说,胶体颗粒的核(胶核)会因吸附过量的稳定剂中的离子而带电。当带电荷(正或负)的胶核分散在电解质溶液中时,由于静电吸引,溶液中带异号电荷的离子(反荷离子)向胶体颗粒表面靠近。其中一部分反荷离子会紧紧吸附在胶体颗粒表面。这些靠静电力吸附结合的离子和一部分水分子组成吸附层,也称紧密层或 Stern 层。然而,紧密层中的反电荷不足以平衡胶体表面所有的电荷,因此会产生第二电层,即扩散层。在扩散层中,反荷离子通过库仑力被吸引到胶体颗粒表面附近。同时,离子的热运动又使这些离子向远离胶粒表面的方向扩散。在这种双重作用下,在胶体颗粒表面附近就形成了一个由大量反荷离子和少量同荷离子组成的电荷云,称为扩散层或Gouy-Chapman层。它是由自由离子组成的,在电吸引和热运动的影响下在液体中移动,而不是被牢牢地固定住。双电层的结构如图3-22(a)所示。当带电粒子受到扰动时,如外部施加电场,或向带电胶体的分散体中加入电解质,或带电粒子被转移到电解质溶液中时,自由离子重新分布,导致双电层重组[26]。

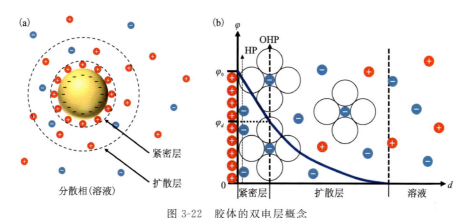

图 3-22　胶体的双电层概念

(a)带负电胶体颗粒的双电层结构;(b)双电层电势($\varphi$)随胶体颗粒表面距离($d$)的变化。其中阴离子包括水合阴离子和不带水化壳的阴离子

这种双电层结构过于简化,忽视了表面充电和离子在紧密层的吸附机制。因此,它不能揭示真实双电层结构的精细细节。例如,反荷离子在紧密层中吸附时,可能保留或不保留其水化壳,因此这些离子距胶体颗粒表面的距离不同。这些在紧密层中的不带水化壳和带有水化壳的反荷离子分别组成内亥姆霍兹面(inner Helmholtz plane,IHP)和外亥姆霍兹面(outer Helmholtz plane,OHP)[图3-22(b)],其中,外亥姆霍兹面可被视为扩散层的起始面。另外,同荷离子可能与胶体颗粒表面产生共价结合,因此实际上增加了表面电荷。最后,双电层的结构可能受到表面形态的影响。胶体颗粒表面双电层的建立会产生一个电场。如图3-22(b)所示,该电场由电势$\varphi$描述。胶体颗粒表面的电势$\varphi_0$是有限的,并且与表面电荷的符号相同。在吸附层,$\varphi$迅速线性下降。在扩散层,电势从扩散层电势$\varphi_d$以指数形式衰减到自由溶剂中的零($\varphi_\infty=0$)。

双电层在许多日常物质中发挥着作用。例如,均质牛奶的存在是因为脂肪滴胶体被双电层覆盖,防止它们凝结。双电层实际上存在于所有基于流体的异质系统中,如血液、油漆、墨水,以及陶瓷和水泥浆。双电层结构也决定了胶体的电学性质,包括胶体的电动现象。

## 3.9　胶体的电学性质

胶体的电学性质是指胶体具有的与电荷相关的性质,这些性质来源于胶体颗粒表面的电荷分布和胶体溶液中的离子交换。下面是一些常见的胶体电学性质。

## 3.9.1 Zeta 电位

Zeta 电位(Zeta potential)是衡量胶体颗粒表面电荷分布的一种参数,反映了胶体颗粒表面电荷与溶液中电离物的交互作用。在胶体颗粒的双电层中,表面电位 $\varphi_0$ 和扩散层电位 $\varphi_d$ 都无法通过实验直接确定。可以测量的是电动力学电位或 Zeta 电位($\xi$)。根据双电层模型,胶体颗粒运动时,吸附层的反荷离子会随着胶体颗粒运动,扩散层的反荷离子虽然保持着溶剂中自由离子的特征,但仍有一层溶剂会紧贴着胶体颗粒,并随着颗粒的运动而运动,这层称为滑移层(图 3-23)。滑移层内部的离子都随着颗粒一起运动,而滑移层外侧的电势即称为 Zeta 电位。因此,对 Zeta 电位的任何测量都是基于颗粒表面和扩散层之间的相对运动。Zeta 电位受以下几个因素影响:①决定电荷的离子,即那些控制表面电荷的离子,如控制氧化物表面羟基的 $H^+$ 和 $OH^-$;②吸附在胶体颗粒表面吸附层内的离子;③溶剂中所有离子物种的浓度和价位。

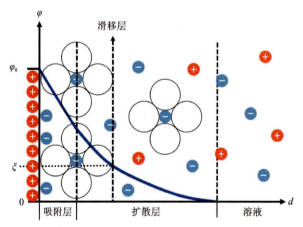

图 3-23 胶体表面滑移层的位置和 Zeta 电位

Zeta 电位经常被用来预测悬浮液的稳定性或悬浮颗粒在宏观表面(如纤维素纤维、管材)上的附着力。这是因为颗粒之间或颗粒与表面之间的双层相互作用是由扩散层中的离子分布决定的。很明显,静电排斥的产生需要颗粒具有同种电荷,且都具有较高的 Zeta 电位。因此,Zeta 电位也是决定胶体稳定性的一个重要指标,其绝对值越大,体系越稳定。因为高的 Zeta 电位会增强胶体颗粒之间的静电斥力,抵消颗粒间的范德华吸引力,阻止胶体颗粒的聚沉。胶体颗粒的稳定性与 Zeta 电位的关系可参考表 3-1。

表 3-1 Zeta 电位与胶体的稳定性关系

| Zeta 电位值/mV | 胶体的稳定性 |
| --- | --- |
| 0~±10 | 极其不稳定,快速聚结沉淀 |
| ±10~±30 | 比较不稳定,容易聚结 |
| ±30~±40 | 稳定性一般 |
| ±40~±60 | 稳定性较好,可短时间保持分散 |
| 超过±60 | 稳定性很好,可长时间保持分散 |

Zeta 电位一般采用电泳法测量。电泳是带电胶体颗粒在电场作用下的定向运动,将在 3.10 节中详细阐述。电泳迁移率与胶体颗粒的 Zeta 电位成正比,作为近似计算,电泳迁移率(μm/s)约为 Zeta 电位(mV)的 12.8 倍。因此只要能测得电泳迁移率,即可计算 Zeta 电位。目前常规的测试仪器利用多普勒光散射原理,通过测量光的频率或相位变化,间接测量颗粒的电泳迁移率。

Zeta 电位为零的 pH 值称为等电点(isoelectric point,IEP)。需要注意的是,由于特定离子吸附在胶体表面,胶体颗粒的表面和滑移层上的电荷分布是不同的。因此,等电点和零电荷点是两个不同的概念,它们分别对应胶体表面电荷为零和吸附层外侧电荷为零时的 pH 值。Kosmulski 等[34-37]测量了不同环境下许多材料的等电点和零电荷点值。测量等电点时,通常将样品在不同 pH 值下配制成多个胶体,然后测量其 Zeta 电位。当 Zeta 电位经过零点时,对应的 pH 值即为等电点。例如,Zhu 等[38]测量了不同原料合成的 g-$C_3N_4$ 的等电点。g-$C_3N_4$ 中的氨基显示出酸碱两性,因此随着 pH 值的变化,g-$C_3N_4$ 的 Zeta 电位也随之变化。不同原料合成的 g-$C_3N_4$ 显示不同的等电点(图 3-24),这是由不同材料表面的氨基浓度不同造成的。

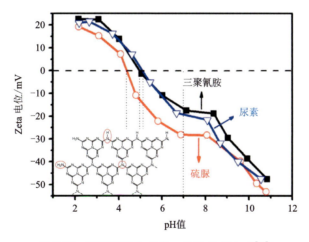

图 3-24　不同原料合成的 g-$C_3N_4$ 的等电点[38]

## 3.9.2　电黏滞效应

双电层的存在影响了带电粒子的流体力学阻力,表现为流体相的黏度略有增加。同样,当双电层在孔隙中形成时,流体通过多孔材料时流动速度显然会减缓,这些现象被称为电黏滞效应(electroviscous effects)。如图 3-25 所示,整体带负电的胶体颗粒在外加电场的作用下向高电势方向移动。同时,其扩散层整体带电,在电场作用下向低电势处移动。这种反向运动阻碍了胶体颗粒的运动,导致电黏滞效应的产生。这种减速作用会影响颗粒的沉降[39-40]、毛细管流动[41]、单个颗粒的阻力[42]或悬浮液的黏度[43]。当双电层的厚度很小或者 Zeta 电位很低时,胶体颗粒的极化作用很小,电黏滞效应可以忽略不计。在浓缩的胶体悬浮液中,胶体颗粒的运动也受到相邻颗粒运动的影响。特别是当两个颗粒的双电层重叠时,颗粒间的双电层相互作用[44-45]。当悬浮液只包含一种胶体颗粒成分时,双电层的重叠会导致颗粒相互排斥,从而降低颗粒的流动性,并增加悬浮液的黏度。这种效应被称为二次电黏滞效应。

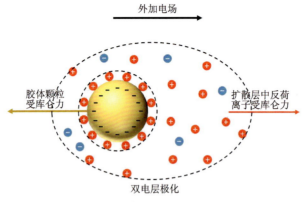

图 3-25　胶体颗粒的电黏滞效应

### 3.9.3　离子吸附

带电的胶体颗粒表面和溶剂中的反荷离子之间的库仑吸引力可以引发表面离子的吸附,这种现象称为非特异性吸附。此外,化学键的形成也可以导致离子的吸附,该作用也适用于同荷离子,这种现象称为特异性吸附。高电荷密度和高电解质浓度会导致更强的离子吸附。例如,溶液中带正电的水合金属离子可以在带负电的氢氧化物胶体颗粒表面吸附[图 3-26(a)]。由于非特异性吸附是由于反荷离子之间的静电吸引,因而它与离子大小或化学性质无关。这种类型的吸附减少了胶体表面的有效电荷,但永远无法扭转其电荷符号。由于该吸附纯粹由库仑效应驱动,离子保留着它们的水化壳,因而这些被吸附的离子最终位于外亥姆霍兹面。

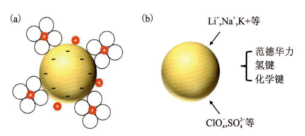

图 3-26　胶体颗粒对离子的吸附
(a)非特异性吸附;(b)特异性吸附

当离子不仅受静电吸引,同时也受物理吸附(如范德华力、氢键)或化学键(共价键或离子键)作用时,这类吸附被称为离子的特异性吸附[图 3-26(b)]。该吸附也受离子性质(如质量和电负性)和胶体颗粒性质的影响。这种特定的吸附可以作用于同荷或反荷离子,因此,它可以增加胶体表面的有效电荷,也可以导致电荷的逆转。特定吸附的离子会部分或完全脱水,并直接与胶体颗粒表面相连。因此,这些离子位于内亥姆霍兹面。高电荷密度和高电解质浓度可导致强烈的离子吸附。一个离子是否与胶体颗粒表面发生特异性吸附主要通过实验观察验证。然而,也有一些经验法则可以运用。例如,卤化物离子($Cl^-$,$I^-$)和硝酸根离子

（$NO_3^-$）对大多数氧化物是无吸附的,而卤氧离子（$BrO_3^-$ 和 $ClO_4^-$）却显示出明显的特异性吸附。除此之外,对于多价离子（如 $SO_4^{2-}$,$Ba^{2+}$,$La^{3+}$）,必须考虑离子的特定影响。然而,这种规则并不普遍。中等大小的碱离子（$Na^+$,$K^+$,$Cs^+$）在二氧化钛和氧化铝表面的行为是非特异性的,但在二氧化硅表面产生特异性吸附。相反,$Li^+$ 对二氧化硅的吸附是非特异性的,但在氧化铝表面则是特异性吸附。

## 3.10 电动现象

胶体表面存在双电层（吸附层和扩散层）,两个电层所带电荷相反,并且能在平行方向相互错动。双电层相互错动的现象称为胶体的电动现象。例如,将双电层放在电场中,两个不同的电层会在电场作用下朝相反的方向移动,使双电层发生错动。根据双电层错动的情况,胶体的电动现象可分为电泳、电渗、沉降电位和流动电势。

### 3.10.1 电泳

电泳（electrophoresis）是指在外加直流电源的作用下,胶体颗粒在分散介质里向带有相反电荷的电极移动的现象（图 3-27）。例如,氢氧化铝胶体能吸附正电荷而带正电,三硫化二砷胶体能吸附负电荷而带负电。如果在胶体中通直流电,带正电的氢氧化铝胶体颗粒向阴极迁移,带负电的三硫化二砷胶体颗粒向阳极迁移,这就是所谓的电泳现象。胶体颗粒相对于固定的分散相的运动可借助显微镜或光散射

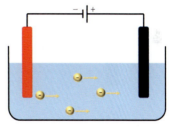

图 3-27 胶体的电泳现象

的方式进行跟踪。通过电泳测量的颗粒的运动状态用电泳迁移率 $u$ 来表示,它被定义为颗粒在大小为 $E$ 的外加电场影响下的移动速度 $v$。影响电泳的因素有带电粒子的大小、电荷数目,分散介质的种类、离子强度、黏度及 pH 值等。

$$u = \frac{v}{E} \tag{3-26}$$

当非导电的胶体颗粒被分散在极稀的电解质溶液中时,胶体颗粒的 Zeta 电位（$\zeta$）可通过休克尔方程获得。

$$u = \frac{2}{3}\frac{\zeta \epsilon_0 \epsilon_r}{\eta} \tag{3-27}$$

式中:$u$ 为通过实验测得的电泳迁移率;$\epsilon_0$ 为真空介电常数;$\epsilon_r$ 为相对介电常数;$\eta$ 为分散介质的黏度。

### 3.10.2 电渗

电渗（electro-osmosis）是指分散介质在外加电场的作用下,通过多孔膜或毛细管定向移动的现象。胶体中分散介质的移动是因为双电层的存在。如图 3-28 所示,根据双电层理论,在外加电场的作用下,与胶体颗粒表面结合不牢

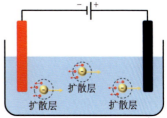

图 3-28 胶体的电渗现象

的扩散层中的离子容易受电场的影响,向带相反电荷的电极移动。当扩散层的离子浓度足够高时,这些离子会带着部分分散介质一同运动,产生电渗流。同时,与胶体颗粒紧密结合的紧密层中的离子随着胶体颗粒一起做电泳运动。如果胶体颗粒带负电,则分散介质中有过量正电荷,电渗流将向负极移动;如果胶体颗粒带正电,则分散介质中有过量负电荷,电渗流将向正极移动。在胶体中加入半透膜时,胶体颗粒的电泳运动被阻止,而分散介质中的电解质离子由于电渗作用穿过半透膜。因此,电渗法应常应用于溶胶的净化、海水的淡化等领域。

### 3.10.3 沉降电势

在 3.6 节中我们介绍过,由于重力场的存在,胶体颗粒在分散介质中会产生沉降现象。当带电的胶体颗粒由于沉淀而相对于溶液移动时,来自溶液的电解质离子流入双电层的下半部分,然后通过双电层的上半部分返回到溶液中。胶体颗粒和电解质离子的对流运动会产生沉降电势(sedimentation potential)。假设:①胶体颗粒是球形的、不导电的、单分散的;②胶体颗粒周围发生层流而非湍流;③胶体溶液足够稀,以至于颗粒间的相互作用可以忽略不计;④表面导电可以忽略不计;⑤胶体颗粒双电层的厚度与其半径相比是很小的,那么,胶体的沉降电势可通过 Smoluchowski 方程求得[46]。

$$E_s = \frac{\epsilon_0 \epsilon_r \zeta g \varphi (\rho_2 - \rho_1)}{\lambda \eta} \tag{3-28}$$

式中:$\epsilon_0$ 为真空介电常数;$\epsilon_r$ 为相对介电常数;$\zeta$ 为胶体的 Zeta 电位;$g$ 为重力加速度;$\varphi$ 为胶体颗粒的体积分数;$\rho_1$ 和 $\rho_2$ 分别为分散介质和胶体颗粒的密度;$\lambda$ 和 $\eta$ 分别为分散介质的体积电导率和黏度。因此,对于一个给定的系统,沉降电势的梯度 $E_s$ 与 Zeta 电位和颗粒体积分数成正比,但与分散介质的体积电导率成反比。

沉降电势有许多实际应用。例如,储油罐的油中常含有水滴,由于油的电导率很小,水滴的沉降会形成很高的沉降电势,甚至达到引发事故的程度。为了杜绝这一安全隐患,常在油中加入有机电解质,增大胶体的电导率,降低沉降电势。

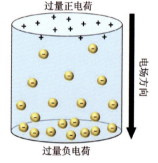

图 3-29 胶体颗粒沉降产生电势梯度

当达到沉降平衡时,胶体中胶体颗粒的浓度分布符合式(3-21),产生一个浓度梯度,即容器底部的胶体颗粒浓度高,而顶部的浓度低。如果胶体颗粒带电且溶液中电解质的浓度低,那么这些分散的胶体颗粒会产生电势差,导致胶体体系在垂直方向上产生电场和电势梯度(图 3-29)[47]。

### 3.10.4 流动电势

流动电势(streaming potential)是指施加机械压力使胶体流体通过多孔膜或者毛细管时,在多孔膜和毛细管两端产生的阻碍流体流动的电位。这是因为管壁会吸附胶体中的某种离子,使固体表面带电荷,因此使管壁和液态的胶体之间产生电荷分布梯度。当外力驱使扩散层流动时,流动相与固体表面会产生电势差。如图 3-30 所示,当管壁吸附阴离子而带负电时,溶液中过剩的阳离子使其带正电。因此,液体在受外力流动时,可以等效视为正电荷从左向右流动,即产生流动电势。

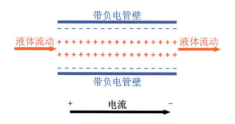

图 3-30　带正电的液体在毛细管中流动产生等效的流动电势

## 3.11　胶体颗粒的结构

胶体颗粒的结构由小到大，可分为胶核、胶粒和胶团。首先，一定量的难溶物分子聚集，形成胶体颗粒的中心，称为胶核。胶核是不带电的，它会选择性吸附稳定剂中的离子和部分反荷离子，形成紧密层。紧密层紧密束缚在胶核周围，并在电泳时随着胶核一起运动，该结构称为胶粒。扩散层组成的双电层，形成一个电中性的结构，称为胶团。

例如，图 3-31 中的 AgI 胶体中，过量的 $AgNO_3$ 作为稳定剂。少量 AgI 分子聚结形成胶核。AgI 胶核会吸附 $AgNO_3$ 稳定剂中的 $Ag^+$ 离子而带正电。同时，由于库仑力作用，部分 $NO_3^-$ 反荷离子会紧密吸附在胶核表面，形成紧密层。这部分胶核与离子构成胶粒。最后，更多的 $NO_3^-$ 反荷离子聚集在 AgI 胶粒周围，与少许 $Ag^+$ 离子构成扩散层。胶粒与扩散层共同组成电中性的 AgI 胶团。该胶团的结构可以表达为

$$[(AgI)_m \cdot nAg^+ \cdot (n-x)NO_3^-]^{x+} \cdot xNO_3^-$$

其中，$(AgI)_m$ 组成胶核。过量的 $Ag^+$ 和 $NO_3^-$ 形成紧密层，束缚在 $(AgI)_m$ 胶核表面，形成 $[(AgI)_m \cdot nAg^+ \cdot (n-x)NO_3^-]^{x+}$ 胶粒。该胶粒带正电，能吸引扩散层中的 $NO_3^-$ 反荷离子，组成 $[(AgI)_m \cdot nAg^+ \cdot (n-x)NO_3^-]^{(x+)} \cdot xNO_3^-$ 胶团。

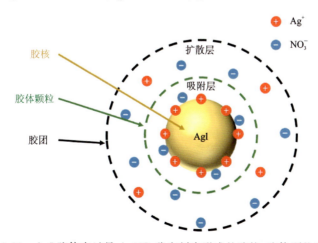

图 3-31　AgI 胶体在过量 $AgNO_3$ 稳定剂中形成的胶核、胶体颗粒和胶团

## 3.12 量子点的制备实例

半导体量子点由于其非凡的光学特性,如窄带发射和可调控的带隙,被广泛用于发光二极管、催化剂、传感器、太阳能电池等领域。当半导体或金属纳米晶体的尺寸小于其玻尔激子直径时,电子的运动被限制在特定的离散能级而不是连续的能带中,电子的行为表现出量子约束效应[48]。因此,它被称为量子点。量子点颗粒的尺寸一般小于10nm。由于强大的量子约束效应,量子点拥有许多独特的光学特性。例如,量子点有更负的导带和更正的价带,增强了光生载流子的氧化还原能力[49]。此外,量子点中光生载流子的寿命也更长[50]。半导体量子点因在光吸收和电荷分离方面的优异性能,在光催化领域也引起了广泛关注[51-52]。

### 3.12.1 CdS 量子点的制备

硫化镉(CdS)量子点因可调控的光吸收范围和高效的电荷分离等优异性能引起了许多学者的研究兴趣,特别是在光催化领域有着广泛的应用[53]。CdS 是 n 型半导体,其带隙约为 2.4eV[54]。例如,Wang 等[55]通过配体交换方法制备了 β-环糊精修饰的 CdS 量子点光催化剂。该光催化剂同时提高了醇类转化为二元醇或醛类的效率及氢进化反应的活性。Stavitskaya 等[56]制造了一种 Ru 掺杂 CdS 量子点/埃洛石纳米管的复合光催化剂,增强了光催化产氢的活性。此外,Wang 等[57]合成了由多种配体修饰的 CdS 量子点,以实现高效和高选择性的光催化 $CO_2$ 还原。

CdS 量子点的合成主要通过两种路径实现,即自上而下的物理法和自下而上的化学法[58]。物理法适用于大规模制造量子点。然而,该方法很难控制所制备的量子点的粒径分布。自下而上的化学法可进一步分为热注射法、超声辅助法、水热法和溶剂热法、连续离子层吸附反应法。

**1. 热注射法**

热注射法(hot injection method)也称为有机金属前体法(organometallic precursor method),是合成 CdS 量子点的主要方法之一[59]。该方法最早由 Murray 等发明[20]。初始阶段的合成分别使用二甲基镉($Me_2Cd$)和双(三甲基硫化硅)[$(TMS)_2S$]作为镉源和硫源,并使用三正辛基膦(tri-n-octylphosphine,TOP)或三正辛基氧化膦(tri-n-octylphosphine oxide,TOPO)作为封盖剂,在290~320℃反应制得。然而,这些试剂相对昂贵,且 $Me_2Cd$ 是一种易挥发的有毒物质。后来,研究人员改用毒性较小的氧化镉(CdO)和单质硫为原料,以油胺(oleylamine,OLA)、油酸(oleic acid,OA)和十八烯(1-octadecene,ODE)为溶剂合成 CdS 量子点[60-61]。其中,单质硫溶解在 OLA 中形成 S-OLA 前驱体。同时,CdO 溶解在 OA 和 ODE 混合溶剂中,并在氮气或氩气的保护下加热到230~260℃,形成 Cd-OA 前驱体。最后将硫-油胺溶液快速注入热的镉-油酸前驱体溶液中,制得 CdS 量子点。Xiang 等[62]利用了类似的方法合成了 CdS 量子点。如图 3-32(a)所示,在三口烧瓶中加入油酸、十八烯和氧化镉,同时在注射器中加入硫的油胺溶液。在流动的氩气保护下升温至110℃并维持20min除去水分,随后升温至230℃。此时,将注射器中的硫粉注入三口烧瓶,并升温至260℃,反应5min,即可制得 CdS 量子点。制得的量子点经过冷却、离心、洗涤后重新分散于正己烷中。

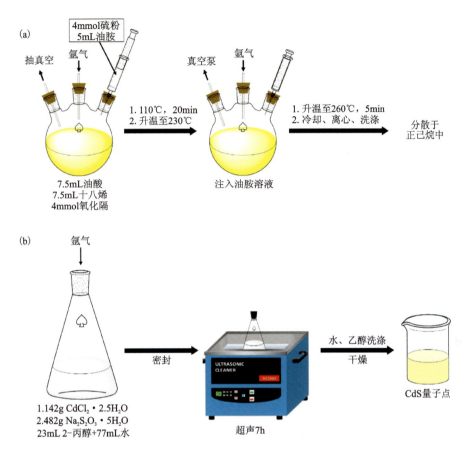

图 3-32 CdS 量子点的合成方式
热注射法制备 CdS 量子点(a)和超声辅助法合成 CdS 量子点(b)

**2. 超声辅助法**

超声辅助法(ultrasonic-assisted method)是一种利用超声波合成量子点的方法。超声波是一种频率高于 20 000Hz 的机械波。当超声波通过液体时,声空化效应导致气泡的形成、增长和破裂。这个过程伴随着温度、压力的瞬间急剧变化[63]。这个条件有利于特定的物理化学过程,如溶解、分解、氧化和还原[64]。例如,Wang 等[65]采用超声还原法在氩气下使用 $Na_2S_2O_3$、$CdCl_2$ 和 $(CH_3)_2CHOH$(2-丙醇)作为原料制备 CdS 量子点。如图 3-32(b)所示,将反应物放入锥形瓶中后,用氩气排出瓶内残留的空气,随后密封瓶口超声 7h,中途用冷却水维持温度稳定,可制得 CdS 量子点。超声处理可以使水分子解离成 ·H 和 ·OH 自由基,它们与 $(CH_3)_2CHOH$ 反应生成 ·$C(CH_3)_2OH$ 自由基。随后,$S_2O_3^{2-}$ 和 ·$C(CH_3)_2OH$ 反应产生 $S^{2-}$,最后 $S^{2-}$ 与 $Cd^{2+}$ 结合形成 CdS 量子点。然而,超声条件下的化学反应是在超快的加热/冷却环境下和不断搅拌的溶液中进行的,所制得的量子点往往结晶性不良,颗度分布也不均匀。

**3. 水热法和溶剂热法**

水热法(hydrothermal method)和溶剂热法(solvothermal method)因其成本低、污染小而被广泛用于制备 CdS 纳米材料[66]。水热或溶剂热反应通常在高温和高压下进行。在这种条件下,一些常温常压下的不溶物变得可溶。如图3-33(a)所示,采用溶剂热法时,将镉盐和过量的含硫有机化合物(如硫脲或硫代乙酰胺)混合在适当的水或有机溶剂中,并将混合物置于密封的容器中加热,进行溶剂热反应。在反应过程中,含硫有机化合物慢慢分解,逐渐释放出$S^{2-}$。镉盐中的$Cd^{2+}$与溶液中的$S^{2-}$结合,形成CdS量子点。过量的$S^{2-}$使$Cd^{2+}$配位饱和,抑制了CdS纳米颗粒的生长。通过这种方法获得的量子点通常具有良好的分散性、高纯度和高结晶度。此外,用该方法制备的量子点的颗粒大小、结晶度、表面化学计量比和封盖试剂都可以通过精确控制反应参数来调整。通过改变Cd与S的前驱体比例,可以制备不同化学计量比的CdS量子点。通过调整反应温度、时间和镉源,可以很好地控制量子点的结构和结晶度。

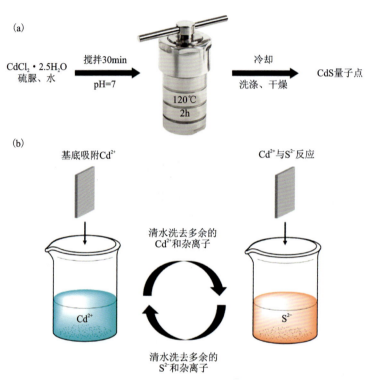

图3-33 CdS量子点的两种制备方法
(a)水热法;(b)连续离子层吸附反应法

除了传统的热传导加热外,也可以用微波加热反应物,即基于高频电磁场和分子偶极矩之间的相互作用产生热量。微波水热法具有快速、均匀、温度梯度小等优点,被广泛用于量子点的水热/溶剂热合成[67]。但这种方法也存在一些缺点。例如,所制备的量子点的粒度分布不如采用有机金属前驱体法制备的均匀。此外,合成过程发生在高温和高压条件下,面临严重的安全问题。因此,与有机金属前驱体方法相比,这种方法的应用不太普遍。

**4. 连续离子层吸附反应法**

连续离子层吸附反应法(successive ionic layer adsorption and reaction)具有简单、易操作、成本低等优点。该方法主要用于半导体上量子点的原位生长。例如,Yu等[68]以$CdCl_2$和$Na_2S$为前驱体合成了CdS量子点敏化的$TiO_2$复合材料,用于光解水产氢。如图3-33(b)所示,先将 TiO$_2$ 基底浸入含有 Cd$^{2+}$ 的水溶液[如 Cd(NO$_3$)$_2$],并用蒸馏水洗净。然后,将表面吸附了 Cd$^{2+}$ 的基底浸入含有 S$^{2-}$ 的溶液(如 Na$_2$S),得到 CdS 量子点。基底的浸泡过程通常伴随着磁力搅拌和超声处理,这可以加速分子的扩散并提高试剂的分散性。量子点的大小和负载量可以通过重复多次浸泡来调整[69-70]。

## 3.12.2 CsPbBr$_3$ 量子点的制备

CsPbBr$_3$ 可形成特殊的量子点,表现出优异的光学特性[71],如强烈的光致发光、宽带吸收,可调整的发射波长和特殊的表面化学特性[72]。CsPbBr$_3$ 卓越的光学和化学特性使它在可见光谱区(410~530nm)的光电和光致发光中有特殊的作用,应用于发光二极管(LEDs)[73-74]、太阳能电池[75-77]、光电探测器[78-79]、激光器[80-81]、显示器[82-83]、纳米成像[84]等领域。CsPbBr$_3$ 量子点有多种制备方法,如热注射法、界面合成法和超声振荡法等。

**1. 热注射法**

热注射法是合成 CsPbBr$_3$ 量子点的常用方法。Xu 等[85]利用热注射法成功合成了单分散的 CsPbBr$_3$ 量子点。如图 3-34(a)所示,首先,将 Cs$_2$CO$_3$ 溶于 6mL 十八烯(ODE)和 0.5mL 油酸(OA)混合溶液中,将溶液在 N$_2$ 中加热至 120℃干燥后,再升温至 150℃形成 Cs-油酸盐,随后冷却至室温析出 Cs-油酸盐沉淀。然后,将 PbBr$_2$ 和 ODE 溶解于油胺(OLA)和 OA 混合溶剂中,在 105℃真空干燥 30min。随后将温度提高至 170℃,并将 Cs-油酸盐迅速注入 PbBr$_2$ 溶液中快速反应 5s,然后放入冰水浴中迅速冷却,制得 CsPbBr$_3$ 量子点。制备的 CsPbBr$_3$ 量子点经过离心纯化后,被重新分散在己烷中。在热注射法中,成核阶段发生在注射之后,而生长阶段则在成核后开始[86]。如果量子点能在成核之后再生长而不是两个步骤同时进行,则可以制备尺寸较均一的纳米晶。高反应温度有利于控制量子点的形状和相纯度。通过调整操作温度,可以获得具有良好单分散性和光学特性的理想的量子点。然而,该法的主要缺点是需要快速注入,随后快速冷却,这不适合大规模合成。另外,为了避免氧化,反应必须在严苛的惰性环境中进行。

2015 年,Song 等[87]通过将硬脂酸铯热注入 PbBr$_2$ 中,制造了高质量的 CsPbBr$_3$ 量子点。合成的 CsPbBr$_3$ 量子点在用于 LED 时显示出强烈的绿光。Shekhirev 等[88]进行了 CsPbBr$_3$ 和 CsPbCl$_3$ 量子点在空气和 N$_2$ 环境中的比较合成。采用热注射法在空气中合成的 CsPbBr$_3$ 量子点与在 N$_2$ 环境下制备的量子点有相似的性能。Zhang 等[89]采用热注射法合成了 CsPbBr$_3$ 量子点,并观察到晶体尺寸随着退火温度的增加而增大,这有利于提高太阳能电池的效率,并极大地提高了稳定性。Van Le 等[90]研究了热注射法的反应温度对 CsPbBr$_3$ 量子点结构特性的影响作用,观察到量子点尺寸随着反应温度的降低而减小。Tan 等[91]用辛基膦酸(OPA)代替 OLA 和 OA 配体,通过热注射法合成了 CsPbBr$_3$ 量子点。OPA 配体由于其强酸解特性,可以在没有胺存在的情况下溶解所有的前驱体。研究者们还发现,在 OA/OLA 环境中制备的 CsPbBr$_3$ 较容易团聚,而以 OPA 为配体制备的 CsPbBr$_3$ 分散性更好。

**2. 界面合成法**

相比于热注射法,界面合成法可在室温下进行,因此更安全、易操作,适用于大规模合成。例如,Wu 等[92]将水溶剂分别和 3 种非极性溶剂(环己烷、甲苯和氯仿)混合形成乳液,用于

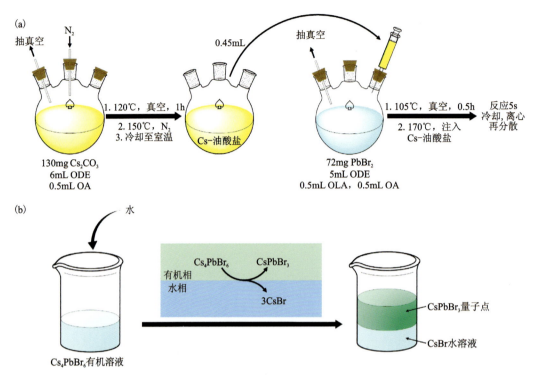

图 3-34 CsPbBr$_3$ 量子点的合成方法
(a)热注射法;(b)界面合成法

CsPbBr$_3$ 量子点的合成。如图 3-34(b)所示,CsPbBr$_3$ 由 Cs$_4$PbBr$_6$ 分解形成,两者都能溶于有机溶剂而不溶于水。同时,Cs$_4$PbBr$_6$ 的另一种分解产物 CsBr 则易溶于水。因此,将 Cs$_4$PbBr$_6$ 的有机溶液与水混合,水相和非极性相之间形成界面,可将在水中溶解度更高的 CsBr 从 Cs$_4$PbBr$_6$ 中剥离出来,同时 Cs$_4$PbBr$_6$ 转变为 CsPbBr$_3$ 胶体。因此,相比于热注射法,该方法制备的 CsPbBr$_3$ 量子点具有更可控的尺寸、形态和优质的发光特性。Zhang 等[93]也直接在水中合成了 CsPbBr$_3$ 量子点。在低温和惰性条件下,在蒸馏水和杜冷丁钠中,通过这种合成方法获得的 CsPbBr$_3$ 量子点显示出 75% 的发光效率。该方法不易控制量子点的形态和尺寸,而且 CsBr 在水中的高溶解度限制了立方 CsPbBr$_3$ 的形成。而在油包水乳液(水相、油相和表面活性剂)中,能产生具有高结晶度的 CsPbBr$_3$ 量子点,并显示出较高的电致发光性能[94]。Yang 等[95]报道了一种使用聚合物凝胶合成 CsPbBr$_3$ 量子点的创新技术。作者通过用紫外光照射含有 CsBr、PbBr 和作为钝化剂的丙烯酰胺单体溶液来制备聚合物凝胶。通过控制过饱和的 Cs$^+$、Pb$^{2+}$ 和 Br$^-$ 从凝胶释放到甲苯中,产生了平均尺寸为 (1.1±0.2)nm 的 CsPbBr$_3$ 量子点。

**3. 超声振荡法**

超声振荡技术的主要优点是量子点的产率高,量子点在超声条件下具有更好的分散性,不容易聚结。基于这个优点,Tien 等[96]使用超声波振荡(40kHz)将 Cs、Pb 和 Br 前驱体混合到甲苯中,产生了未净化的 CsPbBr$_3$ 量子点。随后,将 CsPbBr$_3$ 的沉淀物溶解于正己烷中,然后置于超声波振荡器中以净化 CsPbBr$_3$ 量子点。通过调整超声波的功率和超声时间,可以精确控制量子点的尺寸和光学特性[97]。Tong 等[98]通过单步超声处理获得了 $CsPbBr_3$ 量子点。合成的量子点呈立方结构，尺寸为 10~15nm。超声振荡法工艺简单，如图 3-34 所示，根据化学计量比将 Cs、Pb 和 Br 的前驱体溶液除水后，在甲苯溶液中混合并超声，最后用乙酸乙酯洗涤、离心，并将产物重新分散在己烷中，即制得 $CsPbBr_3$ 量子点。

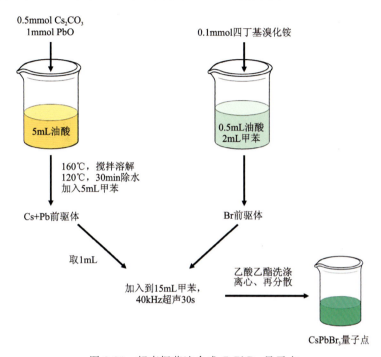

图 3-34　超声振荡法合成 $CsPbBr_3$ 量子点

## 3.13　小结与展望

本章介绍了胶体的定义、种类、形成条件、制备和提纯方法。同时，对胶体的光学性质、运动性质、稳定性、电学性质作出了系统阐述。随后，从微观层面深入分析了胶体的双电层结构，该结构的形成对胶体的表面电荷分布有重要的影响。Zeta 电位作为胶体表面电荷分布情况的重要参数，其物理意义、测量方式被详尽介绍，同时分析了 Zeta 电位对胶体稳定性和电学性质的影响。最后，以 CdS 量子点和 $CsPbBr_3$ 量子点为例，介绍了新型胶体材料的制备方法。

一方面，人们对胶体的认识经历了长时间的发展，胶体化学也已是一门成熟的学科；另一方面，胶体化学与我们的生活息息相关，涉及范围广，因此仍然具有光明的前景和丰富的研究价值。随着科学技术的发展，胶体化学也与其他的领域产生了跨学科的融合，在生物医药、精密仪器、工业生产等多个方面都有重要意义。在农业方面，人们向大气中加入氯化银胶体颗粒进行人工降雨，促进农作物生长。同时，土壤中的黏土和腐殖质也以胶体形式存在，一些生物农药制品也是胶体。在食品方面，豆浆、牛奶，以及一些食品添加剂等都是胶体。在工业生产中，胶体相关的产品包括有色玻璃、塑料、橡胶、染料、油墨等。在医学上，许多处理手段，如血液透析、蛋白质分离等,都涉及胶体的纯化技术。此外,药物的靶向治疗也涉及胶体的运动。综上所述,胶体化学的重要性不言而喻。

此外,胶体在科学研究中有重要意义,特别是对物质表界面性质的探究和纳米材料性质的研究。例如,纳米材料由于其高比表面积和可以调控的表面基团,在异相催化领域有广泛应用。催化活性位点的设计、催化剂在不同反应中的应用,以及催化反应中构效关系的研究,都是当今化学与材料科学学科的研究热点。另外,胶体的物理化学性质也具有重要研究价值。如本章提到的量子点,在光催化、激光、荧光等领域都有应用。如何精确调控量子点的尺寸,制备单分散、高纯度和高稳定性的量子点,仍然需要大量研究。胶体化学作为化学的分支,也融合了物理、光学、电学、材料科学等重要学科,将长久为人类科学技术的发展作出杰出贡献。

# 参考文献

[1] PARISI G. Brownian motion[J]. Nature,2005(433):221.

[2] KIM K,BYUN K,KWAK H. Temperature and pressure fields due to collapsing bubble under ultrasound[J]. Chemical Engineering Journal,2007,132(1-3):125-135.

[3] SATO H,SANO M. Characteristics of ultrasonic dispersion of carbon nanotubes aided by antifoam[J]. Colloids and Surfaces A:Physicochemical and Engineering Aspects,2008,322(1-3):103-107.

[4] LEE Y -K,YOON Y R,RHEE H K. Preparation of colloidal silica using peptization method[J]. Colloids and Surfaces A:Physicochemical and Engineering Aspects,2000,173(1-3):109-116.

[5] LI Y,JIANG P,XIANG W,et al. A novel inorganic precipitation-peptization method for $VO_2$ sol and $VO_2$ nanoparticles preparation:synthesis, characterization and mechanism[J]. Journal of Colloid and Interface Science,2016(462):42-47.

[6] YAE S,TSUDA R,KAI T,et al. Efficient photoelectrochemical solar cells equipped with an n-Si electrode modified with colloidal platinum particles[J]. Journal of the Electrochemical Society,1994,141(11):3090-3095.

[7] MUCALO M R,COONEY R P,METSON J B. Platinum and palladium hydrosols:characterisation by X-ray photoelectron spectroscopy and transmission electron microscopy[J]. Colloids and Surfaces,1991(60):175-197.

[8] MAPLES R D,HILBURN M E,MURDIANTI B S,et al. Optimized solvent-exchange synthesis method for $C_{60}$ colloidal dispersions[J]. Journal of Colloid and Interface Science,2012,370(1):27-31.

[9] NIKOUBASHMAN A,LEE V E,SOSA C,et al. Directed assembly of soft colloids through rapid solvent exchange[J]. ACS Nano,2016,10(1):1425-1433.

[10] ZHONG Q,MATIJEVIC E. Preparation of uniform zinc oxide colloids by

controlled double-jet precipitation[J]. Journal of Materials Chemistry,1996,6(3):443-447.

[11] ESUMI K,TANO T,TORIGOE K,et al. Preparation and characterization of bimetallic Pd-Cu colloids by thermal decomposition of their acetate compounds in organic solvents[J]. Chemistry of Materials,1990,2(5):564-567.

[12] 王海棠,时清亮,汪小伟,等. 硼砂作稳定剂时胶体$Sb_2O_5$制备条件的优化[J]. 应用化学,2003(5):496-498.

[13] KIM K Y,CHOI Y T,SEO D J,et al. Preparation of silver colloid and enhancement of dispersion stability in organic solvent[J]. Materials Chemistry and Physics,2004,88(2-3):377-382.

[14] AL-KATTAN A,DUFOUR P,Drouet C. Purification of biomimetic apatite-based hybrid colloids intended for biomedical applications:a dialysis study[J]. Colloids and Surfaces B:Biointerfaces,2011,82(2):378-384.

[15] TANG X,YANG Z,WANG W. A simple way of preparing high-concentration and high-purity nano copper colloid for conductive ink in inkjet printing technology[J]. Colloids and Surfaces A:Physicochemical and Engineering Aspects,2010(360):99-104.

[16] ALELE N,STREUBEL R,GAMRAD L,et al. Ultrafiltration membrane-based purification of bioconjugated gold nanoparticle dispersions[J]. Separation and Purification Technology,2016(157):120-130.

[17] KUANG Y,SONG S,LIU X,et al. Solvent switching and purification of colloidal nanoparticles through water/oil interfaces within a density gradient[J]. Nano Research,2014(7):1670-1679.

[18] MEDICI S,PEANA M,CORADDUZZA D,et al. Gold nanoparticles and cancer:detection,diagnosis and therapy[J]. Seminars in Cancer Biology,2021(76):27-37.

[19] ZHANG L,ZHANG J,YU H,et al. Emerging S-scheme photocatalyst[J]. Advanced Materials,2022,34(11):2107668.

[20] MURRAY C B,NORRIS D J,BAWENDI M G. Synthesis and characterization of nearly monodisperse CdE(E=sulfur,selenium,tellurium)semiconductor nanocrystallites[J]. Journal of the American Chemical Society,1993,115(19):8706-8715.

[21] XU K,ZHOU W,NING Z. Integrated structure and device engineering for high performance and scalable quantum dot infrared photodetectors[J]. Small,2020,16(47):2003397.

[22] PIAZZA R,BUZZACCARO S,SECCHI E. The unbearable heaviness of colloids:facts,surprises,and puzzles in sedimentation[J]. Journal of Physics:Condensed Matter,2012(24):284109.

[23] GRUNDMANN R,MEYER H. The significance of colloid osmotic pressure measurement after crystalloid and colloid infusions[J]. Intensive Care Medicine,1982(8):179-186.

[24] ASHKIN A. Acceleration and trapping of particles by radiation pressure[J]. Physical Review Letters,1970(24):156-159.

[25] GRIER D G. Optical tweezers in colloid and interface science[J]. Current Opinion in Colloid & Interface Science,1997,2(3):264-270.

[26] CHHABRA R, BASAVARAJ M G. Colloidal Dispersions[M]//Coulson and richardsons' chemical engineering. The Netherlands:Elsevier Science B. V. ,2019.

[27] ELBASUNEY S. Steric stabilization of colloidal aluminium particles for advanced metalized-liquid rocket propulsion systems[J]. Combustion, Explosion, and Shock Waves, 2019(55):353-360.

[28] ASAKURA S,OOSAWA F. On Interaction between two bodies immersed in a solution of macromolecules[J]. The Journal of Chemical Physics, 1954,22(7):1255-1256.

[29] ASAKURA S,OOSAWA F. Interaction between particles suspended in solutions of macromolecules[J]. The Journal of Chemical Physics,1958,33(126):183-192.

[30] 郑忠,胶体分散体系的空缺稳定理论[J]. 大学化学,1988(4):12-15.

[31] FEIGIN R I, NAPPER D H. Depletion stabilization and depletion flocculation[J]. Journal of Colloid and Interface Science,1980,75(2):525-541.

[32] SEMENOV A N, SHVETS A A. Theory of colloid depletion stabilization by unattached and adsorbed polymers[J]. Soft Matter,2015(11):8863-8878.

[33] CHU X L,NIKOLOV A D,WASAN D T. Effects of particle size and polydispersity on the depletion and structural forces in colloidal dispersions[J]. Langmuir,1996,12(21):5004-5010.

[34] KOSMULSKI M. The pH-dependent surface charging and the points of zero charge[J]. Journal of Colloid and Interface Science,2002,253(1):77-87.

[35] KOSMULSKI M. pH-dependent surface charging and points of zero charge Ⅱ. Update[J]. Journal of Colloid and Interface Science,2004,275(1):214-224.

[36] KOSMULSKI M. pH-dependent surface charging and points of zero charge:Ⅲ. Update[J]. Journal of Colloid and Interface Science,2006,298(2):730-741.

[37] KOSMULSKI M. pH-dependent surface charging and points of zero charge. Ⅳ. Update and new approach[J]. Journal of Colloid and Interface Science, 2009, 337 (2): 439-448.

[38] ZHU B, XIA P, HO W, et al. Isoelectric point and adsorption activity of porous $g\text{-}C_3N_4$[J]. Applied Surface Science,2015(344):188-195.

[39] OHSHIMA H, HEALY T W, WHITE L R, et al. Sedimentation velocity and potential in a dilute suspension of charged spherical colloidal particles[J]. Journal of the Chemical Society,Faraday Transactions 2:Molecular and Chemical Physics,1984(80):1299.

[40] KEH H J, DING J M. Sedimentation velocity and potential in concentrated suspensions of charged spheres with arbitrary double-layer thickness[J]. Journal of Colloid

and Interface Science,2000,227(2):540-552.

[41] LEVINE S,MARRIOTT J R,ROBINSON K. Theory of electrokinetic flow in a narrow parallel-plate channel[J]. Journal of the Chemical Society,Faraday Transactions 2: Molecular and Chemical Physics,1975(71):1.

[42] BOOTH F. Sedimentation potential and velocity of solid spherical particles[J]. Journal of Chemical Physics,1954,22(12):1956-1968.

[43] RUIZ-REINA E,CARRIQUE F,RUBIO-HERNÁNDEZ F J,et al. Electroviscous effect of moderately concentrated colloidal suspensions[J]. The Journal of Physical Chemistry B, 2003(107):9528-9534.

[44] RUSSEL W B. The rheology of suspensions of charged rigid spheres[J]. Journal of Fluid Mechanics,1978,85(2):209-232.

[45] QUEMADA D,BERLI C. Energy of interaction in colloids and its implications in rheological modeling[J]. Advances in Colloid and Interface Science,2002,98(1):51-85.

[46] MARLOW B J,ROWELL R L. Sedimentation potential in aqueous electrolytes[J]. Langmuir,1985(1):83-90.

[47] TÉLLEZ G,BIBEN T. Equilibrium sedimentation profiles of charged colloidal suspensions[J]. The European Physical Journal E,2000(2):137-143.

[48] GARCÍA DE ARQUER F P,TALAPIN D V,KLIMOV V I,et al. Semiconductor quantum dots:technological progress and future challenges[J]. Science,2021(373):eaaz8541.

[49] WANG J,LI Z,LI X,et al. Photocatalytic hydrogen evolution from glycerol and water over nickel-hybrid cadmium sulfide quantum dots under visible-light irradiation[J]. ChemSusChem,2014,7(5):1468-1475.

[50] GAO R,CHENG B,FAN J,et al. $Zn_xCd_{1-x}S$ quantum dot with enhanced photocatalytic $H_2$-production performance[J]. Chinese Journal of Catalysis,2021,42(1):15-24.

[51] NING Z,FAN X,LI X,et al. Visible light catalysis-assisted assembly of $Ni_h$-QD hollow nanospheres in situ via hydrogen bubbles[J]. Journal of the American Chemical Society,2014,136(23):8261-8268.

[52] SU D,RAN J,ZHUANG Z,et al. Atomically dispersed Ni in cadmium-zinc sulfide quantum dots for high-performance visible-light photocatalytic hydrogen production[J]. Science Advances,2020(6):eaaz8447.

[53] XU Y,HUANG Y,ZHANG B. Rational design of semiconductor-based photocatalysts for advanced photocatalytic hydrogen production:the case of cadmium chalcogenides[J]. Inorganic Chemistry Frontiers,2016(3):591-615.

[54] BIE C,FU J,CHENG B,et al. Ultrathin CdS nanosheets with tunable thickness and efficient photocatalytic hydrogen generation[J]. Applied Surface Science,2018(462):

606-614.

[55] WANG J,FENG Y,ZHANG M,et al. β-cyclodextrin decorated CdS nanocrystals boosting the photocatalytic conversion of alcohols[J]. CCS Chemistry,2020,2(3):81-88.

[56] STAVITSKAYA A V,KOZLOVA E A,YU A,et al. Ru/CdS quantum dots templated on clay nanotubes as visible-light-active photocatalysts:optimization of S/Cd ratio and Ru content[J]. Chemistry—A European Journal,2020,26(57):13085-13092.

[57] WANG H,HU R,LEI Y,et al. Highly efficient and selective photocatalytic $CO_2$ reduction based on water-soluble CdS QDs modified by the mixed ligands in one pot[J]. Catalysis Science & Technology,2020,(10):2821-2829.

[58] XIANG X,WANG L,ZHANG J,et al. Cadmium chalcogenide(CdS,CdSe,CdTe) quantum dots for solar-to-fuel conversion[J]. Advanced Photonics Research,2022,3(11):2200065.

[59] YIN Y,ALIVISATOS A P. Colloidal nanocrystal synthesis and the organic-inorganic interface[J]. Nature,2005(437):664-670.

[60] YU W W,PENG X. Formation of high-quality cds and other Ⅱ-Ⅵ semiconductor nanocrystals in noncoordinating solvents:tunable reactivity of monomers[J]. Angewandte Chemie International Edition,2002,41(13):2368-2371.

[61] FANG Z,WANG Y,SONG J,et al. Immobilizing CdS quantum dots and dendritic Pt nanocrystals on thiolated graphene nanosheets toward highly efficient photocatalytic $H_2$ evolution[J]. Nanoscale,2013(5):9830-9838.

[62] XIANG X,ZHU B,ZHANG J,et al. Photocatalytic $H_2$-production and benzyl-alcohol-oxidation mechanism over CdS using $Co^{2+}$ as hole cocatalyst[J]. Applied Catalysis B:Environmental,2023(324):122301.

[63] SUSLICK K S,CHOE S B,CICHOWLAS A A,et al. Sonochemical synthesis of amorphous iron[J]. Nature,1991(353):414-416.

[64] SUSLICK K S, HAMMERTON D A, CLINE R E. Sonochemical hot spot[J]. Journal of the American Chemical Society,1986(108):5641-5642.

[65] WANG G,WANG Y,CHEN W,et al. A facile synthesis route to CdS nanocrystals at room temperature[J]. Materials Letters,2001,48(5):269-272.

[66] CHENG L,XIANG Q,LIAO Y,et al. CdS-based photocatalysts[J]. Energy & Environmental Science,2018(11):1362-1391.

[67] ZHU J,PALCHIK O,CHEN S,et al. Microwave assisted preparation of CdSe, PbSe, and $Cu_{2-x}Se$ nanoparticles[J]. The Journal of Physical Chemistry B,2000,104(31):7344-7347.

[68] YU J,GONG C,WU Z,et al. Efficient visible light-induced photoelectrocatalytic hydrogen production using CdS sensitized $TiO_2$ nanorods on $TiO_2$ nanotube arrays[J]. Journal of Materials Chemistry A,2015(3):22218-22226.

[69] CHEN Y, TIAN G, ZHOU W, et al. Enhanced photogenerated carrier separation in CdS quantum dot sensitized $ZnFe_2O_4/ZnIn_2S_4$ nanosheet stereoscopic films for exceptional visible light photocatalytic $H_2$ evolution performance[J]. Nanoscale, 2017(9): 5912-5921.

[70] ZHU Y, WANG Y, CHEN Z, et al. Visible light induced photocatalysis on CdS quantum dots decorated $TiO_2$ nanotube arrays[J]. Applied Catalysis A: General, 2015(498): 159-166.

[71] HEIDRICH K, KÜNZEL H, TREUSCH J. Optical properties and electronic structure of $CsPbCl_3$ and $CsPbBr_3$[J]. Solid State Communication, 1978, 25(11): 887-889.

[72] CHEN K, JIN W, ZHANG Y, et al. High efficiency mesoscopic solar cells using $CsPbI_3$ perovskite quantum dots enabled by chemical interface engineering[J]. Journal of the American Chemical Society, 2020(142): 3775-3783.

[73] LUO D, CHEN Q, QIU Y, et al. Device engineering for all-inorganic perovskite light-emitting diodes[J]. Nanomaterials, 2019, 9(7): 1007.

[74] DU X, WU G, CHENG J, et al. High-quality $CsPbBr_3$ perovskite nanocrystals for quantum dot light-emitting diodes[J]. RSC Advances, 2017(7): 10391-10396.

[75] LUO P, XIA W, ZHOU S, et al. Solvent Engineering for ambient-air-processed, phase-stable $CsPbI_3$ in perovskite solar cells[J]. The Journal of Physical Chemistry Letters, 2016, 7(18): 3603-3608.

[76] KULBAK M, GUPTA S, KEDEM N, et al. Cesium enhances long-term stability of lead bromide perovskite-based solar cells[J]. The Journal of Physical Chemistry Letters, 2016, 7(1): 167-172.

[77] EPERON G E, PATERNÒ G M, SUTTON R J, et al. Inorganic caesium lead iodide perovskite solar cells[J]. Journal of Materials Chemistry A, 2015(3): 19688-19695.

[78] RAMASAMY P, LIM D, KIM B, et al. All-inorganic cesium lead halide perovskite nanocrystals for photodetector applications[J]. Chemical Communications, 2016(52): 2067-2070.

[79] LV L, XU Y, FANG H, et al. Generalized colloidal synthesis of high-quality, two-dimensional cesium lead halide perovskite nanosheets and their applications in photodetectors[J]. Nanoscale, 2016(8): 13589-13596.

[80] YAN D, SHI T, ZANG Z, et al. Stable and low-threshold whispering-gallery-mode lasing from modified $CsPbBr_3$ perovskite quantum dots@$SiO_2$ sphere[J]. Chemical Engineering Journal, 2020(401): 126066.

[81] SHANG Q, LI M, ZHAO L, et al. Role of the exciton-polariton in a continuous-wave optically pumped $CsPbBr_3$ perovskite laser[J]. Nano letters, 2020(20): 6636-6643.

[82] WANG C, SU Y, SHIH T, et al. Achieving highly saturated single-color and high color-rendering-index white light-emitting electrochemical cells by $CsPbX_3$ perovskite color conversion layers[J]. Journal of Materials Chemistry C, 2018(6): 12808-12813.

[83] KOVALENKO M V, PROTESESCU L, BODNARCHUK M I. Properties and potential optoelectronic applications of lead halide perovskite nanocrystals[J]. Science, 2017(358):745-750.

[84] CHEN T, HUANG M, YE Z, et al. Blinking CsPbBr$_3$ perovskite nanocrystals for the nanoscopic imaging of electrospun nanofibers[J]. Nano Research, 2021, 14(5):1397-1404.

[85] XU F, MENG K, CHENG B, et al. Unique S-scheme heterojunctions in self-assembled TiO$_2$/CsPbBr$_3$ hybrids for CO$_2$ photoreduction[J]. Nature Communications, 2020(11):4613.

[86] PROTESESCU L, YAKUNIN S, BODNARCHUK M I, et al. Nanocrystals of cesium lead halide perovskites (CsPbX$_3$, X = Cl, Br, and I): novel optoelectronic materials showing bright emission with wide color gamut[J]. Nano Letters, 2015, 15(6):3692-3696.

[87] SONG J, LI J, LI X, et al. Quantum dot light-emitting diodes based on inorganic perovskite cesium lead halides (CsPbX$_3$)[J]. Advanced Materials, 2015(27):7162-7167.

[88] SHEKHIREV M, GOZA J, TEETER J D, et al. Synthesis of cesium lead halide perovskite quantum dots[J]. Journal of Chemical Education, 2017, 94(8):1150-1156.

[89] ZHANG L, HU T, LI J, et al. All-inorganic perovskite solar cells with both high open-circuit voltage and stability[J]. Frontiers in Materials, 2020(6):330.

[90] VAN LE Q, KIM J B, KIM S Y, et al. Structural investigation of cesium lead halide perovskites for high-efficiency quantum dot light-emitting diodes[J]. The Journal of Physical Chemistry Letters, 2017, 8(17):4140-4147.

[91] TAN Y, ZOU Y, WU L, et al. Highly luminescent and stable perovskite nanocrystals with octylphosphonic acid as a ligand for efficient light-emitting diodes[J]. ACS Applied Materials and Interfaces, 2018(10):3784-3792.

[92] WU L, HU H, XU Y, et al. From nonluminescent Cs$_4$PbX$_6$ (X = Cl, Br, I) nanocrystals to highly luminescent CsPbX$_3$ nanocrystals: water-triggered transformation through a CsX-stripping mechanism[J]. Nano Letters, 2017, 17(9):5799-5804.

[93] ZHANG X, GAO L, ZHAO M, et al. Low-temperature direct synthesis of perovskite nanocrystals in water and their application in light-emitting diodes[J]. Nanoscale, 2020(12):6522-6528.

[94] DAI X, ZHANG Z, JIN Y, et al. Solution-processed, high-performance light-emitting diodes based on quantum dots[J]. Nature, 2014(515):96-99.

[95] YANG H, FENG Y, TU Z, et al. Blue emitting CsPbBr$_3$ perovskite quantum dot inks obtained from sustained release tablets[J]. Nano Research, 2019(12):3129-3134.

[96] TIEN C, LEE L, LEE K, et al. High-quality all-inorganic perovskite CsPbBr$_3$ quantum dots emitter prepared by a simple purified method and applications of light-emitting diodes[J]. Energies, 2019, 12(18):3507.

[97] RAO L, DING X, DU X, et al. Ultrasonication-assisted synthesis of CsPbBr$_3$ and Cs$_4$PbBr$_6$ perovskite nanocrystals and their reversible transformation[J]. Beilstein Journal of Nanotechnology, 2019(10):666-676.

[98] TONG Y, BLADT E, AYGÜLER M F, et al. Highly luminescent cesium lead halide perovskite nanocrystals with tunable composition and thickness by ultrasonication[J]. Angewandte Chemie International Edition, 2016, 55(44):13887-13892.

# 第 4 章 一维纳米材料制备方法

一维纳米材料由于其特殊的形态和尺寸效应,具有许多独特的物理、化学和电学特性,近年来成为了纳米科技研究领域的热点。本章将主要介绍一维纳米材料的制备方法,主要包括水热法、溶剂热法、气相法、静电纺丝法和电化学法。

## 4.1 水热法

### 4.1.1 水热法的起源与发展

水热法起源于 1845 年,当时地质学家 K. F. Eschafhaut 模拟自然界成矿作用,以硅酸为原料,在水热条件下成功合成了石英晶体,这一重大发现为材料的合成开辟了一条崭新且有效的途径[1]。随后,地质学家们将水热法应用于地球科学的研究。直至 1900 年,约 80 种矿物被地质学家们采用水热法制得,包括石英、长石、硅灰石等[2]。

1900 年以后,G. W. Morey 和他的同事在华盛顿地球物理实验室开始研究相平衡,并成功建立了水热合成理论[3]。最早的水热合成实验是由美国地质学家 H. L. Wells 在 1902 年完成的,他利用水热法合成了人工矿物锆石(zircon)。此后,人们逐渐认识到水热法的重要性,并开始对这种方法进行深入研究。

随着高压技术和相关设备的发展,20 世纪 20—30 年代,水热法得到了广泛的应用,特别是在矿物学、晶体学和无机化学领域。这些早期的应用主要是指利用水热法合成各种单质和化合物,包括金属氧化物、硅酸盐、硫化物、氰化物等。

随着材料科学、能源科学等领域的快速发展,水热法的应用范围不断扩大。20 世纪 50 年代以后,水热法在有机化学、材料科学、生物医学等领域的应用也逐渐增加。在材料科学领域,采用水热法不仅可以合成单一晶体材料,还可以制备多孔材料、薄膜、纳米材料等各种功能材料。例如,通过水热法可以制备氧化锌、氧化铝等高性能催化剂,也可以制备纳米级碳材料、金属有机骨架材料(MOF)等。在生物医学领域,水热法被用来制备纳米药物、生物传感器等[2,4]。

随着水热法的不断发展,越来越多的水热合成技术不断涌现,如水热溶胶-凝胶法、水热电解法、水热微波法等。这些技术通过改变反应条件、添加表面活性剂等手段,可以有效控制合成产物的形貌、结构和性质,进一步扩大了水热法的应用范围。

水热法的起源与发展如图 4-1 所示。

# 第 4 章 一维纳米材料制备方法

图 4-1 水热法的起源与发展

## 4.1.2 水热法的原理及特点

### 4.1.2.1 水热法的原理

水热法,又称热液法,是液相化学法的一种,以水作为溶剂,在密封的压力容器中通过加热和加压(或自生蒸气压),创造相对高温、高压的反应环境,在这种情况下,一些正常条件下难溶或不溶的物质可以溶解,并通过控制高压釜内溶液的温差产生对流,从而达到饱和状态,促使晶体析出。水在水热条件下既作为溶剂又作为矿化剂,是液态或气态下传递压力的媒介;同时,由于绝大多数反应物在高压下均能部分溶解于水,因而水可以促进反应在液相或气相中进行[1,5]。水热法常用的前驱体为氧化物或氢氧化物,加热时它们的溶解度随温度升高而增大,导致溶液过饱和并逐渐形成更稳定的氧化物新相。在水热过程中,可溶的前驱体或中间产物与稳定氧化物之间的溶解度差是反应过程的驱动力,使得反应向吉布斯焓减小的方向进行。该法使用的温度范围在水的沸点(100℃)和临界点(374℃)之间,但受到反应釜内胆耐热性的制约,通常水热反应的温度在130~250℃,对应的水蒸气的气压为0.3~4MPa[6]。

水热法通常包括以下 4 个过程。

(1)反应物溶解:反应物在高温、高压的环境下溶解在水中,以离子、分子的形式进入水热介质中。

(2)成核:水热介质中的离子或分子在某一平衡态下成核。

(3)扩散:受热对流和离子浓度梯度的驱动,水热介质中的离子、分子将源源不断地向生长区(核所在位置)扩散。

(4)生长:扩散过来的离子或分子不断沉积、吸附到核上,进一步结晶生长。

在水热反应过程中,水的作用可归纳为如下几点:①作为化学组分发生化学反应;②反应和重排的促进剂;③压力传递介质;④溶剂;⑤提高物质的溶解度。

### 4.1.2.2 水热合成材料的形成机理

水热条件下晶体的生长步骤可以概括为以下 3 个。

(1)溶解:反应物在水热介质中溶解,以离子或分子团的形式进入溶液。

(2)输运:由于体系中存在高效的热对流以及生长区和溶解区之间的浓度差,水热介质中的离子、分子或离子团被输运到生长区。

(3)结晶：离子、分子或离子团在生长界面上吸附、分解和脱附，随着吸附物质在界面上的运动，晶体逐渐结晶，最终形成完整的晶面。

在水热条件下，生长的晶体晶面发育完整，晶体的结晶形貌与生长条件密切相关，同种晶体在不同的水热生长条件下可能会呈现不同的结晶形貌。这意味着通过调节水热条件，可以控制晶体的形貌和性质，从而满足不同的应用需求。

水热条件下合成粉体（微晶或纳米晶）通常采用固体粉末或新配制的凝胶作为前驱体，其形成过程如下。

(1)溶解：在水热反应初期，前驱体微粒之间的团聚和联结被破坏，微粒自身在水热介质中溶解，以离子或离子团形式进入溶液。

(2)结晶：溶液内的离子或离子团成核、结晶，形成晶粒。

(3)晶粒聚集生长：水热条件下晶粒的聚集生长分为两种类型，第一类聚集生长和第二类聚集生长。①第一类聚集生长指物料从小尺寸晶粒向大尺寸晶粒输运的重结晶过程；②第二类聚集生长指聚集的小晶粒之间由于暴露的晶面结构相容，在一定条件下定向生长的过程。这两类聚集生长的热力学驱动力都是晶粒平均粒度的增大，从而降低了体系的总表面自由能。

水热生长体系中晶粒的形成机制可归纳为以下3种类型。

(1)均匀溶液饱和析出机制：水热反应温度和体系压力的升高会导致溶质在溶液中的溶解度降低，并达到饱和，从溶液中以某种化合物结晶态形式析出。当使用金属盐溶液作为前驱体时，在水热反应温度升高和体系压力增大的过程中，溶质（如金属阳离子的水合物）通过水解和缩聚反应形成配位聚集体（单聚体或多聚体），当其浓度达到过饱和，就开始析出晶核，并逐渐长大，最终形成晶粒。

(2)溶解-结晶机制：当选用在常温常压下不可溶的固体粉末、凝胶或沉淀作为前驱体时，在水热条件下，"溶解"指的是在水热反应初期，前驱体微粒之间的团聚和联结被破坏，使得微粒自身在水热介质中溶解，以离子或离子团的形式进入溶液，并发生成核、结晶，形成晶粒。"结晶"指的是当水热介质中溶质的浓度高于晶粒成核所需要的过饱和度时，体系内发生晶粒的成核和生长，随着结晶过程的进行，介质中用于结晶的物料浓度会变得低于前驱体的溶解度，这使得前驱体的溶解继续进行。反复循环这个过程，当反应时间足够长时，前驱体将完全溶解，生成相应的晶粒。

(3)原位结晶机制：当选用常温常压下不可溶的固体粉末、凝胶或沉淀作为前驱体时，如果前驱体和晶相的溶解度相差不是很大，或者"溶解-结晶"的动力学速度过慢，那么前驱体可以经过脱去羟基（或脱水）以及通过原子原位重排而转变为结晶态。

### 4.1.2.3 水热法的特点

与其他合成方法相比，水热法具有以下优点[图 4-2(a)][1,7,8]。

(1)产物纯度高：水热法的反应介质是水，可以有效避免其他杂质的干扰，合成得到的产物通常具有较高的纯度。

(2)产物晶化度高：水热法在高温、高压下实现晶体的形成和生长，通过控制反应条件，如温度、压力、反应时间等,得到的晶体材料通常具有更高的晶化度,无须再经过煅烧等步骤将无定形产物转化为结晶态,有利于减少颗粒团聚,可以避免在烧结过程中晶粒长大、混入杂质等问题。

(3)产率高:在高温、高压的水环境下,分子间的碰撞概率更大,反应物质之间的相互作用更强,因此反应物质具有更高的活性,反应速率更快,水热反应可以有效促进反应,提高反应产率。

(4)制备复杂的化合物:水热法可以在水介质中合成多种化合物,包括无机化合物、有机化合物、金属有机框架材料(MOF)等;合成反应始终在密闭的反应釜中进行,通过控制反应釜内的气氛和压力,可以形成合适的氧化还原条件,实现其他手段难以得到的某些物相(特别是亚稳态相和高温不稳定相)的生成和晶化。

(5)调控产物形态和尺寸:水热法可以通过调节反应条件(包括反应温度、压力、处理时间、溶剂的成分、pH值、所用前驱体的种类及浓度等)控制反应速率及产物的形态和尺寸,如颗粒形状、晶体结构、表面性质等,从而使产物具有优异的物理、化学和生物学性能,如高比表面积、高催化活性、高生物相容性等,实现对产物性能的剪裁。

(6)简单易控制:水热法是一种简单、易操作的合成方法,需要的设备和实验条件相对简单,反应条件容易控制,适用于实验室和工业生产。

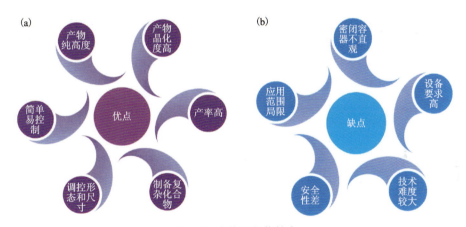

图 4-2　水热法的优缺点

当然,水热法虽然具有上述许多优点,但也存在一些缺点,如图 4-2(b)所示。

(1)密闭容器不直观:由于水热反应在密闭的反应釜中进行,无法直接观察晶体生长和材料合成过程,导致反应过程不够直观,难以实时了解反应进展。

(2)设备要求高:水热法对设备要求较高,需要耐高温、高压的钢材及耐腐蚀的内衬,增加了设备成本和维护难度。

(3)技术难度较大:为了得到理想的产物,需要实现温度、压力等反应条件的严格控制。

(4)安全性差:在加热时,密闭反应釜中流体会因温度升高而膨胀,产生极大的压强,存在较大的安全隐患。

(5)应用范围局限:水热法的应用范围受到一定的限制,比如,晶体的生长要求晶体的溶解度对温度非常敏感;由于使用水作为溶剂,水热法只适用于氧化物功能材料或少数一些对水不敏感的硫化物的制备,不适合制备对水敏感(与水反应、水解、分解或不稳定)的材料,从而限制了其应用。

### 4.1.2.4 水热条件的特点

在水热条件下,物质的化学行为与该条件下的反应介质——水的物理化学性质密切相关,包括蒸气压、热扩散系数、黏度、介电常数、表面张力等,因此,了解水热条件的特点对于实现有效的反应和合成非常重要。

通常,在高温、高压的水热体系中,水的性质主要发生以下变化。

**1. 离子积变高**

化学反应是离子反应或自由基反应,水是离子反应的主要介质。通常,水会电离成 $H^+$ 和 $OH^-$,如式(4-1),其中 $H^+$ 和 $OH^-$ 的浓度积 $K(W)$ 称作水的离子积常数。

$$H_2O \stackrel{\triangle}{\rightleftharpoons} H^+ + OH^- \tag{4-1}$$

如表 4-1 所示,水的离子积随温度的升高和压力的增加而迅速增大。当温度达到 1000℃、压力在 15~20GPa 范围时,水完全解离成 $H^+$ 和 $OH^-$,与熔融盐的性质非常相似。因此,在高温、高压的水热条件下,水的电离常数随着反应温度和压力的升高而增大,从而促进了以水为介质的水解反应或离子反应。即使是在常温、常压下不溶于水的矿物或有机物的反应,当处于水热条件下时,也能诱发离子反应或促进水解反应。

表 4-1 水的离子积常数随温度、压力变化的关系

| 温度/℃ | 25 | 100 | 1000 | 1000 |
|---|---|---|---|---|
| 压力 | 0.1MPa | 0.1MPa | 1GPa | 15~20GPa |
| $K(W)$ | $10^{-14}$ | $10^{-12}$ | $10^{-7.85}$ | 完全解离 |

**2. 黏度降低**

水的黏度随温度的升高而下降。在水热条件下,水溶液的黏度通常比在常温、常压下的黏度低几个数量级,由于扩散速率与溶液的黏度成正比,因此在水热溶液中,分子和离子的活动性大大增加,使得扩散过程更为有效,加快了晶体的生长速率,从而加快了晶体的形成进程[5]。

**3. 介电常数降低**

如表 4-2 所示,在水热条件下,水的介电常数明显降低,这会导致电解质不能有效地分解,而趋向于重新结合,从而对水作为溶剂时的能力和行为产生影响。尽管介电常数降低,水热溶液仍然具有较高的导电性,这主要是因为水热溶液的黏度降低,使得离子迁移加剧,抵消或部分抵消了介电常数降低的影响[5]。

表 4-2 水的介电常数随温度、压力变化的关系

| 温度/℃ | 300 | 300 | 500 | 500 | 25 |
|---|---|---|---|---|---|
| 压力/$10^5$Pa | 1750 | 703 | 1750 | 703 | 环境压力 |
| 介电常数 | 28 | 25 | 12 | 5 | 80 |

### 4. 热扩散系数增大

水热条件下,水的热扩散系数相比常温、常压下有明显的增加(表4-3),表明水热溶液比常温、常压下的水溶液具有更大的对流驱动力[5]。热扩散系数的增大意味着热量在水热溶液中可以更快速地传播,从而促进了水热条件下的对流效应。这种对流效应在水热反应中发挥着重要的作用,帮助物质更均匀地分布和混合,加快反应速率,并有利于晶体生长和物质合成过程。

表4-3 水的扩散系数随温度、压力变化的关系

| 温度/℃ | 350 | 450 | 25 |
|---|---|---|---|
| 压力/$10^5$ Pa | 1750 | 1750 | 环境压力 |
| 扩散系数/$10^{-8}$ $m^2 \cdot s^{-1}$ | 1.2 | 1.9 | 0.25 |

### 5. 蒸气压变高

增加压力可以增加分子间碰撞的机会,从而加快反应速率,促进反应的进行。高压在热力学状态关系中可以起到改变化学平衡方向的作用。通过调节压力,可以使某些反应朝着偏向生成产物的方向进行,从而增大产物的生成量。在水热反应中,随着反应温度的升高,饱和蒸气压也会升高(表4-4),这对晶相转变起着重要的作用,可能影响产物晶核的形成。然而,压力对具体产物晶核形成的影响目前仍需要更深入的研究和探讨。

表4-4 水的温度与饱和蒸气压的关系

| 温度/℃ | 100 | 150 | 200 | 250 | 300 | 350 |
|---|---|---|---|---|---|---|
| 饱和蒸气压/MPa | 0.101 | 0.476 | 1.555 | 3.977 | 8.593 | 16.535 |

### 6. 物质的溶解度发生变化

对于水热条件下物质的溶解度,有的物质存在正温度相关性(溶解度随温度的升高而增大),有的物质存在负温度相关性,有的物质甚至在某一温度范围内存在正温度相关性而在另一温度范围内存在负温度相关性。一般地,在水热反应中加入合适的矿化剂能有效增大物质的溶解度。

## 4.1.3 水热法的分类

水热法是一种常用的合成方法,可以用于制备多种材料,包括无机材料、有机材料和生物材料等。根据不同的条件和要求,水热法可以分为以下几种类型(图4-3)[3,5]。

**1. 按反应体系分类**

(1)水热溶剂热法:在水热溶液中添加一定量的溶剂(如甲醇、乙醇等),通过调节反应溶液的温度、压力和pH值等来合成目标产物。该方法适用于制备大部分无机化合物等材料。

(2)水热气相法:在高温、高压水蒸气的作用下,将气态前驱体(如气态金属有机化合物)引入反应系统,经过气液相转化和水热反应得到目标产物。该方法适用于制备金属氧化物、硫化物等材料。

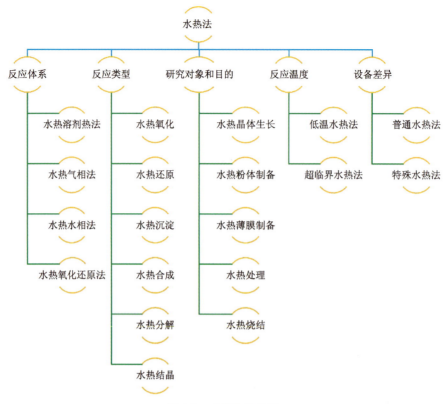

图 4-3 水热法的分类

(3) 水热水相法：在高温、高压条件下，将前驱体溶解或分散于水相中，通过水热反应合成目标产物。该方法适用于制备金属氧化物、硫化物等材料，且可以有效控制材料的形貌和晶体结构。

(4) 水热氧化还原法：在水热条件下，通过氧化还原反应合成目标产物。该方法适用于制备氧化还原材料、合金材料等。

**2. 按反应类型分类**

(1) 水热氧化：以金属单质为前驱体，经水热反应得到金属氧化物。

(2) 水热还原：调控温度和釜内氧气分压，将金属盐、金属氧化物或氢氧化物等还原成超细金属粉末。

(3) 水热沉淀：使某些常温常压下难沉淀的无机化合物在高温、高压下形成新化合物。

(4) 水热合成：通过数种组分在水热条件下直接化合或经中间态发生化合反应，合成二元甚至多元化合物。

(5) 水热分解：化合物在高温、高压的水热条件下分解、结晶，形成新化合物。

(6) 水热结晶：通过溶解再结晶的过程实现晶体生长。首先将反应物在水热介质中溶解，使反应物以离子或分子团的形式进入溶液。反应釜内上下部分的温度差会产生强烈对流现象，将溶液中的离子或分子团输运到低温生长区，形成饱和溶液，进而结晶生成新物质。水热结晶利用了温度梯度引起的对流效应，是水热法中应用最广泛的一种方法。

**3. 按研究对象和目的分类**

根据研究对象和目的，水热法可分为水热晶体生长、水热粉体制备、水热薄膜制备、水热处理、水热烧结等。

(1) 水热晶体生长：在水热条件下，溶液中的物质更容易形成晶体，通过控制温度、压力和溶液成分等条件，可以在水热环境下生长出各种单晶体。这种方法常用于制备无机晶体材料，如金属氧化物、硫化物、硝酸盐等，在材料科学、电子学和光学等领域有着广泛的应用。

(2) 水热粉体制备：在水热条件下，溶液中的物质会发生溶解、扩散、沉淀等反应，最终形成所需的粉体颗粒。该方法适用于制备高性能陶瓷材料、催化剂、吸附剂等。这些粉体材料通常具有较小的颗粒尺寸、较大的比表面积和较好的分散性。

(3) 水热薄膜制备：将基材放置在水热溶液中，利用水热条件下的溶解和沉淀反应，在基材表面形成薄膜，如氧化物薄膜、硫化物薄膜等。该方法广泛应用于光电子器件、传感器、涂层等领域。

(4) 水热处理：在水热条件下，一些有机物会发生水解、氧化、还原等反应，从而转化为所需的产物。水热处理可用来完成某些有机反应，如合成有机化合物等，或处理一些危害人类生存环境的有机废弃物质。这种方法通常具有反应条件温和、产物纯度高等优点。

(5) 水热烧结：通过在水热环境下施加压力和温度，可以促进粉体颗粒之间的扩散和结合，从而形成致密的块体材料。水热烧结通常在较低的温度下进行，能有效降低能耗、抑制材料的晶粒长大，有利于保持材料的微观结构和性能。

**4. 按反应温度分类**

水热法根据反应温度可分为低温水热法和超临界水热法。

(1) 低温水热法：在低温水热法中，反应温度一般在 100～250℃ 之间。这类低温水热合成反应更受人们的青睐。一方面，通过该方法可以得到处于非热力学平衡状态的亚稳态相物质；另一方面，由于反应温度较低，因而更适合工业化生产和实验室操作。

(2) 超临界水热法：超临界水热法是指利用作为反应介质的水在超临界状态下进行合成反应。超临界状态是指水的临界温度为 374℃ 及临界压力为 22.1MPa 以上的特殊条件状态。在超临界水热法中，水具有与标准状态下完全不同的性质，是一种非极性溶剂，能溶解许多有机物，并且可氧化处理有机废弃物。

**5. 按设备差异分类**

根据使用设备的差异，水热法又可以分为普通水热法和特殊水热法。

(1) 普通水热法是指在固定的反应温度和压力下，将反应物溶解在水中，进行化学反应得到目标产物的方法。这是水热法的基本形式，也是最常见的形式。

(2) 特殊水热法是指在水热反应体系中再添加其他作用力场，如直流电场、磁场（采用非铁电材料制作的高压釜）、微波电磁场等制备物质的方法。

## 4.1.4 水热法的设备

高压容器是进行高温、高压水热实验的基本设备，其性能和效果直接影响研究的水平。高压容器的材料需要具备以下特点：机械强度大、耐高温、耐腐蚀和易加工（玻璃、不锈钢、贵重金属内衬)。高压容器的设计要满足以下要求:结构简单、方便开装和清洗、密封严密、确保高压条件下具有安全和可靠性[9]。

高压反应釜是水热反应最常用的设备,常用的反应釜由釜盖、压盖、内衬、底盘、釜体和扳手组成,如图 4-4 所示。在水热实验过程中,只需要将反应溶液转移到内衬中,再将内衬装入釜体,拧紧釜盖,最后放入烘箱或高温炉中进行反应。如要求提供特殊反应环境,如在气氛下进行反应、需要磁力搅拌等,则需要用到多用途的反应釜。

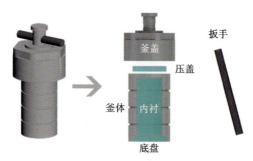

图 4-4 水热法常用的简易反应釜

在反应釜使用过程中,需要注意以下事项。
(1)确保反应釜内衬各部位清洁,以免引入杂质。
(2)明确实验压力、最高使用温度等条件,在反应釜允许的条件范围内使用。
(3)反应釜放入烘箱或高温炉之前,要确保釜盖已完全拧紧。
(4)如需要监控反应过程中的溶液温度,温度计要准确地插入反应溶液中。
(5)反应结束后,须完全冷却后才可打开反应釜盖,且保持釜体竖直。

### 4.1.5 水热法制备一维纳米材料的应用实例

水热法是近年来发展起来的合成一维纳米材料的新方法,成功制备了包括纳米管、纳米棒及纳米线等一维纳米材料,具有很广阔的发展前途。

Cheng 等[10]采用水热法制备了规整的单晶 $PbCrO_4$ 纳米棒。在合成过程中,首先配置浓度为 0.5mol/L 的 $K_2CrO_4$ 和 $Pb(NO_3)_2$ 水溶液作为储备液,再取 0.2mL $K_2CrO_4$ 储备液加入 50mL 去离子水中(pH=3)。然后取 0.2mL $Pb(NO_3)_2$ 储备液迅速注入上述溶液中,并进行磁力搅拌,得到浓度为 2mmol/L 的 $PbCrO_4$ 溶液。继续搅拌 5min 后,将反应液转入高压反应釜,于 150℃下反应 24h,冷却至室温后,用去离子水和无水乙醇清洗数次后于 80℃下干燥 6h,即得到一维的单晶 $PbCrO_4$ 纳米棒。$K_2CrO_4$ 和 $Pb(NO_3)_2$ 反应生成 $PbCrO_4$ 的化学式如下:

$$K_2CrO_4 + Pb(NO_3)_2 \longrightarrow PbCrO_4 \downarrow + 2KNO_3 \qquad (4-2)$$

Yu 等[11]以商业 $TiO_2$(P25)为钛源,采用水热法制备了钛酸盐纳米管。在合成过程中,将 1.5g 商业 $TiO_2$ 粉末与 140mL 浓度为 10mol/L 的 NaOH 水溶液混合后转移至高压反应釜中,于 150℃下反应 48h;水热反应结束后,用浓度为 0.1mol/L 的盐酸溶液和去离子水分别洗涤沉淀至洗涤液 pH 值达到 6.5 左右,最后将清洗后的样品在真空条件下于 80℃干燥 8h,即得到一维钛酸盐纳米管。随后,进一步通过水热法合成一维中空 $TiO_2$ 纳米纤维。将 0.55g

上述钛酸盐纳米管加入80mL水中,将悬浮液转移至高压反应釜中,于200℃下水热反应1~24h后,将得到的样品在真空条件下于80℃干燥8h,即得到一维中空$TiO_2$纳米纤维。

## 4.2 溶剂热法

### 4.2.1 溶剂热法与水热法的区别

溶剂热法是一种基于水热法发展起来的新的材料制备方法,它将水热法中的水替换成有机溶剂,如有机胺、醇、四氯化碳、苯等,利用类似水热法的原理,在液相或超临界条件下,制备一些在水溶液中无法生长、易氧化、易水解或对水敏感的材料,如碳(硅)化物、硼化物、氟化物、Ⅲ~Ⅳ族化合物等。在溶剂热反应中,一种或几种前驱体溶解在非水溶剂中,反应物分散在溶液中并变得比较活泼,通过化学反应缓慢生成产物。该过程相对简单、易于控制,且在密闭体系中能有效防止有毒物质的扩散和制备对空气敏感的前驱体。此外,溶剂热法能控制物相的形成、颗粒的大小和形态,产物的分散性较好。在溶剂热条件下,有机溶剂的性质(包括密度、黏度、分散作用)与通常条件下相差很大,导致反应物(通常是固体)的溶解度、分散难易程度以及化学反应活性大大提高。这使得反应能够在较低的温度下进行[6]。

在溶剂热反应中,非水溶剂不仅充当媒介传递压力和矿化剂,还可作为一种化学组分直接参与反应。溶剂提供反应场所,使反应物溶解或部分溶解,生成溶剂合物。溶剂化过程会影响化学反应速率。在合成体系中,溶剂会影响反应物活性物种在液相中的浓度、解离程度、聚合态分布和传输能力等,从而改变反应过程和反应路线。对于同一个反应,若选用不同的溶剂,可能得到不同的目标产物,或目标产物的颗粒大小、相貌不同,同时,溶剂也能影响颗粒的分散性。例如,若以具有还原性的甲醇、乙醇等为溶剂,它们不仅可以充当溶剂,同时还可以作为还原剂参与反应。

在选择溶剂时,应遵循以下原则。

(1)选择具有较低临界温度的溶剂,其黏度较低,可以加快离子扩散速度,有利于反应物的溶解和产物的结晶。

(2)所选的溶剂应有利于产物从反应介质中结晶。

(3)保证溶剂不会与反应物发生反应,即反应物在所选的溶剂中不会发生分解。

(4)若需要溶剂参与反应,在选择溶剂时,应考虑溶剂的反应性能,如还原能力等。

一般认为,溶剂热法可分为以下6类。

(1)溶剂热沉淀:某些无机化合物在常温、常压条件下很难形成沉淀,而在高温、高压条件下却比较容易形成新的固体沉淀。

(2)溶剂热合成:通过改变反应参数,使两种及两种以上的化合物反应并生成新化合物。

(3)溶剂热氧化:溶剂热条件下有机溶剂与金属或其合金直接发生氧化反应而形成新的金属氧化物。

(4)溶剂热还原:通过调控溶剂热的温度和反应釜内的氧气分压,可将金属盐、金属氧化物或氢氧化物等还原成超细金属粉末。

(5)溶剂热分解:某些可分解化合物在高温、高压条件下分解形成新的化合物,甚至可进一步分解而得到纯相的化合物颗粒。

(6)溶剂热结晶:溶剂热条件可使某些非晶态化合物脱水结晶,如水合 $TiO_2$ 在高温、高压条件下失水形成锐钛矿型或金红石型粉末。

溶剂热法的特点主要体现在以下几个方面。

(1)通过溶剂热法合成纳米粉末时,由于有机溶剂的表面张力比水的表面张力小(表 4-5),因而可以降低固体颗粒表面羟基的数量,抑制纳米颗粒的团聚,这是其他湿化学法,如水热法、共沉淀法、溶胶-凝胶法、水解法、微乳液法、自组装法等所无法比拟的。

表 4-5 常用有机溶剂及水的表面张力

| 溶剂 | 水 | 乙二醇 | 丙二醇 | 邻二甲苯 | 甲苯 | 醋酸丁酯 | 正丁醇 | 甲醇 | 正辛烷 | 正己烷 |
|---|---|---|---|---|---|---|---|---|---|---|
| 表面张力/$(mN \cdot m^{-1})$ | 72.7 | 48.4 | 36.0 | 30.0 | 28.4 | 25.2 | 24.6 | 23.6 | 21.8 | 18.4 |

(2)在有机溶剂中进行反应能有效抑制产物的水解和氧化,有利于制备高纯度的产物。

(3)非水溶剂的使用扩大了溶剂热法所用原料的选择范围,如氟化物、氮化物、硫属化物等,均可作为溶剂热反应的原料;同时,非水溶剂在亚临界或超临界状态下独特的物理化学性质极大地丰富了所能制备的目标产物的种类。

(4)由于有机溶剂沸点较低,在同样的条件下,采用溶剂热法可以获得比水热条件下更高的气压,有利于产物的结晶。

(5)由于反应温度较低,有助于保留反应物中的结构单元,使结构单元在反应过程中不被破坏;同时,有机溶剂中的官能团与反应物或产物发生作用,可能生成在催化和储能方面有潜在应用的新型材料。

(6)非水溶剂的种类繁多,其本身的特性,如极性与非极性、配位络合作用、热稳定性等,为从反应热力学和动力学角度认识化学反应的实质与晶体生长的特性提供了研究线索。

## 4.2.2 溶剂热法制备一维纳米材料的应用实例

与水热法类似,溶剂热法也是合成一维纳米材料的常用方法,如合成纳米管、纳米棒、纳米线、纳米纤维等一维纳米材料。

He 等[12]采用溶剂热法合成了 CdS 一维纳米棒,称取 1.14g 氯化镉水合物($CdCl_2 \cdot 2.5H_2O$)和 2.28g 硫脲($NH_2CSNH_2$),将二者溶解于 40mL 乙二胺溶液中,搅拌 15min 后形成均一的溶液;再将该溶液转移至高压反应釜中,于 140℃下反应 36h;溶剂热反应结束后,将得到的沉淀用去离子水和无水乙醇洗涤 6 次,再将产物于 60℃下干燥 12h,即得到 CdS 纳米棒。

随后,将 CdS 纳米棒加入含有 40mL 水和 10mL 甲醇的混合溶液中,超声 30min 形成均匀悬浮液,再滴入 2.4mL 浓度为 20mg/mL 的 $AgNO_3$ 溶液,将悬浮液在氙灯下照射 1h 后,最后通过真空干燥得到二元 $CdS/Ag_2S$ 复合纳米材料。此外,还可以以 CdS 纳米棒为基底,通过水热法制备二元 CdS/NiS 复合纳米材料。将 0.12g 硫代乙酰胺加入 20mL 水中,搅拌至溶解后再加入 0.035mmol 六水合氯化镍($NiCl_2 \cdot 6H_2O$);搅拌至形成均匀溶液后,加入 0.1g 镉粉超声 30min 后将悬浮液转移到高压反应釜中,于 120℃下反应 20h;水热反应结束后,将得到的沉淀用去离子水和无水乙醇洗涤后于 60℃下干燥 12h,即得到 CdS/NiS 复合纳米材料。

采用水热法还可以进一步合成三元 CdS/Ag$_2$S/NiS 复合纳米材料,将上述制备好的二元 CdS/Ag$_2$S 复合纳米材料分散到 20mL 含有 0.12g 硫代乙酰胺和 0.035mmol 六水合氯化镍的水溶液中;将得到的悬浮液转移到高压反应釜中,于 120℃下反应 20h,将得到的沉淀洗涤干燥,即得到三元 CdS/Ag$_2$S/NiS 复合纳米材料,其合成过程如图 4-5 所示。从场发射扫描电子显微镜(FESEM)图像中可以看出[图 4-6(a)—(c)],纯 CdS 纳米棒表面光滑,直径约为 40nm;负载 Ag$_2$S、NiS 纳米颗粒后,纳米棒表面变得粗糙,纳米颗粒分布较均匀。透射电子显微镜(TEM)图像进一步证实了 CdS 纳米棒表面沉积了 Ag$_2$S 和 NiS 纳米颗粒[4-6(d)、(e)]。制备得到的纯 CdS 纳米棒、复合材料 CdS/Ag$_2$S、CdS/NiS 及 CdS/Ag$_2$S/NiS 的 X 射线衍射峰均与标准卡片的峰相对应,如图 4-6(f)所示。

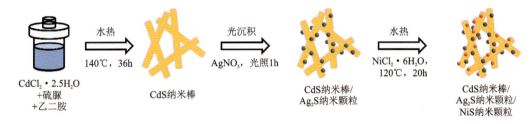

图 4-5　CdS/Ag$_2$S/NiS 复合纳米棒合成示意图

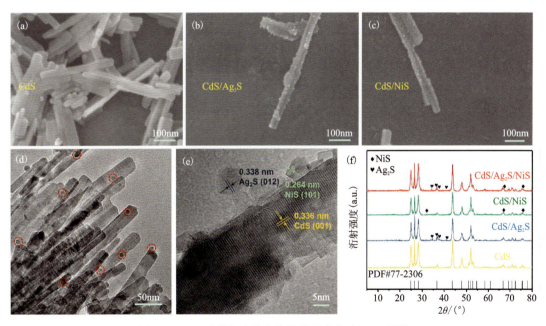

图 4-6　CdS 及其复合纳米棒的微观形貌及 XRD 图谱

(a)—(c)纯 CdS、CdS/Ag$_2$S 及 CdS/NiS 的 FESEM 图像;(d)、(e)CdS/Ag$_2$S/NiS 复合材料的 TEM 图像及 HRTEM 图像;(f)各样品的 XRD 图谱[12]

## 4.3 气相法

气相法是直接以气体为原料或者通过各种手段将原料转化为气体,使之在气体状态下发生物理或化学反应,最后在冷却过程中凝聚长大形成纳米微粒的方法,是制备一维纳米材料常用的方法之一[13]。由于气体没有表面张力,与溶液法相比,气相法制备纳米材料可以有效避免纳米颗粒团聚的问题,且在制备过程中可以控制纳米材料的晶相、晶面、晶粒大小及微观结构等,因此,该方法制备的纳米材料具有纯度高、晶体结构优和可控性好等优点,被广泛应用于材料科学、能源、催化和生物医学等领域[14]。

### 4.3.1 气相法的分类

如图 4-7 所示,气相法按照反应方式的不同可以分为以下几类。

图 4-7 气相法的分类

#### 4.3.1.1 沉积类气相法

沉积类气相法是指通过沉积方式在基底表面制备纳米材料的气相法,是最早的制备纳米材料的气相法之一。该方法主要包括化学气相沉积法(chemical vapor deposition,CVD)、物理气相沉积法(physical vapor deposition,PVD)和原子层沉积法(atomic layer deposition,ALD)。

**1. 化学气相沉积法**

化学气相沉积法是一种利用气相化学反应在基底表面形成纳米材料的方法。在化学反应中,气态前驱体在高温和高压下发生化学反应,生成固态产物并沉积在基板表面。

**2. 物理气相沉积法**

物理气相沉积法是一种通过物理方式在基底表面沉积形成薄膜的方法。在物理气相沉积中,前驱体被加热,在高温下发生汽化并进入气相环境中。之后,气态前驱体被加速并击打基底表面,形成薄膜。

**3. 原子层沉积法**

原子层沉积法是一种通过原子沉积在基底表面形成薄膜的方法。在原子层沉积过程中,前驱体和氧化剂交替进入反应室,每次只沉积一层原子,逐渐形成薄膜。该方法可以制备具有高纯度、尺寸和晶体结构可控的纳米材料。

#### 4.3.1.2 凝聚类气相法

凝聚类气相法是指通过前驱体在惰性气体中凝聚或汽化形成纳米颗粒的方法。该方法主要包括化学气相凝聚法(chemical vapor condensation,CVC)和热蒸发法(thermal evaporation,TE)。

**1. 化学气相凝聚法**

化学气相凝聚法是一种通过气态前驱体在惰性气体中凝聚形成纳米颗粒的方法。

**2. 热蒸发法**

热蒸发法是一种通过加热固态前驱体使其汽化,在惰性气体中形成纳米颗粒的方法。

#### 4.3.1.3 反应类气相法

反应类气相法是指通过化学反应在气态环境中制备纳米材料的方法。该方法主要包括气相爆轰法(gas-phase explosion,GPE)、气相硅烷还原法(gas-phase silane reduction,GSR)和气相氧化法(gas-phase oxidation,GO)等。

**1. 气相爆轰法**

气相爆轰法是一种通过气相爆轰反应使气态前驱体分解并形成纳米颗粒的方法。

**2. 气相硅烷还原法**

气相硅烷还原法是一种通过硅烷在气态环境中还原金属盐形成纳米颗粒的方法。

**3. 气相氧化法**

气相氧化法是一种通过气相反应使气态前驱体氧化并形成纳米颗粒的方法。

### 4.3.2 气相法的原理与特点

无论上述哪一种气相合成方法,制备的纳米材料都涉及粒子成核、粒子生长和粒子凝聚等一系列粒子生长的基本过程[13]。

**1. 粒子成核**

利用气相反应制备纳米材料的关键在于前驱体是否能在气相中自发成核。在气相条件下,有两种不同的成核方式:一种是直接在气相中生成固相核;另一种是先在气相中生成液滴核,然后再从中结晶。

**2. 粒子生长**

无论在气相合成体系中以何种形式成核,一旦成核,晶核就会迅速碰撞长大形成初生粒子,因此气相合成中粒径的控制非常重要。粒径一般可通过反应条件,如原料源的浓度和反应时间加以控制。

**3. 粒子凝聚**

粒子形成初生粒子之后会在布朗运动的作用下相互碰撞凝聚,粒子的碰撞速率对粒子的凝聚产生直接影响。另外,由于碰撞凝聚,粒子的黏度对其生长也有影响。总之,粒子经初期生长后,经碰撞凝聚,粒子粒径随着滞留时间的延长均衡增大。

气相法制备纳米材料具有以下技术特点[15]。

(1)尺寸可控性高:气相法可以通过调节反应条件和前驱体浓度来控制纳米颗粒的尺寸。

(2)晶体结构良好:由于气体没有表面张力,采用气相法制备纳米材料可以有效避免颗粒团聚的问题,同时高温高压的生长环境可以保证样品的结晶度,因而制备出的纳米材料具有良好晶体结构。

(3)纯度高:由于前驱体在气相中不易受到污染,因而采用气相法可以制备高纯度的纳米材料。

(4)生产效率高:气相法可以在短时间内制备大量的纳米材料,因此生产效率较高。

(5)应用范围广:气相法可以制备不同类型的纳米材料,包括金属、氧化物、氮化物、碳化物、磷化物、碳纳米管等,在材料科学、能源、催化、生物医学等领域有着广泛的应用前景。

### 4.3.3 气相法的一般步骤与设备

气相法制备纳米材料的基本原理是在高温下利用气相反应使气态前驱体分解并形成纳米材料,该方法通常包括以下3个基本步骤。

(1)前驱体的蒸发和输送:将前驱体加热至其汽化温度,并通过保护气体将其输送到反应器中。

(2)气相反应:在反应器中,前驱体与气态反应物发生气相反应,生成相应的纳米材料。

(3)样品收集:反应结束后,待温度降至室温,从反应器中收集反应产物。有些情况下,反应产物还需要进行额外热处理,以去除残余的前驱体。

为了完成上述步骤,气相法需要以下基本设备。

(1)反应室:气相法设备中最重要的部分之一,是进行化学反应的场所。反应室通常由高温耐受的材料制成,如石英玻璃、陶瓷等。反应室内部需要保持一定的压力和温度,以促进化学反应的进行。

(2)气体输送系统:气相法设备中负责输送气体的部分。气体输送系统通常包括气瓶、气体管道、压力表、流量计等部件,用于控制气体的压力和流量,确保反应室内的气氛稳定。

(3)加热系统:气相法设备中负责加热反应室的部分。加热系统通常采用电炉或者电热丝等方式进行加热,以提高反应室温度。加热系统需要具有精确的温度控制能力,以确保反应室内部温度的稳定。

(4)测量和监测系统:气相法设备中负责监测反应室内部状态的部分。测量和监测系统通常包括温度计、压力计、质谱仪等部件,用于测量反应室内部的温度、压力和组分等参数,以确保反应过程稳定可控。

(5)收集系统:气相法设备中负责收集样品的部分。收集系统通常包括沉积器、过滤器、离心机等部件,用于收集制备好的纳米材料,以便后续处理和应用。

### 4.3.4 气相法制备一维纳米材料的应用实例

气相法合成一维纳米材料,主要考虑以下几个因素。

(1)基底选择:在气相法中,基底是制备一维纳米材料的基础。可以选择不同种类的基底来获得不同的一维纳米材料。在选择基底时,还需要考虑其机械性质、热稳定性、表面状态等因素。

(2) 反应气氛：不同的反应气氛可以用于制备不同类型的一维纳米材料。例如，含有氢气等还原性气体可以用于制备金属纳米线，氮气和硫气则可用于制备氮化物和硫化物纳米线。

(3) 反应条件：反应条件如温度、反应时间、反应压力等决定纳米材料生长的速率和形貌。通过调整这些反应条件可以生长不同形貌的一维纳米材料。

气相法制备一维纳米材料有两种生长机制，最早的一种是 Sears 等提出的一种基于轴向螺旋位错机制[16-18]。在这种机制中，一维纳米材料生长的驱动力由轴向螺旋位错决定，原子可以吸附在整个纳米线的表面，随着生长的进行向尖端迁移。虽然这个模型可以解释生长动力学，但没有人能够在样品生长过程中直接观察到螺旋位错，因此，这一机制受到了越来越多的质疑。现在人们普遍认为，控制过饱和度可以解释纳米材料一维生长的主要机制，因为有充足的证据表明，过饱和度决定了样品普遍的生长形态。与主要生长形式（晶须、块状晶体和粉末）相关的过饱和度因素也被广泛记录：低过饱和度对晶须的生长是必需的，而中等过饱和度则支持块状晶体的生长。在高过饱和度下，粉末是通过气相中的均匀成核形成的。晶须的横向尺寸可以通过控制一些参数来改变，这些参数包括过饱和度、成核尺寸和生长时间。

通过对过饱和度的适当控制，人们可以很容易地获得一维纳米结构。例如，Zhang 等[19]通过将商业粉末加热到高温，合成了 $Si_3N_4$、$SiC$、$Ga_2O_3$ 和 $ZnO$ 纳米线。除了制备纳米线外，Wang 等还发现，高温下通过蒸发商业金属氧化物粉末可以制备具有矩形截面的超长纳米带[20]。它们中的大多数是单晶，没有缺陷和位错；典型宽度在 30~300nm 之间，宽厚比为 5~10，长度可达数毫米（图 4-8）。Wang 及其他研究小组的后续研究证明，带状形态是具有不同价态阳离子和不同晶体结构材料的半导体氧化物家族的共有且独特的结构特征[21-23]。

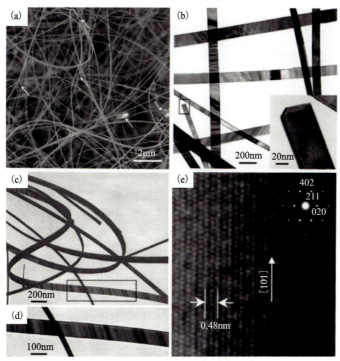

图 4-8　超长 $SnO_2$ 纳米带的微观形貌

(a)SEM 图像；(b)直带状 $SnO_2$ TEM 图像（插图展示了纳米带的矩形截面）；(c)弯曲状 $SnO_2$ TEM 图像；(d)(c)图方框部分的放大图，展示宽厚比大约为 5；(e)HRTEM 图像（插图是选取电子衍射图），证明 $SnO_2$ 纳米带是单晶且无位错和缺陷[20]

采用气相法制备一维纳米材料最典型的例子是碳纳米管。碳纳米管主要是由六边形排列的碳原子构成数层到数十层的同轴圆管，层与层之间保持固定的距离，约为0.34nm，直径一般为2～20nm[图4-9][24]。作为一种一维纳米材料，碳纳米管具有许多异常的力学、电学和光学性能，自1991年被发现以来受到了全世界科学家的关注。化学气相沉积法是制备碳纳米管，包括单壁碳纳米管（SWCNT）和多壁碳纳米管（MWCNT）最有效和使用最广泛的方法之一。如图4-10(a)所示，Harutyunyan 等[25]以

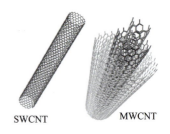

图4-9 单壁碳纳米管（SWCNT）和多壁碳纳米管（MWCNT）的结构示意图[24]

金属和金属氧化物为模板，采用化学气相沉积法合成了尺寸均匀的单壁碳纳米管（直径为3～5nm）。1998年，Ren等[26]开发了一种等离子体增强化学气相沉积法，在面积为几平方厘米的镍涂层玻璃上成功生长出排列整齐的多壁碳纳米管。其中，乙炔气体被用作碳源，而氨气被用作催化剂和稀释气体。如图4-10(b)、(c)所示，这种尺寸和一维形貌可控制备的碳纳米管的直径为20～400nm，长度为0.1～50μm。

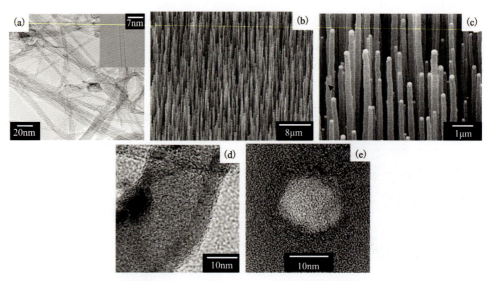

图4-10 CVD法制备碳纳米管的微观形貌

(a)CVD方法制备的单壁碳纳米管的TEM图像（插图展示了单根碳纳米管的TEM图像）[25]；(b)、(c)CVD方法制备的高度有序的多壁碳纳米管的SEM图像；(d)TEM截面图；(e)TEM俯视图[26]

除了碳纳米管，气相法还可以大规模制备其他类型的一维纳米材料。Li等[27]通过热解以二茂铁为催化剂的聚合物前驱体，采用化学气相沉积法在陶瓷基底上制备了大面积的SiC纳米线[图4-11(a)—(c)]。在高温下，由聚合物前驱体分解产生的硅烷碎片为纳米线的生长提供了Si源和C源，最终制备的纳米线的长度为几厘米[图4-11(d)]，直径为100～200nm[图4-11(e)]，由沿〈111〉方向的单晶SiC组成。这些一维纳米结构不仅有助于人们理解纳米功能材料中的独特的光电现象，也为构建单个一维纳米功能器件提供了理想的候选材料结构。

# 第 4 章 一维纳米材料制备方法

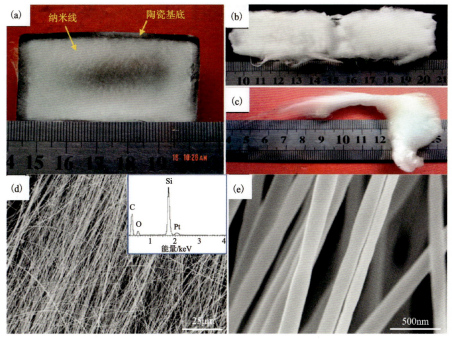

图 4-11　CVD 方法在陶瓷基底上制备的 SiC 纳米线的微观形貌

(a)—(c)光学照片；(d)、(e)不同倍率下的 SEM 图像

## 4.4　气相-液相-固相(VLS)和溶液-液相-固相(SLS)机理

### 4.4.1　VLS 机理

在所有气相方法中，气相-液相-固相(vapor-liquid-solid，VLS)工艺是最成熟的，也是最常用于制备一维纳米材料的方法之一[28]。该方法通过在高温下将金属蒸气和气体反应物引入液态催化剂所在的反应室，使二者沉积在晶体表面并形成一维纳米结构。如图 4-12(a)所示，VLS 制备一维纳米材料通常包含以下阶段。

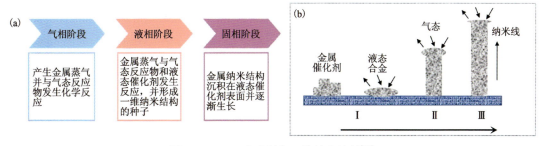

图 4-12　VLS 方法制备一维纳米材料[29]

(a)一般过程；(b)生长示意图

**1. 气相阶段**

在气相阶段,产生金属蒸气,这通常是通过将金属加热到其沸点以上来实现的。然后,金属蒸气会被输送到液态催化剂所在的反应室中。在反应室中,金属蒸气与气态反应物相互作用并发生化学反应。

**2. 液相阶段**

在液相阶段,催化剂扮演着至关重要的角色。液态催化剂通常是一种有机物或无机盐,具有良好的溶解性和催化活性。当金属蒸气与气态反应物进入液态催化剂所在的反应室后,它们会在催化剂表面发生反应,并形成具有一维纳米结构的种子。

**3. 固相阶段**

在固相阶段,纳米结构的金属会沉积在液态催化剂表面并逐渐生长。在这个过程中,金属原子会被输送到一维纳米线或纳米棒的生长点,并与液态催化剂中的反应物相互作用。这些反应会促使纳米线或纳米棒朝着特定的方向生长。

VLS方法最初是Wagner等在19世纪60年代开发的,用于生产微米级的晶须[30]。之后Lieber、Yang和其他研究小组又重新研究了这种工艺,用于制备各种无机材料(GaN、SiC、GaAs、$Bi_2Te_3$、BN等)的纳米线或纳米棒[31-38]。如上所述,一个典型的VLS过程始于气态反应物溶解到金属催化剂的纳米级液滴中,接着是一维单晶的成核和生长,然后是金属丝的生长。该过程的一维生长主要由液滴诱导和决定,液滴的大小在整个金属丝生长过程中基本保持不变。在这个机制中,每个液滴作为一个软模板,严格限制单根金属丝的横向生长。VLS过程要求存在一种能够与目标材料形成液态合金的良好溶剂(主要要求),理想情况下,它们应该能够形成共晶化合物。以Ge纳米棒的生长为例,图4-12(b)用示意图的形式给出了VLS过程所涉及的主要步骤[29]。根据Ge-Au二元相图[29],当温度上升至共晶点(361℃)以上时,Ge(来自$GeI_2$或其他前驱体的分解物)和Au形成液态合金。一旦液滴中的Ge过饱和,纳米线将在固液界面开始生长。系统中Ge的蒸气压必须保持足够低,以使二次成核过程被完全抑制。物理方法(激光烧蚀、热蒸发和电弧放电)和化学方法(化学蒸气传输和沉积)都被用来产生纳米线,进而生长所需的蒸气物种,利用这些方法产生的纳米线的质量没有明显差异。

Yang等[29]通过观察Ge纳米棒在TEM腔内的原位生长证实了这种机制。图4-13给出了在Ge纳米棒生长过程中依次记录的一组TEM图像,可以清楚地看到,Au纳米团块在形成Ge-Au合金后开始熔化,随后在Ge蒸气凝结过程中,液滴尺寸增加。当液滴中的Ge成分过饱和时,一根Ge纳米线从这个Au-Ge合金液滴中生长出来,并且随着时间的推移变得更长。这一组TEM图像也清楚地显示了图4-12(b)中所有步骤:Au-Ge合金的形成,Au-Ge合金液滴中Ge纳米晶的成核,以及通过推动液-固界面向前生长的Ge纳米棒。基于这种机制,可以从不同方面控制生长过程。在一阶近似情况下,每根纳米线的直径主要由催化剂液滴的大小决定,较小的催化剂液滴产生较细的纳米线。

总体来说,VLS方法是通过将金属蒸气和气态反应物引入液态催化剂中,使二者沉积在晶体表面并形成一维纳米线的过程。在这个过程中,催化剂扮演着至关重要的角色,它促进了金属纳米线的生长并控制了其方向性。VLS方法可以用于制备各种一维纳米材料,如纳米

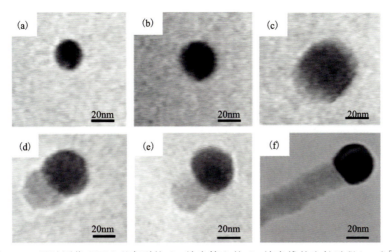

图 4-13　通过原位 TEM 观察到的 Au 纳米簇上的 Ge 纳米线的生长过程(a—f)[29]

线、纳米棒和纳米管等。

### 4.4.2　SLS 机理

基于对 VLS 过程的类比，Frentler 等[39]进一步开发了一种溶液-液相-固相(solution-liquid-solid，SLS)方法，最初用于在相对较低的温度下合成Ⅲ～Ⅴ族半导体的高结晶纳米线(图 4-14)。这种方法通过将金属盐等化合物加入液态催化剂中，使其沉积在晶体表面并形成一维纳米结构。采用 SLS 方法制备一维纳米材料通常包含溶液阶段、液相阶段和固相阶段 3 个阶段，其中液相阶段和固相阶段这两个阶段与 VLS 类似，最大的不同是溶液阶段。在 SLS 的溶液阶段，金属盐等化合物是直接加入液态催化剂中的。通常，这些化合物由金属离子和配体组成。当这些化合物进入液态催化剂时，它们会在催化剂表面发生反应，并形成一维纳米线或纳米棒的种子，然后开始后续的生长反应。

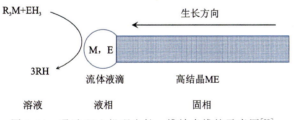

图 4-14　通过 SLS 机理生长一维纳米线的示意图[39]

SLS 方法一般使用低熔点的金属(如 In、Sn 或 Bi)作为催化剂，通过分解有机金属前驱体来制备所需的一维纳米材料。所制备的样品基本上是单晶晶须或晶丝，横向尺寸为 10～150nm，长度可达数微米。原则上，SLS 方法的操作温度可降低至常用芳香族溶剂的沸点以下。例如，将 {$tert$-Bu$_2$In[$\mu$-P(SiMe$_3$)$_2$]$_2$} 溶于芳香族溶剂中，利用甲醇分解法可以在 111～203℃的温度范围内制备厚度为 10～100nm、长达 1000nm 的多晶体 InP 纤维[40]。这种合成的关键成分是一种分子，其组成基团可以被消除以产生非分子单元，由其组装成 InP 晶格。详细研究表明，这种有机金属前驱体的分解是通过一连串独立的、完全特征化的中间产物进行的,以产生金属络合物[tert-Bu$_2$In($\mu$-PH$_2$)]$_3$;这种络合物随后经过烷烃消除并产生(InP)$_n$碎片。紧接着,(InP)$_n$碎片溶解到由熔融 In 形成的液滴分散体中,并重新结晶为 InP 纤维。这一过程表明,SLS 方法可以在远低于传统 VLS 工艺要求的温度下操作。这种合成路线已被进一步扩展到许多其他高共价半导体(包括二元和三元)以及它们的合金制备中[40-41]。

与 VLS 方法相比,SLS 方法的优点在于更加简单易行,不涉及高温气相反应,因此相对较容易控制。此外,SLS 法还可用于制备非金属纳米材料,如氮化硅、磷化铟等。然而,SLS 方法也存在一些缺点,如一维纳米结构的生长速度相对较慢,且纳米线或纳米棒的直径和长度的控制相对较难。

## 4.5 静电纺丝法

### 4.5.1 静电纺丝法的起源与发展

静电纺丝技术是一种利用高压静电力将聚合物或其他材料通过电场拉伸形成纤维的技术。它最初是在 1934 年由德国科学家 Anton Formhals 发明的,但是直到 20 世纪 50 年代才开始得到广泛应用。以下是静电纺丝技术的起源与发展的一些里程碑(图 4-15)。

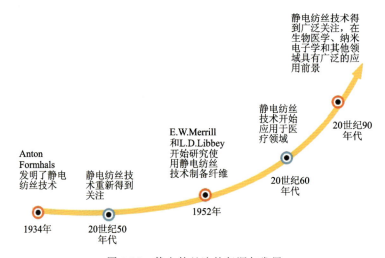

图 4-15 静电纺丝法的起源与发展

1934 年,Anton Formhals 发明了静电纺丝技术,并在德国获得了专利。他使用一个涂有聚合物的金属针头,将电极间的高电压电场应用于针头和地面之间的空气中,从而拉伸出细纤维[42]。

20 世纪 50 年代,随着聚合物合成材料的发展,静电纺丝技术得到了重新关注。1952 年,美国研究人员 E. W. Merrill 和 L. D. Libbey 开始研究使用静电纺丝技术制备纤维。他们使用一个电场强度约为 10kV/cm 的电极,成功地将纤维拉伸到直径约为 1$\mu$m 的程度。这些纤维可以用作过滤器、绝缘材料等。

20 世纪 60 年代,静电纺丝技术开始应用于医疗领域。医用静电纺丝材料可以用于制备人工血管、人造皮肤和其他医用材料。

20世纪90年代以后,随着纳米技术的发展,静电纺丝技术开始得到广泛关注。采用静电纺丝技术可以制备直径只有几十纳米的纤维,这些纤维在生物医学、纳米电子学和其他领域具有广泛的应用前景。

总的来说,静电纺丝技术从最初的实验室研究到现在的工业化应用,经历了几十年的发展,它在材料科学、纳米技术和医疗领域都具有重要的应用价值。

### 4.5.2 静电纺丝的原理及装置

静电纺丝是一种利用静电力将高分子液体或溶液制备成直径在纳米至微米范围内的一维纳米纤维的技术,其装置简单、成本低廉、用途广泛、工艺可控。在标准静电纺丝过程中,基本装置主要包括4个组成部分:静电纺丝溶液的注射器泵、平头金属针、高压直流电源、接地导电静态或旋转收集器(图4-16)[43]。

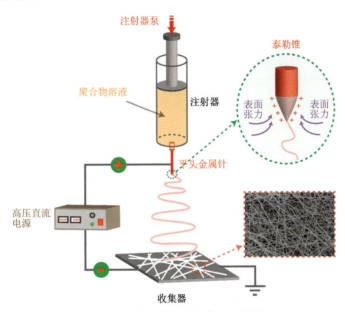

图 4-16 静电纺丝基本装置示意图

静电纺丝的原理基于静电吸引力和表面张力的作用。具体来说,将高分子溶液注入一个带电的针头或喷嘴中,并将其连接到一个高电压源上。当高电压源通电时,溶液表面会形成一个电荷层。由于静电力的作用,电荷层发生形变和分裂,最终形成一个极小的液滴。当液滴足够小并且电荷足够强时,表面张力会引起液滴产生向外的拉力。这种拉力足以克服高分子液体的表面张力,使液滴形成泰勒锥,通过针尖以射流的形式喷射到收集器上,在射流运动过程中,溶剂缓慢蒸发,带电纤维在导电收集器上堆积。纤维上的电荷最终消散,形成无纺布纤维毡。在此过程中,高电压源提供静电力,使得液滴具有足够的能量克服表面张力,并产生拉力形成纤维。同时,溶液的流动性和表面张力也起到关键作用。与其他方法相比,静电纺丝的优点是操作简单、工艺成本低,能够制备出具有高比表面积、高孔隙度和纤维直径可控的纳米纤维,因此在生物医学、纳米材料等领域得到广泛的应用[44-47]。

### 4.5.3 静电纺丝的影响因素

虽然静电纺丝的原理和装置相对简单,但静电纺丝制备一维纳米纤维的过程中仍有诸多重要影响因素,如聚合物浓度、聚合物溶液黏度、纺丝溶液推进速率、电场参数、收集器与针尖之间的距离、环境参数(包括空气湿度、温度)等。

(1)聚合物浓度:聚合物浓度是控制静电纺丝纳米纤维尺寸的重要参数。在给定的电场和进给速率下,随着聚合物浓度的增大,静电纺丝纳米纤维的直径也会增大,但是过高的聚合物浓度会造成溶液黏度过大,对纳米纤维的形成不利。在聚合物浓度达到临界值之前,纳米纤维的直径会成比例变化,浓度低于临界值时形成不连续的聚合物纳米珠。

(2)聚合物溶液黏度:溶液黏度受聚合物分子量及浓度、温度和环境相对湿度的影响,这些因素决定了是否可以形成一维纳米纤维。原则上,聚合物的分子量越大,溶液的黏度也越大。如果聚合物的分子量太小,即使浓度很大,聚合物溶液的黏度也会很小,在这种情况下,液滴的表面张力会使聚合物在到达收集器之前形成液滴而无法形成纳米纤维。相反,如果加入高分子量的过量聚合物,溶液的黏度就会很大,导致它无法自旋,也无法形成纳米纤维。因此,所有聚合物都有一个最佳的分子量或浓度范围,在此范围内它们才可以通过静电纺丝形成纳米纤维。在这个最佳范围内,分子量越大,得到的一维纳米纤维的直径越大。

(3)纺丝溶液推进速率:纺丝溶液的推进速率是影响纳米纤维直径的另一个重要参数,主要由注射泵控制。当纺丝溶液的推进速率较快时,溶液在到达收集板之前的干燥时间非常短,拉伸力也非常小;此外,过量的聚合物溶液会形成珠状纳米纤维,不仅会进一步加快推进速率,还会堵塞针尖,影响静电纺丝的正常进行。当推进速率较慢时,纺丝溶液将获得足够的极化时间,对于静电纺丝过程来说是有利的。然而,过慢的推进速率可能导致聚合物进料供应不足,或通过电喷雾形成纳米颗粒而不是纳米纤维。因此,适宜的推进速率是生产高质量一维纳米纤维的重要参数之一。

(4)电场参数:电场参数是静电纺丝过程的另一个关键参数。在其他参数固定不变的前提下,电场强度过低会导致一维纳米纤维不均匀,且产率很低。随着电场强度的增大,静电纺丝溶液射流的表面电荷密度增大,具有更大的静电斥力;同时,纺丝溶液射流的加速度也增大,使纺丝溶液形成射流,形成的纳米纤维具有更大的拉伸应力及更快的拉伸应变速率,更有利于制备直径更小的一维纳米纤维。此外,电场频率和极性对静电纺丝过程也有影响,较高的电场强度可以促进纤维的形成,适当的频率和极性则可以调节纤维的形态。例如,正极性电场可以促进纤维的纵向拉伸,而负极性电场则可以促进纤维的横向拉伸。

除了上述4个重要参数外,在静电纺丝过程中还有一些其他影响参数。例如,为了获得质量更好的纳米纤维,应该优化收集器与针尖之间的距离。针尖与收集器之间的距离越短,液滴飞行时间越短,这意味着溶剂蒸发的时间不够,可能会导致串珠的形成。一般情况下,如果施加的电压较高或溶液推进速率较快,射流的加速度会更大,针尖与收集器之间的距离需要更大才能得到质量更好的纳米纤维。此外,环境参数对静电纺丝过程也有很大的影响。由于聚合物溶液黏度与温度之间的反相关性,升高温度有利于形成直径较小的纳米纤维。在潮湿的情况下,低湿度会加速溶剂的蒸发,并能使溶剂充分干燥;在高湿度下,水会凝结在纤维上,影响纳米纤维的形态。

总之,静电纺丝的影响因素比较复杂,需要综合考虑各种因素,以获得最佳的静电纺丝效果。静电纺丝参数的变化会导致制备的一维纳米纤维材料具有不同的物理和化学性质。

### 4.5.4 静电纺丝法制备一维纳米材料的应用实例

静电纺丝法是制备一维纳米材料最常见的方法,通常用于制备一维纳米纤维,主要包括实心纳米纤维、空心纳米纤维等。

实心纳米纤维的制备相对较容易,其静电纺丝装置也较简单,仅需一个喷丝头即可实现,制备得到的纳米纤维通常是无定形的纳米纤维前驱体,将其在空气中高温煅烧除去有机物后,即得到实心纳米纤维。例如:Xu 等[48]以钛酸四正丁酯、聚乙烯吡咯烷酮、冰乙酸、无水乙醇为原料,通过静电纺丝法制备实心 $TiO_2$ 纳米纤维。将 2g 钛酸四正丁酯溶解在由 7.5g 无水乙醇和 2g 冰乙酸组成的混合溶液中,再加入 1g 聚乙烯吡咯烷酮(分子量为 1 300 000)并于室温下搅拌 5h。随后将配制得到的纺丝溶液转移至 10mL 注射器中,静电纺丝过程中采用的电压为 15kV,纺丝溶液的推进速率为 $2.5mL \cdot h^{-1}$,接收板与针尖的距离为 10cm,静电纺丝结束后得到无定形的 $TiO_2$ 纳米纤维毡。再将无定形的纳米纤维毡在空气气氛下高温煅烧 1h,升温速率为 $2℃ \cdot min^{-1}$,即得到实心的 $TiO_2$ 纳米纤维。有趣的是,对于 $TiO_2$ 纳米纤维而言,采用不同的煅烧温度,煅烧结束后采用不同的冷却工艺可以得到不同相结构的 $TiO_2$ 纳米纤维。当煅烧温度为 400℃时,得到纯锐钛矿相的 $TiO_2$;当煅烧温度为 800℃时,得到纯金红石相的 $TiO_2$;当煅烧温度为 500℃时,得到锐钛矿相与金红石相两相共存的 $TiO_2$,此时,若煅烧结束后产物随马弗炉自然冷却,得到的 $TiO_2$ 纳米纤维中锐钛矿相与金红石相的比例为 72:28,若煅烧结束后将产物立即取出置于空气中快速冷却(冷却速率约为 $100℃ \cdot min^{-1}$),得到的 $TiO_2$ 纳米纤维中锐钛矿相与金红石相的比例为 55:45。从 SEM 图像可以看出(图 4-17),不同条件下煅烧的 $TiO_2$ 均呈现较均匀的纳米纤维形貌,直径约为 200nm,长度可达几微米。

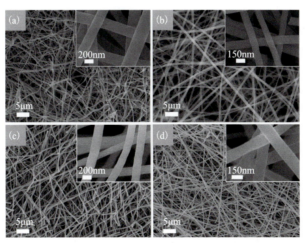

图 4-17 不同煅烧温度和冷却工艺得到的 $TiO_2$ 纳米纤维的 SEM 图像
(a)400℃煅烧;(b)800℃煅烧;(c)500℃煅烧后自然冷却;(d)500℃煅烧后快速冷却[48]

除了最常见的 $TiO_2$ 纳米纤维外,静电纺丝法也可用于制备其他一维氧化物纳米纤维,如 $WO_3$ 纳米纤维、ZnO 纳米纤维、$SnO_2$ 纳米纤维、$In_2O_3$ 纳米纤维等。例如:Cao 等[49]以六氯化钨($WCl_6$)为钨源,通过静电纺丝法制备得到一维实心 $WO_3$ 纳米纤维。Deng 等[50]以醋酸锌为原料,通过静电纺丝法制备得到一维实心 ZnO 纳米纤维;当在纺丝溶液中加入醋酸锰时,可以一步制备得到一维实心 $ZnMn_2O_4$/ZnO 复合纳米纤维。Wan 等[51]以硝酸铟水合物 $[In(NO_3)_3 \cdot xH_2O]$ 为铟源,通过静电纺丝法制备得到一维实心 $In_2O_3$ 纳米纤维。Jun 等[52]同样以硝酸铟水合物 $[In(NO_3)_3 \cdot xH_2O]$ 为铟源,并在纺丝溶液中额外添加硝酸镱水合物 $[Yb(NO_3)_3 \cdot 5H_2O]$,通过静电纺丝法一步制备得到 Yb 掺杂的 $In_2O_3$ 纳米纤维。

一维空心纳米纤维通常由两种互不相溶的无机物溶液和有机聚合物溶液混合后通过同轴电纺的方法制备。一般将目标产物的前驱体纺丝溶液注入外壳,而另一种不混相液体则注入内芯,通过静电纺丝获得纳米纤维后,经过煅烧等方式去掉内核部分,即可获得空心的一维纳米纤维。例如:Li 等[53]采用如图 4-18 所示的同轴静电纺丝装置制备一维空心 $TiO_2$ 纳米纤维,由图可见,该喷丝头由插有毛细管的金属针构成,在静电纺丝过程中,将由钛源(钛酸四异丙酯)、乙醇、醋酸和聚乙烯吡咯烷酮(PVP)组成的纺丝溶液装入外壳层注射器中,内核层溶液为矿物油,静电纺丝电压设定为 12kV,外壳层纺丝溶液的推进速率为 $0.6mL \cdot h^{-1}$,内

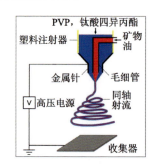

图 4-18 同轴静电纺丝装置示意图

核层矿物油的推进速率在 $0.03 \sim 0.3mL \cdot h^{-1}$ 范围内变化。静电纺丝完成后,将得到的纳米纤维前驱体,首先用辛烷提取内核的矿物油,形成无定形的空心 $TiO_2$ 纳米纤维[图 4-19(a)],再在 500℃下煅烧去除高分子有机物,即得到一维空心 $TiO_2$ 纳米纤维,该空心纤维平均直径为 300~400nm,长度为几微米,如图 4-19(b)、(c)所示。

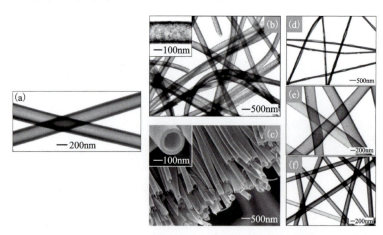

图 4-19 不同条件制备得到的空心 $TiO_2$ 纳米纤维的微观形貌(a—f)[53]。

内核层矿物油的推进速率对纳米纤维的结构和直径有着重要影响。图 4-19(a)所示的连续空心纤维需要内核层矿物油的推进速率至少为 $0.05mL \cdot h^{-1}$,若低于此速率(如 $0.03mL \cdot h^{-1}$),此时虽然也可以形成连续的空心纤维,但纤维内部会形成短空心段[图 4-19(d)]。当推进速率增大但不超过 $0.1mL \cdot h^{-1}$ 时,空心纳米纤维的尺寸和壁厚相对均匀。而当推进速率大于 $0.1mL \cdot h^{-1}$ 时(如 $0.3mL \cdot h^{-1}$),形成的空心纤维直径变大,内径达到约 370nm[图 4-19(e)],且随着内核层矿物油注入速率的加快,空心纤维壁逐渐变薄。此外,电场强度

对空心纳米纤维的直径也有影响。随着电场强度的增强,纤维的内径和外径都呈现减小的趋势,如图4-19(f)所示,当其他条件保持不变而把施加电压增大到16kV时,空心纤维的平均内径从12kV时的200nm减小到130nm,壁厚基本不变。

利用静电纺丝技术还可以制备复杂的一维纳米材料,如一维管中管纳米纤维、一维管中线纳米纤维等。

一维管中管纳米纤维是一种具有有序纳米孔结构的新型纤维,可以通过控制静电纺丝聚合物溶液中前驱体溶液的浓度或改变前驱体煅烧过程中的升温速率制备得到。例如:Lang等[54]通过简单的单轴电纺法成功制备了一维管中管 $TiO_2$ 纳米纤维。以乙醇(5mL)、醋酸、钛酸四正丁酯和聚乙烯吡咯烷酮($M_w$=58 000,2.5g)为原料,纺丝电压设置为15kV,纺丝溶液的推进速率为0.3mL·h$^{-1}$,针头与接收板的距离为20cm,得到无定形的 $TiO_2$ 纳米纤维;再在500℃下煅烧4h,升温速率为2℃·min$^{-1}$,即得到一维管中管 $TiO_2$ 纳米纤维。研究发现,静电纺丝前驱体溶液中钛酸四正丁酯的浓度是决定 $TiO_2$ 纳米纤维微观形貌的关键性因素,当钛酸四正丁酯的体积小于0.5mL时,可以得到一维空心 $TiO_2$ 纳米纤维[图4-20(a)];而当钛酸四正丁酯的体积大于4mL时,则得到一维实心 $TiO_2$ 纳米纤维[图4-20(b)];当钛酸四正丁酯的体积在0.5~4mL之间时,纳米纤维的前驱体中 $TiO_2$ 纳米颗粒的密度介于空心纳米纤维和实心纳米纤维之间。由于传热过程比较缓慢,表面层及次表面层的熔化和汽化速度比内层慢,此时熔化层的 $TiO_2$ 纳米颗粒向表面移动,在压力差的驱动下,形成最外层的壳层;当内层开始熔化和汽化时,$TiO_2$ 纳米颗粒在压力差的驱动下向内部熔化层移动,从而在第一个空心纤维中形成第二个空心纤维。最终形成一维管中管状 $TiO_2$ 纳米纤维[图4-20(c)—(f)]。

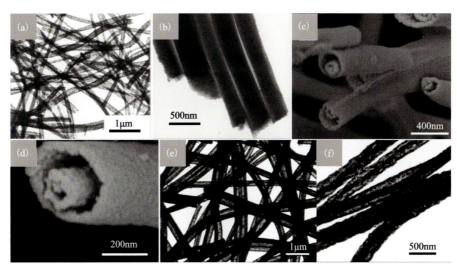

图4-20 不同体积的钛酸四正丁酯制备 $TiO_2$ 纳米纤维的微观形貌
(a)钛酸四正丁酯体积小于0.5mL时得到的一维空心 $TiO_2$ 纳米纤维的TEM图像;(b)钛酸四正丁酯体积大于4mL时得到的一维实心 $TiO_2$ 纳米纤维的TEM图像;(c—f)钛酸四正丁酯体积介于0.5~4mL时得到的一维管中管状 $TiO_2$ 纳米纤维的SEM图像和TEM图像[54]

此外,Chen等[55]报道了一种采用多流态同轴电纺法制备一维管中线纳米纤维的方法。如图4-21所示,将3个同轴不锈钢毛细管组装为喷丝头,引入一种化学惰性中间流体作为内外流体之间的间隔;在中间流体的保护下,各种内、外流体,甚至是完全混相的流体,都可以在电场中拉伸形成稳定的复合射流,最后将收集到的无定形纳米纤维高温煅烧,中间流体完全烧掉后,即可形成一维管中线纳米纤维。该方法的特点在于在传统同轴电纺的核壳液之间引入了一种额外的中间体,可以作为一种有效的间隔液来减小另外两种流体的相互作用,经过煅烧后中间体消失使两相间形成空心结构。在该同轴电纺过程中,钛酸四正丁酯纺丝溶液分别以 5.0mL·h$^{-1}$ 和 0.5mL·h$^{-1}$ 的速率注入最外层及最内层毛细管中,而中层毛细管中的石蜡

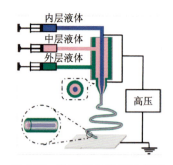

图 4-21　静电纺丝装置示意图

油则以 1.0mL·h$^{-1}$ 的速率注入。针头与接收板的距离保持在 25cm,纺丝电压为 20~30kV,通过静电纺丝即得到无定形 $TiO_2$ 纳米纤维[图 4-22(a)]。最后再将纤维在 450℃下煅烧 2h,得到一维管中线状 $TiO_2$ 纳米纤维[图 4-22(b)、(c)]。

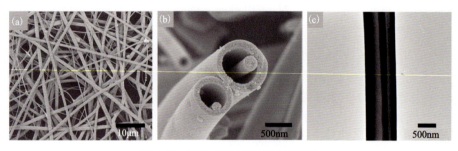

图 4-22　$TiO_2$ 纳米纤维的微观形貌

(a)无定形 $TiO_2$ 纳米纤维的 SEM 图像;(b)、(c)一维管中线状 $TiO_2$ 纳米纤维的 SEM 图像和 TEM 图像[55]

## 4.6　电化学法

电化学法是一种通过在电解液中进行化学反应来制备纳米材料的方法,是制备不同形貌和尺寸的一维纳米材料的常用方法之一。相比于前面几种方法,电化学法具有成本低、环境友好、在相对较低的温度下生长速度快等优点[56]。

### 4.6.1　电化学法的分类

根据不同的实验条件和电化学反应类型,电化学法可以分为以下几大类。

**1. 电沉积法**

电沉积法是一种将溶液中的金属离子在电极表面上还原成金属的方法。通常,电极是由金属或导电材料制成的,如铜、铝、钢等。在电沉积过程中,电极表面的金属离子会被电子还原成金属原子,并在电极表面上沉积形成金属纳米颗粒。电沉积法通常需要使用外加电压,以控制金属纳米颗粒的形貌和尺寸。

**2. 电化学蚀刻法**

电化学蚀刻法是一种利用电化学反应移除表面材料的方法。该方法是将材料置于电解液中,然后通过在电极上施加电压来使其发生电化学反应。电化学蚀刻法通常用于制备形状复杂的纳米结构,如纳米孔、纳米线等。

**3. 电化学氧化还原法**

电化学氧化还原法是一种将金属离子在电极表面上氧化成氧化物或还原成金属的方法。该方法通常涉及两个反应:阳极反应和阴极反应。在阳极,金属离子会被氧化成氧化物并释放电子;在阴极,则会被还原成金属,并吸收电子。电化学氧化还原法可用于制备具有特定结构和尺寸的金属氧化物或金属纳米颗粒。

**4. 电化学剥离法**

电化学剥离法是一种利用电化学反应来剥离材料表面的方法。该方法通常是将材料置于电解液中,并在其表面施加外加电压。通过电化学反应,表面的原子或分子会逐渐被剥离,从而形成纳米结构。电化学剥离法通常用于制备具有高度可控性的二维材料,如石墨烯、硼氮化物等。

## 4.6.2 电沉积法制备一维纳米材料的应用实例

电沉积法是发展最早和最成熟的电化学法,是制备不同形貌和尺寸的一维纳米材料最常用的方法之一。一般来说,通过电沉积法制备一维纳米材料有两种常用策略,一种是模板辅助电沉积,另一种是无模板电沉积。模板辅助电沉积的一维各向异性生长是通过不同模板来实现的,即用模板来限制电沉积产物的生长空间。该方法已被证明是制备一维纳米结构材料的通用方法,包括金属、半导体和导电聚合物等。无模板电沉积的一维各向异性生长是利用目标产物固有的各向异性晶体结构实现的。

### 4.6.2.1 模板辅助电沉积

模板辅助电沉积是合成金属和半导体一维纳米结构最有效的方法之一。在电化学过程中,目标材料在模板的自由空间内生长,形成一维形态。用于电沉积的模板既包括所谓的"硬"模板,如具有一维通道和阶梯边缘的多孔膜,也包括所得的"软"模板,如由嵌段共聚物、液晶材料和表面活性剂自组装的中尺度结构。下面根据不同模板类型来介绍模板辅助电沉积方法。

**1. AAO 模板**

阳极氧化铝(AAO)膜是最受欢迎的"硬"模板之一,可以通过两步阳极工艺来制备:先将一块洁净的铝板电抛光,然后在草酸溶液中阳极氧化几小时;在铬酸和磷酸中去除表面氧化层后,再在草酸溶液中进行第二次阳极氧化处理。得到的膜具有直径均匀的圆柱形孔隙,孔的直径在10~200nm之间,其尺寸可以通过工艺参数精确调整。图4-23展示了具有不同孔径的AAO膜的微观形貌[57]。AAO膜有以下优点:①孔径大小可以精确控制;②氧化铝可以耐高温(1000℃)而不被降解；③在光学的可见区域高度透明，可以研究沉积在纳米孔中的纳米材料的光学特性；④氧化铝具有两性，可以溶解在酸性或碱性溶液中，可以制备纯相的一维纳米结构；⑤AAO膜在市场上可以买到，而且价格便宜。

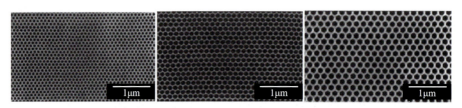

图4-23　不同孔径的AAO膜的SEM俯视图[57]

无论沉积何种类型的一维纳米材料，AAO模板辅助电沉积遵循相同的机理过程。首先，很薄的金属(金、银等)层被沉积在AAO模板的一侧，用作三电极电化学电池的工作电极。电化学沉积发生在AAO膜的纳米孔内，从沉积的金属一侧开始。在适当的条件下电沉积一段时间后，在AAO膜的纳米孔中就会形成一维纳米线或纳米管。沉积材料的物理特性，如形状、直径和表面粗糙度，是由AAO模板直接决定的。纳米线或纳米管的长度可以通过改变电化学沉积时间来控制。除了制备单一组分的一维纳米结构，两组分或更多组分的一维纳米结构和不同成分的多层结构可以通过不同成分电解液中连续的电沉积或溶解有多种试剂的单一溶液中改变沉积电位来实现。此外，AAO模板可以通过在酸性或碱性溶液中溶解来去除，这样就可以得到纯相的一维纳米结构。图4-24显示了用AAO模板辅助电沉积法制备的Bi-Sb合金纳米线的典型SEM图像和TEM图像[58]。

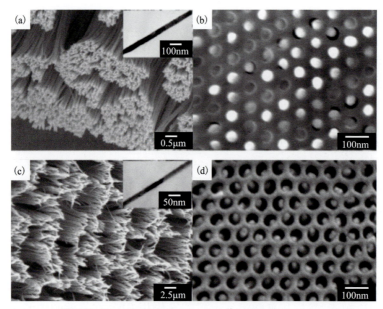

图4-24　通过AAO模板辅助电沉积制备的$Bi_{1-x}Sb_x$合金纳米线的SEM图像和TEM图像[58]
(a)、(b)沉积电位：0.18V(纳米线直径：60nm)；(c)、(d)沉积电位：0.25V(纳米线直径：28nm)；(a)、(c)模板移除的纳米线；(b)、(d)含模板的纳米线

## 2. 多孔硅/介孔二氧化硅

除了 AAO 模板,具有孔隙阵列的多孔硅也被广泛用作电沉积的模板,一般通过在 HF 溶液中对硅进行阳极蚀刻来制备。其孔隙的形态由蚀刻时间和蚀刻电流密度来控制。此外,加入表面活性剂也可以进一步优化孔的形态。多孔硅已经被广泛用作电沉积制备一维金属、金属合金和硫属化合物的模板。2001 年,Prejbeanu 等[59]使用多孔硅模板辅助电沉积与平版印刷技术相结合的方法制备出了一系列磁阻材料的图案化纳米线。这些磁阻材料包括镍、钴、铁以及它们的多层金属合金。在多孔硅的基础上,介孔二氧化硅也被进一步用作电沉积模板,用于合成各种具有物理特性的一维纳米结构,如聚苯胺纤维丝、Ag 纳米线和 Pd 纳米线等。

## 3. 阶梯边缘

具有阶梯状边缘的表面也可以作为模板制备一维纳米结构,这种阶梯边缘模板辅助合成一维纳米结构的方法是由 Himpsel 等开创的[60]。在阶梯表面,通过电化学形成的原子从能量的角度看有利于附着在缺陷位点上,如表面的阶梯边缘。因此,在适当的沉积电位下,初期的成核位点会被限制在表面的台阶边缘。目标材料将不断地从这些核中生长,最后填满台阶边缘。Penner 等[61]进一步发展这种方法来制备尺寸可控的金属和金属氧化物纳米线。金属或金属氧化物纳米线直接沿阶梯边缘电沉积在暴露于溶液中的阶梯表面。具体地,在一个成核脉冲后,目标材料以较高的密度沿阶梯边缘成核,形成珠状的核链,连续沉积后这些核将成长为半圆柱形的纳米线。通过将纳米线嵌入聚合物薄膜中,然后将含有纳米线的薄膜从阶梯表面剥离,可以实现将纳米线从阶梯表面去除的目的。图 4-25 为采用这种方法合成的 $MoO_2$ 纳米线的 SEM 图像[62]。随着沉积时间的逐渐延长,纳米线的尺寸也逐渐变大。

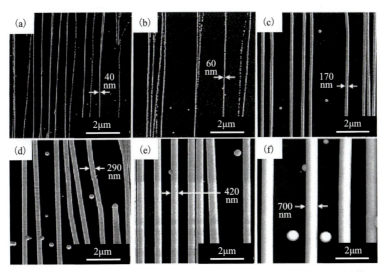

图 4-25 阶梯边缘模板辅助电沉积合成的 $MoO_2$ 纳米线的 SEM 图像
(a)—(f):沉积时间逐渐延长

## 4. 聚合物膜

20 世纪 60 年代,人们发现高能粒子在云母中产生的损伤痕迹可以被优先刻蚀以产生孔隙,孔隙的直径取决于刻蚀时间[63-64]。这种工艺后来在刻蚀其他矿物和塑料时进一步得到了完善[65]。更为重要的是,这些刻蚀出来的多孔聚合物被证明是用于电沉积制备一维纳米结构的高效模板材料。与无机膜相比,聚合物膜具有高度柔性的优势,可以用于一些特殊场合。Chien 等[66]以聚碳酸酯膜作为模板,通过电沉积法制备了一维 Bi 纳米线。Reich 等[67]将聚碳酸酯膜作为模板,通过电沉积法制备了多种磁性纳米线(Pt、Fe、Co、Ni、Au、Ag、Cu、$Fe_2O_3$、ZnO、FeCo、NiFe、AuAg 和 CuNi)。另外,聚碳酸酯膜可以被刻蚀的云母和具有纳米通道玻璃膜所替代。

**5. 其他模板**

除了以上几种类型的模板,还有其他模板用于电沉积制备一维纳米材料。例如,Monty 等[68]在硅基底上发明了一种纳米级"Ti 墙",金属 Pd-Ag 可以沿着导电的"纳米墙"电沉积,最终形成纳米线,纳米线的直径可以控制在 100～700nm 范围内。这种"Ti 纳米墙"模板的制备方法如下:将预定厚度的 $SiO_2$、Ti 和光致抗蚀剂的薄层依次涂抹在 Si 基底表面,然后在光致抗蚀剂层上放一个光罩并暴露在紫外光下。在显影剂中去除紫外线暴露区域后在光致抗蚀剂层就会形成一个图案。最后使用活性离子蚀刻技术对钛层进行刻蚀,就会产生"Ti 纳米墙"模板。

在此基础上,Xiang 等[69]进一步发明了一种制备金属纳米线图案的工艺,称作光刻图案纳米线电沉积。该方法结合了光刻技术的属性和纳米线电沉积技术的多功能性,可制备多种金属纳米线,如 Au、Pt、Pd、Cd、Bi 或类金属,如 Si、Ge。图 4-26 给出了利用该方法制备 Au 纳米线的过程示意图:首先在一个绝缘衬底(如玻璃、氧化硅)上蒸发沉积一层薄薄的镍(或其他金属,如 Cu、Ag、Au 等),然后通过旋涂法,在覆盖镍的衬底上涂一层光致抗蚀剂。采用光刻技术对金属电极进行电氧化或化学蚀刻,在衬底上形成尺寸分明的沟槽。在后续的电沉积过程中,沟槽作为一种"纳米模板"完成纳米线的构筑。所制备的纳米线具有矩形截面,其高度和宽度由沟槽的尺寸独立控制,宽度可以达到约 20nm,高度可以达到 6nm。

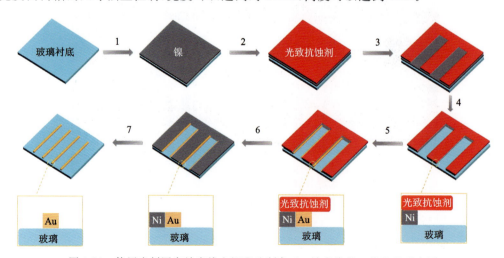

图 4-26 使用光刻图案纳米线电沉积法制备 Au 纳米线的工艺流程示意图

总的来说,模板辅助电沉积为制备一维纳米结构提供了一种简单、高通量和低成本的方法,其优点主要包括:①几乎适用于所有材料体系;②适用于批量生产;③通过控制模板的生长条件可以精确控制一维纳米材料的直径和长度;④通过电解液成分的控制可以调控一维纳米材料的组成。然而,模板辅助电沉积仍存在局限性。首先,模板与产物的分离比较麻烦,容易对一维纳米结构造成损伤;其次,所得到的一维纳米材料通常是多晶体;最后,模板的使用限制了反应条件,为了迁就模板的适用范围,将不可避免地对产物的应用造成影响。

#### 4.6.2.2 无模板电沉积

在模板辅助电沉积法中,材料的一维生长完全由模板引导和控制。众所周知,有些材料具有固有的、各向异性的晶体结构,具有天然的一维生长倾向性,在某些条件下,不使用任何模板就能实现一维生长。例如,六边形 ZnO 纳米棒或纳米管[70-71]、Te 纳米线[72]和 CuTe 纳米带[73]等都可以基于材料固有的各向异性结构而通过无模板电沉积法制备。ZnO 是采用无模板电沉积法合成一维纳米结构的最典型例子。图 4-27 展示了通过无模板电沉积在导电基底上制备的 ZnO 纳米棒和纳米管阵列的 SEM 图像[74]。该电沉积过程是在水溶液中进行的,温度相对较低(<90℃),一些柔性基底可以保持稳定。因此,利用这种方法可以在柔性基底上生长一维 ZnO 纳米结构阵列。Okura 等[75]进一步在电解液中加入共溶物以辅助制备具有非常大长宽比的 ZnO 针状结构,原因是共溶物可以抑制 ZnO 在水平方向的生长,并促进垂直方向的生长。

图 4-27 无模板电沉积法在导电基底上制备 ZnO 的 SEM 图像[74]
(a),(c)纳米棒;(b),(d)纳米管阵列

Shi 等[72-73]利用无模板电沉积法合成了 Te 和 CuTe 的一维纳米结构。通过在碱性溶液(如 KOH)中溶解 $TeO_2$ 或碲酸盐制备电解质,以恒定电位电沉积一段时间(通常为 30min),在工作电极的表面就会形成一维 Te 纳米线结构[图 4-28(a)]。CuTe 纳米带[图 4-28(b)]则是通过电化学法在含有铜盐和 $TeO_2$ 的水溶液中合成的,不使用任何模板和表面活性剂。

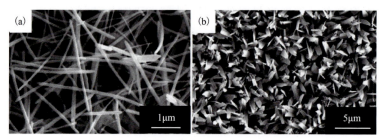

图 4-28　无模板电沉积法制备一维纳米材料的 SEM 图像

(a)Te 纳米线；(b)CuTe 纳米带

除了制备一维纳米结构的无机材料，无模板电沉积法也可以用来合成一维导电聚合物纳米纤维。合成的一维纳米纤维导电聚合物通常包括聚苯胺、聚噻吩、聚吡咯、聚丙烯、聚苯烯、聚(双噻吩-苯烯)、共轭梯形聚合物、聚(芳烃-乙烯)、聚(芳烃-乙炔)和有机金属衍生物等。这种一维导电聚合物纳米纤维的制备一般包括多步电沉积过程，每一步电沉积都包括将恒定的电流以预定的电流密度施加到一个工作电极。存在于电解质溶液中的电活性物种的种子核会被率先电沉积在电极基底上，然后纳米纤维从创建的成核点逐步生长出来。

无模板电沉积法不使用任何模板，可以直接在导电基底上合成单晶一维纳米结构。与模板辅助电沉积法相比，这是一个强大的优势。然而，到目前为止，无模板电沉积法只用于合成数量有限的材料，因为该方法要求目标材料具有固有的、各向异性的晶体结构。尽管如此，利用无模板电沉积法制备的一维纳米材料在催化、储能、传感和生物制剂等方面发挥重要作用。

## 4.7　小结与展望

综上所述，制备一维纳米材料的方法包括水热法、溶剂热法、气相法、静电纺丝法、电化学法。本章详细介绍了水热法的起源与发展、原理及特点、分类及所用设备，同时阐述了溶剂热法与水热法的区别；梳理概括了气相法的分类、原理与特点、一般步骤与设备；重点阐述了气相-液相-固相方法及溶液-液相-固相方法机理；介绍了静电纺丝法的起源与发展、原理和装置及其影响因素；同时也阐述了电化学法的分类。此外，针对水热法、溶剂热法、气相法、静电纺丝法和电化学法，均列举了典型的制备一维纳米材料的实例。

未来的研究工作主要包括以下几个方面。

(1)完善制备策略：从制备与合成原理入手，根据不同制备策略的优缺点，进一步完善水热法、溶剂热法、气相法、静电纺丝法及电化学法，推进实现这些方法在制备一维纳米材料方面的普适性、可控性及大规模生产。

(2)制备复杂微观形貌材料：利用现有的成熟合成策略，制备具有复杂微观形貌的一维纳米材料，如一维空心纳米管、纳米线、纳米纤维，以及一维管中管或管中线纳米纤维等，使合成的材料具有更优异的物理化学性质，从而从材料本征性质方面提高其催化活性，进一步拓展其应用领域。

(3)深入研究制备方法：除了本章介绍的水热法、溶剂热法、气相法、静电纺丝法、电化学法外,还应开发更多制备一维纳米材料的方法,并深入研究各种制备方法的原理、特点、反应装置或设备等,以提高制备的效率和可控性,为不同纳米材料的应用提供更多可能性。

总的来说,虽然对一维纳米材料的制备方法的研究已经取得了很大进展,但仍面临着挑战。通过持续的研究工作,我们有望进一步优化现有方法,开发新的方法,以满足不同应用领域对一维纳米材料的需求,推动纳米科技的发展和应用。

# 参考文献

[1] 殷婷婷,王国宏,韩德艳,等.水热法制备纳米二氧化钛的研究进展[J].广州化工,2012,40(5):10-12.

[2] 霍秋红,王婉霞,李英健,等.纳米光催化材料的水热法合成[J].技术研发与应用,2020(6):65-69.

[3] 王秀峰,王永兰,金志浩.水热法制备陶瓷材料研究进展[J].硅酸盐通报,1995(3):25-30.

[4] 周菊红,王涛,陈友存,等.水热法合成一维纳米材料的研究进展[J].化学通报,2008,71(7):510-517.

[5] 施尔畏,夏长泰,王步国,等.水热法的应用与发展[J].无机材料学报,1996,11(2):193-206.

[6] 宋春燕.几种微纳米材料的水热/溶剂热合成及表征[D].乌鲁木齐:新疆大学,2011.

[7] 樊玉川,李芬芳,龙海云,等.纳米二氧化钛的水热法制备及其应用研究进展[J].湖南有色金属,2006,22(5):42-45.

[8] 裴立宅,唐元洪,郭池,等.水热法及溶剂热合成法制备Ⅳ族一维无机纳米材料[J].稀有金属,2005,29(2):194-199.

[9] 陈妍.水热法在无机非金属粉体材料制备中的应用[J].科学技术创新,2020(17):168-169.

[10] CHENG B, GUO H, YU J, et al. Facile preparation, characterization and optical properties of rectangular $PbCrO_4$ single-crystal nanorods[J]. Journal of Alloys and Compounds, 2007, 431(1-2):L4-L7.

[11] YU J, YU H, CHENG B, et al. Preparation and photocatalytic activity of mesoporous anatase $TiO_2$ nanofibers by a hydrothermal method[J]. Journal of Photochemistry and Photobiology A:Chemistry, 2006, 182(2):121-127.

[12] HE B, BIE C, FEI X, et al. Enhancement in the photocatalytic $H_2$ production activity of CdS NRs by $Ag_2S$ and NiS dual cocatalysts[J]. Applied Catalysis B:Environmental, 2021(288):119994.

[13] 李敏,李盼,工维刚.气相法制备纳米材料[J].中国粉体技术,2008,14(2):54-58.

[14] MALEKZADEH M, SWIHART M T. Vapor-phase production of nanomaterials

[J]. Chemical Society Reviews,2021,50(12):7132-7249.

[15] ZHANG H,ZHOU H,WANG Y,et al. Mini review on gas-phase synthesis for energy nanomaterials[J]. Energy Fuels,2020,35(1):63-85.

[16] SEARS G. A mechanism of whisker growth[J]. Acta Materialia,1955,3(4):367-369.

[17] SEARS G. A growth mechanism for mercury whiskers[J]. Acta Materialia,1955,3(4):361-366.

[18] BRENNER S,SEARS G. Mechanism of whisker growth-Ⅲ nature of growth sites[J]. Acta Materialia,1956,4(3):268-270.

[19] ZHANG Y,WANG N,GAO S,et al. A simple method to synthesize nanowires[J]. Chemistry of Materials,2002,14(8):3564-3568.

[20] PAN Z W,DAI Z R,WANG Z L. Nanobelts of semiconducting oxides[J]. Science,2001,291(5510):1947-1949.

[21] DAI Z,GOLE J,STOUT J,et al. Tin oxide nanowires,nanoribbons,and nanotubes[J]. The Journal of Physical Chemistry B,2002,106(6):1274-1279.

[22] DAI Z,PAN Z,WANG Z L. Gallium oxide nanoribbons and nanosheets[J]. The Journal of Physical Chemistry B,2002,106(5):902-904.

[23] ZHANG H-F,DOHNALKOVA A C,WANG C-M,et al. Lithium-assisted self-assembly of aluminum carbide nanowires and nanoribbons[J]. Nano Letters,2002,2(2):105-108.

[24] TERRANOVA M L,SESSA V,ROSSI M. The world of carbon nanotubes:an overview of CVD growth methodologies[J]. Chemical Vapor Deposition,2006,12(6):315-325.

[25] HARUTYUNYAN A R,PRADHAN B K,KIM U,et al. CVD synthesis of single wall carbon nanotubes under "soft" conditions[J]. Nano Letters,2002,2(5):525-530.

[26] REN Z,HUANG Z,XU J,et al. Synthesis of large arrays of well-aligned carbon nanotubes on glass[J]. Science,1998,282(5391):1105-1107.

[27] LI G-Y,LI X-D,CHEN Z-D,et al. Large areas of centimeters-long SiC nanowires synthesized by pyrolysis of a polymer precursor by a CVD route[J]. The Journal of Physical Chemistry C,2009,113(41):17655-17660.

[28] XIA Y,YANG P,SUN Y,et al. One-dimensional nanostructures:synthesis, characterization,and applications[J]. Advanced Materials,2003,15(5):353-389.

[29] WU Y,YANG P. Direct observation of vapor-liquid-solid nanowire growth[J]. Journal of the American Chemical Society,2001,123(13):3165-3166.

[30] WAGNER R S,ELLIS W C. Vapor-liquid-solid mechanism of single crystal growth[J]. Applied Physics A,1964,4(5):89-90.

[31] DUAN X, LIEBER C M. General synthesis of compound semiconductor nanowires [J]. Advanced Materials, 2000, 12(4): 298-302.

[32] DUAN X, LIEBER C M. Laser-assisted catalytic growth of single crystal GaN nanowires[J]. Journal of the American Chemical Society, 2000, 122(1): 188-189.

[33] MORALES A M, LIEBER C M. A laser ablation method for the synthesis of crystalline semiconductor nanowires[J]. Science, 1998, 279(5348): 208-211.

[34] WU Y, YANG P. Germanium nanowire growth via simple vapor transport[J]. Chemistry of Materials, 2000, 12(3): 605-607.

[35] ZHANG Y, ZHANG Q, WANG N, et al. Synthesis of thin Si whiskers (nanowires) using $SiCl_4$[J]. Journal of Crystal Growth, 2001, 226(2-3): 185-191.

[36] CHEN C -C, YEH C -C, CHEN C -H, et al. Catalytic growth and characterization of gallium nitride nanowires[J]. Journal of the American Chemical Society, 2001, 123(12): 2791-2798.

[37] WANG Y, MENG G, ZHANG L, et al. Catalytic growth of large-scale single-crystal CdS nanowires by physical evaporation and their photoluminescence[J]. Chemistry of Materials, 2002, 14(4): 1773-1777.

[38] CHEN Y, LI J, HAN Y, et al. The effect of Mg vapor source on the formation of MgO whiskers and sheets[J]. Journal of Crystal Growth, 2002, 245(1-2): 163-170.

[39] TRENTLER T J, HICKMAN K M, GOEL S C, et al. Solution-liquid-solid growth of crystalline Ⅲ-Ⅴ semiconductors: an analogy to vapor-liquid-solid growth[J]. Science, 1995, 270(5243): 1791-1794.

[40] TRENTLER T J, GOEL S C, HICKMAN K M, et al. Solution-liquid-solid growth of indium phosphide fibers from organometallic precursors: elucidation of molecular and nonmolecular components of the pathway[J]. Journal of the American Chemical Society, 1997, 119(9): 2172-2181.

[41] MARKOWITZ P D, ZACH M P, GIBBONS P C, et al. Phase separation in $Al_xGa_{1-x}$ as nanowhiskers grown by the solution-liquid-solid mechanism[J]. Journal of the American Chemical Society, 2001, 123(19): 4502-4511.

[42] ANTON F. Process and apparatus for preparing artificial threads: US 1975504A [P]. 1934-10-02.

[43] ESFAHANI H, JOSE R, RAMAKRISHNA S. Electrospun ceramic nanofiber mats today: synthesis, properties, and applications[J]. Materials, 2017, 10(11): 1238.

[44] MASSAGLIA G, QUAGLIO M. Semiconducting nanofibers in photoelectrochemistry [J]. Materials Science in Semiconductor Processing, 2018(73): 13-21.

[45] MONDAL K, SHARMA A. Recent advances in electrospun metal-oxide nanofiber based interfaces for electrochemical biosensing[J]. RSC Advances, 2016, 6(97): 94595-94616.

[46] PATIL J V,MALI S S,KAMBLE A S,et al. Electrospinning:a versatile technique for making of 1D growth of nanostructured nanofibers and its applications:an experimental approach[J]. Applied Surface Science,2017(423):641-674.

[47] ZHANG C-L,YU S-H. Nanoparticles meet electrospinning:recent advances and future prospects[J]. Chemical Society Reviews,2014,43(13):4423-4448.

[48] XU F,XIAO W,CHENG B,et al. Direct Z-scheme anatase/rutile Bi-phase nanocomposite $TiO_2$ nanofiber photocatalyst with enhanced photocatalytic $H_2$-production activity[J]. International Journal of Hydrogen Energy,2014,39(28):15394-15402.

[49] CAO S,YU J,WAGEH S,et al. $H_2$-production and electron-transfer mechanism of a noble-metal-free $WO_3$@$ZnIn_2S_4$ S-scheme heterojunction photocatalyst[J]. Journal of Materials Chemistry A,2022,10(33):17174-17184.

[50] DENG H,FEI X,YANG Y,et al. S-scheme heterojunction based on p-type $ZnMn_2O_4$ and n-type ZnO with improved photocatalytic $CO_2$ reduction activity[J]. Chemical Engineering Journal,2021(409):127377.

[51] WAN K,WANG D,WANG F,et al. Hierarchical $In_2O_3$@$SnO_2$ core-shell nanofiber for high efficiency formaldehyde detection[J]. ACS Applied Materials & Interfaces,2019,11(48):45214-45225.

[52] JUN L,CHEN Q,FU W,et al. Electrospun Yb-doped $In_2O_3$ nanofiber field-effect transistors for highly sensitive ethanol sensors[J]. ACS Applied Materials & Interfaces,2020,12(34):38425-38434.

[53] LI D,XIA Y. Direct fabrication of composite and ceramic hollow nanofibers by electrospinning[J]. Nano Letters,2004,4(5):933-938.

[54] LANG L,WU D,XU Z. Controllable fabrication of $TiO_2$ 1D-nano/micro structures:solid,hollow,and tube-in-tube fibers by electrospinning and the photocatalytic performance[J]. Chemistry,2012,18(34):10661-10668.

[55] CHEN H,WANG N,DI J,et al. Nanowire-in-microtube structured core/shell fibers via multifluidic coaxial electrospinning[J]. Langmuir,2010,26(13):11291-11296.

[56] ISHIZAKI H,IMAIZUMI M,MATSUDA S,et al. Incorporation of boron in ZnO film from an aqueous solution containing zinc nitrate and dimethylamine-borane by electrochemical reaction[J]. Thin Solid Films,2002,411(1):65-68.

[57] MASUDA H,YAMADA H,SATOH M,et al. Highly ordered nanochannel-array architecture in anodic alumina[J]. Applied Physics A,1997,71(19):2770-2772.

[58] DOU X,ZHU Y,HUANG X,et al. Effective deposition potential induced size-dependent orientation growth of Bi-Sb alloy nanowire arrays[J]. The Journal of Physical Chemistry B,2006,110(43):21572-21575.

[59] SOUSA R C,PREJBEANU I L. Non-volatile magnetic random access memories

(MRAM)[J]. Comptes Rendus Physique,2005,6(9):1013-1021.

[60] JUNG T, SCHLITTLER R, GIMZEWSKI J, et al. One-dimensional metal structures at decorated steps[J]. Applied Physics A,1995(61):467-474.

[61] MENKE E,LI Q,PENNER R. Bismuth telluride ($Bi_2Te_3$) nanowires synthesized by cyclic electrodeposition/stripping coupled with step edge decoration[J]. Nano Letters, 2004,4(10):2009-2014.

[62] ZACH M, INAZU K, NG K, et al. Synthesis of molybdenum nanowires with millimeter-scale lengths using electrochemical step edge decoration[J]. Chemistry of Materials, 2002,14(7):3206-3216.

[63] PRICE P,WALKER R. Chemical etching of charged-particle tracks in solids[J]. The Journal of Applied Physics,1962,33(12):3407-3412.

[64] FLEISCHER R, PRICE P. Charged particle tracks in glass[J]. The Journal of Applied Physics,1963,34(9):2903-2904.

[65] FLEISCHER R L,PRICE P B,WALKER R M. Nuclear tracks in solids:principles and applications[M]. Oakland:University of California Press,1975.

[66] HONG K,YANG F,LIU K,et al. Giant positive magnetoresistance of Bi nanowire arrays in high magnetic fields[J]. The Journal of Applied Physics,1999,85(8):6184-6186.

[67] REICH D, TANASE M, HULTGREN A, et al. Biological applications of multifunctional magnetic nanowires[J]. The Journal of Applied Physics, 2003, 93(10): 7275-7280.

[68] MONTY G,NG K,YANG M. Formation of metal nanowires for use as variable-range hydrogen sensors:7367215B2[P]. 2003-08-29.

[69] XIANG C, KUNG S -C, TAGGART D K, et al. Lithographically patterned nanowire electrodeposition:a method for patterning electrically continuous metal nanowires on dielectrics[J]. ACS Nano,2008,2(9):1939-1949.

[70] KÖNENKAMP R, BOEDECKER K, LUX-STEINER M C, et al. Thin film semiconductor deposition on free-standing ZnO columns[J]. Applied Physics A, 2000, 77 (16):2575-2577.

[71] SHE G, ZHANG X, SHI W, et al. Electrochemical/chemical synthesis of highly-oriented single-crystal ZnO nanotube arrays on transparent conductive substrates [J]. Electrochemistry Communications,2007,9(12):2784-2788.

[72] SHE G, SHI W, ZHANG X, et al. Template-free electrodeposition of one-dimensional nanostructures of tellurium[J]. Crystal Growth & Design,2009,9(2):663-666.

[73] SHE G, ZHANG X, SHI W, et al. Template-free electrochemical synthesis of single-crystal CuTe nanoribbons[J]. Crystal Growth & Design,2008,8(6):1789-1791.

[74] SHE G -W,ZHANG X -H,SHI W -S,et al. Controlled synthesis of oriented single-

crystal ZnO nanotube arrays on transparent conductive substrates[J]. Applied Physics A,2008,92(5):053111.

[75] OKURA H,DEN T,KONAKAHARA K. Zinc oxide with acicular structure,process for its production,and photoelectric conversion device:US 20020101462[P]. 2002-10-03.

# 第 5 章　二维纳米薄膜材料制备

纳米薄膜(nanofilm)是指由纳米级(1~100nm)晶粒组成的薄膜,或每层厚度在纳米级的单层或多层薄膜,也被称作纳米晶粒薄膜或纳米多层薄膜[1]。纳米薄膜具有二维纳米结构,兼具传统复合材料和现代纳米材料的优点,根据其应用可分为两类:纳米功能薄膜与纳米结构薄膜[2-3]。二维纳米薄膜具有独特的力学、光学、电磁学及气敏性能,是材料与化学领域的研究热点,并在光催化[4]、电催化[5]、光伏[6]、传感器[7]、纳米医学[8]等领域具有较广阔的应用前景。本章将详细介绍纳米薄膜的形成机理,基体的表面处理及常用的制备方法,包括化学气相沉积法、磁控溅射法和溶胶-凝胶法。

## 5.1　薄膜的形成机理

薄膜的结构和性能在薄膜形成过程中可以得到有效的调控,并且与薄膜成核和生长过程中的众多因素相关[9]。薄膜的制备方法有许多种,如真空蒸发法、化学气相沉积法、磁控溅射法、溶胶-凝胶法等。虽然不同的制备方法其薄膜形成机理不同,但仍具有一定的共同点。本章主要以真空蒸发法的薄膜形成机理为例进行详细介绍。在采用真空蒸发法镀膜的过程中,材料以气态的形式凝聚形成薄膜[10]。在薄膜形成的早期阶段,原子的凝聚首先以三维成核的方式开始,接着通过气相扩散的方式进行核长大,最终形成连续膜[11]。由于薄膜的生长过程对薄膜的结构特性起着决定性作用,因而了解薄膜生长过程是解析薄膜结构特性的基础,对纳米薄膜的科学研究至关重要。本节主要内容将聚焦于薄膜的各个生长阶段及其相关成核生长理论。

薄膜的形成过程本质上是气-固转化和晶体生成的过程,其主要步骤可概括为:①气相原子(或分子)撞击固体基体表面;②气相原子(或分子)吸附在固体基体表面或被反射回空间;③吸附的原子(或分子)通过迁移或扩散移动到基体表面合适位点并进入晶格。

基于此,薄膜的形成过程基本分为以下 3 个阶段:气相-凝结相转化过程,核形成与生长过程,薄膜形成过程。小原子团的形成代表着凝结过程的开始,与此同时凝结相形成。然后小原子团长大形成晶核,许多晶核继续长大从而形成不连续的薄膜,薄膜的平均厚度增加到一定值后就会形成连续膜[12]。在薄膜的形成过程中,基体表面不同部位的进程可能不同。部分基体表面处于晶核的形成过程,而有晶核的位置则已开始晶核的生长过程。

### 5.1.1　气相-凝结相转化过程

蒸发源产生的气相原子、离子或分子到达基体表面后,会发生从气相向吸附相再向凝结相转化的相变过程,该相变过程也是薄膜形成过程中的第一步[13]。

#### 5.1.1.1 吸附过程

薄膜形成的第一个过程是气相原子在基体表面的吸附。薄膜的基体通常为固体材料,基体表面由于晶胞循环结构的中断会形成不饱和化学键和悬键[14]。这些不饱和化学键和悬键通常为未配位的原子,能够吸引外来原子(或分子)成键[15]。到达基体表面的气相原子会被未配位的原子吸引成键,该过程为原子在基体表面的吸附[图 5-1(a)]。入射原子的吸附力可分为物理吸附力和化学吸附力。当原子的吸附作用是原子偶极矩间的范德华力时,则该吸附为物理吸附[16]。处于物理吸附时,基体表面原子与吸附原子间距离较大。如果原子的吸附作用来自化学键,则该吸附是化学吸附[17]。处于化学吸附时,基体表面原子与吸附原子间距离较小,通常为 0.1~0.3nm。物理吸附的结合力较弱,吸附过程通常在低温下发生,在高温下可发生解吸过程。由于范德华力的作用距离比化学键大,一般先发生物理吸附,再转变为化学吸附。以一个吸附层为例,第一个原子(或分子)层或前几个原子层为化学吸附,后续的原子层为物理吸附。

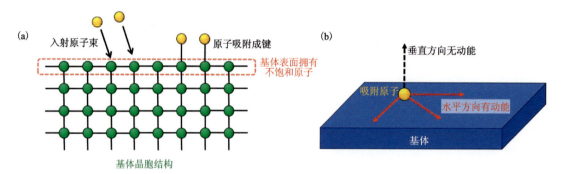

图 5-1 气相原子入射到基体表面的吸附和扩散示意图
(a)入射原子与基体表面不饱和原子吸附成键;(b)入射原子在基体表面的扩散

与基体内部不同,基体表面具有悬键并拥有过量的能量,该能量被称为表面自由能[18]。表面自由能是基体表面分子或原子间作用力的体现,决定了基体表面的润湿性。气相原子吸附在基体表面后,基体表面的自由能会下降,基体表面向更稳定状态转变。气相原子吸附在基体表面时释放的能量被称为吸附能[19]。将吸附在基体表面的气相原子去除的过程是解吸(脱附)过程,该过程所需的能量称作解吸能[20]。高能的气相原子在到达基体表面后可能发生3 种情况:①与基体表面的原子发生能量交换而被吸附;②被吸附的原子仍具有较大的解吸能,在基体表面解吸蒸发;③与基体表面没有能量交换,在到达基体表面后被反射回去。

吸附原子在基体表面的停留时间($\tau_a$)可定义为

$$\tau_a = \tau_0 \cdot \exp\left(\frac{E_a}{kT}\right) \tag{5-1}$$

式中:$\tau_0$ 为吸附原子的表面振动周期($10^{-14} \sim 10^{-12}$ s);$E_a$ 为基体表面的原子吸附能;$k$ 为玻尔兹曼常数;$T$ 为原子等效温度。当原子吸附能很大时($E_a \gg kT$),停留时间 $\tau_a$ 很长,吸附的原子很快达到平衡温度,并被局限在基体表面的某个位置。当原子吸附能很接近 $kT$ 数值时($E_a \approx kT$),吸附的原子无法快速达到平衡温度,能在基体表面移动。

原子的吸附过程主要具有以下特征：①基体表面吸附的原子(或分子)为有序排列，形成以原子(或分子)为最小单元的晶胞结构；②吸附的原子(或分子)形成的有序结构受基底表面结构的影响，可能具有与基底相同旋转对称性的有序结构，该规则被称作"转动对称性规则"。根据此规则可以预测吸附原子(或分子)在基体表面的堆积方式与晶胞结构。③当吸附原子(或分子)能与基体表面发生反应或吸附原子(或分子)的直径比基体表面原子的间距还大时(也称作晶格失配)，"转动对称性规则"将不再适用。调控原子(或分子)的表面吸附过程及解析原子(或分子)吸附态对可控合成特定结构薄膜至关重要。

#### 5.1.1.2 表面扩散过程

入射到基体表面的气相原子转变为吸附原子后，吸附原子在垂直于基体表面方向上将不再具有动能，但在基体表面水平方向上仍具有动能，并能向基体表面的任意水平方向扩散[图5-1(b)]。在表面扩散的过程中，单个吸附原子间发生碰撞形成原子对，这是后续凝结发生的必要条件。吸附原子的扩散过程与表面扩散能和吸附能有关[21]。通常情况下，表面扩散能($E_d$)远小于表面吸附能($E_a$)，为表面吸附能的六分之一到二分之一。平均表面扩散时间($\tau_d$)是吸附原子在某个吸附位点上的停留时间，与表面扩散能的关系为

$$\tau_d = \tau_0 \cdot \exp\left(\frac{E_d}{kT}\right) \tag{5-2}$$

式(5-2)与式(5-1)吸附原子的停留时间计算公式类似。此外，平均表面扩散距离($\bar{X}$)指的是吸附原子在该停留时间内扩散运动的距离，其计算公式为

$$\bar{X} = D \cdot \tau_a \tag{5-3}$$

式中：$D$为表面扩散系数；$\tau_a$为吸附原子在基体表面的停留时间，其计算公式为

$$D = \frac{a_0^2}{\tau_d} \tag{5-4}$$

式中，$a_0$为相邻吸附位点的间隔。通过式(5-4)，平均表面扩散距离($\bar{X}$)可进一步表示为

$$\bar{X} = a_0 \cdot \exp\left(\frac{E_a - E_d}{kT}\right) \tag{5-5}$$

表面扩散能($E_d$)与表面吸附能($E_a$)对凝结过程的影响为：表面扩散能($E_d$)越大，扩散越困难，平均表面扩散距离($\bar{X}$)越短，不利于凝结；表面吸附能($E_a$)越大，吸附原子在基体表面的停留时间($\tau_a$)越长，平均表面扩散距离($\bar{X}$)越长，有利于凝结。

#### 5.1.1.3 凝结过程

吸附原子在基体表面形成原子对及其后续过程被称为凝结过程。基体单位面积上的吸附原子数($n_1$)，可通过单位时间内沉积在基体表面单位面积上的吸附原子数$J$(个·cm$^{-2}$·s$^{-1}$)和平均表面扩散时间($\tau_d$)计算得到：

$$n_1 = J \cdot \tau_a = J \cdot \tau_0 \cdot \exp\left(\frac{E_d}{kT}\right) \tag{5-6}$$

进一步，通过原子表面扩散时间($\tau_d$)可计算得到吸附原子在表面的扩散频率($f_d$)：

$$f_d = \frac{1}{\tau_d} = \frac{1}{\tau'_0} \cdot \exp\left(-\frac{E_d}{kT}\right) \tag{5-7}$$

假设 $\tau_0$ 与 $\tau'_0$ 相等，则吸附原子在基体表面停留时间内的迁移次数($N$)为

$$N = f_d \cdot \tau_a = \exp\left(\frac{E_a - E_d}{kT}\right) \tag{5-8}$$

其中一个吸附原子的捕获面积($S_d$)定义为

$$S_d = \frac{N}{n_0} \tag{5-9}$$

因此，所有吸附原子的总捕获面积为

$$S_\Sigma = n_1 \cdot S_d = \frac{n_1}{n_0} \cdot \exp\left(\frac{E_a - E_d}{kT}\right) \tag{5-10}$$

从式(5-10)分析可知凝结过程与所有吸附原子的总捕获面积有关：①当 $S_\Sigma < 1$ 时，在每个吸附原子的捕获范围内只有一个吸附原子，凝结无法发生；②当 $1 < S_\Sigma < 2$ 时，在每个吸附原子的捕获范围内有一个或两个吸附原子，并且在该范围内会形成原子对，但是部分吸附原子在停留后可能重新蒸发掉，因此发生部分凝结；③当 $S_\Sigma > 2$ 时，在每个吸附原子的捕获范围内有两个以上的吸附原子。几乎所有的吸附原子都可结合为原子对或更大的原子团，因此发生完全凝结，吸附相转变为凝结相。

### 5.1.2 核形成与生长过程

#### 5.1.2.1 核形成与生长的物理过程

完整的核形成与生长的物理过程可归纳为以下4个步骤(包含凝结过程)(图5-2)。

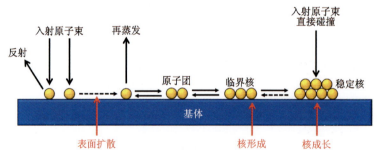

图5-2 核形成与生长的物理过程

(1)蒸发源产生的气相原子会入射到基体的表面，一部分具有较高能量的气相原子会在基体表面发生弹性反射，而另一部分能量较低的气相原子将会吸附在基体表面。其中，有一部分吸附原子由于仍具有较高能量，会再次蒸发从而离开基体表面。

(2)吸附原子在基体表面扩散迁移，并且相互碰撞结合形成原子对或小原子团，进而在基体表面发生凝结。

(3)原子团进一步和其他吸附原子碰撞结合，或者释放一个单原子。该过程会反复发生，当原子团中的原子数超过某一临界值时，原子团将进一步与其他吸附原子发生碰撞结合，向着长大的方向发展，从而形成稳定的原子团。在此过程中，具有临界值原子数的原子团称为

临界核,稳定的原子团称为稳定核。

(4)稳定核会再捕获其他吸附原子,或者与刚入射的气相原子相结合进一步长大形成"小岛"。

#### 5.1.2.2 核形成过程的相关理论

核在形成过程中具有两种成核类型:在均匀相中进行的核形成过程称为均匀成核;在非均匀相或不同相中进行的核形成过程则称为非均匀成核[22]。基本上在固体或杂质界面上发生的成核过程均是非均匀成核,如真空蒸发镀膜即为气相原子在固态基体表面的凝结过程,为非均匀成核。

核形成过程主要涉及两种理论:热力学界面能理论和原子聚集理论(统计理论)。热力学界面能理论是将一般气体在固体表面凝结形成微液滴的核形成理论(如毛细管润湿),应用于薄膜形成过程中的核形成研究。该理论采用蒸气压、界面能和润湿角等宏观物理量,从热力学的角度解释成核过程。而原子聚集理论在研究成核过程时,将核视作一个大分子聚集体,利用聚集体原子间的结合能或聚集体原子与基体表面原子间的结合能代替热力学自由能。在原子聚集理论中,结合能的数值是非连续变化的,并且是以原子对结合能为最小单位的不连续变化。热力学界面能理论主要适用于描述大尺寸临界核形成过程,因而该理论适用于解释自由能较小的材料的凝聚过程或过饱和度较小情况下的沉积过程。相反地,原子聚集理论更适用于解释小尺寸临界核形成过程。

### 5.1.3 薄膜形成过程

薄膜的形成过程通常指稳定核形成之后的过程。与前面的过程相比,薄膜的生长过程是一个更宏观的过程,薄膜的生长可分为以下 3 种模式(图 5-3)[23]。

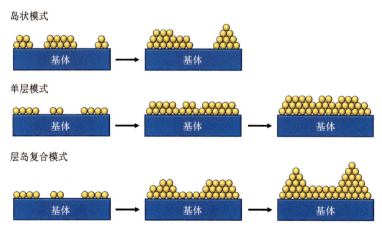

图 5-3 岛状模式、单层模式、层岛复合模式的薄膜生长过程

1)岛状模式(Volmer-Weber 模式)

吸附的原子在基体表面凝结后,在基体表面扩散迁移形成晶核,晶核进一步长大并合并,从而形成完整薄膜。在这种情况下会形成岛状的核心,说明沉积的材料与基体表面之间的浸润性较差。晶核与基体表面原子间没有键合,从而更容易自发成键形成三维岛状结构。在云

母、卤化物晶体、绝缘体、石墨基片上沉积金属时,通常展现出岛状生长模式。

2)单层模式(Frank-van der Merwe 模式)

当被沉积的材料在基体表面具有很好的润湿性时,被沉积的原子更倾向与基体表面原子成键。沉积的原子会均匀覆盖基体表面,以单层原子的形式逐渐叠加生长,最终形成薄膜。在单层生长模式下,没有明确的成核阶段,每层原子都能自发平铺在基体或者薄膜的表面,使系统的总能量维持在最低的状态。单层模式常见于半导体薄膜的单晶外延生长。

3)层岛复合模式(Stranski-Krastanov 模式)

层岛复合模式指的是先以单层模式生长再以岛状模式生长的复合生长模式。在沉积的原子以单层模式生长了 1~2 层单原子层后,再以成核和核再长大的方式形成薄膜。层岛复合模式一般在洁净的金属表面沉积金属时容易发生,如在 Cd/Ge 和 Cd/W 等材料体系中。

## 5.2 基体的表面处理

基体材料的选择和表面处理对后续的薄膜制备过程至关重要,选择一个合适的基体有利于后续原子的沉积及薄膜生长[24]。基体的选取一般基于以下原则:①气相原子容易在基体表面成核并进一步生长成薄膜;②应不同的用应选取不同的基体材料,常见的基体材料有金属(或合金)、塑料、玻璃和陶瓷单晶;③基体的材料结构与薄膜的结构需要对应;④基体材料与薄膜材料的性能要匹配,需要尽可能减小热应力,确保薄膜与基体结合紧密,避免薄膜脱落;⑤尽量选用表面粗糙度小和形状易加工的基体材料。

基体的表面处理是对基体材料表面进行人工处理,形成一层与原有基体的机械、物理和化学性质不同的表层的工艺方法。由于纳米薄膜的厚度通常为纳米级,基体表面的粗糙度(平整度)、清洁度,以及基体表面的物理化学状态对薄膜材料的生长过程和最终性能均有影响。因此,基体表面的状态一定程度上决定了薄膜的结构和物理化学性质。为了制备得到具有特定结构和功能的纳米薄膜,化学和结构兼容性好的基体材料必不可少。原子级别平整度和化学均匀度好的基体,通常具有一个晶胞单元阶梯高度和单一化学终端的表面,这对具有原子级别界面的高质量薄膜的外延可控生长是必不可少的。此外,基体材料的多样性也意味着对于一个给定的目标薄膜材料,可以选择一个晶格匹配的基体来生长具有自然状态的薄膜。当使用晶格不匹配的基体材料来生长薄膜时,基体表面会诱发薄膜的压缩或拉伸应变。在生长复杂的功能性薄膜和异质结构薄膜时,也可利用基体表面的差异性进行调控生长。对于金属氧化物基体材料,未处理的氧化物基体表面的化学性质通常是不均匀的,不同类型的阳离子在基体表面共存。此时金属氧化物基体表面是具有极性的,必须考虑基体表面热力学和静电等方面的影响。此外,常规切割方法获得的基体表面在原子级别上是不平整且化学性质不均匀的,需要进一步处理得到平整的基体表面。对于金属基体材料,由于空气中氧气的氧化作用,金属基体表面通常有一层金属氧化物膜,如需要单质金属作为薄膜沉积的基体,需要将表面的金属氧化物膜去除。综上所述,为了获得理想的纳米薄膜材料,需要对基体表面进行预处理,并且根据薄膜的生长方式和薄膜的应用方向选用不同预处理方法[25]。目前,基体常见的预处理方法有溶剂溶解污物法、超声波清洗法、紫外臭氧清洗法、等离子体清洗法等。

## 5.2.1 溶剂溶解污物法

为了获得具有洁净表面的基体，需要去除基体表面的污垢及杂质[26]。基体表面的污垢通常为粉尘、油脂等物质。基体表面的粉尘可通过机械力或水力的作用清除。基体表面的油脂可利用工业汽油、煤油、四氯化碳、甲苯、丙酮和乙醇等有机溶剂清除，这是利用油脂在有机溶剂中的溶解性。当使用金属材料作为基体时，金属基体的表面有时会有氧化物和锈蚀物。为了在沉积薄膜前得到洁净的金属基体表面，通常需要采用酸洗的方法[27]。例如，铁锈等铁的氧化物能够与酸溶液发生化学反应，进一步变成盐类物质，从而溶解到酸溶液中得以除去。酸洗常用的酸有硫酸、硝酸、氢氟酸、磷酸、铬酸和混合酸等。酸洗后的金属基体表面会暴露出所需的金属原子，应立即用于后续的镀膜过程，以免金属基体表面再次被空气氧化。

下面以湿法处理硅片表面为例详细介绍溶剂溶解污物的工艺步骤[28]。

(1) 首先要对硅片进行有机溶剂清理，有机溶剂可以清理硅片表面的油脂和其他有机残留物，该清洗过程通常耗时15min。值得注意的是，有机溶剂(特别是丙酮)也会残留在硅片表面，所以需要使用两种溶剂清洗。将丙酮和甲醇分别倒入两个容器中，将装有丙酮的容器放在加热板上加热升温，温度不要超过55℃。将硅片放入加热的丙酮中浸洗10min后，再将其取出并放入甲醇中浸洗2~5min，接着将硅片取出用去离子水冲洗，最后用氮气将硅片表面吹干。

(2) 接着需要清除硅片表面的有机残留物，该过程通常耗时20min。在该过程中使用的溶剂通常会氧化单质硅，在硅片表面留下一层很薄的硅基氧化物。清理硅片表面的有机残留物的溶剂配方通常为去离子水、氨水(27%，$NH_4OH$)、过氧化氢水溶液(30%，$H_2O_2$)，其体积比为5:1:1。上述溶剂的配置方法为：将去离子水倒入耐热烧杯中，加入氨水并加热至70℃左右；停止加热，并加入过氧化氢水溶液，此时溶液会剧烈冒泡1~2min，这说明溶液已配置好，可以使用。将硅片浸泡在该溶液中15min后，将其取出并放入装满去离子水的容器中，并且不断向容器内注入去离子水清洗残留溶剂，然后将硅片从去离子水中取出。为了进一步去除硅片表面残留的溶剂，需要用冷水不停冲洗硅片表面。

(3) 最后用氢氟酸(HF)水溶液短时间处理硅片表面，氢氟酸的作用是去除上一步在硅片表面生成的二氧化硅。由于该化学反应过程非常迅速，氢氟酸水溶液只能短暂处理氧化硅表面。首先需要配置氢氟酸水溶液(49%)，将高浓度的氢氟酸缓慢加入装有去离子水的塑料烧杯中。将硅片浸入上述稀释后的氢氟酸水溶液2min后，将其取出并用流动的去离子水清洗，最后用氮气吹干并储存在洁净干燥的环境中。该步骤结束后可获得表面洁净的硅片。

为了测试硅片表面的疏水性，可以在硅片表面滴加一部分去离子水，如果水在硅片表面浸润性差则说明基体表面洁净。该现象原理是硅是疏水的，而二氧化硅是亲水的，据此可以判断表面的二氧化硅是否完全去除。

## 5.2.2 超声波清洗法

超声波清洗法是通过超声波(通常频率范围为20~40kHz)在液体中的空化作用、加速作用和直进流作用，对基体表面污物进行直接或间接作用，使污染层被分散、乳化、剥离，以达到清洁基体表面目的的一种方法[29]。超声波的频率高且波长短，因此具有传播方向性好和穿透能力强等优点。超声波清洗法是现在半导体工业生产中常用的物理清洗方法,也是一种绿色的清洗方法,对基体表面几乎不会造成损伤[30]。清洗时通常会在清洗液中添加合适的清洗剂,从而具有更好的清洁效果。超声波空化作用极易发生在固液界面处,因此对浸入清洗液中的固体基体具有很好的清洗效果。由于超声波在固体和液体中的穿透能力强,可穿透基体,到达基体的另一侧,进而能够对基体材料内腔、缝隙、盲孔等受污染位置进行清洗。此外,超声波还具有乳化和中和的功能,能够防止清洗脱落的油污等污染物再次黏附于基体表面。

超声波清洗过程通常是在超声波清洗机中进行的。超声波清洗的最佳工作温度是 50~60℃,在超过 85℃时清洗效果会变差,并且温度过高也会影响清洗剂的效果。在实际使用超声波清洗机的过程中,需要关注清洗液的温度,使机器间歇性工作或更换清洗液,防止温度过高导致清洗效果不佳。与其他常用的物理清洗方法(如吹式清洗、浸润式清洗、蒸汽式清洗等)相比,超声波清洗后的基体表面残留物最少。因此,超声波清洗法具有速度快、效果好、成本低、流程简单和不受基体材料形状限制等优势,是目前最广泛使用的基体清洗方法之一。

如今,超声波清洗技术的功效已被许多行业所认可,并且已成功地广泛应用于实际的工业生产工艺中。超声波清洗技术主要具有以下优势。

(1)基体材料的清洗成本大大降低。虽然需要重新采购先进的超声波清洗设备并且溶剂消耗量大,但是人工成本大幅降低,基本可实现机械自动化清洗。

(2)在相同的清洗标准和基体数量下,可有效缩短清洗时间。

(3)相较于传统方法,超声波清洗法在去除污染物方面效果更好。

(4)超声波清洗法比其他方法清洗基体材料更可靠,在改进基体表面光洁度的同时可以减少基体表面的磨损和破坏性摩擦。

(5)受低效和破坏性清洗影响的基体数量少,因此可以有效提高生产和实验效率。

超声波清洗法已被用于清理基体表面附着的极其顽固的沉积物,如在清理金属基体表面的腐蚀沉积物方面,具有很大的优势[31]。超声波清洗中的空化力是可控的,因此通过适当选择相关关键参数,超声波清洗几乎可成功应用于任何需要去除小颗粒的清洗过程。

大多数情况下,超声波清洗足以去除强烈附着的污染物,又因足够温和,不会损坏大多数基体材料。使用超声波清洗法的主要问题是空化侵蚀,即由于微观气泡内爆而造成的基体表面材料损失。高强度的超声波具有强大的力量,也能够"侵蚀"最坚硬的表面。例如,石英、硅和氧化铝长期暴露在超声波空化作用下会被腐蚀,在反复清洗玻璃表面之后,还会造成"空化烧伤"。固体基体材料本身并不影响空化现象的存在。当空化作用存在时,所产生的空化侵蚀取决于基体材料特性,如硬度、加工硬化能力和晶粒大小。此外,基体材料的应力状态和耐腐蚀性也会影响空化侵蚀的程度。在高频超声波作用下,表面清洗和表面侵蚀过程会同时进行。因此需要优化超声波清洗机的参数设置,最大限度地提高清洗效率,同时最大限度地减少侵蚀损害。根据以往的研究结果,可选择不同的超声频率对不同的材料进行清洗[32]。

(1)频率在 20~40kHz 的超声波,用于发动机组件和重金属部件等材料的重度清洗,并用于清除重油污物。

(2)频率在 40~70kHz 的超声波,用于机器部件、光学器件和其他部件的一般清洁,该频率范围适合清除小颗粒污物。

(3)频率在 70~190kHz 的超声波,用于对光学器件、磁盘驱动器部件和其他敏感部件的温和清洁。

（4）频率在 190～500kHz 的超声波，用于精细清洗半导体晶片、超薄陶瓷、光学器件和高度抛光的金属镜面或反射镜。

因此，在实际清洗基体材料时，须选取合适的超声清洗条件，在保证清理表面污垢的同时不破坏基体表面。

### 5.2.3 紫外臭氧清洗法

紫外臭氧清洗属于紫外光表面清洗技术的一种，能有效清洗基体表面有机污染物并提高基体的润湿性[33]。紫外臭氧清洗过程通常是在紫外光清洗机内进行的（图 5-4）。紫外清洗机的上部具有低压紫外汞灯，能够发出波长为 254nm 和 185nm 的紫外光。这两种紫外光的能量极高，能够断开有机物中的分子键，将有机物光分解成离子、游离态原子、受激分子等，从而使基体表面的有机物活化并除去。此外，波长为 185nm 的紫外光可将空气中的氧气（$O_2$）转变成臭氧（$O_3$），随后臭氧吸收波长为 254nm 的紫外光的能量后会分解产生氧气和活性氧原子。在这两种波长的紫外光照射下，该光敏氧化的反应过程是持续不断进行的，因此臭氧会持续地产生并发生分解，从而实现活性氧原子的不断生成和数量累积（图 5-5）。活性氧原子具有极强的氧化能力，能够使碳氢有机物发生氧化反应，转变成挥发性的气体（如 $CO_2$、CO、$SO_2$、NO、$H_2O$ 等），从而脱离基体表面。以上即为紫外臭氧清洗法去除基体表面黏附的有机污染物的原理。该方法是一种无水无酸并且对基体表面无损伤的原子级别清洗方法，可有效提高基体表面润湿性并增强基体表面的黏合力[34]。

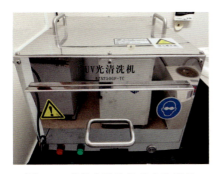

图 5-4 紫外光清洗机的实物照片

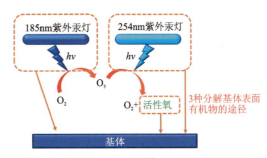

图 5-5 紫外臭氧清洗基体表面有机物的原理

紫外臭氧清洗过程中有几个关键的变量，对有效应用该技术去除表面污染物至关重要[35]。

（1）紫外灯光源。目前，用于去除有机污染物的商用紫外灯光源主要有两种，一种是低压汞灯，发光波长 185nm 和 254nm。为了达到最有效的清洁效果，波长为 185nm 和 254nm 的紫外光辐射必须同时存在。另一种是准分子灯，发光波长为 172nm。对于被微生物污染的基体表面，已有研究工作采用了 207～370nm 的附加紫外光照来去除微生物污染物，即同时使用汞灯和准分子灯两种光源。

（2）与光源的距离。臭氧在 255nm 左右有一个宽的吸收带，其吸收系数约为 131$cm^{-1}\cdot atm^{-1}$。辐射的强度随着紫外灯光源与样品间的距离呈指数下降。因此，样品应尽可能地靠近紫外线源,以最大程度地提高清洁效率。通常情况下,推荐的距离是1~5mm。

(3)预清洁。基体的预清洁指的是用泡沫清洗剂和化学试剂清除表面的粉尘污染和油脂污渍。一般来说,如果不预清洗基体表面,顽固的污渍不容易用紫外臭氧清洗法去除。特别是如果基体表面的污渍含有无机盐、灰尘或其他类似的物质,这些物质对光敏氧化作用有抵抗力,因此不能被紫外臭氧处理转化为挥发性产物。预清洁也经常用于去除较厚的表面污染物薄膜,这些薄膜可能由于紫外线辐射的交联作用而转变为抗紫外线的薄膜。

(4)基体材料的种类。紫外臭氧处理工艺已被应用于清洁各种基体材料,作为薄膜沉积之前的预处理工艺。一般来说,经过紫外臭氧处理后,基体表面的黏附力会有明显改善。紫外臭氧处理效果较好的基体材料主要包括:玻璃板;氧化物涂层,如氟掺杂氧化锡(如FTO玻璃)、氧化铟、氧化铟锡(如ITO玻璃);半导体晶片,如硅、锗、砷化镓、氮化镓等;陶瓷材料,如石英、云母、氧化铝、氮化硅等;金属,如不锈钢、铬、镍、铂铱合金等;聚合物,如聚乙烯、聚氯乙烯、聚醚酮、聚苯乙烯、丁二烯-苯乙烯(共聚物)塑料、聚二甲基硅氧烷、聚对苯二甲酸乙二醇酯等;织物,如聚酯、羊毛、丝绸等;聚酰亚胺复合材料和芳纶薄膜等。

(5)污染物的种类。以下污染物已被证实可成功地利用紫外臭氧清洗法进行清除:溶剂残留物(如丙酮、甲醇、异丙醇等)、人体皮脂、长期暴露在空气中吸附的有机污染物、微生物污染物(如细菌、真菌等)、真空泵油、切削用油、硅树脂扩散泵油、蜂蜡和松脂的混合物、硅树脂真空润滑脂、研磨剂、焊接剂、酸性助溶剂、树脂添加剂、真空蒸发形成的碳薄膜。

(6)清洁系统设备。目前市场上商业化的紫外臭氧清洗系统有各种尺寸和型号,包括台式和独立式清洗装置。通常情况下,紧凑型台式清洗系统由一个或多个抽屉式样品台组成,可以处理各种尺寸的零件。普通的紫外灯或透明石英灯具有不同的形状,从连续的蛇形管到离散的线性管。透明石英灯可以透射90%的波长为172nm及以上的紫外光,这使得清洁过程更加高效。尽管臭氧可以通过用短波长的紫外光(波长为185nm,对应光子能量为6.70eV)照射氧气(空气)来产生,但需要一个单独的臭氧发生器来维持足够的臭氧浓度,以实现更快地清洁污染物。

紫外臭氧清洗法已经成功地应用于半导体和电子材料、光学材料和部件、碳纳米材料、金属材料、聚合物材料、纺织品和织物材料、生物材料等领域。实际利用紫外臭氧清洗法清理基体材料表面主要具有以下优势:紫外臭氧清洗是一个干处理过程,处理时间相对较短;紫外臭氧清洗技术对去除分子水平的有机污染物非常有效,可获得超洁净的表面;由于紫外光强度和臭氧浓度可以准确地测量和再现,该清洗方法具有很强的可重复性;紫外臭氧清洗对基体表面没有损害,该工艺可用于清洗表面脆弱的基体;表面清洗后的基体可以进行有效的后续加工,如涂层和粘接;紫外臭氧清洗系统在常温和常压下运行,不需要真空条件。

综上所述,紫外臭氧清洗法是一种有效的方法,可以去除基体表面的各种薄膜型表面污染物。然而,厚度大的污染物不能被直接去除,必须增加一个预清洁步骤。紫外臭氧处理通常是最后一步,以实现接近原子级别清洁度的表面,从而使基体可用于后续的薄膜沉积。

## 5.2.4 等离子体清洗法

等离子体清洗法是一种通过使用等离子体的电离气体去除基体表面有机物的方法[36]。等离子清洗通常是在等离子体清洗机的真空室中利用氧气($O_2$)和/或氩气(Ar)进行的

(图 5-6)。该清洁过程不涉及任何刺激性的化学品,是一种环境友好的清洗方法。经等离子体清洗后,被清洁的基体表面通常会留下自由基,以进一步提高该表面的黏合度。众所周知,物质常见的存在状态有固体、液体、气体 3 种,等离子体属于物质的第四态。对气体施加足够的能量即可使其离化为等离子状态。等离子体主要有以下几种活性组分:离子、电子、原子、活性基团、亚稳态的核素、光子等。等离子体清洗通常是在等离子清洗机中进行的,在密封的腔体中放置两个电极形成电场,再利用真空泵使腔内维持一定的真空度。当腔内的气体变得稀薄时,分子(或原子)的间距和分子(或原子)的自由运动距离也会变大。由于电场作用,分子间(或原子间)会发生碰撞而形成等离子体。等离子体具有的高能量足以破坏几乎所有的化学键,利用等离子体轰击基体表面即可达到清洗目的[37]。不同的气体等离子体具有不同的化学性质,例如:氧化性气体等离子体具有很强的氧化性,腐蚀性气体等离子体具有较好的各向异性。基于氧气氛围的等离子体清洗为化学侵蚀,基于氩气氛围的等离子侵蚀为物理溅射侵蚀(图 5-7)。等离子体清洗法的应用范围较广,适用于清洗各类基体材料,如金属、半导体、氧化物和大多数高分子材料。有时为了达到更好的基体表面清洗效果,常将超声波清洗法和等离子体清洗法联合使用。

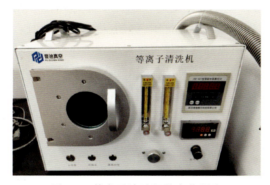

图 5-6 等离子清洗机的实物照片

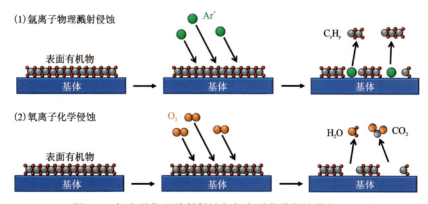

图 5-7 氩离子物理溅射侵蚀与氧离子化学侵蚀的机理

等离子体清洗技术结合了离子束技术和传统等离子体技术的优势。使用等离子体技术可以有效地清洁基体表面,去除材料污染[38]。例如,当暴露在环境中时,硅基体表面会生长出一层薄薄的氧化层,也被称为原生氧化物,等离子体清洗技术可用于在沉积薄膜之前去除硅基体表面的原生氧化物。等离子体清洗法在基体材料表面改性方面具有极大的优势。等离子体处理只影响基体材料的近表面，以极高的均匀性去除有机残留物，留下原子级的洁净表面。等离子体清洗法不改变大部分基体材料的特性，能够保持基体材料的完整性。此外，冷等离子体处理是在低温下进行的，因此能将损坏的风险降到最低。因此，等离子体清洗法主要具有以下优点[39]。

(1) 工艺灵活性。在充分掌握等离子体的物理和化学过程后，通常能掌握成熟的等离子清洗工艺，因此等离子体清洗过程是可靠和可重复的。通过改变使用的气体和配置参数，等离子体清洗法可实现清洁、活化、灭菌和一般的表面特征的调控。

(2) 兼容性。等离子体清洗法适用于多种基体材料，如玻璃、金属、塑料、陶瓷等。

(3) 工业可扩展性。与其他清洗技术相比，等离子体清洗技术的工业应用前景更大，且工业应用中等离子体技术的扩展灵活性更高。

(4) 低成本且易使用。与化学清洗和机械清洗等方法相比，等离子体清洗法的成本更低，而且更容易操作。因为不再需要化学药品和溶剂，与其相关的成本也大幅降低，同时等离子清洗法还可降低维护和处理副产品和危险化学品相关的成本。

(5) 环境安全。由于不再使用危险或有害的化学品，等离子体清洗过程是一个绿色环保的过程。等离子体清洗过程不涉及四氯化碳、溶剂、抗氧化剂、油脂、有机化合物、酸性清洗剂等有毒有害药品试剂。等离子体处理在接近室温的条件下运行，没有热暴露的危险。

下面以太阳能电池中的等离子体清洗技术为例，详细介绍等离子体清洗技术的一些实际应用。等离子体清洗技术已实际应用到光伏电池/电池板的制造，例如：通过氢气等离子体处理或沉积氮化硅薄膜对基体进行表面钝化[40]；通过等离子体刻蚀工艺去除硅酸磷玻璃表面污物[41]；利用等离子体清洗法进行表面调节，以及利用等离子体工艺进行预沉积清洗（去除原生氧化物）和表面纹理处理，都被提出并研究用于各种太阳能电池的制造（单晶/多晶硅和非晶硅）中[42]。因此，等离子体辅助制造硅基光伏电池正成为一项热门研究课题，对基础研究和工业应用的重要性不断增加。在光伏电池的生产过程中，进一步降低生产成本并提高性能稳定性，将促进等离子体处理和加工技术在大批量光伏制造业中的广泛使用。

在对晶体硅表面进行纹理处理后，在进一步沉积薄膜之前，必须去除硅片基体表面的原生氧化物。在溶剂溶解污物法的章节中有过介绍，原生氧化物的清洗通常采用基于不同配比氢氟酸溶液的湿法刻蚀工艺，可以实现晶体硅片表面的特性调控。然而，在湿法工艺中使用大量的去离子水和化学品会导致环境污染和成本增加等问题。因此，利用等离子体清洗法去除晶体硅表面原生氧化物是一种极好的方式。四氟化硅等离子体可有效去除硅基体表面的原生氧化物，但它也通过产生表面悬键降低了晶体硅的电气特性，导致界面缺陷。进一步的研究发现，在四氟化硅等离子体清洗后，氢气等离子体处理是必要的。氢气等离子体清洗可通过氢气有效钝化硅基体表面悬键并达到与湿法清洗相似的表面钝化效果[43]。

## 5.3 化学气相沉积方法

化学气相沉积（chemical vapor deposition, CVD）是一种利用气态或蒸气态的物质在气相或气固界面上发生反应生成固态沉积物的过程[44]。所产生的固体材料以薄膜或粉末晶体的形式存在。通过改变实验条件,包括基体材料、基体温度、反应气体的组成、气体流量和压力等,可以生长出具有不同物理化学特性的薄膜材料[45]。CVD技术具有均匀分散及沉积材料的特点,能够制备出厚度均匀、性能优良、孔隙率低的薄膜,即使在形状复杂的基体上也能实现。CVD技术的另外一个特点是能够将材料选择性地沉积在基体的特定位置。

### 5.3.1 CVD的工艺步骤

CVD的基本工艺步骤示意图如图[5-8(a)]所示,主要可分为以下几个步骤[46]:①气流中的反应物从反应器入口到沉积区的质量传输(传质);②薄膜前驱体和副产物形成的气相反应;③薄膜前驱体向基体表面的传质;④薄膜前驱体在基体表面的吸附;⑤薄膜前驱体向基体表面生长位点的扩散;⑥基体的表面反应和薄膜的成核及岛生长;⑦表面反应中副产物的解吸附及副产物从沉积区向反应器出口的传质。

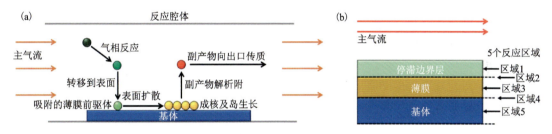

图 5-8 CVD的基本工艺步骤及工艺过程中的重要反应区域
(a)CVD的基本物质传输及反应过程;(b)CVD工艺过程中的5个重要反应区域

### 5.3.2 CVD的重要反应区域

在每个CVD工艺过程中,气态反应物被输送进一个密封的反应器。在加热的基体表面附近或上面,发生以下化学反应[47]:

$$\text{气态反应物(g)} \longrightarrow \text{固体物质(s)} + \text{气态产物(g)}$$

如图[5-8(b)]所示,在沉积过程中形成了5个与气体流动和温度有关的重要反应区。CVD材料的特性受到发生在这些反应区的物理和化学过程的影响。在CVD材料制备过程中,主气流(即反应气体混合物)将经过基体/薄膜表面。根据流体动力学可知,该过程将导致在基体/薄膜邻近的蒸气中出现一个停滞的边界层。在沉积过程中,气态反应物和气态产物将穿过这个边界层传输。在反应区域1及主气流中,均相反应可能发生在蒸气中,这将导致不理想的均相成核,其特征是薄膜呈片状且不粘连。但是,在某些情况下均相成核对CVD过程是有利的,如$Al_2O_3$、$B_{13}C_2$和Si的CVD制备过程。异相反应发生在蒸气和薄膜的气固界面上(区域2),该反应通常决定了膜层的沉积速度和特性。在CVD材料制备过程中,相对较高的温度会导致各种固相反应的发生(如相变、沉淀、再结晶、晶粒生长),这些反应均可能发生在区域3—5。区域4是一个扩散区,在该区域可能形成各种中间相,并且该区域的反应对膜层与基体的附着力至关重要。

### 5.3.3 CVD反应的分类

CVD过程通常伴随着复杂的化学反应机理,CVD过程中的化学反应主要可分为以下5种。

(1) 热分解反应通常是指将气态化合物 AX 热解为 A(固态物质)和 X(气态反应产物)的一种反应：

$$AX(g) \longrightarrow A(s) + X(g)$$

热分解反应通常会产生相对纯净的膜层。常见的热分解反应如下：

$$SiH_4(g) \longrightarrow Si(s) + 2H_2(g)$$

$$B_2H_6(g) \longrightarrow 2B(s) + 3H_2(g)$$

渗碳和氮化工艺也被归入这一反应类别。例如：在渗碳过程中，含碳元素的甲烷($CH_4$)蒸气在加热的基体表面根据以下原理进行分解：

$$CH_4(g) \longrightarrow C(s) + 2H_2(g)$$

沉积的碳原子会与基体材料发生反应，在基体中生成碳固溶体或者基体材料的碳化物。

(2) 还原反应，通常使用氢气($H_2$)作为还原剂，其反应如下：

$$2AX(g) + H_2(g) \longrightarrow 2A(s) + 2HX(g)$$

实际用于 CVD 合成的还原反应的例子如下：

$$WF_6(g) + 3H_2(g) \longrightarrow W(s) + 6HF(g)$$

$$SiCl_4(g) + 2H_2(g) \longrightarrow Si(s) + 4HCl(g)$$

(3) 置换反应，其特点是一种元素 E 取代另一种元素 X，在分子 AX 中有如下反应：

$$AX(g) + E(g) \longrightarrow AE(s) + X(g)$$

置换反应的应用例子主要有：

$$Zn(g) + H_2S(g) \longrightarrow ZnS(s) + H_2(g)$$

$$SiCl_4(g) + CH_4(g) \longrightarrow SiC(s) + 4HCl(g)$$

(4) 偶联反应，常用于 CVD 的合成中。利用 $AlCl_3$、$CO_2$ 和 $H_2$ 制备 $Al_2O_3$ 的偶联反应如下：

$$2AlCl_3(g) + 3CO_2(g) + 3H_2(g) \longrightarrow Al_2O_3(s) + 3CO(g) + 6HCl(g)$$

(5) 歧化反应，在 CVD 合成中的应用较少。当一种元素的化合价通过形成两种新物质而同时增加和减少时，就会发生歧化反应。从 AX 中获得 A 的歧化反应式如下：

$$2AX(g) \longrightarrow A(s) + AX_2(g)$$

歧化反应的实际应用例子如下：

$$2TiCl_2(g) \longrightarrow Ti(s) + TiCl_4(g)$$

$$2SiI_2(g) \longrightarrow Si(s) + SiI_4(g)$$

通常来说，CVD 法制备薄膜材料的反应选择较多。但在实际应用时，需要考虑工艺的要求，包括温度、总压力、基体和反应器的兼容性、反应气体混合物种类、成本、原料气体毒性等，因此需要选择最适合反应的工艺。

### 5.3.4 CVD 工艺的关键参数

基于 CVD 的气相生长方法在制备高质量二维材料方面展现出巨大的潜力，这是因为 CVD 法可制备高质量和尺寸可调的二维薄膜材料[48]。二维薄膜材料的特性很大程度上取决于其尺寸、形貌、晶相、任何存在的界面等。这些特征可以通过设计和调整 CVD 生长过程来调控，因此了解 CVD 的生长机制是很有必要的。在二维薄膜的生长过程中，有几个参数对

CVD生长过程至关重要,即基体、前驱体、温度和压力等参数[49]。上述参数会影响传质/传热过程和界面反应过程,并进而影响二维薄膜材料的生长。下面将详细介绍不同参数对CVD过程的影响。

#### 5.3.4.1 基体

基体能够为材料在 CVD 过程中提供沉积位点。除此之外,基体材料还具有其他功能。例如,在制备石墨烯时,由于镍和铜基体的碳溶解度和催化能力不同,具有不同催化活性的镍和铜基体可分别用作制备多层和单层石墨烯生长的催化剂[50];与之不同的是,化学惰性的云母和 Si/SiO$_2$ 常用作制备二维过渡金属硫化物[51]。在实际制备过程中,基体表面的微观结构和晶格结构会明显影响二维薄膜材料的生长。在制备光电器件和电子设备过程中,二维过渡金属硫化物薄膜通常在不添加任何催化剂的情况下在 Si/SiO$_2$ 基体表面生长。为了促进二维过渡金属硫化物薄膜的成核和生长,通常也将还原氧化石墨烯和特定有机物用作种子促进剂,来处理 Si/SiO$_2$ 基体表面[52]。除了上述种子促进剂之外,碱金属卤化物添加剂(如 NaCl、KCl、KI、NaBr)也被证明能够有效促进二维过渡金属硫化物薄膜的生长。该类种子促进剂和添加剂可与高熔点前驱体(如 MoO$_3$ 和 WO$_3$)反应,并形成挥发性的中间产物[53]。该过程中的促进剂和添加剂所起到的作用机制还没有被完全揭示,因此还有待进一步研究探索。将蓝宝石作为基体材料时,由于蓝宝石的特定晶面具有特定晶格取向和原子级别的表面平整度,过渡金属硫化物薄膜会沿特定的取向生长,这与蓝宝石的晶体对称性和表面特性有关[54]。将金属箔作为基体材料时,金属的不同晶面将会影响过渡金属硫化物薄膜的成核和晶畴大小[55]。特定的晶面会发生过渡金属硫化物的优先成核和生长,这是由于过渡金属硫化物和基体表面间的结合能在不同的金属表面上是不同的。除此之外,基体的朝向对生长薄膜的形貌控制很重要。在反应腔中,相较于平行于基体方向,垂直于基体方向生长的薄膜均匀性更好。

#### 5.3.4.2 前驱体

前驱体是 CVD 制备过程中的反应物。通常来说,在将前驱体转化为所需产物的过程中,通常涉及 3 种反应:热分解反应、化学合成反应和化学传输反应。以商业生长硅薄膜为例,蒸气原料(SiH$_4$ 或 SiH$_2$Cl$_2$)和载气(H$_2$ 和 Ar)将被同时通入反应腔室中,通过改变每种气态前驱体的流速和分压可以精确地控制反应腔室中参与反应的气体分子量。此外,反应腔室中氢气的含量极大,可终止任何断裂或悬空的键,从而获得高质量的硅纳米薄膜。需要注意的是,腔室内使用的气态前驱体和载气都应是高纯气体,这样可以避免污染和副产物的产生。石墨烯薄膜的制备也具有相同的情况,制备石墨烯薄膜通常使用 CH$_4$ 和 H$_2$ 等气体作为前驱体。CH$_4$ 和 H$_2$ 等气体分子量较小,可以在很宽的范围内有效地精准控制气体流速,从而精确调控石墨烯薄膜的结构、形貌、厚度和尺寸。为了进一步调控石墨烯薄膜的特性,可引入其他气态原料来实现石墨烯薄膜的掺杂。例如,通过在气态前驱体中引入 NH$_3$ 或 PH$_3$,可在石墨烯晶格中实现 N 或 P 原子的掺杂[56]。但是,过渡金属硫化物薄膜无法直接使用气态前驱体制备,常需要使用固态前驱体。在制备过渡金属硫化物薄膜时,过渡金属氧化物、金属氯化物和金属箔经常作为金属来源,而硫粉则作为硫源。由于固态前驱体的蒸气压力对温度十分敏感,反应腔室内的固态前驱体需要十分精确的温度控制。因此,和基于气态前驱体的 CVD 制备工艺相比,基于固态前驱体的 CVD 制备工艺更为复杂且相关的影响参数更多。

### 5.3.4.3 温度

腔室内的温度也是影响 CVD 反应的参数之一[57]。腔室内的温度会影响载气的流动、气态前驱体的化学反应和薄膜在基体表面的沉积速度,因此腔室内的温度对沉积薄膜的组成和均匀性有决定性的作用。通常情况下,在合理范围内提高腔室内的反应温度可获得更高质量的薄膜,但是需要考虑基体的高温稳定性和能耗成本。除此之外,高温会导致气态前驱体和产物在气流中的快速扩散,从而导致浓度梯度的产生,该问题在固体表面附近的质量传输方面表现得更为明显。和基于气态前驱体的 CVD 反应相比,温度对基于固态前驱体的 CVD 反应影响更为明显。以 CVD 制备过渡金属硫化物薄膜为例,固态前驱体反应区域的温度非常重要。轻微的温度变化就会导致汽化的固态前驱体饱和蒸气压的剧烈变化,这在很大程度上会影响过渡金属硫化物薄膜的生长。此外,反应区域的温度会影响气态前驱体的传质过程及其在气/固界面的反应,这也为调控反应速率提供了有效的方法。反应区域的高温是用来汽化硫粉固态前驱体的,温度越高前驱体气体的浓度越高。在气态前驱体充足的前提下,薄膜的生长是由化学反应速率控制的。相反地,相对低的温度会引发传质受限的薄膜生长机制。随着固态前驱体的逐渐消耗,气态前驱体浓度也会逐渐降低,致使过渡金属硫化物薄膜生长过程中存在前驱体浓度梯度,最终导致薄膜的 CVD 生长过程难以控制。对于气/固界面的成核过程,在通常情况下,高温会导致热力学过程占主导,而低温会导致动力学过程占主导。综上所述,温度对过渡金属硫化物薄膜的可控生长至关重要。

### 5.3.4.4 压力

CVD 系统腔室内的压力可在很大范围内变化,可以从几个大气压到几个毫米汞柱甚至更低,这对气态反应物和载气的流动过程有很大的影响。理想气体状态方程如下:

$$PV = nRT$$

式中:$P$ 为气体压强(Pa);$V$ 为气体体积($m^3$);$n$ 为气体的物质的量(mol);$R$ 为摩尔气体常数(也称作普适气体恒量,J/mol·K);$T$ 为温度(K)。对于低压情况,在气体的摩尔流量相同的前提下,当气体的体积流量和流速大幅增加时,根据理想气体状态方程,前驱体的浓度会下降。因此,低浓度的前驱体和高速率的质量传输可使 CVD 反应过程更加可控。为了生长晶圆级的连续过渡金属硫化物薄膜,通常需要采用低压 CVD 法[58]。除此之外,气态前驱体的分压可以影响过渡金属硫化物薄膜的逐层生长机制。在低压条件下,第二层的成核只能发生在晶界;而在高压条件下,成核过程将随机发生在第一层的顶部,导致最终薄膜为单层和多层的混合物。因此,选择合适的压力对制备高质量的均匀二维薄膜至关重要。

### 5.3.4.5 其他影响因素

在热蒸发 CVD 法中,热量是打破前驱体中化学键的主要能量来源,这可以促进后续反应最终形成薄膜。除了热蒸发 CVD 法,还有许多其他的方法同样可以实现前驱体的活化,如借助等离子体和激光等。在这些改良的 CVD 法中,等离子体增强 CVD(plasma-enhanced chemical vapor deposition,PECVD)法展现出巨大的优势,可成功制备传统热蒸发 CVD 法无法沉积的薄膜[59]。等离子体是一种特殊的气体物质，其原子（或分子）被电离成带负电的电子、带正电的离子和电中性物质。在等离子体中，电子是一种极轻的物质，并且具有数千开尔文的高温。由于电子具有如此高的温度，常常可以诱发传统热蒸发温度下无法发生的化学反应，如前驱体分子的解离。此外，基体表面和高能离子间的相互作用可以有效增大沉积薄膜的密度，有利于清除污染物并提高薄膜质量。进一步发展的电感耦合等离子体 CVD（inductively coupled plasma chemical vapor deposition，ICPCVD）法能够在比普通 PECVD 法更低的温度下进行薄膜沉积[60]。PECVD 法和 ICPCVD 法能够在相对较低的温度下制备高质量的二维薄膜，这使得玻璃和聚合物基体材料的应用得以实现。传统的热蒸发 CVD 法制备石墨烯通常需要 1000℃ 左右的高温，而已有研究工作成功地实现了利用 PECVD 法在 500℃ 左右在玻璃基体表面生长石墨烯，并且不需要任何催化剂。此外，利用 PECVD 法可实现更低温度下过渡金属硫化物薄膜的制备，且 ICPCVD 法在合成新结构过渡金属硫化物薄膜方面潜力无限。

### 5.3.5　CVD 的实际应用

CVD 及其相关工艺被广泛应用于各种薄膜领域[61-62]。微电子工业利用 CVD 法来生长外延层，并用于制造钝化层、扩散屏障、氧化屏障、电介质、导体等薄膜。CVD 法还应用于制备光导纤维（又称光纤）。通过在熔融石英管的内部涂上二氧化硅、二氧化锗、三氧化二硼等可调整光纤的折射率曲线。在沉积这些氧化物后，熔融石英管会被折叠成棒状，再被拉成光纤。CVD 法也常被用于新型太阳能电池的制备。新型太阳能电池通常为薄膜太阳能电池，如钙钛矿太阳能电池、有机太阳能电池和砷化镓太阳能电池等。CVD 法能有效控制成膜过程及成膜质量，对太阳能电池中的光吸收层十分重要。近年来，超导材料及石墨烯、石墨块、碳纳米管等新型碳材料的合成也用到 CVD 法，制备的薄膜可用于先进的电子、生物和化学设备及检测器。此外，CVD 法还可用于各种功能涂层的制备，如导电涂层、耐热涂层、抗腐蚀涂层、耐磨涂层、装饰涂层等。

下面以制备二维石墨烯薄膜材料为例，详细介绍 CVD 法的实际应用。在众多制备石墨烯的方法中，CVD 法被证明是制备大面积和高质量石墨烯薄膜最有效的方法。CVD 法具有极好的可控性、均匀性和可扩展性。传统的 CVD 法通常通过在 1000℃ 高温下分解碳氢化合物气体（如 $CH_4$ 和 $C_6H_{14}$），在催化金属基体（如 Cu 薄膜和 Ni 薄膜）表面制备石墨烯薄膜。该金属基体通常是能够承受高温且能够作为碳氢化合物分解的催化剂，但是基体材料的选择受限。为了拓展石墨烯薄膜的应用范围，需要将石墨烯材料生长在透明基体上（如玻璃和有机柔性基体）。透明基体上生长的石墨烯薄膜的应用可拓展到新型太阳能电池、光探测器和发光二极管等[63]。Sun 等[64]报道了一种无催化剂的常压化学气相沉积（catalyst-free atmospheric-pressure chemical vapor deposition，APCVD）法，用于直接在固态玻璃表面制备大面积的均匀石墨烯薄膜。在没有金属催化剂的情况下，APCVD 法利用 $CH_4/H_2/Ar$ 混合气体在 1000℃ 的高温下，在耐高温的玻璃表面生长石墨烯[图 5-9(a)]。通过调整混合气体的流量，可成功调控石墨烯的厚度[图 5-9(b)]，从而获得具有不同光学透明度和电导率的石墨烯玻璃。通过 HRTEM 图像[图 5-9(c)]可知，石墨烯薄膜是一种单层和少层石墨烯的混合物。原子分辨率的 TEM 图像[图 5-9(d)]进一步证实，通过 APCVD 法合成的石墨烯具有较好的晶体质量。然而，APCVD反应所需的1000℃高温反应条件将可用的基体材料限制为耐高温的玻璃基体。为了进一步解决该限制问题并拓展其应用，Wei等[65]利用铜箔辅助的PECVD法，在2Pa的压强和600～700℃的较低温度下，在柔性玻璃上成功制备石墨烯[图5-10(a)]。由于泡沫铜的离子轰击屏蔽效应，制备得到的石墨烯玻璃表现出较高的透明度和极好的柔性[图5-10(b)、(c)]。此外，通过柔性玻璃上650℃生长的石墨烯表面的SEM图像[图5-10(d)]和G峰的拉曼强度分布图谱[图5-10(e)]可知，柔性玻璃的垂直方向被高质量石墨烯均匀地覆盖。石墨烯薄膜还拥有更小的方阻（1～3kΩ/sq）[图5-10(f)]，这大大低于用传统方法制备的石墨烯薄膜（方阻为5～18kΩ/sq）。

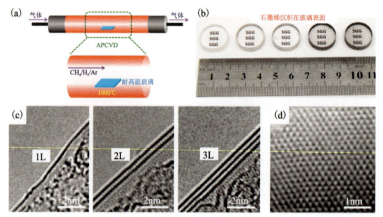

图5-9　APCVD制备石墨烯的示意图及合成石墨烯的形貌表征

(a)无催化剂APCVD制备石墨烯的示意图；(b)石墨烯生长前后硼硅酸盐玻璃基体照片：左一是空白基体，左二开始往右$CH_4$流量分别为2、5、7.5和10sccm；玻璃基体上通过APCVD法生长的石墨烯；(c)高分辨率TEM图像；(d)原子分辨率TEM图像[64]

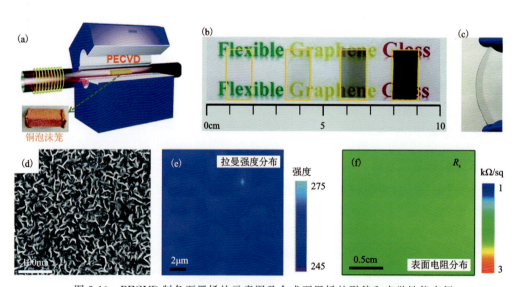

图5-10　PECVD制备石墨烯的示意图及合成石墨烯的形貌和光学性能表征

(a)泡沫铜辅助PECVD法合成示意图；(b)石墨烯生长前后柔性玻璃照片：左一为空白柔性玻璃照片，左二开始往右分别是石墨烯生长60min、120min和180min的柔性玻璃照片；(c)确认石墨烯玻璃柔韧性的照片；(d)柔性玻璃上650℃生长的石墨烯表面的SEM图像；(e)G峰的拉曼强度分布图谱；(f)表面电阻分布[65]

## 5.4 磁控溅射方法

磁控溅射（magnetron sputtering）是一种物理气相沉积（physical vapor deposition，PVD）方法[66-67]。磁控溅射通常在磁控溅射镀膜系统（图5-11）中进行，常用于金属、半导体、绝缘体等材料的制备，并且拥有工艺简单、易于调控、镀膜面积大和附着力强等优势[68]。此外，具有高熔点的材料也可采用磁控溅射进行沉积。

### 5.4.1 磁控溅射的步骤与原理

溅射技术的基本工作过程如图5-12所示[69]，两个电极被部署在沉积腔室的两侧，并连接电源。基体材料为阳极，靶材为阴极。为了保证薄膜的质量，沉积腔室内须保持$10^{-3}$ mbar的低压环境。惰性气体，如氩气（Ar）、氖气（Ne）、氪气（Kr）或

图5-11 磁控溅射镀膜系统实物图片

氙气（Xe）等，作为工作气体被注入沉积室中。进入阳极和阴极之间的高压电场后，氩气就会被电离。在发光的放电等离子体中产生的高能正离子轰击阴极，将材料分子从靶材上击出，输送到基体表面，并与基体表面结合成键。此外，从阴极释放的二次电子在维持等离子体方面起着重要的作用[70]。

传统的二极管溅射工艺具有一些局限性，如低沉积率、低电离效率、高放电电压值，以及对基体增加的热效应[71]。为了解决这些问题，一种新的溅射技术得以发展，即磁控溅射。通过施加平行于阴极的静态磁场，延长阴极附近的二次电子的寿命，可以在一定程度上解决这些问题。在磁控溅射中，磁铁的南磁极位于阴极的中心轴上，而北磁极则是围绕阴极的一个磁环，能将电子长期封闭在阴极附近，增强氩原子的电离，从而形成密集的等离子体[72]。这些密集的等离子体又增加了阴极被离子轰击的次数，提高了溅射率，从而加快了沉积速率。

磁控溅射技术中的阳极安排是亟待研究的关键领域之一[73]。一般情况下，沉积腔室的内壁可作为一个大尺寸的阳极。但是腔室内壁上的沉积没有合适的电流路径，因此通常需要将一个单独的阳极置于靶材的周围，作为屏蔽的接地环（图5-13）。该接地环上不会有沉积物，

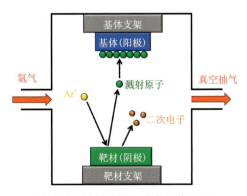

图5-12 溅射镀膜的基本工作原理

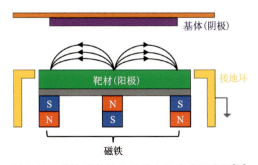

图5-13 磁控溅射放电及其电场分布示意图[71]

并能自行加热保持清洁。当电子沿着磁场线接近阴极时,它们会穿过接地的阳极屏蔽层。一般在阴极和阳极之间使用直流电,腔室内壁接地,阳极利用电阻器与腔室内壁相连。在放电开始之前,腔室内壁和阳极之间的电位差为零(即处于相同的电位),这使放电过程能顺利启动。当放电开始时,电阻器上电压会下降,腔室内壁和阳极此时具有不同电位。

### 5.4.2 磁控溅射的分类

磁控溅射主要可分为平衡磁控溅射和非平衡磁控溅射两种(图5-14)。

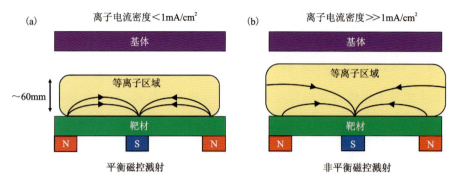

图5-14 磁控溅射的磁场及等离子区域
(a)平衡磁控溅射;(b)非平衡磁控溅射

#### 5.4.2.1 平衡磁控溅射

如图5-14(a)所示,在平衡磁控溅射中,两个磁极的强度相等,等离子体被限制在阴极区域。在距离阴极表面6cm的范围内存在一个密集的等离子体区域。将基片置于离阴极表面6cm的范围内(即等离子体区域),可实现基体表面的离子轰击。用离子轰击基体表面可以确保沉积的薄膜具有更好的形貌结构和性能。当基体固定在距阴极大于6cm的位置时,基体将处于低等离子体区域,且不会发生离子轰击[74]。密集等离子体区域的范围主要取决于靶材的形状和尺寸、工作时的气体压力、输入功率等。此外,由于基体的离子电流密度较小($<1mA/cm^2$),制备的薄膜结构和性能较差。在该情况下,离子轰击可以通过向基底施加一个负偏压来实现,但是强制的离子轰击会造成薄膜缺陷,从而降低薄膜质量。因此,使用磁控溅射技术在巨大的部件上沉积较厚的薄膜是十分困难的。为了制备缺陷少且致密的高质量薄膜,通常需要采用非平衡磁控溅射。

#### 5.4.2.2 非平衡磁控溅射

如图5-14(b)所示,平衡磁控溅射和非平衡磁控溅射在物理结构上仅略有区别,但其性能具有很大的差异。使用非平衡磁控溅射在基体上产生的离子电流密度很大($>2mA/cm^2$),而轰击离子的能量很低($<100eV$)。因此,阴极外圈的磁极与磁体的中心磁极相比会有所加强。在非平衡磁控溅射中,两个磁极间的磁场线并不完全封闭。少数磁场线将向基体延伸,导致基体附近的等离子体扩大,加速了基底附近的二次电子运动。因此,基底附近的离子电流密度增大,并且不需要任何外部的负偏压。在这种情况下,在基底附近可获得一个有效的离子

源,确保非平衡磁控溅射比平衡磁控溅射更好更可控的薄膜沉积效果。

### 5.4.3 磁控溅射的关键工艺参数

目前,商业化的磁控溅射镀膜机种类繁多,从小型的研究型镀膜机到能够实现多个加工阶段的复杂生产型镀膜机都有。选择合适的镀膜机通常需要考量的内容包括镀膜材料、基体材料类型、所需的薄膜性能范围和镀膜产量需求等。在实际使用磁控溅射设备时,也需要考虑以下的工艺参数对镀膜过程的影响[75]。

(1)基体处理。在薄膜沉积之前对基体表面进行辉光放电清洗已经成为必备步骤,常用于光学薄膜的制备。如果基体表面含有污染物杂质,将会直接影响后续沉积的薄膜质量。常用的基体表面清洗方法已在"基体的表面处理"部分进行了详细介绍。

(2)溅射靶材。溅射靶材是磁控溅射过程中需要仔细考量的参数之一。几乎所有所需的商业化靶材都可以通过购买得到,靶材也可以通过机械、烧结和冶金的技术制备得到。对于双合金成分的薄膜,制备时通常需要使用双源溅射,两个溅射源采用不同的靶材。在双源溅射镀膜的过程中,基体需要匀速旋转以获得同质的合金薄膜。对于合金薄膜的沉积,最佳方案是使用和所需合金薄膜相同成分的合金靶材。在使用热压靶材时,应用温水冲刷靶材的冷却管,以防止水在多孔的靶材中凝结和滞留。在使用大型磁控管的情况下,靶材的不完全利用是主要问题。在高功率工作时需要对靶材进行直接水冷,出于机械方面的考虑,需要一个尺寸远大于侵蚀痕迹的靶材,因此靶材的利用率通常被限制在25%左右。为了进一步提高靶材的利用率,可以将磁场线压扁至与靶材表面平行。

(3)生长温度。磁控溅射通常被视为一种低温沉积过程,能够实现在热稳定性差的材料表面镀膜。腔内热量的主要来源是离子轰击靶材所产生的二次电子,随后二次电子被加速到达基体表面。二次电子加速的主要作用力来自暗区电压、凝结过程产生的热量、原子动能、等离子体辐射和阴极的离子中和及反射。

(4)沉积速率。薄膜的沉积速率取决于靶材的形状和大小,工作时的压力及靶材与基体之间的距离。薄膜的沉积量可以通过假定的余弦发射曲线得到准确的预测。基体旋转运动和定制的具有孔洞的掩模版,经常被用来提高薄膜的均匀性。从磁控管源溅射出的原子的沉积概率和空间分布可以通过沉积腔室内的压力及靶材和基体之间的距离测量得到。

(5)气体压力。磁控溅射的工作压力可通过调节气体流入量或者下游的气压来控制,下游气压的调节主要通过一个孔隙大小可变的阀门来控制抽气的速度实现。尽管控制下游的压力已被证实优于控制上游的压力,但是同时进行上游和下游的压力控制是更好的选择。

### 5.4.4 磁控溅射的实际应用

磁控溅射技术已经发展为一项非常成熟的技术,并且广泛应用于实际的工业生产中[76-77],如用于透明导电电极、太阳能电池、低辐射窗户的表面涂层、发光体薄膜、磁光存储介质、光盘,用于多层电路的平面化涂层,用于镜子和过滤器的光学涂层,用于大规模光栅电路的导电层和阻挡层,用于集成光学设备的非晶光学薄膜、微电子领域的非热式镀膜、类金刚石涂层、切割工具的耐磨涂层和装饰涂层。磁控溅射的飞速发展也归功于小型研究规模的磁控溅射镀膜机的实验改良,改良后的镀膜机很容易应用到大规模的磁控溅射工艺改进中。

下面介绍磁控溅射在制备无机物纳米薄膜中的具体应用。Zeman 等[78]成功地利用磁控溅射技术在玻璃基体表面沉积二氧化钛($TiO_2$)纳米薄膜并用于光催化降解亚甲蓝溶液。$TiO_2$薄膜是在高纯氩气(99.999%)和高纯氧气(99.99%)的混合气氛中使用商用的磁控溅射系统进行溅射沉积得到的。实验中使用的圆形磁控管装备是直径为 75mm 的钛靶(99.9%),并且由频率为 13.56MHz 的射频电源供电。将预先清洗过的玻璃基体放置在系统腔体内的旋转基体支架上,用真空泵对腔室内进行抽真空,使其基准压力低于 $10^{-3}$Pa。氩气和氧气的流速由质量流量计控制,且使用一个电离气压计监测薄膜沉积过程中的工作压力。此外,磁控管和基片支架之间有一个挡板,可实现在薄膜沉积之前对基体表面进行清洁。该工作将基板到靶材的距离固定为 80mm,调控总压力($P_t$)、氧气分压力和总压力的比值($P_{O_2}/P_t$)、基体温度和薄膜厚度。图 5-15(a)和图 5-15(b)分别展示了总压强在 0.92Pa 和 2.77Pa 下等离子溅射制备的 $TiO_2$ 薄膜的表面 SEM 图像。从图 5-15(a)中可以发现,在总压强为 0.92Pa 条件下制备的 $TiO_2$ 薄膜表面是由堆积相对密集的表面颗粒组成,其形状类似于不规则的多边形。而在图 5-15(b)中,在总压强为 2.77Pa 条件下制备的 $TiO_2$ 薄膜表面颗粒密度比较小,因此薄膜表面更为粗糙。综上所述,在磁控溅射镀膜过程中,系统腔室内的压强对薄膜表面的影响较大。根据目标需求,选取合适的工作压强,可实现薄膜表面形貌的调控。

图 5-15　等离子溅射制备的 $TiO_2$ 薄膜的表面 SEM 图像[78]($TiO_2$ 薄膜厚度均为 250nm,氧气分压力和总压力的比值为 70%,磁控溅射功率设置为 300W)

(a)总压强为 0.92Pa;(b)总压强为 2.77Pa

Junaid 等[79]通过直流磁控溅射在氧化铝 $Al_2O_3$(0001)基体表面成功生长电子级的氮化镓 GaN(0001)薄膜,得到的 GaN 薄膜具有极高的结构和光学质量,可直接用于制造高性能的器件。在此工作中,单步直流磁控溅射外延生长发生在 700℃,并以液态的 Ga 为靶材,$N_2$作为气态前驱体原料,直接在 $Al_2O_3$(0001)上生长高质量的 GaN(0001)外延薄膜。在磁控溅射制备过程中,需要平衡靶材的溅射和氮化两个过程,使用非常低的基体压力和超高纯度的反应原料。GaN(0001)外延薄膜是在一个基础压强为 $1.0\times10^{-8}$Torr(1Torr=133.322Pa)的超高真空腔室中生长在(0001)取向的 $Al_2O_3$ 基体表面上的。利用一个 Ⅱ 型不平衡磁控管将等离子的范围扩展到基体表面附近。液态 Ga(99.999 99%)被用作磁控溅射靶材,其被放置在一个直径为 50mm 的水平水冷不锈钢槽中。氩气(99.999 999%)和氮气(99.999 999%)的混合气被用作磁控溅射的工作气体,其中氩气和氮气的分压分别为 2.5mTorr 和 2mTorr。液体 Ga 靶材首先在 20W 的功率下溅射 2min,随后将工作功率降低到 10W。在此条件下,GaN

(0001)外延薄膜以1.5Å/s的速度在$Al_2O_3$(0001)基体表面生长。通过飞行时间弹性反冲探测(time-of-flight elastic recoil detection analysis,ToF-ERDA)技术对制备得到的厚度约为200nm的GaN外延层的元素进行深度分布分析表征。由图5-16(a)可知,GaN外延层薄膜在其内部表现出极好的化学计量和极高的纯度,其中Ga和N的元素含量分别约为49.7at.%和50.1at.%。此外,含量低于0.2at.%的氧元素在表面附近略有增加,碳元素也可以在薄膜和基体的界面处检测到。氧元素的可能来源是生长后的表面氧化及其沿线状缺陷的扩散。在表面和界面上检测到的碳元素信号的来源尚不清楚,可能源于生长前后在表面物理吸附的碳氢化合物。图5-16(b)展示了$Al_2O_3$基体表面生长的GaN薄膜的横截面TEM图像及其相应的选区电子衍射(SAED)图像(沿着$[11\bar{2}0]_{GaN}$晶带轴)。从SAED图像中可观察到蓝宝石上的单晶氮化镓外延层的特征,其外延关系为:$[11\bar{2}0]_{GaN}$ // $[1\bar{1}00]_{Al_2O_3}$和$[0001]_{GaN}$ // $[0001]_{Al_2O_3}$。从图中可以看出,薄膜的表面非常平整,说明GaN薄膜是以二维生长模式形成的。在基底/薄膜界面附近,发现了一个高缺陷密度区域,其特征是向外膜突出10～20nm,在生长的初始阶段引入了一定程度的松弛。还可发现一个不规则的应变对比区域延伸到基体的界面上,这是典型的部分松弛的外延层。此外,观察到线状位错在界面上出现,并在整个薄膜中以接近恒定的密度发展。

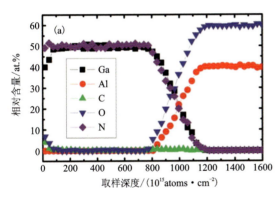
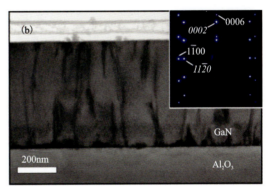

图5-16 GaN薄膜的表征

(a)通过ToF-ERDA测试获得的200nm厚的GaN薄膜的元素深度分布图;(b)$Al_2O_3$基体表面生长的GaN薄膜的横截面TEM显微图像和选区电子衍射(SAED)图像[79](在SAED图像中,斜体字的指数代表GaN薄膜,非斜体字的指数代表$Al_2O_3$基片,沿着$[11\bar{2}0]_{GaN}$晶带轴)

## 5.5 溶胶-凝胶法

溶胶-凝胶法是目前常用的一种薄膜制备方法,也是制备过程最简单的薄膜合成方法之一[80]。首先需要制备薄膜的前驱体溶液,将含高化学活性组分的化合物溶解在合适的液体溶剂中,并使这些原料与溶剂均匀混合。接着,该溶液中会发生水解、缩合等化学反应,从而形成稳定的透明溶胶体系。随着陈化时间的推移,胶体颗粒会发生缓慢聚合,形成三维网络结构的凝胶,从而使得体系的流动性变差[81]。然后通过旋涂、浸渍、滴涂等方法将其铺展到基体表面。采用溶胶-凝胶法可在拥有复杂形状的基体内部和外部同时镀上薄膜。薄膜厚度通常在微米量级和纳米量级,并大面积地分布均匀且具有较好的黏性。通常情况下,为了获得结晶良好的致密微晶薄膜,需要进一步对前驱体薄膜进行煅烧处理。相较于需要真空技术的CVD法和磁控溅射法,溶胶-凝胶法所需的仪器简单且价格低廉。

### 5.5.1 溶胶-凝胶工艺

溶胶-凝胶过程指的是溶液或溶胶转化为凝胶的全部过程。溶液是一种单相液体,而溶胶是由胶体颗粒组成的稳定悬浮物。在转化过程中,溶液或溶胶通过失稳、沉淀或过饱和形成一种由海绵状的三维固体网络组成的凝胶。在制备凝胶时,孔隙中的液体主要由水或者酒精组成,因此产生的凝胶称为水凝胶或者酒精凝胶[82]。溶胶-凝胶法在制备材料的初期就可对反应进行调控,通常采用该方法制得的薄膜均匀度可以达到亚微米级别、纳米级别甚至分子级别。

#### 5.5.1.1 醇盐化学过程

溶胶-凝胶工艺的第一步是选择合适的试剂,下面以二氧化硅($SiO_2$)为例进行分析[83]。在现有的硅基醇盐中,正硅酸四乙酯(TEOS)是最常用的,因为TEOS能与水缓慢发生反应,以复合硅醇的形式达到反应平衡。当有四分之一含量的TEOS处于水解状态时,胶体保质期约为6个月。透明的TEOS液体是四氯化硅($SiCl_4$)与乙醇反应的产物,并且TEOS液体能够溶于乙醇。将溶于乙醇的TEOS进一步溶于水时,水解和聚合反应就会发生。主要的反应化学方程式如下:

$$Si-O-C_2H_5 + H_2O = Si-OH + C_2H_5OH(水解反应)$$
$$Si-O-C_2H_5 + Si-OH = Si-O-Si + C_2H_5OH(聚合反应)$$

通常也会加入一种酸来控制反应速度,并且反应温度保持在$-20\sim80℃$。这种反应一般需要$1\sim3h$,同时体系黏度也会增加。硅醇和乙氧基会发生缩合,从而产生一个桥接的氧或者硅氧烷基团(Si—O—Si)。中间产物包括硅烷醇、乙氧基硅烷和聚硅氧烷,均可溶于酒精和水。

影响这些化学反应的因素主要有温度、pH值、溶剂、水含量和前驱体[84]。通常温度越高,反应速度越快;低pH值有利于线性分子的聚合;成分复杂的溶剂更容易与长链醇混合;水应过量,以确保反应体系中无有机物残留。对于前驱体来说,长链有机基团的反应速度较慢,甲基基团的反应速度最快,须根据目标所需和实验经验选取最佳的参数组合。

对于二氧化硅,使用酸性催化剂得到的透明凝胶是由线性链组成的,而利用碱性催化剂得到的浑浊凝胶是由颗粒状的支链团组成的。为了得到致密的薄膜,酸性催化剂是首选,因为链状的凝胶在涂布过程中更容易覆盖基体表面。如图5-17所示,上述情况可在TEOS-乙醇-水的体系中体

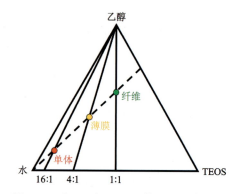

图5-17 水-乙醇-TEOS体系的三角图,显示了形成单体、薄膜、纤维的体系组成比例

现[75]。从乙醇顶点到 TEOS-水的二元组分有 3 条直线,其中水与 TEOS 的摩尔比恒定在 16∶1,4∶1 和 1∶1。另一条直虚线是从水顶点到 TEOS-乙醇二元组分,其与上述 3 条直线的交点代表的是可形成单体(可浇铸)、薄膜(可涂膜)和纤维(可纺丝)的 3 个溶剂配比。除开不相溶的区域,溶液中水的比例大于 70mol%时可浇铸,水的比例在 40mol%~70mol%时可涂膜,水的比例小于 40mol%时可纺丝。因此,调控水与 TEOS 的比例可获得目标薄膜前驱体。

#### 5.5.1.2 溶胶-凝胶过渡过程

在上述的体系中,当单相液体变成两相的酒精凝胶后,形成了一种固体与液体的混合物,即实现了溶胶-凝胶转变。酒精凝胶是一种氧化物的聚合物,在溶剂存在的情况下会发生凝结。酒精凝胶不同于由醇盐制备的凝胶和从离子交换溶液或溶胶制备的凝胶。这些凝胶是水凝胶,并且转变是不可逆的,反应发生时体积没有变化。过渡阶段的长短取决于溶液的化学成分,并且过渡时两相的化学成分并不唯一。一旦经过溶胶-凝胶过渡,溶剂相将会被移除,通过普通蒸发形成异质凝胶或真空干燥形成气凝胶。这种情况下,干燥的凝胶将是一种微孔化合物。当涉及薄膜涂层时,当涂层附着在基体表面后,溶液就会经历溶胶-凝胶过渡。溶胶转化为薄膜的过程会导致黏度的急剧增大,会在基体表面均匀覆盖一层黏性凝胶。

### 5.5.2 薄膜制备工艺

溶胶-凝胶过程结束后产物通常需要进一步加工得到薄膜。为了进一步利用凝胶,需要采用浸渍或旋转镀膜的方法从溶液中制备薄膜[85]。通常需要考虑的溶液物理特性包括表面张力、黏度和凝胶时间。由于形成薄膜过程时间较短,溶液的干燥和孔隙的产生是十分迅速的,因而尤其需要注意凝胶时间。目前溶胶-凝胶法常用的薄膜加工方法主要有浸渍法、旋涂法、喷雾热解法和电泳沉积法[85]。

#### 5.5.2.1 浸渍法

浸渍(dip coating)的工艺过程比较简单,并且可以通过溶液的特性来调控沉积过程[86-87]。图 5-18 是浸渍法制备薄膜的流程图。将基体浸入含有溶液的容器中,在液体和基体表面的接触位置会产生弯液面。当基体从溶液中抽出时,弯液面受黏度、表面张力和凝胶时间等因素的影响,将会在基体表面产生连续的薄膜。薄膜的厚度可以通过浸渍次数和浸渍程序的连续步骤来控制。此步骤过后,在基体表面会沉积一层薄膜,接下来需要对薄膜进行干燥。根据薄膜和基体材料需要选择不同的干燥温度。通常在 100℃下干燥,可以将外界条件对薄膜和基体的损伤降到最低。然后对干燥后的薄膜进行加热煅烧处理。除了水和溶剂可穿过薄膜中的孔隙加热去除掉外,薄膜材料通过高温处理也可提高晶体质量。例如,无定形的二氧化钛薄膜在不同温度下煅烧后可得到不同晶相的二氧化钛薄膜。在煅烧温度达到 500~800℃时,二氧化钛会逐渐从锐钛矿晶相转变为金红石晶相。

浸渍法通常通过浸渍提拉镀膜机制备薄膜,与其他沉积方法相比,基于溶胶-凝胶法的浸渍法制备薄膜具有以下优势:操作工艺简单,可在室温下制备;无须真空条件,易于涂覆任何形状的大表面基体,成本低并具有工业化生产薄膜的潜力。此外,影响浸渍法制备薄膜结构、

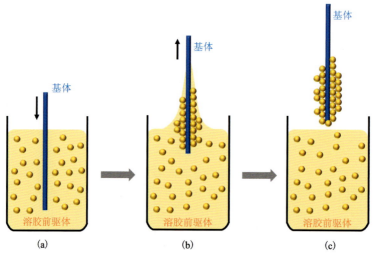

图 5-18 浸渍法制备薄膜的流程图
(a)浸润；(b)抽出；(c)蒸发

形貌和特性的因素主要包括溶胶的成分、黏度，分散剂的种类，浸润时间，抽出速率和基体表面性质等。其中，溶剂会影响前驱体的水解速率和凝结速率。高反应速率会诱发大颗粒的形成，从而形成具有粗糙表面的薄膜；相反地，低反应速率会导致小颗粒的形成，从而形成具有平整表面的薄膜。在合成小颗粒组成的薄膜时，通常需要加入分散剂。分散剂可减慢水解和凝结过程的反应速率，增大胶体颗粒间的静电排斥力，从而抑制小颗粒团聚形成大颗粒。例如，在利用浸渍法沉积 $TiO_2$ 薄膜时，乙酰丙酮常用作分散剂[88]。此外，抽出速率对薄膜的厚度也起着至关重要的作用，更缓慢的抽出速率有利于更薄的湿膜的吸附。

#### 5.5.2.2 旋涂法

除了浸渍及其相关的方法外，对于单面镀膜，常用的一种镀膜方法是旋涂（spin coating）[89]。旋涂法根据前驱体溶液的滴加时间，又可分为静态旋涂法和动态旋涂法。如图 5-19(a)所示，对于静态旋涂法，首先将前驱体溶液滴加到基体表面(如硅片、玻璃片等)，待溶液铺展开后将基体以一定的速度进行旋转，会得到厚度为 1nm 的薄膜。如图 5-19(b)所示，对于动态旋涂法，首先让基体以一定的速度旋转，再将前驱体溶液滴在基体表面的正中心。接着对薄膜进行干燥处理，氧化物薄膜需要在空气中加热煅烧，最终得到结晶良好的氧化物薄膜。在旋涂法制备薄膜工艺中，影响薄膜形貌和厚度的因素主要有前驱体种类、前驱体浓度、溶剂种类、溶胶的黏度、旋涂参数等。在通常情况下，旋涂法制备的薄膜厚度可以通过调控溶胶的浓度和黏度及旋涂速度来控制。通过降低前驱体溶胶的浓度和黏度可以降低薄膜的厚度，并且通过加快旋涂速度也可获得更薄的薄膜。此外，为了获得多层薄膜，也可采用多次旋涂的方法逐层进行薄膜沉积。以旋涂制备纳米厚度的 $TiO_2$ 薄膜为例，旋涂参数设置通常是转速为 3000～4000 转/min，旋涂时间为 30s 左右。常见的前驱体材料 $TiCl_4$ 水解速度太快，难以得到稳定存在的溶胶，从而导致最终旋涂得到的 $TiO_2$ 薄膜质量较差[90]。为了解决这一问题，可以使用新型的钛源，如钛酸四异丙酯和乙酰丙酮钛。使用新型的钛源制备到

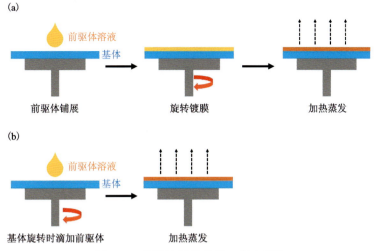

图 5-19 旋涂法制备薄膜工艺示意图
(a)静态旋涂法；(b)动态旋涂法

的薄膜具有均匀、平整、无裂纹的表面，而且基体表面具有极好的黏附性。此外，还需要选择合适的前驱体溶胶浓度。浓度太低的前驱体溶胶会导致基体表面的薄膜覆盖不完整，而浓度太高的前驱体溶胶会导致基体表面产生大颗粒晶体。因此，旋涂法是一种极佳的成膜方法，但是也会浪费大量的前驱体溶胶，因为几乎95%的溶胶在旋涂的过程中会被甩出基体。

### 5.5.2.3 喷雾热解法

喷雾热解(spray pyrolysis)是将胶体分散液喷到热基体表面上形成薄膜的过程[91]。如图5-20所示，载气带着胶体分散液喷到热基体表面时会发生汽化，然后发生分解反应从而形成薄膜。薄膜的厚度可以通过喷涂的周期、次数来控制，其中有几个关键的参数对喷雾热解工艺非常重要，例如，溶胶前驱体的特性和浓度、载气种类和流速、喷嘴直径、喷嘴与基体表面的距离、沉积温度、煅烧温度等。在喷雾热解法制备 $TiO_2$ 薄膜时，通常选用钛的醇盐

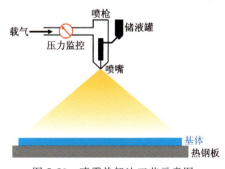

图 5-20 喷雾热解法工艺示意图

作为前驱体，甲醇或乙醇等醇类作为溶剂，乙酰丙酮作为稳定剂[92]。气溶胶的流速和基体的温度会影响喷雾热解法制备的 $TiO_2$ 薄膜的形貌和厚度。较快的气溶胶流速会导致基体表面长期处于较为湿润的状态，导致干燥的时间变长，$TiO_2$ 薄膜的厚度不均匀且表面不平整。基体的温度也应控制在一个合适的范围内，通常保持在350～550℃之间。温度低于350℃会产生无定形的 $TiO_2$ 薄膜，需要进一步退火处理。而温度高于550℃会导致溶剂蒸发速度过快且不易控制。此外，喷雾热解法制备 $TiO_2$ 薄膜很容易实现元素的掺杂，只需在气溶胶中引入该元素的前驱体盐。因此，喷雾热解法是制备元素掺杂的 $TiO_2$ 薄膜的一种通用且有效的方法。

#### 5.5.2.4 电泳沉积法

电泳沉积(electrophoretic deposition)近年来也在制备薄膜材料方面展现出巨大的潜力。采用电泳沉积法成功制备了 $ZnO$、$TiO_2$、$MgO$ 和 $CeO_2$ 等薄膜材料,并且展现出良好的可控性[93]。图 5-21 展现了电泳沉积法制备薄膜的工艺。电泳沉积法是一种湿合成法。在胶体分散液中插入两块导电基体,然后通过外加电路对基体进行供电,一侧基体为阴极,另一侧基体为阳极,并且两个基体间存在电压差。带正电的胶体颗粒会在电压差的作用下在胶体分散液中定向迁移到阴极基体表面,

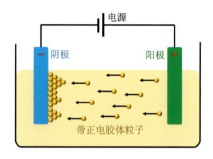

图 5-21 电泳沉积法制备薄膜的工艺示意图

进而沉积形成薄膜。为了获得和基体表面结合牢固且结晶良好的薄膜,通常需要对薄膜进行煅烧处理。电泳沉积法的优点在于工艺简单、成本低廉,以及可使用任何形状的基体材料。此外,薄膜的孔隙率和厚度通常可通过改变供电电压和沉积时间来调整。

电泳沉积法也可采用基于溶胶-凝胶的悬浮液来进行薄膜的沉积制备,该方法也被称为电泳溶胶凝-胶沉积法[94]。电泳溶胶-凝胶沉积法在制备较厚的薄膜方面具有极大的优势,薄膜厚度通常可达数百微米且均匀性极好。相较于 CVD 法和磁控溅射法,电泳溶胶-凝胶沉积法通常可在室温条件下完成薄膜的沉积。在电泳溶胶-凝胶沉积法中,溶胶-凝胶悬浮液通常是在水和醇(如甲醇、乙醇、异丙醇等)的混合溶剂中通过强制水解醇盐前驱体制备得到。通常水解过程很复杂的材料很难使用电泳溶胶-凝胶沉积法制备得到,因为在沉积过程中前驱体的水解很难控制。因此,必须考虑醇盐前驱体的水解速率,以制备稳定的胶体系统,使电泳溶胶-凝胶沉积法制备半导体薄膜的过程得到控制。以电泳溶胶-凝胶沉积法制备 $TiO_2$ 薄膜为例,利用异丙醇钛胶体悬浮液即可成功在不锈钢基体表面电泳沉积 $TiO_2$ 薄膜[95]。进一步通过在前驱体中加入不同元素的盐类制备不同元素掺杂的 $TiO_2$ 薄膜。具有两种或者更多半导体组分的薄膜也可通过电泳溶胶-凝胶沉积法制备得到,该具有异质结构的薄膜可进一步应用于光催化和太阳能电池等光电领域。此外,通过电泳溶胶-凝胶沉积法也可合成纳米结构的材料,如一维纳米材料,这主要是通过使用具有可控孔隙率的基体材料实现的。利用电泳溶胶-凝胶沉积法和模板辅助沉积法可制备纳米棒或纳米线结构的半导体材料,该方法的原理是通过施加电压使前驱体渗透在多孔的基体孔隙中[96]。因此,基于溶胶-凝胶法的电泳沉积法在制备半导体薄膜方面具有极广阔的应用前景。

### 5.5.3 溶胶-凝胶工艺的优点

溶胶-凝胶工艺主要有纯度高、均匀性好、合成温度低等优点。由于醇盐可进行多次净化处理,最后的产物基本不含杂质,因而薄膜的纯度可以得到保证。由于原料的混合是在溶液中完成的,如 Si 和 Ti 这种成分可在极短的时间内在原子尺度上混合,采用溶胶-凝胶工艺可以制备得到致密的纳米薄膜。此外,溶胶-凝胶工艺成本较低,与 CVD 法和磁控溅射法相比不需要高真空的仪器系统。溶胶-凝胶法制备过程均在较低温度下进行,且后续煅烧处理温度较低,有利于在热稳定性差的基体表面进行薄膜的沉积,拓展了其在玻璃、半导体及光学和

电子器件中的应用。溶胶-凝胶法对基体的形状要求低,可在各种复杂形状的基体表面进行均匀镀膜,因此可实现复杂形状薄膜的可控制备。多组分的氧化物薄膜通常使用溶胶-凝胶法制备,可实现元素掺杂比例和浓度的调控,从而设计制备得到不同组分和微观结构的纳米薄膜[97]。

### 5.5.4 溶胶-凝胶法的实际应用

溶胶-凝胶法被广泛应用于制备电子涂层、光学涂层、屏障涂层、耐磨涂层和保护涂层。这些涂层也可通过 CVD 法和磁控溅射法制备得到,但是溶胶-凝胶法的成本更低且工艺更简单。近年来,新兴的钙钛矿太阳能电池引起了光伏领域的极大关注,由于其在实验室内的光电转化效率在短短的十年之内就提高到了 25% 以上。钙钛矿太阳能电池中电子/空穴传输层和有机-无机杂化金属卤化物钙钛矿层的成功制备很大程度上依赖于溶胶-凝胶法与旋涂法的联用。在实验室范围内,溶胶-凝胶法与旋涂法联用已较为成熟,并且该方法具有很好的重复性。目前,科学家们还在进一步探索优化方法,溶胶-凝胶过程对太阳能电池最终的光伏性能的影响至关重要。有一些应用也是溶胶-凝胶法所特有的,如利用溶胶-凝胶法制备具有微孔特性的薄膜,一些微孔薄膜可以在 500℃ 以下使用且无比表面积损失。微孔薄膜遵循着基体的复杂形状,可以保持基体原有的多孔性。应用的例子主要有作为热屏障的氧化铝薄膜,用于气体分离的氧化铝和硼硅酸盐薄膜,用于化学传感器的各种含碱硅酸盐(NASICON 化合物)薄膜,以及带有光学或磁学活性的二氧化钛/二氧化硅薄膜。

下面详细介绍溶胶-凝胶法制备薄膜的一些应用。Yang 等[98]采用一种简单有效的溶胶-凝胶法,在室温条件下合成了 $SnO_2$ 量子点(QD)胶体溶液。进一步使用旋涂法制备 $SnO_2$ 薄膜,并将其用作电子传输层制备得到了光伏性能优异的钙钛矿太阳能电池。在钙钛矿太阳能电池中,电子传输层材料的电子密度通常不能太高,这样可以减少载流子在电子传输层和钙钛矿薄膜界面处的复合。如图 5-22(a)所示,首先通过室温搅拌的方法合成 $SnO_2$ 量子点。在去离子水中二水合氯化亚锡($SnCl_2 \cdot 2H_2O$)会经历水解、脱水和氧化过程,在该过程中添加硫脲($CH_4N_2S$)作为反应的加速剂和稳定剂。硫脲分子中含有氨基和硫醇等基团,其中硫原子能够与金属成键。带正电的质子化氨基围绕着 $SnO_2$ 量子点,能够抑制 $SnO_2$ 量子点的团聚。该反应过程在一天内即可完成,刚开始的白色悬浮液最终会变成黄色的澄清透明胶体溶液,并且该胶体溶液的稳定性好。图 5-22(b)是合成的 $SnO_2$ 量子点的 HRTEM 图像,可以观察到 $SnO_2$ 量子点的直径为 3~5nm,且拥有清晰的晶格,说明虽然 $SnO_2$ 量子点是在室温条件下合成的,但也具有良好的结晶性。$SnO_2$ 量子点的晶面间距为 0.33nm,对应于金红石相 $SnO_2$ 的(110)晶面。通过图 5-22(c)中的 X 射线衍射(XRD)图像可进一步证实 $SnO_2$ 量子点的高结晶度。衍射峰为 $SnO_2$ 的(110)、(101)、(200)、(211)和(110)晶面,再次印证了 $SnO_2$ 量子点的金红石结构。如图 5-22(d)所示,再将 $SnO_2$ 量子点溶液滴加到 FTO 表面,以 3000 转/min 的转速旋涂成膜。图 5-22(e)是空白 FTO 表面的 SEM 图像,可以发现 FTO 晶粒尺寸较大,表面较为粗糙。在沉积 $SnO_2$ 量子点薄膜之后,FTO 表面被致密的 $SnO_2$ 量子点完全覆盖[图 5-22(f)]。因此,基于 $SnO_2$ 量子点的电子传输薄膜能够有效简化钙钛矿太阳能电池的生产工艺,而且目前高光电转化效率的钙钛矿太阳能电池均使用 $SnO_2$ 作为电子传输层材料。

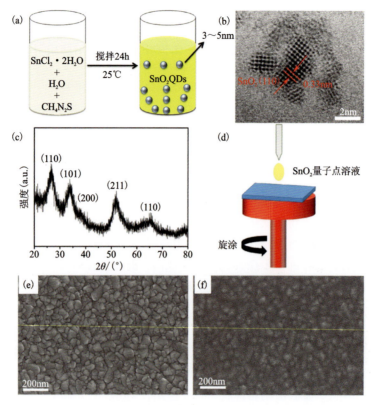

图 5-22 SnO₂量子点的合成方法及其形貌、物相分析
(a)室温合成 SnO₂量子点胶体溶液的示意图;(b)SnO₂量子点的 HRTEM 图像;(c)合成的 SnO₂量子点的 XRD 图像;(d)利用 SnO₂量子点旋涂制备 SnO₂薄膜的过程示意图;(e)空白 FTO 和(f)FTO 表面旋涂 SnO₂量子点后的表面 SEM 图像

## 5.6 小结与展望

本章主要聚焦于二维纳米薄膜材料的相关理论和制备方法。首先详细介绍了薄膜的形成机理,主要可分为气相-凝结相转化过程和核形成与生长过程。气相-凝结相转化过程依次包括气相原子的吸附过程,吸附原子在基体表面的扩散过程,吸附原子在基体表面形成原子对的凝结过程。核形成与生长过程主要有两种:在均匀相中进行的均匀成核和在非均匀相或不同相中进行的非均匀成核。薄膜的生长有 3 种模式:岛状模式、单层模式、层岛复合模式。接着阐述了基体材料的选取原则,并详细介绍了常用的基体表面处理方法,主要包括溶剂溶解污物法、超声波清洗法、紫外臭氧清洗法、等离子体清洗法。基体材料的选择和表面处理对后续的薄膜制备起着关键作用,选择合适的基体可改善后续原子的沉积及薄膜生长过程。然后对目前常用的薄膜制备方法的原理、工艺、实际应用依次进行了介绍,包括化学气相沉积(CVD)法、磁控溅射法、溶胶-凝胶法。CVD 工艺中有 5 个关键的反应区域,并且前驱体、温度、气压等参数对薄膜质量的影响至关重要。磁控溅射法主要可分为平衡磁控溅射法和非平衡磁控溅射法。此外,磁控溅射法的关键工艺参数有溅射靶材、生长温度、沉积速率、气体压

力等。溶胶-凝胶法部分须掌握溶胶凝胶工艺和薄膜制备工艺。溶胶-凝胶薄膜制备方法主要有浸渍法、旋涂法、喷雾热解法、电泳沉积法。

理解薄膜制备方法的基本原理和关键工艺参数有助于制备高质量的二维纳米薄膜材料。目前,二维纳米薄膜材料在光电领域的应用展现出了巨大潜力。基于二维纳米薄膜材料的新型太阳能电池和光电催化剂是太阳能转化领域的研究热点。本章内容可为新能源纳米材料的制备提供扎实的理论知识基础,并且对设计制备具有特定物理化学性质的二维薄膜材料有指导意义。在未来的研究工作中,可针对所需的纳米薄膜的特性选取特定的制备方法。通过对传统纳米薄膜制备工艺的优化和改良,进一步提出更先进的纳米薄膜制备方法。

# 参考文献

[1] WANG X, TIAN W, LIAO M, et al. Recent advances in solution-processed inorganic nanofilm photodetectors[J]. Chemical Society Reviews, 2014, 43(5): 1400-1422.

[2] JUNG A, HA N, KIM N, et al. Multiple transfer of layer-by-layer nanofunctional films by adhesion controls[J]. Acs Applied Materials & Interfaces, 2019, 11(51): 48476-48486.

[3] ZHANG J, LI X, WANG L, et al. Enhanced performance of $CH_3NH_3PbI_3$ perovskite solar cells by excess halide modification[J]. Applied Surface Science, 2021(564): 150464.

[4] MANDIC V, PANZIC I, BRNARDIC I, et al. Lateral and vertical evolution of the compositional and morphological profiles in nanostructured photocatalytic titania thin films[J]. Applied Surface Science, 2023(613): 156047.

[5] LINDER C, RAO S, LE FEBVRIER A, et al. Cobalt thin films as water-recombination electrocatalysts[J]. Surface & Coatings Technology, 2020(404): 126643.

[6] ZHANG J, WANG L, JIANG C, et al. $CsPbBr_3$ nanocrystal induced bilateral interface modification for efficient planar perovskite solar cells[J]. Advanced Science, 2021, 8(21): 2102648.

[7] ZHU T, WU K, XIA Y, et al. Topological gradients for metal film-based strain sensors[J]. Nano Letters, 2022, 22(16): 6637-6646.

[8] Oliveira A, Machado M, Silva G, et al. Graphene oxide thin films with drug delivery function[J]. Nanomaterials, 2022, 12(7): 1149.

[9] WAN Y, LIU Q, FAN Y. Research on corrosion resistance and formation mechanism of molybdate composite film[J]. Crystals, 2022, 12(11): 1559.

[10] GUO L, LIU S, WANG T, et al. Growth mechanism of polycrystalline CsI(Tl) films on glass and single crystal Si substrates[J]. Journal of Crystal Growth, 2019(506): 19-23.

[11] FELTON L. Mechanisms of polymeric film formation[J]. International Journal of Pharmaceutics, 2013, 457(2): 423-427.

[12] KOSTOGLOU M,ANDRITSOS N,KARABELAS A. Incipient CdS thin film formation[J]. Journal of Colloid and Interface Science,2003,263(1):177-189.

[13] SAMAD B,THIBODEAU J,ASHRIT P. Preparation of nanostructured tungsten trioxide thin films by high pressure sublimation and condensation[J]. Applied Surface Science,2015(350):94-99.

[14] FU B,JIAN G,HE G,et al. Investigation on beta-$Ga_2O_3$(101) plane with high-density surface dangling bonds[J]. Journal of Alloys and Compounds,2021(889):161714.

[15] KAMIYAMA E,SUEOKA K. Effect of dangling bonds of ultra-thin silicon film surface on electronic states of internal atoms[J]. Applied Surface Science,2012,258(13):5265-5269.

[16] THOMMES M,CYCHOSZ K. Physical adsorption characterization of nanoporous materials:progress and challenges[J]. Adsorption,2014,20(2-3):233-250.

[17] WANG X,GAO Y,WANG J,et al. Chemical adsorption:another way to anchor polysulfides[J]. Nano Energy,2015(12):810-815.

[18] GU G,ZHANG Z,DANG H. Fabrications and applications of low surface free energy surfaces[J]. Progress in Chemistry,2002,14(3):159-166.

[19] PAPIRER E,LI S,BALARD H,et al. Surface-energy and adsorption energy-distribution measurements on some carbon-blacks[J]. Carbon,1991,29(8):1135-1143.

[20] LI J,ZHANG L,ZHU X,et al. Systematic investigation of $SO_2$ adsorption and desorption by porous powdered activated coke:interaction between adsorption temperature and desorption energy consumption[J]. Chinese Journal of Chemical Engineering,2022(48):140-148.

[21] SHTAPENKO E,TYTARENKO V,ZABLUDOVSKY V,et al. Quantum mechanical approach for determining the activation energy of surface diffusion[J]. Physics of the Solid State,2020,62(11):2191-2196.

[22] KHALEGHI A,SADRAMELI S,MANTEGHIAN M. Thermodynamic and kinetics investigation of homogeneous and heterogeneous nucleation[J]. Reviews in Inorganic Chemistry,2020,40(4):167-192.

[23] BAGMUT A. Layer,island and dendrite crystallizations of amorphous films as analogs of Frank-van der Merwe,Volmer-Weber and Stranski-Krastanov growth modes[J]. Functional Materials,2019,26(1):6-15.

[24] SINGLA R,PATHAN D. Effect of different types of substrate surface treatments on the graphene device performance[J]. Surface and Interface Analysis,2022,54(2):92-98.

[25] AHMADPOUR G,NILFOROUSHAN M,BOROUJENY B,et al. Effect of substrate surface treatment on the hydrothermal synthesis of zinc oxide nanostructures[J]. Ceramics International,2022,48(2):2323-2329.

[26] LI W, CHENG B, XIAO P, et al. Low-temperature-processed monolayer inverse opal $SnO_2$ scaffold for efficient perovskite solar cells[J]. Small, 2022, 18(49):2205097.

[27] HU Y, ZHANG J, WANG L, et al. A simple and effective resin pre-coating treatment on grinded, acid pickled and anodised substrates for stronger adhesive bonding between Ti-6Al-4V titanium alloy and CFRP[J]. Surface & Coatings Technology, 2022(432):128072.

[28] ANGERMANN H. Passivation of structured p-type silicon interfaces: effect of surface morphology and wet-chemical pre-treatment[J]. Applied Surface Science, 2008, 254(24):8067-8074.

[29] TAN W X, TAN K W, TAN K L. Developing high intensity ultrasonic cleaning (HIUC) for post-processing additively manufactured metal components[J]. Ultrasonics, 2022(126):106829.

[30] DURAN F, TEKE M. Design and implementation of an intelligent ultrasonic cleaning device[J]. Intelligent Automation and Soft Computing, 2019, 25(3):441-449.

[31] LI Z, HU L, WANG Y, et al. GaAs surface wet cleaning by a novel treatment in revolving ultrasonic atomization solution[J]. Journal of Semiconductors, 2010, 31(3):036002.

[32] KOHLI R, MITTAL K. Developments in surface contamination and cleaning: particle deposition, control and removal[M]. Amsterdam: Elsevier Science B. V., 2010.

[33] ZIN N, BAKHSHI S, GAO M, et al. Effective use of UV-ozone oxide in silicon solar cell applications[J]. Physica Status Solidi-Rapid Research Letters, 2019, 13(2):1800488.

[34] FREEDY K, SALES M, LITWIN P, et al. $MoS_2$ cleaning by acetone and UV-ozone: geological and synthetic material[J]. Applied Surface Science, 2019(478):183-188.

[35] KOHLI R, MITTAL K. Developments in surface contamination and cleaning: applications of cleaning techniques[M]. Amsterdam: Elsevier Science B. V., 2018.

[36] WANG S, YANG L, PU G, et al. Investigation of a facile plasma-driven method for in situ cleaning of metal-based contamination[J]. Plasma Science & Technology, 2022, 25(1):015501.

[37] LI Y, BAI Q, YANG D, et al. Mechanism and verification of plasma cleaning of organic contaminant on aluminum alloy surface[J]. China Surface Engineering, 2020, 33(6):58-67.

[38] JAFARI R, ASADOLLAHI S, FARZANEH M. Applications of plasma technology in development of superhydrophobic surfaces[J]. Plasma Chemistry and Plasma Processing, 2013, 33(1):177-200.

[39] KOHLI R, MITTAL K. Developments in surface contamination and cleaning: applications of cleaning techniques[M]. Amsterdam: Elsevier Science B. V., 2010.

[40] MURAMATSU S, UEMATSU T, OHTSUKA H, et al. Effect of hydrogen radical

annealing on SiN passivated solar cells[J]. Solar Energy Materials and Solar Cells,2001,65(1-4):599-606.

[41] KIM H,YUN C,JEON S,et al. Improved performance by plasma-treated silicate phosphor particles with a sol-gel derived protective coating of indium oxide[J]. Optical Materials,2016(53):48-53.

[42] ZHOU H,WEI D,XU S,et al. Crystalline silicon surface passivation by intrinsic silicon thin films deposited by low-frequency inductively coupled plasma[J]. Journal of Applied Physics,2012,112(1):013708.

[43] MORENO M,LABRUNE M,CABARROCAS P. Dry fabrication process for heterojunction solar cells through in-situ plasma cleaning and passivation[J]. Solar Energy Materials and Solar Cells,2010,94(3):402-405.

[44] SHI Q,TOKARSKA K,TA H,et al. Substrate developments for the chemical vapor deposition synthesis of graphene[J]. Advanced Materials Interfaces,2020,7(7):1902024.

[45] JIANG H,ZHANG P,WANG X,et al. Synthesis of magnetic two-dimensional materials by chemical vapor deposition[J]. Nano Research,2021,14(6):1789-1801.

[46] LIN L,DENG B,SUN J,et al. Bridging the gap between reality and ideal in chemical vapor deposition growth of graphene[J]. Chemical Reviews,2018,118(18):9281-9343.

[47] MARTIN P. Handbook of deposition technologies for films and coatings[M]. Amsterdam:Elsevier Science B.V.,2010.

[48] SHI Y,LI H,LI L. Recent advances in controlled synthesis of two-dimensional transition metal dichalcogenides via vapour deposition techniques[J]. Chemical Society Reviews,2015,44(9):2744-2756.

[49] CAI Z,LIU B,ZOU X,et al. Chemical vapor deposition growth and applications of two-dimensional materials and their heterostructures[J]. Chemical Reviews,2018,118(13):6091-6133.

[50] ZHANG Y,ZHANG H,ZHANG Y,et al. Undulate Cu(111) substrates:a unique surface for CVD graphene growth[J]. Journal of Electronic Materials,2015,44(10):3550-3555.

[51] JI Q,ZHANG Y,GAO T,et al. Epitaxial monolayer $MoS_2$ on mica with novel photoluminescence[J]. Nano Letters,2013,13(8):3870-3877.

[52] LEE Y,YU L,WANG H,et al. Synthesis and transfer of single-layer transition metal disulfides on diverse surfaces[J]. Nano Letters,2013,13(4):1852-1857.

[53] KIM H,OVCHINNIKOV D,DEIANA D,et al. Suppressing nucleation in metal-organic chemical vapor deposition of $MoS_2$ monolayers by alkali metal halides[J]. Nano Letters,2017,17(8):5056-5063.

[54] ZHANG Y,ZHANG Y,JI Q,et al. Controlled growth of high-quality monolayer $WS_2$ layers on sapphire and imaging its grain boundary[J]. ACS Nano,2013,7(10): 8963-8971.

[55] SHI J,ZHANG X,MA D,et al. Substrate facet effect on the growth of monolayer $MoS_2$ on Au foils[J]. ACS Nano,2015,9(4):4017-4025.

[56] WEI D,LIU Y,WANG Y,et al. Synthesis of N-doped graphene by chemical vapor deposition and its electrical properties[J]. Nano Letters,2009,9(5):1752-1758.

[57] MALEKI M,ROZATI S. An economic CVD technique for pure $SnO_2$ thin films deposition:temperature effects[J]. Bulletin of Materials Science,2013,36(2):217-221.

[58] ELÍAS A,PEREA-LÓPEZ N,CASTRO-BELTRÁN A,et al. Controlled synthesis and transfer of large-area $WS_2$ sheets:from single layer to few layers[J]. ACS Nano,2013,7(6):5235-5242.

[59] BO Z,YANG Y,CHEN J,et al. Plasma-enhanced chemical vapor deposition synthesis of vertically oriented graphene nanosheets[J]. Nanoscale,2013,5(12):5180-5204.

[60] LIN T,LEE C. Organosilicon function of gas barrier films purely deposited by inductively coupled plasma chemical vapor deposition system[J]. Journal of Alloys and Compounds,2012(542):11-16.

[61] JIA K,ZHANG J,ZHU Y,et al. Toward the commercialization of chemical vapor deposition graphene films[J]. Applied Physics Reviews,2021,8(4):041306.

[62] RAIFORD J,OYAKHIRE S,BENT S. Applications of atomic layer deposition and chemical vapor deposition for perovskite solar cells[J]. Energy & Environmental Science,2020,13(7):1997-2023.

[63] ZHANG J,FAN J,CHENG B,et al. Graphene-based materials in planar perovskite solar cells[J]. Solar RRL,2020,4(11):2000502.

[64] SUN J,CHEN Y,PRIYDARSHI M,et al. Direct chemical vapor deposition-derived graphene glasses targeting wide ranged applications[J]. Nano Letters,2015,15(9):5846-5854.

[65] WEI N,LI Q,CONG S,et al. Direct synthesis of flexible graphene glass with macroscopic uniformity enabled by copper-foam-assisted PECVD[J]. Journal of Materials Chemistry A,2019,7(9):4813-4822.

[66] PRABASWARA A,BIRCH J,JUNAID M,et al. Review of GaN thin film and nanorod growth using magnetron sputter epitaxy[J]. Applied Sciences,2020,10(9):3050.

[67] YANG Y,ZHANG Y,YAN M. A review on the preparation of thin-film YSZ electrolyte of SOFCs by magnetron sputtering technology[J]. Separation and Purification Technology,2022(298):121627.

[68] WANG Y,RAHMAN K,WU C,et al. A review on the pathways of the improved structural characteristics and photocatalytic performance of titanium dioxide ($TiO_2$) thin

films fabricated by the magnetron-sputtering technique[J]. Catalysts,2020,10(6):598.

[69] NIKITENKOV N. Modern technologies for creating the thin-film systems and coatings[M]. London:InTech,2017.

[70] BRÄUER G,SZYSZKA B,VERGÖHL M,et al. Magnetron sputtering:milestones of 30 years[J]. Vacuum,2010,84(12):1354-1359.

[71] GUDMUNDSSON J. Physics and technology of magnetron sputtering discharges [J]. Plasma Sources Science and Technology,2020,29(11):113001.

[72] GILL W,KAY E. Efficient low pressure sputtering in a large inverted magnetron suitable for film synthesis[J]. Review of Scientific Instruments,1965,36(3):277-282.

[73] GHANTASALA S,SHARMA S. Magnetron sputtered thin films based on transition metal nitride:structure and properties[J]. Physica Status Solidi (a),2022,220(2):2200229.

[74] MUSIL J,KADLEC S. Reactive sputtering of TiN films at large substrate to target distances[J]. Vacuum,1990,40(5):435-444.

[75] VOSSEN J,KERN W. Thin film processes Ⅱ[M]. Amsterdam:Elsevier Science B. V. ,1991.

[76] KELES O,KARAHAN B,ERYILMAZ L,et al. Superlattice-structured films by magnetron sputtering as new era electrodes for advanced lithium-ion batteries[J]. Nano Energy,2020(76):105094.

[77] GAO B, HU J, TANG S,et al. Organic-inorganic perovskite films and efficient planar heterojunction solar cells by magnetron sputtering[J]. Advanced Science,2021,8(22):2102081.

[78] ZEMAN P, TAKABAYASHI S. Nano-scaled photocatalytic $TiO_2$ thin films prepared by magnetron sputtering[J]. Thin Solid Films,2003,433(1-2):57-62.

[79] JUNAID M,HSIAO C,PALISAITIS J,et al. Electronic-grade GaN (0001)/$Al_2O_3$ (0001) grown by reactive DC-magnetron sputter epitaxy using a liquid Ga target[J]. Applied Physics Letters,2011,98(14):141915.

[80] MYASOEDOVA T,KALUSULINGAM R,MIKHAILOVA T. Sol-gel materials for electrochemical applications:recent advances[J]. Coatings,2022,12(11):1625.

[81] GREER A, MOODIE D, KERR G, et al. Sol-gel coatings for subaquatic self-cleaning windows[J]. Crystals,2020,10(5):375.

[82] LIU J,QU S,SUO Z,et al. Functional hydrogel coatings[J]. National Science Review,2021,8(2):nwaa254.

[83] BERGNA H E,ROBERTT W O. Colloid chemistry of silica:an overview[M]// BERNGA H E. The colloid chemistry of silica. Washington,DC:ACS Publications,1994.

[84] CIVIDANES L,CAMPOS T,RODRIGUES L,et al. Review of mullite synthesis

routes by sol-gel method[J]. Journal of Sol-Gel Science and Technology,2010,55(1):111-125.

[85] OBREGON S,RODRIGUEZ-GONZALEZ V. Photocatalytic $TiO_2$ thin films and coatings prepared by sol-gel processing:a brief review[J]. Journal of Sol-Gel Science and Technology,2022,102(1):125-141.

[86] KARIM A,RAHMAN M,HOSSAIN M,et al. Multi-color excitonic emissions in chemical dip-coated organolead mixed-halide perovskite[J]. Chemistryselect,2018,3(23):6525-6530.

[87] WU X,WYMAN I,ZHANG G,et al. Preparation of superamphiphobic polymer-based coatings via spray- and dip-coating strategies[J]. Progress in Organic Coatings,2016(90):463-471.

[88] LI X,ZHANG J,ZHU X,et al. Effects of Ti precursors on the performance of planar perovskite solar cells[J]. Applied Surface Science,2018(462):598-605.

[89] LIN C,NAKARUK A,SORRELL C. Mn-doped titania thin films prepared by spin coating[J]. Progress in Organic Coatings,2012,74(4):645-647.

[90] WU C,LEE Y,LO Y,et al. Thickness-dependent photocatalytic performance of nanocrystalline $TiO_2$ thin films prepared by sol-gel spin coating[J]. Applied Surface Science,2013(280):737-744.

[91] KATE R,PATHAN H,KALUBARME R,et al. Spray pyrolysis:approaches for nanostructured metal oxide films in energy storage application[J]. Journal of Energy Storage,2022(54):105387.

[92] DOUBI Y,HARTITI B,HICHAM L,et al. Effect of annealing time on structural and optical proprieties of $TiO_2$ thin films elaborated by spray pyrolysis technique for future gas sensor application[J]. Materials Today:Proceedings,2020(30):823-827.

[93] HU S,LI W,FINKLEA H,et al. A review of electrophoretic deposition of metal oxides and its application in solid oxide fuel cells[J]. Advances in Colloid and Interface Science,2020(276):102102.

[94] GHANNADI S,ABDIZADEH H,GOLOBOSTANFARD M. Modeling the current density in sol-gel electrophoretic deposition of titania thin film[J]. Ceramics International,2014,40(1):2121-2126.

[95] SCHIEMANN D,ALPHONSE P,TABERNA P. Synthesis of high surface area $TiO_2$ coatings on stainless steel by electrophoretic deposition[J]. Journal of Materials Research,2013,28(15):2023-2030.

[96] NOURMOHAMMADI A,HIETSCHOLD M. Template-based electrophoretic growth of $PbZrO_3$ nanotubes[J]. Journal of Sol-gel Science and Technology,2010(53):342-346.

[97] 林君,庞茂林,韩银花,等.溶胶-凝胶工艺制备发光薄膜研究进展[J].无机化学学报,2001,17(2):153-160.

[98] YANG G,CHEN C,YAO F,et al. Effective carrier-concentration tuning of $SnO_2$ quantum dot electron-selective layers for high-performance planar perovskite solar cells[J]. Advanced Materials,2018,30(14):1706023.

# 第6章 特殊形貌颗粒材料合成方法

## 6.1 引 言

材料的形貌控制是现代材料科学的重要研究内容之一。材料的物理可设计性使人们有机会通过调控形貌而不是改变化学成分来提高材料的性能。为了充分挖掘材料的潜力,有必要了解材料的形貌与性能之间的关系。形貌通常用来描述材料的外部结构,描述形貌的参数包括其物理尺寸、平整度、圆度、纵横比等[1]。材料以形貌为载体将其结构特性(如孔体积、比表面积、暴露晶面、尺寸等)与物质的固有特性(如机械性能、吸附性能、化学功能等)结合起来,从而可以获得许多不同的物理化学性质。因此,材料的形貌不仅是其结构的一种外化表现,而且与其性能息息相关。

最直观的形貌参数是材料的外观尺寸。根据材料的几何尺寸可以将材料分为零维、一维、二维和三维材料[2]。零维材料具有量子点、球体、椭球体和多面体等形貌,尺寸一般在几纳米到几十纳米不等。它们由一种或多种化学元素组成,可以是无定形材料(原子和分子无规律分布),也可以是晶体(原子和分子以确定的晶格模式排列)[1]。零维材料的表面积与体积之比很大。此外,零维材料的高表面能和表面未配位原子使其很容易与周围环境发生相互作用。为了降低材料的表面能,零维材料一般会趋向于形成球体形貌,因为球体形态是最稳定的几何形态[3]。

一维材料的形貌包括棒、线、管、带、针、纤维等,其特点是某一个维度的尺寸比另外两个维度明显要大。值得注意的是,各种各样的材料都可能自发生长成一维结构,这是由于其受晶体结构中高度各向异性键合的影响。它们具有独特的光学、热学、化学和电子性质,是研究特定物理化学性质对形状和尺寸的依赖性的典型模型[3-4]。

二维材料根据形状和厚度可分为片、板、盘等,其特点是某两个维度的尺寸比另外一个维度明显要大。二维材料在平面内具有强化学键,而层间则由较弱的范德华力主导[1,3]。二维材料由于表面暴露的不饱和原子多,拥有许多活性位点,因而具有表面功能化和组装成三维复杂结构的可能性。目前已经制备出多种二维材料,包括石墨烯、层状双氢氧化物、二维过渡金属碳化物/氮化物(MXenes)、氮化硼、二维金属-有机骨架、磷烯、铋基化合物等。

三维材料是在3个维度都具有较大尺寸的复杂材料,包括大尺寸的多面体、球、锥、柱等。此外,如果材料由低维材料通过分层结构组装而成,它也可以被归为三维材料。与低维材料相比,三维材料具有更大的尺寸和更高的孔隙率。它们的表面可以是光滑的、粗糙的或被各种吸附剂所覆盖[1,5]。

近年来,材料科学的研究已不再局限于材料本身的获取,各种材料的制备方法受到了广泛关注。科学家对材料的形貌控制已经达到原子水平,实现了对材料性能的调控。特别是,制备一些具有特定形貌的材料对于满足新能源应用的需求至关重要。本章将以暴露{001}高能面的 $TiO_2$、空心结构材料和分级多孔材料为主要对象,介绍这些具有特殊形貌的材料的制备方法,包括水热法、溶剂热法、固相反应法、气相反应法、外延生长法、硬模板法、软模板法、自模板法、自组装法等。

## 6.2 制备暴露{001}高能面的 $TiO_2$

二氧化钛是一种无机化合物,化学式为 $TiO_2$。$TiO_2$ 在自然界中存在 3 种晶型:锐钛矿型、金红石型和板钛矿型(图 6-1)。在这 3 种主要晶型内部,每个钛原子与 6 个氧原子结合,每个氧原子与 3 个钛原子成键。锐钛矿和金红石的晶体结构属于四方晶系,板钛矿的晶体结构属于斜方晶系。$TiO_2$ 是一种无臭、无毒的白色粉末,不溶于水,稳定性高。由于其优异的不透明性、极佳的白度和光亮度等特性,$TiO_2$ 在许多工业领域和消费产品中被用作白色颜料[6]。

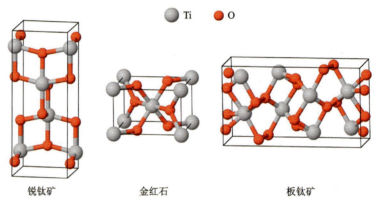

图 6-1 $TiO_2$ 的锐钛矿、金红石、板钛矿晶体结构

近年来,$TiO_2$ 作为一种典型的半导体材料,在光催化制氢[7]、二氧化碳还原[8]、双氧水生产[9]、污染物降解[10]等能源和环境领域显现出很高的研究和应用价值。为了提高 $TiO_2$ 材料的光催化活性,人们对其结构和形貌进行了深入探索。研究发现,$TiO_2$ 的一些物理化学性质,如吸附、催化反应性和选择性,在很大程度上取决于表面原子构型和反应晶面的暴露程度,这是因为在光催化反应中,大多数物理和化学过程都发生在光催化剂的表面[11-14]。低配位表面原子具有丰富的悬空键,易与反应物发生相互作用,能为化学反应提供丰富的高活性反应位点,从而显著增强催化活性[15]。

一般来说,低配位原子比例较高的晶面具有更高的表面能,从而具有更高的反应活性。从晶体的原子结构来看,高指数晶面由于其表面暴露的低配位原子密度高,通常具有比低指数晶面更高的表面能[16]。这些具有高表面能的晶面被称为高能面。它们往往通过不同的弛豫过程来降低其表面能,如表面重构、氧化还原变化、吸附带相反电荷的物质等。这些过程会导致表面缺陷的形成和表面化学计量的破坏,由此产生的电子构型和电荷迁移性质的变化在多相催化中起着重要作用[17]。值得注意的是,锐钛矿型 $TiO_2$ 的{001}晶面上暴露的 Ti 原子均是不饱和的五配位 Ti 原子。而且,该晶面上的 Ti—O—Ti 键角很大,这意味着表面氧原子的 2p 态非常活泼[18]。因此,锐钛矿型 $TiO_2$ 的{001}晶面也具有较高的表面能[19-22]。

在平衡条件下的晶体生长过程中,热力学稳定的晶面会优先占据表面使晶体的总表面能最小化。随着晶体的生长,高能面逐渐减少甚至消失。最终,晶体自发地形成具有最小总表面能和最高稳定性的形貌。因此,合成暴露高能面的 $TiO_2$ 晶体具有挑战性。为了使 $TiO_2$ 暴露出{001}高能面以获得高光催化活性,人们在 $TiO_2$ 的合成方面进行了大量研究[23]。在制备方法方面,水热法和溶剂热法是合成暴露{001}高能面 $TiO_2$ 的主要方法。此外,一些基于固相反应、气相反应、外延生长的其他合成方法也被开发用于制备暴露{001}面的锐钛矿型 $TiO_2$ 晶体。

## 6.2.1 水热法和溶剂热法

水热法和溶剂热法因可以控制晶体成核和生长行为(特别是沿不同方向的生长速度)而被广泛应用于调整晶面的暴露。晶体表面原子排列及溶剂对不同取向的表面亲和力的不同会影响晶体表面的生长速度,从而影响晶体的最终形貌[24]。因此,溶剂可以通过沿晶体不同方向的不同溶剂-溶质相互作用对晶体形状产生影响。此外,由于吸附质与某些原子构型的晶面之间可能存在强相互作用,在给定的溶液环境中引入添加剂可以进一步调节晶面的生长速度,从而通过在某些晶面上的优先吸附来调整晶体的形状。其机理是通过改变表面能来改变晶面的表面相对稳定性。这种利用添加剂调控晶体形状的手段的有效性密切依赖于在给定溶液环境中添加剂与晶体表面的匹配程度[11]。

如图 6-2(a)所示,在晶体的生长过程中,假设晶体的晶面 $B$ 的表面能比晶面 $A$ 和 $C$ 的均高。在没有其他添加剂的情况下,晶面 $B$ 会从溶液中大量吸附晶体生长所需的溶质以降低表面能。这导致晶体沿垂直于晶面 $B$ 的方向优先生长[11]。新生长出来的晶面 $B$ 由于配位仍未饱和会继续沿垂直于晶面 $B$ 的方向生长。最终,高表面能的晶面 $B$ 逐渐减少甚至消失,而更稳定的晶面 $A$ 和晶面 $C$ 被保留。如果在晶体的生长溶液中加入与晶面 $B$ 匹配的添加剂[图 6-2(b)],晶面 $B$ 会大量吸附添加剂使表面能降低,而不是吸附晶体生长所需的溶质。此时的晶面 $B$ 达到配位饱和,其表面能比晶面 $A$ 和晶面 $C$ 更低。而且,晶面 $B$ 不具有沿垂直于晶面 $B$ 方向生长的基质。因此,晶体将优先沿垂直于晶面 $A$ 和晶面 $C$ 的方向生长。最终,晶体将大比例地暴露晶面 $B$。通过选择合适的添加剂,如将有机分子、无机离子或其混合物等作为盖帽剂,可以有效地降低不同表面的表面能,从而控制晶体在不同方向的生长速率。这就形成了具有可调百分比的不同切面的晶体。盖帽剂在不同表面上的吸附选择性和吸附能力主要受配位不饱和的 Ti 原子的密度和/或表面上相邻的配位不饱和的 Ti 原子之间的距离控制。因此,盖帽剂的选择是控制晶体晶面生长的关键。

2008 年,Yang 等[25]在制备暴露{001}面的锐钛矿型 $TiO_2$ 晶体方面取得了突破性进展。在第一性原理计算的指导下,他们分别以四氟化钛和氢氟酸为前驱体和盖帽剂,通过水热法在 180℃下成功合成了具有 47% 暴露表面且由{001}晶面主导的锐钛矿型 $TiO_2$ 微晶体。他们指出合成暴露{001}面的锐钛矿型 $TiO_2$ 晶体的关键是利用氢氟酸来氟化 $TiO_2$ 的表面。氟离子通过形成 Ti—F 键来使{001}面原本配位不饱和的五配位 Ti 原子达到配位饱和,从而降低{001}面的表面能,进而影响 $TiO_2$ 晶体不同表面的生长速度。氟离子作为一种表面导向剂,改变了 $TiO_2$ 晶体不同方向的相对生长速度,导致{001}面优先暴露。这种策略的有效性被随

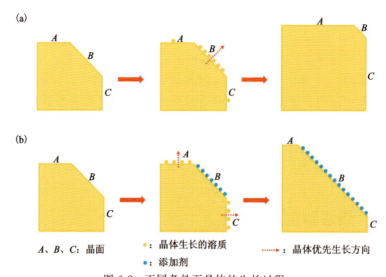

图 6-2　不同条件下晶体的生长过程
(a)平衡条件下晶体的生长过程;(b)加入添加剂后晶体的生长过程

后的研究成果广泛证实[26-27]。

2010 年,Liu 等[28]利用改良的氟介导的溶剂法制备了约 20％暴露表面为{001}面的锐钛矿型空心 $TiO_2$ 微球(图 6-3)。样品除少量分散的 $TiO_2$ 纳米晶外,主要由直径为 1～2μm 的 $TiO_2$ 空心微球组成。这些空心微球的占比可以通过在制备过程中添加适量的尿素进一步提高[29]。空心 $TiO_2$ 微球的外壳主要由尺寸在 50～100nm 之间的 $TiO_2$ 多面体颗粒组成(主要为截断的双棱形或十面体)。这些纳米尺寸的 $TiO_2$ 多面体单元在形状上与 Yang 等报道的 $TiO_2$ 十面体相似,但尺寸较小。在 $TiO_2$ 晶体的生长过程中,氟离子与{001}晶面发生强烈的相互作用,降低{001}晶面能,从动力学角度抑制了垂直于{001}晶面方向的晶体生长,有利于{001}晶面的形成。

图 6-3　$TiO_2$ 空心微球的 SEM 图像
(a)$TiO_2$ 空心微球的低倍率 SEM 图像;(b)$TiO_2$ 空心微球的 HRSEM 图像,表明其由 $TiO_2$ 纳米颗粒组成;(c)显示中空性质的单个 $TiO_2$ 微球 SEM 图像;(d)$TiO_2$ 空心微球球壳的 SEM 图像,表明其由具有暴露{001}面的纳米多面体组成[28]

## 6.2.2 固相反应法

固相反应法是制备暴露{001}高能面的 $TiO_2$ 晶体的另一种方法。Alivov 等[30]首先通过阳极氧化过程，将钛箔置于乙二醇和氟化铵的电解质中，形成非晶态 $TiO_2$ 纳米管阵列。然后，该生长在钛衬底上的非晶态 $TiO_2$ 纳米管阵列在高温下受热转化为具有高比例{001}高能面的锐钛矿型纳米 $TiO_2$ 颗粒。

一系列制备条件会影响 $TiO_2$ 纳米管向暴露{001}高能面的 $TiO_2$ 纳米颗粒的转换。当退火温度为 300℃ 或以下时，$TiO_2$ 纳米管不能转变成 $TiO_2$ 纳米颗粒；当温度提升到 400℃ 时，$TiO_2$ 纳米管开始向纳米颗粒转变，并在退火温度达到 500℃ 或以上时会发生快速转变。此外，升温速率也会影响 $TiO_2$ 纳米管向纳米颗粒的转变。当升温速率为 1℃/min 时，$TiO_2$ 纳米颗粒无法形成；当升温速率为 10℃/min 时，能观察到部分 $TiO_2$ 纳米颗粒的形成；当升温速率高达 16℃/min 或更高时，才发生 $TiO_2$ 纳米管向暴露{001}高能面的 $TiO_2$ 纳米颗粒的完全转变。因此，快速升温是暴露{001}高能面的 $TiO_2$ 纳米颗粒形成的必要条件。如果不封闭 $TiO_2$ 纳米管的两端，而是将其暴露在流动的空气中进行退火，$TiO_2$ 纳米管不会转变成暴露{001}高能面的 $TiO_2$ 纳米颗粒。相比之下，当 $TiO_2$ 纳米管的两端被玻璃板覆盖时，其两端都有明显的 $TiO_2$ 纳米颗粒生成。这表明 $TiO_2$ 纳米管向暴露{001}高能面的 $TiO_2$ 纳米颗粒的转变需要封闭其两端的开口。同时，$TiO_2$ 纳米管阵列薄膜的厚度也会影响 $TiO_2$ 纳米颗粒的{001}高能面的暴露。当 $TiO_2$ 纳米管薄膜厚度为 10μm 左右时，无法观察到 $TiO_2$ 纳米颗粒的形成。当 $TiO_2$ 纳米管薄膜厚度为 17μm 左右时，仅形成部分 $TiO_2$ 纳米颗粒。只有当 $TiO_2$ 纳米管薄膜厚度为 30μm 以上时，$TiO_2$ 纳米管阵列才能实现向暴露{001}高能面的 $TiO_2$ 纳米颗粒的完全转换。这些不同条件下 $TiO_2$ 纳米管阵列向暴露{001}高能面的 $TiO_2$ 纳米颗粒的转变现象可以用 $TiO_2$ 纳米管与残留的电解液的反应来解释。虽然通过阳极氧化合成的 $TiO_2$ 纳米管阵列会在氮气气氛中漂洗和干燥，但尺寸较长的 $TiO_2$ 纳米管中仍然会残留部分电解质。快速的升温速率和封闭在 $TiO_2$ 纳米管阵列两端的玻璃盖板阻止了退火过程中残留电解质的快速蒸发。此外，以电解液中氟化铵、水和乙二醇为不同成分变量的对照实验揭示了氟化铵是导致 $TiO_2$ 纳米管向暴露{001}高能面的 $TiO_2$ 纳米颗粒转变的有效成分。它作为盖帽剂引导了非晶态 $TiO_2$ 纳米管在高温下的晶化取向，导致了{001}高能面的暴露。值得注意的是，氟化铵在高温下容易升华。因此，$TiO_2$ 纳米管向暴露{001}高能面的 $TiO_2$ 纳米颗粒转变的关键是阻止氟化铵在高温下的升华，这与上述实验现象一致。

此外，由 $TiO_2$ 纳米管转变而来的暴露{001}高能面的 $TiO_2$ 纳米颗粒的大小取决于 $TiO_2$ 纳米管中氟的含量。如果 $TiO_2$ 纳米管是在密封的玻璃容器中退火，在质量分数为 0.1%、0.5%、1% 和 2% 的氟化铵水溶液中预浸泡的 $TiO_2$ 纳米管转变成的 $TiO_2$ 纳米颗粒的尺寸分别为 220nm、110nm、35nm 和 20nm。而且，无论 $TiO_2$ 纳米颗粒的大小如何，其形貌都表现为暴露{001}高能面的截断的双金字塔形。如果 $TiO_2$ 纳米管在玻璃板上退火，通过调节阳极氧化过程中氟化铵的浓度，使氟离子浓度从 1% 降低到 0.1% 时，由 $TiO_2$ 纳米管转变成的 $TiO_2$ 纳米颗粒的尺寸从 60nm 左右增大到 500nm 左右。因此，由 $TiO_2$ 纳米管转变成的暴露{001}高能面的 $TiO_2$ 纳米颗粒的尺寸随氟离子浓度的增加而减小。通过改变热处理过程中的氟离子浓度和采用不同的退火方法，可以将暴露{001}高能面的 $TiO_2$ 纳米颗粒的尺寸控制在 20~500nm。

### 6.2.3　气相反应法

气相反应法也是制备暴露{001}高能面的 $TiO_2$ 的一种方法。Amano 等[31]以四氯化钛为原料,采用快速加热和淬火的气相反应法制备了 $TiO_2$ 晶体。首先,在 358K 条件下,氩气以 200mL/min 的流速向四氯化钛溶液鼓泡,携带出四氯化钛蒸气,并与流速为 1200mL/min 的氧气混合。然后,该混合气被通入在 1573K 条件下均匀加热且匀速旋转的石英玻璃管。四氯化钛蒸气经过加热被氧化生成暴露{001}高能面的锐钛矿型 $TiO_2$ 晶体,并在石英玻璃管的下游被收集。均匀且快速的高温加热可以促进均相成核并生长出具有很少缺陷的晶面良好的晶体。此外,低浓度的四氯化钛蒸气和狭窄的石英玻璃管加热区域阻止了 $TiO_2$ 大颗粒和有晶界的多晶团聚体的形成。

制备的 $TiO_2$ 纳米颗粒主要由十面体颗粒组成,即截断的双锥体颗粒[图 6-4(a)]。其中,暴露的{001}高能面占总暴露面的比例约为 40%。十面体锐钛矿型纳米颗粒的透射电子显微镜图像显示有正方形和六边形两种图像。由于锐钛矿晶体属于四方晶系,正方形的 TEM 图像表明该 $TiO_2$ 颗粒的{001}面平行于样品台,并可以在其边缘观察到{101}斜面的等厚条纹;HRTEM 图像显示出(200)和(020)晶面的晶面间距[图 6-4(b)]。另一个单晶锐钛矿粒子呈现六边形,该图像是由电子束垂直入射到{100}面上记录的[图 6-4(c)]。在六边形图像上观察到约 68.3°的夹角,这与(001)面和(101)面之间的界面角一致,表明该颗粒暴露出{001}和{101}晶面。这项研究工作表明暴露{001}高能面的锐钛矿型 $TiO_2$ 晶体可以通过不使用盖帽剂的气相反应法来制备。

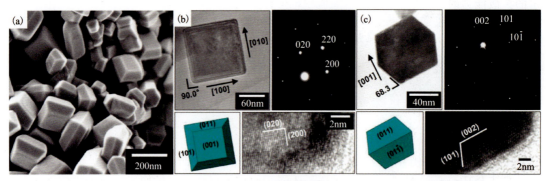

图 6-4　$TiO_2$ 颗粒的微观形貌

(a)四氯化钛蒸气与氧气通过气相反应法制备的 $TiO_2$ 颗粒的 SEM 图像;(b)沿 $c$ 轴和(c)沿 $a$ 轴或 $b$ 轴记录的十面体 $TiO_2$ 颗粒的 TEM 图像和电子衍射[31]

### 6.2.4　外延生长法

外延(epitaxy)是晶体生长或材料沉积的一种方式。以这种方式形成的新的晶体层相对于晶种层具有一个或多个明确的生长方向,所沉积的晶体薄膜称为外延膜或外延层。外延层与种子层的相对取向根据每种材料的晶格取向来定义。对于大多数外延生长,外延层通常是结晶形成的。外延层的每个结晶域必须具有相对于衬底晶体结构的明确取向。外延既包括单晶结构的外延生长,也包括薄膜中晶粒与晶粒之间的外延生长[32-33]。

外延生长的主要商业应用之一是在半导体衬底晶圆上外延生长半导体薄膜。在这种情况下,外延薄膜的晶格具有相对于衬底晶圆的晶格的特定方向,如薄膜的[001]晶向指数与衬底的[001]晶向指数对齐。在最简单的情况下,外延层可以是与衬底完全相同的半导体化合物的延续。这种外延生长被称为同质外延。该技术常用于生长比衬底更纯净的薄膜和制造具有不同掺杂水平的外延层。如果用与衬底不同的材料进行外延生长,则该外延生长被称为异质外延。这种技术通常用于生长无法通过其他方法获得的晶体薄膜,以及制造不同材料的集成晶体层。如在铱上外延生长金刚石[34]、在六方氮化硼上外延生长石墨烯[35]等。需要注意的是在异质外延生长中,外延层中的应变量由晶格失配度 $\delta$ 决定[36],$\delta$ 为外延层的晶格常数与衬底的晶格常数之间的差值占衬底的晶格常数的百分比[式(6-1)]。

$$\delta = \frac{|a_e - a_s|}{a_s} \times 100\% \tag{6-1}$$

式中:$a_e$ 是外延层的晶格常数;$a_s$ 是衬底的晶格常数。

外延生长模式主要分为岛状生长模式(Volmer-Weber 模式)、层状生长模式(Frank-van der Merwe 模式)和层状-岛状生长模式(Stranski-Krastanov 模式)[37-39]。在岛状生长模式中,作为吸附质的外延材料与衬底之间的浸润性较差,吸附质与吸附质之间的相互作用强于吸附质与表面之间的相互作用,衬底表面的外延材料的原子或分子就会更倾向于同类相互键合,而不易与衬底原子相键合。于是,外延材料的原子或分子首先在衬底表面大量凝聚成孤立的小核,外延材料从衬底表面的晶核中生长出来,进而形成三维的岛。当这些岛相互连接时就形成外延层。对很多薄膜与衬底来说,只要有足够高的生长温度,同时外延原子具有一定的扩散能力时,薄膜的生长就会呈现岛状生长模式。

在层状生长模式中,吸附质-吸附质的相互作用和吸附质-表面的相互作用相互平衡。当外延原子在基底表面沉积时,只有在第一层外延层完全形成后才开始第二层的沉积,形成二维逐层外延生长或台阶流动外延生长。

层状-岛状生长模式是岛状和层状生长模式的组合。在这种机制下,外延层的生长以层状生长模式开始,先形成二维外延层。这种二维结构受衬底晶格的强烈影响,晶格有较大的畸变。在二维外延层达到临界厚度后,外延层再进入类似岛状的三维岛状生长模式。导致这种模式转变的物理机制较复杂,往往在衬底和外延原子相互作用特别强的情况下,才容易出现这种生长模式。然而,实际的外延生长发生在远离热力学平衡的高过饱和状态。在这种情况下,外延生长由原子吸附动力学而不是热力学控制,二维台阶生长成为主导[40]。

在合适的晶体衬底表面进行外延生长是制备暴露特定晶面的高质量晶体的重要方法。需要注意的是,通过外延生长法所生长的目标晶体的晶格参数应与衬底的晶格参数尽可能匹配。例如,四方锐钛矿型 $TiO_2$ 的(001)面晶格参数(3.785Å×3.785Å)与立方钙钛矿型 $SiTiO_3$ 的(001)面晶格参数(3.905Å×3.905Å)匹配度较高(晶格失配度约为 3.1%)。这意味着立方钙钛矿型 $SiTiO_3$ 是外延生长具有(001)面锐钛矿型 $TiO_2$ 晶体的良好衬底。Marshall 等[41]报道了在 $SrTiO_3$ 衬底的(001)表面生长顶部暴露(001)面的方形岛状锐钛矿型 $TiO_2$ 的两种外延生长模式。这两种模式与退火温度有关。当退火温度在 1000~1030℃ 之间时,岛状 $TiO_2$ 的边长超过临界边长 1.3μm 时,$TiO_2$ 的岛状结构长度增加,宽度减小,最终演化为矩形[图 6-5(a)]。这种演化遵循 Tersoff 和 Tromp 报道的模型[42],在该模型中,由于温度足够高,

岛状 $TiO_2$ 上的原子分离能够以足够快的速度发生,从而导致岛状结构窄化。当退火温度在 930~1000℃之间时,$TiO_2$ 首先形成方形岛状结构,直到达到临界面积 $0.53\mu m^2$。一旦超过这个尺寸,方形岛状 $TiO_2$ 的 4 条边逐渐形成向着岛中心生长的沟槽,最终形成的岛状 $TiO_2$ 呈十字形[图 6-5(b)]。值得指出的是,驱动 $TiO_2$ 在这两种生长模式下的形状变化的原因相同,都是为了缓解岛状 $TiO_2$ 中应变能的增加。

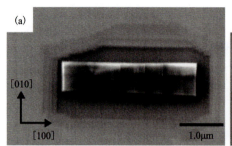

图 6-5 不同退火温度下 $TiO_2$ 的外延生长[41]
(a)1000~1030℃;(b)930~1000℃

## 6.3 硬模板法制备空心结构材料

硬模板法是一种用所需材料包覆模板,然后选择性地移除模板以获得中空结构的方法,具有简单、高效、可控性强等优点。典型的硬模板法制备过程如下:首先合成具有特定尺寸和形貌的模板,然后在其外层表面涂覆一层目标材料,最后选择性去除模板得到空心结构。硬模板一般由刚性的微米级或纳米级粒子组成,如聚合物微球、二氧化硅纳米颗粒、陶瓷或金属纳米颗粒等。空心内腔的大小和形状由这些模板的大小和形状决定,内腔可以呈现球体[43]、椭球体[44]、立方体[45]、棒[46]、线[47]及许多其他形状。外壳厚度则主要由涂层工艺决定。为了在模板表面成功涂覆目标材料,通常需要改变模板的表面性质,如表面电荷和极性[48]。在大多数情况下,模板会被完全去除,对最终产物没有任何贡献,而在少数情况下,部分模板被故意保留,并对最终产物的组成和性质都有贡献[49]。硬模板的选择性去除可以通过化学刻蚀、热处理或煅烧来实现,或者通过简单地将硬模板溶解在特定的溶剂中完成。模板去除方法的选择主要由硬模板的成分决定。此外,在某些情况下,需要对所得到的空心结构材料进行后处理,如还原或煅烧,以改善所得到的空心结构材料的某些性能。

### 6.3.1 聚苯乙烯模板

基于聚苯乙烯的硬模板法是合成空心结构材料最普遍的方法之一。聚苯乙烯是苯乙烯单体通过聚合而产生的一种加成聚合物。由于在制备过程中只使用了一种单体,所以聚苯乙烯是均聚物。在聚合过程中,苯乙烯单体中的乙烯基的碳—碳 π 键被打破,形成一个新的碳—碳 σ 键,并与另一个苯乙烯单体相连接[50]。由于新形成的 σ 键比断裂的 π 键更强,因此聚苯乙烯具有一定的化学惰性。它不仅防水,而且耐酸碱腐蚀。然而,它很容易被有机溶剂溶解,如丙酮、氯化溶剂、芳香烃溶剂等[51]。此外,与其他有机化合物一样,聚苯乙烯燃烧会产生二氧化碳和水蒸气，以及其他热降解副产物。因此，可以通过溶剂溶解及热煅烧等途径去除聚苯乙烯模板。

在实验室中，聚苯乙烯模板通常通过简单的乳液聚合过程来制备（图 6-6）[9]。乳液聚合是一种自由基聚合反应，通常从含有水、单体、引发剂和乳化剂的乳液开始。最常见的乳液类型是水包油型乳液，其中单体（油相）与乳化剂形成的液滴在水的连续相中被乳化。聚合发生在乳胶/胶体颗粒中，这些颗粒通常在反应的前几分钟内自发形成，大小通常为 100nm，由许多单独的聚合物链组成。由于每个粒子都被表面活性剂（乳化剂）包围，表面活性剂上的电荷使得粒子与其他粒子相互排斥，使这些粒子不能凝结。然后，这些粒子通过加成聚合的方式生长成具有一定尺寸的聚苯乙烯模板。具体来说，首先将聚乙烯吡咯烷酮（乳化剂）和过硫酸铵（引发剂）加入蒸馏水和乙醇的混合物溶液中搅拌至均匀。之后，将苯乙烯单体滴加到上述溶液中，通过油浴聚合。最后，将反应后的溶液通过冰水浴冷却至室温，离心洗涤得到聚苯乙烯纳米球。

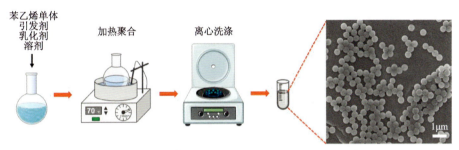

图 6-6　聚苯乙烯模板的合成方法及其 FESEM 图像

1998 年，Caruso 等[52]首次报道了关于空心纳米结构的制备。他们以二氧化硅和聚二烯丙基二甲基氯化铵为原料，通过基于静电吸附的逐层自组装策略在聚苯乙烯胶体模板上制备了二氧化硅空心球和无机-聚合物杂化空心球。作为模板的聚苯乙烯胶体直径为 640nm。他们首先在带负电荷的聚苯乙烯乳胶颗粒上沉积了 3 层带正电的聚合物薄膜（聚二烯丙基二甲基氯化铵）。该薄膜提供了一个光滑的带正电荷的表面，以促进带负电荷的二氧化硅的吸附。当二氧化硅吸附在聚合物薄膜上后，阳离子聚合物薄膜（聚二烯丙基二甲基氯化铵）再次沉积在带负电荷的二氧化硅表面。通过控制二氧化硅和聚二烯丙基二甲基氯化铵的交替沉积循环次数，可以形成形貌规则、尺寸均匀的多层结构，壁厚从几十纳米到数百纳米不等。有两种方法可以最终获得空心结构：煅烧和四氢呋喃溶解。煅烧可以将聚苯乙烯模板和聚合物薄膜都去除，最终获得二氧化硅空心球。四氢呋喃可以仅溶解聚苯乙烯模板而保留聚合物薄膜，最终获得无机-聚合物杂化空心球。

聚苯乙烯模板也可用来制备具有空心结构的反蛋白石结构。例如，Han 等[53]报道了一种具有反蛋白石结构的 ZnO/聚多巴胺 S 型异质结构光催化剂。首先，他们通过苯乙烯的乳液聚合制备了聚苯乙烯球悬浊液。聚苯乙烯球悬浊液在溶剂蒸发过程中逐渐自组装成光子晶体。然后，将聚苯乙烯球光子晶体浸泡在含有氧化锌前驱体的溶液中，锌离子会吸附在聚苯乙烯球的表面。在空气中煅烧去除聚苯乙烯模板后获得具有反蛋白石结构的 ZnO。最后，多巴胺通过原位聚合在 ZnO 表面形成聚多巴胺层，形成 ZnO/聚多巴胺反蛋白石复合材料［图 6-7(a)、(b)］。ZnO 有序的反蛋白石结构在负载聚多巴胺前后没有变化，说明聚多巴胺层与 ZnO 之间接触紧密。TEM 图像[图 6-7(c)、(d)]显示 ZnO 表面包裹着一层薄的聚多巴胺。此外,能量色散 X 射线光谱映射图像表明聚多巴胺在 ZnO 上分布均匀[图 6-7(e)—(i)]。该工作表明聚苯乙烯模板在合成三维空心结构材料方面具有广阔的应用前景。

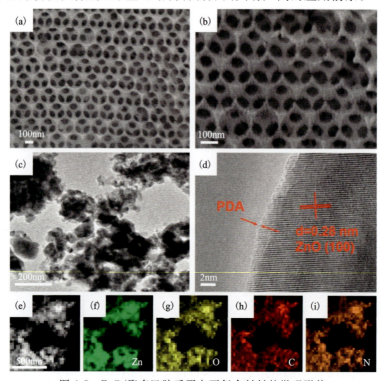

图 6-7　ZnO/聚多巴胺反蛋白石复合材料的微观形貌

(a)、(b)ZnO/聚多巴胺反蛋白石复合材料的 FESEM 图像;(c)经过超声粉碎后的 ZnO/聚多巴胺反蛋白石复合材料的 TEM 图像;(d)HRTEM 图像,PDA 代指聚多巴胺;(e)—(i)Zn、O、C、N 元素的能量色散 X 射线光谱图[53]

## 6.3.2　二氧化硅模板

二氧化硅因成本低、均匀性高、尺寸可调等优点成为目前应用最广泛的硬模板之一[54]。许多二氧化硅的制备都是从有机硅化合物开始的,如六甲基二硅氧烷和正硅酸四乙酯。胶体二氧化硅颗粒通常是通过经典的 Stöber 法制备,即正硅酸四乙酯与水通过溶胶-凝胶过程反应生成二氧化硅和乙醇。Werner Stöber 及其团队在 1968 年首次报道了二氧化硅纳米颗粒的湿化学合成方法[55]。在甲醇或乙醇环境中,正硅酸四乙酯[$Si(OEt)_4$]首先在氨水的催化作用下进行水解,乙氧基转变成羟基,生成乙醇和多种乙氧基硅醇[如 $Si(OEt)_3OH$、$Si(OEt)_2(OH)_2$、$Si(OEt)_3OH$],甚至原硅酸[$Si(OH)_4$]。这些产物之间发生缩合反应,逐步形成交联结构,最终获得二氧化硅球(图 6-8)[56]。

反应条件不同,产生的二氧化硅颗粒直径从 50nm 到 2000nm 不等。其粒径分布取决于反应条件,如正硅酸四乙酯的浓度、氨水的浓度、温度。当氨水的浓度升高时,会形成较大的颗粒,但粒径分布范围也随之扩大。值得注意的是,正硅酸四乙酯的初始浓度与生成颗粒的大小成反比。正硅酸四乙酯的初始浓度越高,成核位点的数量越多,所获得的二氧化硅颗粒

# 第6章 特殊形貌颗粒材料合成方法

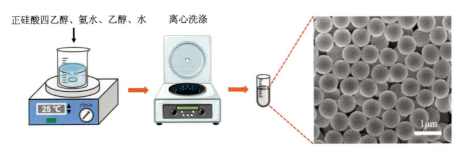

图6-8 Stöber法制备胶体二氧化硅球示意图

越小,但粒径分布范围越广。当初始前驱体浓度过高时,还会产生形状不规则的二氧化硅颗粒[57]。此外,Stöber法与温度密切相关。温度降低会使反应速率变慢,从而导致二氧化硅的平均粒径增大,但在过低的温度下无法很好地保持单分散的粒径分布[58]。

二氧化硅是一种相对惰性的物质,是一种常见的制备化学反应容器的材料。然而,大多数形式的二氧化硅都能被氢氟酸刻蚀而转变为六氟硅酸。在半导体工业中,氢氟酸被用来去除二氧化硅或将二氧化硅刻蚀成一定形状。此外,二氧化硅作为一种露克思-富劳德(Lux-Flood)酸,能够在一定条件下与碱反应。例如,二氧化硅可以溶解在热浓碱溶液或熔融氢氧化物中,生成硅酸盐和水。因此,去除二氧化硅模板的方式主要是氢氟酸刻蚀或碱刻蚀[59]。

Meng等[60]以二氧化硅为模板,采用多巴胺原位自聚合法制备了一系列聚多巴胺(PDA)修饰的$TiO_2$空心球($TiO_2$@PDA)。如图6-9(a)所示,首先,他们利用Stöber法制备了粒径分布均匀的二氧化硅球模板。然后,以钛酸四丁酯为原料,高分子表面活性剂聚乙烯吡咯烷酮为稳定剂,在二氧化硅球表面生长了$Ti(OH)_4$壳层。在450℃下煅烧2h后,$Ti(OH)_4$转化为$TiO_2$。二氧化硅在乌洛托品溶液中通过水热反应去除。具体反应过程为:乌洛托品分解释放出甲醛和氨气,氨气水解产生的氢氧根导致二氧化硅球被刻蚀。最后,通过多巴胺的自聚合在$TiO_2$表面生长一层聚多巴胺,获得$TiO_2$@PDA空心球。图6-9(b)为聚多巴胺在$TiO_2$表面的生长过程:多巴胺中的邻苯二酚部分在弱碱中氧化为多巴胺醌,再通过去质子化进一步氧化为5,6-二羟基吲哚。最终,通过分子间Michael加成反应形成交联聚合物聚多巴胺[61-62]。由于$TiO_2$表面存在大量不饱和Ti原子,聚多巴胺羟基中的氧原子中的电子进入Ti原子的未占据轨道上,导致$TiO_2$与聚多巴胺之间形成强烈的化学结合,从而实现聚多巴胺层与$TiO_2$紧密结合。SEM图像表明聚多巴胺修饰的$TiO_2$空心球具有片状结构[图6-9(c)]。TEM图像显示在$TiO_2$@PDA中观察到空心球的壳层厚度约为20nm[图6-9(d)]。此外,能量色散X射线光谱映射图像显示出Ti、O、C、N 4种元素,表明在$TiO_2$空心球表面确实包覆了一层聚多巴胺[图6-9(e)—(i)]。

## 6.3.3 电化学置换法

电化学置换法被认为是一种有效的硬模板法,用于制备具有可控尺寸和形貌的空心纳米结构,尤其是金属空心材料(图6-10)[63-64]。电化学置换法的驱动力来自两种金属之间的电化学电位差,其中一种金属作为还原剂(阳极),如Ag、Co、Cu、Ni等,另一种金属的盐作为氧化剂(阴极)。在电化学置换过程中,首先合成阳极金属材料。阳极金属与具有较高还原电位的金属离子接触后,被氧化而溶解到溶液中,而金属盐的金属离子被还原并沉积至阳极模板的外表面。通常,最终形成的空心结构形状和内部孔隙大小与初始阳极金属模板非常相似,尺寸略有增加[65]。利用电化学置换技术，各种形状和大小可控的空心金属纳米晶体已被成功制备[66]。

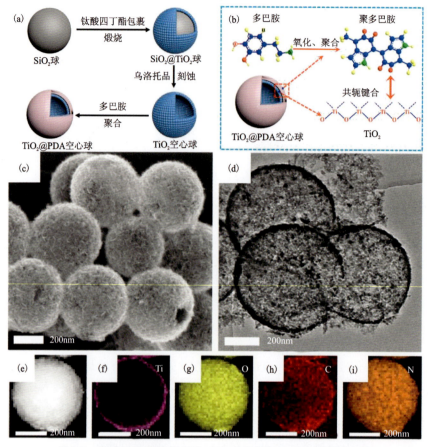

图 6-9　聚多巴胺修饰的 $TiO_2$ 空心球的制备过程及其微观形貌

(a)聚多巴胺修饰的 $TiO_2$ 空心球的制备过程；(b)聚多巴胺在 $TiO_2$ 表面的生长过程；(c)聚多巴胺修饰的 $TiO_2$ 空心球的 FESEM 图像；(d)聚多巴胺修饰的 $TiO_2$ 空心球的 TEM 图像；(e)—(i)Ti、O、C、N 元素的能量色散 X 射线光谱映射图像[60]

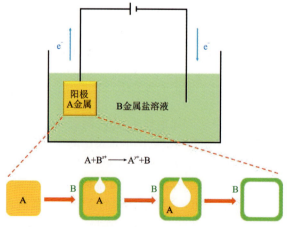

图 6-10　电化学置换法制备空心结构的示意图

Sun 等[67]详细研究了 100℃下 Ag 纳米立方体(模板金属)和 HAuCl$_4$ 水溶液之间的电化学置换反应过程中的形态、结构、成分的变化。他们发现银纳米立方体向金空心结构转化的电化学置换反应主要分为两个阶段。在第一阶段中,银纳米立方体逐渐溶解并生成金原子,金原子外延沉积在银纳米立方体的表面。同时,银原子也会扩散到金壳层中,从而获得外壁由金-银合金构成的空心纳米结构(图 6-11)。第二阶段是去合金化。该过程选择性地从合金外壁中去除银原子,诱导形态重建,最终导致金外壁形成大量孔洞。

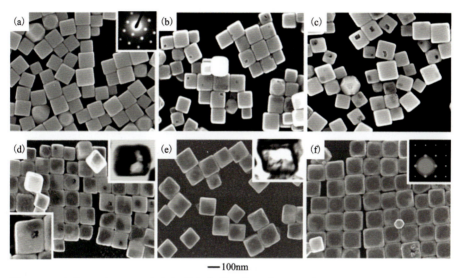

图 6-11 通过 Ag 与 HAuCl$_4$ 之间的电化学置换反应和 Ag 与 Au 之间的合金化反应形成的 Au-Ag 纳米盒的 SEM 图像

(a)反应前的银纳米立方体;(b)—(f)与不同体积的 1mol HAuCl$_4$ 溶液反应后的 Au-Ag 纳米盒:(b)0.05mL,(c)0.10mL,(d)0.30mL,(e)0.50mL,(f)0.75mL[67]

图 6-12 展示了银纳米立方体在 100℃下进行的电化学置换过程。由{100}面包围的银纳米立方体构成的阳极与 HAuCl$_4$ 溶液接触后,电化学置换反应将从银纳米立方体上具有高表面能的位点(如点缺陷、堆垛层错等部位)开始。银的阳极氧化反应将使该活性部位的金属银转变成银离子溶解到溶液中,并且在该活性部位产生一个孔洞。反应所释放的电子可以很容易地迁移到银立方体的表面,并将表面的 AuCl$_4^-$ 还原为 Au 原子(阴极反应)。在该置换反应中产生的单质金倾向于沉积在银纳米立方体的表面,因为金和银的晶体结构(都是面心立方结构)和晶格常数(金和银分别为 4.078 6Å 和 4.086 2Å)均匹配良好。外延沉积将在银立方体表面形成一层薄而不完整(最初产生的孔洞无法被金层覆盖)的金层(步骤 A),这可以阻止金层下面的银与 HAuCl$_4$ 反应。而最初产生的孔洞将继续作为后续反应的活性位点。与此同时,该孔洞使 AuCl$_4^-$、Ag$^+$、Cl$^-$ 等离子不断扩散进出,导致银纳米立方体的内部逐渐溶解,从而转化为内部中空的结构(步骤 B)。生成的金原子在银纳米立方体的外表面继续生长,并通过各种质量扩散过程使孔洞逐渐缩小。当加入的 HAuCl$_4$ 的体积足够大时,银纳米立方体内部的中空尺寸会达到最大,表面的孔洞消失,形成外壁均匀的盒状结构(步骤 C)。由于在 100℃下的银原子和金原子的扩散速率相对较快,随着银模板与 HAuCl$_4$ 的置换反应,沉积的金层和下面的银表面之间也会发生合金化。实际上,银和金倾向于形成接近理想的固溶体,

因为均匀的 Au-Ag 合金比纯 Au 或纯 Ag 更稳定[68]。

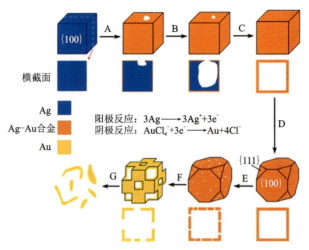

图 6-12　银纳米立方体与 $HAuCl_4$ 溶液之间的电化学置换反应所涉及的所有形态和结构变化示意图[67]

如果反应体系中的 $HAuCl_4$ 的体积进一步增大，Au-Ag 合金中的银原子将被选择性地去除，也就是去合金化（图 6-13）。在去合金化过程中，将形成晶格空位，因为 3 个银原子只能置换 1 个金原子。这些空位缺陷会对外壁结构产生负曲率，从而导致界面面积和表面能的增加[69]。为了修复这些晶格空位，破损的外壁结构将通过 Ostwald 熟化重建其结构形态[70]，结果会导致外壁的每个角被截断，形成以 {111} 晶面为界的新表面（步骤 D）。这种形态变化通过以下两种方式降低总表面能：①通过用 1 个 {111} 平面取代每个角的 3 个 {100} 平面来降低总表面能；②通过用比较稳定的 {111} 平面取代较不稳定的 {100} 平面来降低表面能[71]。随着

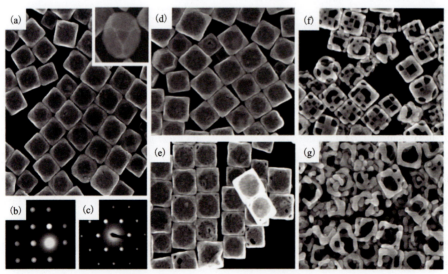

图 6-13　Au-Ag 纳米盒与不同量的 $HAuCl_4$ 溶液反应后的微观形貌
(a)1.00mL $HAuCl_4$,(d)1.50mL $HAuCl_4$,(e)2.00mL $HAuCl_4$,(f)2.25mL $HAuCl_4$,(g)2.50mL $HAuCl_4$。
与 1mL $HAuCl_4$ 溶液反应后的纳米颗粒的八边形和三边形晶面分别为(b){100}和(c){111}晶面[67]

越来越多的银原子被 $AuCl_4^-$ 溶解,晶格空位将大量增加。在这种情况下,Ostwald 熟化过程不足以使严重破损的外壁重构成具有连续表面的结构。尤其在 100℃时,这种严重破损的外壁结构极不稳定。为此,晶格空位将开始合并并在外壁上产生小孔(步骤 E)。进一步的去合金化将扩大小孔的横向尺寸(步骤 F)。值得注意的是,这些针孔一旦达到临界尺寸(约 20nm),就倾向于形成方形轮廓。这些孔的具体形状可能与原子在外壁上的方形排列有关。完全去合金化甚至能导致多孔纳米笼坍塌,形成金碎片(步骤 G)。

## 6.4 软模板法制备空心结构材料

软模板法是制备空心材料的一种常用技术,广泛应用于聚合物、二氧化硅、金属氧化物、碳材料等空心纳米结构材料的合成[72]。软模板法与硬模板法之间的差异主要有两点:一是软模板法通常使用液体或气体等流体作为模板,如乳液、胶束/囊泡、气泡等;二是软模板的形成和目标材料的涂覆过程可能同时发生。软模板通常可以通过清洗、蒸发、溶剂萃取、冷冻干燥等简单的操作去除。例如,表面活性剂可以通过溶剂萃取去除。甚至在某些情况下,软模板通常没有去除的必要,因为一些软模板在空心结构形成的同时就已经被去除了,如气泡模板。这避免了空心结构受到模板刻蚀过程的影响。因此,采用软模板法制备空心结构材料对于一些化学和热不稳定的材料是一种可行的选择。但与硬模板法相比,软模板法对合成参数特别敏感,如温度、pH 值、溶剂极性等,这使得精确控制空心材料的某些结构特征具有挑战性,如空心结构材料的形状、尺寸、外壳厚度等[73]。因此,软模板法对空心结构的均一性控制没有硬模板法好。

通过溶胶-凝胶过程直接在乳液模板上合成空心结构是一种典型的软模板法应用实例。在这种方式下,分子通过静电吸引或氢键在乳液液滴模板上包覆并生长成壳层。Zoldesi 和 Imhof 报道了一种合成单分散二氧化硅空心微球的软模板法[74]。在合成过程中,第一步是将二甲基二乙氧基硅烷分散在水中,生成无表面活性剂的油/水乳液,乳液液滴的大小为 $0.6 \sim 2\mu m$。通过正硅酸四乙酯的水解和缩合,在乳液液滴上合成二氧化硅,然后通过添加萃取溶剂去除中心的乳液核。而且,通过调整壳层厚度与模板半径的比值可以调控二氧化硅空心球的弹性性能。当空心球颗粒具有超薄壳层时,干燥后的二氧化硅空心球不能保持球形形态,而会形成碗状结构甚至折叠起来。此外,Chen 等[75]利用软模板法构造了一种形貌高度均匀和尺寸分布狭窄的空心碳质纳米瓶。合成过程中的主要原料是作为表面活性剂的聚环氧乙烷-聚环氧丙烷-聚环氧乙烷三嵌段共聚物(P123)和油酸钠,以及作为前驱体的核糖。P123 中的聚环氧丙烷嵌段与油酸钠的烷基链之间具有疏水相互作用,可以在水介质中形成混合胶束,从而起到软模板的作用。他们研究了产物形貌随着水热反应时间延长的演变过程。如图 6-14 所示,尽管不同时间点产物的形貌有明显差异,但所有产物都呈现较为分散且颗粒大小均匀的特点。当水热时间为 8h 时,产物呈现具有开口的中空球形结构。随着反应时间的延长,结构发生明显变化:开口球逐渐转变为具有瓶颈的瓶状结构,并且瓶颈的长度随时间的延长而显著增加。此外,不同反应时间下得到的纳米颗粒的中空内径也明显减小,从 401nm 减小至 229nm。因此,他们得出 3 点结论:①开口在反应的早期就已经形成;②瓶颈长度的逐渐增表明随着反应时间的延长,新的模板-溶液界面会不断产生;③中空内径的不断减小说明内腔中持续进行着聚合反应[76]。

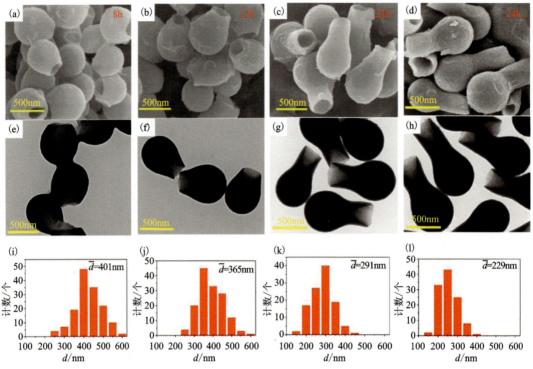

图 6-14　在水热温度为 160℃、不同反应时间条件下制备的空心碳质纳米瓶的 SEM 图像、TEM 图像及内腔直径分布直方图[75]（其中，内腔直径分布的统计标本数大于 100 个，d 表示直径）
(a)、(e)、(i)反应时间为 8h；(b)、(f)、(j)反应时间为 12h；(c)、(g)、(k)反应时间为 21h；(d)、(h)、(l)反应时间为 24h

为了研究这两种表面活性剂的具体作用，他们保持其他反应条件不变，通过加入不同摩尔比的油酸钠和 P123 进行了一系列对比实验。当油酸钠和 P123 的摩尔比为 16∶0 时（即仅使用油酸钠作为表面活性剂），得到了大小分布不均匀的完整中空纳米球，其直径从几十纳米到几百纳米不等[图 6-15(a)]。当少量的 P123 与油酸钠共存时（摩尔比为 16∶0.5），产物是大小相对均匀的中空碳球[图 6-15(b)]。这可能是由于 P123 能稳定和分散油酸相，形成大小相对均匀的纳米乳液，从而间接证明了 P123 与油酸钠之间的强相互作用。继续增加 P123 的量（摩尔比为 16∶1）会得到瓶状、中空且开口的纳米结构[图 6-15(c)]。当油酸钠和 P123 的摩尔比 16∶2 时，产物开口直径明显增大[图 6-15(d)]。这可能是由于随着反应温度升高，聚环氧乙烷嵌段倾向于填充到油酸乳液中，以进一步降低界面能。聚环氧乙烷嵌段的填充导致纳米乳液体积膨胀（溶胀效应），产生应力。同时，在模板界面上，核糖发生聚合反应形成碳壳层。通过增大 P123 在体系中的比例，可以增大应力，从而调控开口的大小。当只以 P123 作为模板时，只会得到实心碳球[图 6-15(e)]。这可能是由于 P123 与核糖或其衍生物在高温水热条件下相互作用不稳定所致。总的来说，在高温水热条件下，油酸纳米乳液相为 P123 提供了稳定的油相微环境，而 P123 则充当表面活性剂来分散和稳定纳米乳液相。这两种表面活性剂的协同作用最终促进了大小相对均匀、分散的开口结构的形成[76]。

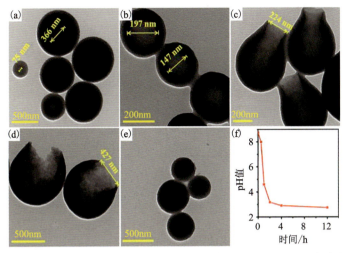

图 6-15 在油酸钠和 P123 的不同摩尔比的条件下合成的空心碳质纳米
瓶的 TEM 图像及反应体系 pH 值随水热反应时间的变化

(a)摩尔比为 16∶0(不含 P123);(b)摩尔比为 16∶0.5;(c)摩尔比为 16∶1;(d)摩尔比为 16∶2;(e)摩尔比为 0∶1(不含油酸钠);(f)反应体系在不同水热反应时间下的 pH 值[75]

基于上述分析,空心碳质纳米瓶的形成过程可以划分为 3 个主要阶段:纳米乳液形成阶段、开口形成阶段和瓶颈形成与生长阶段。首先,混合胶束由油酸和 P123 组成,随着温度升高和 pH 值降低,纳米乳液逐渐生成(油酸为核心,P123 为乳液的表面活性剂)。随着反应时间延长,核糖开始聚合,并有效抑制纳米乳液的团聚。同时,表面活性剂 P123 的聚环氧乙烷嵌段由亲水转变为疏水,倾向于填充进纳米乳液中,引发溶胀效应。纳米乳液的体积膨胀会产生相应的应力。当应力超过某个临界值时,碳壳层会破裂形成开口。最后,由于核糖中间体衍生物在油酸中具有一定溶解度,它们会逐渐从壳层的开口处溶解并进入内腔纳米乳液,在内表面发生聚合。同时,衍生物的溶解使得乳液从内腔流出形成新的油-水两相界面,核糖或其衍生物可以在新界面上继续成核生长,形成瓶状结构[76]。

## 6.5 无模板法制备空心结构材料

无模板法是指直接合成空心结构,不需要额外模板的空心结构合成方法[77]。虽然无模板法不需要额外模板的辅助,但大部分情况下材料本身作为一种牺牲模板。这种材料本身作为模板的合成方法又叫自模板法。与传统模板方法不同,自模板法中使用的模板不仅是用于创建内部空心结构的模板,而且通常构成或转变成外壳的组成成分[78]。自模板法具有合成工艺相对简单、重现性高、生产成本低、对壳层厚度和颗粒均匀性控制好等优点。此外,自模板法无额外的涂层制备过程,更适合空心结构材料的大规模生产。目前,许多机制被用来解释自模板法形成空心结构的原理,包括 Kirkendall 效应[79-81]、Ostwald 熟化[82-85]、化学诱导自转变[86-87]、表面保护刻蚀[88-92]等。

## 6.5.1 Kirkendall 效应

Kirkendall 效应是冶金学中的一个经典现象,指两种扩散速率不同的金属在相互扩散过程中会发生空位扩散以补偿物质流动的不平衡,并导致初始界面的移动。这会在扩散速率快的金属内形成空位缺陷,并且空位缺陷会逐渐聚集形成孔洞[93-94]。它最初描述了由于金属原子扩散速率的不同而引起的两种金属之间界面的运动[95]。后来,两种固体物质在界面处的动力学失衡的相互扩散现象被概括为 Kirkendall 效应。其主要机制是空位介导的原子迁移。两种金属界面的扩散现象可以用来描述这种效应。如图 6-16 所示,在热活化作用下,金属 A 原子和金属 B 原子在界面处进行扩散交换,但 A 原子向 B 金属的扩散速率比 B 原子向 A 金属的扩散速率快。这种不平衡的物质流动与原子空位的扩散作用相抵消。原子空位最终聚集在物质流动最快的地方,也就是 A 金属中。当 A 金属中的原子空位浓度超过饱和值时,这些空位极有可能合并为孔洞,这种孔洞被称为 Kirkendall 孔洞。

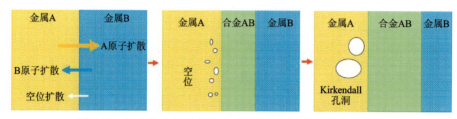

图 6-16 以金属 A 和金属 B 为模型的 Kirkendall 效应示意图

从传统的观点来看,在合金和焊料中形成 Kirkendall 孔洞并不是冶金制造的理想工艺,因为孔洞会恶化界面的力学性能或导致集成电路中的金属线路键合失效。因此,过去研究 Kirkendall 效应的主要技术动机是减少这种负面影响。直到 2004 年首次发现纳米尺度的 Kirkendall 效应以来[96],Kirkendall 效应对空心纳米结构的设计和制备产生了积极的作用。利用 Kirkendall 效应制备空心结构的基础是成分不同的核壳结构。在给定的合成条件下,核壳界面首先开始发生原子交换。如果核物质到壳物质的质量传递速度快于壳物质到核物质的质量传递速度,则原子孔位可能在核中形成,并最终合并形成空心的内部结构。关于初始的核壳材料,还可以考虑两种情况。第一种是先合成核材料,再将壳体材料沉积在预先合成的核材料上,最后激活原子交换过程。第二种是先只合成核材料,然后通过核材料的外表面与反应物质的相互作用原位形成壳体,之后核材料再与壳材料进行原子交换。

EL Mel 等[97]展示了一种用于制备具有均匀壁厚的高度有序超长(可达几厘米)金属氧化物纳米管阵列的方法。该方法基于金属纳米线简单热氧化过程中的 Kirkendall 效应。首先以硅衬底为物理模板,通过磁控溅射在硅衬底上生长铜纳米线。图 6-17(a)显示了磁控溅射沿硅衬底选择性生长的铜纳米线。沉积的铜纳米线与硅衬底有微弱的附着力。因此,当切割样品用于扫描电子显微镜观察时,部分纳米线脱离了硅衬底支撑[图 6-17(b)]。通过透射电子显微镜发现铜纳米线表面具有颗粒形态,平均直径约为 160nm[图 6-17(c)]。

在空气中进行 300℃ 热处理时可观察到铜纳米线的形态演变随热氧化时间而变化(图 6-18)。为了形成完全中空的纳米结构,至少需要 4min 的热氧化过程。当热氧化时间在 0~2min 之间时,氧化壳层的总直径和厚度略有增加。当热氧化时间在 2~5min 时,氧化壳

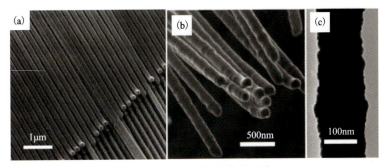

图 6-17 铜纳米线的微观形貌

(a)在纳米硅衬底上选择性生长的铜纳米线的 SEM 图像；(b)从硅衬底上分离的铜纳米线的 SEM 图像；(c)铜纳米线颗粒形态的 TEM 图像[97]

层的总直径和厚度迅速增加，之后几乎保持不变。因此，纳米线的氧化动力学在前 2min 较低，氧化 2min 后增强。根据 Fan 等[98]提出的动力学模型，当纳米线芯中形成大孔隙时，铜离子会沿这些大孔隙表面扩散。表面扩散系数比体相扩散系数高几个数量级，氧化过程会因此加快。

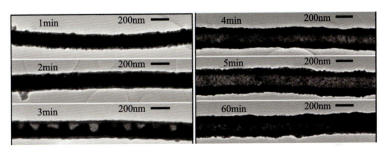

图 6-18 铜纳米线转化为氧化物纳米管过程中不同时间的 TEM 图像[97]

热处理过程中铜纳米线外围氧化层的形成可以用两种机制来解释：热活化离子扩散机制和场辅助离子扩散机制[99]。在热活化离子扩散过程中，需要一个临界温度来活化铜原子在纳米线内的随机扩散[100-101]。铜的临界温度小于 300℃[102]。需要注意的是，铜原子的扩散主要是晶格扩散和短程扩散（如晶界扩散、位错管扩散等）[103]。当铜原子向外扩散到与吸附在氧化物外壳上的氧原子接触后，它们就会反应形成氧化物[图 6-19(a)]。在氧化物生长的同时，铜原子在纳米线上的扩散可能导致铜单质相的结晶。在热氧化 2min 后观察到铜晶粒的尺寸增大也能证实这一点[图 6-19(b)]。在低温条件下，场辅助离子扩散机制占主导地位。在这种情况下，氧原子的电子集中在氧化物外壳上，而铜原子的电子则集中在纳米线的内部，它们试图通过穿过氧化物层来建立平衡[99,104]。因此，在氧化层中会产生一个电场增强金属原子和氧原子通过氧化壳层的扩散。但是基于这种机制的氧化作用是有限的，因为电场随着氧化壳层厚度的增加而减弱。因此，粗纳米线的完全氧化需要足够高的温度来热活化金属原子的迁移。

铜纳米线向纳米管的转化过程可以根据发生在金属/金属氧化物界面的 Kirkendall 效应来解释。铜原子通过氧化物壳层向外扩散的系数高于氧原子向内扩散的系数[105]，使得向外扩散的铜原子的通量（$J_{Cu}$）高于向内扩散的氧原子的通量（$J_O$）。因此，铜原子在界面处扩散留下的空位不会被向内扩散的氧原子完全补偿，从而导致较大的空位注入率（即空位通量：

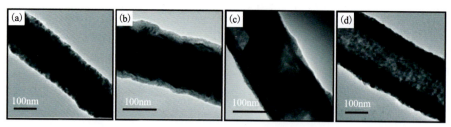

图 6-19 不同热氧化时间下铜纳米线转化为氧化物纳米管的 TEM 图像[97]

(a)1min;(b)2min;(c)3min;(d)4min

$J_V = J_{Cu} - J_O$)。此外,由于单位体积的纳米线的表面积较大,这将导致沿线轴在整个界面上形成多个过饱和空位区域。这些空位区域进一步合并,在金属/金属氧化物界面(金属一侧)形成若干个分离的小孔隙。在大多数情况下,这些孔隙的发展局限于晶界,这可能与晶界可以作为缺陷陷阱的重要作用有关[106-107]。铜原子在孔隙形成后还会沿孔隙的表面扩散,导致空心化过程加速[图 6-19(c)]。随着热处理时间的延长,孔洞将继续扩大,直至完全融合,最终在管壁内形成单一的空心通道[图 6-19(d)]。在热氧化过程中,如果表面扩散系数很高,所形成的材料将非常致密,而表面扩散系数很低时,材料反而表现出柱状多孔形态[108]。在真空条件下,表面扩散系数一般高于体相扩散系数。然而,如果金属暴露在氧气气氛中,表面扩散系数将会降低,因为表面存在作为金属原子陷阱的氧物种。聚集的金属原子和氧原子会在表面形成分离的氧化物核,从而使表面能最小化。如果金属原子的表面扩散系数较小,这些核会优先垂直于表面膨胀,形成分离的柱状结构,而不是连续的致密层。

### 6.5.2　Ostwald 熟化

Wilhelm Ostwald 在 18 世纪末对 Ostwald 熟化现象进行了系统的研究[109]。这种现象描述了固溶体或液态溶胶中不均匀结构随时间的变化,即小晶体或溶胶颗粒溶解,并重新沉积到较大的晶体或溶胶颗粒上[110-111]。国际纯粹与应用化学联合会(International Union of Pure and Applied Chemistry,IUPAC)在 2007 年将 Ostwald 熟化定义为小晶体或溶胶颗粒的溶解和溶解物质在大晶体或溶胶颗粒表面的再沉积[112]。Ostwald 熟化过程是由不同大小的粒子之间的表面能的差异所驱动的。因为大颗粒具有比小颗粒更小的表面能,在能量上更稳定,从而使较小的颗粒具有明显更高的溶解度。值得注意的是,由内而外的 Ostwald 熟化可以利用特定纳米颗粒内部的不均匀特征,通过溶解内部较小的和/或不太致密的部分并在外部表面重新沉积而产生空腔(图 6-20)[113-116]。它涉及一个由前驱体的高吉布斯能和最终空心纳米结构的低吉布斯能之间的吉布斯能量差所驱动的热力学过程。在这个过程中,总吉布斯能降低,从而形成更稳定的结构。

图 6-20　Ostwald 熟化机制合成空心结构的示意图

Yu 等[85]研究了一种基于 Ostwald 熟化合成空心纳米结构的机制。他们在高真空条件下观察到了 β-FeOOH 向 β-$Fe_2O_3$、γ-$Fe_2O_3$、$Fe_3O_4$ 和 FeO 转化的一系列相变,而常压条件下 β-FeOOH 是向 α-$Fe_2O_3$ 转变的。尽管结构转变完全不同,但两种途径都产生了具有相同形貌的空心纳米棒,这表明初始材料的晶体结构是决定最终形貌的关键因素。借助原位透射电子显微镜可以观察到 β-FeOOH 纳米棒在被加热状态下,小晶体溶解并重新沉积在大晶体壳的内表面,最终形成空心纳米棒的演化过程。图 6-21 显示了 β-FeOOH 纳米棒在加热过程中每隔 3min 记录的 TEM 图像。β-FeOOH 纳米棒在温度升到 300℃之前没有明显的微观结构变化。当温度升到 300℃左右时开始出现多晶晶界,并在 350℃左右时开始形成壳层。随着温度的升高,小晶体在壳内生长并融合,较大的晶体不断附着到壳的内表面,导致其厚度逐渐增加。值得注意的是,纳米棒的外径在整个中空过程中没有变化。

图 6-21 β-FeOOH 纳米棒加热时的原位 TEM 图像[85](随时间延长,加热温度逐渐升高。)

β-FeOOH 的结构变化揭示了纳米棒从实心到空心的演化过程:在第一阶段,单晶纳米棒中产生纳米晶颗粒,并在一个薄而稳定的壳层内熟化,以减小总表面能。在第二阶段,外壳消耗其中的纳米晶颗粒,熟化成一个单一的空心晶体。此外,外壳的厚度受到初始纳米棒中含有的铁原子数量的限制。因此,在演化过程开始时形成的外壳起着两个作用:首先,保护初始的熟化过程,同时保持纳米棒的形状和尺寸的完整性;其次,作为系统中最大的粒子,其低曲率和相应的低表面是以牺牲其他纳米晶为代价的。在转变过程中,不稳定的内部分解形成孔隙,最终形成单个中空腔。这种空心化过程是由动力学控制的,形成稳定氧化物的初始过程在高能表面原子中发生得最快。外壳的初始相变基本决定了纳米棒的最终形态。这种机制不同于 Kirkendall 效应,具有 Ostwald 熟化的一般特征。它保持了原始纳米棒的外部结构特征,而基于金属原子向外扩散速率大于氧化剂向内扩散速率的 Kirkendall 效应一般会导致材料体积的膨胀。因此,这种基于 Ostwald 熟化的空心化机制的关键步骤是初始稳定壳的形成。

### 6.5.3 化学诱导自转变

化学诱导自转变是指在一定条件下,前驱体粒子经历自我转化,从而通过物质的重新分配产生新的形态[87]。它是一种制备空心结构的常用方法,特别是在亚稳态固体微球制备过程中,通过局部 Ostwald 熟化或 Kirkendall 效应可以获得中空的内部结构。这一过程的特点是虽然初始非晶态微球在成核阶段的动力学上有优势,但随着周围溶液过饱和度的下降,相对于热动力学更稳定的多晶而言,非晶态微球是亚稳态的。因此,非晶态固体颗粒会被一层不易溶解的结晶相超薄外壳包裹。然而,与外部结晶层不同的是,非晶态内核具有较高的溶解度,它与周围的溶液相未达到平衡。只要有穿过外部结晶壳的扩散途径,内核就会溶解。结果导致溶液中的过饱和度提升到结晶态外层的溶度积之上,从而在外表面发生多晶的二次成核。最终,无定形核逐渐耗尽以产生完整的空心微球,并且结晶壳的厚度增加,体相颗粒形态无明显改变。这种机制可能对非晶态固体颗粒的溶解速率和结晶相的成核速率高度敏感。当前者相对缓慢时,非晶颗粒将原位转变为固体结晶微球;而当后者相对缓慢时,非晶相将在结晶之前完全溶解,然后在溶液中发生结晶。只有当两者速率接近时,相变过程才会在非晶颗粒表面特异性地开始,并在内核耗尽时保留在外壳的内表面。

Yu 等[87]在聚苯乙烯磺酸钠(PSS)的存在下,通过化学诱导自转变使得局部 Ostwald 熟化发生,合成了大小均匀的碳酸钙空心颗粒。当 PSS 的浓度为 1.0g/L 时,FESEM 图像显示制备的样品由均匀的碳酸钙空心微球组成[图 6-22(a)]。壳层厚度为 200~300nm,由小于 100nm 的晶体组成[图 6-22(b)]。壳层的外表面是粗糙的,而内表面是光滑的[图 6-22(b)插图]。TEM 图像表明几乎所有碳酸钙微球都形成了 1~2μm 的空心腔[图 6-22(c)]。电子衍射花样表明碳酸钙空心微球为多晶结构[图 6-22(c)插图]。由透射电子显微镜测得的壳层厚度在 200~300nm 之间,与扫描电镜测试结果一致。值得注意的是,单个空心球体的壳层由 30~150nm 大小的纳米颗粒松散堆积而成,因此具有高度多孔性[图 6-22(d)、(e)]。

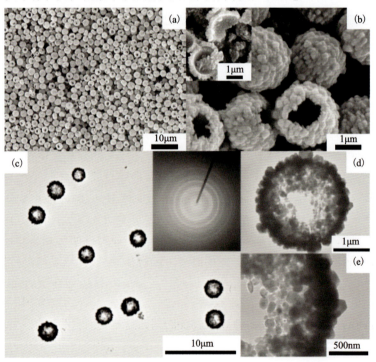

图 6-22 在温度为 70℃、pH 值为 10.5、PSS 浓度为 1.0g/L 条件下制备的碳酸钙空心微球的微观形貌[87]

(a)低倍 SEM 图像;(b)高倍 SEM 图像,插图为破碎球体的放大图像,显示出光滑的内表面和粗糙的外表面;(c)碳酸钙空心微球的低倍 TEM 图像,插图为碳酸钙微球的电子衍射图;(d)碳酸钙空心微球的 HRTEM 图像;(e)碳酸钙空心微球的壳层结构;在(e)所示的壳层中可以观察到离散的碳酸钙纳米晶体反应过程中不同阶段样品的 TEM 图像揭示了碳酸钙空心微球的形成机制。初始样品由无定形碳酸钙颗粒组成,随后在 30min 内聚集成直径为 $1.5\sim2\mu m$ 的球形[图 6-23(a)],其电子衍射对应无定形的碳酸钙和非晶前驱体[图 6-23(a)插图]。将反应时间延长至 2h,球体的结晶度逐渐增大,并且由于微球表面的碳酸钙纳米晶体的成核与生长,球形形态发生了较为明显的变化[图 6-23(b)]。这一过程与从微球内部到外部的物质再分配有关。碳酸钙空心微球在反应 24h 后形成,其空腔大小与实心前驱体微球的直径一致[图 6-23(c)]。这些 TEM 图像对应了通过化学诱导自转变形成碳酸钙空心微球的过程。此外,Yu 等还发现 PSS 也可以诱导 $SrWO_4$ 空心微球的形成。而且,这种化学诱导自转变制备空心结构的方法也适用于金属氧化物,如 $TiO_2$ 和 $SnO_2$,具有一定的通用性。

图 6-23　在 70℃和不同反应时间下获得的碳酸钙颗粒的 TEM 图像[87]
(a)反应 30min 的碳酸钙为无定形实心颗粒,插图为相应的电子衍射图;(b)反应 2h 的碳酸钙中心密度降低;(c)反应 24h 的碳酸钙完全转化为空心微球

## 6.5.4　表面保护刻蚀

表面保护刻蚀是指先增强材料表面的相对稳定性,使其比内部更稳定,然后通过有选择性地优先刻蚀其内部以获得空心结构的工艺[117-119]。2008 年,Zhang 等[120]首次提出了表面保护刻蚀的概念。他们先用聚合物配体(聚乙烯吡咯烷酮)保护层涂覆二氧化硅颗粒,然后使用适当的刻蚀剂优先刻蚀二氧化硅颗粒内部。当二氧化硅颗粒被聚合物配体保护时,其表面可以相当稳定地抵抗化学刻蚀。如果表面保护足够强,刻蚀剂可能在相当长的时间内都无法破坏表层。然而,它能在颗粒表面产生小开口,允许刻蚀剂向内扩散。因此,材料的内部会比表层更快地去除,在适当的阶段产生空心结构(图 6-24)。在这一过程中,刻蚀剂浓度和刻蚀时间是构建空心结构的两个关键因素。长时间的刻蚀最终不仅会溶解内部,甚至还会溶解表面层。而且,过高的刻蚀剂浓度可能会导致较快的刻蚀速率,使得反应难以及时停止,从而不能获得理想的空心结构。

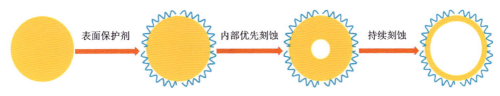

图 6-24　表面保护刻蚀机制合成空心结构的示意图

金属-有机骨架材料向空心结构的转化一般涉及表面保护刻蚀[121-124]。Yang 等[125]通过钴基金属-有机骨架(ZIF-67)的原位转化,制备了 CoS 纳米颗粒均匀分散在碳立方体多孔壳中的空心结构材料。其合成原理如图 6-25(a)所示。首先,通过表面活性剂辅助策略制备 ZIF-67 立方体[图 6-25(b)]。然后,通过单宁酸的刻蚀处理,将 ZIF-67 固体立方体转化为单宁酸-钴配位的空心立方体[图 6-25(c)]。空心结构的产生归因于化学刻蚀和螯合反应的协同作用。单宁酸通过水解反应逐渐释放氢离子刻蚀 ZIF-67,并生成 $Co^{2+}$。由于单宁酸与 $Co^{2+}$ 具有很强的螯合能力,释放的 $Co^{2+}$ 与单宁酸进行配位,在 ZIF-67 表面形成一层新的单宁酸-钴络合物。此时的 ZIF-67 立方体转变成外壳为单宁酸-钴络合物、内核仍为 ZIF-67 的核壳结构。外壳的单宁酸-钴络合物具有一定的稳定性,能阻止单宁酸的继续刻蚀。随着反应的进行,内部的 ZIF-67 将继续被刻蚀,最终形成单宁酸-钴空心立方体。他们将单宁酸-钴空心立方体在氮气气氛下经过 600 ℃ 煅烧转化为钴/碳空心立方体。在此过程中,单宁酸以及残留的有机骨架被碳化成多孔碳。同时,多孔碳作为还原剂将 $Co^{2+}$ 还原为金属钴。最后,以二硫化碳为硫源对钴/碳空心立方体进行硫化,得到 CoS/碳空心立方体复合材料[图 6-25(d)—(i)]。

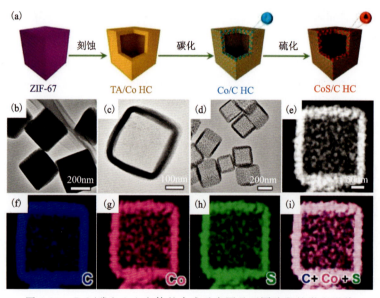

图 6-25 CoS/碳空心立方体的合成示意图及不同阶段的微观形貌
(a)CoS/碳空心立方体的合成原理图;(b)ZIF-67 立方体的 TEM 图像;(c)单宁酸-钴配位的空心立方体的 TEM 图像;(d)CoS/碳空心立方体的 TEM 图像;(e)高角度环形暗场扫描透射电子显微镜(HAADF-STEM)图像;(f)—(i)C、Co、S 元素的能量色散 X 射线光谱映射图像及其叠加图像[125]

随着纳米技术的快速发展,硬模板法、软模板法、自模板法之间的界限逐渐变得模糊。例如,表面保护刻蚀中模板本身部分转化为空心壳体,具有自模板法的特点。但另一方面,它的初始材料是刚性粒子,被移除的核心部分确实充当了固体模板,也可以称为硬模板法。因此,制备空心材料的合成工艺可以是多种方法的融合。

## 6.6 分级多孔材料

分级和分级多孔结构普遍存在于生物体中。许多生物材料都具有分级和分级多孔结构。例如,梧桐树的树干、枝条和叶子就是一个明显的分级结构[图 6-26(a)],它们共同保障着梧桐树生理功能的平稳运作。树干是梧桐树的支柱,它支撑并连接着枝条和叶子,使梧桐树能在风雨中屹立不倒。树干还是重要的运输器官,梧桐树的其他部位能通过它获得水分及矿物质。枝条是二级运输器官,而且,枝条另一个重要作用是使叶子能朝四面八方生长,从而接受充足的阳光。叶子是梧桐树进行光合作用的部位,主要负责制造梧桐树生长所需要的营养。同时,它能通过蒸腾作用散发水蒸气,从而在高温天气时降低梧桐树的温度。树干、枝条和叶子的分级结构不仅能实现水分及矿物质从树干到枝条再到叶子的运输,也能实现营养物质从叶子到枝条再到树干的反向运输,还能有效吸收太阳光和二氧化碳,促进光合作用的高效进行。此外,荷叶也具有典型的分级多孔结构[图 6-26(b)]。在场发射扫描电子显微镜下可以看到,荷叶表面上有许多微小的凸起,平均大小约为 $10\mu m$[图 6-26(c)]。此外,高倍率电子显微镜图像显示荷叶表面是由许多纳米棒组成的,纳米棒之间具有大量孔隙[图 6-26(d)]。这种结构使得水滴在荷叶表面只能接触到凸起和纳米棒的尖端,减小了水滴与荷叶表面之间的接触面积,从而使荷叶产生了"超疏水"和"自清洁"的双重特性。更重要的是,荷叶表面的大量孔隙是其根部氧气运输的重要通道,而荷叶表面的凸起和纳米棒产生的"超疏水"和"自清洁"作用能阻止水滴或污染物阻塞这些表面孔道,从而保护荷叶的生长。因此,生物体的分级多孔结构对于实现最佳生物学性能及通过长期进化适应环境的不断变化至关重要。科学和技术领域的一大兴趣是在人工材料中实现这种从分子水平到宏观维度的分级多孔结构,并具有尽可能高的精度。通常,分级多孔材料可以通过模仿自然界中存在的分级结构来构建。为了使通过模仿自然生物材料构建的人工分级多孔材料满足新能源应用所需的各种功能,应充分理解分级多孔结构与其性能之间的关系。

分级多孔材料由大小不同的结构单元组成,其不同大小的结构单元的尺寸甚至跨越几个数量级。这些不同大小的结构单元造成分级多孔材料的孔径分布可以从纳米尺度到毫米尺度。通常,孔隙根据孔径大小可以分为微孔(孔径小于 2nm)、介孔(孔径在 2~50nm 之间)和大孔(孔径大于 50nm)[126]。分级多孔材料通常具有分级孔隙度。分级孔隙度指多孔材料中含有两种或两种以上的孔隙,或者某一种孔隙的孔径分布不均一。这些不同大小的孔隙可以在分级多孔材料中具有不同的形状和排列方式。因此,分级多孔材料的孔隙结构十分复杂。对于化学反应,具有单一微孔的材料非常有利于提高反应选择性,但相对较小的微孔可能会限制反应物的扩散,导致反应活性较低[127]。解决这一问题的方法是在富含微孔的材料中引入介孔或大孔。分级形态和相互连接的多孔网络可以创建有效的传质通道,促进反应物分子和产物分子的扩散。此外,分级多孔结构材料具有较高的比表面积,能提供丰富的活性位点[128-129]。这些优势能显著改善分级多孔材料的表面反应动力学。因此,分级多孔材料的多维域和多模态孔隙在化学反应中可以形成优势互补,不仅能通过微孔提高反应选择性,还能通过介孔或大孔实现优异的传质性能。由此可见,分级多孔材料一般具有两个主要特征:首

图 6-26 自然界中的分级和分级多孔结构
(a)梧桐树;(b)荷叶;(c)荷叶表面的 FESEM 图像;(d)荷叶表面的 HR-FESEM 图像

先,其结构单元具有不止一个长度尺度的特征;其次,每个结构单元通常具有非常独特但能与其他结构单元互补的功能[130-131]。通过以分级的方式将不同的结构单元组织起来,所得到的分级多孔材料的特定属性可以远远超过单个结构单元[132]。

分级多孔材料的合成是当前一个迅速发展的领域。自 1998 年 Yang 等[133]报道了具有三维结构的分级有序氧化物的形成以来,设计和合成具有可控微观结构的分级多孔材料取得了重大进展。大量的研究人员将注意力集中在分级多孔材料的制备策略上,其主要制备方法包括模板法和自组装法。

## 6.6.1 模板法

分级多孔材料的骨架或分级多孔网络可以通过模板法来制备[134-135]。模板法具有重现性好、模板种类丰富等显著优势,是分级多孔材料合成中最重要和常用的方法之一[136-139]。例如,Wang 等[140]利用 $SiO_2$ 球模板制备了 $TiO_2@ZnIn_2S_4$ 分级多孔复合材料,用于光催化还原二氧化碳。分级多孔 $TiO_2@ZnIn_2S_4$ 核壳空心球的制备过程如图 6-27(a)所示。首先,采用改进的 Stöber 法制备平均直径为 350nm 的 $SiO_2$ 球作为硬模板。然后,通过动力学控制涂层和热退火过程将 $TiO_2$ 纳米颗粒包覆在 $SiO_2$ 球表面,形成平均直径为 500nm 的 $TiO_2@SiO_2$ 实心球。随后,用氢氟酸溶液对这些 $TiO_2@SiO_2$ 实心球进行刻蚀,去除 $SiO_2$ 模板,得到 $TiO_2$ 空心球。FESEM 图像显示,经过氢氟酸溶液处理后,球体结构仍然完整[图 6-27(b)]。具有分级结构的 $TiO_2@ZnIn_2S_4$ 核壳空心球是通过原位化学浴沉积制备的。在反应过程中,由于 $TiO_2$ 表面带正电荷,硫代乙酰胺分解释放的带负电荷的 $S^{2-}$ 可以通过静电相互作用吸附在 $SiO_2$ 空心球外表面。带正电荷的金属离子($Zn^{2+}$ 和 $In^{3+}$)和带负电荷的 $S^{2-}$ 之间的进一步反应促进了与 $TiO_2$ 空心球外表面紧密接触的 $ZnIn_2S_4$ 纳米片的形成[图 6-27(c)]。TEM 图像证实了分级 $TiO_2$@$ZnIn_2S_4$ 核壳空心球的形成[图 6-27(d)]。同时,其对应的 HRTEM 图像显示出具有不同晶格间距的晶格条纹。0.33nm 和 0.35nm 的晶面间距可以分别归属到 $ZnIn_2S_4$ 和 $TiO_2$ 的(101)晶面[图 6-27(e)]。此外,HAADF-STEM 图像[图 6-27(f)]和相应的能量色散 X 射线光谱映射图像[图 6-27(g—k)]清晰地展示了 Ti、O、Zn、In、S 元素的均匀分布。值得注意的是,Ti、O 与 Zn、In、S 的能量色散 X 射线光谱映射图像的轮廓大小明显不同,由此可以区分内部的 $TiO_2$ 空心球区域和外层的 $ZnIn_2S_4$ 纳米片区域。这些结果表明了分级 $TiO_2$@$ZnIn_2S_4$ 核壳空心球的成功构建。

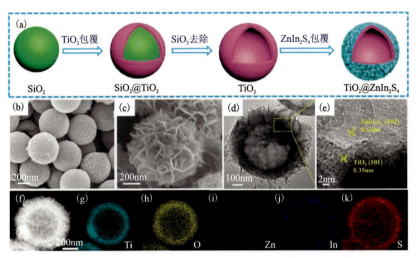

图 6-27　$TiO_2$@$ZnIn_2S_4$ 分级多孔核壳空心球的合成示意图及不同阶段的微观形貌
(a)$TiO_2$@$ZnIn_2S_4$ 分级多孔核壳空心球的制备过程示意图;(b)$TiO_2$ 空心球的 FESEM 图像;(c)$TiO_2$@$ZnIn_2S_4$ 分级多孔核壳空心球的 FESEM 图像;(d)$TiO_2$@$ZnIn_2S_4$ 分级多孔核壳空心球的 TEM 图像;(e)$TiO_2$@$ZnIn_2S_4$ 分级多孔核壳空心球的 HRTEM 图像;(f)—(k)$TiO_2$@$ZnIn_2S_4$ 分级多孔核壳空心球的 HAADF-STEM 图像及相应的 Ti、O、Zn、In、S 元素的能量色散 X 射线光谱映射图像[140]

## 6.6.2　自组装法

分级多孔结构可以通过自组装法来构建[141]。在化学和材料科学中,自组装是一个过程。在这个过程中,结构单元由于它们之间特定的、局部的相互作用,在没有外力干预的情况下,采用确定的排列方式自发形成一个有组织的结构。由此可见,自组装法是一种自下而上的合成方法。自组装是由正常的成核和生长过程控制的,最终经历 Ostwald 熟化结束。随着组装体的长大,系统吉布斯自由能持续减小,直到组装体变得足够稳定。因此,自组装是系统在热力学上实现其最低自由能的一种选择[142]。驱动自组装过程中自由能变化的热力学参数可以是焓,也可以是熵,或者两者都有[143]。这种自发的组装行为是粒子之间相互作用的结果,目的是达到热力学平衡和降低系统的自由能。自组装过程的动力学通常与扩散有关,其吸附速率通常遵循 Langmuir 吸附模型。脱附速率由具有热活化能势垒的表面分子/原子的键合强度决定。自组装结构的生长速率则是这两个过程之间竞争的体现。

自组装法在材料制备中具有以下优点：①自组装是一个可扩展的并行过程，可以在短时间内涉及大量的结构单元；②自组装可以使结构尺寸跨越从纳米尺度到宏观尺度的数量级[144]；③与通常消耗大量有限资源的自上而下的合成方法相比，自组装法的成本相对较低；④驱动自组装的自发过程往往具有可重复性。因此，自组装法有望成为一种低成本和高产量的材料制备技术。

Liu 等[145]在聚苯乙烯磺酸钠存在的情况下，通过自组装法制备了花状的分级 $Bi_2WO_6$ 微球。这种三维 $Bi_2WO_6$ 花球是由有序排列的二维层状亚结构组成的，而这些层状亚结构又是由平均边长约为 50nm 的纳米板组成的。这导致分级 $Bi_2WO_6$ 花球具有两种孔：二维层状亚结构内的 4nm 的介孔和二维层状亚结构间的 40nm 的介孔。为了揭示这种分级多孔 $Bi_2WO_6$ 花球的形成过程，他们进行了随时间变化的形貌演化实验，收集不同阶段的产物，然后观察其形貌。反应开始 30min 后能获得大量平均粒径约为 20nm 的纳米颗粒；反应 2h 后，除了这些微小的纳米颗粒外，还观察到一些平均尺寸约为 $2\mu m$ 的自组装多层结构；继续反应 6h，产物完全演变成分级层状结构[图 6-28(a)]，而最初的纳米颗粒已经消失不见。此外，该分级层状结构的尺寸明显增大，并生长成分级花状结构[图 6-28(b)]。

图 6-28　经过 8h 反应获得的 $Bi_2WO_6$ 的 FESEM 图像[145]
(a)分级层状结构；(b)分级花状结构

分级多孔 $Bi_2WO_6$ 花球的形成机制被认为是纳米颗粒自组装成二维层状亚结构、二维层状亚结构自组装成三维上层结构及二维层状亚结构中纳米颗粒熟化的协同作用。具体而言，最初，在过饱和反应体系中形成了大量聚苯乙烯磺酸钠稳定的非晶 $Bi_2WO_6$ 纳米颗粒。随后，聚苯乙烯磺酸钠在溶液中通过焓变（表面结合和粒子桥接）及非吸附熵机制（损耗絮凝）诱导它们聚集[146]。值得注意的是，纳米颗粒的聚集与结晶在时间上是协同进行的。$Bi_2WO_6$ 本征晶体结构的结晶导向[147]及离子型聚苯乙烯磺酸钠分子的界面效应有利于形成各向异性的板状纳米晶体。因此，与聚苯乙烯磺酸钠的悬键相关的空间位阻、范德华相互作用、亲水-疏水相互作用及与 $Bi_2WO_6$ 纳米板的特殊形状各向异性相关的定向附着和偶极-偶极相互作用[148-149]促使聚苯乙烯磺酸钠锚定的 $Bi_2WO_6$ 纳米颗粒自发组装成有机-无机复合的二维层状亚结构。由于表面吸附的聚苯乙烯磺酸钠之间的强疏水相互作用，这些二维层状亚结构进一步层层堆叠[146]。值得注意的是，某些自组装的纳米颗粒会在两个先产生的二维层状亚结构之间形成，这可能导致顶层的二维层状亚结构发生弯曲。与这种弯曲相关的内部应变有利于次级成核优先发生在这些缺陷位置，从而产生额外的层状亚结构。最后，在合成溶液中发生一个渐进的自修正过程,最终形成有序的分级花状结构。在这种自组装过程中,复杂晶体演化过程在各个层状亚结构内同时进行,包括 Ostwald 熟化、各向异性生长和定向附着。根据 Gibbs-Thomson 定律,由于相对较小的颗粒具有较大的溶解度,在初始溶解和再成核后,较大的晶体会"吞噬"较小的晶体并逐渐长大[150]。在进一步的结晶过程中,$Bi_2WO_6$ 的各向异性、聚苯乙烯磺酸钠的选择性吸附效应、分层的局域演化环境共同导致方形纳米板的形成。与此同时,相邻的板状纳米晶体的定向附着过程呈现边对边特征。这些复杂的过程在自组装过程中产生协同作用,最终衍生出分级多孔花状 $Bi_2WO_6$。

## 6.7 小结与展望

特殊形貌材料的合成已成为当前材料科学领域的研究热点之一。常见的特殊形貌材料包括暴露高能晶面的 $TiO_2$、空心结构材料、分级多孔材料等。这些材料的特殊形貌和结构赋予了它们特定的物理和化学性质,使它们在新能源应用中具有独特的性能和优势。随着人们对材料性能和应用的不断深入研究,合成方法也在不断发展与改进。

制备暴露{001}高能面的 $TiO_2$ 的主要方法包括水热法、溶剂热法、固相反应法、气相反应法、外延生长法等。其中,最主要的方法是基于表面导向剂(通常是氟离子)的水热法和溶剂热法。这两种方法可以通过降低高能{001}晶面的表面能来改变 $TiO_2$ 晶体朝不同方向的相对生长速度,导致{001}面优先暴露。值得注意的是,为了使暴露的{001}高能面在化学反应中发挥更大的作用,以氟离子为代表的表面导向剂通常需要被去除。在光催化中,这种暴露{001}晶面的 $TiO_2$ 具有更多的活性位点,可显著提高光催化分解水和光催化 $CO_2$ 还原的效率。

制备空心结构材料的方法包括硬模板法、软模板法、无模板法等。其中,硬模板法主要以刚性粒子为模板。常规的硬模板有二氧化硅球、聚苯乙烯球、聚甲基丙烯酸甲酯球等;基于电化学置换反应的硬模板法则以金属为模板。软模板法通常以液体、气体等流体为模板,如乳液、胶束/囊泡、气泡等。因此,软模板不是必须要去除的。无模板法是不需要额外模板的合成方法,其作用机制包括 Kirkendall 效应、Ostwald 熟化、化学诱导自转变、表面保护刻蚀等。通过这些方法获得的空心结构材料在锂离子电池、超级电容器、光催化、电催化中都具有广泛的应用。

制备分级多孔材料的方法包括模板法和自组装法。模板法通常可以可控地调控分级多孔材料的尺寸、孔隙等参数,具有重现性好、模板种类丰富等显著优势。自组装法是一种热力学驱动的、以粒子之间相互作用为途径,以降低系统自由能为目的的自发的材料组装方法,具有产量高、重复性高、成本低等优点。分级多孔材料结合了大孔、中孔和微孔的特点,提供了多级孔道结构。通过调节合成条件,可以控制分级多孔材料的孔径分布、孔道结构和表面化学性质,以满足不同应用需求。这使得分级多孔材料在不同的新能源应用中表现出色。

未来,随着科学技术的不断进步,我们有望通过人工智能和机器学习模拟材料的制备过程并预测其能性。特殊形貌材料的合成方法也将不断创新和完善,朝着智能化、高效化、环保化、低成本的方向发展。例如,基于人工智能的自动化合成方法、新型的纳米合成材料、仿生材料合成方法等,都将有望成为未来材料合成的主流方向。这些新方法将带来更多的材料组合、形貌控制和性能优化的可能性,有望解决特殊材料制备过程中的一些难点和问题,可以深入了解材料的结构和性质,从而为性能的精确调控提供有力的基础,进一步推动特殊形貌材料的研究,以满足不同领域的需求,如电子、能源、医疗等。同时,我们也需要进一步加强合成方法和材料性能之间的关联研究,为材料的精细化设计和高效应用提供更加完善的理论和技术支持。

# 参考文献

[1] HWANG J,EJSMONT A,FREUND R,et al. Controlling the morphology of metal-organic frameworks and porous carbon materials: metal oxides as primary architecture-directing agents[J]. Chemical Society Reviews,2020,49(11):3348-3422.

[2] POKROPIVNY V V,SKOROKHOD V V. Classification of nanostructures by dimensionality and concept of surface forms engineering in nanomaterial science[J]. Materials Science and Engineering:C,2007,27(5):990-993.

[3] TIWARI J N,TIWARI R N,KIM K S. Zero-dimensional, one-dimensional, two-dimensional and three-dimensional nanostructured materials for advanced electrochemical energy devices[J]. Progress in Materials Science,2012,57(4):724-803.

[4] NUNES D,PIMENTEL A,SANTOS L,et al. Metal oxide nanostructures:synthesis, properties and applications[M]. Amsterdam:Elsevier Science B. V. ,2018.

[5] QIAO L,SWIHART M T. Solution-phase synthesis of transition metal oxide nanocrystals:morphologies,formulae,and mechanisms[J]. Advances in Colloid and Interface Science,2017(244):199-266.

[6] CHEN X,SELLONI A. Introduction:titanium dioxide($TiO_2$) nanomaterials[J]. Chemical Reviews,2014,114(19):9281-9282.

[7] GAO D,LONG H,WANG X,et al. Tailoring antibonding-orbital occupancy state of selenium in Se-enriched $ReSe_{2+x}$ cocatalyst for exceptional $H_2$ evolution of $TiO_2$ photocatalyst[J]. Advanced Functional Materials,2023,33(6):2209994.

[8] XU F,MENG K,CHENG B,et al. Unique S-scheme heterojunctions in self-assembled $TiO_2/CsPbBr_3$ hybrids for $CO_2$ photoreduction[J]. Nature Communications,2020(11):4613.

[9] HE B,WANG Z,XIAO P,et al. Cooperative coupling of $H_2O_2$ production and organic synthesis over a floatable polystyrene-sphere-supported $TiO_2/Bi_2O_3$ S-scheme photocatalyst[J]. Advanced Materials,2022,34(38):2203225.

[10] XIANG Q,LV K,YU J. Pivotal role of fluorine in enhanced photocatalytic activity of anatase $TiO_2$ nanosheets with dominant (001) facets for the photocatalytic degradation of

acetone in air[J]. Applied Catalysis B:Environmental,2010,96(3):557-564.

[11] LIU G, YU J C, LU G Q, et al. Crystal facet engineering of semiconductor photocatalysts:motivations, advances and unique properties[J]. Chemical Communications, 2011,47(24):6763-6783.

[12] WEN C Z, JIANG H B, QIAO S Z, et al. Synthesis of high-reactive facets dominated anatase $TiO_2$[J]. Journal of Materials Chemistry,2011,21(20):7052-7061.

[13] JIANG Z Y, KUANG Q, XIE Z X, et al. Syntheses and properties of micro/nanostructured crystallites with high-energy surfaces[J]. Advanced Functional Materials, 2010,20(21):3634-3645.

[14] LEE K, KIM M, KIM H. Catalytic nanoparticles being facet-controlled[J]. Journal of Materials Chemistry,2010,20(19):3791-3798.

[15] SUN S, ZHANG X, CUI J, et al. High-index faceted metal oxide micro-/nanostructures:a review on their characterization, synthesis and applications[J]. Nanoscale, 2019,11(34):15739-15762.

[16] XIAO C, LU B A, XUE P, et al. High-index-facet- and high-surface-energy nanocrystals of metals and metal oxides as highly efficient catalysts[J]. Joule,2020,4(12):2562-2598.

[17] LI Y, TSANG S C E. Unusual catalytic properties of high-energetic-facet polar metal oxides[J]. Accounts of Chemical Research,2021,54(2):366-378.

[18] GONG X Q, SELLONI A. Reactivity of anatase $TiO_2$ nanoparticles:the role of the minority (001) surface[J]. The Journal of Physical Chemistry B, 2005, 109 (42):19560-19562.

[19] ZHOU Z, YU Y, DING Z, et al. Modulating high-index facets on anatase $TiO_2$[J]. European Journal of Inorganic Chemistry,2018,2018(6):683-693.

[20] FANG W Q, GONG X Q, YANG H G. On the unusual properties of anatase $TiO_2$ exposed by highly reactive facets[J]. The Journal of Physical Chemistry Letters,2011,2(7):725-734.

[21] SELLONI A. Anatase shows its reactive side[J]. Nature Materials, 2008(7):613-615.

[22] SAJAN C P, WAGEH S, AL-GHAMDI A A, et al. $TiO_2$ nanosheets with exposed {001} facets for photocatalytic applications[J]. Nano Research,2016,9(1):3-27.

[23] XIANG Q, YU J, WANG W, et al. Nitrogen self-doped nanosized $TiO_2$ sheets with exposed {001} facets for enhanced visible-light photocatalytic activity[J]. Chemical Communications, 2011,47(24):6906-6908.

[24] LOVETTE M A, BROWNING A R, GRIFFIN D W, et al. Crystal shape engineering[J]. Industrial & Engineering Chemistry Research,2008,47(24):9812-9833.

[25] YANG H G, SUN C H, QIAO S Z, et al. Anatase TiO$_2$ single crystals with a large percentage of reactive facets[J]. Nature, 2008(453):638-641.

[26] YANG H G, LIU G, QIAO S Z, et al. Solvothermal synthesis and photoreactivity of anatase TiO$_2$ nanosheets with dominant {001} facets[J]. Journal of the American Chemical Society, 2009, 131(11):4078-4083.

[27] HAN X, KUANG Q, JIN M, et al. Synthesis of titania nanosheets with a high percentage of exposed (001) facets and related photocatalytic properties[J]. Journal of the American Chemical Society, 2009, 131(9):3152-3153.

[28] LIU S, YU J, JARONIEC M. Tunable photocatalytic selectivity of hollow TiO$_2$ microspheres composed of anatase polyhedra with exposed {001} facets[J]. Journal of the American Chemical Society, 2010, 132(34):11914-11916.

[29] LIU S, YU J, MANN S. Spontaneous construction of photoactive hollow TiO$_2$ microspheres and chains[J]. Nanotechnology, 2009, 20(32):325606.

[30] ALIVOV Y, FAN Z Y. A method for fabrication of pyramid-shaped TiO$_2$ nanoparticles with a high {001} facet percentage[J]. The Journal of Physical Chemistry C, 2009, 113(30):12954-12957.

[31] AMANO F, PRIETO-MAHANEY O O, TERADA Y, et al. Decahedral single-crystalline particles of anatase titanium(IV) oxide with high photocatalytic activity[J]. Chemistry of Materials, 2009, 21(13):2601-2603.

[32] RABAHAR K, ANANTHA P B, ADIRAJ S, et al. Grain to grain epitaxy-like nano structures of (Ba,Ca)(ZrTi)O$_3$/CoFe$_2$O$_4$ for magneto-electric based devices[J]. ACS Applied Nano Materials, 2020, 3(11):11098-11106.

[33] HWANG C, GEISS R H, HOWARD J K. Imaging of the grain-to-grain epitaxy in NiFe/FeMn thin-film couples[J]. Journal of Applied Physics, 1988, 64(10):6115-6117.

[34] SCHRECK M, HÖRMANN F, ROLL H, et al. Diamond nucleation on iridium buffer layers and subsequent textured growth: a route for the realization of single-crystal diamond films[J]. Applied Physics Letters, 2001, 78(2):192-194.

[35] TANG S, WANG H, WANG H S, et al. Silane-catalysed fast growth of large single-crystalline graphene on hexagonal boron nitride[J]. Nature Communications, 2015(6):6499.

[36] LIU J, ZHANG J. Nanointerface chemistry: lattice-mismatch-directed synthesis and application of hybrid nanocrystals[J]. Chemical Reviews, 2020, 120(4):2123-2170.

[37] LI H, LI Y, ALJARB A, et al. Epitaxial growth of two-dimensional layered transition-metal dichalcogenides: growth mechanism, controllability, and scalability[J]. Chemical Reviews, 2017, 118(13):6134-6150.

[38] CHAMBERS S A. Epitaxial growth and properties of thin film oxides[J]. Surface

Science Reports,2000,39(5):105-180.

[39] TAN C,CHEN J,WU X J,et al. Epitaxial growth of hybrid nanostructures[J]. Nature Reviews Materials,2018,3(2):17089.

[40] BRUNE H. Growth modes[M]// PARKER G. Encyclopedia of materials: science and technology. Oxford:Pergamon Press,2001.

[41] MARSHALL M S J,CASTELL M R. Shape transitions of epitaxial islands during strained layer growth: anatase $TiO_2$ (001) on $SrTiO_3$ (001)[J]. Physical Review Letters, 2009,102(14):146102.

[42] TERSOFF J,TROMP R M. Shape transition in growth of strained islands:spontaneous formation of quantum wires[J]. Physical Review Letters,1993,70(18):2782-2785.

[43] KUANG P,WANG Y,ZHU B,et al. Pt single atoms supported on N-doped mesoporous hollow carbon spheres with enhanced electrocatalytic $H_2$-evolution activity[J]. Advanced Materials,2021,33(18):2008599.

[44] JIANG P,BERTONE J F,COLVIN V L. A lost-wax approach to monodisperse colloids and their crystals[J]. Science,2001,291(5503):453-457.

[45] ZHOU L,ZHAO D,LOU X W. Double-shelled $CoMn_2O_4$ hollow microcubes as high-capacity anodes for lithium-ion batteries[J]. Advanced Materials,2012,24(6):745-748.

[46] KHALAVKA Y,BECKER J,SÖNNICHSEN C. Synthesis of rod-shaped gold nanorattles with improved plasmon sensitivity and catalytic activity[J]. Journal of the American Chemical Society,2009,131(5):1871-1875.

[47] GAO J,ZHANG B,ZHANG X,et al. Magnetic-dipolar-interaction-induced self-assembly affords wires of hollow nanocrystals of cobalt selenide[J]. Angewandte Chemie International Edition,2006,45(8):1220-1223.

[48] WANG X,FENG J,BAI Y,et al. Synthesis,properties,and applications of hollow micro-/nanostructures[J]. Chemical Reviews,2016,116(18):10983-11060.

[49] FAN K,JI Y,ZOU H,et al. Hollow iron-vanadium composite spheres:a highly efficient iron-based water oxidation electrocatalyst without the need for nickel or cobalt[J]. Angewandte Chemie International Edition,2017,56(12):3289-3293.

[50] WYPYCH G. PS polystyrene[M]//WYPYCH G. Handbook of polymers. Toronto: ChemTec Publishing,2012.

[51] MAUL J,FRUSHOUR B G,KONTOFF J R,et al. Polystyrene and styrene copolymers[M]// ORTEGA-RIVAS E. Ullmann's encyclopedia of industrial chemistry. New York:John Wiley and Sons,2007.

[52] CARUSO F,CARUSO R A,MOHWALD H. Nanoengineering of inorganic and hybrid hollow spheres by colloidal templating[J]. Science,1998,282(5391):1111-1114.

[53] HAN G,XU F,CHENG B,et al. Enhanced photocatalytic $H_2O_2$ production over

inverse opal ZnO@polydopamine S-scheme heterojunctions[J]. Acta Physico-Chimica Sinica, 2022,38(7):2112037.

[54] LIU T, JIANG C, CHENG B, et al. Hierarchical NiS/N-doped carbon composite hollow spheres with excellent supercapacitor performance[J]. Journal of Materials Chemistry A, 2017,5(40):21257-21265.

[55] STÖBER W, FINK A, BOHN E. Controlled growth of monodisperse silica spheres in the micron size range[J]. Journal of Colloid and Interface Science,1968,26(1):62-69.

[56] VAN BLAADEREN A, VAN GEEST J, VRIJ A. Monodisperse colloidal silica spheres from tetraalkoxysilanes: particle formation and growth mechanism[J]. Journal of Colloid and Interface Science,1992,154(2):481-501.

[57] VAN HELDEN A K, JANSEN J W, VRIJ A. Preparation and characterization of spherical monodisperse silica dispersions in nonaqueous solvents[J]. Journal of Colloid and Interface Science,1981,81(2):354-368.

[58] BOGUSH G H, TRACY M A, ZUKOSKI C F. Preparation of monodisperse silica particles: control of size and mass fraction[J]. Journal of Non-Crystalline Solids, 1988, 104 (1):95-106.

[59] BIE C, ZHU B, XU F, et al. In situ grown monolayer N-doped graphene on CdS hollow spheres with seamless contact for photocatalytic $CO_2$ reduction[J]. Advanced Materials, 2019, 31 (42):1902868.

[60] MENG A, CHENG B, TAN H, et al. $TiO_2$/polydopamine S-scheme heterojunction photocatalyst with enhanced $CO_2$-reduction selectivity[J]. Applied Catalysis B: Environmental, 2021 (289):120039.

[61] MATHER B D, VISWANATHAN K, MILLER K M, et al. Michael addition reactions in macromolecular design for emerging technologies[J]. Progress in Polymer Science,2006,31(5):487-531.

[62] LIU Q, WANG N, CARO J, et al. Bio-inspired polydopamine: a versatile and powerful platform for covalent synthesis of molecular sieve membranes[J]. Journal of the American Chemical Society,2013,135(47):17679-17682.

[63] SEO D, SONG H. Asymmetric hollow nanorod formation through a partial galvanic replacement reaction[J]. Journal of the American Chemical Society,2009,131(51):18210-18211.

[64] GAO Z, YE H, WANG Q, et al. Template regeneration in galvanic replacement: a route to highly diverse hollow nanostructures[J]. ACS Nano,2020,14(1):791-801.

[65] SUN Y, MAYERS B T, XIA Y. Template-engaged replacement reaction: a one-step approach to the large-scale synthesis of metal nanostructures with hollow interiors[J]. Nano Letters,2002,2(5):481-485.

[66] XIA Y, XIONG Y, LIM B, et al. Shape-controlled synthesis of metal nanocrystals:

simple chemistry meets complex physics?[J]. Angewandte Chemie International Edition, 2009,48(1):60-103.

[67] SUN Y, XIA Y. Mechanistic study on the replacement reaction between silver nanostructures and chloroauric acid in aqueous medium[J]. Journal of the American Chemical Society,2004,126(12):3892-3901.

[68] SHI H, ZHANG L, CAI W. Composition modulation of optical absorption in $Ag_xAu_{1-x}$ alloy nanocrystals in situ formed within pores of mesoporous silica[J]. Journal of Applied Physics,2000,87(3):1572-1574.

[69] SIERADZKI K. Curvature effects in alloy dissolution[J]. Journal of the Electrochemical Society,1993,140(10):2868.

[70] ROOSEN A R, CARTER W C. Simulations of microstructural evolution: anisotropic growth and coarsening[J]. Physica A: Statistical Mechanics and its Applications, 1998,261(1):232-247.

[71] WANG Z L. Transmission electron microscopy of shape-controlled nanocrystals and their assemblies[J]. The Journal of Physical Chemistry B,2000,104(6):1153-1175.

[72] YU J, LE Y, CHENG B. Fabrication and $CO_2$ adsorption performance of bimodal porous silica hollow spheres with amine-modified surfaces[J]. RSC Advances,2012,2(17): 6784-6791.

[73] PRIETO G, TÜYSÜZ H, DUYCKAERTS N, et al. Hollow nano- and microstructures as catalysts[J]. Chemical Reviews,2016,116(22):14056-14119.

[74] ZOLDESI C I, IMHOF A. Synthesis of monodisperse colloidal spheres, capsules, and microballoons by emulsion templating[J]. Advanced Materials,2005,17(7):924-928.

[75] CHEN C, WANG H, HAN C, et al. Asymmetric flasklike hollow carbonaceous nanoparticles fabricated by the synergistic interaction between soft template and biomass [J]. Journal of the American Chemical Society,2017,139(7):2657-2663.

[76] 陈春红. 生物基水热炭材料的结构设计及其形成机理研究[D]. 杭州:浙江大学,2019.

[77] YU L, WU H B, LOU X W D. Self-templated formation of hollow structures for electrochemical energy applications[J]. Accounts of Chemical Research,2017,50(2):293-301.

[78] ZHANG Q, WANG W, GOEBL J, et al. Self-templated synthesis of hollow nanostructures[J]. Nano Today,2009,4(6):494-507.

[79] HE T, WANG W, YANG X, et al. Inflating hollow nanocrystals through a repeated Kirkendall cavitation process[J]. Nature Communications,2017(8):1261.

[80] SON Y, SON Y, CHOI M, et al. Hollow silicon nanostructures via the Kirkendall effect[J]. Nano Letters,2015,15(10):6914-6918.

[81] TU K N, GÖSELE U. Hollow nanostructures based on the Kirkendall effect:

design and stability considerations[J]. Applied Physics Letters,2005,86(9):093111.

[82] LI J,ZENG H C. Hollowing Sn-doped $TiO_2$ nanospheres via Ostwald ripening[J]. Journal of the American Chemical Society,2007,129(51):15839-15847.

[83] QIAO R,ZHANG X L,QIU R,et al. Preparation of magnetic hybrid copolymer-cobalt hierarchical hollow spheres by localized Ostwald ripening[J]. Chemistry of Materials,2007,19(26):6485-6491.

[84] CHO J S,WON J M,LEE J H,et al. Synthesis and electrochemical properties of spherical and hollow-structured NiO aggregates created by combining the Kirkendall effect and Ostwald ripening[J]. Nanoscale,2015,7(46):19620-19626.

[85] YU L,HAN R,SANG X,et al. Shell-induced Ostwald ripening: simultaneous structure,composition,and morphology transformations during the creation of hollow iron oxide nanocapsules[J]. ACS Nano,2018,12(9):9051-9059.

[86] YU J,YU H,GUO H,et al. Spontaneous formation of a tungsten trioxide sphere-in-shell superstructure by chemically induced self-transformation[J]. Small,2008,4(1):87-91.

[87] YU J,GUO H,DAVIS S A,et al. Fabrication of hollow inorganic microspheres by chemically induced self-transformation[J]. Advanced Functional Materials,2006,16(15):2035-2041.

[88] ZHOU G,ZHANG Z,CHEN B,et al. Synthesis of double-shelled hollow silica sphere with single-shelled hollow silica sphere and cetyltrimethyl ammonium bromide as dual templates[J]. Micro & Nano Letters,2017,12(2):133-135.

[89] HASSAN S M U,KITAMOTO Y. Facile fabrication of porous hollow upconversion capsules using hydrothermal treatment[J]. Materials Chemistry and Physics,2015(167):49-55.

[90] ZHANG Z,ZHOU Y,ZHANG Y,et al. A spontaneous dissolution approach to carbon coated $TiO_2$ hollow composite spheres with enhanced visible photocatalytic performance[J]. Applied Surface Science,2013(286):344-350.

[91] WATANABE K,WELLING T A J,SADIGHIKIA S,et al. Compartmentalization of gold nanoparticle clusters in hollow silica spheres and their assembly induced by an external electric field[J]. Journal of Colloid and Interface Science,2020(566):202-210.

[92] YOU L,WANG T,GE J. When mesoporous silica meets the alkaline polyelectrolyte: a controllable synthesis of functional and hollow nanostructures with a porous shell[J]. Chemistry,2013,19(6):2142-2149.

[93] WANG W,DAHL M,YIN Y. Hollow nanocrystals through the nanoscale Kirkendall effect[J]. Chemistry of Materials,2013,25(8):1179-1189.

[94] FAN H J,GÖSELE U,ZACHARIAS M. Formation of nanotubes and hollow nanoparticles based on Kirkendall and diffusion processes:a review[J]. Small,2007,3(10):

1660-1671.

[95] NAKAJIMA H. The discovery and acceptance of the Kirkendall effect: the result of a short research career[J]. JOM Journal of the Minerals Metals and Materials Society, 1997,49(6):15-19.

[96] YIN Y,RIOUX R M,ERDONMEZ C K,et al. Formation of hollow nanocrystals through the nanoscale Kirkendall effect[J]. Science,2004,304(5671):711-714.

[97] EL MEL A A,BUFFIèRE M,TESSIER P Y,et al. Highly ordered hollow oxide nanostructures:the Kirkendall effect at the nanoscale[J]. Small,2013,9(17):2838-2843.

[98] FAN H J,KNEZ M,SCHOLZ R,et al. Influence of surface diffusion on the formation of hollow nanostructures induced by the Kirkendall effect:the basic concept[J]. Nano Letters,2007,7(4):993-997.

[99] CABRERA N,MOTT N F. Theory of the oxidation of metals[J]. Reports on Progress in Physics,1949,12(1):163.

[100] REN Y,CHIAM S Y,CHIM W K. Diameter dependence of the void formation in the oxidation of nickel nanowires[J]. Nanotechnology,2011,22(23):235606.

[101] REN Y,CHIM W K,CHIAM S Y,et al. Formation of nickel oxide nanotubes with uniform wall thickness by low-temperature thermal oxidation through understanding the limiting effect of vacancy diffusion and the Kirkendall phenomenon[J]. Advanced Functional Materials,2010,20(19):3336-3342.

[102] NAKAMURA R,MATSUBAYASHI G,TSUCHIYA H,et al. Formation of oxide nanotubes via oxidation of Fe,Cu and Ni nanowires and their structural stability: difference in formation and shrinkage behavior of interior pores[J]. Acta Materialia,2009,57(17):5046-5052.

[103] BUTRYMOWICZ D B,MANNING J R,READ M E. Diffusion in copper and copper alloys. Part I. Volume and surface self-diffusion in copper[J]. Journal of Physical and Chemical Reference Data,1973,2(3):643-656.

[104] YANG Y,LIU L,GÜDER F,et al. Regulated oxidation of nickel in multisegmented nickel-platinum nanowires:an entry to wavy nanopeapods[J]. Angewandte Chemie International Edition,2011,50(46):10855-10858.

[105] NAKAMURA R, TOKOZAKURA D, NAKAJIMA H, et al. Hollow oxide formation by oxidation of Al and Cu nanoparticles[J]. Journal of Applied Physics,2007,101(7):074303.

[106] AN J H,FERREIRA P J. In situ transmission electron microscopy observations of 1.8$\mu$m and 180nm Cu interconnects under thermal stresses[J]. Applied Physics Letters,2006,89(15):151919.

[107] OYAMA T,WADA N,TAKAGI H,et al. Trapping of oxygen vacancy at grain

boundary and its correlation with local atomic configuration and resultant excess energy in barium titanate:A systematic computational analysis[J]. Physical Review B,2010,82(13):134107.

[108] PETROV I,BARNA P B,HULTMAN L,et al. Microstructural evolution during film growth[J]. Journal of Vacuum Science & Technology A,2003,21(5):S117-S128.

[109] OSTWALD W. Über die vermeintliche Isomerie des roten und gelben Quecksilberoxyds und die Oberflächenspannung fester Körper[J]. Zeitschrift fur Physikalische Chemie,1900,34U(1):495-503.

[110] ZHAO Y,PAN F,LI H,et al. Uniform mesoporous anatase-brookite biphase $TiO_2$ hollow spheres with high crystallinity via Ostwald ripening[J]. The Journal of Physical Chemistry C,2013,117(42):21718-21723.

[111] HUO J,WANG L,IRRAN E,et al. Hollow ferrocenyl coordination polymer microspheres with micropores in shells prepared by Ostwald ripening[J]. Angewandte Chemie International Edition,2010,49(48):9237-9241.

[112] ALEMÁN J V,CHADWICK A V,HE J,et al. Definitions of terms relating to the structure and processing of sols,gels,networks,and inorganic-organic hybrid materials (IUPAC Recommendations 2007)[J]. Pure and Applied Chemistry,2007,79(10):1801-1829.

[113] LV K,YU J,FAN J,et al. Rugby-like anatase titania hollow nanoparticles with enhanced photocatalytic activity[J]. CrystEngComm,2011,13(23):7044-7048.

[114] CAI W,YU J,GU S,et al. Facile hydrothermal synthesis of hierarchical boehmite: sulfate-mediated transformation from nanoflakes to hollow microspheres[J]. Crystal Growth & Design,2010,10(9):3977-3982.

[115] YU J,ZHANG J,LIU S. Ion-exchange synthesis and enhanced visible-light photoactivity of CuS/ZnS nanocomposite hollow spheres[J]. The Journal of Physical Chemistry C,2010,114(32):13642-13649.

[116] DING W,HU L,SHENG Z,et al. Magneto-acceleration of Ostwald ripening in hollow $Fe_3O_4$ nanospheres[J]. CrystEngComm,2016,18(33):6134-6137.

[117] FENG J,YANG F,HU G,et al. Dual roles of polymeric capping ligands in the surface-protected etching of colloidal silica[J]. ACS Applied Materials & Interfaces,2020,12(34):38751-38756.

[118] LIU K,LIU H,FAN Q,et al. Solid-to-hollow conversion of silver nanocrystals by surface-protected etching[J]. Chemistry,2018,24(71):19038-19044.

[119] ZHANG Q,GE J,GOEBL J,et al. Rattle-type silica colloidal particles prepared by a surface-protected etching process[J]. Nano Research,2009,2(7):583-591.

[120] ZHANG Q,ZHANG T,GE J,et al. Permeable silica shell through surface-protected etching[J]. Nano Letters,2008,8(9):2867-2871.

[121] FU J,BIE C,CHENG B,et al. Hollow $CoS_x$ polyhedrons act as high-efficiency cocatalyst for enhancing the photocatalytic hydrogen generation of g-$C_3N_4$[J]. ACS Sustainable Chemistry & Engineering,2018,6(2):2767-2779.

[122] HU H,LIU J,XU Z,et al. Hierarchical porous Ni/Co-LDH hollow dodecahedron with excellent adsorption property for Congo red and Cr(Ⅵ) ions[J]. Applied Surface Science,2019(478):981-990.

[123] WANG X,CHENG B,ZHANG L,et al. Synthesis of MgNiCo LDH hollow structure derived from ZIF-67 as superb adsorbent for Congo red[J]. Journal of Colloid and Interface Science,2022(612):598-607.

[124] YE J,CHENG B,YU J,et al. Hierarchical $Co_3O_4$-NiO hollow dodecahedron-supported Pt for room-temperature catalytic formaldehyde decomposition[J]. Chemical Engineering Journal,2022(430):132715.

[125] YANG Y,MA Y,WANG X,et al. In-situ evolution of CoS/C hollow nanocubes from metal-organic frameworks for sodium-ion hybrid capacitors[J]. Chemical Engineering Journal,2023(455):140610.

[126] SING K S W. Reporting physisorption data for gas/solid systems with special reference to the determination of surface area and porosity (Recommendations 1984)[J]. Pure and Applied Chemistry,1985,57(4):603-619.

[127] ROLISON D R. Catalytic nanoarchitectures:the importance of nothing and the unimportance of periodicity[J]. Science,2003,299(5613):1698-1701.

[128] GHEORGHIU S,COPPENS M-O. Optimal bimodal pore networks for heterogeneous catalysis[J]. AICHE Journal,2004,50(4):812-820.

[129] PARLETT C M A,WILSON K,LEE A F. Hierarchical porous materials: catalytic applications[J]. Chemical Society Reviews,2013,42(9):3876-3893.

[130] LAKES R. Materials with structural hierarchy[J]. Nature,1993(361):511-515.

[131] BRINKER C J. Porous inorganic materials[J]. Current Opinion in Solid State and Materials Science,1996,1(6):798-805.

[132] SCHWIEGER W,MACHOKE A G,WEISSENBERGER T,et al. Hierarchy concepts:classification and preparation strategies for zeolite containing materials with hierarchical porosity[J]. Chemical Society Reviews,2016,45(12):3353-3376.

[133] YANG P,DENG T,ZHAO D,et al. Hierarchically ordered oxides[J]. Science,1998,282(5397):2244-2246.

[134] LIU T,JIANG C,YOU W,et al. Hierarchical porous C/$MnO_2$ composite hollow microspheres with enhanced supercapacitor performance[J]. Journal of Materials Chemistry A,2017,5(18):8635-8643.

[135] ZHONG B,KUANG P,WANG L,et al. Hierarchical porous nickel supported

$NiFeO_xH_y$ nanosheets for efficient and robust oxygen evolution electrocatalyst under industrial condition[J]. Applied Catalysis B:Environmental,2021(299):120668.

[136] LIU Y,GOEBL J,YIN Y. Templated synthesis of nanostructured materials[J]. Chemical Society Reviews,2013,42(7):2610-2653.

[137] NI Z,LUO C,CHENG B,et al. Construction of hierarchical and self-supported NiFe-$Pt_3$Ir electrode for hydrogen production with industrial current density[J]. Applied Catalysis B:Environmental,2023(321):122072.

[138] LIU T,LIU J,ZHANG L,et al. Construction of nickel cobalt sulfide nanosheet arrays on carbon cloth for performance-enhanced supercapacitor[J]. Journal of Materials Science & Technology,2020(47):113-121.

[139] WANG Z,CHENG B,ZHANG L,et al. BiOBr/NiO S-scheme heterojunction photocatalyst for $CO_2$ photoreduction[J]. Solar RRL,2022,6(1):2100587.

[140] WANG L,CHENG B,ZHANG L,et al. In situ irradiated XPS investigation on S-scheme $TiO_2$@$ZnIn_2S_4$ photocatalyst for efficient photocatalytic $CO_2$ reduction[J]. Small,2021,17(41):2103447.

[141] WANG S,ZHU B,LIU M,et al. Direct Z-scheme ZnO/CdS hierarchical photocatalyst for enhanced photocatalytic $H_2$-production activity[J]. Applied Catalysis B:Environmental,2019(243):19-26.

[142] GRZELCZAK M,VERMANT J,FURST E M,et al. Directed self-assembly of nanoparticles[J]. ACS Nano,2010,4(7):3591-3605.

[143] VAN ANDERS G,KLOTSA D,AHMED N K,et al. Understanding shape entropy through local dense packing[J]. Proceedings of the National Academy of Sciences,2014,111(45):E4812-E4821.

[144] LEHN J M. Toward self-organization and complex matter[J]. Science,2002,295(5564):2400-2403.

[145] LIU S,YU J. Cooperative self-construction and enhanced optical absorption of nanoplates-assembled hierarchical $Bi_2WO_6$ flowers[J]. Journal of Solid State Chemistry,2008,181(5):1048-1055.

[146] CÖLFEN H,MANN S. Higher-order organization by mesoscale self-assembly and transformation of hybrid nanostructures[J]. Angewandte Chemie International Edition,2003,42(21):2350-2365.

[147] ZHANG C,ZHU Y. Synthesis of square $Bi_2WO_6$ nanoplates as high-activity visible-light-driven photocatalysts[J]. Chemistry of Materials,2005,17(13):3537-3545.

[148] ZHANG S C,LI X G. Preparation of ZnO particles by precipitation transformation method and its inherent formation mechanisms[J]. Colloids and Surfaces A:Physicochemical and Engineering Aspects,2003,226(1):35-44.

[149] ZHANG S,SHEN J,FU H,et al. $Bi_2WO_6$ photocatalytic films fabricated by layer-by-layer technique from $Bi_2WO_6$ nanoplates and its spectral selectivity[J]. Journal of Solid State Chemistry,2007,180(4):1456-1463.

[150] LI Y, LIU J, HUANG X, et al. Hydrothermal synthesis of $Bi_2WO_6$ uniform hierarchical microspheres[J]. Crystal Growth & Design,2007,7(7):1350-1355.

# 第 7 章 纳米陶瓷材料制备

材料的组成和结构、制备工艺、物理化学性质、使用性能是材料科学与工程的 4 个基本要素。虽然材料的组成和结构决定了其性能,但制备工艺也占有十分重要的地位,尤其对于陶瓷材料而言,制备工艺在很大程度上影响了其微观结构,从而对其性能有很大的影响。纳米陶瓷材料在固态锂离子电池、光伏材料、高功率储能电容器等新能源领域有广泛的应用。纳米陶瓷材料性能的稳定性和重复性也很大程度上取决于制备工艺。陶瓷的制备工艺包括粉体制备、配料、混料、预烧、成型、烧结等,其中粉体制备、成型和烧结对纳米陶瓷材料的微观结构和性能起主导作用,将在本章中重点介绍。

## 7.1 粉体制备工艺

粉体制备是陶瓷材料生产制备最基础的工序之一,粉体的粒径、粒径分布、颗粒形态、团聚状态、相结构、物理化学性质等对后续成型和烧结工艺,以及最终陶瓷产物的微观结构和性能都有直接影响,因此粉体制备工艺在整个陶瓷制备工艺中非常重要。陶瓷粉体的制备方法一般分为机械法(物理法)和化学法,机械法包括球磨法、气流粉碎法、高能球磨等,化学法包括固相法、液相法和气相法。

### 7.1.1 机械法

机械法常用于将天然材料制备成传统陶瓷粉体,通过机械破碎、研磨等方式,将大块或大颗粒原料细化成小颗粒,制成的粉体平均粒径通常在 $1\mu m$ 以下,但很难获得亚微米级别的均匀颗粒。机械法通常包括球磨法、气流粉碎法等方法,是相当成熟的陶瓷粉体制备工艺。机械破碎通常被认为是物理过程。近年来,随着高能球磨技术的发展,研磨过程中的一些化学变化受到人们的关注,并发展成为特种陶瓷粉体制备的主要方法之一。

#### 7.1.1.1 球磨法

球磨法是机械法中最主要的方法之一,包括球磨罐、磨球、研磨物质、研磨介质 4 种基本要素。球磨法的基本原理是利用球磨罐将机械能传递到罐内的物料和介质上,产生摩擦、冲击、挤压等相互作用,使物料颗粒发生解离和细化。

球磨分为干磨和湿磨,湿磨是最常用的一种方法,效率高,球磨出的颗粒均匀。在球磨过程中,大颗粒在球磨介质研磨和冲击作用下,就会出现裂纹,裂纹扩展会使大颗粒破裂形成小

# 第 7 章 纳米陶瓷材料制备

颗粒。如果是干磨,那么颗粒的裂纹在球磨过程中扩展时,由于磨球或颗粒间的挤压,形成的裂纹有可能被挤压闭合,不能有效扩展,大颗粒很难快速破裂形成小颗粒,但如果是湿磨,那么液体研磨介质(水或者无水乙醇等)就会渗入形成的裂纹,阻挡裂纹的闭合,从而使得裂纹快速扩展,大大提高球磨效率。干磨时,由于球磨罐体的设计,有时候还会形成死角,在死角的部分物料很难被球磨到;湿磨相对于干磨也有一定的缺点,湿磨后的粉料要干燥去除水分或其他液体介质,因此会增加能耗和成本。目前在工业生产中,大都采用湿磨。

根据球磨方式的不同,球磨法主要分为以下几类。

(1)滚动式球磨。滚动式球磨机由缓慢旋转的水平圆筒组成,圆筒内装有磨球、研磨物质和研磨介质等。球磨时,筒体沿轴作水平转动,在离心力的作用下带动筒内的磨球一起转动,当磨球达到一定高度时,在重力作用下被抛落,撞击研磨物质,使其发生破碎。因此对于滚动式球磨,磨筒的转速对球磨的效率至关重要,直接影响磨球运动的方式。如图 7-1 所示,如果转速太低,磨球无法达到足够高度后再抛落,此时只有摩擦作用而无撞击作用,球磨的效率很低。如果转速太高,磨球一直贴在筒壁作离心运动,无法跌落,也无撞击作用。将把磨球带到顶点(磨球在筒顶部所受离心力与重力刚刚平衡)所需转速定义为临界转速,其计算式为

$$n_{\mathrm{C}} = \frac{(g/a)^{1/2}}{2\pi} \tag{7-1}$$

式中:$n_{\mathrm{C}}$ 为临界转速;$g$ 为重力加速度;$a$ 为球磨机磨筒的半径。

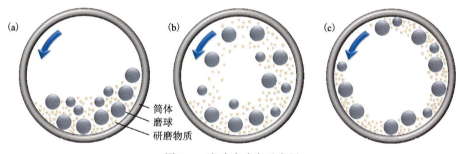

图 7-1 滚动式球磨示意图
(a)转速太慢;(b)转速适中;(c)转速太快

(2)振动式球磨。如图 7-2 所示,振动式球磨是利用球磨筒体在三维空间内高频率偏心振动,使磨球对研磨物质产生剧烈的摩擦、冲击,而发生破碎。振动的频率一般为 10~20Hz,振动幅度可控。振动式球磨在筒体在自旋的同时还在三维空间振动,其产生的冲击能量远大于滚动式球磨。通过振动的方式输入能量,不受临界转速的制约,是一种高效的研磨方式。

(3)搅拌式球磨。如图 7-3 所示,搅拌式球磨的磨筒是固定的,不发生旋转,这是搅拌式球磨与滚动式球磨和振动式球磨最大的区别。搅拌式球磨主要利用电极驱动搅拌臂作高速旋转,使得研磨物质和研磨介质被剧烈搅拌,磨球与研磨物质之间发生强烈的撞击和剪

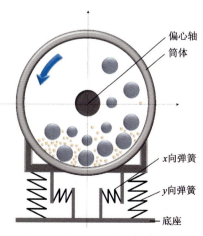

图 7-2 振动式球磨机原理图

切,从而达到破碎物料的目的。由于球磨的动能是从搅拌臂输入,因此搅拌式球磨也不受临界转速的制约。同时,在破碎过程中,磨球几乎不与筒壁发生作用,因此对筒壁的磨损很小。搅拌式球磨相较于滚动式球磨和振动式球磨,不仅能量利用效率显著提高,还具有处理较高固含量研磨物质的能力。但由于搅拌剧烈,会产生大量的热,因而需要对球磨筒体进行冷却处理。

球磨法成本低,效率高,是制备陶瓷粉体的重要方法之一。然而,球磨法的一大缺点是研磨介质会存在一定程度的磨损。球磨介质的磨损会在粉体中引入额外的杂质,最终影响陶瓷材料的性能。

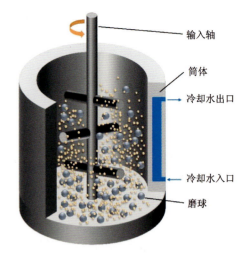

图 7-3　搅拌式球磨示意图

#### 7.1.1.2　气流粉碎法

气流粉碎法的原理是利用高速气流的冲击作用,使得物料之间产生剧烈的相互碰撞从而达到粉碎的目的。气流粉碎的基本要素包括研磨机、气体和研磨物料,不需要研磨体和研磨介质。在一些设计中,高速气流还可以使物料颗粒与研磨机的内壁发生碰撞从而实现粉碎。在研磨过程中,物料通过投料装置送入研磨腔,压缩空气通过喷嘴向研磨室高速发射,经过粉碎后的物料颗粒进入分级室,在分级机的高速旋转下,分级粒径以上的粗颗粒返回研磨腔继续粉碎,分级粒径以下的颗粒随气流离开研磨腔,被收集在研磨机外部的旋风室中(图 7-4)。

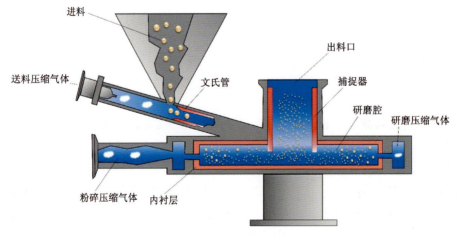

图 7-4　气流粉碎机示意图

用于产生高速气流的气体是压缩气体,通常使用氩气或者氮气等惰性气体避免对非氧化物材料等的氧化。气流粉碎后的粉体平均粒径和粒径分布取决于原料颗粒本身的粒径、硬度、弹性,气流的压力,研磨室的尺寸及分级设计等诸多因素。气流粉碎法的最大优点就是不需要研磨体和研磨介质,因此物料不会受到杂质污染。然而,由于物料和气流接触充分,因而粉碎后的物料会吸附大量气体,增加了粉体使用前排除吸附气体的工序。

#### 7.1.1.3 高能球磨

无论是球磨法还是气流粉碎法，破碎过程通常被认为是物理过程，关注点也是粉体颗粒的物理特性，如粒径和粒径分布等。近年来，随着高能球磨技术的发展，研磨过程中的一些化学变化逐渐受到关注。球磨的能量足够高时，物料颗粒在破碎时化学键发生断裂，导致表面具有不饱和的化学键，产生的高表面能有利于混合颗粒之间或颗粒与环境之间发生化学反应。

以混合物料为起始原料并经过高能球磨的粉体制备过程被称作机械化学合成、机械合金化、机械合成、高能球磨等。这种方法在金属和合金粉体的生产和制备中已经得到了广泛的应用。虽然该方法在无机材料领域的研究和应用才刚起步，但也已经成功地应用于氧化物、氮化物、硅化物、硼化物、碳化物等粉体的制备。尤其是对于一些成分分布很窄的碳化物和硅化物，高能球磨是一种简单易行的制备方法。

### 7.1.2 化学法

#### 7.1.2.1 固相法

固相法是把金属氧化物或者金属盐按照配方称量后充分混合，经过研磨后再进行煅烧，发生固相反应后直接得到目标粉体的一种粉体制备方法，其工艺流程如图 7-5 所示。

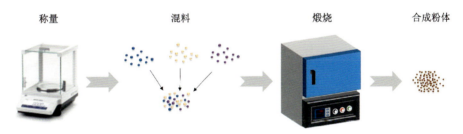

图 7-5 固相法工艺流程图

固相法是目前科研和工业化生产中采用的最主要的陶瓷粉体制备方法，其最大的优点就是工艺简单成熟，设备可靠性高，原料价格相对便宜，易于实现产业化。例如，固相法是制备钛酸钡粉体最通用的方法，也是工业上生产钛酸钡或者其他钛酸盐粉体的重要方法。将组成钛酸钡（$BaTiO_3$）的金属氧化物或者金属盐（通常选用 $BaCO_3$ 和 $TiO_2$）按照比例混合，研磨后在 1000~1100℃ 下煅烧，通过固相反应可以得到钛酸钡粉体。反应方程如下：

$$BaCO_3 + TiO_2 \longrightarrow BaTiO_3 + CO_2 \uparrow \tag{7-2}$$

传统固相法反应时主要靠固相扩散传质，再加上原料粒径的限制，所得的粉体可能存在化学成分不均匀，并且容易团聚，粉体纯度低，粉体活性差等缺点。

随着陶瓷器件的集成化、小尺寸化，陶瓷材料的粒径也越来越小。制备高性能钛酸钡粉体逐渐开始采用液相法，具体方法将在下节介绍。采用液相法可以得到无团聚、粒径和粒径分布可控、组分均匀、结晶性良好的钛酸钡粉体，因此广泛应用于薄层化多层陶瓷电容器的制备中。然而，当介质层厚度进一步减小至 1μm 及以下时，为保证器件的可靠性，陶瓷粉体的粒径要减小到 200nm 以下，此时，液相法制备的钛酸钡粉体中的羟基-质子缺陷劣化陶瓷材料性能的作用开始显现，液相法制备的粉体已经无法满足可靠性的要求，所制得的器件无法通过可靠性测试。此时，固相法制备纳米粉体的固有可靠性优势开始凸显。

近年来，砂磨技术不断发展成熟。砂磨机采用偏心盘研磨结构，并按一定顺序排列，克服了传统研磨机研磨介质分布不均的缺点，使研磨介质能够尽可能地获得能量传递，研磨效率高，并且采用双端面带强制冷却机械密封，密封效果好，运行可靠。更重要的是利用砂磨技术可以将陶瓷原料研磨至 100nm 以下，且粒径分布均匀。以砂磨后的超细粉体为原料，利用固相反应制备的陶瓷粉体粒径小、粒径分布窄、化学成分均匀、反应活性高、不含化学缺陷，因而该方法是高端超微型陶瓷器件用粉体的主要制备方法，逐渐受到工业界的重视。

#### 7.1.2.2 液相法

液相法是目前实验室和工业界最广泛采用的陶瓷粉体制备方法之一。液相法从溶液出发，通过不同的途径和方法使得溶质和溶液发生分离，得到目标粉体的前驱体，再经过热解等方法得到目标粉体。根据溶质和溶剂分离方法的不同，液相法可以分为溶液沉淀法、液相蒸发法、溶胶-凝胶法、水热法等。液相法最大的优点是即使对于成分很复杂的陶瓷粉体材料，也可以通过液相法获得化学成分均匀性高且粒径可控的粉体。

**1. 溶液沉淀法**

溶液沉淀法是在溶液状态下，将不同成分的物质混合，在混合溶液中加入合适的沉淀剂，得到目标粉体的前驱体，再经过过滤、洗涤、干燥等步骤得到目标粉体的一种方法，有时还需要加热分解等工序。在溶液中生成沉淀包括两个基本步骤，成核和颗粒生长。通过控制成核和颗粒生长的条件可以实现对粉体物理化学特性的控制。常见的溶液沉淀法有直接沉淀法和共沉淀法。

（1）直接沉淀法。直接沉淀法是指溶液中的金属阳离子与沉淀剂直接发生化学反应，直接生成目标粉体的方法。如 $TiCl_4$ 的水解产物与 $SrCl_2$ 溶液在强碱水溶液中于 90℃ 反应，直接生成 $SrTiO_3$ 沉淀，经过过滤、洗涤、干燥后，可以得到 $SrTiO_3$ 粉体。该方法工艺条件简单，容易实现工业化生产。

（2）共沉淀法。共沉淀法是指在多种金属盐混合溶液中加入合适的沉淀剂，控制条件使所有金属阳离子与沉淀剂反应生成陶瓷前驱体沉淀物，再对沉淀物进行煅烧形成高纯度的超细目标粉体的方法。共沉淀法是制备两种及两种以上复合金属氧化物超细粉体的主要方法。目前草酸盐共沉淀法和碳酸盐共沉淀法是较为成熟的共沉淀法。化学共沉淀法具有工艺简单、反应温度低、常压、原料成本低等优点，十分有利于工业化生产；但同时也存在反应条件（温度、pH 值、浓度）要求严格，产物化学组分不均匀、团聚严重等缺点。

基于化学沉淀法，近年来发展出一种构建"芯-壳"结构复合陶瓷粉体的方法。将"芯部"基体粉体颗粒分散在溶液中，将所需的"壳层"材料通过化学沉淀法沉淀到基体粉体的周围，从而形成一种具有"芯-壳"结构的复合陶瓷粉体。该复合陶瓷粉体既可以用于基体材料表面改性，也可以用于添加剂的均匀掺杂，用作制备具有特殊物理化学特性的粉体材料。

**2. 液相蒸发法**

液相的蒸发提供了一种使溶液过饱和的方法，将金属盐溶液分散成非常小的液滴，这样蒸发的表面积会大大增加,然后加热时溶剂蒸发,溶液可以迅速达到过饱和状态,在短时间内形成大量的晶核,溶剂析出后,可以得到超细的纳米粉体。常用的液相蒸发法有喷雾干燥法和喷雾热解法。

(1)喷雾干燥法。喷雾干燥法是将混合溶液喷雾形成非常小的雾状液滴,然后在热风中急剧干燥的方法。该方法工艺简单,所制得粉体的化学均匀性好,且可重复性好。

(2)喷雾热解法。喷雾热解法也是将混合溶液喷雾置于高温气氛中,但与喷雾干燥法不同的是,雾滴中的溶质分子在干燥的同时发生热解。该方法是一种在一道工序中直接制成目标氧化物粉体的方法,最大的特点就是生产效率高。

**3. 溶胶-凝胶法**

溶胶-凝胶法是以无机物或者金属醇盐为前驱体,在溶液中混合后,进行水解、缩合等化学反应,形成稳定透明的溶胶,然后经过陈化形成凝胶,最后经过干燥、煅烧得到陶瓷粉体的方法(图7-6)。其中,醇盐的水解和缩聚反应是均相溶液转变为溶胶的根本原因,因此,控制醇盐水解、缩聚条件是制备高质量溶胶的关键。

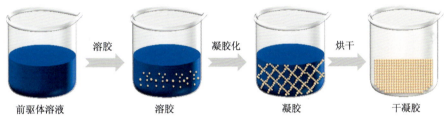

图 7-6 溶胶-凝胶法概述图

利用溶胶-凝胶法制备得到的陶瓷粉体化学均匀性好、纯度高、粒径小且粒径分布窄,并且煅烧温度低,节约能源。同时,基于溶胶良好的流变特性,可在反应的不同阶段制备不同用途的产品。虽然溶胶-凝胶法有诸多优点,但其原材料价格昂贵,反应成本高,反应条件难以控制且反应周期长,因此难以实现产业化。

**4. 水热法**

水热法是指在特定的密闭反应器(反应釜)中,以水溶液为反应体系,通过加热、加压,形成一个相对高温、高压的环境,使得难溶或者不溶的物质充分溶解,并且重结晶而得到目标粉体的方法。水热法可以进一步细分为水热氧化法、水热晶化法、水热合成法、水热分解法、水热沉淀法等。

在水热反应条件下,水既作为溶剂同时又作为矿化剂,处于液态或者气态时还是传递压力的媒介。同时,绝大多数反应物在高压下均能溶解或者部分溶解于水,从而促进了反应的进行。水热法制备陶瓷粉体的特点是纯度高、分散性好、晶形可控、成本低。更重要的是,水热法制备的粉体一般无须煅烧,可以有效避免由煅烧造成的晶粒长大或者杂质的引入。得益于以上优势,水热法近年来已经广泛应用于纳米材料的合成。然而水热反应通常需要高温和高压环境,设备成本投入大,难以实现工业化生产,当前主要用于实验室探索。

### 7.1.2.3 气相法

气相法制备陶瓷粉体是利用具有挥发性的金属化合物蒸气，通过化学反应生成目标化合物，在保护气氛下迅速冷却，凝聚长大形成超微粒子。制备得到的陶瓷粉体的特点是纯度高、粉体粒径小、团聚少、化学组分易控制，并且该方法十分适合非氧化物粉体的制备。常见的粉体气相制备方法有化学气相沉积和高温气相裂解。

**1. 化学气相沉积（CVD）**

CVD 的原理是利用挥发性金属化合物在远高于热力学临界反应的温度条件下，反应形成很高的饱和蒸气压，然后自发凝聚形成大量的晶核。这些晶核在加热区不断长大，聚集成颗粒，随着气流进入低温区，晶化过程结束后收集可得到纳米粉体（图 7-7）。CVD 的优点是制备粉体的产率和纯度高、工艺可控性好，缺点是对实验设备要求较高，工业化生产难度大。

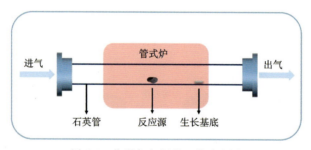

图 7-7　化学气相沉积工艺流程图

**2. 高温气相裂解**

高温气相裂解相对于化学气相沉积的反应过程更为复杂，包括气相化学反应、表面反应、均相成核、非均相成核、凝结、聚集或熔合等步骤，每个步骤对最终产物粉体颗粒均有决定性作用。高温气相裂解制备得到的粉体粒径小（纳米级），化学活性高，分散性好，透光性好，对紫外光的吸收能力强。

## 7.2　成型工艺

成型是将陶瓷粉体制成具有一定形状和尺寸的生坯的过程。成型坯体的密度和均匀性对后续烧结工艺有很大的影响，生坯密度低或者内部密度不均匀会导致陶瓷在烧结过程中发生开裂等现象，对最终陶瓷的性能有很大的影响。陶瓷成型大致可以分为干法成型和湿法成型。

### 7.2.1　干法成型

干法成型是指将陶瓷粉体放在模具中，对模具施加轴向压力或者等静压压力，直接进行压块成型的方法。加压过程中粉体之间的空气排出，使得坯体致密化。根据加压方式的不同，干法成型可以分为干压成型和等静压成型。

#### 7.2.1.1 干压成型

干压成型也叫模压成型,是一种将粉体填充到刚性模具中,在压力机上加压,形成具有一定形状和尺寸的陶瓷生坯,然后脱模得到坯体的成型方法。干压成型的粉体含水量或黏结剂含量低,一般为4%~8%,生产工序简单,特别适用于厚度不大的陶瓷圆片或者圆环坯体的成型,可以实现批量自动化生产。干压成型过程中,粉料的流动性、加压方式、成型压力、加压速度和保压时间等对陶瓷生坯的质量都有很大影响。

(1)粉料的流动性。为了提高粉体颗粒之间的结合力和生坯的机械强度,通常需要加入少量的黏结剂进行造粒,以提高粉料的流动性,黏结剂的体积分数一般小于5%。常用的黏结剂有石蜡、酚醛清漆、聚乙烯醇等。

(2)加压方式。干压成型有单向加压和双向加压两种方式,成型的压力是通过松散颗粒接触传递的,压力的损失会造成生坯内压力分布不均,从而导致生坯内部的密度分布不均匀。加压的方式对坯体密度的影响很大。在单向压力作用下,靠近施压的一端压力大,生坯密度大,远离施压的一端压力小,生坯密度也小。而在双向压力作用下,坯体两端受压,因此生坯两端密度大,中间密度小(图7-8)。

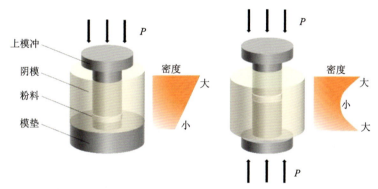

图7-8 单向(左)和双向(右)加压时生坯密度沿高度的分布

(3)成型压力。成型压力的大小直接影响陶瓷生坯的密度和收缩率。成型压力小,则生坯密度小。当压力增大时,粉料颗粒呈密堆积状态,生坯密度增大。当成型压力达到一定值时,再增大压力,生坯的密度提升有限。当压力过大时,生坯的密度反而会有所降低,这是因为在压力撤去后,粉料颗粒产生弹性后效,生坯容易出现层裂现象,并且脱模也更加困难。

(4)加压速度和保压时间。压力在粉体颗粒之间的传递速率与空气的排出密切相关,因此加压速度和保压时间对陶瓷生坯的致密度有很大的影响。当加压速度过快并且保压时间很短时,空气不易排出,造成坯体表面致密中间疏松,甚至出现鼓泡、夹层、裂纹等。因此需要适当减慢加压速度,并且保证一定的保压时间。

#### 7.2.1.2 等静压成型

等静压成型又称静水压成型,是利用不可压缩的液体作为媒介来传递压力,使得封闭在模具中的粉体在各个方向上均匀受压的成型方法。根据成型温度不同,可以分为冷等静压成型、温等静压成型和热等静压成型。根据使用模具的不同,又可以分为湿式等静压成型和干式等静压成型。

**1. 湿式等静压成型**

湿式等静压成型是将模具和液体直接接触,也称湿袋法。将粉料装入成型模具中,密封后放置于高压缸中进行压制,压制过程中模具完全浸入液体中(图7-9)。湿式等静压成型的优点是不需要添加黏合剂、坯体密度均匀性好、可用于复杂形状制品的生产,并且具有良好的烧结性能,特别适合科学研究和小批量生产;缺点是对制品尺寸和形状的控制稍差,成型时间长,效率低,难以实现自动化批量生产。

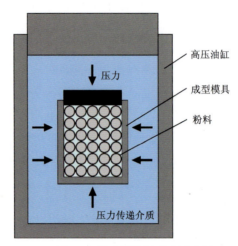

图7-9 湿式等静压成型示意图

**2. 干式等静压成型**

干式等静压成型是将粉料装入成型橡胶皮模后,一起装入加压橡皮模,再放置于高压缸中进行压制,也称干袋法(图7-10)。这种方法的优点是成型模具与液体不直接接触,减少了模具的移动,且不必调整容器的液面和排出多余的气体,因此能够快速取出压好的坯体,可以实现连续等静压操作,适用于大批量生产。然而加压橡皮模的密封困难,更换不易,使得该方法只适用于成型几何形状简单的样品。

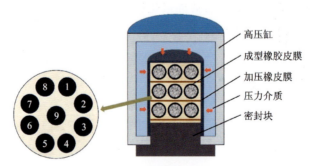

图7-10 干式等静压示意图

与干压成型相比,等静压成型有以下明显的优势。

(1)坯体致密度高且密度均匀。干压只有1~2个受压面,而等静压通过液体传递压力,各个方向受到的压力一致,在得到致密坯体的同时在各个方向上密度均匀一致,不会因为样

# 第7章 纳米陶瓷材料制备

品形状和厚度不同而有较大的差异。

（2）生坯强度高。由于等静压的压强方向性差异小，粉体颗粒之间及颗粒与模具的摩擦作用显著减小，因而生坯中的内应力很小，几乎不出现分层、开裂等现象，生坯的强度很高，可以直接搬运和机加工。

（3）黏结剂使用量少，甚至可以不用，不仅可以降低制成陶瓷的气孔率，还可以有效防止对制品的污染。

（4）模具成本低，不需要金属模具，且制造简便。

（5）对制品的尺寸和尺寸比例没有很大的限制，可以适用于复杂形状制品的成型。

## 7.2.2 湿法成型

干法成型通常用于几何形状简单、尺寸小的陶瓷材料的成型，为了满足更复杂陶瓷制品的成型要求，多种湿法成型技术逐渐发展起来。与干法成型不同，湿法成型的对象是陶瓷粉体与水或者其他有机介质混合形成的胶态体系，因此也称为胶态成型。常见的湿法成型主要有注浆成型、挤压成型、热压铸成型、流延成型和轧膜成型等，以下将对这几种成型工艺作简单介绍。

### 7.2.2.1 注浆成型

注浆成型是将制备好的浆料注入具有吸水特性的模具中，利用模具的透气性和吸水性排出浆料中的水或有机物，使坯体具有一定的形状和强度。由于坯体失水后会收缩，因而很容易从模具中脱出。注浆成型是湿法成型中相对传统的成型方法，成型工艺简单，特别适用于一些形状复杂，不规则的薄壁或者大尺寸的陶瓷制品的成型。

注浆成型包含两个关键步骤：浆料制备和注浆。浆料制备是注浆成型的关键。传统陶瓷的原料多为黏土，而先进陶瓷的原料多为瘠性化工原料，自由状态下很难形成均匀稳定、悬浮性良好的浆料，一般需要通过控制pH值或者添加有机活性物质，使浆料具有良好的悬浮特性。注浆包括空心注浆和实心注浆两大类。空心注浆也称单面注浆，将浆料注入模型后，模型单面吸浆，当注件达到要求的厚度后，倒出多余的浆料而形成空心的注件（图7-11）。这种方法得到的注件内外形状基本一致。实心注浆也称双面注浆，浆料注入模型后，由外模和芯模两个工作面吸浆，注件在两个模具之间成型，没有多余的浆料倒出（图7-12）。实心注浆适用于制造大尺寸、外形复杂的陶瓷制品。

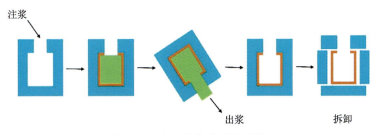

图 7-11 空心注浆成型示意图

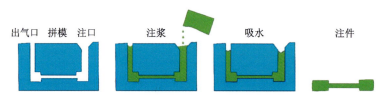

图 7-12　实心注浆成型示意图

以上两种注浆方法的共同缺点是注件不够致密,干燥和烧成后收缩大,容易变形,制品的尺寸难以控制。为了提高注件的致密度、缩短注浆时间,在空心注浆和实心注浆的基础上,又发展出了压力注浆、真空注浆和离心注浆等新方法。

### 7.2.2.2　挤压成型

挤压成型也称挤出成型,是指将具有塑性的陶瓷浆料放入挤压机内,通过对浆料施加压力,将浆料通过模具挤出,获得具有模具截面形状的成型坯体,主要适用于制造棒形、管形和厚板状等沿挤出方向外形平直的陶瓷制品(图 7-13)。挤压成型也是传统湿法成型方式之一,与注浆成型利用浆料流动性特点不同的是,挤压成型利用的是浆料的塑性特性。

挤压成型对浆料的要求很高:浆料要高度均匀;粉料粒径细小、颗粒外形圆滑;溶剂、增塑剂、黏结剂等的用量合适。浆料的塑化是挤压成型的关键步骤。塑化是指使用塑化剂使原来不具备塑性的浆料变得具有可塑性的过程。塑化剂通常由黏结剂、增塑剂和溶剂组成。

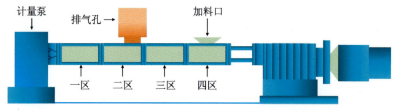

图 7-13　挤压成型示意图

挤压成型具有可连续批量生产、效率高、污染小、易于自动化操作等优点,但是机嘴结构复杂,加工精度高。浆料中添加的溶剂或塑化剂含量高,坯体干燥、烧结后体积收缩率大。挤压成型可以用于陶瓷管件、棒件、板件的成型,随着粉体质量和浆料可塑性的提升,目前已经可以挤制长、宽达 100～200mm,厚 0.1～3mm,甚至更薄的片状坯膜。

### 7.2.2.3　热压铸成型

热压铸成型在成型原理上属于注浆成型,因此又称热压注成型,是生产特种陶瓷应用较为广泛的一种生产工艺。与普通注浆成型不同的是粉料中混有石蜡,热压铸成型的基本原理是利用石蜡受热熔化和遇冷凝固的特点,将无可塑性的瘠性陶瓷粉料与热石蜡液均匀混合,形成可流动的蜡浆,在一定压力下注入金属模具中成型,待蜡浆冷却凝固后脱模取出成型好的坯体。坯体经适当修整,埋入吸附剂中加热进行脱蜡处理,然后再将脱蜡坯体烧结成最终制品(图 7-14)。

对于热压铸成型,蜡浆的制备是成型过程中的一个重要环节。在成型坯体烧结之前要先

# 第 7 章 纳米陶瓷材料制备

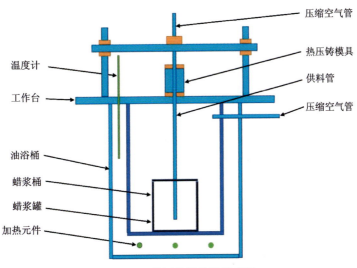

图 7-14 热压铸机构造示意图

进行排蜡处理。排蜡是将坯体埋入疏松、惰性保护性粉料中进行的,在升温过程中,坯体中的石蜡融化、挥发、燃烧,吸附剂对坯体形成支撑,使坯体具有一定的强度并保持形状。烧结之前还需对排蜡后坯体表面的吸附剂进行清除。

热压铸成型的制品尺寸较准确,光洁度较高,结构紧密,该成型方式适用于以矿物原料、氧化物、氮化物等为原料的新型陶瓷的成型,更重要的是适用于任何非可塑性粉体。热压铸成型的设备简单、操作灵活、生产效率高,广泛用于工业陶瓷制品的成型制造。

### 7.2.2.4 流延成型

流延成型又称带式浇注法、刮刀法,是一种比较成熟的能够获得高质量、超薄型瓷片的成型方法,可用于制备成型厚度在 $10\mu m$ 以下的陶瓷薄片,已被广泛应用于多层陶瓷电容器瓷片、厚膜和薄膜电路基片等先进陶瓷的生产。流延机结构如图 7-15 所示。

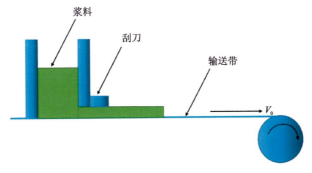

图 7-15 流延机结构示意图

流延成型的基本过程如下:首先把粉碎好的粉料与有机塑化剂溶液按适当配比混合制成具有一定黏度的浆料,浆料从容器流下,被刮刀以一定厚度刮压涂敷在专用基带上,经干燥、固化后从基带上剥下成为生坯带的薄膜,然后根据成品的尺寸和形状需要对生坯带作冲切、层合等加工处理,制成待烧结的生坯。

流延成型用浆料的配制是重要的工艺环节之一,具体的制备方法如下:先将细磨、煅烧后的超细熟瓷粉加入溶剂,必要时添加抗聚凝剂、除泡剂、烧结促进剂等进行湿式混磨;再加入黏合剂、增塑剂、润滑剂等进行混磨以形成稳定的、流动性良好的浆料。混合的浆料会产生大量的气泡,必须除去,否则会影响流延膜带的质量,可以采用机械法或者化学法进行除泡。

流延成型工艺设备不是特别复杂,并且工艺稳定,自动化程度高,适合连续生产,效率高,陶瓷膜生坯的性能均一且容易控制。但由于浆料中塑化剂和黏结剂的含量高,因而坯体的密度小,烧结收缩率较高。目前,流延成型方法已经广泛应用于电子陶瓷材料的成型,为电子元器件的微型化和超大规模集成电路的应用提供了广阔的前景。

#### 7.2.2.5 轧膜成型

轧膜成型是一种可塑成型技术,在准备好的陶瓷粉料中添加一定量的有机黏结剂和溶剂,放到轧膜机的两个轧辊之间。当两个轧辊相向转动时,粉料不断地受到挤压。首先通过粗轧,使得粉料、有机黏结剂和溶剂均匀混合,伴随着吹风,使溶剂逐渐挥发,形成一层膜。然后逐步调节两个轧辊之间的间距,多次折叠,90°转向反复轧制,最终形成光滑、致密而均匀的膜层,成为轧坯带。轧好的坯带再通过冲片机冲切成所需形状和尺寸的坯件(图 7-16)。

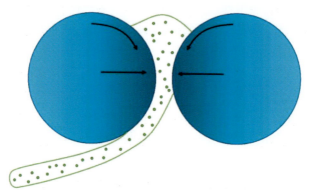

图 7-16  轧膜成型示意图

轧膜成型是一种薄片生坯带成型工艺,主要应用于电子陶瓷产业中的陶瓷电容薄片、多层陶瓷电容器介质层、陶瓷电路基板等的制备,生坯的厚度在 1mm 以下,也可以轧制厚度为 $10\mu m$ 左右的薄片。轧膜成型的特点如下:①成型过程中炼泥与成型同时进行;②沿厚度方向轧坯带致密均匀;③可通过调节轧辊间距来控制轧坯带的厚度。轧膜成型具有生产设备简单、工艺简单、生产效率高、膜片厚度均匀、坯体烧成温度低、能成型厚度很薄的膜片等优点,在先进陶瓷生产中应用十分广泛。

### 7.3 烧结工艺

烧结是陶瓷材料制备工艺中最为关键的环节,也是本章重点介绍的内容。对于材料而言,当化学组成固定时,材料的微观结构决定了其宏观性能。而烧结过程决定了陶瓷材料内部的显微结构,从而决定了陶瓷材料最终的性能。因此,针对不同的应用需求,选择合适的烧结工艺是获得理想陶瓷制品的有效手段。本节从烧结机理出发,对常规烧结方法作简单介绍,然后重点介绍近年来新发展起来的新型烧结方法。

### 7.3.1 烧结机理

烧结是陶瓷粉料成型后在高温下发生一系列物理化学变化后,形成致密、坚硬的烧结体的过程。烧结过程主要是复杂的物质传递过程。关于物质传递的机理解释,目前主要有4种理论:蒸发和凝聚、扩散、流动、溶解和沉淀。

(1)蒸发和凝聚。蒸发和凝聚是由于陶瓷粉料各处的蒸气压不同而产生的。质点一般从高能量的凸处蒸发,在低能量的凹处凝结。该过程使得颗粒的接触面积增大,形成烧结颈。随着蒸发和凝聚过程的进行,颗粒及气孔的形状改变,但颗粒之间的中心距不变,即坯体不发生收缩。气孔的形状改变虽然对坯体的性质有一定的影响,但基本不影响坯体的密度。

(2)扩散。扩散是烧结过程中的主要传质方式,主要分为表面扩散和体扩散。表面扩散是在表面能的作用下,质点沿着表面进行的扩散,扩散使得表面积区域最小。体扩散则是由于坯体内部存在浓度梯度,使离子或空位发生迁移。体扩散主要取道空位进行,因此晶粒内部空位缺陷的多少对扩散速率影响很大。通过空位扩散,可以消除气孔;通过离子扩散,可以形成均匀的固溶体。在两种扩散中,表面扩散是质点由表面到颈部的扩散,不会引起坯体的收缩;而体扩散则会引起气孔的缩小和颗粒中心的靠近,因此带来气孔率的降低和坯体的收缩。

(3)流动。流动包括黏性流动和塑性流动,常发生于液相辅助烧结过程中。较细的粉料有较高的表面能,当温度升高时,粉料的塑性和流动性大大增加。当包围粉料颗粒的液相表面张力大于颗粒的极限剪切应力时,颗粒会发生变形和流动,从而引起坯体的收缩,直至形成致密的瓷体。在热压烧结过程中,虽然没有液相的参与,但外加应力导致的颗粒变形也会产生塑性流动。

(4)溶解和沉淀。溶解和沉淀是指界面能较高的小晶粒中的质点不断在液相中溶解,同时又不断在表面能较低的大晶粒处析出的现象。这种传质过程要满足以下条件:有足够的液相、液相能润湿固相、固相在液相中有一定的溶解度。

烧结传质过程十分复杂,不能简单地归结为以上某一种机理,而是其中一种机制主导,其余机制参与的复杂过程。

### 7.3.2 烧结方法

烧结工艺方法很多,根据烧结过程中有无液相出现,可以分为传统固相烧结和液相烧结;根据烧结气氛的不同,可以分为空气烧结、真空烧结、气氛烧结等;根据烧结压力的不同,可以分为无压烧结和压力烧结;根据加热方式的不同,又开发了放电等离子烧结、微波烧结等技术。近年来,一些更新型的烧结技术,如两段式烧结、振荡压力烧结、闪烧、超快速烧结、冷烧结等技术逐渐发展并应用于陶瓷烧结中。

#### 7.3.2.1　传统固相烧结

传统固相烧结是指常压下没有液相参与的烧结方式,坯体的致密化主要靠蒸发和凝聚与扩散。蒸发和凝聚传质需要足够高的蒸气压,一般仅在高温下蒸气压比较大的体系中发生,如氧化铅、氧化铍、氧化铁等。绝大多数固相烧结体系中蒸气压都比较小,因此扩散是主要传质方式。

扩散传质主要依靠质点与空位的扩散来完成,其驱动力是作用在陶瓷颗粒颈部的张应力。而颗粒接触区域的作用力为压应力,导致颗粒中的空位浓度在不同区域产生差异,颈部最大,颗粒内部次之,颗粒接触部位最小。因此,空位从颈部向接触部位迁移,而固体质点的扩散方向与空位相反,即向颈部扩散,从而逐步排出气泡,使得瓷体致密化。

固相烧结虽然可以在一定程度上实现陶瓷坯体的致密化,然而烧结的产品中仍然会残余一定量的孔隙,很难获得完全致密的瓷体。在实际情况中,由于陶瓷粉料中会含有少量的杂质,在高温下会出现接触的熔融现象,因此在烧结过程中不可避免地会产生一些液相,纯固相烧结很难实现。

#### 7.3.2.2　液相烧结

液相烧结是指在烧结的过程中有液相参与的烧结方式。液相烧结传质的主要方式是流动传质和溶解沉淀传质。相比于扩散传质,流动传质的速率更快,因此液相烧结可以在比固相烧结更低的温度下实现陶瓷坯体的致密化,并且致密度更高。

液相烧结的速率主要由液相的数量和性质决定。液相的黏度和表面张力对烧结过程影响很大,当液相少而固体颗粒表面积大时,只能在颗粒表面生成一层很薄的吸附层,此时只有当表面张力达到一定的阈值才能发生传质,使得坯体收缩。而当液相多、固体颗粒表面积小时,液相传质容易发生,此时烧结速率也更快。

液相烧结与液相和固相的润湿情况、固相在液相中的溶解度也有一定的关系。当液相能够很好地润湿固相,并且固相在液相中有一定的溶解度时,可以发生部分固相溶解并在另一部分固相上析出的溶解沉淀传质。一般来说,液相烧结的传质过程和影响因素比固相烧结更为复杂。

#### 7.3.2.3　压力烧结

压力烧结是指在烧结过程中对陶瓷坯体施加一定压力来促进其致密化的烧结方式,是对无压烧结的一种发展。在无压烧结中,烧结温度是最重要的控制参数。为了得到致密的陶瓷体,通常需要在很高的温度下进行长时间烧结,该过程会引起晶粒的过分生长,甚至异常长大,劣化烧结后瓷体的性能。另外,在一些非氧化物陶瓷中,陶瓷粉体的表面张力小,扩散系数低,即使在很高的温度下采用无压烧结也很难使其致密化。

在压力烧结过程中,陶瓷粉料的致密化主要通过外加压力作用下粉料颗粒的迁移来完成,因此烧结温度往往低于无压烧结,并且烧结过程中晶粒很少生长甚至不长大,从而可以得到接近理论密度且晶粒细小的致密陶瓷材料。

根据施加压力方式的不同,压力烧结又分为热压烧结和热等静压烧结,其中热压烧结为单向加压,而热等静压烧结是周向加压。

(1) 热压烧结。热压烧结可以看作高温下的干压成型,将陶瓷粉料和模具一起加热,同时施加轴向压力,成型和烧结同时进行。热压烧结一般采用电加热的方式,单向油压加压。根据不同的需求可以选用石墨模具或者氧化铝模具。石墨模具操作简单、成本低,但必须在非氧化气氛中使用;氧化铝模具可以应用于氧化气氛,但制造困难、成本高且寿命短。热压烧结可以明显降低烧结温度,提高致密度,并且可抑制晶粒的生长和易挥发元素的挥发。

(2) 热等静压烧结。单向加压的热压烧结一般只能制备片状或者环状等几何形状简单的陶瓷样品。另外,对于非等轴晶系的样品,单向热压烧结后,晶粒会发生严重的取向。而热等静压烧结不仅保留了热压烧结中提高陶瓷样品致密度、抑制晶粒生长等优点,同时还能像无压烧结一样制备几何形状复杂的陶瓷样品,避免非等轴晶系样品的晶粒取向等,是一种先进的陶瓷烧结方法。热等静压烧结通常采用电阻加热。由于烧结过程中气体作为承压介质,而陶瓷粉料或者生坯中的气孔是连续的,因而样品必须进行封装,否则高压气体渗入样品内部会导致无法实现样品致密化。

#### 7.3.2.4 气氛烧结

气氛烧结是指在炉膛中通入气体,形成所要求的气氛的烧结方法,可用于在空气中很难烧结和需要有特殊气氛的陶瓷材料的烧结。气氛烧结常用于以下几种情况。

(1) 制备透明氧化铝。透明氧化铝陶瓷在气氛中烧结,由于氢气渗入坯体,在封闭气孔中其扩散速率比其他气体快,因而气孔易通过氧化铝坯体排出。

(2) 防止氧化。氮化物 $Si_3N_4$ 在 1400℃,BN 在 900℃,AlN 在 800℃等温度下易氧化。碳化物 $B_4C$、SiC 等也易氧化。采用惰性气氛烧结,可防止氧化。

(3) 防止分解气氛。锆钛酸铅[$Pb(Zr,Ti)O_3$]等压电陶瓷,高温烧结时易发生分解,引入与制品成分相近的气氛进行烧结,可防止锆钛酸铅的分解。$Si_3N_4$ 的烧结气氛为 $N_2$,$N_2$ 可抑制 $Si_3N_4$ 的分解。

(4) 反应烧结气氛源。各种氮化物陶瓷烧结气氛为 $N_2$,$N_2$ 不仅起保护作用,还能与烧结材料发生化学反应,生成所需的含氮相。

(5) 实现陶瓷与贱金属内电极的共烧。多层陶瓷电容器(MLCC)等电子元器件由陶瓷电介质与金属内电极共烧制成,而 Ni、Cu 等贱金属在高温下易与空气中的氧气发生反应生成电阻率高的金属氧化物,不仅造成导电性急剧恶化,氧化引起的体积膨胀还会致使内电极与电介质层脱落,从而导致器件失效。为了使贱金属内电极在共烧过程中不发生氧化,多层陶瓷电容器坯体必须在低氧分压气氛中烧结,这就要求相应的陶瓷介质也能够实现在低氧分压的还原气氛中($N_2$-$H_2$)实现烧结。

#### 7.3.2.5 反应烧结

反应烧结是指利用固-液、固-气等化学反应,在合成陶瓷粉体的同时实现致密化。其特点是可制造形状复杂、尺寸精确的产品,但有气孔残留、强度低,仅局限于少量几个体系,如氮化硅、氧氮化硅、碳化硅等。以下列举了几个反应烧结实例。

**例1：反应烧结氮化硅**

反应烧结氮化硅的反应式为

$$3Si + 2N_2 =\!=\!= Si_3N_4$$

工艺过程：首先在1200℃条件下对硅粉进行预氮化、加工，然后在1400℃条件下进行最终氮化烧结。烧结前，坯体孔隙率为30%～50%，氮化烧结过程有22%的体积增大，所以坯体在烧结过程中尺寸基本不变。最终制品约有20%的孔隙率，1%～5%的残留硅。

此烧结工艺的特点：不需要烧结助剂，高温下胚体强度不会明显下降；有22%的体积增量，形状尺寸基本不变；密度低（约为理论密度的80%），机械性能差。

**例2：反应烧结碳化硅**

将α-SiC和石墨按一定比例混合压成坯体，加热至1650℃左右，通过液相或气相将Si渗入坯体，使之反应产生β-SiC，并与α-SiC相结合，游离硅填充了气孔，达到致密化。烧结过程中发生的反应与转变反应式为：

$$Si + C =\!=\!= SiC$$
$$\alpha\text{-}SiC \longrightarrow \beta\text{-}SiC$$

此烧结工艺的特点：胚体几乎没有尺寸变化，制备中含有8%～10%的游离硅。

### 7.3.2.6 放电等离子烧结

放电等离子烧结也称等离子活化烧结（spark plasma sintering，SPS）。20世纪60年代，Inoue等人提出放电产生等离子体烧结金属和陶瓷的想法，以期利用等离子体辅助烧结制备更加优异的材料。1988年，日本井上研究所研制出第一台SPS装置。该装置具有5t的最大烧结压力，在材料研究领域获得应用。近年来，主要的制造厂家是住友石炭矿业株式会社，出产的SPS系统（商品名称是Dr. Sinter）利用脉冲能、放电脉冲压力和焦耳热产生瞬时高温场来实现烧结过程，结合软件和硬件技术，已经发展成为可用于工业生产的使用设备。图7-17是SPS的原理示意图。

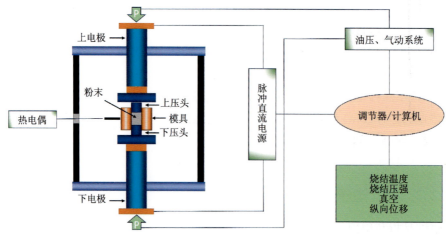

图7-17 放电等离子体烧结原理图

SPS 与热压烧结类似，特点是利用直流脉冲电流放电加热，瞬间产生放电等离子体，使烧结体内部各个颗粒自身均匀地产生焦耳热，并使颗粒表面活化。SPS 能量脉冲集中在晶粒结合处，局部高温可使表面熔化，产生烧结作用；且等离子溅射和放电冲击可清除颗粒表面杂质和吸附气体。

SPS 有一个非常重要的作用，即在粉体颗粒间通过放电产生自发电作用后，粉体颗粒快速升温，颗粒间结合处通过热扩散迅速冷却，施加脉冲电压使所加的能量可在观察烧结过程的同时被高精度地控制，电场的作用也因离子高速迁移而快速扩散。通过重复施加开关电压，放电点（颗粒间局部高温源）在压实颗粒间移动而布满整个样品，使样品均匀发热，能量脉冲集中在晶粒结合处。该过程如图 7-18 所示。

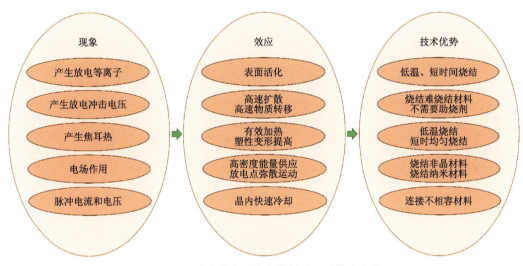

图 7-18　放电等离子体烧结的过程及技术优势

与其他烧结方法相比，放电等离子烧结有以下几个特点。
(1) 烧结过程有放电等离子体的产生。
(2) 热效率高，升温速率快。
(3) 颗粒具有表面自纯化和活化作用。
(4) 具有电场的作用。
(5) 有助于抑制晶粒生长，得到晶粒尺寸小的陶瓷。
(6) 可以抑制易挥发元素的挥发和易变价元素的变价。

这些特点的综合效用，使得放电等离子体烧结在很多方面有突出的优点，被广泛应用于梯度功能材料、细晶粒纳米陶瓷、金属基复合材料、纤维增强复合材料、多孔材料等材料的制备。

### 7.3.2.7　微波烧结

微波烧结是指利用微波具有的特殊波段与材料的基本细微结构耦合而产生热量，材料的介质损耗使材料整体加热至烧结温度而实现致密化的方法。微波烧结是快速制备具有新性能的传统材料和高质量新材料的重要技术手段。它具有烧结温度低、烧结时间短、能源利用率和加热效率高、安全卫生无污染等优点,与传统的烧结工艺相比,微波烧结能使坯体加热均匀,加热速度快,高效节能,对某些材料甚至可以以很小的输入能量实现2000℃以上高温。图7-19是微波烧结与传统烧结的加热方式对比。

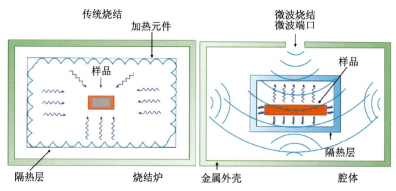

图 7-19　微波烧结与传统烧结的对比

采用微波烧结炉烧结陶瓷,其工艺过程时间可缩短50%以上;由于微波能量直接用于加热坯体,在相同的生产率条件下能耗仅为传统烧结工艺的10%;微波烧结不存在高温下辐射传导的阴影效应,可减小热变形。

微波烧结的特点如下。

(1)加热机制不同于传统的辐射加热和对流加热,是内外"整体加热",温度场均匀,可显著改善材料的显微结构。

(2)加热速度快,可达300℃/min以上,而且微波电磁场可促进物质扩散,加速烧结,细化晶粒,可降低烧结温度。

(3)自身加热,不存在来自外热源的污染。

(4)能实现空间选择性烧结,可以对材料某些部位进行加热修复或使缺陷愈合。

(5)微波加热不存在热惯性,烧结周期短。

(6)微波能向热能的转化效率可达80%～90%,高效节能。

表7-1列出了几种陶瓷材料微波烧结和常规烧结后的晶粒尺寸,可以看出,这几种陶瓷材料的微波烧结品的晶粒尺寸明显小于常规烧结品的晶粒尺寸。

表 7-1　几种陶瓷材料微波烧结和常规烧结后的晶粒尺寸　　　　单位:μm

| 烧结方法 | 纯 $Al_2O_3$ | $ZrO_2$-$Al_2O_3$ | $Y_2O_3$-$ZrO_2$ | ZnO |
| --- | --- | --- | --- | --- |
| 微波烧结 | 2.6～2.9 | 0.5 | 2.5 | 5～6 |
| 常规烧结 | 3.5～4.0 | 1.0 | 3.5 | 10 |

微波烧结注意事项如下。

(1)要设计合适的保温装置,否则,烧结时样品表面散热造成内外极大温差,会导致烧结不均,甚至开裂。

(2)材料的特性对升温有很大影响。介质损耗大的材料升温快;在低温下,低介质损耗物质不吸收微波能量,必须采用混合加热,即在低介质损耗工件的周围放置一些介质损耗大的材料,如 SiC 棒等。

(3)微波烧结设备必须采用特殊设计,以解决微波漏磁等安全问题。

利用微波高温反应烧结,可以将常规方法需要长时间加热反应才能制得的氮化硅、碳化硅耐火制品的工艺时间大大缩短。微波加热时,可以控制耐火制品内部的温度高于外部温度,芯部的金属硅首先开始氮化,氮化完全后再逐步扩展到制品的表面,这种过程与常规外加热方式截然相反,避免了外加热方式存在的外部温度高,外部首先反应将孔隙闭塞,阻止氮气渗透到芯部继续反应,造成"夹生"等现象。

### 7.3.3 新型烧结方法

#### 7.3.3.1 两段式烧结

两段式烧结作为一种新型的无压烧结方法,在没有提供任何附件装置或外力的情况下,仅仅通过改变烧结曲线,巧妙解决了陶瓷材料致密化而不发生晶粒长大的问题。两段式烧结最早是由陈一苇和王晓慧在制备 $Y_2O_3$ 纳米陶瓷时提出的[1],他们在研究中发现,晶界扩散实现了陶瓷材料的致密化,晶界迁移对应于陶瓷晶粒的发生长大,而特别的是,晶界迁移和晶界扩散所需的能量是存在差异的,并且晶界扩散所需的能量低于晶界迁移所需的能量,也就是说,存在一个烧结窗口,该区间内所提供的能量可以使晶界迁移得到抑制,而晶界扩散继续进行。在这一重要发现的指导下,他们巧妙设计了两段式烧结曲线,如图 7-20 所示,其基本步骤如下:首先将坯体加热至较高温度 $T_1$,使坯体获得较大的相对密度(~75%),在此温度下并不进行保温;然后快速降温至较低温度 $T_2$,并进行较长时间的保温,进一步完成致密化,最后以一定的降温速率或自然冷却的方式降温。其具体的烧结机理为:第一阶段,不断排出坯体中的气体,使颗粒键联,坯体收缩而达到相对较大的密度,颗粒相对初始粉体略微长大;第二阶段,烧结温度降低,所提供的驱动力下降,使得晶界迁移不能发生而抑制了晶粒长大,但需要较低激活能的晶界扩散仍呈活跃态,传质过程通过晶界扩散继续进行,在较长的保温过程中使得气体逐渐被排出,最后完成致密化而得到了小晶粒陶瓷材料。

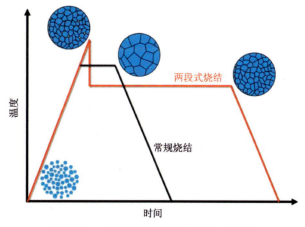

图 7-20 两段式烧结与常规烧结对比图

两段式烧结的特点如下。

(1) 简便易行,在常规烧结炉的基础上调整烧结曲线即可。

(2) 利用晶界迁移与晶界扩散所需能量的差异,有效抑制了晶粒的生长,能够有效控制陶瓷显微形貌,适宜于制备晶粒尺寸小(纳米晶)的陶瓷材料。

(3) 高温下停留时间短,可有效抑制 K、Na、Pb 等易挥发元素的挥发。

#### 7.3.3.2 振荡压力烧结

在制备纳米晶粒陶瓷材料时,初始粉体为亚微米甚至纳米尺寸,会出现明显的团聚现象。而且在烧结过程中,团聚体优先发生烧结,导致在烧结体内部形成不均匀致密化的高配位数的气孔。对于常压烧结方法而言,较小的驱动力无法消除团聚现象,使得烧结过程中容易形成高配位数的气孔。为解决此问题,研究者采用增大初始素胚的成型压力以打破团聚体,减少气孔数量;采用提高烧结温度和延长保温时间以促进晶粒长大并减少气孔数量。

此外,在陶瓷的烧结过程中可以借助外来压力来破坏团聚体,但存在应力上限值。传统的各种压力烧结方法(包括 HP、HIP 和 SPS 等),都是在高温烧结的同时施加一个恒定压力,这种额外的烧结驱动力具有促进晶粒滑移、塑性流动等机制,从而在一定程度上加速烧结致密化、减少残余气孔等微观缺陷、细化晶粒尺寸。但该方法难以完全将离子键和共价键的特种陶瓷材料内部气体排出,对于所希望的制备超高强度、高韧性、高硬度和高可靠性的材料仍然具有一定的局限性。

静态压力烧结局限性的主要原因体现在以下 3 个方面。

(1) 在烧结开始前和烧结前期,恒定的压力无法使模具内的粉体充分实现颗粒重排并获得大的堆积密度。

(2) 在烧结中后期,塑型流动和团聚体消除仍然受到一定限制,难以实现材料的完全均匀致密化。

(3) 在烧结后期,恒定压力难以实现残余孔隙的完全消除。

相较于静态压力烧结,在振荡压力烧结过程中对粉体施加动态压力,可以改善颗粒中的自锁和团聚现象,促进闭气孔的消除,减少气孔、裂纹及团聚等缺陷的数量,减小其尺寸,从而实现陶瓷的高效致密化,获得高致密度、细晶尺寸、均匀的显微结构,制备出具有高强度和高可靠性的结构陶瓷材料(图 7-21)。基于动态压力烧结理念,清华大学谢志鹏教授研究团队首次提出了在陶瓷粉体烧结过程中引入动态振荡压力替代静态压力这一全新的振荡压力烧结(oscillatory pressure sintering,OPS)技术[2],即在一个较高的恒定压力作用下,叠加一个频率和振幅均可调的振荡压力,将传统烧结中施加的"死力"变为"活力",从而促进陶瓷的致密化(图 7-22)。

OPS 过程中材料的致密化主要源于以下两方面的机制。

(1) 表面能作用下的晶界扩散、晶格扩散和蒸发-凝聚等传统机制。

(2) 振荡压力赋予的新机制,包括颗粒重排、晶界滑移、塑性形变及形变引起的晶粒移动、气体排出等。

OPS 烧结技术有以下优势。

(1) 高效率:可以在相对短的时间内实现高密度的烧结,因此可以提高生产效率和降低成本。

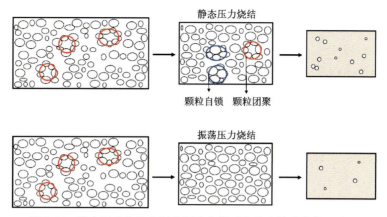

图 7-21 静态压力烧结和振荡压力烧结对烧结中缺陷的作用对比

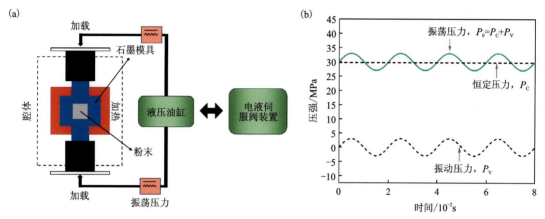

图 7-22 振荡压力烧结原理示意图
(a)振荡压力耦合装置[2];(b)振荡压力加载曲线[3]

(2)低温度处理:振荡压力为粉体烧结提供更大的烧结驱动力,可以在相对较低的温度下进行烧结。

(3)可控性强:通过调节振荡频率和振荡幅度来控制烧结过程,从而获得所需的材料性能。

但 OPS 烧结技术也存在如下劣势。

(1)设备成本高:相对于传统的烧结设备,OPS 设备成本较高,因此投资较大。

(2)烧结过程难以控制:烧结过程中可能会发生不稳定的振荡,这会影响材料的质量和性能。

(3)可加工材料种类有限:由于 OPS 烧结需要在高压、高温和高速振荡的环境下进行,因而只有一些材料适合采用该烧结方法制备,如金属、氧化物陶瓷和非晶态合金等,且样品和尺寸受限制。

目前采用 OPS 技术对氧化锆材料、氧化铝材料及氮化硅材料等进行烧结实验,均得到了超高密度、细晶粒、高强度的陶瓷材料,取得了优异的烧结效果。与常压烧结和 HP 技术相比,OPS 技术使陶瓷材料的烧结温度分别降低了 150~200℃ 和 50~100℃,并且细化了晶粒,强化了晶界,消除了残余气孔,提高了陶瓷材料的强度和可靠性。Han 等[2]采用 OPS 技术制备了 $ZrO_2$ 陶瓷材料并研究了振荡压力促进陶瓷材料烧结的作用机理,获得了 99.8% 的高致密度、粒径为 127nm 的细晶粒的高强度氧化锆陶瓷,并明确了 OPS 技术促进材料致密化的原因是该技术在烧结中期和后期有助于颗粒重排和气孔的排出,并促进晶界滑移、活化塑性形变,如图 7-23(a)所示。Zhu 等[4]采用 OPS 技术制备了 $ZrO_2$ 质量分数为 20% 的 $Al_2O_3$-$ZrO_2$ (ZTA)、SiCw 体积分数为 25% 的 $Al_2O_3$-SiCw 等 $Al_2O_3$ 基复合材料,获得了几乎完全致密化和具有均匀显微结构的试样,该试样与传统烧结工艺制备的试样相比具有更加优异的机械性能,如图 7-23(b)所示。例如,在 1600℃ 下采用 OPS 技术制备的 ZTA 试样具有更高的抗弯强度(1145MPa)、韦伯模数(13.08GPa)、维氏硬度(19.08GPa)和断裂韧性(5.74MPa·$m^{1/2}$)。Li 等[5]采用 OPS 技术制备了氮化硅陶瓷,与传统 HP 技术相比,OPS 技术能够明显加快氮化硅晶粒在不同方向上的生长速率,制备出的氮化硅陶瓷材料具有更高的强度(1448MPa)和断裂韧性(12.8MPa·$m^{1/2}$),且 OPS 技术中的振荡压力促进了试样中的氮化硅晶粒从 α 相到 β 相的完全转变。显然,这种 OPS 新技术对制备近理论密度(大于理论密度的 99.9%)、低缺陷、超细晶粒显微结构的材料具有独特的优势,从而为提高目前结构陶瓷和硬质合金材料的实际断裂强度与可靠性提供了一种新方法。

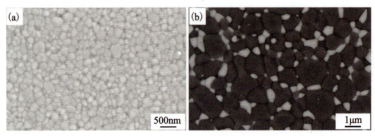

图 7-23 采用 OPS 技术制备的高强度陶瓷的显微结构照片
(a)氧化锆陶瓷[2];(b)ZTA 陶瓷[4]

### 7.3.3.3 闪烧

闪烧(flash sintering,FS)技术于 2010 年由科罗拉多大学的 Cologna 等[6]首次报道,其来源于对电场辅助烧结技术(field-assisted sintering technology,FAST)的研究。图 7-24(a)是一种典型的 FS 装置示意图,待烧结陶瓷素坯被制成"骨头状",两端通过铂丝悬挂在经过改造的炉体内后,向材料施加一定的直流或交流电场。炉体内有热电偶用于测温,底部有 CCD 相机可实时记录样品尺寸。

以 3YSZ(掺杂摩尔分数为 3% $Y_2O_3$ 的 $ZrO_2$)为例,研究人员发现与传统烧结相比,若在炉体内以恒定速率升温时,对其施加 20V/cm 的直流电场场强,可以在一定程度上加快烧结速率,降低烧结所需的炉温。随着场强的增强,烧结所需炉温持续降低。当场强为 60V/cm 时,样品会在炉温升高至约 1025℃ 时瞬间致密化;当场强提高至 120V/cm 时,烧结炉温甚至可以降低至 850℃。这一全新的烧结技术被称为"闪烧",即在一定温度和电场作用下实现材料低温极速烧结的新型烧结技术。

FS 技术主要涉及 3 个工艺参数,即炉温($T_f$)、场强($E$)与电流($J$)。图 7-24(b)为传统 FS

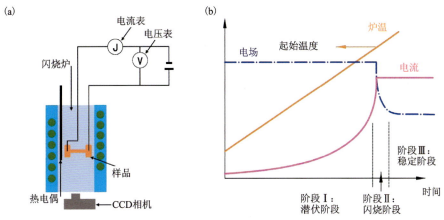

图 7-24　FS 装置
(a)示意图;(b)FS 过程中各参数变化趋势

过程中各参数变化趋势图。在这一模式下,对材料施加稳定的电场,炉温则以恒定速率升高。当炉温较低时材料电阻率较大,流经材料的电流很小,随着炉温的升高,样品电阻率减小,电流逐渐增大。这一阶段称为潜伏阶段,系统为电压控制。当炉温升高至临界温度时,材料电阻率突降,电流骤升,FS 发生。由于此时场强仍稳定,因此系统功率($W=EJ$)将快速达到电源的功率上限,系统由电压控制转变为由电流控制,这一阶段称为闪烧阶段。当材料电阻率不再增大时,场强再次稳定,烧结进入稳定阶段,即 FS 的保温阶段,保温阶段之后一次完整的 FS 过程结束。

FS 技术的烧结机理包含以下几个方面。

(1)热失控及焦耳热效应。热失控及焦耳热效应理论认为是材料内部的热失控导致 FS 发生。当场强一定时,发热功率($W_{in}$)曲线保持不变;若样品温度较低,$W_{in}$ 曲线与散热功率($W_{out}$)曲线相交,即在此温度下样品产热与散热达到平衡,FS 不能发生。随着炉温升高,样品散热能力逐渐降低,$W_{out}$ 曲线向右侧移动。$W_{in}$ 与 $W_{out}$ 曲线恰好相切时对应的条件为 FS 发生的临界条件,此时若炉温继续升高,样品内部热量不能完全耗散,从而进入热失控状态,FS 发生[7]。

(2)晶界过热。与内部晶粒相比,晶界通常具有更大的扩散系数及电阻,且晶界截面积远小于内部晶粒截面积,因而 FS 发生时晶界电流密度更大,使得理论上晶界温度高于晶粒内部温度。

晶界过热理论认为晶界过热能够加速物质扩散,促进陶瓷快速致密化,且晶界过热可以促使晶界液相形成。由于晶界液相的电导率比晶粒内部的高 2～4 个数量级,因而样品电阻将主要取决于晶界液相的数量。在烧结过程中,当晶界液相形成连续的渗流通路时,FS 得以发生。Corapcioglu 等[8]在 $K_{0.5}Na_{0.5}NbO_3$ 陶瓷的 FS 过程中观察到 K、Na 不均匀分布的核壳结构。他们将这一现象解释为烧结时焦耳热效应使得晶界局部熔化,根据 $KNaO_3/NaNbO_3$ 相图可知,液相中 K 含量更高,冷却后液相中富集的 K 留存在晶界内,形成了独特的核壳结构。但也有学者对晶界过热理论提出了质疑。

(3)弗伦克尔(Frenkel)缺陷对。弗伦克尔缺陷对理论认为 FS 中的电场能够诱导形成

Frenkel 点缺陷,因而增大了间隙离子和离子空位的浓度。间隙离子和离子空位可以进一步反应释放出电子及空穴,形成电中性的间隙原子和原子空位。间隙原子倾向于向空位聚集,而原子空位倾向于向晶界聚集。这些点缺陷浓度的增大加速了物质迁移过程,从而加快了致密化速率。与此同时,缺陷反应释放出大量电子和空穴,使得材料电导率得到显著提高。FS 过程中的发光现象则可能是由电子和空穴的重新结合引起的。

(4)电化学效应。Downs 等[9]将 $ZrO_2$ 进行 FS 时的导电过程视为电解池的氧化还原过程,对立方氧化锆 FS 过程中的电化学效应进行了全面讨论。其中,阳极反应生成氧离子空位和氧气,带正电荷的氧离子空位朝阴极移动。阴极反应则消耗氧空位和空气中的氧。由于烧结时阳极释放氧的速度非常快,阴极反应从空气中捕获氧的速度不足以弥补阳极反应所生成的氧离子空位,因而氧离子空位只能与电子反应,生成中性的氧原子空位。随着反应的进行,中性氧原子空位浓度逐渐升高并将 $Zr^{4+}$ 包围。为了保证晶格的电中性,部分 $Zr^{4+}$ 会被还原为 Zr 原子。在烧结过程中,氧化锆的部分还原使材料逐渐变黑,由于部分还原从阴极开始向阳极逐渐蔓延,因而宏观表现为样品阴极首先变黑,随着反应的进行,黑色区域逐渐向阳极扩展。与此同时,材料的电导率也随着电化学还原反应的进行逐渐增大,当电导率足够大时,氧化锆由离子导体转变为电子导体,FS 发生。电化学反应产生的多余氧空位则可以促进物质扩散,使快速致密化得以实现。

FS 主要有以下优势。

(1)缩短烧结时间并降低烧结炉温,抑制晶粒生长,能够实现非平衡烧结。

(2)设备简单,成本较低。

#### 7.3.4.4 超快超高温烧结

传统的烧结工艺升温、降温的速率较慢,通常为 10~100℃/min。同时,低熔点元素在高温下容易挥发,无法控制其含量,进而难以保证最终材料化学组分的完整性。近年来研究者提出了一种超快超高温烧结技术(ultrafast high-temperature sintering, UHS)[10],其升温速率高达 $10^3 \sim 10^4$ ℃/min,降温速率也高达 $10^4$ ℃/min,最高烧结温度为 3000℃。超快的升温、降温速率,超高的烧结温度,均匀的温度分布及惰性的烧结环境,使得陶瓷材料烧结时间缩短为仅 10s 左右,而且避免了挥发性元素的损失。

UHS 工艺:陶瓷粉料干压成型,造坯,坯体置于加热元件上下碳纸中间。经过大功率通电快速升温,碳纸间形成高温场,通过辐射将热量传导到坯体中去,使得材料烧结,从而完成致密化(图 7-25)。

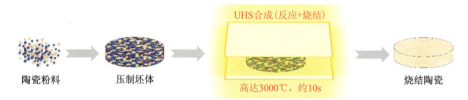

图 7-25 UHS 工艺流程图

在研究晶粒生长过程时,研究者发现超快速烧结过程的活化能与传统烧结的活化能有很大差异。与传统烧结方法明显划分的初期、中期、后期阶段不同,UHS 在 10s 内的烧结过程中,胚体样品的固相反应和烧结过程同时进行。样品孔隙率和晶粒大小的变化并没有明显的阶段区分(图 7-26)。该工艺可以有效抑制陶瓷组分中易挥发元素的损失;高的烧结温度可以保证陶瓷结构的致密性,合成的陶瓷致密度高达 94% 以上。

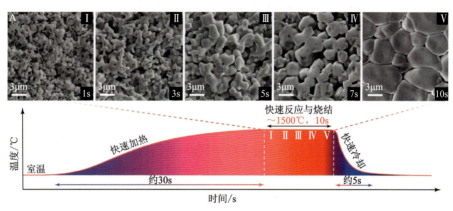

图 7-26　UHS 过程分析[10]

同时,研究者在块状材料领域采用 UHS 工艺以提高固态电解质制备效率、结构致密性及电化学性能。除了工艺突破本身,UHS 还可以和计算大数据、3D 打印技术相结合,实现高温功能材料的快速筛选,以及高温材料结构设计和调控等。

UHS 工艺具有如下优点。

(1)普适性。可以进行多种陶瓷材料烧结,包括各种氧化物、硼化物、氮化物等;多种形状材料,包括异形材料(3D 打印)、薄膜和多孔陶瓷等。

(2)成分稳定。UHS 工艺可以避免长时间保温导致的挥发损失偏离化学剂量比和互扩散现象。

(3)控制材料缺陷。UHS 工艺非平衡过程可能会产生具有非平衡浓度的点缺陷、位错和其他缺陷或亚稳态相的材料,从而获得理想的性能。

(4)UHS 工艺的温度曲线和烧结过程可控,便于研究微观结构的演变进程。

表 7-2 给出了几种常见的快速烧结方法的特点对比。

表 7-2　几种常见的快速烧结方法

| 烧结方法 | 最高温度/℃ | 烧结时间/s | 升温速度/(℃·min$^{-1}$) | 是否需要机械压力 | 是否保形 | 批量烧结情况 | 对样品的要求 |
| --- | --- | --- | --- | --- | --- | --- | --- |
| 微波烧结 | 2000 | 600 | $10\sim10^2$ | 否 | 是 | 不同组合 | 可微波加热 |
| 放电等离子体烧结 | 2500 | 200~1000 | $10^2\sim10^3$ | 是 | 困难 | 不同组合 | 无 |
| 闪烧 | 1172 | 5~30 | 10(预热) $10^3\sim10^4$(闪烧) | 否 | 困难 | 一种组合 | 基于电性能 |
| 超快超高温烧结 | 3000 | 1~10 | $10^3\sim10^4$(可控) | 否 | 易保形 | 不同组合 | 无 |

### 7.3.3.5 冷烧结

为使陶瓷材料的密度达到其理论密度的95%以上,陶瓷材料烧结温度须达到其熔化温度的50%~75%。因此,大多数陶瓷材料的烧结温度高于1000℃,使得陶瓷材料的生产过程需要消耗较多的能源,且高温烧结使得陶瓷材料在材料合成、物相稳定性等方面受限。为了降低陶瓷粉体的烧结致密化温度,液相烧结、场辅助烧结、FS等新型烧结技术被应用,但由于固相扩散及液相形成仍需较高温度加热陶瓷粉体,上述技术并没有将烧结温度降低到"低温范畴"。美国宾西法尼亚州立大学Randall课题组受水热辅助热压工艺启发,提出一种陶瓷冷烧结(cold sintering,CS)工艺新技术[11]。与传统的高温烧结工艺不同,CS工艺通过向粉体中添加一种瞬时溶剂并施加较大压力(350~500MPa)促进颗粒间的重排和扩散,使陶瓷粉体在较低温度(120~300℃)和较短时间条件下实现烧结致密化,为低温烧结制造高性能结构陶瓷和功能陶瓷创造了可能。

图7-27为CS技术的工艺流程图。陶瓷CS的基本工艺流程如下:在陶瓷粉体中加入少量水溶液润湿颗粒,粉体表面物质分解并部分溶解在溶液中,从而在颗粒-颗粒界面间产生液相。将润湿好的粉体放入模具中,并对模具进行加热,同时施加较大的压力,保压保温一段时间后可制备致密的陶瓷材料。CS工艺流程可归纳为两步:第一阶段,机械压力促使粉体颗粒间的液相发生流动,由此引发粉体颗粒的重排;第二阶段,压力和温度促使粉体表面物质在液相中发生溶解析出,通过该过程物质实现扩散传输。

在第一阶段,致密化过程的驱动力主要由机械压力提供,液相的作用是促进颗粒滑移重排,并且颗粒尖端会在液相中溶解,使颗粒球形化,从而提高压制过程中颗粒的堆积密度。在第二阶段,机械压力和温度会使系统中的溶液瞬时蒸发,使溶液的过饱和程度随烧结时间的延长而增大,物质在液相中扩散,并在远离压力区域的颗粒表面析出,填充于晶界或气孔处,使陶瓷发生致密化,在此阶段非晶态析出物会钉扎在晶界处,抑制晶粒的生长。

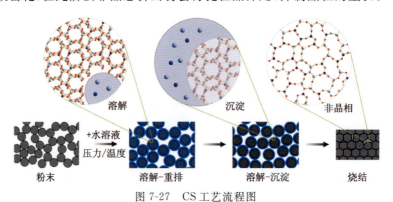

图7-27 CS工艺流程图

CS工艺受材料体系与系统条件影响较大,颗粒尺寸、水溶液添加量、颗粒物质的溶解度、压力、温度、保温时间及后续热处理温度等均为重要的影响因素。该技术使用的设备较为简单,如图7-28所示,陶瓷CS设备主要包括普通压机、压机顶部和底部加装的两个加热板,也可在模具周围包裹一个电子控制的加热套用于对粉体进行加热。

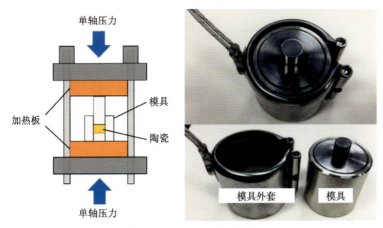

图 7-28 CS 工艺所用设备

采用 CS 工艺已经实现了结构陶瓷材料、压电陶瓷材料、锂电池正极、固态电介质及陶瓷-聚合物复合材料等的烧结致密化。Funahashi 等[12]在 100℃ 以下使 ZnO 材料实现了大于 90% 的理论体积密度,300℃ 下制备的 CS 样品的平均导电率与 1400℃ 下传统烧结的样品导电率相当。并且 CS 过程中 ZnO 晶粒生长活化能远低于常规烧结。Berbano 等[13]首次采用 CS 工艺结合后续热处理方法制备了 $Li_{1.5}Al_{0.5}Ge_{1.5}(PO_4)_3$ 固态电介质材料。通过在 CS 工艺中添加溶剂,在 120℃ 下获得相对密度高达 80% 的 $Li_{1.5}Al_{0.5}Ge_{1.5}(PO_4)_3$ 预烧坯体,然后在 650℃ 下对预烧坯体进行热处理,获得离子电导率较高的固态电介质材料。Guo 等[14]首次采用 CS 工艺制备出热塑性聚合物和陶瓷材料的复合材料。采用 CS 工艺在 120℃ 下和短时间 (15~60min)内将 $(1-x)LM_{1-x}PTFE$、$(1-x)LAGP_{1-x}(PVDF-HFP)$ 和 $(1-x)V_2O_{5-x}PEDOT$:PSS 等多种复合材料烧结成高密度材料。CS 工艺填补了陶瓷材料和热塑性聚合物的烧结温度间隙,使得上述复合材料表现出更好的微波介质和离子、电子输运性能。Guo 等[15]验证了 CS 工艺制备 $ZrO_2$ 基陶瓷材料($3Y-ZrO_2$ 和 $8Y-ZrO_2$)的可行性,水被简单地用作助烧剂,帮助 $ZrO_2$ 基材料快速致密化。然而,采用上述 CS 工艺制备得到的预烧坯体的密度约为理论体密度的 85%,需要在烧结炉中再次进行常规烧结,但烧结温度从传统方法的 1400℃ 降低至 1200℃。

CS 技术具有如下优点。

(1)能源节约和环保。CS 技术不需要高温长时间烧结,减少了能源消耗和污染物排放等。

(2)设备简单。CS 所用的装置为开放式体系,允许溶剂通过模具间隙蒸发,与其他需要专用密封反应釜或昂贵电极的低温烧结技术相比,这种简单的设备使 CS 成为一种更方便易行的烧结技术。

(3)成分稳定。CS 低温烧结可以避免元素挥发损失偏离化学剂量比。

(4)晶体结构稳定。CS 低温烧结可以避免晶粒的异常长大,容易获得纳米晶陶瓷,从而提升材料性能。

## 7.4 小结与展望

纳米陶瓷材料由于具有独特的力、热、声、光、电等物理特性,成为发展现代工业不可缺少的材料,具有广阔的应用前景和潜在的巨大社会经济效益。本章全面总结了纳米陶瓷材料制备工艺,重点介绍了纳米陶瓷粉体制备、成型及烧结方法,尤其对近年来发展的几种新型烧结方法进行梳理。

随着纳米陶瓷材料制备技术的不断发展,高性能纳米陶瓷材料在固态锂离子电池、光伏材料、高功率储能电容器等新能源领域的应用也越来越广泛。纳米陶瓷材料性能一方面取决于纳米陶瓷粉体的性能,另一方面取决于制备工艺。目前,在高性能纳米陶瓷粉体的合成及精细化纳米陶瓷制备工艺方面还存在诸多瓶颈,如均匀化超细纳米陶瓷粉体的合成、纳米陶瓷材料成分和微结构精细控制等还有待进一步研究,以实现纳米陶瓷材料性能的新突破。

# 参考文献

[1] CHEN I W,WANG X. Sintering dense nanocrystalline ceramics without final-stage grain growth[J]. Nature,2000(404):168-171.

[2] HAN Y,LI S,ZHU T,et al. An oscillatory pressure sintering of zirconia powder:rapid densification with limited grain growth[J]. Journal of the American Ceramic Society,2017,100(7):2774-2780.

[3] 李双,谢志鹏. 振荡压力烧结法制备高致密度细晶粒氧化锆陶瓷[J]. 无机材料学报,2016,31(2):207-212.

[4] ZHU T,XIE Z,HAN Y,et al. Microstructure and mechanical properties of ZTA composites fabricated by oscillatory pressure sintering[J]. Ceramics International,2018,44(1):505-510.

[5] LI S,XIE Z,XUE W,et al. Sintering of high-performance silicon nitride ceramics under vibratory pressure[J]. Journal of the American Ceramic Society,2015,98(3):698-701.

[6] COLOGNA M,RASHKOVA B,RAJ R. Flash sintering of nanograin zirconia in <5s at 850℃[J]. Journal of the American Ceramic Society,2010,93(11):3556-3559.

[7] BIESUZ M,SGLAVO V M. Flash sintering of ceramics[J]. Journal of the European Ceramic Society,2019,39(2-3):115-143.

[8] CORAPCIOGLU G,GULGUN M A,KISSLINGER K,et al. Microstructure and microchemistry of flash sintered $K_{0.5}Na_{0.5}NbO_3$[J]. Journal of the Ceramic Society of Japan,2016(124):321-328.

[9] DOWNS J A. Mechanisms of flash sintering in cubic zirconia[D]. Trento:University of Trento,2013.

[10] WANG W,PING Q,BAI H,et al. A general method to synthesize and sinter bulk

ceramics in seconds[J]. Science,2020(368):521-526.

[11] GUO J,GUO H,BAKER A L,et al. Cold sintering:a paradigm shift for processing and integration of ceramics[J]. Angewandte Chemie International Edition,2016,55(38):11457-11461.

[12] FUNAHASHI S,GUO J,GUO H,et al. Demonstration of the cold sintering process study for the densification and grain growth of ZnO ceramics[J]. Journal of the American Ceramic Society,2017,100(2):546-553.

[13] BERBANO S S,GUO J,GUO H,et al. Cold sintering process of $Li_{1.5}Al_{0.5}Ge_{1.5}(PO_4)_3$ solid electrolyte[J]. Journal of the American Ceramic Society,2017,100(5):2123-2135.

[14] GUO J,ZHAO X,DE BEAUVOIR T H,et al. Recent progress in applications of the cold sintering process for ceramic-polymer composites[J]. Advanced Functional Materials,2018,28(39):1801724.

[15] GUO H,BAYER T J,GUO J,et al. Cold sintering process for 8mol% $Y_2O_3$-stabilized $ZrO_2$ ceramics[J]. Journal of the European Ceramic Society,2017,37(5):2303-2308.

# 第8章 碳空心微球复合材料制备及其在储能中的应用

## 8.1 引 言

随着经济的快速发展,全球对能源的需求不断增加。同时,传统化石燃料能源的开采和使用也加剧了气候变暖、大气污染、水资源短缺等环境问题。因此,为了满足不断增长的能源需求和解决环境问题,发展电化学储能技术逐渐成为一种重要的解决方案。电化学储能技术可以将电能转化为化学能并储存起来,然后在需要时再将化学能转化为电能并释放出来,从而实现能源的高效利用和可持续发展。由于这些新兴能源存在间歇性、不稳定性、分布不均等问题,电化学储能和转换设备成为解决这些问题的重要手段之一。此外,随着智能设备和5G系统的逐渐普及,储能设备的小型化、灵活性和耐用性设计变得非常理想。电化学储能器件是其中的佼佼者,锂离子电池(LIBs)、钠离子电池(SIBs)、钾离子电池(PIBs)和超级电容器(SC)引起了研究人员的极大兴趣。然而,通常期望各类电化学储能器件具有的高功率/能量密度、稳定循环能力、优异安全性组成的综合性能,在很大程度上取决于电极材料。人们对先进的纳米结构材料进行了广泛的相关研究,以期获得具有高比表面积、电子和离子快速传输及持久的结构稳定性的电极,从而实现高效储能。

对于电极材料,纳米级结构的设计和碳基底的引入通常被认为是提高其电化学性能的有效途径。中空纳米结构是指具有明确边界和内部空腔的纳米尺寸材料,其低密度、高表面体积比、短的离子和电荷传输距离及高体积负载能力的结构特点,使空心纳米结构成为实现各种能源相关技术的潜在候选材料。用作电极材料的中空纳米结构可以提供更容易接近的存储位点和更大的电极/电解质接触面积,从而为材料提供更高的比容量和更短的离子/电荷传输路径。此外,内部孔隙空间可以缓冲具有破坏性的体积膨胀,减轻循环过程中产生的应力/应变,从而提高循环稳定性。

作为重要的碳材料家族的成员之一,碳空心球由碳质壳和内部中空腔体组成。其具有几个独特的特性:高比表面积、低比密度、可调控孔隙率和良好的机械强度。碳空心球作为碳基质与其他电化学活性材料结合,在制备高性能的电化学储能用电极材料方面,引起了广泛的关注。碳空心球基电极材料具有和中空结构碳材料的双重优势。其一,中空纳米结构不仅可以缩短电极材料中电解质离子的扩散距离,而且可以增加电化学活性位点,从而提高电极材料的电容量和倍率性能;其二,碳壳不仅可以促进电子在电化学反应过程中的转移,而且能够缓解电荷存储过程中的体积膨胀/收缩,进而增强电极的倍率性能和结构稳定性;此外,大的表面积可以增加电极材料与电解质之间的接触面积,有利于活性材料的利用。

碳空心球及其复合材料已经被大量研究,根据组成和结构进行分类,碳空心球基电极材料分为碳空心球(单壳、双壳、多壳和蛋黄-壳)和碳空心球基复合材料(碳支撑结构、碳包覆结构、三明治结构、单卵结构和多卵结构)(图8-1)。碳空心球可以通过硬模板法、软模板法、无模板法等方法合成,不仅可以利用纳米铸造、生物质的水热聚合和改进的Stöber法涂层等硬模板策略对其结构参数进行精心定制,而且合成过程简单的软模板法和无模板法也被广泛使用。对于碳空心球基复合材料的合成,通常是以碳空心球为模板,通过模板法或者半模板法进行制备。碳空心球首先用氧化剂($HNO_3$、$KMnO_4$和$H_2SO_4$)处理以引入羧基或磺酸基团,这些基团可以作为金属物质的结合位点以引发成核并促进与客体分子的相互作用。令人鼓舞的是,目前已成功合成具有可调控的壳结构和化学组成的碳空心球基纳米材料,并且其电化学储能性能得到增强。

图8-1 碳空心球基电极材料的结构分类及其在电化学储能中的应用

本章将全面概述碳空心球基纳米材料的合成方法及其在电化学储能领域的应用。首先介绍多孔碳空心球的合理设计和合成方法,其次描述碳空心球基复合材料的制备策略,以及各种结构材料的合成过程和结构优势,最后阐述碳空心球基纳米材料在超级电容器、锂离子电池、钠离子电池和锂硫电池中的应用。

## 8.2 碳空心球的合成方法

碳空心球作为一种多功能碳材料,其设计和合成是一个热门研究方向,通过对制备工艺参数的调控可以实现功能性的目标,如其内、外直径大小,碳壳中纳米孔的微纳结构,碳壳的层数等。为了满足电化学储能应用的需求,碳空心球及其衍生物的设计与制备已从简单结构演变为复杂结构。因此,3种类型的制备方法(无模板法、硬模板法和软模板法)与各种合成技术(选择性刻蚀/溶解、纳米铸造、化学气相沉积、逐层组装和喷雾热解等)相结合成为合成具有各种功能的碳空心球基复合材料的必然趋势。

## 8.2.1 硬模板法

硬模板法是以刚性颗粒为模板,在其表面包覆一层目标产物之后,将刚性颗粒去除,从而直接形成中空结构。其中,以单壳碳空心球为例,首先在球形模板上覆盖一层碳质前驱体,通过碳化处理将其转化为碳壳,然后选择性去除模板,形成所需的具有内部中空结构的碳纳米材料。虽然硬模板法的工艺比较繁琐,但可以获得尺寸分布均匀和形貌结构良好的碳空心球。作为硬模板的刚性颗粒有很多,易于被大量使用,常见的球形模板有二氧化硅球、聚合物球和金属球等。

二氧化硅球具有从纳米到微米储存的可调控性,其表面带有负电荷且具有良好的耐热性,通常被用作硬模板来制备球形中空结构的纳米材料。作为模板用来制备碳空心球时,二氧化硅球可以通过用氢氟酸或氢氧化钠处理去除,从而留下不溶性的碳壳。例如,Liu 等[1]报道了氮掺杂碳空心球的制备方法,其步骤包括液体浸渍、碳化和模板刻蚀3个工艺步骤,以多巴胺和二氧化硅球作为碳源和硬模板。碳空心球的制备方案如图 8-2(a)所示,二氧化硅球分散在 10mol/L(pH=8.5)Tris 缓冲液中,与表面具有儿茶酚和胺官能团的多巴胺发生聚合反应并沉积,形成聚多巴胺保形层。通过改变多巴胺的反应时间可以有效地控制这种保形层的厚度。随后通过在氮气中的高温煅烧处理,将二氧化硅/聚多巴胺纳米复合材料转化为二氧化硅/碳实心球,最后用氢氟酸刻蚀二氧化硅核后得到掺氮的碳空心球。透射电子显微镜分析[图 8-2(b)—(d)]显示,碳空心球的尺寸均匀且具有中空结构,碳壳的厚度约为 4nm。另一种合成策略为化学气相沉积(CVD),将碳前驱体涂覆到二氧化硅模板上,可以获得由二氧化硅模板复制的反向碳形态。Li 等[2]介绍了使用改进的模板化方案制备石墨化碳空心球的方法,其中薄碳层是通过 CVD 法将甲烷沉积在二氧化硅球表面制备而来的。随着甲烷沉积时间的延长,二氧化硅球体从具有小孔的球体向未破碎的球体进行转化,表明在每个二氧化硅球体的表面生长了更多的碳。

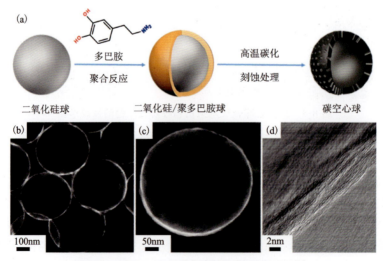

图 8-2 碳空心球合成示意图及其微观形貌[1]
(a)碳空心球的硬模板法合成示意图;(b)—(d)碳空心球 TEM 图像

聚苯乙烯(PS)球具有均匀的粒径和良好的分散性，被广泛用作制备具有中空结构材料的硬模板，并且可以通过煅烧或溶解的方法简单且方便地除去。为了保留壳结构，在使用高温去掉内部聚苯乙烯球时，选择比聚苯乙烯具有更高分解温度的聚合物作为壳层是至关重要的。Fu 等[3]以粒径均匀的聚苯乙烯球为模板，制备了具有空心多孔壳结构的碳球(HCPC)，用聚(环三磷腈-共-4,40-磺酰基二苯酚)(PZS)作为涂层，其中间产物为核壳结构的 PS@PZS 球[图 8-3(a)]。在此过程中，聚苯乙烯球通过高温处理完全分解，同时 PZS 层成功地碳化为具有均匀粒径和高孔隙体积的多孔碳壳[图 8-3(b)—(d)]。Gil-Herrera 等[4]以聚苯乙烯胶乳作为种子，通过水热法合成了单分散性的碳空心球。他们首先以葡萄糖作为碳源，通过水热处理将其转化为碳，同时沉积在聚苯乙烯球的表面，形成基于非均匀生长的 PS@C 杂化球；再通过改变水热处理的温度来调节异相成核和生长，PS@C 球的直径范围为 550～1340nm；最后，通过在高温下分解聚苯乙烯核，将 PS@C 球碳化成单分散的碳空心球。获得碳空心球的另一种方法是使用有机溶剂溶解聚苯乙烯球的核，利用聚苯乙烯和涂层聚合物在不同的溶剂中溶解度不同来实现。Han 等[5]通过利用聚苯乙烯与聚苯胺(PANI)在 $N,N$-二甲基甲酰胺(DMF)中的溶解度不同(聚苯乙烯可以完全在 DMF 中溶解，而 PANI 不溶于 DMF)，从而将核壳结构的 PS/PANI 球转化为空心聚苯胺球，制备了多孔氮掺杂碳空心球。首先将磺酸基团引至聚苯乙烯球的表面，聚苯胺由于强静电和氢键作用在聚苯乙烯球上形成薄的外层，除去聚苯乙烯球后，空心聚苯胺球可碳化成尺寸均匀的球形氮掺杂碳空心球。

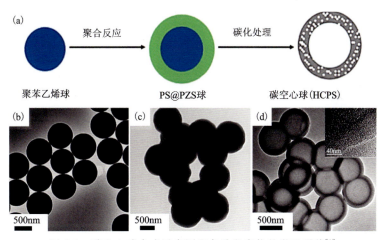

图 8-3 碳空心球合成示意图和各阶段产物的微观形貌[3]

(a)碳空心球的合成示意图；相应产物的 TEM 图像：(b)聚苯乙烯胶体球，(c)核壳结构的 PS@PZS 球，(d)碳空心球

此外，其他硬模板也被用于制备各种各样的碳空心球，如沸石、碳酸钙和生物质。He 等[6]使用碳酸钙空心球作为模板制备了多片状壳结构的碳空心球。碳酸钙空心球不仅在碳单体的聚合反应中起模板的作用，而且还在热解过程中释放二氧化碳，高温活化处理碳壳。该方法显示出良好的环境友好性，因为它避免使用额外的活化剂和有毒溶剂。虽然硬模板法被广泛用于合成中空结构的材料，但是硬模板的制备及随后的危险化学品(氢氟酸、氢氧化钠和有机溶剂等)的使用等繁琐过程限制了硬模板法的大规模应用。更为重要的是碳空心球的结构、粒度和形态由硬模板的性质决定。

## 8.2.2 软模板法

虽然碳空心球的微观形貌结构可以通过硬模板被简单地"定制",但硬模板需要通过酸/碱刻蚀或有机溶剂溶解来移除,合成过程不仅繁琐而且对环境不友好。相比之下,软模板法是一种简单有效的方法,以前驱体分子在胶体体系中的自组装为模板,通过热解或提取可以很容易地消除。这些模板主要包括纳米乳液液滴、胶束和由有机添加剂或表面活性剂产生的气泡。

利用碳前驱体和软模板之间的自组装产生中空聚合物球,并将其碳化,可以得到碳空心球,这种软模板法避免使用硬模板法所需的强侵蚀性化学试剂。Yuan 等[7]使用软模板法通过热解聚邻苯二胺(PoPD)亚微球,制备了氮氧共掺杂碳空心球(N,O-HCSs)。如图 8-4(a)所示,PoPD 球是以甘氨酸(Gly)为掺杂剂,通过一锅聚合法制备而来的,其中单体邻苯二胺(oPD)和引发剂过硫酸铵(APS)在不同温度下快速混合,在 0℃、20℃ 和 60℃ 的反应温度下分别获得实心的、多孔的和空心的 PoPD 球[图 8-4(b)—(d)]。其中,由于疏水性官能团(—COOH 和 —NH$_2$)与疏水性苯环同时存在,在水溶液中容易产生邻苯二胺/甘氨酸盐胶束,并且通过亲水性的过硫酸铵进行引发,因而聚合反应发生在水和邻苯二胺/胶束的界面处。首先邻苯二胺单聚体以氢键充当模板,使得聚合物分子链从聚邻苯二胺球体中繁殖。由于邻苯二胺的溶解度随反应温度的升高而增大,更多的邻苯二胺单体从单体填充的胶束中逃逸到水溶液中,导致聚邻苯二胺空心球的形成。随后进行邻苯二胺空心球的高温碳化处理,得到氮氧掺杂的碳空心球,其尺寸小于聚邻苯二胺空心球[图 8-4(e)]。Yang 等[8]通过基于乳液的界面反应直接煅烧中空沸石咪唑骨架(ZIF-8)球,制备了氮掺杂的碳空心球,从而可以产生具有高氮含量的石墨碳。

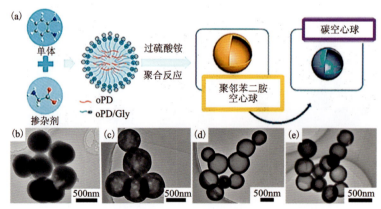

图 8-4 氮氧掺杂碳空心球合成示意图及其微观形貌[7]

(a)软模板法合成氮氧掺杂碳空心球的示意图;在不同反应温度下制备的聚邻苯二胺的 TEM 图像:(b)0℃,(c)20℃,(d)60℃;(e)氮氧掺杂碳空心球的 TEM 图像

总之,通过嵌段聚合物(可热解的软模板)和碳前驱体(热固性聚合物)的自组装,采用软模板法合成碳空心球是相对容易实现的。然而,软模板法很难实现碳前驱体自组装成介孔结构的聚合物,不易于制备分级多孔碳空心球,从而限制了该方法的开发和应用。此外,低产量和高成本及碳空心球的尺寸分布不均匀也进一步限制了其发展。

## 8.2.3 无模板法

采用无模板法制备碳空心球材料,被认为是一种经济且省时的合成策略。硬模板法或软模板法通常需要引入额外的反应物质,在随后的制备过程中去除,造成原材料的浪费和产品的产率低。无模板法可以通过必需化学试剂的自组装或自模板方法直接合成固体或中空聚合物球体,然后通过碳化处理将其转化为碳空心球。Sun 等[9]利用聚酰胺酸的自组装制备可扩展的均聚物囊泡,随后在 $N_2$ 气氛下进行高温石墨化处理,得到多孔的碳空心球。在没有任何催化剂的情况下,通过向聚酰胺酸溶液中添加水使得两种单体逐步聚合,制备的聚酰胺酸均聚物可以简单地自组装成均匀的囊泡,将其碳化可直接获得碳空心球。如果通过三聚氰胺与聚酰胺酸交联制备囊泡,煅烧后则可以获得氮掺杂的多孔碳空心球,并且氮的比例可以通过控制三聚氰胺的加入量来确定。Ma 等[10]利用水热法合成实心的三聚氰胺-甲醛树脂球,再通过简单的热解处理,制备了具有微孔结构的碳空心球,其中氮元素的掺杂量较大。在该过程中,未添加任何的模板或模板剂,仅使用了含氮量为 45% 的三聚氰胺和甲醛为原料制备聚合物微球,得到氮掺杂碳空心球。随着煅烧处理温度的升高,碳空心球的平均直径逐渐减小,这主要由高温下三聚氰胺-甲醛树脂的热解量增加所致。

喷雾热解法工艺简单且易于大规模生产,已被用于批量生产碳空心球。特别是无模板喷雾热解法可以通过简单地调节前驱体来产生碳空心球。Suslick 团队以卤代羧酸盐或简单碳水化合物为原料,通过超声波喷雾热解(USP)合成了分级多孔碳空心球,此方法具有连续、一步和无模板等优点[图 8-5(a)][11]。不同热分解温度下丙炔酸盐阳离子的种类决定了 HCS 的形态,其熔点和分解温度之间的关系决定了是否会形成熔融的核心,最终形成空心微球。另外,碳壳的致密性和交联的微孔性是由在高于初始分解温度的温度下前驱体释放气体的相对量决定的。因此,通过使用不同的前驱体可以获得具有不同形态的 HCS,如 $HC\equiv CCO_2Li$、$HC\equiv CCO_2Na$ 和 $HC\equiv CCO_2K$[图 8-5(b)—(d)]。

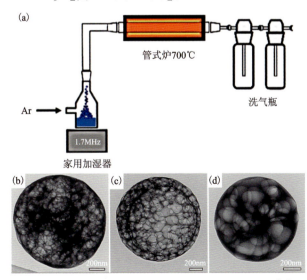

图 8-5 碳空心球的合成装置示意图及其微观形貌[11]

(a)典型 USP 装置的示意图;不同前驱体制备的碳空心球 TEM 图像:
(b)$HC\equiv CCO_2Li$,(c)$HC\equiv CCO_2Na$,(d)$HC\equiv CCO_2K$

## 8.3　碳空心球及其复合材料的结构调控

微纳结构与性能之间存在着紧密的内在联系。通过调控碳空心球基复合材料的结构,可以实现其相关应用性能的增强。碳空心球的内部空腔有利于电解质离子的渗透,增大电解质和电极材料之间的接触面积。同时,通过构建碳空心球及其复合材料从微孔到大孔的分级结构,可以降低电解质进入内腔的传输阻力。此外,多层壳可以极大地增大活性物质的体积密度,同时保留中空结构的优点。

通过将合理的实验设计与不同的材料制备方法相结合,各种碳空心球基复合材料已经被成功制备,表现出不同的微观结构形态。例如,利用模板法、喷雾热解法、乳液/界面聚合法和自组装法等方法,不仅能够精确地控制产物的组成、壳厚度和直径,而且可以调控其从内到外的微观结构。

### 8.3.1　碳空心球的合成和结构调控

#### 8.3.1.1　单壳结构的多孔碳空心球

单壳结构的碳空心球通常由大孔孔隙和微孔碳壳组成。为了达到有效的离子扩散和电子传输的目的,介孔的增加有助于碳壳的微孔和大孔的相互贯通。众所周知,微孔结构可以改善离子的选择性,但是限制了物质的快速扩散;大孔可以作为"离子缓冲存储库",缩短电解质离子的扩散距离;介孔结构的增加可以加快电解质离子从大孔向微孔渗透的速度。因此,介孔作为连接微孔和大孔的通道,可以促进电解质离子的移动,促进离子到达所有可用的表面区域。

使用结构导向剂是在碳壳中产生介孔结构的有效方法。在使用多巴胺和二氧化硅合成碳空心球过程中,三嵌段共聚物 PEO-PPO-PEO(P123)作为结构导向剂引入反应体系,可以制备具有介孔结构的单壳多孔碳空心球[12]。中间体微球在经过碳化和二氧化硅核的刻蚀之后,可以形成尺寸均匀并具有超薄壳结构的碳空心球。通过调节多巴胺的含量,介孔碳壳的厚度可以薄至 3.8nm。另外,可以通过改变碳前驱体的组分来调控碳壳的介孔性。Spange 等[13]利用硬模板法,通过在各种二氧化硅模板上进行双聚合反应来生成介孔碳空心球。碳壳的孔结构取决于所用的双高分子单体,2,2'-螺嘧啶(4H-1,3,2-苯并二氧杂硅杂环戊烷)产生微孔碳($d<2nm$,72vol%),而四呋喃-氧化硅烷产生介孔碳($2nm<d<50nm$,41vol%)。在表面催化剂的辅助下,将双聚合物杂化物沉积在模板上,形成 $SiO_2$/聚合物纳米复合材料,通过煅烧和刻蚀处理将其转化为介孔碳空心球。单体组分的变化可以调整碳壳的厚度和材料的孔径分布。

通过合理设计具有独特介孔特征的牺牲模板,可以合成具有良好孔结构的分级纳米结构碳空心球。利用具有实心核和介孔壳的二氧化硅球作为模板,Bhattacharjya 等[14]采用纳米铸造技术制备了具有分级结构的介孔碳空心球,其步骤包括表面活性剂辅助制备介孔二氧化硅模板[图 8-6(a)]、碳源渗透到二氧化硅的介孔壳中[图 8-6(b)]、碳化和二氧化硅去除过程。值得注意的是,通过 Stöber 方法合成实心核/介孔壳结构的二氧化硅球,然后以实心二氧化硅球为核,用 Kaiser 法在其表面生长介孔二氧化硅壳。TEM 图像[图 8-6(c)]显示空腔的直径为 330nm,介孔壳的厚度为 90nm。碳材料的比表面积为 $1667m^2/g$,介孔比体积为 $1.24cm^3/g$(约为 $V_{Total}$ 的 70%)。Zhang 等[15]以纤维结构的介孔二氧化硅微球为硬模板,制备的碳空心球很好地继承了模板的结构和孔隙度。TEM 图像证实碳空心球的结构接近二氧化硅模板的结构,这些纤维通道有利于电解质的进入和离子的扩散、吸附。

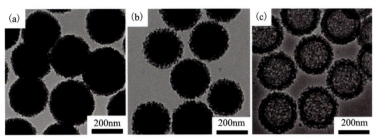

图 8-6 表面活性剂辅助制备碳空心球各阶段产物的 TEM 图像[14]
(a)实心核和介孔壳的二氧化硅球;(b)中间体;(c)具有中孔壳的 HCS

碳壳的孔隙率间接地取决于预制的外模板的结构特性,这种特性只能在有限的范围被调控。然而,Qiao 的课题组以树枝状大分子介孔二氧化硅纳米球为硬模板[16],通过纳米铸造在其壳和火山口状内表面合成具有可调中心-径向介孔通道的多孔中空碳纳米球,其壳开放的中心-径向介孔可以转变为相对封闭的微孔,此外,在孔径分布曲线上可以观察到 4.3nm、16.2nm 和 26.3nm 处的几个小而宽的峰,表明存在大范围的介孔。

在碳化过程中,由于聚合物的连续热解和模板的收缩效应,涂在模板表面的碳源,不可避免地向碳源和模板之间的界面聚集,从而导致碳空心球具有相对较薄的壳体和高度光滑的表面。为了延缓这种收缩,Fang 等[17]通过简单有效的多重涂覆策略制备了具有泡沫状壳结构的碳空心球,其中在十六烷基三甲基溴化铵(CTAB)的帮助下,二氧化硅核首先被间苯二酚-甲醛覆盖(表示为 $SiO_2$@RF/CTAB),并且在其表面涂覆另一层 $SiO_2$ 层以形成夹层状结构(表示为 $SiO_2$@RF/CTAB@$SiO_2$),这种独特的结构可以在煅烧过程中有效地将碳前驱体 RF/CTAB 限制在 $SiO_2$ 核和 $SiO_2$ 壳之间。值得一提的是,CTAB 在 HCSF 的形成过程中发挥了至关重要的作用。在 CTAB 的帮助下,碳源朝两个方向(向外 RF/CTAB-$SiO_2$ 壳和向内 $SiO_2$@RF/CTAB 界面)收缩,从而在碳层中产生泡沫状介孔结构。相反地,在没有 CTAB 的情况下,碳空心球壳的结构变得比较紧密。

氧基硅烷的水解-缩合反应和酚醛树脂的碱催化聚合反应具有相似的反应条件,在反应过程中,通过表面活性剂辅助可以将有序的聚合物/二氧化硅外壳同时沉积在模板表面,二氧化硅在外壳涂层中起造孔作用。外壳中的二氧化硅作为聚合物的支架,可以有效地抑制聚合物热解引起的收缩,因此在选择性刻蚀二氧化硅组分之后可以在碳壳内产生介孔。Li 等[18]在合成多孔结构碳空心球的过程中,利用 CTAB 诱导酚醛树脂的自发沉积并促进低浓度的酚醛树脂聚合,通过氨水同时促进酚醛树脂的缩聚反应和二氧化硅的水解-缩合反应,使外层(二氧化硅/聚合物)很容易地在二氧化硅球外表面沉积,从而得到具有高比表面积和丰富孔隙的碳空心球。Liu 等[19]采用模板法和水热法制备了具有大孔空腔和微/介孔壳的分级碳空心球,其中糠醇和二氧化硅球分别作为碳源和硬模板。在氩气流下碳化并用 KOH 进一步活化后，获得的分级碳空心球具有大的比表面积和孔体积（分别为 $1290m^2/g$ 和 $1.27cm^3/g$）。显然，硬模板法和水热法相结合能够合成具有特殊形态和微结构的碳空心球。

碳空心球的模板骨架和碳源如果可以共存，形成具有核壳结构的纳米复合材料，其中采用硬模板法合成的过程将被极大地简化。Stöber 模板法是合成二氧化硅的一种重要的方法，通过改变原料和合成条件，可以一步到位地合成二氧化硅核和聚合物壳，从而可以方便、省时地实现放大生产和应用。Fuertes 等[20]成功地制备了由酚醛树脂薄层包裹二氧化硅核的核@壳球，然后在 $N_2$ 下煅烧以产生碳空心球。应该强调的是，尽管氧基硅烷的水解-缩合反应和酚醛树脂的缩聚反应具有许多相似性，包括氨作为催化剂、水/乙醇混合物作为反应介质和在室温下反应，但是正硅酸四乙酯(TEOS)的水解-缩合反应速率比酚醛树脂的缩聚反应速率更快。在第一步中，TEOS 可以快速转化为二氧化硅球，其外表面被 $NH_4^+$ 覆盖，从而抑制二氧化硅球的聚集并形成稳定的胶体悬浮液。同时，由于位于二氧化硅表面的 $NH_4^+$ 的静电吸引，间苯二酚和甲醛被 $OH^-$ 催化并扩散到二氧化硅球的表面。最后，通过这些物质之间的缩合反应形成包覆在二氧化硅球表面的酚醛树脂聚合物层($SiO_2$@RF 球)，在碳化和刻蚀后，获得分散良好、结构均匀的碳空心球。在合成过程中，不使用额外的表面活性剂和提前制备硬模板，可以简化合成步骤并降低生产成本。

由于 TEOS 的水解-缩合的反应速率很快，$SiO_2$ 核的形成难以控制，因而聚合物层中的二氧化硅含量很低，相应地在碳壳中形成的介孔很少。因此，Yu 的课题组使用正硅酸四丙酯(TPOS)代替 TEOS，通过简便的一锅法合成具有可调孔径的介孔碳空心球(MCHS)[图 8-7(a)][21]。TPOS 具有比 TEOS 更慢的水解-缩合速率，从而有效地控制 $SiO_2$ 核和主要物质的形成(步骤Ⅰ)。在共缩合反应后，用二氧化硅和 RF 低聚物包覆 $SiO_2$ 核，从而形成具有核壳结构的 $SiO_2$@$SiO_2$/RF(步骤Ⅱ)，在碳化和选择性除去二氧化硅组分后转化为 MCHS(步骤Ⅲ)。由 $SiO_2$@$SiO_2$/RF 碳化得到 $SiO_2$@$SiO_2$/C 球，FESEM 图像显示其尺寸比较均匀[图 8-7(b)]；从 $SiO_2$@$SiO_2$/C 球中除去碳后，形成具有实心核和径向多孔壳的球，尺寸小于 10nm 的纳米尺寸尖峰均匀地分散在的外表面上[图 8-7(c)]；从 $SiO_2$@$SiO_2$/C 球中除去二氧化硅组分，可制得具有介孔壳和径向孔通道的单分散 MCHS[图 8-7(d)、(e)]。

聚苯乙烯(PS)球体作为模板也可以合成碳空心球，但是仅仅作为牺牲硬模板使得其本身的价值没有得到充分利用，导致资源浪费和不可避免的环境污染。事实上，PS 球体也可以通过 Friedel-Crafts 反应或溶解捕获方法作为碳源，其中从 PS 球体核心释放的聚苯乙烯分子可以在二氧化硅壳的孔隙中交联。Chen 等[22]提出了可以制备多孔碳空心球(HMCSs)的"溶解-捕获"法，通过乳液聚合制备的 PS 球均匀地被介孔二氧化硅层包裹(PS@$SiO_2$)，然后将 PS 核溶解在四氢呋喃(THF)中以形成 PS 分子，其可以被捕获在二氧化硅壳的中间通道中(PS@$SiO_2$-NHs)，然后通过 Friedel-Crafts 烷基化在介孔壳中发生 PS 的交联反应(HPS@$SiO_2$-NHs)，形成的聚苯乙烯球具有足够大的分子量并且可以避免在碳化期间分解为 PS 前驱体。在碳化和除去二氧化硅之后，获得具有均匀中孔尺寸的 HMCS。Chen 等[23]也使用相同的方案制备了具有高单分散性的氮掺杂中空介孔碳球，其中聚苯乙烯/聚丙烯腈纳米复合材料用作碳源和氮源。同样地，Chen 等[24]通过将聚丙烯腈(PAN)纳米球作为硬模板，通过"溶解-捕获"法制备氮掺杂的 HMCS，该产物可以溶解在二甲基甲酰胺中。

由于具有成本低、资源的可再生利用和设备简单等优点，水热碳化法被认为是制备功能

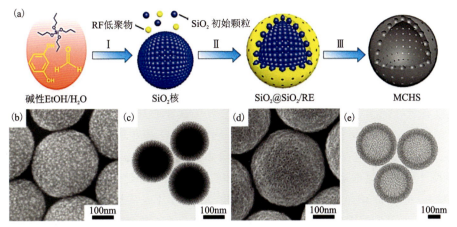

图 8-7 一锅法合成介孔碳空心球的示意图和各阶段产物的微观形貌[21]
(a)中孔碳空心球(MCHS)的一步法合成的示意图;(b)在 $N_2$ 下碳化后的 $SiO_2@SiO_2/C$ 复合物的 SEM 图像;(c)在空气中煅烧除去碳后的 $SiO_2@SiO_2$ 的 TEM 图像;(d)除去二氧化硅模板后的 MHCS 的 SEM 图像;(e)除去二氧化硅模板后的 MHCS 的 TEM 图像

性碳质材料的有效方法。因此,软模板法和水热碳化法相结合已经被证明是可控地合成具有特殊性质碳空心球的有效策略。为了研究碳空心球的形成过程和机制,Liu 等[25]以葡萄糖为碳前驱体、两种表面活性剂为软模板制备碳空心球,将反应时间控制在 3~24h 之间,得到了具有从碗状结构到球形结构的不同形态的空心碳。从结果可以看出,随着反应时间的延长,空心腔直径先增大后减小,碳壳厚度逐渐增加,表明在水热碳化过程中逐步发生了乳液模板的膨胀和芯内部的聚合反应。

### 8.3.1.2 多壳结构的碳空心球

通过成分和合成方法的合理设计,多壳结构的碳空心球的成功制备被大量地报道。根据内部框架结构的不同,碳空心球结构可以分为双壳、多壳和多腔等。与单壳结构的碳空心球的合成类似,多壳结构的碳空心球也可以通过控制硬/软模板的方法来制备。

采用逐层组装技术在刚性模板上交替生长碳源和可去除物质,然后进行碳化和选择性刻蚀处理,得到多壳的碳空心球。Zang 等[26]通过该技术采用硬模板法合成具有泡沫状壳的碳空心球。首先在 $SiO_2$ 球体上涂覆间苯二酚-甲醛树脂(RF),并在阳离子表面活性剂辅助下沉积 $SiO_2$ 层($SiO_2@RF@SiO_2$),在碳化和模板刻蚀后,得到具有泡沫状单壳结构的碳空心球(HCSF)。通过树脂层和二氧化硅层的连续交替生长,获得 $SiO_2@RF@SiO_2@RF@SiO_2$ 多壳球,随后通过碳化和选择性溶解处理,将其转化为具有泡沫状双壳结构的碳空心球(DHCS)。DHCS 的中空结构具有多孔壳特征,并且核与壳之间有明显的孔隙。

聚合物球用作起始模板并提供部分碳源,通过逐层组装策略合成双壳结构碳空心球。作为模板的聚合物可以通过碳化处理直接转化为空心碳核,与传统的"硬模板"路线相比,可以有效地简化合成工艺。Fang 等[27]以具有线性软核和交联硬壳的聚苯乙烯球体为模板,通过二氧化硅层涂覆,然后用聚多巴胺包裹形成核壳结构的中间体,热解和刻蚀处理后得到双壳空心碳球。在热解过程中,线性聚苯乙烯软核分解产生空心孔隙,而交联聚苯乙烯硬壳和聚多巴胺被碳化,分别形成内外壳。二氧化硅纳米颗粒镶嵌在双层结构的碳壳中,经氢氟酸刻蚀后产生了大量互连的大中孔,从而形成了具有笼状双壳结构的碳空心球。

由于直接的逐层组装技术繁琐且耗时,因而采用中空多孔球作为硬模板来制备多壳中空结构的碳球,可以在很大程度上简化合成过程。中空多孔球模板壳的横向通道允许前驱体渗透到其内部,并有效地涂覆在模板壳的内表面和外表面上,从而可以通过复制这些模板的结构来生成具有双壳的碳空心球。Zhou 等[28]以二氧化钛空心球为模板、多巴胺为碳源合成氮掺杂双壳碳空心球,在连续搅拌过程中,多巴胺逐渐在 $TiO_2$ 模板的内外表面上聚合形成聚多巴胺涂层。经过碳化处理并用氢氟酸刻蚀后,聚多巴胺转化为碳,$TiO_2$ 被移除,从而得到与 $TiO_2$ 模板尺寸相同的氮掺杂双壳结构的碳空心球。空心多孔 $SnO_2$ 球体也被作为"原位复制"技术的硬模板,来制备具有双壳结构的碳空心球(图 8-8)[29]。除去 $SnO_2$ 后,可通过 KOH 活化,在碳的双壳中引入更多的微孔,从而增大碳的比表面积(图 8-9)。同样地,Huo 等[30]以介孔空心二氧化硅球为模板,制备了介孔双壳碳空心球。多巴胺可以浸渍到二氧化硅壳内的中孔中,并通过自聚合在壳的两侧形成聚合物层,碳化后得到具有介孔特征的双壳碳球,并通过"碳桥"相互连接。

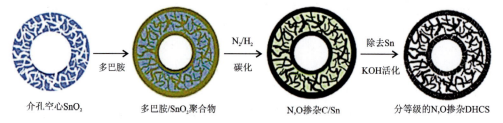

图 8-8 分等级多孔结构的双壳碳空心球的合成路线[29]

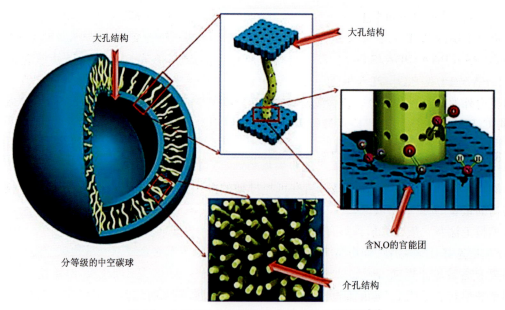

图 8-9 分级多孔结构的双壳碳空心球的模型图[29]

受单壳空心球模板合成双壳碳空心球的策略启发,可以推断出多孔双壳空心球可以作为模板来合成四壳结构的碳球。Sun 等[31]基于可渗透的介孔二氧化硅空心球,可控地合成了新型多壳结构的碳球,根据壳体中的间隙数量可以很容易地控制随后的碳球的壳层数。通过控制二氧化硅的壳层数量来制备双壳和四壳碳空心球。首先,在水热条件下,在每个二氧化硅壳的内表面和外表面上涂覆葡萄糖衍生的多糖层;然后,将其碳化成二氧化硅/碳纳米复合材料,在选择性刻蚀 $SiO_2$ 之后,由单壳和双壳二氧化硅空心球模板成功地合成双壳和四壳的碳空心球。

刚性模板的溶解去除造成原材料的浪费,为了解决这个问题,可以利用去除刚性模板浸出的活性物质对碳空心球进行掺杂处理,获得具有元素掺杂的多壳碳空心球。Zeng 等[32]通过合理设计的 $Fe_3O_4$ 中空球体来制备 Fe、N、S 掺杂的双壳 HCSS(DSHM-Fe/SNC),其中空心的 $Fe_3O_4$ 球不仅可以作为结构导向剂和聚合的引发剂,还可以作为掺杂的铁前驱体[图 8-10(a)]。在合成过程中,$Fe_3O_4$ 与盐酸反应释放的 $Fe^{3+}$ 可引发吡咯和噻吩单体的聚合,在持续消耗 $Fe_3O_4$ 模板的过程中,聚合物层可以连续地沉积在 $Fe_3O_4$ 壳的内表面和外表面上,形成铁/聚合物双壳空心球[图 8-10(b)—(d)]。通过碳化处理,铁/聚合物双壳空心球转化为 3 种杂原子掺杂的双壳碳空心球,并且 N、Fe 和 S 元素分布均匀[图 8-10(e)]。Huang 等[33]也使用 $Fe_3O_4$ 空心球作为自模板,通过类似方法合成了具有均匀活性位点的 Fe 和 N 双掺杂双壳碳空心球。Zhang 等[34]以 $Fe_3O_4$ 空心球为模板,以葡萄糖衍生多糖为碳源,制备了氮掺杂多孔互联双壳碳空心球。

通过合理设计的软模板法,可以成功合成双壳结构的碳空心球。例如,Liao 等[35]开发了一种简单的"一步软模板法"来合成具有复杂结构的胶束/聚合物/二氧化硅/聚合物,然后进行碳化处理和化学刻蚀,形成氮掺杂双壳中空介孔碳球。其中,阴离子嵌段共聚物聚苯乙烯-b-聚丙烯酸(PS-b-PAA)作为胶束,TEOS 作为软模板和成孔剂,多巴胺作为碳源和氮源。由于带负电的 PAA 嵌段和带正电荷的多巴胺分子之间的电子相互作用,共聚物和多巴胺可形成胶束(PS-b-PAA/DA)。加入 TEOS 和氨水后,在胶束表面形成聚多巴胺(PDA)层和二氧化硅层(PS-b-PAA/PDA/$SiO_2$)。当二氧化硅层完全形成时,残留的多巴胺在二氧化硅壳(PS-b-PAA/PDA/$SiO_2$/PDA)的外表面附近连续聚合成聚多巴胺。在碳化过程中,来自二氧化硅壳内外的聚多巴胺组分转化为碳层,而胶束分解成空心腔(C/$SiO_2$/C),随后除去二氧化硅,将 C/$SiO_2$/C 夹心结构空心球转化为 N 掺杂双壳碳空心球。

### 8.3.1.3 蛋黄-壳结构的碳空心球

除了单壳和多壳碳空心球之外,具有可控排列的微孔、中孔和大孔的组合的核@空隙@壳结构的蛋黄-壳结构的碳球,也引起了人们的极大的兴趣。利用经典的硬模板法,首先在树脂球模板上涂覆二氧化硅层,然后沉积一层碳前驱体,形成核@二氧化硅@碳前驱体纳米结构,碳化后选择性地去除二氧化硅后碳球可转化为蛋黄-壳结构的碳球。Yang 等[36]采用改进的硬模板法制备蛋黄-壳结构的碳球,其中间苯二酚-甲醛(RF)树脂纳米球作为模板,用介孔二氧化硅层封装形成 RF@$SiO_2$ 核-壳纳米球[图 8-11(a)]。在碳化过程中脱氢和芳构化,RF 核被碳化并产生收缩,从而由于表面活性剂的热去除产生具有介孔特征的碳核;并且在相分离过程中从核中分离的有机物附着在二氧化硅内部壳上,从而转化为微孔碳壳。在用氢氟酸进行刻蚀处理之后,获得具有微孔碳壳和介孔碳核的碳空心球[图 8-11(b)—(d)]。

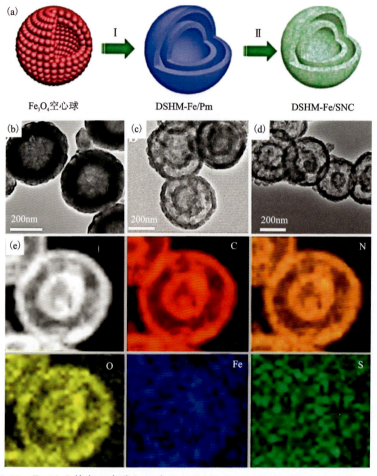

图 8-10　Fe、N、S 掺杂双壳碳空心球(DSHM-Fe/SNC)的合成示意图、TEM 图像和元素分布图[32]

(a)合成示意图;(b)Fe$_3$O$_4$ 空心球 TEM 图像;(c)铁/聚合物双壳空心球(DSHM-Fe/Pm) TEM 图像;(d)DSHM-Fe/SNC 的 TEM 图像;(e)DSHM-Fe/SNC 的元素分布图

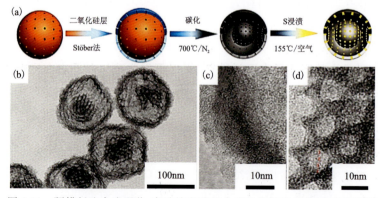

图 8-11　硬模板法合成蛋黄-壳碳纳米球的合成示意图和及其微观形貌[36]

(a)合成示意图;(b)蛋黄-壳碳纳米球 TEM 图像;(c)微孔壳 TEM 图像;(d)介孔核 TEM 图像

除了硬模板法外，软模板法作为一种可行有效的方法，也可用于合成具有可控形态的蛋黄-壳结构的碳空心球。Shu 等[37]制备具有介孔结构的 N 掺杂蛋黄-壳结构的碳球，其中十六烷基三甲基溴化铵(CTAB)、RF、三聚氰胺(M)、TEOS 和氨分别作为成孔剂、碳源、氮源、骨架结构和催化剂。三聚氰胺酚醛树脂聚合(MRF)和 TEOS 水解之间的反应速率不同，逐渐形成 CTAB/MRF 核和 $SiO_2$/CTAB/MRF 壳，随后经过碳化和 NaOH 刻蚀产生具有均匀元素分布的蛋黄-壳结构的碳球。此外，溶胶-凝胶工艺结合软模板法也被用于制备具有大粒径和分级多孔结构的卵壳结构碳球。Wang 等[38]合成了分级多孔结构的碳空心球，具有微孔蛋黄、中孔壳和蛋黄与壳之间的大孔空腔。Xu 的研究小组采用类似的策略合成了平均直径为 815nm 的 N 掺杂碳空心球，该碳空心球具有由 410nm 直径的核和 140nm 厚的碳壳组成的卵壳结构[39]。

### 8.3.2 碳空心球基纳米复合材料

碳空心球不仅具有独特的形态和结构特征，还具备碳本身的优点，是一种重要的导电基体，用于制备各种纳米复合材料。将金属颗粒或其氧化物/硫化物作为活性物种引入碳空心球中，可以设计和合成功能性纳米材料。中空结构的碳作为异相成核中心，不仅可以有效地防止活性颗粒聚集，而且可以为体积膨胀提供缓冲空间。到目前为止，通过选择性刻蚀、浇铸等方法或利用 Kirkendall/Ostwald 效应，已经合成了各种结构的碳空心球基复合纳米材料，如具有核壳结构、蛋黄-壳结构、多层壳结构的碳空心球基复合纳米材料。

#### 8.3.2.1 碳壳包裹或者镶嵌纳米颗粒结构

金属纳米颗粒因其在气体传感器、催化剂、能量转换和燃料电池中的广泛应用而成为研究的热点。然而，金属纳米颗粒由于具有高表面能而在反应过程中容易聚集或变形，导致其活性和选择性急剧下降。因此，利用碳壳的限制作用，构建金属纳米颗粒和碳空心球的纳米复合材料，可以有效地防止纳米颗粒的聚集。以金属颗粒作为"蛋黄"和碳空心球作为"壳"构建的蛋黄-壳结构，受到了很多关注，并可通过选择性刻蚀或溶解方法进行合成。在典型的模板辅助选择性刻蚀或溶解策略中[图 8-12(a)]，核心纳米颗粒依次被模板中间层和碳前驱体层覆盖，通过碳化和选择性去除夹层模板，可转化为具有蛋黄-壳结构的金属@碳纳米复合材料。Guan 等[40]报道了通过常规选择性刻蚀方法合成蛋黄-壳结构的 Au@C 纳米复合材料。首先，制备 Au@$SiO_2$ 核-壳颗粒，随后用十六烷基三甲基溴化铵(CTAB)辅助聚合物层包覆生长，然后碳化并选择性刻蚀成具有蛋黄-壳结构的 Au@C 纳米材料[图 8-12(b)—(e)]。CTAB 作为涂布过程中的阳离子表面活性剂，不仅可以改善核在反应介质中的分散性，而且还可以作为聚合物形成介孔结构的软模板。使用类似的策略，研究人员也合成了蛋黄-壳结构的 Pt@C[41]。表面改性可以有效地改善芯/夹层/壳界面之间的相容性，成为实现各层的均匀包覆必不可少的步骤，因此多步合成模板策略本身是繁琐且耗时的。由于碳空心球中包裹的单个"蛋黄"中活性物质的含量有限，为了增加金属含量，研究人员设计并合成了多蛋黄@壳结构的金属@碳纳米材料。Zhang 等[42]通过硬模板法合成了多个锡纳米颗粒包封在弹性空心碳球中的复合材料，其尺寸比较均匀。通过硬模板法制备 $SnO_2$ 空心球，然后覆盖一层聚合物，形成 $SnO_2$@聚合物复合材料，碳化处理后，在碳空心球中 $SnO_2$ 空心球转化为多个 Sn

颗粒。Sn 的含量高达 70% 以上，碳壳中的孔隙率高达 70%～80%。

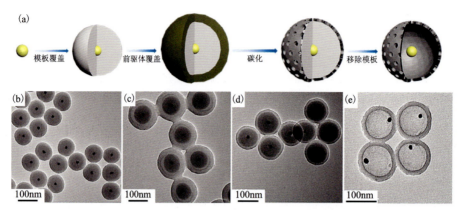

图 8-12　蛋黄-壳结构的金属@碳复合材料的合成示意图及其微观形貌[40]
(a)多步合成模板策略示意图；(b)Au@SiO$_2$ 的 TEM 图像；(c)Au@SiO$_2$@聚合物的 TEM 图像；(d)Au@SiO$_2$@C 的 TEM 图像；(e)Au@C 的 TEM 图像

喷雾热解法作为大规模生产球形陶瓷和金属粉末的商业方法，已被用于制造金属@碳纳米材料。首先，通过喷雾热解法形成核-壳结构，其中两种金属氧化物作为复合核，无定形碳作为壳。随后，由于两种金属盐的熔点和挥发温度不同，可以通过加热处理除去一种金属相，从而产生单相的蛋黄-壳微球。Hong 等[43]使用一步喷雾热解法制备了蛋黄-壳结构的 Sn@C 微球，如图 8-13(a)所示。含有草酸锌、硝酸锌和聚乙烯吡咯烷酮（PVP）的液滴转化为金属盐@PVP 复合材料，因为 PVP 密度低，从而包裹在外部，随后在中等温度下转化为具有核-壳结构的金属氧化物@C/PVP[图 8-13(b)]。最后，在还原气氛中高温处理，C/PVP 外壳碳化为多孔碳，金属氧化物被还原为金属，并且蒸发形成微球内的空间，从而得到蛋黄-壳结构的 Sn@C 微球[图 8-13(c)]。

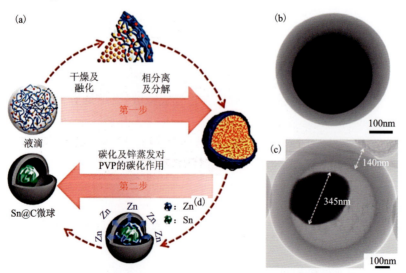

图 8-13　蛋黄-壳结构的 Sn@C 合成示意图及其微观形貌[43]
(a)一步喷雾热解法合成示意图；(b)核-壳结构的金属氧化物@C/PVP 的 TEM 图像；
(c)Sn@C 复合物的 TEM 图像

为了简化合成过程，可以将制备夹层和碳前驱体层这两个步骤合并为一个步骤。Liu 等[44]报道了扩展的 Stöber 法用于一步制备金属@二氧化硅@聚合物，成功合成了蛋黄-壳结构的 Ag@C 和 Au@C 纳米球，该方法包括在金属表面同时形成二氧化硅和聚合物层、去除碳化和二氧化硅等步骤。Xu 等[45]开发了软模板法构建新型卵黄-壳纳米复合材料的方法。金属@聚合物复合材料通过软模板法制备，通过碳化直接将其转化为蛋黄-壳结构的金属@碳复合材料。在合成过程中，使用的金属纳米颗粒存在于胶束内部，而苯胺和吡咯单体在胶束界面共聚合形成聚合物壳。由于蛋黄-壳前驱体可以直接形成且不存在牺牲模板，该方法极大地简化了合成路线。此外，Cui 等[46]认识到可以通过基于纳米级 Kirkendall 效应的无模板法制备具有多蛋黄-壳纳米结构的新型金属@碳复合材料，由于两种不同固相之间界面的位移，通过前驱体的碳化制备了包封在碳空心球中的多个 Bi 颗粒。

浸渍法或纳米铸造方法是制备碳空心球封装金属纳米颗粒的有效方法。在碳空心球的内腔通过溶液或熔体填充金属前驱体，在一定条件下还原成金属，最终形成蛋黄-壳结构的复合材料。Li 等[47]利用锗前驱体浸渍多孔碳空心球的内部腔体，并进行煅烧处理，制备了由锗金属@碳空心球(Ge@HCS)组成的新型复合材料[图 8-14(a)和图 8-14(b)]。Fu 等[48]通过浸渍方法，利用多孔碳壳的毛细管虹吸作用，将制备的碳空心球与硝酸亚铜溶液混合，并在空气中干燥以形成碳空心球包裹金属铜颗粒(CuO@C)复合材料，将得到的复合材料在氮气中退火，生成具有蛋黄-壳结构的 Cu@C。碳空心球的直径约为 200nm，而铜颗粒的直径约为 2nm[48]。

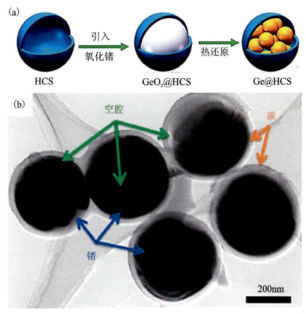

图 8-14　浸渍方法制备 Ge@HCS 的合成示意图及其微观形貌[47]
(a)合成示意图；(b)TEM 图像

除了这些基于金属"蛋黄"和碳壳的复合材料外，金属纳米颗粒与空心球结合形成的其他结构，也引起了大量的关注。Zhang 等[49]利用一步气溶胶喷雾技术，成功将 Sn 颗粒嵌入碳空心球的碳壳中(Sn@C)，此过程无须任何额外的模板，中空结构由气溶胶热解过程中某些组分的表面富集所致。Sn 颗粒均匀地分散在碳基质中,具有 5nm 的小尺寸和 68.1% 的高质量比。Yu 等[50]通过镍基金属有机框架材料(Ni-MOF)和 $SbCl_3$ 之间的氧化还原反应合成了嵌入碳壳中的 NiSb 纳米粒子,通过简单的煅烧和电化学置换反应生成 NiSb/C 纳米复合材料。NiSb/C 空心球继承了 Ni-MOF 的中空结构、大的表面积和高孔隙率的优点。Chen 等[22]以 Pd 离子掺杂的共价有机框架材料(COF)为前驱体,将其碳化处理后,合成了碳壳中嵌有 Pd 颗粒的复合材料。COF 空心球用作制备氮掺杂的碳空心球模板,其中相邻层中的重叠氮原子充当 Pd 阳离子的配位点,在保护气氛下经煅烧处理,不仅 Pd 阳离子被还原生成 Pd 纳米颗粒,含 N 的 COF 同时也被转化为氮掺杂的碳空心球。

除了与纳米颗粒结合的单壳 HCS 之外,组装具有更复杂结构的纳米颗粒/双壳 HCS 复合物,同样引起了人们的关注。例如,Zhang 等[51]发现双壳 HCS 之间的界面可以包裹超细 Pd 纳米颗粒,有效抑制 Pd 纳米颗粒的聚集和浸出。胺基官能化的 $SiO_2$ 球被氧化石墨烯层均匀覆盖,形成 $SiO_2$@GO 纳米复合材料,在其表面沉积 Pd 纳米颗粒以产生 $SiO_2$@GO@Pd 纳米混合物后,通过在水热过程中葡萄糖的热解将碳前驱体层涂覆在 $SiO_2$@GO@Pd 表面,在氮气气氛下转化为 $SiO_2$@rGO@Pd@C 纳米球。最后,通过选择性去除 $SiO_2$ 获得 rGO@Pd@C 纳米球,其中 rGO 作为内壳,碳层作为外壳,Pd 纳米颗粒位于 rGO 和碳层之间的界面处。

#### 8.3.2.2 氧化物或硫化物/碳空心球复合材料

氧化物或硫化物与碳空心球复合已成为另一项热门的研究课题,其研究成果已经被广泛报道。碳空心球作为金属氧化物生长的骨架,通过调节模板上反应物的生长顺序,可以制备具有金属氧化物@碳空心球核壳结构的复合物。Lou 的课题组通过多步策略设计和制备了一氧化钛@碳空心球(TiO@C-HS),其中 PS 球作为模板用于制备 PS@$TiO_2$@聚多巴胺球,随后通过煅烧处理将其转化为核壳结构的 TiO@C-HS[图 8-15(a)—(d)][52]。通过在高温还原气氛下煅烧,PS 内核完全分解,形成中空腔,同时将聚多巴胺转化为无定形碳壳,并将 $TiO_2$ 还原成具有导电性的 TiO。Lou 的课题组还通过在 $SnO_2$ 空心球上沉积无定形碳制备了核-壳结构的 $SnO_2$@碳复合材料[53]:首先,磺化聚苯乙烯(SPS)微球作为硬模板合成 SPS@$SnO_2$ 球[图 8-16(a)、(b)],去除 SPS 核后可形成 $SnO_2$ 空心球[图 8-16(c)];随后,通过水热法在 $SnO_2$ 空心球的表面上沉积多糖,然后煅烧获得 $SnO_2$@C 球[图 8-16(d)]。Jin 等[54]通过类似方法合成包裹在碳壳中的空心 $CuFe_2O_4$ 球,首先通过水热法制备 $CuFe_2O_4$ 空心球,然后利用水热法涂覆葡萄糖衍生碳层。

气溶胶喷雾热解法是简单、可扩展和低成本的合成方法,被用于制备金属氧化物/碳复合物。Wang 的研究小组通过快速形成 CuO 和快速碳化过程将 CuO 纳米颗粒锚定在碳空心球的外层[55]。首先将含有硝酸铜、蔗糖和过氧化氢的溶液雾化成小液滴,然后将硝酸铜热分解成 CuO 纳米颗粒,而用作发泡剂的蔗糖和过氧化氢促进空心结构的形成,最终生成 CuO/碳空心球。短时间内的高温处理可以确保前驱体快速分解,而快速冷却可以避免 CuO 在氧化气氛中发生氧化反应。Yang 等[56]利用喷雾干燥策略合成介孔 $Li_3VO_4$/碳空心球,由水、碳酸锂、钒前驱体和葡萄糖组成的液滴经历蒸发和冷凝,从而产生含有钒酸锂和葡萄糖的中空结构的球形中间体,在氩气气氛中退火后,将其转变为 $Li_3VO_4$/碳空心球。

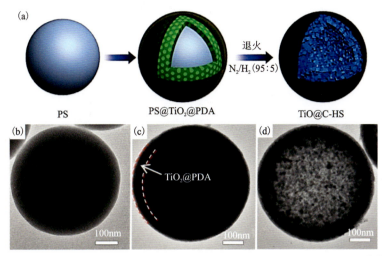

图 8-15 核-壳结构 TiO@C-HS 的合成示意图和各阶段产物的微观形貌[52]
(a)合成示意图;(b)PS 球的 TEM 图像;(c)PS@TiO$_2$@PDA 的 TEM 图像;(d)TiO@C-HS 的 TEM 图像

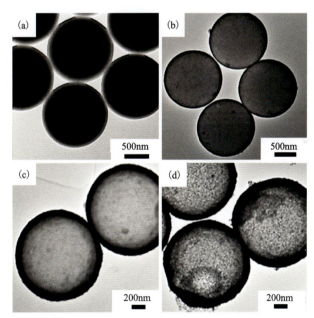

图 8-16 合成 SnO$_2$@碳空心球的各阶段 TEM 图像[53]
(a)PS 球;(b)核-壳结构 PS@SnO$_2$ 球;(c)SnO$_2$ 空心球;(d)SnO$_2$@碳空心球

浸渍-热分解策略利用功能性物质填充碳空心球的空腔,很容易产生更复杂的结构。首先用无机前驱体溶液浸渍作为硬模板的介孔碳空心球,并干燥处理形成无机前驱体/碳复合物,最后通过退火处理将其转化为蛋黄-壳结构的无机纳米颗粒/碳复合材料。由于毛细管的虹吸效应,碳空心球的介孔壳是无机前驱体溶液从外部到内部空间的前提。Fuertes 等[57]利用浸渍-热分解策略制备了很多种类的蛋黄-壳结构的碳空心球包裹无机物(如 Fe$_2$O$_3$、CoFe$_2$O$_4$、LiCoPO$_4$、NiO 和 Cr$_2$O$_3$)复合材料。金属硝酸盐和介孔碳空心球分别用作无机前驱体和硬模板,如图8-17(a)所示,通过重复浸渍,介孔碳空心球的孔隙允许无机前驱体溶液进入空腔[图8-17(b)、(c)]。在保护气氛下煅烧后,封装在碳空心球中的金属硝酸盐分解成金属氧化物,形成具有蛋黄-壳结构的金属氧化物@碳复合物[图8-17(d)]。碳壳不仅作为物理屏障阻止无机物质的聚集,而且还充当电子传输通道促进电子的转移。Balach等[58]采用类似的方法,通过一次浸渍工艺制备了锚定在碳空心球表面的$Fe_2O_3$纳米颗粒。首先将铁前驱体加载到碳壳的介孔中,然后通过热解处理,将碳壳上的铁前驱体转化成氧化铁颗粒,形成由碳壳支撑的$Fe_2O_3$纳米颗粒。

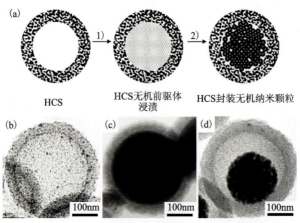

图8-17 浸渍-热分解法制备碳空心球封装无机纳米颗粒的合成示意图和各阶段产物的TEM图像[57]
(a)合成示意图;(b)碳空心球(HCS)TEM图像;(c)浸渍无机物前驱体的HCS的TEM图像;(d)碳空心球封装无机纳米颗粒的TEM图像

由金属离子和有机组分组成的金属-有机框架结构化合物,被广泛用作热解法制备金属氧化物/碳的空心球的前驱体。例如,嵌入碳壳中的超小$Fe_2O_3$纳米颗粒是由铁基沸石咪唑酯骨架(Fe-ZIF)热解制得[59]。首先,在室温下合成含$Fe^{2+}$和氮元素的Fe-ZIF;然后,在氮气中进行热处理,Fe-ZIF转化为铁纳米颗粒/碳复合材料;最后,在空气中进行处理,$Fe_2O_3$纳米颗粒嵌入氮掺杂的中空碳壳中,并且所有元素分布得比较均匀。此外,Ding等[60]通过锌/钴-乙二醇乙醇酸盐空心球,煅烧合成了锌钴氧化物/碳空心球。$SnO_2/C$空心球是通过煅烧处理前驱体微球而形成的,其中精细地控制煅烧条件可以使得微球从实心结构转化为空心结构[61]。简言之,将$SnO_2$纳米颗粒限制在脲醛(UF)树脂中,形成$SnO_2/UF$实心球,通过热处理将其转化为空心球。$SnO_2$的结晶从表面开始,随着热量的传导逐渐向内进行,导致中心物质向外收缩,当中心物质完全消耗后形成内部空腔。

过渡金属硫化物与碳空心球的复合物,与它们的氧化物类似,由于具有丰富的氧化还原性和高的结构稳定性,也被认为是一种有前景的能量储存活性材料。采用类似氧化物/碳复合材料的合成方法可以制备硫化物/碳纳米复合物。例如,通过原位生长制备具有蛋黄-壳结构的花瓣状二硫化物纳米片@碳中空球(表示为$MoS_2@C$)[62]。通过典型的硬模板法制备碳中空球(HMCS),并且用作纳米反应器来控制$MoS_2$纳米片的生长[图8-18(a)],花瓣状$MoS_2$纳米片成功地在完整HMCS的空腔中形成,产生蛋黄-壳结构的$MoS_2@C$纳米球[图8-18(b)、(c)]。单个纳米球的能量分散X射线(EDX)元素分布揭示了C、Mo和S元素的存在和分布情况,表明在HMCS内存在花瓣状MoS$_2$纳米片[图8-18(d)]。Sun等[63]通过空间限域反应制备了具有少量MoS$_2$包埋在碳壳中的空心球,首先将与硫代钼酸盐混合的葡萄糖衍生多糖涂覆在二氧化硅球的表面,然后通过热处理和去除二氧化硅将其转化为MoS$_2$/碳空心球。Li等[64]通过逐层组装法制备了具有夹层结构的分级C@MoS$_2$@碳空心球。用聚多巴胺(PDA)包覆MnCO$_3$球作为硬模板,PDA限制了MnCO$_3$球参与随后的反应步骤,并通过PDA和Mo前驱体之间的络合促进MoS$_2$纳米片在MnCO$_3$@PDA表面上的沉积。去除核(MnCO$_3$)后,用第二个PDA层涂覆PDA@MoS$_2$,然后通过煅烧将其转化为C@MoS$_2$@C空心球。通过MoS$_2$纳米片与碳层之间的连接,材料的夹层结构保持稳定,可有效防止MoS$_2$纳米片的聚集,为电子和离子转移提供有效途径。

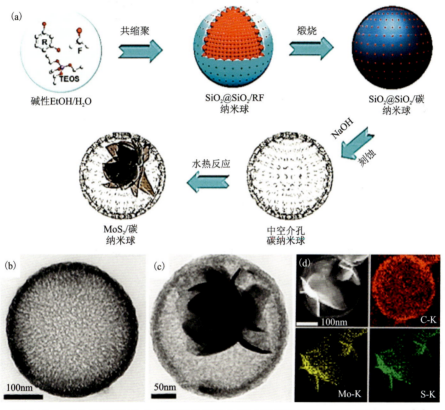

图8-18 蛋黄-壳结构MoS$_2$@碳纳米球的合成示意图和各阶段产物的微观形貌[62]
(a)合成示意图;(b)碳空心球的TEM图像;(c)MoS$_2$@碳纳米球的TEM图像;(d)MoS$_2$@碳纳米球的高角度环形暗场成像(HAADF)图像和元素分布图

Lou的课题组通过多步模板法制备碳空心球封装SnS$_2$纳米片的复合物(SnS$_2$@CNSs)[65],过程如图8-19(a)所示。将SnO$_2$涂覆在SiO$_2$模板外层,然后用NaOH溶液选择性地去除SiO$_2$模板,以产生SnO$_2$空心球;然后,通过将聚多巴胺(PDA)层沉积在SnO$_2$空心球表面,随后在保护气氛下煅烧以形成结晶性良好的SnO$_2$@C空心球;最后,通过在350℃和H$_2$S/Ar气氛下的硫化处理,将SnO$_2$@碳空心球转化为SnS$_2$@CNS[图8-19(b)—(g)]。碳壳不仅可以提高复合材料的导电性,而且可以有效限制金属硫化物的体积膨胀。

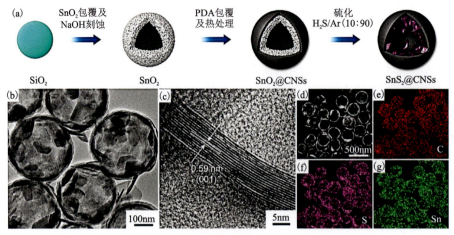

图 8-19 碳空心球封装 $SnS_2$ 纳米片的生长机理及其微观结构[65]

(a)合成示意图；(b)、(c)TEM 图像；(d)HAADF-STEM 图像；(e)—(g)元素分布图像

## 8.4 电化学储能

因为碳空心球及其功能化纳米复合材料具有大的比表面积和容量、可控的内孔体积、低密度、优异的化学稳定性和优异的机械稳定性等优点，已被应用于增强性能的储能和转换装置，如锂离子电池(LIB)、钠离子电池(SIB)、锂硫电池(LSB)和超级电容器。特别是具有良好有序介孔结构、中间空腔和纳米量子效应的碳空心球基纳米材料，由于其优异的互补性能，引起了研究人员的关注。

### 8.4.1 碳空心球基超级电容器电极材料

超级电容器，也称电化学电容器，由于其高功率密度和快速充/放电能力，已被认为是最有前景的能量存储装置之一。超级电容器基于能量存储机制可以分为两种类型：双电层电容器(EDLC)和赝电容器。双电层电容是通过活性材料表面上离子的静电吸附产生的，而赝电容是由活性材料表面处或附近快速的和可逆的法拉第反应产生的。因此，双电层电容器材料的电化学性能很大程度上取决于比表面积，而赝电容器材料的电化学性能则由伴随着离子($OH^-$ 或 $H^+$)嵌入的氧化还原反应决定。

导电碳质材料通常被认为是用于双电层电容器的有前景的电极材料，表现出快速充/放电性能、高功率密度和长期循环稳定性。为了解决能量密度相对较低的问题，增大离子吸附的比表面积对改善电化学性能起着至关重要的作用。因为碳空心球具有高比表面积、优异的稳定性和良好的导电性，作为 EDLC 的电极材料已被广泛研究。为了进一步提高碳空心球的能量密度，在碳壳上形成孔隙是最有效的方法。具有多孔分级结构的碳空心球表现出优异的电化学性能，例如，通过聚合物模板法制造的分级多孔碳空心球(HPHCS)，其中聚苯乙烯作为碳源，并以聚甲基丙烯酸充当可分解聚合物可以产生微孔和介孔[66]。HPHCS 的直径为 200~280nm，比表面积为 399.6$m^2$/g，介孔的直径为 1.7nm。在电流密度为 5A/g 时，

HPHCS 的比电容为 172.5F/g。通过三组分表面共组装方法,在单分散二氧化硅球的表面上涂覆碳源层,制备介孔壳结构的碳空心球(MSHCS)[67],MSHCS 具有 6.4nm 和 3.1nm 的大双峰中孔及 1704$m^2$/g 的高比表面积,在 50mV/s 的扫描速率下表现出 251F/g 的高比电容。

此外,人们致力于设计和制备具有分级孔隙结构的碳空心球,尤其是具有微孔壳的碳空心球,其碳壳中存在连接大孔和微孔的中孔,用以增强其电化学性能。Li 等[18]以二氧化硅球为硬模板,通过简单的水热法制备了具有微/中孔壳和大孔内腔的碳空心球(HPCS),用 KOH 活化后,HPCS 具有 1290$m^2$/g 的比表面积,并且在 1A/g 的电流密度下显示出高于碳空心球(669$m^2$/g 和 240F/g)的高比电容(303.9F/g)。构造具有良好的分级孔结构的碳空心球,不仅可以提高离子的有效选择性,而且可以促进离子在充/放电过程中通过大孔和中孔进行传输。

杂原子和官能团能够提供额外的赝电容来增强碳空心球的电容性能,这些赝电容是由其掺杂的原子发生氧化还原反应而产生的。杂原子掺杂可以改善碳基质的表面润湿性、导电性和电子供体倾向,其中氮掺杂的碳空心球制备超级电容器是典型实例。通过协同模板定向涂覆方法,以 $SiO_2$ 球体为模板制备高氮掺杂的碳空心球(HNHCSs)[图 8-20(a)][68],涂有离子液体和间苯二酚-甲醛的 $SiO_2$ 球(ILs-$SiO_2$@RF)可直接转化为氮掺杂碳空心球(NHCSs,氮含量为 2.01%),或者 ILs-$SiO_2$@RF 用三聚氰胺再次浸渍可制备高氮碳空心球(HNHCSs,氮含量为 5.33%)。与 NHCSs 相比,HNHCSs 显示出增强的电化学行为,表明第 2 次 N 掺杂可以产生更多可能的活性位点[图 8-20(b)、(c)]。制备具有与电解质离子尺寸匹配良好的孔的电极材料是获得高电容量的有效方法。碳层中的微孔有利于增强电容,但会抑制电解质的离子传递和高电流密度下离子的迁移,因此,制备具有大量介孔的氮掺杂碳空心球是改善电容量的有效方法。Zhang 等[69]以离子液体为软模板合成了单分散性的氮掺杂介孔碳中空球,具有 1158$m^2$/g 的比表面积和 5.0nm 的平均孔径,在 1A/g 的电流密度下可提供 159F/g 的电容和良好的循环稳定性(5000 次循环后电容保持率为 88%)。

对于单壳碳空心球,低的堆积密度是其在高体积能量/功率密度的超级电容器装置中应用的巨大障碍。合理设计复杂的结构,如多壳或蛋黄-壳结构,可以有效和直接地提高碳空心球电极的体积能量/功率密度。Yun 等[70]以 $SiO_2$/$TiO_2$ 双壳纳米粒子为模板,以聚多巴胺为涂层合成氮掺杂碳双壳纳米球,在 0.5A/g 的电流密度下比电容达到 202F/g;在 1A/g 下循环 5000 次后,NC DS-HNPs 的比电容损失 7%,低于氮掺杂碳单壳纳米球(9%),表明具有双壳结构的碳空心球比单壳的碳空心球更稳定。然而,大多数研究工作主要集中在碳壳中随机分布的微孔或小、中孔的设计,这通常会导致孔道中离子传输变慢。具有介孔的氮掺杂双壳笼状碳空心球表现出优异的电化学性能,包括高比电容、良好的倍率性能和稳定的循环性能,这些改进可归因于在碳壳中存在中心空心核和具有相互贯穿作用的介孔,其作为第一和第二级"离子缓冲库"可以缩短离子电解质的扩散距离。以 $SnO_2$ 空心球为牺牲模板,通过"原位复制"技术制造三维氮/氧掺杂双壳碳空心球,然后用 KOH 活化可在碳壳中引入更多微孔[29],该碳空心球在 90A/g 的极高电流密度下具有 270F/g 的高比电容,并在功率密度为 30 000W/kg 时具有 11.9Wh/kg 的能量密度。

此外,由于核-孔隙-壳结构、微孔的组合和有序的中孔-大孔排列等优势,具有蛋黄-壳结构的碳空心球在能量储存方面表现出巨大的潜力。具有有序介孔碳核和微孔碳壳的分级蛋

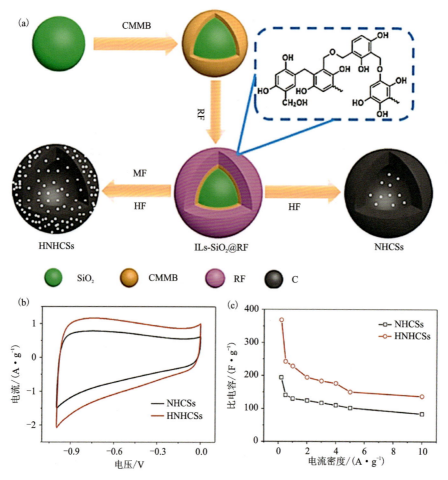

图 8-20 NHCSs 和 HNHCSs 的合成路线和电化学性能[68]

(a)合成示意图;(b)在 5mV/s 条件下的循环伏安曲线;(c)不同电流密度下的比电容

黄-壳结构的碳球,在 10mV/s 时表现出最大比电容(159F/g)[36]。Liu 等[71]采用 Stöber-二氧化硅/碳组装法,制备了具有不同内部结构的碳空心球(卵蛋黄-壳、单壳和双壳),并比较了它们的超级电容器性能(图 8-21),与其他结构的碳空心球相比,双壳碳空心球的比电容和循环稳定性显著增强。其中一个潜在原因可能是其高的表面积,允许大量电荷积聚在电极/电解质界面上;其二是其独特的双壳结构,使得壳体之间可以储存足量的电解质,为电化学反应提供了强大的驱动力。

金属氧化物/硫化物与碳空心球复合为进一步优化超级电容器的性能提供了可能性。喷嘴喷雾热解(NSP)工艺可以在不使用硬模板的情况下制备氧化镍颗粒镶嵌在碳空心球壳中的复合物(NiO/NHCS)[图 8-22(a)][72]。其步骤如下:将氯化镍与三聚氰胺-甲醛树脂(MF)进行喷雾干燥形成实心球中间体,在后端连续热解的条件下进行碳化,通过在 673K 用 $H_2$ 处理和 773K 用 $N_2$ 处理,分别在碳壳上产生镍颗粒[图 8-22(b)]和氧化镍颗粒[图 8-22(c)]。通过控制合成条件,可以获得具有不同结构的复合物。具有介孔和微孔结构的 NiO/NHCS 复合物与 Ni/NHCS 相比,表现出优异的超级电容器性能,这是由于氧化还原反应位点的离子通

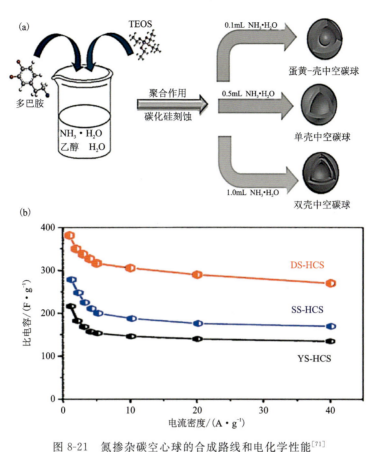

图 8-21 氮掺杂碳空心球的合成路线和电化学性能[71]
(a)蛋黄-壳、单壳和双壳结构的氮掺杂碳空心球的合成示意图;(b)不同电流密度下的比电容

过性得到了改善,并且氧化镍具有赝电容活性。Li 等[73]采用快速气溶胶喷雾法,对含有 TEOS、蔗糖和 $FeCl_3$ 的气溶胶进行热解,合成了具有多孔隙和高导电石墨结构的 $Fe_3O_4$ 掺杂双壳碳空心球。$Fe_3O_4$ 掺杂的双壳碳空心球在 $2A/g$ 的电流密度下显示出的最大比电容为 $1153F/g$,并且在 $100A/g$ 条件下保持 $514F/g$ 的高比电容,其性能的增强可归因于 $Fe_3O_4$ 在碳壳中的均匀分散和高度石墨化碳的存在,可极大地利用 $Fe_3O_4$ 的优异性能并促进充电/放电过程中的电子传输。碳空心球封装金属氧化物形成蛋黄-壳结构的复合材料,也有利于增强超级电容器性能。

过渡金属氧化物作为可供选择的电极材料引起了广泛关注,因为它们的比电容通常是碳电极材料的 2~3 倍。在这些过渡金属氧化物中,氧化锰($MnO_2$)、氧化镍(NiO)和四氧化三钴($Co_3O_4$)具有价格低、环境友好和比电容高等特点,在超级电容器电极材料的应用方面具有巨大潜力。然而,纯的过渡金属氧化物导电性差,不利于其电容量的利用,核-壳结构的过渡金属氧化物与碳空心球复合成为解决这一问题的有效方法。Liu 等[74]利用溶剂热直接生长法制备了氧化锰/碳空心球复合材料($MnO_2$/NHCS)。首先,TEOS 和多巴胺可在氨溶液中发生水解和聚合反应生成 $SiO_2$ 和聚多巴胺(PDA),形成 $SiO_2$@PDA 的核-壳结构,其中 $SiO_2$ 和 PDA 分别作为核和壳。然后,PDA 经过高温处理后被碳化成掺氮的碳壳,$SiO_2$ 被刻蚀之

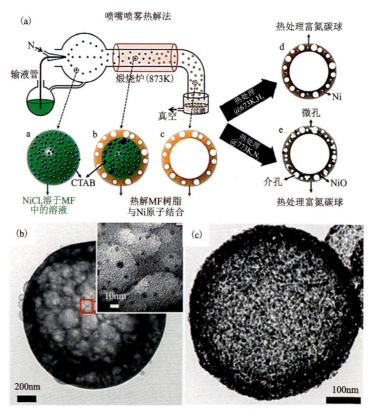

图 8-22 喷嘴喷雾热解(NSP)工艺制备碳空心球镶嵌镍或氧化镍颗粒合成路线示意图及其微观形貌[72]
(a)合成示意图;(b)Ni/NHCS 的 TEM 图像;(c)NiO/NHCS 的 TEM 图像

后可以获得 NHCS。$MnO_2$ 纳米片在 NHCS 表面生长主要发生两个反应:NHCS 和 $KMnO_4$ 之间的氧化还原反应和 $KMnO_4$ 的分解沉积反应。在缓慢的氧化还原反应期间,纳米晶 $MnO_2$ 首先在 NHCS 基底表面沉淀,这使得负载的 $MnO_2$ 和碳模板之间的相互作用增强,纳米复合电极的等效串联电阻变得相对较小。随后 $MnO_2$ 纳米晶包裹在 NHCS 的表面,并将其作为成核位点,促进 $KMnO_4$ 的分解。然后通过沿层状水钠锰矿型 $MnO_2$ 的 $ab$ 平面沉积,$MnO_2$ 形成片状形态。通过水热法,可以非常简单地获得负载在 NHCS 上的 $MnO_2$ 纳米片。与 $MnO_2$ 空心球($MnO_2$ HS)相比,$MnO_2$/NHCS 复合材料的电化学性能显著提高。由 $MnO_2$-NHCS 正极和 NHCS 负极组装的不对称超级电容器(ASC),在功率密度为 233W/kg 时表现出 26.8Wh/kg 的高能量密度,远高于由 $MnO_2$ HS 正极和 NHCS 负极组装的 ASC 的能量密度(13.5Wh/kg、229W/kg);此外,该 ASC 在 2000 次循环中也表现出优异的循环稳定性。

以 $SiO_2$/C 球为中间体制备的碳空心球,其制备过程比较繁琐,$SiO_2$ 模板必须用酸碱处理才能制得。如果能够直接利用 $SiO_2$/C 球作为硬模板制备氧化物/碳空心球,将会极大地简化合成过程。Liu 等[75]采用半牺牲模板法制备了氧化镍/碳空心球复合材料(NiO/NHCS)。首先以 $SiO_2$/C 球为模板,采用简便的水热法在碳空心球表面生长 $Ni(OH)_2$ 纳米片($Ni(OH)_2$/NHCS),其中碳壳和 $SiO_2$ 核分别作为硬模板和自牺牲模板。$Ni(OH)_2$ 纳米片的形成可以通过异相成核和取向晶体生长机制说明。在生长过程开始时,$Ni^{2+}$ 被吸附到带负电荷的 $SiO_2$/

C球的碳壳中；随着温度的升高，尿素被缓慢分解并释放出$NH_3$，$NH_3$可在溶液中产生$OH^-$；根据异相成核机制，在$SiO_2$/C的表面上形成$Ni(OH)_2$纳米晶种；随着反应的继续进行，由于$NH_3$的存在，$NH_3$通过氢键选择性地吸附在$Ni(OH)_2$表面，促进$Ni(OH)_2$的取向生长，最终沿表面外方向形成$Ni(OH)_2$非晶片。值得注意的是，由于$SiO_2$核可以在热碱性溶液中同时溶解，因而成功合成了具有空心核-壳结构的$Ni(OH)_2$/NHCS复合材料。最后，通过在350℃和$N_2$气氛下煅烧，将$Ni(OH)_2$/NHCS转化为NiO/NHCS[图8-23(a)、(b)]。NiS/NHCS复合材料在电流密度为1A/g时的比电容为1150F/g，在20A/g的高电流密度下的比电容为600F/g[图8-23(c)]。采用NiS/NHCS作为阴极和活性炭电极作为阳极组装的混合型超级电容器装置，在160W/kg的功率密度下提供38.3Wh/kg的高能量密度，并具有优异的循环性能和容量保留率(5000次循环后96%)[图8-23(d)]。分级结构$Co_3O_4$/C空心球复合材料利用相似的合成策略也被成功制备，并借助透射电子显微镜研究了水热过程中的结构演变，电容器在1A/g的电流密度下的比电容为581F/g[76]。

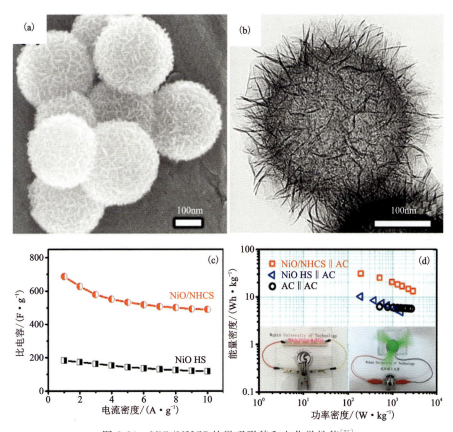

图8-23　NiO/NHCS的微观形貌和电化学性能[75]
(a)SEM图像；(b)TEM图像；(c)NiO/NHCS和NiO空心球的倍率性能；(d)Ragone图

近年来，将具有高导电性和丰富氧化还原位点的过渡金属硫化物与碳空心球进行复合，用以生产用于高性能超级电容器的电池型电极材料，也引起了研究人员的广泛关注。Liu等[77]利用模板辅助合成法制备了中空结构的分级硫化镍/碳空心球(NiS/NHCS)复合材料[图8-24(a)]。首先，通过涉及正硅酸四乙酯的水解和多巴胺的聚合的一步法合成具有均匀尺寸的PDA/SiO$_2$,然后将PDA/SiO$_2$球碳化,得到氮掺杂碳/二氧化硅球(N-carbon/SiO$_2$)[图8-24(b)];通过在稀氨溶液中的简单的水热处理,在碳空心球表面原位形成硅酸镍纳米片,其中碳空心球和SiO$_2$核分别用作保留基体和自牺牲组分(步骤Ⅰ)。在这个过程中,氨不仅可以提供碱性条件,还可以提供NH$_4^+$与Ni$^{2+}$配位。氯化铵是调节氨的水解和抑制氢氧化镍形成的必要添加剂。在高温碱性条件下,硅酸盐阴离子从SiO$_2$核中释放出来。硅酸盐离子与Ni$^{2+}$之间的反应导致NiSi的成核,NiSi可以优先沉积在碳壳上。SiO$_2$核的连续溶解为NiSi纳米片的生长提供了更多的硅酸盐阴离子,当没有足够的Ni$^{2+}$溶解时,在空心球表面上由硅酸镍纳米片组成的外壳和封闭在其中的剩余SiO$_2$核形成类似铃铛的结构(NiSi/NHCS/SiO$_2$)[图8-24(c)]。随着反应的继续,SiO$_2$核完全溶解,最终制备出硅酸镍/碳材料(NiSi/NHCS)的中空纳米结构[图8-24(d)]。最后,通过水热硫化法将制备好的NiSi/NHCS转化为NiS/NHCS[图8-24(e)],其中Na$_2$S作为S$^{2-}$源(步骤Ⅱ)。X射线衍射图证明了材料的转化过程[图8-24(f)]。NiS/NHCS复合材料在1A/g的电流密度下比电容为1150F/g,在20A/g的高电流密度下的比电容为600F/g[图8-24(g)]。

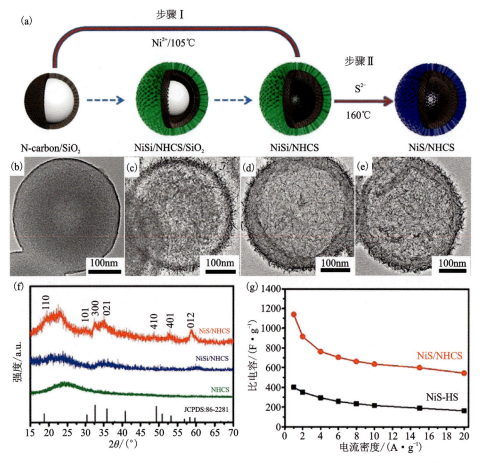

图8-24 分级结构NiS/NHCS的合成过程、微观形貌、物相结构和电化学性能[77]
(a)合成示意图;不同阶段产物的TEM图像:(b)N-carbon/SiO$_2$球,(c)NiSi/NHCS/SiO$_2$,
(d)NiSi/NHCS,(e)NiS/NHCS;(f)X射线衍射图;(g)NiS/NHCS和NiS空心球的倍率性能

Peng 等[78]通过简单的方法合成了具有氮掺杂碳涂层的分级 $CoS_2$ 空心球（$NC/CoS_2$），其中聚乙烯吡咯烷酮和乙二胺不仅可以控制 $NC/CoS_2$ 的形态，而且可以作为氮掺杂碳的碳源和氮源。$NC/CoS_2$ 电极具有增强的电化学性能，包括高比电容（在 2A/g 下为 1305F/g）和稳定的循环特性（2000 次循环后电容损失 4%）。$CoS_2$ 空心球上的氮掺杂碳涂层，不仅可以作为导电网络促进电子转移，而且可以充当缓冲层减缓在充电/放电过程中体积的变化。受益于分级中空结构和导电碳质骨架的引入，金属硫化物/碳空心球纳米复合材料表现出增强的电化学性能，这是由于该复合材料具有改善的导电性、大的表面积及稳定的机械性能。

## 8.4.2 碳空心球基锂离子电池电极材料

锂离子电池作为便携式设备和电动汽车的代表性电源，由于其能量密度高、自放电慢且无记忆效应而受到广泛关注。典型的锂离子电池由正极、负极及离子渗透膜组成。为了实现锂离子电池的大容量、高倍率和长寿命，负极材料的性能至关重要。对于负极的替代纳米材料（如功能化碳、金属氧化物和金属硫化物），其结构稳定性和锂离子的传输动力学起到至关重要的作用。因此，高理论容量的碳空心球基纳米材料被认为是锂电池负极的理想替代材料之一，因为它们具有有利于加速电子转移和稳定体积变化的中空纳米结构。

石墨通常用作锂离子电池的负极材料，然而传统的石墨负极具有相对较低的理论容量（372mAh/g）和缓慢的离子扩散动力学，导致功率密度不尽如人意。最近，作为负极的功能化碳空心球吸引了广大研究者的注意。Yue 等[79]报道的具有高比表面积的介孔碳空心球（MMHCSs），显示出良好的循环稳定性和倍率性能。通过在介孔碳空心球表面装饰大孔结构，MMHCSs 在 0.5A/g 的电流密度下表现出 686mAh/g 的高可逆容量，在 60A/g 的电流密度下表现出 189mAh/g 的高容量，高于碳空心球（0.5A/g 时为 615mAh/g，60A/g 时为 76mAh/g）。在 2.5A/g 的电流密度下循环 1000 次后，可实现 530mAh/g 的高可逆容量，这主要是因为 MMHCSs 中的中孔可以增加反应面积，大孔可以缩短锂离子的扩散路径。Yang 等[8]通过热解 ZIF-8 制备了掺杂量为 16.6% 的氮掺杂碳空心球，在 1000 次循环后，该材料在 100mA/g 的电流密度下显示出 2053mAh/g 的高比容量，在 5A/g 的电流密度下显示出 879mAh/g 的高比容量。锂离子存储性能的改善可归因于纳米级一次颗粒组装的中空纳米结构和优化的氮掺杂含量，并且中空的结构设计可以抑制纳米颗粒的聚集，有利于 $Li^+$ 扩散，促进锂离子的吸附。此外，有效的杂原子掺杂不仅为表面氧化还原反应提供了大量的活性位点，而且增加了碳质材料与锂离子之间的相互作用。

Cui 的团队研究了内部有纳米颗粒碳空心球的锂成核和生长行为[图 8-25(a)][80]。对于没有负载金纳米颗粒的碳空心球，沉积的锂被截留在碳空心球之外，并且在锂沉积过程中形成树枝状形态[图 8-25(b)]；相反，负载金纳米颗粒的碳空心球表面没有明显的锂相出现[图 8-25(c)]，表明锂的沉积发生在碳空心球内部。原位透射电子显微镜用于阐明锂沉积到空心球中的过程，锂离子进入纳米胶囊并在金种子处成核，金的锂化导致明显的体积膨胀。随着锂的不断沉积，金属锂逐渐完成对金纳米颗粒的包覆，可以观察到金纳米颗粒的相逐渐消失，最终被金属锂的相取代，因此锂金属填充了碳空心球的空腔。由于锂与电解质之间的直接接触减少，将锂纳米颗粒封装在碳空心球内，可以通过减少副反应为电化学循环提供良好的锂金属稳定性。

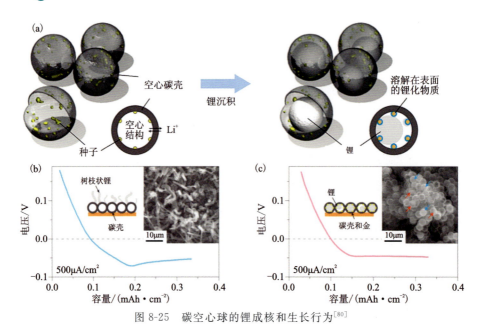

图 8-25　碳空心球的锂成核和生长行为[80]

(a)锂嵌入过程示意图;(b)在碳空心球上沉积锂期间的电压分布图;(b)没有金纳米颗粒;(c)有金纳米颗粒

硅的锂存储理论容量高达 4200mAh/g,被认为是储能设备负极的理想材料,然而,循环过程中体积变化大(约 300%)及导电性差,导致的固体-电解质界面结构退化和不稳定,阻碍了其商业化。减小二氧化硅/硅的尺寸并引入导电缓冲基质,可以减轻粉化并提高循环稳定性,因此,碳空心球和二氧化硅/硅进行复合得到了广泛的研究。Cui 的团队设计了一种由导电碳层包裹的单硅纳米颗粒电极材料[81],该电极材料具有石榴状形态结构,为硅在锂化和脱锂过程中的膨胀和收缩提供了足够的空间,在空间上稳定了固体-电解质界面,从而保证材料出色的循环稳定性。厚的碳层作为电解质屏障,可以有效减小电极-电解质接触面积,从而提高库仑效率和体积容量。Liu 等[82]构建了核-壳结构的空心碳球和镍纳米颗粒修饰的 $SiO_2$ 纳米片(Ni-$SiO_2$/C HS)的电极材料,该材料表现出增强的放电容量(0.1A/g 时为 712mAh/g)和良好的循环耐久性(500 次循环后 1.0A/g 时为 352mAh/g)(图 8-26)。碳空心球作为介孔骨架,不仅显著促进了电子转移,而且明显增强了负极材料的结构坚固性,提高了倍率性能和循环耐久性。此外,超薄 $SiO_2$ 纳米片作为分级壳,为容量的增加提供了丰富的电化学活性表面;镍纳米颗粒提高了 $SiO_2$ 纳米片的电子传输能力。

碳基体和中空结构可以有效地限制锂插入时体积的膨胀并缩短电荷的传输距离,掺入锡和氧化锡的碳空心球成为另一种有吸引力的负极材料,在众多的候选者中脱颖而出。例如,与商业 Sn 纳米粉末相比,核@空腔@壳结构的 Sn@C 纳米复合材料表现出优异的循环稳定性和极好的倍率性能[43],这可归因于其特殊的结构,其中孔隙空间可以缓冲锡金属的体积变化,而碳壳作为屏障可以防止锡纳米颗粒的聚集。Zhang 等[49]制备了在碳空心球壳中均匀嵌入超小锡纳米颗粒的复合材料,在 0.5A/g 的电流密度下表现出 743mAh/g 的高锂存储容量,在4.0A/g 的电流密度下 6000 次循环后容量保持率达到 92.1%。该复合材料除了具备碳空心球的优点外,超小锡纳米颗粒还可以加速电子和锂离子的扩散,从而提高活性材料的利用率。Lou 的课题组报道了一系列 $SnO_2$@碳空心球作为锂离子电池的负极材料,以解决粉

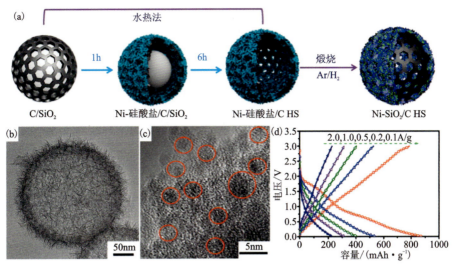

图 8-26 Ni-SiO$_2$/C HS 合成路线、微观形貌和电化学性能[82]
(a)合成示意图;(b)和(c)TEM 图像;(d)电压-容量图

化问题,如嵌入双碳壳空间的 SnO$_2$[83],同轴 SnO$_2$@C 和碗状 SnO$_2$@C。合理设计的结构不仅增加了活性材料的结构完整性,而且提高了电化学活性物质(SnO$_2$)的质量分数,这些 SnO$_2$@C 纳米复合材料表现出至少数百次循环的优异寿命和优异的倍率性能。

金属硫化物作为锂电池负极材料,具有高理论比容量,然而其结构稳定性差,限制了其发展。过渡金属二硫化物(如 MoS$_2$ 和 WS$_2$)具有相互连接和层状结构,可以加快离子和电子的传输,并适应锂化/脱锂过程中的体积变化。Zhang 等[84]将 MoS$_2$ 纳米片生长在碳空心球的表面,产生协同效应,从而提高倍率性能和电化学稳定性。纳米结构空心球增加了材料与电解质的接触面积,因此促进了锂离子从各个方向其晶格中渗透,从而缩短离子扩散距离,获得高倍率性能。另一个典型例子是将 MoS$_2$ 纳米片限制在碳空心球中,形成具有蛋黄-壳结构的负极材料,该负极材料在电流密度为 1.0A/g 和 10A/g 时分别提供 993mAh/g 和 595mAh/g 的可逆容量,表现出优异的倍率性能[59]。以导电介孔碳为壳、花瓣状 MoS$_2$ 为蛋黄的蛋黄-壳结构,可显著提高负极材料在锂离子嵌入/脱嵌过程中的导电性和结构稳定性。除了用于存储锂离子的层状 MoS$_2$ 外,WS$_2$ 具有高本征电导率和 0.62nm 层间距,也被认为是一种有潜力的锂电池负极材料。Zeng 等[85]设计了附着在氮掺杂碳空心球表面的 WS$_2$ 纳米片,形成分级结构的纳米复合材料(WS$_2$@N-HCS)来缓解由固有层堆叠和团聚引起的活性位点减少的问题。得益于稳定的结构和碳球与 MoS$_2$ 之间的协同效应,WS$_2$@N-HCS 作为锂电池负极材料表现出高比容量(在 0.1A/g 时为 801mAh/g)和良好的倍率性能(在 2.0A/g 时为 545mAh/g)。

### 8.4.3 碳空心球基钠离子电池电极材料

锂在地壳中的丰度低且分布不均匀,无法满足未来大规模储能市场的需求。由于钠元素的资源丰富,钠离子电池具有与锂电池相似电化学机制,作为锂电池的有效补充,成为一种有潜力的电化学储能器件。然而,钠离子比锂离子大(1.5 倍)且重(3.3 倍),导致在充/放电过程中钠离子比锂离子扩散慢,这使得钠离子电池的可逆性和倍率性能较锂离子电池较差。因此,构建合适的电极材料,使其具有足够大的间隙空间容纳钠离子并加速钠离子的扩散变得尤为重要。

碳空心球因具有高比表面积和短扩散路径,可以实现快速的电子、离子传输,被认为是钠离子电池的负极材料备选材料之一。Tang 等[86]首次报道了在乳胶模板存在下通过葡萄糖的水热碳化合成空心碳球的方法,其壳的厚度为12nm,显示出显著增强的倍率性能(图 8-27),这归因于中空结构和碳壳的独特特征:介孔中空碳结构确保电子和电解质离子的有效和连续的快速传输,大的层间距有利于钠离子在石墨层间传输和存储,薄的碳壳缩短了钠离子的扩散距离。Zou 等[87]通过对三维空心微球 Mn-MOFs 进行碳化和热处理,合成了三维多孔碳空心微球,当用作钠离子电池的负极材料时,在电流密度为100mA/g 时提供313mAh/g 的高比电容,在5A/g 时提供112mAh/g 的高比电容。三维多孔微球结构不仅增强了机械稳定性、缓冲了体积膨胀,而且还加速了钠离子和电子的传输。

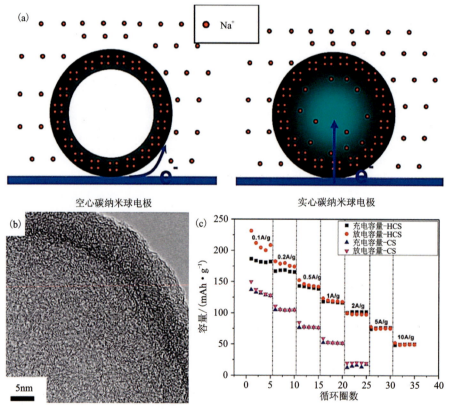

图 8-27 碳空心球的电化学反应优势、微纳结构和电化学性能[86]
(a)空心和实心碳纳米球的电化学反应过程示意图;(b)碳空心球的 TEM 图像;(c)空心和实心碳纳米球的倍率性能

在钠离子的嵌入/脱出过程中,钠离子电池负极材料(如金属合金、氧化物和硫化物)的体积变化是不可避免的,利用碳空心球构建纳米复合物能够缓解材料的体积变化带来的影响,进而保持长期循环的稳定性。独特的中空结构不仅可以扩大比表面积和增加孔隙率,获得更好的电解质润湿性,还可以提供稳固的导电骨架,限制体积膨胀和加速电子转移。例如,碳包覆锐钛矿型二氧化钛空心球,提供了 185mAh/g 的比容量,表现出优异的储钠性能,优于无定形二氧化钛实心球和锐钛矿型二氧化钛球[88]。Ma 等[89]以介孔碳空心球[图 8-28(a)]为模板,通过水热方法合成了三明治壳层结构的 $CoMn_2O_4$@C HS。在合成过程中,由于碳壳中存在大量的介孔,前驱体离子可以通过介孔通道在碳空心球中自由进出,从而在碳壳的内外两侧均匀生长钴锰双氢氧化物纳米片,经过煅烧处理,获得三明治壳结构 $CoMn_2O_4$@C HS 材料[图 8-28(b)、(c)]。碳空心球骨架不仅阻止了 $CoMn_2O_4$ 纳米颗粒的聚集,而且提高了纳米复合材料的结构稳定性。此外,碳基质作为导电通道,在嵌钠/脱钠过程中起到了加速电子转移的作用。得益于独特的架构,$CoMn_2O_4$@C HS 与纯 $CoMn_2O_4$ 相比,表现出优异的钠离子存储性能,包括在 0.1A/g 的电流密度下具有 289mAh/g 的高比容量和更优异的循环耐久性[图 8-28(d)、(e)]。

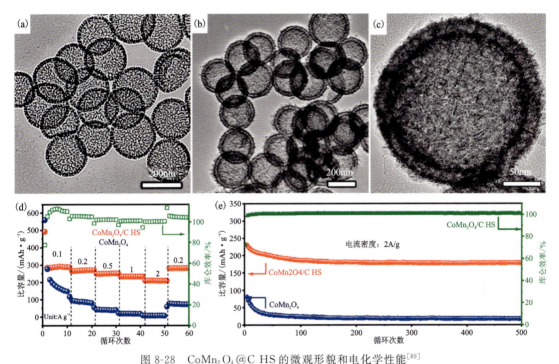

图 8-28 $CoMn_2O_4$@C HS 的微观形貌和电化学性能[89]
(a)介孔碳空心球的 TEM 图像;(b)、(c)$CoMn_2O_4$@C HS 的 TEM 图像;(d)$CoMn_2O_4$@C HS 和纯 $CoMn_2O_4$ 电极材料的倍率性能;(e)循环稳定性

二维层状过渡金属硫族化合物与碳空心球的组合是另一个研究热点。Yang 等[90]制备了碳空心球支撑 $MoSe_2$ 纳米片的复合材料($MoSe_2$@PHCS),其中超薄的 $MoSe_2$ 纳米片有效地缩短了电子和电解质离子的传输距离,而碳空心球基质可承受循环中产生的应力。$MoSe_2$@PHCS 在电流密度为 200mA/g 时显示出 575mAh/g 的高储钠容量和优良的循环稳定性,这是由于碳空心球和 $MoSe_2$ 纳米片的结合产生了协同效应。此外,Liu 等[91]制备了氮掺杂碳空心球封装具有(002)平面的少层 $MoSe_2$ 纳米片(图 8-29),即使在高达 10A/g 的电流密度下也显示出 382mAh/g 的高容量和出色的循环寿命(在 1A/g 和 3A/g 下经过 1000 次循环后容量分别为 501mAh/g 和 471mAh/g)。除了基于碳空心球纳米材料的上述优点外,封装型结构的材料可以通过提高活性组分的质量比来提高钠离子电池的质量能量密度。

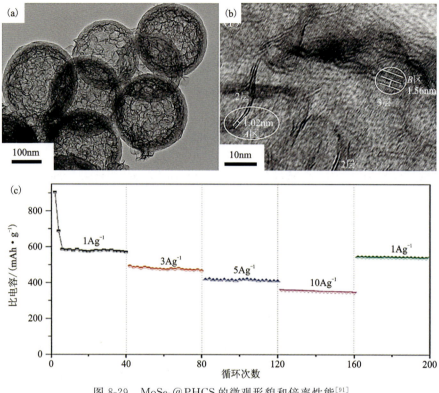

图 8-29　MoSe$_2$@PHCS 的微观形貌和倍率性能[91]
(a)TEM 图像；(b)HRTEM 图像；(c)倍率性能

众所周知,合金型金属负极(如 Sb 和 Sn)的明显缺点是它们在嵌钠/脱钠过程中体积膨胀变大,膨胀率可达 390%。如此大的体积变化使得负极材料中固体电解质界面(solid electrolyte interface,SEI)层反复开裂,最终通过反复地形成 SEI 导致钠离子耗尽。鉴于蛋黄-壳结构的优点,构建蛋黄-壳结构的金属@碳空心球纳米复合材料是解决该问题的一种有效方法。Liu 等[92]通过纳米限域策略合成了蛋黄-壳纳米结构 Sb@C 负极,在高达 1A/g 的电流密度下,也能在 200 次循环后保持 280mAh/g 的高可逆容量。如此出色的循环稳定性表明:碳空心球和锑"蛋黄"之间的大量孔隙为内部锑的体积膨胀提供空间,并通过在外部碳壳上形成稳定的 SEI 膜来保持 Sb@C 负极的完整性。

## 8.5　小结与展望

本章总结了碳空心球及其复合材料的制备方法,并且概括了具有单壳、多壳、核壳和蛋黄-壳等结构材料的独特性,这些结构保证了它们在电化学能量存储装置中产生增强的电化学行为。碳空心球及其复合材料的优点主要表现为以下几个方面:首先,多孔分级中空结构为电解质离子和电子提供了更短的传输途径,加速了电极反应动力学;其次,碳空心球骨架可以提供额外的导电性和结构稳定性,增强了材料的高倍率性能和长循环稳定性。

对于碳空心微球复合材料在能量存储器件中的应用,关键在于充分利用碳空心球的中间空腔来提高电极的面积/体积能量密度。设计具有多壳或蛋黄-壳结构的碳空心球基复合材料,是提高储能器件面积/体积密度的重要策略之一,不仅可以保留内部孔隙存储电解质,而且可以产生有利于电子和电解质离子转移的高表面积,从而实现高体积能量密度。碳空心球纳米材料兼具空心结构和碳的优势,将成为未来储能技术的重要发展方向。

# 参考文献

[1] LIU R, MAHURIN S M, LI C, et al., Dopamine as a carbon source: the controlled synthesis of hollow carbon spheres and yolk-structured carbon nanocomposites[J]. Angewandte Chemie International Edition, 2011, 50(30): 6799-6802.

[2] LI X, CHI M, MAHURIN S M, et al. Graphitized hollow carbon spheres and yolk-structured carbon spheres fabricated by metal-catalyst-free chemical vapor deposition[J]. Carbon, 2016(101): 57-61.

[3] FU J, XU Q, CHEN J, et al. Controlled fabrication of uniform hollow core porous shell carbon spheres by the pyrolysis of core/shell polystyrene/cross-linked polyphosphazene composites[J]. Chemical Communications, 2010(46): 6563-6565.

[4] GIL-HERRERA L K, BLANCO Á, JUÁREZ B H, et al. Seeded synthesis of monodisperse core-shell and hollow carbon spheres[J]. Small, 2016, 12(32): 4357-4362.

[5] HAN J, XU G, DING B, et al. Porous nitrogen-doped hollow carbon spheres derived from polyaniline for high performance supercapacitors[J]. Journal of Materials Chemistry A, 2014(2): 5352-5357.

[6] HE X, SUN H, ZHU M, et al. N-doped porous graphitic carbon with multi-flaky shell hollow structure prepared using a green and 'useful' template of $CaCO_3$ for VOC fast adsorption and small peptide enrichment[J]. Chemical Communications, 2017(53): 3442-3445.

[7] YUAN C, LIU X, JIA M, et al. Facile preparation of N- and O-doped hollow carbon spheres derived from poly(o-phenylenediamine) for supercapacitors[J]. Journal of Materials Chemistry A, 2015(3): 3409-3415.

[8] YANG Y, JIN S, ZHANG Z, et al. Nitrogen-doped hollow carbon nanospheres for high-performance Li-ion batteries[J]. ACS Applied Materials & Interfaces, 2017, 9(16): 14180-14186.

[9] SUN H, ZHU Y, YANG B, et al. Template-free fabrication of nitrogen-doped hollow carbon spheres for high-performance supercapacitors based on a scalable homopolymer vesicle[J]. Journal of Materials Chemistry A, 2016(4): 12088-12097.

[10] MA F W, SUN L P, ZHAO H, et al. Supercapacitor performance of hollow carbon spheres by direct pyrolysis of melamine-formaldehyde resin spheres[J]. Chemical Research in Chinese Universities, 2013(29): 735-742.

[11] XU H, GUO J, SUSLICK K S. Porous carbon spheres from energetic carbon precursors using ultrasonic spray pyrolysis[J]. Advanced Materials, 2012, 24(45): 6028-6033.

[12] DAI Y, JIANG H, HU Y, et al. Controlled synthesis of ultrathin hollow mesoporous carbon nanospheres for supercapacitor applications[J]. Industrial & Engineering Chemistry Research, 2014, 53(8): 3125-3130.

[13] BOTTGER-HILLER F, KEMPE P, COX G, et al. Spange, twin polymerization at spherical hard templates: an approach to size-adjustable carbon hollow spheres with micro- or mesoporous shells[J]. Angewandte Chemie International Edition, 2013, 52(23): 6088-6091.

[14] BHATTACHARJYA D, KIM M, BAE T, et al. High performance supercapacitor prepared from hollow mesoporous carbon capsules with hierarchical nanoarchitecture[J]. Journal of Power Sources, 2013(244): 799-805.

[15] ZHANG Q, LI L, WANG Y, et al. Uniform fibrous-structured hollow mesoporous carbon spheres for high-performance supercapacitor electrodes[J]. Electrochimica Acta, 2015 (176): 542-547.

[16] DU X, ZHAO C, ZHOU M, et al. Hollow carbon nanospheres with tunable hierarchical pores for drug, gene, and photothermal synergistic treatment[J]. Small, 2017, 13 (6): 1602592.

[17] FANG X, LIU S, ZANG J, et al. Precisely controlled resorcinol-formaldehyde resin coating for fabricating core-shell, hollow, and yolk-shell carbon nanostructures[J]. Nanoscale, 2013 (5): 6908-6916.

[18] LI X, BAI S, ZHU Z, et al. Hollow carbon spheres with abundant micropores for enhanced $CO_2$ adsorption[J]. Langmuir, 2017, 33(5): 1248-1255.

[19] LIU J, WANG X, GAO J, et al. Hollow porous carbon spheres with hierarchical nanoarchitecture for application of the high performance supercapacitors[J]. Electrochimica Acta, 2016(211): 183-192.

[20] FUERTES A B, VALLE-VIGON P, SEVILLA M. One-step synthesis of silica@resorcinol-formaldehyde spheres and their application for the fabrication of polymer and carbon capsules[J]. Chemical Communications, 2012(48): 6124-6126.

[21] ZHANG H, NOONAN O, HUANG X, et al. Surfactant-free assembly of mesoporous carbon hollow spheres with large tunable pore sizes[J]. ACS Nano, 2016, 10(4): 4579-4586.

[22] CHEN L, ZHANG L, CHEN Z, et al. A covalent organic framework-based route to the in situ encapsulation of metal nanoparticles in N-rich hollow carbon spheres[J]. Chemical Science, 2016(7): 6015-6020.

[23] CHEN A, XIA K, YU Y, et al. "Dissolution-Capture" strategy to form monodispersed nitrogen-doped hollow mesoporous carbon spheres[J]. Journal of The Electrochemical Society, 2016 (163): 3063-3068.

[24] CHEN A,XIA K,ZHANG L,et al. Fabrication of nitrogen-doped hollow mesoporous spherical carbon capsules for supercapacitors[J]. Langmuir,2016,32(35):8934-8941.

[25] LIU X,SONG P,HOU J,et al. Revealing the dynamic formation process and mechanism of hollow carbon spheres:from bowl to sphere[J]. ACS Sustainable Chemistry & Engineering,2018,6(2):2797-2805.

[26] ZANG J,AN T,DONG Y,et al. Hollow-in-hollow carbon spheres with hollow foam-like cores for lithium-sulfur batteries[J]. Nano Research,2015(8):2663-2675.

[27] FANG M,CHEN Z,LIU Y,et al. Uniform discrete nitrogen-doped double-shelled cage-like hollow carbon spheres with direct large mesopores for high-performance supercapacitors [J]. Energy Technology,2017,5(12):2198-2204.

[28] ZHOU G,ZHAO Y,MANTHIRAM A. Dual-confined flexible sulfur cathodes encapsulated in nitrogen-doped double-shelled hollow carbon spheres and wrapped with graphene for li-s batteries[J]. Advanced Energy Materials,2015,5(9):1402263.

[29] CAI T,XING W,LIU Z,et al. Superhigh-rate capacitive performance of heteroatoms-doped double shell hollow carbon spheres[J]. Carbon,2015(86):235-244.

[30] HUO K,AN W,FU J,et al. Mesoporous nitrogen-doped carbon hollow spheres as high-performance anodes for lithium-ion batteries[J]. Journal of Power Sources,2016(324):233-238.

[31] SUN Z,SONG X,ZHANG P,et al. Template-assisted synthesis of multi-shelled carbon hollow spheres with an ultralarge pore volume as anode materials in Li-ion batteries [J]. RSC Advances,2015(5):3657-3664.

[32] ZENG T,HU X,FENG H,et al. Rational design of double-shelled Fe-,N-,and S-tridoped hollow mesoporous carbon spheres as high-performance catalysts for organic reactions[J]. Chemical Communications,2018(54):2974-2977.

[33] HUANG Z,PAN H,YANG W,et al. In situ self-template synthesis of Fe-N-doped double-shelled hollow carbon microspheres for oxygen reduction reaction[J]. ACS Nano,2018,12(1):208-216.

[34] ZHANG K,LI X,LIANG J,et al. Nitrogen-doped porous interconnected double-shelled hollow carbon spheres with high capacity for lithium ion batteries and sodium ion batteries[J]. Electrochimica Acta,2015(155):174-182.

[35] LIAO K,CHEN S,WEI H,et al. Micropores of pure nanographite spheres for long cycle life and high-rate lithium-sulfur batteries[J]. Journal of Materials Chemistry A,2018 (6):23062-23070.

[36] YANG T,ZHOU R,WANG D,et al. Hierarchical mesoporous yolk-shell structured carbonaceous nanospheres for high performance electrochemical capacitive energy storage[J]. Chemical Communications,2015(51):2518-2521.

[37] SHU C,SONG B,WEI X,et al. Mesoporous 3D nitrogen-doped yolk-shelled carbon

spheres for direct methanol fuel cells with polymer fiber membranes[J]. Carbon,2018(129):613-620.

[38] WANG J,FENG S,SONG Y,et al. Synthesis of hierarchically porous carbon spheres with yolk-shell structure for high performance supercapacitors[J]. Catalysis Today,2015(243):199-208.

[39] XU J,FAN H,SU D,et al. Nitrogen doped yolk-shell carbon spheres as cathode host for lithium-sulfur battery[J]. Journal of Alloys and Compounds,2018(747):283-292.

[40] GUAN B,WANG X,XIAO Y,et al. A versatile cooperative template-directed coating method to construct uniform microporous carbon shells for multifunctional core-shell nanocomposites[J]. Nanoscale,2013(5):2469-2475.

[41] IKEDA S,ISHINO S,HARADA T,et al. Ligand-free platinum nanoparticles encapsulated in a hollow porous carbon shell as a highly active heterogeneous hydrogenation catalyst[J]. Angewandte Chemie International Edition,2006,45(42):7063-7066.

[42] ZHANG W M,HU J S,GUO Y G,et al. Tin-nanoparticles encapsulated in elastic hollow carbon spheres for high-performance anode material in lithium-ion batteries[J]. Advanced materials,2008,20(6):1160-1165.

[43] HONG Y,KANG Y. General formation of tin nanoparticles encapsulated in hollow carbon spheres for enhanced lithium storage capability[J]. Small,2015,11(18):2157-2163.

[44] LIU R,QU F,GUO Y,et al. Au@carbon yolk-shell nanostructures via one-step core-shell-shell template[J]. Chemical Communications,2014(50):478-480.

[45] XU F,LU Y,MA J,et al. Facile, general and template-free construction of monodisperse yolk-shell metal@carbon nanospheres[J]. Chemical Communications,2017(53):12136-12139.

[46] CUI C,GUO X,GENG Y,et al. Facile one-pot synthesis of multi-yolk-shell Bi@C nanostructures by the nanoscale Kirkendall effect[J]. Chemical Communications,2015(51):9276-9279.

[47] LI D,FENG C,LIU H K,et al. Hollow carbon spheres with encapsulated germanium as an anode material for lithium ion batteries[J]. Journal of Materials Chemistry A,2015(3):978-981.

[48] FU T,WANG X,ZHENG H,et al. Effect of Cu location and dispersion on carbon sphere supported Cu catalysts for oxidative carbonylation of methanol to dimethyl carbonate [J]. Carbon,2017(115):363-374.

[49] ZHANG N,WANG Y,JIA M,et al. Ultrasmall Sn nanoparticles embedded in spherical hollow carbon for enhanced lithium storage properties[J]. Chemical Communications,2018(54):1205-1208.

[50] YU L,LIU J,XU X,et al. Metal-organic framework-derived nisb alloy embedded in carbon hollow spheres as superior lithium-ion battery anodes[J]. ACS Applied Materials &

Interfaces,2017,9(3):2516-2525.

[51] ZHANG Z,XIAO F,XI J,et al. Encapsulating Pd nanoparticles in double-shelled graphene@carbon hollow spheres for excellent chemical catalytic property[J]. Scientific reports,2014(4):4053.

[52] LI Z,ZHANG J,GUAN B,et al. A sulfur host based on titanium monoxide@carbon hollow spheres for advanced lithium-sulfur batteries[J]. Nature communications, 2016(7):13065.

[53] DING S,ZHANG D,WU H,et al. Synthesis of micro-sized $SnO_2$@carbon hollow spheres with enhanced lithium storage properties[J]. Nanoscale,2012(4):3651-3654.

[54] JIN L,QIU Y,DENG H,et al. Hollow $CuFe_2O_4$ spheres encapsulated in carbon shells as an anode material for rechargeable lithium-ion batteries[J]. Electrochimica Acta, 2011,56(25):9127-9132.

[55] XU Y,JIAN G,ZACHARIAH M R,et al. Nano-structured carbon-coated CuO hollow spheres as stable and high rate anodes for lithium-ion batteries[J]. Journal of Materials Chemistry A,2013(1):15486-15490.

[56] YANG Y,LI J,HE X,et al. A facile spray drying route for mesoporous $Li_3VO_4$/C hollow spheres as an anode for long life lithium ion batteries[J]. Journal of Materials Chemistry A,2016(4):7165-7168.

[57] FUERTES A B,SEVILLA M,VALDES-SOLIS T,et al. Synthetic route to nanocomposites made up of inorganic nanoparticles confined within a hollow mesoporous carbon shell[J]. Chemistry of Materials,2007,19(25):5418-5423.

[58] BALACH J,WU H,POLZER F,et al. Poly(ionic liquid)-derived nitrogen-doped hollow carbon spheres: synthesis and loading with $Fe_2O_3$ for high-performance lithium ion batteries[J]. RSC Advances,2013(3):7979-7986.

[59] ZHENG F,HE M,YANG Y,et al. Nano electrochemical reactors of $Fe_2O_3$ nanoparticles embedded in shells of nitrogen-doped hollow carbon spheres as high-performance anodes for lithium-ion batteries[J]. Nanoscale,2015(7):3410-3417.

[60] DING C,JIANG X,HUANG X,et al. Hierarchically porous Zn-Co-O NCs-in-carbon hollow microspheres with high rate-capacity and cycle stability as anode materials for lithium-ion batteries[J]. Journal of Alloys and Compounds,2018(736):181-189.

[61] HU L,YANG L,ZHANG D,et al. Designed synthesis of $SnO_2$-C hollow microspheres as an anode material for lithium-ion batteries[J]. Chemical Communications, 2017(53):11189-11192.

[62] ZHANG X,ZHAO R,WU Q,et al. Petal-like $MoS_2$ nanosheets space-confined in hollow mesoporous carbon spheres for enhanced lithium storage performance[J]. ACS Nano, 2017,11(8):8429-8436.

[63] SUN Z,YAO Y,WANG J,et al. High rate lithium-ion batteries from hybrid

hollow spheres with a few-layered $MoS_2$-entrapped carbon sheath synthesized by a space-confined reaction[J]. Journal of Materials Chemistry A,2016(4):10425-10434.

[64] LI Z,OTTMANN A,ZHANG T,et al. Preparation of hierarchical C@$MoS_2$@C sandwiched hollow spheres for lithium ion batteries[J]. Journal of Materials Chemistry A 2017(5):3987-3994.

[65] LIU Y,YU X,FANG Y,et al. Confining $SnS_2$ ultrathin nanosheets in hollow carbon nanostructures for efficient capacitive sodium storage[J]. Joule,2018,2(4):725-735.

[66] HU D,CHEN C,LIU Q. Fabrication of hollow carbon spheres with robust and significantly enhanced capacitance behaviors[J]. Journal of Materials Science,2018(53):12310-12321.

[67] YOU B,YANG J,SUN Y,et al. Easy synthesis of hollow core, bimodal mesoporous shell carbon nanospheres and their application in supercapacitor[J]. Chemical Communications,2011(47):12364-12366.

[68] WANG R,WANG K,GAO S,et al. Rational design of yolk-shell silicon dioxide@ hollow carbon spheres as advanced Li-S cathode hosts[J]. Nanoscale,2017(9):14881-14887.

[69] ZHANG Z,QIN M,JIA B,et al. Facile synthesis of novel bowl-like hollow carbon spheres by the combination of hydrothermal carbonization and soft templating[J]. Chemical Communications,2017(53):2922-2925.

[70] YUN J,JUN J,LEE J,et al. Fabrication of monodisperse nitrogen-doped carbon double-shell hollow nanoparticles for supercapacitors[J]. RSC Advances,2017(7):20694-20699.

[71] LIU C,WANG J,LI J,et al. Synthesis of N-doped hollow-structured mesoporous carbon nanospheres for high-performance supercapacitors[J]. Acs Applied Materials & Interfaces,2016(8):7194-7204.

[72] KIM S Y,JEONG H M,KWON J H,et al. Nickel oxide encapsulated nitrogen-rich carbon hollow spheres with multiporosity for high-performance pseudocapacitors having extremely robust cycle life[J]. Energy & Environmental Science,2015,8(11):188-194.

[73] LI X,ZHANG L,HE G. $Fe_3O_4$ doped double-shelled hollow carbon spheres with hierarchical pore network for durable high-performance supercapacitor[J]. Carbon,2016(99):514-522.

[74] LIU T,JIANG C,YOU W,et al. Hierarchical porous C/$MnO_2$ composite hollow microspheres with enhanced supercapacitor performance[J]. Journal of Materials Chemistry A,2017(5):8635-8643.

[75] LIU T,ZHANG L,CHENG B,et al. Fabrication of a hierarchical NiO/C hollow sphere composite and its enhanced supercapacitor performance[J]. Chemical Communications,2018(54):3731-3734.

[76] LIU T,ZHANG L,YOU W,et al. Core-shell nitrogen-doped carbon hollow spheres/$Co_3O_4$ nanosheets as advanced electrode for high-performance supercapacitor[J].

Small,2018,14(12):1702407.

[77] LIU T,JIANG C,CHENG B,et al. Hierarchical NiS/N-doped carbon composite hollow spheres with excellent supercapacitor performance[J]. Journal of Materials Chemistry A,2017(5):21257-21265.

[78] PENG S,LI L,MHAISALKAR S G,et al. Hollow nanospheres constructed by $CoS_2$ nanosheets with a nitrogen-doped-carbon coating for energy-storage and photocatalysis [J]. ChemSusChem,2014,7(8):2212-2220.

[79] YUE X,SUN W,ZHANG J,et al. Macro-mesoporous hollow carbon spheres as anodes for lithium-ion batteries with high rate capability and excellent cycling performance [J]. Journal of Power Sources,2016(331):10-15.

[80] YAN K,LU Z,LEE H W,et al. Selective deposition and stable encapsulation of lithium through heterogeneous seeded growth[J]. Nature Energy,2016(1):16010.

[81] LIU N,LU Z,ZHAO J,et al. A pomegranate-inspired nanoscale design for large-volume-change lithium battery anodes[J]. Nature Nanotechnology,2014(9):187-192.

[82] LIU T,QU Y,LIU J,et al. Core-Shell structured C@$SiO_2$ hollow spheres decorated with nickel nanoparticles as anode materials for lithium-ion batteries[J]. Small,2021(17):2103673.

[83] LIANG J,YU X Y,ZHOU H,et al. Bowl-like $SnO_2$@carbon hollow particles as an advanced anode material for lithium-ion batteries[J]. Angewandte Chemie International Edition,2014,53(47):12803-12807.

[84] ZHANG Y,WANG Y,YANG J,et al. $MoS_2$ coated hollow carbon spheres for anodes of lithium ion batteries[J]. 2D Materials,2016(3):024001.

[85] ZENG X,DING Z,MA C,et al. Hierarchical nanocomposite of hollow n-doped carbon spheres decorated with ultrathin $WS_2$ nanosheets for high-performance lithium-ion battery anode[J]. ACS Applied Materials & Interfaces,2016,8(29):18841-18848.

[86] TANG K,FU L,WHITE R J,et al. Hollow carbon nanospheres with superior rate capability for sodium-based batteries[J]. Advanced Energy Materials,2012,2(7):873-877.

[87] ZOU G,HOU H,CAO X,et al. 3D hollow porous carbon microspheres derived from Mn-MOFs and their electrochemical behavior for sodium storage[J]. Journal of Materials Chemistry A,2017(5):23550-23558.

[88] ZHANG Y,YANG Y,HOU H,et al. Enhanced sodium storage behavior of carbon coated anatase $TiO_2$ hollow spheres[J]. Journal of Materials Chemistry A,2015(3):18944-18952.

[89] MA Y,ZHANG L,YAN Z,et al. Sandwich-shell structured $CoMn_2O_4$/C hollow nanospheres for performance-enhanced sodium-ion hybrid supercapacitor[J]. Advanced Energy Materials,2022,12(1):2103820.

[90] YANG X,ZHANG Z,FU Y,et al. Porous hollow carbon spheres decorated with molybdenum diselenide nanosheets as anodes for highly reversible lithium and sodium

storage[J]. Nanoscale,2015(7):10198-10203.

[91] LIU H,GUO H,LIU B,et al. Few-layer MoSe$_2$ nanosheets with expanded (002) planes confined in hollow carbon nanospheres for ultrahigh-performance Na-ion batteries [J]. Advanced Functional Materials,2018,28(19):1707480.

[92] LIU J,YU L,WU C,et al. new nanoconfined galvanic replacement synthesis of hollow Sb@C yolk-shell spheres constituting a stable anode for high-rate Li/Na-ion batteries [J]. Nano Letters,2017,17(3):2034-2042.

# 第 9 章　无机纳米材料制备及其在钙钛矿太阳能电池中的应用

## 9.1　钙钛矿太阳能电池的简介

由于全球人口的快速增长和现代技术的逐渐普及，人类对能源的需求量与日俱增[1-2]。传统的化石燃料供应量（如煤、石油和天然气等）占当今世界能源供应总量的 80%，但化石燃料的大量使用造成了严重的环境污染问题，因此很有必要改变现有的能源结构，开发环境友好型能源。太阳能是一种新兴的可再生能源，具有资源丰富、安全可靠、无污染和不受资源分布的地域限制等优点。光伏技术能够实现太阳能到电能的直接转化，是一项利用太阳能的极佳技术。随着光伏技术的发展，目前实际应用的太阳能电池主要基于以下两种技术。基于单晶硅（Si）或多晶硅的第一代光伏技术。基于第一代光伏技术的硅基太阳能电池在实验室内展现出接近 31% 的光电转换效率（power conversion efficiency，PCE）[3]，在光伏市场上占有近 91% 的份额，但工艺较为复杂且制造成本高。进而人们开发了基于无机薄膜半导体的第二代单结光伏技术和基于无机薄膜半导体的第二代单结光伏技术的碲化镉（CdTe）太阳能电池和铜铟镓硒（CIGS）太阳能电池等[4-5]。它们在光伏市场上只有 9% 的份额，最大 PCE 接近 23%。即使这两代光伏电池已经成功实现商业化应用，但其制备工艺复杂且价格昂贵。因此，开发低成本的光伏技术来满足巨大的电力需求迫在眉睫。

为满足光伏技术在成本、稳定性和光电性能 3 个方面的要求，新兴的第三代光伏技术应运而生，如有机光伏电池（organic photovoltaics，OPV）技术[6]、染料敏化太阳能电池（dye sensitized solar cell，DSSC）[7]和钙钛矿太阳能电池（perovskite solar cell，PSC）[8-9]。制备工艺简单、成本低、光电转化性能好是第三代光伏技术的主要特点。此外，第三代光伏器件的应用更广泛，如便携式太阳能充电电源、柔性太阳能电池板和室内采光器[10-12]。

钙钛矿太阳能电池近年来成为光电转化领域的研究热点，这归功于有机-无机杂化金属卤化物钙钛矿吸光层优异的物理化学性能，如激子结合能低、载流子扩散速度快、载流子扩散距离长、吸光系数大、可利用可见光等。钙钛矿最初是指一种由化学式为 $CaTiO_3$ 的钛酸钙组成的矿物。后来，钙钛矿的名称被扩展应用于具有与 $CaTiO_3$ 相同晶体结构的一类化合物。金属卤化物钙钛矿是新兴的一种钙钛矿化合物，图 9-1 展示了其晶胞结构，结构通式为 $ABX_3$，其中 A 为一价阳离子（$CH_3NH_3^+$ 或 $Cs^+$），B 为金属阳离子（$Pb^{2+}$ 或 $Sn^{2+}$），X 为卤素阴离子（$I^-$、$Cl^-$ 或 $Br^-$）。钙钛矿最典型的晶胞单元是由 5 个原子组成的立方体结构（相），其中阳离子 B 有 6 个最邻近阴离子 X，阳离子 A 有 12 个最邻近的阴离子 X。钙钛矿的晶体稳定性和可能存在的结构可通过公差因子 $t$ 和八面体因子 $\mu$ 来推测,其中金属卤化物钙钛矿的 $t$ 和 $\mu$ 的数值分别处于 0.8～1.1 和 0.44～0.90 之间[13]。

在短短十年间,钙钛矿太阳能电池在实验室内的认证光电转化效率从 3.8% 提高到 25% 以上[14-16]。钙钛矿太阳能电池的工作原理和 n-i-p 与 p-i-n 太阳能电池的工作原理类似,钙钛矿薄膜作为光吸收层位于 n 型电子传输层(electron transport layer,ETL)和 p 型空穴传输层(hole transport layer,HTL)的中间。如图 9-2(a)所示,n-i-p 结构(平板正式结构)的钙钛矿太阳能电池结构从下往上依次为:透明导电基底(transparent conductive substrate,TCS)、n 型电子传输层(ETL)、金属卤化物钙钛矿层(PSK)、p 型空穴传输层(HTL)、金属对电极

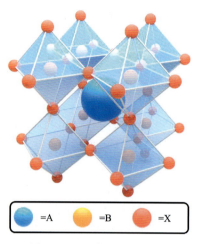

图 9-1　金属卤化物钙钛矿 $ABX_3$ 的晶胞

(counter electrode,CE)。在平板正式结构中,透明导电基底通常为 FTO(fluorine-doped tin oxide)玻璃或 ITO(indium-doped tin oxide)玻璃;ETL 通常为 n 型无机半导体材料 $TiO_2$、$SnO_2$、ZnO 等;ETL 通常为 p 型有机分子材料,如 2,2′,7,7′-四[$N,N$-二(4-甲氧基苯基)氨基]-9,9′-螺二芴(Spiro-OMeTAD);CE 通常为蒸镀获得的一层 Au 或 Ag 金属对电极。而在图 9-2(b)中,p-i-n 结构(平板反式结构)的钙钛矿太阳能电池从下往上依次为:TCS、HTL、PSK、ETL、CE。因此,平板反式结构中 ETL 和 HTL 的位置相较于正式结构进行了换位。在平板反式结构中,ETL 材料通常为 n 型有机分子材料,如[6,6]-苯基-C61-丁酸异甲酯($PC_{61}BM$);HTL 材料通常为 p 型有机材料,如聚(3,4-乙烯二氧噻吩):聚苯乙烯磺酸盐(PEDOT:PSS)。上述两种结构都不含介孔层,因此组成的太阳能电池均为平板结构钙钛矿太阳能电池。此外,正式结构的钙钛矿太阳能电池中含有介孔层结构时,被称为介孔钙钛矿太阳能电池[图 9-2(c)]。介孔层通常为 $TiO_2$ 或 $Al_2O_3$ 纳米颗粒,需要经过高温煅烧得到结晶

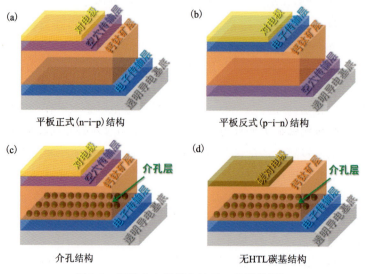

图 9-2　钙钛矿太阳能电池的 4 种结构[14]

性较好的氧化物介孔层。为了降低钙钛矿太阳能电池的成本并增强其稳定性,无 HTL 碳基钙钛矿太阳能电池被成功开发[图 9-2(d)][17-18]。该类型的器件可实现膜层的全印刷制备,并且不使用价格昂贵的有机 HTL 和金属对电极。

图 9-3 展示了一种典型的正式结构钙钛矿太阳能电池工作原理,其器件结构为 FTO/$TiO_2$/PSK/Spiro-OMeTAD/Au。$TiO_2$ 层作为电子传输层,具有抽出钙钛矿薄膜中光生电子并阻挡光生空穴的作用。而 Spiro-OMeTAD 作为空穴传输层,具有抽出钙钛矿薄膜中的光生空穴并阻挡光生电子的作用。钙钛矿层在吸收可见光的能量后,会在钙钛矿的导带中产生光生电子并在其价带中产生光生空穴。光生电子将从钙钛矿的导带依次转移到 $TiO_2$ 的导带和 FTO,而光生空穴将从钙钛矿的价带依次转移到 Spiro-OMeTAD 的价带和 Au 对电极。最后,FTO 的电子将通过外电路进一步转移到 Au 对电极,从而形成一个闭合的外电路。此时,FTO 可作为负极,Au 对电极可作为正极,通过外电路进行供电。

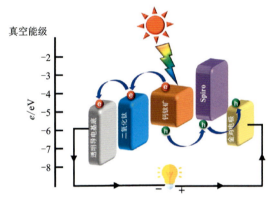

图 9-3　正式结构钙钛矿太阳能电池的工作原理

钙钛矿太阳能电池的器件结构近年来也得到了飞速的改进和发展。钙钛矿太阳能电池的原型由 Miyasaka 教授及其同事首次报道[15],该器件利用 $MAPbX_3$(X 表示 I 元素和 Br 元素)作为介孔 $TiO_2$ 电极的敏化剂,并使用含卤素的电解质溶液。首个全固态介孔钙钛矿太阳能电池由 Park 教授课题组和 Grätzel 教授课题组共同报道[19],并取得了 9.7% 的光电转化效率。他们在介孔 $TiO_2$ 表面成功制备 $MAPbI_3$,并且使用 Spiro-OMeTAD 作为固态的空穴传输材料。至此以后,众多的研究工作成功地推动了全固态钙钛矿太阳能电池的发展。为了进一步简化钙钛矿太阳能电池的器件结构和制备工艺,Liu 等[20]使用双源气相沉积法成功制备了结构简单的 $TiO_2$ 致密层并构建了平板钙钛矿太阳能电池。该项工作没有使用传统的 $TiO_2$ 或 $Al_2O_3$ 介孔层,但平板钙钛矿太阳能电池同样可达到 15.4% 的光电转化效率。同年,Kelly 教授课题组以 ZnO 纳米颗粒作为电子传输层,并在较低的温度下完成了平板钙钛矿太阳能电池的制备[21]。该平板钙钛矿太阳能电池也取得了优异的光电转化效率(15.7%),同时基于柔性基底的器件也展现出 10.2% 的光伏性能。此外,Chen 教授课题组受有机光伏技术的启发,首次报道了基于 ITO/PEDOT:PSS/$MAPbI_3$/$C_{60}$ 或 $PC_{61}BM$/2,9-二甲基-4,7-二苯基-1,10-菲啰啉(BCP)/Al 结构的反式平板钙钛矿太阳能电池[22]。尽管在该项工作中反式器件只取得了 3.9% 的光电转化效率,但这为新型反式平板钙钛矿太阳能电池的设计提供了指导。随着光伏领域研究人员的不断优化改进,反式结构钙钛矿太阳能电池目前已取得了和正式结构钙钛矿太阳能电池相近的光电转化效率[23]。因此,钙钛矿太阳能电池的飞速发展使其成为了最具潜力取代传统硅太阳能电池的新型光伏器件。

## 9.2 钙钛矿太阳能电池的关键难题

为了进一步提高钙钛矿太阳能电池的光电转化效率和稳定性,制备高质量的钙钛矿薄膜至关重要。钙钛矿薄膜在制备的过程中会快速结晶,在钙钛矿结晶过程中各种类型的缺陷会不可避免地在膜层中生成。前驱体溶液的比例、制备工艺和退火温度对钙钛矿缺陷的生成均有影响。如图9-4所示,经典的甲胺铅碘钙钛矿($CH_3NH_3PbI_3$,$MAPbI_3$)薄膜内的缺陷类型主要有离子空位(如$Pb^{2+}$空位、$I^-$空位、$MA^+$空位)、离子填隙(如$Pb^{2+}$填隙和$I_3^-$填隙)、Pb—I反位取代、晶界和表面悬键[24]。在不同的薄膜制备条件下和后处理过程中,离子缺陷很大程度上与它们的形成能有关。由于$I^-$空位,未配位的$Pb^{2+}$通常存在于非化学计量的钙钛矿中。同样的,$Pb^{2+}$空位将导致未配位的$I^-$存在于钙钛矿晶格中。这种离子缺陷将导致缺陷态的形成,因此离子缺陷将成为光生载流子的非辐射复合中心和离子的迁移通道[25]。此外,Pb原子被I原子取代则会形成Pb—I反位缺陷。未配位的$Pb^{2+}$或$I^-$和Pb—I反位缺陷也会导致光生载流子的非辐射复合。钙钛矿的晶界和表面均是晶胞的循环结构被破坏的地方,因此表面的缺陷数量较体相会更多。晶界也能提供光生载流子的非辐射复合位点和为离子迁移提

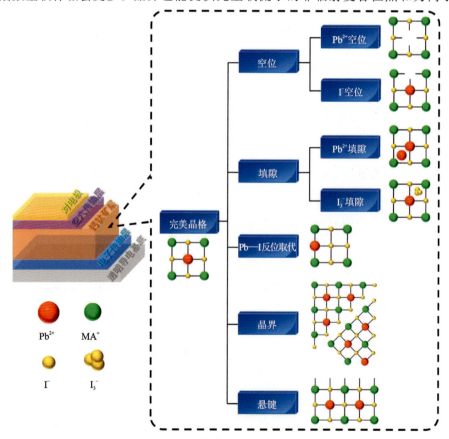

图9-4 钙钛矿薄膜中常见的缺陷类型[14]

供通道，从而影响器件的稳定性并造成严重的迟滞效应。在钙钛矿的制备过程中，碘甲胺(MAI)在高温下会以 MA 蒸气和 $I_2$ 的形式从晶界溢出。晶界间的空隙也更容易成为水分子进入的通道，因此造成器件稳定性的下降。综上所述，减少钙钛矿薄膜的缺陷能够有效提高钙钛矿太阳能电池的 PCE 及稳定性。为了优化钙钛矿薄膜的质量，人们已经在钙钛矿的材料设计、结晶过程调控、载流子传输改进、界面工程等方面取得了很大突破。上述进展均离不开纳米材料的贡献，基于纳米材料的修饰剂及纳米材料的膜层设计在改性钙钛矿薄膜及其界面中扮演了重要的角色。

## 9.3 无机纳米材料的制备及其应用

纳米材料已在制备高效稳定的钙钛矿太阳能电池方面展现出巨大的潜力，可作为电子传输层材料、钙钛矿层的修饰剂、钙钛矿的界面修饰层。纳米材料在电子传输层中的作用主要是调节能带位置，改善电子传输层与钙钛矿层的界面接触，增强电子传输层导电性。纳米材料作为钙钛矿修饰剂的作用主要是调控钙钛矿结晶过程，钝化钙钛矿薄膜的缺陷，改善钙钛矿薄膜光电特性及稳定性。纳米材料在界面修饰层中的作用主要是作为电荷转移的能级阶梯，钝化钙钛矿表面缺陷，增强钙钛矿薄膜表面水氧阻隔能力。为了保证纳米材料与钙钛矿器件具有很好的物理化学兼容性，纳米材料的尺寸不能过大。钙钛矿太阳能电池中常见的纳米材料可根据其维度分为 4 类：①零维(zero-dimensional,0D)纳米材料，指空间三维尺度方向均在纳米尺度(1～100nm)的物质，如纳米颗粒、原子团簇和量子点等；②一维(one-dimensional,1D)纳米材料，指有 2 个维度处于纳米尺寸的物质，如纳米纤维、纳米棒、纳米管、纳米线等；③二维(two-dimensional,2D)纳米材料，指有 1 个维度处于纳米尺寸的物质，如纳米片、纳米薄膜等；④三维(three-dimensional,3D)纳米材料，指由纳米尺寸粒子为主体形成的块状材料，如纳米玻璃、纳米陶瓷、纳米金属、纳米高分子、纳米介孔材料等。本节将用以下几个例子来具体介绍纳米材料的制备方法及其在钙钛矿太阳能电池中的应用。

### 9.3.1 卤化铅钙钛矿纳米晶

近年来，卤化铅钙钛矿纳米晶和量子点在发光二极管领域引起了广泛关注。由于量子限域效应，钙钛矿纳米晶和钙钛矿量子点具有较高的光致发光量子产率和较窄的谱线半峰宽，使其成为了制备 LED 的极佳材料。此外，卤化铅钙钛矿纳米晶由于体积小，因而具有较大的比表面积。钙钛矿纳米晶的比表面积对其光电特性极其重要。例如，在一个尺寸为 10nm 的 $CsPbBr_3$ 纳米晶中，大约 20% 的原子在 $CsPbBr_3$ 纳米晶的第一层表面。$CsPbBr_3$ 纳米晶的表面化学性质受其暴露的化学计量、晶体面、有机配体和离子性的影响[26]。和众多的共价半导体纳米晶(如 CdSe 和 InP)不同，卤化铅钙钛矿表现出明显的离子性。卤化铅钙钛矿的离子性也影响了其环境稳定性、电子结构、缺陷容忍度以及配体的结合和通透性[27]。这些特性也使得卤化铅钙钛矿量子点成为了众多领域的研究热点，其中全无机 $CsPbX_3$(X=I、Br、Cl)纳米晶被研究得最多。

$CsPbX_3$(X=Cl、Br、I)纳米晶不仅拥有纳米晶的量子尺寸特性，还具有钙钛矿的优异光电特性。此外，$CsPbX_3$ 纳米晶在化学计量和晶体结构方面和钙钛矿薄膜相近，因此在钙钛矿薄膜界面改性方面具有极大的应用潜力。为了在溶液中制备稳定存在的钙钛矿纳米晶同时钝化其表面缺陷，通常需要引入长链烷基配体。Protesescu 等[28]使用油酸和油胺合成了稳定的 $CsPbX_3$ 纳米晶。油酸和油胺不仅抑制了光电器件中电荷载流子的转移，而且还使配体从 $CsPbX_3$ 纳米晶表面解吸。因此为了提高电荷传输效率，用短链烷基配体取代长链烷基配体（如油胺和油酸）是一种可行的方法。

为了制备光学特性和形貌可控的高质量 $CsPbX_3$ 纳米晶，已有许多研究工作致力于开发可靠且工艺简单的合成方法。$CsPbX_3$ 纳米晶的合成方法主要分为"自上而下"和"自下而上"两大类。自上而下的合成方法包括宏观固体的破碎和建造，该过程可能是物理过程也可能是化学过程，如在表面活性剂作用下球磨制备或化学剥离制备。自下而上的合成是利用分子和离子的气相或液相化学反应实现的。在所有的自下而上的合成方法中，液相合成法被证明是最适合制备胶体 $CsPbX_3$ 纳米晶的策略。目前主要有两种最有效的可控合成 $CsPbX_3$ 纳米晶的方法：热注入法（hot injection method）和配体辅助再沉淀法（ligand-assisted reprecipitation method）。热注入法需要高温和惰性气体气氛，这不可避免地增加了成本并限制了大规模生产。为了克服上述两个难题，配体辅助再沉淀法应运而生，这是一种极具成本效应的替代方法，因为该方法可在室温和大气环境中制备高质量的 $CsPbX_3$ 纳米晶。本节接下来将详细介绍用于合成 $CsPbX_3$ 纳米晶的热注入法和配体辅助再沉淀法的工艺步骤。

**1. 热注入法**

$CsPbX_3$ 纳米晶最成熟的合成方法是热注入法，该方法可获得稳定的 $CsPbX_3$ 纳米晶胶体溶液[29]。热注入法的基本过程是将部分前驱体快速注入到其余前驱体、配体和高沸点的热溶剂中。如图 9-5（a）所示，在热注入法中，$CsPbX_3$ 纳米晶是在高温和惰性氮气中使用三颈烧瓶合成的。在高温条件下由碳酸铯和油酸反应合成油酸铯（Cs-OA）后，将 Cs-OA 和卤化铅（$PbX_2$）在高温下混合，随后在冰浴中冷却。随着温度的突然降低，额外的核生成过程停止，反应终止。$CsPbX_3$ 纳米晶的尺寸和性能取决于前驱体的组成和浓度、反应时间、反应温度和配体的类型。热注入法最显著的优点是制备得到的 $CsPbX_3$ 纳米晶缺陷少且尺寸均匀。此外，通过改变反应时间和温度，可以很容易地调控 $CsPbX_3$ 纳米晶的尺寸和形貌。

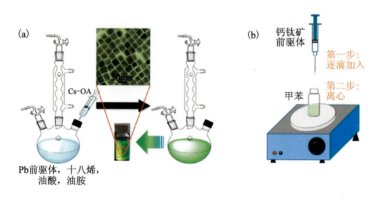

图 9-5 合成 $CsPbX_3$ 纳米晶的两种方法[29-30]
（a）热注入法；（b）配体辅助再沉淀法

热注入法通过分离成核和生长过程，通常可以合成尺寸分布均匀的小尺寸 $CsPbX_3$ 纳米晶。在注入前驱体后,体系会立刻发生快速成核,同时形成小核。此外,单体的快速耗尽终止了成核阶段,且在理想情况下没有新核的形成,此后晶核继续生长。随着时间推移,所有的 $CsPbX_3$ 纳米晶会同时生长变大,这使得 $CsPbX_3$ 纳米晶的尺寸分布较窄。如果反应仍处于尺寸集中状态,即生长环境中仍有大量单体,就会发生这种情况[31]。热注入法合成的胶体 $CsPbX_3$ 纳米晶的尺寸大小、尺寸分布和形貌等关键参数主要受以下因素影响:表面活性剂与前驱体的比例、前驱体的浓度、阳离子或阴离子前驱体的注入温度、反应时间。热注入法最初用于合成 CdS 和 CdSe 胶体纳米晶,Protesescu 等[28]在 2015 年改良扩展了热注入法,并将其用于制备 $CsPbX_3$(X=Cl、Br、I)胶体纳米晶。他们发现,同等比例的胺和酸可促成单分散的 $CsPbX_3$ 纳米晶的形成,其大小可通过改变反应温度来调控。通过简单地调整卤化铅盐的比例($PbCl_2/PbBr_2$ 或 $PbBr_2/PbI_2$),也可以方便地合成混合卤化物钙钛矿纳米晶。通过改变卤化物成分或调整纳米晶的尺寸,制备的纳米晶的荧光发射波长可在整个可见光谱(410~700nm)范围内被精确调制。随后,通过用甲胺溶液代替铯的油酸盐,热注入法还可进一步扩展,用于制备 $MAPbX_3$(X=Br、I)纳米晶[32]。通过改变油胺和油酸终端配体的比例可成功制备 $MAPbBr_3$ 和 $MAPbI_3$ 纳米晶。此外,进一步改变热注入法中的配体组成和比例以及反应温度,可控制合成钙钛矿纳米晶的尺寸和形貌。在一般情况下,在较低的温度(90~130℃)下使用油胺和油酸会导致纳米晶的各向异性生长,从而产生准二维结构形貌的纳米片[33]。此外,在较高的反应温度(170~200℃)和较长的反应时间条件下,会导致纳米线的形成[34]。综上所述,热注入法的应用较为广泛,通过调控反应参数可获得各种形貌、结构和尺寸的胶体纳米晶。

**2. 配体辅助再沉淀法**

和传统的热注入法相比,配体辅助再沉淀法的优点是可在室温和大气环境中合成 $CsPbX_3$ 纳米晶[30]。首先需将 $CsPbX_3$ 前驱体完全溶解在溶剂中,可用的溶剂一般有二甲基甲酰胺(DMF)、二甲基亚砜(DMSO)或带有配体的四氢呋喃(THF)。如图 9-5(b)所示,将 $CsPbX_3$ 前驱体注入低溶解度的溶剂(甲苯或正己烷)中,溶解度的差异导致钙钛矿前驱体立即过饱和,从而形成晶核。通过调整钙钛矿的组成,其尺寸和光学特性可以很容易地进行调整。

过饱和重结晶工艺的起源很早,其历史可以追溯到 5000 多年前盐的重结晶工艺。这个简单的过程包括将所需的离子溶解在溶剂中直至达到其平衡浓度,然后将溶液引入非平衡的过饱和状态。促使溶液达到过饱和状态的方法主要有:改变溶液温度(对溶液进行降温冷却)、蒸发溶剂、添加离子溶解度低的助溶剂等[35]。在 1990 年左右,重结晶技术也被扩展到制备聚合物点和有机微晶领域[36-37]。如果在配体存在的情况下进行重结晶,该方法就被称为配体辅助再沉淀法。配体辅助再沉淀法可在纳米尺度下控制晶体生长,从而可制备胶体纳米晶。此法应用于制备钙钛矿体系时,需要将溶解到极性溶剂中的钙钛矿前驱体滴加到含有配体的不良溶剂中。目前,在采用此法制备金属卤化物钙钛矿时,可使用的盐包括 $PbX_2$、$SnX_2$ 和 CsX、$CH_3NH_3X$、$CH(NH_2)_2X$(X = Cl、Br、I)。两种溶剂的混合会导致前驱体的瞬时过饱和,从而触发钙钛矿纳米晶的成核和生长。相较于热注入法的苛刻条件,配体辅助再沉淀法可使用非常简单的化学设备在大气环境和室温条件下进行。这使得配体辅助再沉淀法很容易用于放大规模的制备,从而实现大规模生产金属卤化物钙钛矿纳米晶,甚至达到以克为单位的大规模制备[38]。和热注入法一样,配体辅助再沉淀法中的成核和生长阶段也不能及时分开。2012 年,Papavassiliou 等[39]最先报道配体辅助再沉淀法合成有机无机杂化金属卤化物钙钛矿纳米晶。他们将 $MAPbX_3$、$(MA)(CH_3C_6H_4CH_2NH_3)_2Pb_2X_7$ 或 $(MA)(C_4H_9NH_3)_2Pb_2X_7$ (X=Cl,Br,I)盐溶解在 DMF(或乙腈)中,合成了尺寸为 30~160nm 的钙钛矿纳米晶,并且合成的钙钛矿纳米晶和块状的钙钛矿相比具有更强的荧光。经过研究人员的努力改进,配体辅助再沉淀工艺得以发展完善,并且进一步应用于 $ABX_3$ 纳米晶体系(A = $CH_3NH_3$、$CH(NH_2)_2$、Cs;B=Pb、Sn、Bi、Sb;X=Cl、Br、I)。尽管配体辅助再沉淀法能够在室温和大气条件下合成各种各样的钙钛矿体系,但是该方法也存在着一些不足。例如,合成的钙钛矿纳米晶对极性溶剂非常敏感,因此在配体辅助再沉淀法合成过程中通常使用的极性溶剂(如 DMF 和 DMSO)很容易降解甚至溶解 $CsPbX_3$ 纳米晶,特别是对于 $CsPbI_3$ 纳米晶。前驱体和极性溶剂间的相互作用对钙钛矿纳米晶中缺陷的形成起着重要作用,这又被称为"溶剂效应"。为了阐明这种所谓的"溶剂效应",Zhang 等[40]研究了不同极性的溶剂对 $MAPbI_3$ 纳米晶结晶过程的影响。根据研究结果可知,$PbI_2$ 能和配位溶剂(DMSO、DMF 和四氢呋喃)形成稳定的中间体,而当 $PbI_2$ 溶解在非配位溶剂(如 γ-丁内酯和乙腈)中时不会形成该复合物中间体。这两种不同的结合模式又对合成的钙钛矿纳米晶的晶体结构产生了不同的影响。$PbI_2$ 和配位溶剂之间的强结合力,会促使形成有缺陷的 $CH_3NH_3PbI_3$ 纳米晶。$CH_3NH_3PbI_3$ 纳米晶表面存在残留的溶剂分子,且内部含有碘空位。当采用非配位溶剂时,$PbI_2$ 能够结晶形成无缺陷的 $CH_3NH_3PbI_3$ 纳米晶。此外,DMF 和 DMSO 是在配体辅助再沉淀法中使用的典型极性溶剂,但它们的沸点很高且具有毒性,这是在大规模生产中亟待解决的难题。

下文将详细介绍 $CsPbBr_3$ 纳米晶作为钙钛矿太阳能电池中的双面修饰剂的应用。基于以上两种方法,研究人员对其进行了改进,在常温和大气环境中通过注入的方法合成了 $CsPbBr_3$ 纳米晶[41]。首先将碳酸铯($Cs_2CO_3$)溶解在丙酸中得到铯盐前驱体,然后将 $PbBr_2$ 溶解在丙酸、2-丙醇和丁胺中合成铅盐前驱体。在室温和空气条件下,将铯盐前驱体加入正己烷和异丙醇中混合均匀。接着将铅盐前驱体快速注入上述混合物中,即可获得 $CsPbBr_3$ 纳米晶悬浮液。最后将 $CsPbBr_3$ 纳米晶悬浮液离心并重新分散在甲苯中保存。对制备得到的 $CsPbBr_3$ 纳米晶进行了一系列的表征来确定其形貌结构组成(图 9-6)[42]。由 TEM 图像[图 9-6(a)]可知,制备得到的 $CsPbBr_3$ 纳米晶具有 10~15nm 的晶粒尺寸且晶化较好。如图 9-6(b)所示,$CsPbBr_3$ 纳米晶的紫外可见吸收光谱和稳态荧光光谱均说明了 $CsPbBr_3$ 纳米晶的吸收边约为 524nm。基于此,可计算得到 $CsPbBr_3$ 纳米晶的带隙是 2.37eV。在 364nm 的紫外光照射下,$CsPbBr_3$ 纳米晶的甲苯悬浮液发出明亮的绿色荧光,这也与 $CsPbBr_3$ 纳米晶的吸收边和带隙相对应。此外,$CsPbBr_3$ 纳米晶在甲苯溶液中分散性良好,因此可用作钙钛矿薄膜的修饰剂。

在一步法旋涂制备钙钛矿薄膜的过程中,将 $CsPbBr_3$ 纳米晶引入钙钛矿薄膜的两侧。如图 9-7(a)所示,在旋涂钙钛矿薄膜之前,将 $CsPbBr_3$ 纳米晶的甲苯悬浮液动态旋涂在 $SnO_2$ 电子传输层上,并且重复 4 次该步骤。随后,将钙钛矿前驱体溶液在 $CsPbBr_3$ 纳米晶修饰的 $SnO_2$ 薄膜表面铺展开,并将之前制备的 $CsPbBr_3$ 纳米晶的甲苯悬浮液稀释到浓度为原浓度的 10%。在旋涂钙钛矿薄膜时,使用稀释过的 $CsPbBr_3$ 纳米晶悬浮液作为反溶剂滴加到高速旋

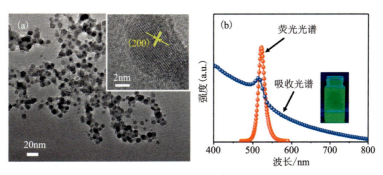

图 9-6 室温条件下合成的 $CsPbBr_3$ 纳米晶的微观形貌和光学表征

(a) HRTEM 图像；(b) 紫外可见吸收光谱和稳态荧光光谱，插图是 $CsPbBr_3$ 纳米晶悬浮液在 365nm 紫外光下的图片[42]

转的钙钛矿表面。最终，将得到的样品在 100℃下退火 10min，进而得到 $CsPbBr_3$ 纳米晶双面修饰的钙钛矿薄膜[标记为 4-CN/PSK(10%CN)]。进一步完成钙钛矿太阳能电池的器件制备，并测试绘制其 $J$-$V$ 曲线即可得到 PCE，结果如图 9-7(b) 所示。相较于原始的钙钛矿太阳能电池（PCE=18.2%），基于 $CsPbBr_3$ 纳米晶双面修饰的钙钛矿器件的 PCE 得到了显著提高（PCE=20.1%）。此外，$CsPbBr_3$ 纳米晶双面修饰的钙钛矿器件也展现出稳态输出电流密度和稳态输出效率[图 9-7(c)]，再次证实了 $CsPbBr_3$ 纳米晶修饰可有效提高钙钛矿太阳能电池的光伏性能。$CsPbBr_3$ 纳米晶纳米材料的引入可有效改善钙钛矿薄膜的质量并减少界面缺陷，为制备高效稳定的钙钛矿光电器件提供了指导。

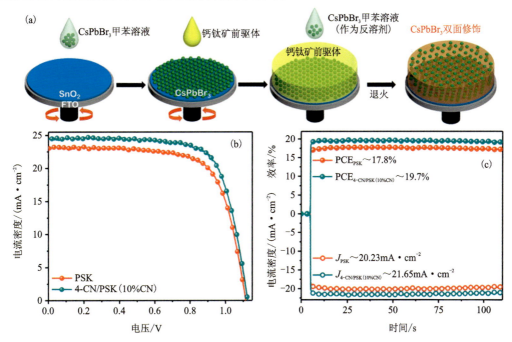

图 9-7 $CsPbBr_3$ 纳米晶双面修饰的钙钛矿太阳能电池的制备过程及其光伏性能

(a) $CsPbBr_3$ 纳米晶双面修饰钙钛矿薄膜的步骤；(b) 原始的和 $CsPbBr_3$ 纳米晶双面修饰的钙钛矿太阳能电池在模拟太阳光下的 $J$-$V$ 曲线；(c) 在最大功率对应偏压下的稳态输出电流密度和稳态输出效率[42]

## 9.3.2 石墨烯量子点

石墨烯(graphene)是一种新型的二维(2D)碳纳米材料,为了更容易理解,也称为单层石墨。石墨烯由曼彻斯特大学的 Geim、Novoselov 和合作者于 2003 年发现[43],他们成功地用胶带将单层石墨机械剥离至 300nm 厚的二氧化硅层的硅芯片上(二氧化硅层有利于观察生长得到的石墨烯薄片)。石墨烯已经在基础和工程研究领域中引发了研究热潮,并且成为了推动纳米技术发展的主要力量之一。石墨烯具有独特的 $sp^2$-杂化碳原子与苯环结构,这种独特的结构使其具有优良的物理化学特性,如高光学透明度(~97.7%)、高杨氏模量(~1TPa)、室温下高流子迁移率(~$2\times10^5$ $cm^2 \cdot V^{-1} \cdot s^{-1}$)、优异的导电性(~$2000S \cdot m^{-1}$)和较好的环境稳定性。石墨烯由于其独特的物理化学性能、高表面积、化学稳定性和低制造成本,在不同领域均具有极广阔的应用前景。其中特别需要注意的是,石墨烯较高的载流子迁移率使其成为了纳米电子应用中最有潜力取代传统硅的材料。但是制备得到的石墨烯为纳米片结构,这在一定程度上使其实际应用受到了一定的限制。例如,石墨烯的表面反应活性是其容易聚集的原因;石墨烯纳米片很难均匀分散在常用的溶剂中;在刻蚀过程中,石墨烯会重组为一维石墨烯纳米带[44]。此外,石墨烯纳米片还是一种零带隙的材料,这样的光学特性是不适合光电子应用的。

进一步将石墨烯的维度降低到零维,可以得到石墨烯量子点(graphene quantum dot,GQD)。GQD 是单层或少层石墨烯,但其尺寸很小,只有几纳米,具有特殊的量子限域效应和边缘效应,这使得 GQD 与传统的量子点和石墨烯都不同。GQD 材料和其他的零维碳质纳米材料是不同的。例如,碳纳米点(carbon dots)通常是尺寸小于 10nm 的准球形碳纳米粒子,而 GQD 在微观形貌上可视为尺寸极小的石墨烯纳米片,因此碳纳米点和 GQD 在微观形貌上是不同的。2004 年,碳纳米点首次从电弧放电的烟尘中被分离出来[45],之后也有许多的研究人员成功制备了碳纳米点。大多数的碳纳米点含有 $sp^2$—π 键,这是纳米晶体石墨的典型特征,但通常缺乏结构表征鉴定数据。GQD 可以被定义为尺寸小于 100nm 且厚度小于 10 层石墨厚度的石墨烯纳米点[46]。和传统的碳纳米点相比,GQD 具有"分子状"特征而不是胶体状特征。这种特征也赋予了 GQD 合适的功能化和可调整的光电特性,有效提高了 GQD 的光致发光效率。此外,GQD 一些独特的光电特性已经被发现,例如,GQD 的热电子寿命长达数百皮秒,以及利用 GQD 可实现钙钛矿薄膜到 $TiO_2$ 界面的超快热电子提取(时间常数<15fs)[47]。GQD 还具有更大的溶解度、化学惰性、表面可化学嫁接、易后期处理和低细胞毒性等优点,这些优点有助于拓展 GQD 在各种新兴光电领域的应用范围。因此,GQD 在不同的应用领域都得到了深入的研究,特别是在下一代电子产品中的应用,得到了科研界和工业界的持续关注。尽管石墨烯纳米片已经具有特殊且优异的电子特性,但固有的零带隙限制了它的应用,必须在实际应用前解决此难题。GQD 能有效解决限制传统石墨烯纳米片进一步发展应用的难题,可将其应用拓展到光伏器件、有机显示器和储能系统等应用中[48]。与其他无机量子点材料相比,GQD 具有极好的生物兼容性、良好的光致发光量子产率、低毒性和出色的抗光降解能力,因此也被广泛应用于生命科学领域,如生物成像和生物传感[49]。

GQD 的合成方法一般分为两类:自上而下的方法和自下而上的方法。自上而下的方法基于消融预先存在的石墨烯结构中不必要的部分。裂解碳质材料的方法有多种,如酸性氧化、水热切割、微波辅助切割、电化学方法、电子束光刻和氧等离子体刻蚀等。很多研究工作中的 GQD 都是采用自上而下的方法制备的。然而,自上而下的方法存在产量低、石墨烯结构易损坏和 GQD 形貌不可控等问题。自下而上的方法虽然制备过程更加复杂,但是能够生产尺寸更小且形貌更均匀的 GQD。目前已有学者采用一种打开 $C_{60}$ 分子的巧妙方法,制得形貌、尺寸和分子量几乎相同的 GQD[50]。此外,大多数自下而上的合成方法基于溶液中的逐步化学反应,以胶体形式制备 GQD,这使得制备工艺更为复杂。

下面详细介绍自上而下的方法和自下而上的方法合成 GQD 的具体步骤[51]。首先介绍常用的自上而下法制备 GQD 的具体合成方法及其工艺步骤。

(1)水热法合成 GQD。水热合成 GQD 的方法首先是由 Pan 等[52]报道的,该方法将石墨烯纳米片进行化学切割,制备尺寸为 5~13nm 的 GQD。该合成方法步骤如下:首先在浓硫酸中对还原氧化石墨烯纳米片进行加热预处理,获得尺寸为 2~50nm 的石墨烯纳米片,并且此时石墨烯纳米片表面已被氧化,带有富氧官能团,如羧基、羟基和环氧基;之后将制得的石墨烯纳米片溶解在水中并控制溶液的 pH 值为 8,在 200℃下对功能化的石墨烯纳米片进行 10h 的水热处理[图 9-8(a)];将得到的产物进行透析可得直径为 5~13nm、厚度为 0.4~1.2nm 的 GQD。为了获得尺寸更小的 GQD,Pan 等[53]优化了制备方法,使用横向高度为 1.1nm 的氧化石墨烯纳米片来制备结晶较好的 GQD。在预处理之后,将氧化石墨烯纳米片在 pH 值大于 12 的水溶液中进行水热切割,获得直径为 1.5~5nm 的 GQD。在合成过程中,线性的羧酸、环氧树脂和羧基通过酸的氧化反应与碳原子晶格结合,包围 $sp^2$ 簇的混合线性碳链进一步将其氧化为羧基对。这些缺陷成为后续水热脱氧过程中环氧基团的线上交叉氧原子的指定破裂点,因此细小的碎片最终破碎形成 GQD。石墨烯纳米片的实际横向结构保持不变,因此最终合成的 GQD 具有与起始材料类似的有序单层晶体结构。

(2)溶剂热法合成 GQD。溶剂热法使用有机溶剂(如 DMF、DMSO 和苯)来合成 GQD。在采用溶剂热法合成 GQD 的过程中,溶剂的物理化学性质对 GQD 产物的最终尺寸和形貌有直接影响。Zhu 等[54]以 DMF 为还原剂,将氧化石墨烯分解为可发出绿色荧光的 GQD。主要合成步骤如下:首先将还原氧化石墨烯在 DMF 中超声处理,然后将其在高压反应釜中 200℃加热 5h,最后分离出棕色的透明悬浮液并加热蒸发掉溶剂,即可得到 GQD。该方法制备得到的 GQD 具有 5.3nm 的平均直径和 1.2nm 的平均厚度。

(3)超声法合成 GQD。超声波可以在液体中产生交替的低压波和高压波,导致小型真空气泡的形成和破裂。该空化作用导致高速撞击的液体喷射和强大的流体动力剪切力,因此借助超声波的空化作用可将石墨烯纳米片破碎成 GQD。最典型的 GQD 超声制备过程是:首先将石墨烯纳米片在浓硫酸或者浓硝酸中氧化,然后将其超声 12h 即可制备得到 GQD[图 9-8(b)][55]。该方法可以制备直径为 3~5nm 的单分散 GQD。

(4)化学剥离法合成 GQD。化学剥离法是利用酸性条件下的氧化反应对石墨进行化学剥离。首先对六苯并蒄进行 1200℃的高温处理,得到人造石墨,然后通过 Hummers 法进行剥离得到氧化石墨烯片。随后用聚乙二醇将氧化石墨烯回流 2d,然后用联氨进行还原处理。所制备的 GQD 直径为 60nm,平均厚度为 2~3nm,对应 3~4 层石墨烯层,因此采用该方法得到的 GQD 尺寸较大。为了进一步制备尺寸较小的 GQD,研究人员改良了化学剥离法。将微米级的碳纳米纤维用浓硫酸和浓硝酸混合酸溶液在不同温度下处理 24h,可得到不同尺寸的

GQD[图 9-8(c)][56]。在 120℃下制备的 GQD 直径为 7~11nm,在 100℃下制备的 GQD 直径为 4~8nm,在 80℃下制备的 GQD 直径为 1~4nm。此外,制备的 GQD 厚度为 0.4~2nm,对应 1~3 层石墨烯层。

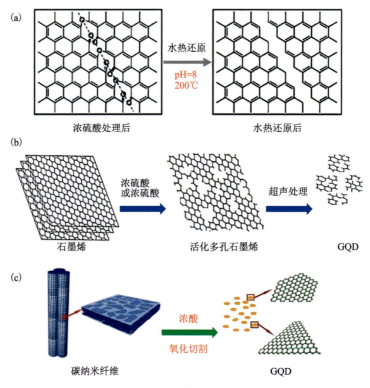

图 9-8　GDQ 制备方法示意图

(a)石墨烯纳米片水热还原制备 GQD 示意图[52];(b)超声法合成 GQD 的示意图[55];
(c)化学剥离法从碳纳米纤维制备 GQD 的示意图[56]

(5)微波辅助剥离法合成 GQD。微波合成技术被广泛应用于合成纳米材料,主要具有以下优点:可实现快速且均匀的加热;反应时间较短;最终产物的产量和纯度较高。在一步法微波辅助化学氧化过程中,分散有还原氧化石墨烯纳米片的酸溶液在微波辐射 3h 后可得到发出黄绿色荧光的 GQD[57]。制备得到的 GQD 的直径为 2~7nm,厚度为 0.5~2nm(1~2 层石墨烯)。通过硼氢化钠进一步还原后,GQD 发出明亮的蓝色荧光,且形貌和尺寸没有变化。

除了自上而下的方法外,自下而上的方法制备 GQD 也被众多的研究工作证明是可行的。以下是常用的自下而上法制备 GQD 的具体合成方法及其工艺步骤。

(1)逐步有机合成法合成 GQD。高质量和均匀有序的 GQD 可以通过精密的化学合成法来实现。有机合成的过程通常涉及较小的类石墨烯分子(如多环芳烃分子),但是制备具有良好溶解性的大尺寸 GQD 是非常困难的。在大多数情况下,由于缺乏与芳香族分子边缘相互作用的脂肪族侧链,制备得到的 GQD 通常会聚集在一起。为了减小石墨烯层之间的表面相互作用,可以利用 2,4,6-三烷基苯基团修饰,从而在石墨烯分子边缘构建共价键[58]。该方式在石墨烯分子周围构建了三维分子笼,因此增加了每层之间的距离,并改善了含有共轭碳原子的 GQD 的溶解度。此外,逐步有机合成法属于湿法合成的一种,有利于对 GQD 表面进行功能化，从而合成具有不同特性的 GQD，这是逐步有机合成法的一大优点。但是逐步有机合成法在生产、纯化和表征较大的 GQD 等方面仍较困难。

(2) 前驱体热解法合成 GQD。前驱体热解过程是指在无氧的情况下，对用作原料的有机分子进行高温分解的过程。热解过程会导致化学成分和物相的不可逆变化。通过修饰碳化的条件并将热解产物分散在碱性介质中，基于柠檬酸等前驱体的热解可以产生直径为 15nm，厚度为 0.5~2nm 的 GQD[59]。通过长时间加热可以实现前驱体的完全碳化，从而产生直径为 100nm，厚度约为 1nm 的氧化石墨烯纳米片。

(3) 富勒烯开笼法合成 GQD。富勒烯($C_{60}$)作为碳源，利用强酸和化学氧化剂的混合物对其进行处理，可实现富勒烯的氧化、开笼和破碎，最终可得到 GQD[60]。此外也有研究人员成功在金属钌基体表面制备尺寸均匀的 GQD[50]。金属钌在高温下可作为分解 $C_{60}$ 分子笼结构的催化剂，开笼后的分子碎片被重新组装形成团簇，从而得到 GQD。

GQD 材料在太阳能电池领域展现出了极大的应用潜力。以下是典型的酸性氧化合成 GQD 的具体步骤及制备得到的 GQD 在钙钛矿太阳能电池中的应用[61]。GQD 是通过石墨粉的酸性氧化得到的。首先将石墨粉分散在体积比为 1∶3 的浓硝酸($HNO_3$)和浓硫酸($H_2SO_4$)的混合酸溶液中。然后将该混合溶液移至烧瓶中，并在 120℃下搅拌 10h。待反应体系冷却后，用去离子水稀释悬浮液，然后用足量的碳酸氢钠($NaHCO_3$)将体系调节为中性。为了去除中和反应后产生的钠盐($Na_2SO_4$ 和 $NaNO_3$)，将溶液进行浓缩和降温冷却，重复该操作 3 次使钠盐析出，然后用孔径为 $0.22\mu m$ 的滤纸过滤掉溶液中形成的钠盐沉淀物。最后，用 3500D 的透析袋对上清液进行纯化，即可得到 GQD 水溶液，进一步冷冻干燥可得到 GQD 粉末。

图 9-9(a)是合成的 GQD 的傅里叶变换红外(FTIR)图谱。波数在 1097、1353、1579 和 3307$cm^{-1}$ 的吸收峰依次对应 GQD 中 C—O、C—H、C═C 和 —OH 的基团振动。如图 9-9(b)所示，GQD 的 C 1s 高分辨 X 射线光电子能谱(XPS)去卷积可得到结合能位于 284.6、285.5 和 288.3eV 的 3 个峰，依次对应 C—C、C—O 和 C═O。通过 FTIR 图谱和 XPS 图谱可知，酸性氧化合成方法在消融石墨晶格结构的同时也使其发生了氧化，从而导致 GQD 表面被羟基和羧酸基团功能化。但是羧基和羧酸均为亲水基团，这也使得 GQD 具有优越的亲水性，并能很好地分散在极性溶剂中。此外，通过 TEM 图像[图 9-9(c)]可知，GQD 尺寸较为均匀，直径为 2~3nm。如图 9-9(c)中的插图所示，GQD 的水溶液在 365nm 的紫外光照射下发出黄色的荧光，这进一步证明了 GQD 是具有稳定光致发光的零维纳米材料。综上所述，利用 GQD 修饰 $MAPbI_3$ 钙钛矿是可行的，GQD 表面的亲水基团能与钙钛矿很好地结合并调控钙钛矿的结晶过程。

GQD 可用作钙钛矿薄膜的修饰剂，在一步法制备钙钛矿薄膜的过程中，在钙钛矿前驱体溶液中引入 GQD[62]。由原始的钙钛矿薄膜(Pristine)表面的 SEM 图像[图 9-10(a)]可知，原始钙钛矿薄膜由尺寸较小的钙钛矿晶体组成，晶粒尺寸从 100nm 到 200nm 不等，它们的边界不是紧密接触的，可观察到明显的针孔。但由 0.1% 质量浓度 GQD 修饰的钙钛矿薄膜(G0.1)的 SEM 图像[图 9-10(b)]可以看出，钙钛矿的晶粒尺寸增大到约 300nm，并且钙钛矿薄膜的表面变得更为平整，针孔数量明显减少。上述表征结果说明 GQD 可调控钙钛矿薄膜的结晶过程，适量的 GQD 可作为钙钛矿异相成核的位点，其表面的亲水基团确保了 GQD 能与钙钛矿紧密结合。进一步制备基于 FTO/$TiO_2$/PSK/Spiro-OMeTAD/Au 器件结构的钙钛矿太阳能电池并测试其 PCE[图 9-10(c)]。相较于原始的钙钛矿器件，基于 GQD 修饰的钙钛矿器件的

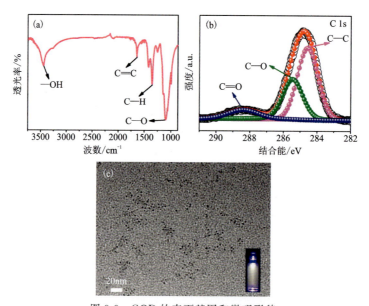

图 9-9 GQD 的表面基因和微观形貌

(a)FTIR 图谱；(b)C 1s 高分辨 XPS 图谱；(c)TEM 图像和 GQD 水溶液在 365nm 紫外光照射下的照片[62]

PCE 提高了 11%。这是由于 GQD 可捕获钙钛矿薄膜内的光生电子并促进其向 $TiO_2$ 电子传输层转移。综上所述，GQD 修饰是一种能有效提高钙钛矿薄膜质量的方法，这也为 GQD 在基于钙钛矿的光电器件中的应用提供了思路。

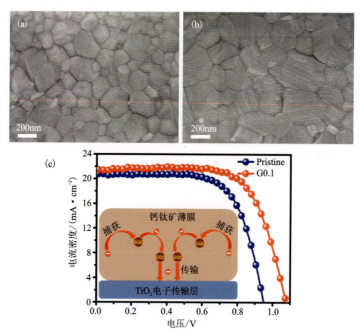

图 9-10 有无 GQD 修饰的钙钛矿薄膜形貌和器件光伏性能

(a)原始的钙钛矿薄膜的表面 SEM 图像；(b)GQD 修饰的钙钛矿薄膜的表面 SEM 图像；(c)经两者修饰的钙钛矿太阳能电池在模拟太阳光下的 $J$-$V$ 曲线[62]

### 9.3.3 石墨炔

石墨炔(graphdiyne,GDY)作为碳的同素异形体中的一种新型材料,最近引起了极大的关注。与单一杂化碳组成的材料不同,GDY 的二维平面结构同时具有苯环($sp^2$ 杂化碳)和乙炔键(sp 杂化碳)。乙炔键与苯环共轭,芳烃键在一定程度上收缩,表明了 GDY 中碳原子的杂化效应。此外,增加乙炔键的数量也不会造成较大的结构变化[63]。GDY 的结构设计比石墨烯更灵活,因为 GDY 更容易进一步形成弯曲的结构。相较于石墨烯,GDY 的另一个特点是能使用温和的化学方法合成,这使得 GDY 的结构调控和形貌优化变得更容易。各种形貌调控、各类原子掺杂和复合结构构建可以很容易地在 GDY 上实现,因此 GDY 结构优化的可能性更大。目前已有的理论研究和实验结果表明,GDY 在太阳能电池、光催化、电催化、超级电容器及电池等领域展现出巨大的潜力[64]。

炔烃化学在有机合成领域中占有重要地位。1869 年,格拉泽(Glaser)首次以苯乙炔为原料,通过铜盐(CuCl)催化剂合成了 1,3-二乙酰苯,该反应被称为格拉泽偶联反应。此后,该反应被不断改进,并被广泛用于化学合成领域[65-66]。各种炔烃基团的偶联反应和机理研究得以飞速发展,通过偶联多炔烃化合物来合成聚合物的想法也应运而生。2010 年,李玉良院士团队首次使用交叉偶联法合成了 GDY 薄膜,这是炔烃偶联研究领域里程碑式的突破,也是人们首次合成 GDY 纳米材料[67]。目前,根据合成过程中的反应环境,GDY 的合成方法主要可分为湿化学法和干化学法。湿化学法主要包括铜基材催化合成法、界面辅助合成法、控释法、模板法。干化学法主要包括化学气相沉积(CVD)法和爆炸合成法。

以下是常用的湿化学合成法制备 GDY 的具体合成方法及其工艺步骤。

(1)铜基材催化合成法。GDY 在铜基材上的合成方法,是由李玉良院士团队提出的最经典合成方法,其主要合成步骤如图 9-11 所示[67]。在 GDY 的合成反应过程中,铜箔在吡啶(弱碱性)的存在下可以生成 $Cu^+$ 和 $Cu^{2+}$,并且 $Cu^+$ 和 $Cu^{2+}$ 参与交叉偶联反应。首先,$Cu^+$ 与六乙炔基苯的末端炔键配位形成中间体,这活化了低活性的 C—H 键。该中间体会在吡啶的气氛中被去质子化,接着通过释放 $Cu^{2+}$ 在末端炔烃间形成 C—C 键。因此,在 GDY 的形成过程中,铜箔不仅是 GDY 薄膜生长的基底,也是交叉偶联的催化剂。单体在溶液中进行交叉耦合反应,并在铜离子的催化下转化为 GDY。

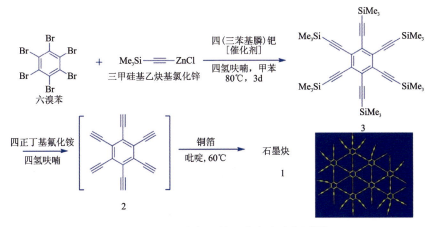

图 9-11 GDY 在铜基材上的合成路线图[67]

(2)界面辅助合成法。为了制备得到高质量的GDY薄膜,研究人员不断地对合成方法进行优化,发现利用两相界面进行GDY生长,有利于获得大面积GDY薄膜。Matsuoka等[68]首次成功在两种不同性质的溶液界面上制备了GDY。上层水相中的乙酸铜和吡啶被用作偶联催化剂,而下层有机相中的二氯甲烷中有单体分散。反应开始时,由于有机层被纯水覆盖,可确保反应缓慢进行,从而在界面处形成了均匀的大面积GDY膜。与传统的溶液法相比,界面辅助合成法能在室温下制备GDY薄膜,该工艺过程更加简单和环保。此外,在界面上形成的均匀GDY薄膜易于分离,扩展了GDY的应用领域。

(3)控释法。一般来说,在铜基材催化合成法制备GDY工艺中,GDY的厚度取决于单体的浓度。由于溶液中存在大量的铜离子,因而单体浓度过低不利于形成连续的GDY薄膜。为了减少溶液中无效的铜离子,Zhao等[69]提出了在任意基底上制备连续GDY薄膜的控释策略。在控释法中,溶液中的铜离子浓度可以得到调控。首先制备醋酸铜[$Cu(OAc)_2$]催化剂和聚乙烯吡咯烷酮(PVP)聚合物的混合溶液,然后将该混合溶液铺展到要沉积的基体(如$SiO_2$、ZnO、Al等)表面并干燥。溶液干燥后形成PVP/$Cu(OAc)_2$复合膜,其中的$Cu^{2+}$被PVP的链状结构所束缚。然后将六乙炔基苯溶于体积比为20:1的丙酮和吡啶的混合溶剂中。PVP在该溶剂中几乎不溶解,而$Cu(OAc)_2$在该溶剂中微溶。当覆盖有PVP/$Cu(OAc)_2$薄膜的基材被浸入六乙炔基苯的丙酮/吡啶混合物中时,由于$Cu(OAc)_2$在该溶剂中的溶解度较低,$Cu^{2+}$以适当的速度从PVP/$Cu(OAc)_2$薄膜中释放出来。逸出的$Cu^{2+}$会形成一个浓度梯度,在基底和溶液的固/液界面处催化GDY的合成。最后在室温条件下放置3d后,即可在目标基底上得到高质量且连续的GDY薄膜。在交叉耦合反应过程中,PVP使得$Cu^{2+}$缓慢释放,因此控释法实质上控制的是反应过程中$Cu^{2+}$的释放速率,确保溶液中$Cu^{2+}$浓度不会过高。控释法的优势在于可在不同的基体表面制备平整、均匀的GDY薄膜。无论是平整的玻璃表面还是多孔的硅胶表面,在其表面均可均匀沉积GDY。

(4)模板法。利用形貌合适的反应基体是制备目标形貌GDY的理想策略。例如,利用氧化铜纳米球作为催化剂和基底模板,可成功制备GDY空心纳米球[70]。首先制备直径为400~500nm的CuO纳米球模板,在合成GDY的过程中该纳米球作为提供$Cu^{2+}$的催化剂和基体模板。接着当CuO纳米球模板浸泡在六乙炔基苯前驱体的吡啶溶液中时,$Cu^{2+}$会被释放出来,进行催化偶联反应,从而在CuO纳米球的固/液界面实现GDY的合成。在经过2d的反应后,CuO纳米球的表面会包覆GDY外壳,形成CuO@GDY的核壳结构。最后经过退火和盐酸溶液腐蚀CuO纳米球,得到GDY空心纳米球,这样的中空结构使其具有更大的比表面积,拓展了GDY的应用领域。

除了湿化学合成法,干化学合成法也被证明可成功用于制备GDY。以下是常用的干化学合成法制备GDY的具体合成方法及其工艺步骤。

(1)CVD合成法。作为高结晶度材料的重要热化学合成方法,CVD合成法在各种碳材料薄膜的合成中被广泛使用。利用六乙炔基苯作为前驱体,可成功在银基体表面通过CVD合成法生长GDY薄膜[71]。使用银箔外壳,前驱体的沉积速率可以很容易地控制。由于热蒸发造成的银损失较少,退火后的银外壳内表面比外表面更光滑。粗糙的表面会阻碍单体前驱体的表面扩散,不利于形成规则的二维网络结构。因此使用银箔外壳,能够从其内表面获得均匀连续的碳网络结构。图9-12(a)是CVD合成法制备GDY薄膜的装置示意图。六乙炔基苯前驱体放在氩气气流上游,并通过载气输送到银基体表面。六乙炔基苯溶解于丙酮溶剂中,由于六乙炔基苯的化学活性高,因而通过加热很容易发生聚合形成不溶物。高温会破坏六乙炔基苯的分子骨架结构,因此选取150℃的低温可成功实现GDY的聚合。图9-12(b)是GDY的理想化生长过程示意图。在热激活和银基体表面的催化下,两个吸附的六乙炔基苯单体之间炔键的共价C—C连接通过$C_{sp}$—H键的裂解形成。再经过一段时间的生长,即可在银箔表面获得连续的GDY薄膜。CVD合成法制备GDY薄膜不仅实现了单体的均匀分布,还有效地控制了前驱体的沉积速率。

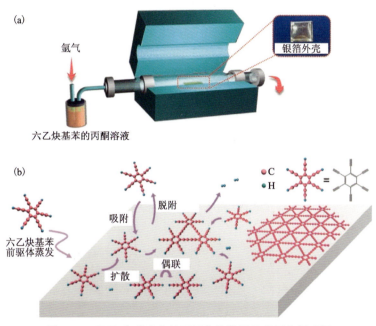

图 9-12 CVD合成法生长石墨炔的装置示意图和原理图
(a)装置示意图;(b)GDY生长过程示意图[71]

(2)爆炸合成法。为了推动GDY的工业化应用,人们需要一种快速、高效的制备方法。Zuo等[72]采用爆炸合成法在空气环境和无催化剂的条件下成功制备了GDY。该研究工作探究了3种控制六乙炔基苯的交叉耦合反应的热处理方式。在氮气气氛中以10℃/min的升温速率逐渐加热到120℃后,浅黄色的六乙炔基苯前驱体转化为深黑色GDY。相较于六乙炔基苯前驱体,生成的GDY没有明显体积变化,进一步表征发现制备的GDY为纳米带形貌。当在空气环境中以同样的升温速率进行合成时,一旦温度上升至90℃,就会引发类似制作爆米花时的爆炸现象,导致最终产物的体积增大了6倍。和氮气气氛条件相比可知,空气中的氧气能够催化反应,加速耦合反应的脱氢作用。此外,该条件下制备的GDY呈现三维框架结构形貌,这也印证了产物体积显著增加的现象。如果将六乙炔基苯直接加入120℃的空气环境中,将会立即诱发更剧烈的爆炸,GDY产物呈现纳米链的形貌,最终GDY产物的体积增加48倍。因此,在爆炸合成法中,可通过调控气体环境和加热速率来改变GDY的形貌。爆炸合成法以六乙炔基苯为前驱体原料,制备GDY的产量可达到98%,高于其他合成方法。此外,传统方法合成GDY的过程是温和且缓慢的,通常利用六乙炔基苯单体和催化剂结合进而获得具有高结晶度的GDY。与传统方法不同的是,爆炸合成法制备过程短且无催化剂参与,极大节省了工艺成本。因此,爆炸合成法为大规模 GDY 的快速制备提供了一个有效思路。但是爆炸合成法的反应过于迅速,存在制备安全隐患。如果要实现工业化大规模制备,还需要进一步优化处理工艺。

接下来介绍利用在上述铜基材上合成的 GDY 的形貌结构表征及其在钙钛矿太阳能电池中的应用[73]。通过 GDY 的 TEM 图像[图 9-13(a)],可以观察到 GDY 主要是以纳米片的形式存在。图 9-13(b)是图 9-13(a)中局部放大的 HRTEM 图像,其中弯曲条纹的层间距约为 0.35nm,这和 GDY 的理论层间距 0.36nm 十分接近。从 GDY 的原子力显微镜(AFM)图像[图 9-13(c)]可知,GDY 纳米片的表面存在多孔结构,其厚度约为 2nm。因此,TEM 和 AFM 测试结果证实了 GDY 具有多孔的二维纳米片形貌。将 GDY 的 C 1s 高分辨 XPS 图谱[图 9-13(d)]进行去卷积可得到结合能位于 284.4eV、285.0eV、286.8eV 和 288.4eV 的 4 个峰,它们依次对应于 C=C($sp^2$)、C≡C(sp)、C—O 和 C=O 的 C 1s 轨道。此外,GDY 中 $sp^2$ 和 sp 碳原子所对应的峰面积比约为 0.5,证明了 GDY 中带有共轭二元链接的苯环(—C≡C—C≡C—)结构[图 9-13(f)]。图 9-13(e)为 GDY 的 FTIR 图谱,从中可发现 GDY 的表面含有包括 O—H、C—OH、C—O 和 C≡C 的含氧基团。综上所述,基于铜基材的方法成功制备了表面具有含氧基团的多孔 GDY 纳米片。

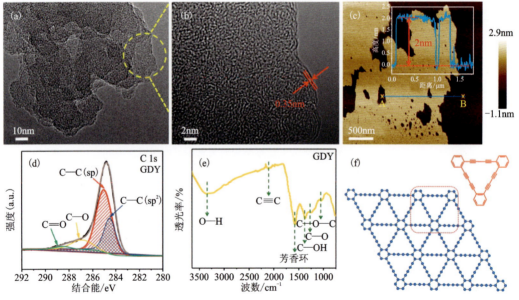

图 9-13 铜基材上合成的 GDY 的微观相貌、厚度、表面基因及原子结构
(a)TEM 图像;(b)HRTEM 图像;(c)AFM 图像;(d)C 1s 高分辨 XPS 图谱;(e)FTIR 图谱;
(f)原子结构示意图[73]

将 GDY 纳米片分散到无水氯苯中,并将其用作一步法合成钙钛矿薄膜的反溶剂[73],成功地在钙钛矿薄膜接近表面的地方引入了 GDY。研究人员进一步制备了基于 FTO/$TiO_2$/PCBM/PSK/Spiro-OMeTAD/Au 器件结构的钙钛矿太阳能电池,并测试了其光伏性能。如图 9-14(a)所示,原始钙钛矿器件(PSK)的反扫效率(reverse scan)为 18.3%,正扫效率(forward scan)为 16.7%;而基于 GDY 修饰的钙钛矿器件(PSK/GDY)的反扫效率增加到

19.6%,正扫效率增加到 18.5%。此外,GDY 修饰的钙钛矿器件还拥有比原始钙钛矿器件更小的迟滞效应。如图 9-14(b)所示,相比于原始钙钛矿器件,基于 GDY 修饰的钙钛矿器件也具有更高的稳态输出电流密度(约为 21.31mA/cm$^2$)和稳态输出效率(约为 19.2%)。GDY 提高钙钛矿太阳能电池性能的主要原因是 GDY 的光生空穴具有收集和传导作用,这有利于光生电子和空穴在钙钛矿薄膜内部的有效分离[图 9-14(c)]。此外,GDY 于钙钛矿界面处形成的肖特基势垒确保了光生空穴从钙钛矿到 GDY 的单相传输,这也有助于钙钛矿层到空穴传输层的空穴抽取。综上所述,GDY 作为一种新兴的二维碳纳米材料,在钙钛矿光伏领域已展现出巨大的应用潜力。

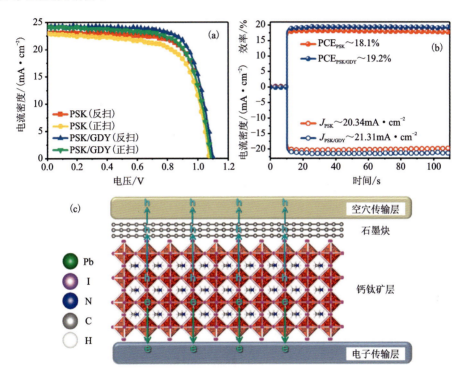

图 9-14 有无 GDY 修饰的器件光伏性能及其电荷转移机理示意图

(a)原始的和 GQD 修饰的钙钛矿太阳能电池在模拟太阳光下的 J-V 曲线;(b)在最大功率对应偏压下的稳态输出电流密度、稳态输出效率;(c)基于 GDY 修饰的钙钛矿器件内的光生电子、空穴转移示意图[73]

## 9.3.4 二维钙钛矿

传统三维结构的金属卤化物钙钛矿材料存在稳定性差的问题,严重阻碍了钙钛矿太阳能电池的实际应用。为了解决此问题,在其晶格结构中引入长链有机分子,构建二维 Ruddlesden-Popper 钙钛矿是一种有效的方法。长链有机分子可以延缓空气中的水分对钙钛矿薄膜中有机成分的直接侵蚀,从而提高钙钛矿的环境稳定性。近年来,随着新型光电材料的发展,二维 Ruddlesden-Popper 钙钛矿因其优异的光电性能和稳定性再次成为研究热点。由于长链有机分子隔离了卤化铅八面体,二维钙钛矿表现出多量子阱结构[74]。二维钙钛矿的化学通式为 $R_2A_{n-1}B_nX_{3n+1}$,其中 R 是将钙钛矿晶格隔开的长链有机阳离子,A 是短链有机阳离子,B 是金属阳离子,X 是卤素阴离子。长链有机阳离子必须含有末端官能团,与卤素阴离子相互作用。此外,长链有机阳离子应不和其余有机分子发生反应,能与无机金属阳离子和卤素阴离子稳定共存。二维 Ruddlesden-Popper 钙钛矿中最常见的长链分子阳离子是正丁基铵($n$-BA)和 2-苯基乙基铵(PEA)。在二维钙钛矿晶胞结构中,$BX_6$ 八面体循环结构两侧被长链有机阳离子隔开,$n$ 决定了沿夹层方向的 $BX_6$ 八面体的数量。由于长链有机阳离子始终是绝缘的,该夹层结构就像一个多量子阱结构,其中无机 $BX_6$ 八面体循环结构作为阱,而有机层作为势垒。由 $BX_6$ 八面体结构严格的周期性空间排列,并且 $BX_6$ 八面体循环结构周围被长链有机阳离子隔开,二维钙钛矿可以视为由二维量子阱块体装配而成。宽带隙长链有机配体将内部 $BX_6$ 八面体循环结构隔开,可有效抑制 $BX_6$ 八面体循环结构间的相互作用,这使得块状二维钙钛矿晶体表现出单个 $BX_6$ 八面体循环结构的固有特性[75]。因此,这些 Ruddlesden-Popper 层状钙钛矿被称为二维钙钛矿或准二维钙钛矿。钙钛矿的维度取决于沿夹层方向堆积的 $BX_6$ 八面体单元的层数。当 $n$ 大于 4 时,通常指的是准二维钙钛矿。$BX_6$ 八面体循环单元之间的疏水长链不仅可以有效地隔离空气中的水分,提高钙钛矿的环境稳定性,而且还会引入介电限域效应,使钙钛矿具有较高的激子结合能[76]。此外,研究人员已通过改变八面体层数和化学组成成功调控了二维钙钛矿的带隙和光学特性,使得二维钙钛矿能够适用于各种光电器件。

目前,制备二维 Ruddlesden-Popper 钙钛矿的方法主要有机械剥离法、液相剥离法、液相合成法、胶体合成法、CVD 合成法。由于二维 Ruddlesden-Popper 钙钛矿具有范德华层状晶体结构,因而可以通过非常简单的工艺获得原子级的钙钛矿薄层,这和制备传统的石墨烯二维材料的工艺类似。使用微机械剥离技术可以制备具有一层到几层厚度的 $(C_6H_9C_2H_4NH_3)_2PbI_4$ 薄片[77]。机械剥离法非常适用于制备超薄的二维钙钛矿纳米片,可以获得不同层数的准二维钙钛矿。但是该法无法精准调控二维钙钛矿薄片的直径和厚度,且无法大规模批量生产,因此机械剥离法不能用于二维钙钛矿的实际批量制造。此外,将长链有机分子插入三维钙钛矿的晶胞结构也是制备二维 Ruddlesden-Popper 钙钛矿的有效策略。基于此原理,液相剥离法也被用于由三维钙钛矿合成二维 Ruddlesden-Popper 钙钛矿。已有研究工作报道,成功利用液相剥离法制备二维钙钛矿 $OlAMA_{n-1}Pb_nX_{3n+1}$(其中 OlA 表示油胺阳离子 $C_9H_{17}NH_3^+$,X 代表 $Cl^-$、$Br^-$、$I^-$)[78]。在采用液相剥离法的制备过程中,$MAPbX_3$ 微晶粉末首先与 OlA 一起分散在甲苯溶剂中,并进行大功率的超声处理。然后,通过离心去除大颗粒即可得到 $OlAMA_{n-1}Pb_nX_{3n+1}$ 二维钙钛矿纳米片的分散液。该方法仅依赖于溶剂的使用,并且通过优化汉森溶解度参数,可以有效地降低剥离所需的能量。因此在该反应体系中,配体 OlA 将协助 $MAPbX_3$ 微晶结构的剥离,保护获得的二维钙钛矿纳米片不团聚,并使其可在有机溶剂中分散。采用液相剥离法可大批量地制备二维钙钛矿,但是只能制备较薄的纳米片,二维钙钛矿的厚度难以控制,并且制备得到的二维钙钛矿晶体质量较差。为了实现大批量合成高晶体质量的二维钙钛矿,研究人员开发了液相合成法来制备原子级厚度的二维钙钛矿。已有研究人员通过液相合成法成功制备了原子级厚度的 $BA_2PbBr_4$(BA 表示丁基胺 $C_4H_9NH_3^+$)二维钙钛矿[79]。该研究工作使用超低浓度的 BABr 和 $PbBr_2$ 作为前驱体原料,在氯苯/二甲基甲酰胺/乙腈三元有机溶剂中,通过控制蒸发温度在 $Si/SiO_2$ 基底表面上制备了单层和少层的 $BA_2PbBr_4$ 二维钙钛矿纳米片。通过使用不同的前驱体原料,该液相合成法也可进一步应用于不同卤素阴离子的 $BA_2PbX_4$(X 代表 $Cl^-$、$Br^-$、$I^-$ 或混合卤素阴离子)二维钙钛矿纳米片的合成。液相合成法工艺过程中的主要影响参数是溶剂体积比、结晶温度和溶剂极性。此外，该制备方还可进一步用于合成混合阳离子二维钙钛矿纳米片。但是液相合成法仍有难题有待解决，如合成的二维钙钛矿纳米片厚度小，厚度难以控制，且需要基体材料。胶体合成法是一种能批量合成纳米片且其厚度能有效调控的方法。采用胶体合成法可成功制备具有均匀厚度的单层和多层的 $PEA_2PbX_4$（PEA 为苯乙基铵 $C_8H_9NH_3^+$，X 为 $Cl^-$、$Br^-$、$I^-$）二维钙钛矿[80]。首先将摩尔比为 2∶1 的 PEAI 和 $PbI_2$ 前驱体溶解在 DMF 溶剂中，然后将上述溶液迅速滴入室温下剧烈搅拌的甲苯溶液中。在反应 10min 后，横向尺寸约为 531nm、厚度约为 2.0nm 的 $PEA_2PbX_4$ 二维钙钛矿纳米晶得以成功制备。通过使用其他溶剂（如氯苯、氯仿和二氯甲烷）代替甲苯，可以很好地调控二维钙钛矿纳米晶的横向尺寸。但是胶体合成法制备的二维钙钛矿存在厚度较小且晶体质量较差等问题。CVD 技术作为一种常用的二维材料合成技术，也可用来生长原子级厚度的二维钙钛矿材料。通过范德华外延生长的 CVD 方法，在云母基底上很容易生长高质量和原子级厚度的 $BA_2PbI_4$ 薄片，其横向尺寸为 5~10μm，且具有规则的矩形形态[81]。二维钙钛矿的层状结构实际上会使二维钙钛矿薄片的生长过程变得复杂，长链有机配体迁移率低，导致 $BA_2PbI_4$ 分子很难在基体表面迁移，从而容易形成团簇二维钙钛矿。由于 $PbI_2$ 熔点高于 BAI，$PbI_2$ 被载气带到下游后会在不同的区域凝结，其中大部分 $PbI_2$ 会在冷凝过程中损失掉，只有少量 $PbI_2$ 能与 BAI 反应。通过增大下游区域的温度梯度，降低 $PbI_2$ 的加热温度和降低反应速率，可以制备具有特定厚度的 $BA_2PbI_4$ 薄片。

以上介绍了常见的二维钙钛矿纳米片及纳米晶的制备工艺，当将二维钙钛矿应用于钙钛矿太阳能电池中时，常常需要采用旋涂工艺。目前，在制备二维钙钛矿太阳能电池时，常用的提供有机长链的试剂有乙二胺（EDA）、丁基铵（BA）、聚乙二胺（PEI）、十八胺（OA）、环丙胺（CA）、烯丙基胺（ALA）和苯乙基铵（PEA）等。一般来说，$(BA)_2(MA)_{n-1}Pb_nI_{3n+1}$ 和 $(PEA)_2(MA)_2Pb_3I_{10}$ 二维钙钛矿薄膜是可以通过溶胶-凝胶旋涂技术制备的，但是旋涂工艺会使钙钛矿薄膜的晶体质量变差[82]。此外，热铸技术被广泛用于提高二维钙钛矿薄膜的质量。研究人员采用热铸技术，通过优化钙钛矿前驱体溶液浓度、采用混合溶剂和热退火等方式，成功制备了形貌可控的高结晶质量钙钛矿薄膜[83]。基于以上方法，研究人员不断改进，发现采用在热基底旋涂的方法能有效改善二维钙钛矿的薄膜质量[84]。还有一种创新的熔融工艺，即利用苯乙基铵有机分子，采用熔融工艺制备二维碘铅钙钛矿层[85]。虽然这种熔融工艺仍没有实际用于制备钙钛矿太阳能电池，但是该工艺可在空气条件下成功制备高结晶度和垂直晶体取向的纯相二维钙钛矿。因此，熔融法需要研究人员的进一步优化，并将其应用到光伏领域。

在二维钙钛矿太阳能电池的实验室制备过程中，热基底旋涂制备二维钙钛矿薄膜是目前最常用的方法之一，其制备过程如图 9-15（a）所示[86]。在旋涂之前，将 $FTO/TiO_2$ 基片在 120℃预加热 10min。再将配置好的 $(BA)_2(MA)_3Pb_4I_{13}$ 二维钙钛矿前驱体溶液铺展到预热的 $FTO/TiO_2$ 基体表面，并立刻以 5000 转/min 的转速旋涂 25s。在旋涂过程中，薄膜的颜色会从浅黄色变为深棕色，说明部分钙钛矿已经发生了结晶。旋涂结束后，在加热板上以 100℃退火 10min，钙钛矿薄膜会进一步转变成黑色，从而得到结晶良好的钙钛矿薄膜。此外，研究人员发现二维钙钛矿前驱体中的溶剂种类和含量对成膜质量有极大影响[86]。如图 9-15（b）所示，前驱体溶剂为二甲基甲酰胺（DMF）时制备的二维钙钛矿薄膜（FO10）表面出现许多裂缝和针孔。但是使用体积比为 1∶3 的 DMF 和二甲基亚砜（DMSO）混合溶液作为前驱体溶剂

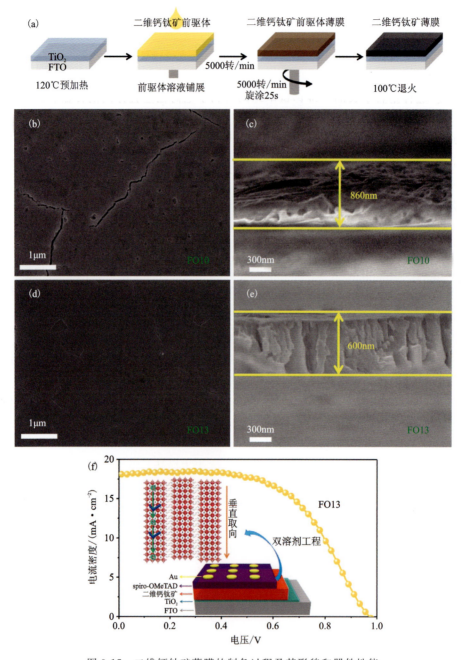

图 9-15　二维钙钛矿薄膜的制备过程及其形貌和器件性能

(a)基于热基底旋涂制备二维钙钛矿薄膜的步骤;前驱体的溶剂为 DMF 制备的二维钙钛矿薄膜的(b)表面和(c)截面 SEM 图像;前驱体的溶剂为 DMF 和 DMSO 混合物(体积比为 1∶3)制备的二维钙钛矿薄膜的(d)表面和(e)截面 SEM 图像;(f)基于 FO13 的二维钙钛矿太阳能电池在模拟太阳光下的 $J$-$V$ 曲线及其器件结构[86]

时,致密的片状二维钙钛矿晶粒出现在薄膜(FO13)的表面[图 9-15(d)],并且裂缝和针孔几乎都消失了。裂缝和针孔是光生电子-空穴对的复合中心,因此减少裂缝和针孔有利于二维钙钛矿层和空穴传输层之间的空穴传输。此外,通过 FO10 薄膜的截面 SEM 图像[图 9-15(c)]可知,该薄膜是由取向无规律的微小二维钙钛矿晶粒组成的。但是 FO13 薄膜的截面 SEM 图像[图 9-15(e)]显示,二维钙钛矿晶粒倾向于以垂直于 FTO 衬底的方向生长,并且呈现砖状结构,这种垂直生长的二维钙钛矿结构有利于电荷在垂直方向的传输。进一步制备的基于 FTO/TiO$_2$/2D PSK/spiro-OMeTAD/Au 器件结构的二维钙钛矿太阳能电池也验证了基于 FO13 的钙钛矿器件具有最佳的 PCE[图 9-15(f)]。

基于以上结果,研究人员也提出了二维钙钛矿在不同前驱体溶剂中的结晶过程机理示意图(图 9-16)[86]。无论是否含有 DMSO,在这两种情况中,异相成核都首先发生在气液界面,这有助于在表面形成较薄的片状盖帽层。在情况 1 中,DMF 溶剂在热旋涂的过程中挥发得非常快,这使得片状盖帽层下二维钙钛矿快速地均匀成核,进而导致薄膜中钙钛矿晶体的取向随机。而在情况 2 中,在 DMF 中加入 DMSO 后,二元溶剂的挥发在热旋涂过程中明显减慢,导致了二维钙钛矿的异相成核。当基片被转移到加热板上进一步退火时,随后发生的二维钙钛矿结晶过程类似于晶种诱导生长。表面的钙钛矿盖帽层作为晶种,促使后续的二维钙钛矿在垂直方向结晶生长。理解二维钙钛矿薄膜的生长机理对制备高效稳定的二维钙钛矿光伏器件至关重要。

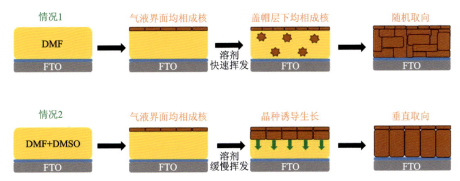

图 9-16　基于纯 DMF(情况 1)和基于 DMF 和 DMSO 混合溶剂(情况 2)的二维钙钛矿结晶过程机理[86]

### 9.3.5　反蛋白石结构 SnO$_2$

反蛋白石结构材料(inverse opal,IO)是拥有高度有序的周期性阵列的光子晶体(photonic crystals,PC)材料,且具有可调整的介电常数和在可见光波长范围内(400~800nm)的独特光吸收。在被介电材料包围的具有反蛋白石结构的光子晶体中,一旦介电材料的折射率足够大,就会在光子晶体中聚合物微球面心立方排列的各个方向形成光子带隙[87]。用于制备反蛋白石结构光子晶体的两种常见方法为纳米光刻技术和胶体微球自组装。纳米光刻技术,是一种"自上而下"的合成方法,具有成本高和速度慢等劣势,这导致合成的层状材料层数有限[88]。胶体微球自组装是一种"自下而上"的合成方法,其工艺成本较低,并且可以制备几个到几百个结构层厚度的晶体样品[89]。该方法以聚合物微球为模板,在微球空隙间填入前驱体,并使其晶化后再去除微球模板,进而形成具有三维周期性阵列的材料。

用于合成反蛋白石结构材料最常见的胶体微球是具有均匀尺寸的二氧化硅或聚合物球体，如果球体直径的变化介于3％～5％，就会在二维或三维空间形成紧密堆积的阵列。这种胶体微球可以使用简单的设备和工艺在实验室内合成，市面上也可购买到各种尺寸的胶体微球悬浮液。利用Stöber工艺可合成直径从几十纳米到几微米且尺寸均匀二氧化硅球，其工艺是在含有过量水、少量酒精和氨的溶液中水解和缩合四烷氧基硅烷[90]。此外，直径为10～40nm的二氧化硅球常用作制备介孔固体材料的硬模板。比该直径更小的二氧化硅球可采用碱性的L-赖氨酸来控制四乙基硅酸盐水解的方法制备[91]。此外，聚合物微球也是制备反蛋白石结构常用的模板材料。直径为200～500nm的单分散聚合物微球很容易制备。常用的聚合物微球主要有聚苯乙烯、聚甲基丙烯酸甲酯和聚苯乙烯甲基丙烯酸甲酯[92-93]。合成聚合物微球的方法主要有乳液聚合法、悬浮聚合法、模板法3种。

乳液聚合法通过将有机单体和乳化剂加入水溶液中，利用聚合反应形成聚合物微球。悬浮聚合法是首先将单体加入水中，再加入表面活性剂并加热，使单体聚合成聚合物微球。模板法是通过将聚合物的溶液滴加到模板的表面，利用自组装作用形成微球，最后用溶剂除去模板即可得到聚合物微球。制备得到微球模板后，下一步需要将单分散球体组装成紧密堆积的阵列。用于组装微球形成紧密堆积阵列的方法主要有：将沉降在容器底部的胶体微球悬浮液形成有序的紧密堆积阵列；对胶体微球悬浮液施加离心力，可以加速胶体微球在容器底部的堆积；将基体垂直放入胶体微球悬浮液中，在基体/溶剂/空气界面毛细力的驱动下，溶剂蒸发和基体抽出会致使界面移动，因此胶体微球可在基体表面聚集形成紧密堆积阵列；将胶体微球悬浮液注入两个基体之间，然后通过蒸发溶剂除去基体，可形成紧密堆积阵列。接下来，需要使用前驱体浸润该紧密堆积阵列形成复合体，最后除去紧密堆积阵列薄膜即可得到反蛋白石结构。渗透和模板除去的具体步骤须根据前驱体的种类进行相应的优化，通常可使用固相、液相或气相前驱体。典型的浸润方法，首先利用液态前驱体填补模板球体之间的空隙，然后通过化学刻蚀或热处理的方法将球体模板除去。还可采用在凝胶过程中会发生体积膨胀的前驱体来填补紧密堆积阵列的空隙[94]。前驱体在凝胶化过程中会发生体积膨胀并增大球体之间的间距，最终消除紧密堆积阵列的空隙。此外，通过原位聚合法也可制备三维反蛋白石结构聚合物[95]。催化剂首先通过浸渍法沉积在二氧化硅模板球体上，然后将气相单体通过模板，聚合反应会发生在模板的缝隙中，最后通过氢氟酸处理去除模板即可得到反蛋白石结构。通过原子层沉积(atomic layer deposition，ALD)技术可调整反蛋白石结构材料的孔径尺寸[96]。首先通过浸润、凝胶化和去除溶胶-凝胶模板形成反蛋白石结构材料，然后利用ALD技术在模板壁上沉积保形涂层，通过沉积不同厚度的保形涂层可以精确控制孔径大小。通过在紧密堆积阵列上进行喷雾热解也可得到反蛋白石结构[97]。首先利用喷雾装置将前驱体喷到表面有紧密堆积阵列模板的热基体上，然后对得到的复合物进行煅烧，即可得到反蛋白石结构材料。但是喷雾热解法的使用范围有限，这是因为喷雾过程不能完全穿透多层的模板，导致前驱体无法填充模板下部的空隙。

具有三维有序微孔结构和独特光学特性的反蛋白石结构材料近年来在太阳能转化利用领域引起了研究热潮。下面以Li等[98]的工作为例，详细介绍单层的反蛋白石结构$SnO_2$的制备方法及其在钙钛矿太阳能电池中的应用。图9-17(a)显示了在$SnO_2$致密层(C-$SnO_2$)表面制备单层反蛋白石结构$SnO_2$(IO-$SnO_2$)的过程，IO-$SnO_2$可作为后续钙钛矿薄膜生长的支架层。首先采用固-液-气三相自组装法在$SnO_2$致密层表面制备单层聚苯乙烯(PS)小球模板。

水溶液体系中合成的 PS 球乳液用同等体积的乙醇稀释备用。将 FTO/$SnO_2$ 基底浸入去离子水中,再将 PS 球体乳液缓慢地加入 FTO/$SnO_2$ 基底的中心,然后滴加十二烷基硫酸钠水溶液,在水-空气界面形成有序的单层 PS 微球。然后将样品在 60℃下干燥,得到单层 PS 球模板。如图 9-17(b)所示,直径约为 200nm 的 PS 微球紧密有序地排列在 $SnO_2$ 致密层表面。下一步进行单层 IO-$SnO_2$ 支架层的制备。将 $SnO_2$ 前驱体溶液旋涂在 FTO/$SnO_2$/PS 基底的表面,然后在 60℃下退火 1h。最后将基片在甲苯溶液中浸泡除去 PS 模板,得到单层 IO-$SnO_2$ 支架层。如图 9-17(c)所示,IO-$SnO_2$ 支架层具有均匀分布的圆形孔隙,孔隙的直径约为 200nm。进一步制备器件结构为 FTO/$SnO_2$/IO-SnO/PSK/Spiro-OMeTAD/Au 的钙钛矿太阳能电池[图 9-17(d)],并测试了其光伏性能。如图 9-17(e)所示,和原始器件(标记为 $SnO_2$)的 $J$-$V$ 曲线相比,基于 IO-$SnO_2$ 支架层的钙钛矿器件拥有更高的开路电压($V_{oc}$)和更大的短路电流密度($J_{sc}$)。这是由于 IO-$SnO_2$ 支架层能够改善钙钛矿薄膜的结晶度并增强其界面电子转移。因此,基于 IO-$SnO_2$ 的钙钛矿器件表现出 18.6% 的 PCE,而原始器件仅有 16.5%。综上所述,IO-$SnO_2$ 支架层为优化钙钛矿太阳能电池中电子传输层的结构组成提供了新思路。

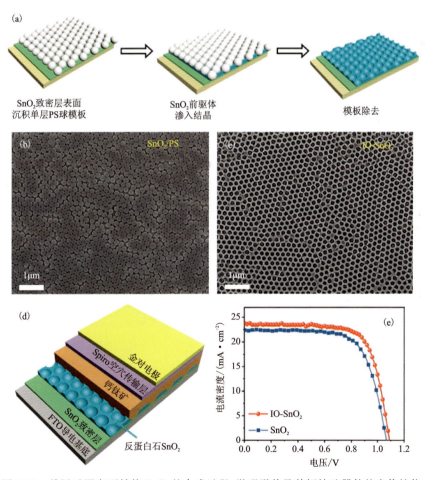

图 9-17 单层反蛋白石结构 $SnO_2$ 的合成过程、微观形貌及其钙钛矿器件的光伏性能
(a)单层反蛋白石结构 $SnO_2$ 的制备方法示意图;(b)单层 PS 球模板和(c)单层反蛋白石结构 $SnO_2$ 的表面 SEM 图像;(d)基于单层反蛋白石结构 $SnO_2$ 的钙钛矿太阳能电池的器件结构;(e)在模拟太阳光下的 $J$-$V$ 曲线[98]

## 9.4　小结与展望

本章系统地介绍了纳米材料制备及其在钙钛矿太阳能电池中的应用。能源危机和环境污染两大难题推动了太阳能光伏器件的发展。为了解决传统硅基太阳能电池的高成本和应用局限性问题，高效价廉的钙钛矿太阳能电池应运而生。钙钛矿太阳能电池优异的光伏性能很大程度上归功于有机无机卤化物钙钛矿薄膜的物理化学性质。本章首先介绍了钙钛矿薄膜的晶胞结构和特性，然后阐述了目前常见的钙钛矿太阳能电池的器件结构和工作原理。由于提高钙钛矿薄膜质量对制备高效稳定的钙钛矿太阳能电池至关重要，本章接着介绍了钙钛矿薄膜中常见的缺陷类型及其对器件光电转化效率和稳定性的影响。由于纳米材料在钙钛矿太阳能电池的改性优化方面展现出巨大的潜力，本章随后概述了纳米材料作为修饰剂或界面修饰材料的作用。最后以 $CsPbBr_3$ 纳米晶、石墨烯量子点、石墨炔、二维钙钛矿、反蛋白石结构 $SnO_2$ 为例，详细介绍了这些纳米材料的制备工艺及其在钙钛矿太阳能电池中的应用，为设计制备特定的纳米材料来提高钙钛矿太阳能电池光伏性能和稳定性提供了新思路。

## 参考文献

[1] SAYED M, YU J, LIU G, et al. Non-noble plasmonic metal-based photocatalysts[J]. Chemical Reviews, 2022, 122(11): 10484-10537.

[2] WU C, CORRIGAN N, LIM C, et al. Rational design of photocatalysts for controlled polymerization: effect of structures on photocatalytic activities[J]. Chemical Reviews, 2022, 122(6): 5476-5518.

[3] SHIN D, LIM J, SHIN W, et al. Layup-only modulization for low-stress fabrication of a silicon solar module with 100 μm thin silicon solar cells[J]. Solar Energy Materials and Solar Cells, 2021(221): 110903.

[4] CAMACHO-ESPINOSA E, LOPEZ-SANCHEZ A, RIMMAUDO I, et al. All-sputtered CdTe solar cell activated with a novel method[J]. Solar Energy, 2019(193): 31-36.

[5] SHAFIAN S, LEE G, YU H, et al. High-efficiency vivid color CIGS solar cell employing nondestructive structural coloration[J]. Solar RRL, 2022, 6(4): 2100965.

[6] MENG D, ZHENG R, ZHAO Y, et al. Near-infrared materials: the turning point of organic photovoltaics[J]. Advanced Materials, 2022, 34(10): 2107330.

[7] URBANI M, RAGOUSSI M, NAZEERUDDIN M, et al. Phthalocyanines for dye-sensitized solar cells[J]. Coordination Chemistry Reviews, 2019(381): 1-64.

[8] TIAN J, XUE Q, YAO Q, et al. Inorganic halide perovskite solar cells: progress and challenges[J]. Advanced Energy Materials, 2020, 10(23): 2000183.

[9] ZHANG H, PARK N. Strain control to stabilize perovskite solar cells[J]. Angewandte Chemie International Edition, 2022, 61(48): e202212268.

[10] ZHU T, YANG Y, LIU Y, et al. Wireless portable light-weight self-charging power packs by perovskite-organic tandem solar cells integrated with solid-state asymmetric supercapacitors[J]. Nano Energy, 2020(78):105397.

[11] WANG Z, ZHU X, FENG J, et al. Semitransparent flexible perovskite solar cells for potential greenhouse applications[J]. Solar RRL, 2021, 5(8):2100264.

[12] LI B, HOU B, AMARATUNGA G. Indoor photovoltaics, *The Next Big Trend* in solution-processed solar cells[J]. InfoMat, 2021, 3(5):445-459.

[13] LI D, DONG X, CHENG P, et al. Metal halide perovskite/electrode contacts in charge-transporting-tayer-free devices[J]. Advanced Science, 2022, 9(36):2203683.

[14] ZHANG J, FAN J, CHENG B, et al. Graphene-based materials in planar perovskite solar cells[J]. Solar RRL, 2020, 4(11):2000502.

[15] KOJIMA A, TESHIMA K, SHIRAI Y, et al. Organometal halide perovskites as visible-light sensitizers for photovoltaic cells[J]. Journal of the American Chemical Society, 2009, 131(17):6050-6051.

[16] KIM M, JEONG J, LU H, et al. Conformal quantum dot-$SnO_2$ layers as electron transporters for efficient perovskite solar cells[J]. Science, 2022, 375(6578):302-306.

[17] MEI A, LI X, LIU L, et al. A hole-conductor-free, fully printable mesoscopic perovskite solar cell with high stability[J]. Science, 2014, 345(6194):295-298.

[18] ZHANG J, MENG Z, GUO D, et al. Hole-conductor-free perovskite solar cells prepared with carbon counter electrode[J]. Applied Surface Science, 2018(430):531-538.

[19] KIM H, LEE C, IM J, et al. Lead iodide perovskite sensitized all-solid-state submicron thin film mesoscopic solar cell with efficiency exceeding 9%[J]. Scientific Reports, 2012, 2(1):591.

[20] LIU M, JOHNSTON M, SNAITH H. Efficient planar heterojunction perovskite solar cells by vapour deposition[J]. Nature, 2013, 501(7467):395-398.

[21] LIU D, KELLY T. Perovskite solar cells with a planar heterojunction structure prepared using room-temperature solution processing techniques[J]. Nature Photonics, 2014, 8(2):133-138.

[22] JENG J, CHIANG Y, LEE M, et al. $CH_3NH_3PbI_3$ perovskite/fullerene planar-heterojunction hybrid solar cells[J]. Advanced Materials, 2013, 25(27):3727-3732.

[23] LI X, ZHANG W, GUO X, et al. Constructing heterojunctions by surface sulfidation for efficient inverted perovskite solar cells[J]. Science, 2022, 375(6579):434-437.

[24] LI B, FERGUSON V, SILVA S, et al. Defect engineering toward highly efficient and stable perovskite solar cells[J]. Advanced Materials Interfaces, 2018, 5(22):1800326.

[25] AZPIROZ J, MOSCONI E, BISQUERT J, et al. Defect migration in methylammonium lead iodide and its role in perovskite solar cell operation[J]. Energy & Environmental Science, 2015, 8(7):2118-2127.

[26] HEWAVITHARANA I, BROCK S. When ligand exchange leads to ion exchange:

nanocrystal facets dictate the outcome[J]. ACS Nano,2017,11(11):11217-11224.

[27] SANDEEP K,GOPIKA K,REVATHI M. Role of capped oleyl amine in the moisture-induced structural transformation of $CsPbBr_3$ perovskite nanocrystals[J]. Physica Status Solidi (RRL)-Rapid Research Letters,2019,13(11):1900387.

[28] PROTESESCU L,YAKUNIN S,BODNARCHUK M,et al. Nanocrystals of cesium lead halide perovskites ($CsPbX_3$,X=Cl,Br,and I):novel optoelectronic materials showing bright emission with wide color gamut[J]. Nano Letters,2015,15(6):3692-3696.

[29] LI X,CAO F,YU D,et al. All inorganic halide perovskites nanosystem:synthesis, structural features,optical properties and optoelectronic applications[J]. Small,2017,13(9):1603996.

[30] HU F,ZHANG H,SUN C,et al. Superior optical properties of perovskite nanocrystals as single photon emitters[J]. ACS Nano,2015,9(12):12410-12416.

[31] MANNA L,MILLIRON D,MEISEL A,et al. Controlled growth of tetrapod-branched inorganic nanocrystals[J]. Nature Materials,2003,2(6):382-385.

[32] WOO J,KIM Y,BAE J,et al. Highly stable cesium lead halide perovskite nanocrystals through in situ lead halide inorganic passivation[J]. Chemistry of Materials, 2017,29(17):7088-7092.

[33] BEKENSTEIN Y,KOSCHER B,EATON S,et al. Highly luminescent colloidal nanoplates of perovskite cesium lead halide and their oriented assemblies[J]. Journal of the American Chemical Society,2015,137(51):16008-16011.

[34] ZHANG D,EATON S,YU Y,et al. Solution-phase synthesis of cesium lead halide perovskite nanowires[J]. Journal of the American Chemical Society,2015,137(29):9230-9233.

[35] SHAMSI J,URBAN A,IMRAN M,et al. Metal halide perovskite nanocrystals: synthesis,post-synthesis modifications,and their optical properties[J]. Chemical Reviews, 2019,119(5):3296-3348.

[36] ZHAO Y,FU H,PENG A,et al. Low-dimensional nanomaterials based on small organic molecules:preparation and optoelectronic properties[J]. Advanced Materials,2008, 20(15):2859-2876.

[37] KASAI H,NALWA H,OIKAWA H,et al. A novel preparation method of organic microcrystals[J]. Japanese Journal of Applied Physics,1992,31(8A):L1132.

[38] WEI S,YANG Y,KANG X,et al. Room-temperature and gram-scale synthesis of $CsPbX_3$(X=Cl,Br,I) perovskite nanocrystals with 50-85% photoluminescence quantum yields[J]. Chemical Communications,2016,52(45):7265-7268.

[39] PAPAVASSILIOU G,PAGONA G,KAROUSIS N,et al. Nanocrystalline/microcrystalline materials based on lead-halide units[J]. Journal of Materials Chemistry, 2012,22(17):8271-8280.

[40] ZHANG F, HUANG S, WANG P, et al. Colloidal synthesis of air-stable $CH_3NH_3PbI_3$ quantum dots by gaining chemical insight into the solvent effects[J]. Chemistry of Materials, 2017, 29(8):3793-3799.

[41] AKKERMAN Q, GANDINI M, DI STASIO F, et al. Strongly emissive perovskite nanocrystal inks for high-voltage solar cells[J]. Nature Energy, 2017, 2(2):16194.

[42] ZHANG J, WANG L, JIANG C, et al. $CsPbBr_3$ nanocrystal induced bilateral interface modification for efficient planar perovskite solar cells[J]. Advanced Science, 2021, 8(21):2102648.

[43] NOVOSELOV K, GEIM A, MOROZOV S, et al. Electric field effect in atomically thin carbon films[J]. Science, 2004, 306(5696):666-669.

[44] WANG M, SONG E, LEE S, et al. Quantum dot behavior in bilayer graphene nanoribbons[J]. ACS Nano, 2011, 5(11):8769-8773.

[45] XU X, RAY R, GU Y, et al. Electrophoretic analysis and purification of fluorescent single-walled carbon nanotube fragments[J]. Journal of the American Chemical Society, 2004, 126(40):12736-12737.

[46] ZHANG Z, ZHANG J, CHEN N, et al. Graphene quantum dots: an emerging material for energy-related applications and beyond[J]. Energy & Environmental Science, 2012, 5(10):8869-8890.

[47] MUELLER M, YAN X, DRAGNEA B, et al. Slow hot-carrier relaxation in colloidal graphene quantum dots[J]. Nano Letters, 2011, 11(1):56-60.

[48] BACON M, BRADLEY S, NANN T. Graphene quantum dots[J]. Particle & Particle Systems Characterization, 2014, 31(4):415-428.

[49] BOURLINOS A, STASSINOPOULOS A, ANGLOS D, et al. Surface functionalized carbogenic quantum dots[J]. Small, 2008, 4(4):455-458.

[50] LU J, YEO P, GAN C, et al. Transforming $C_{60}$ molecules into graphene quantum dots[J]. Nature Nanotechnology, 2011, 6(4):247-252.

[51] HAQUE E, KIM J, MALGRAS V, et al. Recent advances in graphene quantum dots: synthesis, properties, and applications[J]. Small Methods, 2018, 2(10):1800050.

[52] PAN D, ZHANG J, LI Z, et al. Hydrothermal route for cutting graphene sheets into blue-luminescent graphene quantum dots[J]. Advanced Materials, 2010, 22(6):734-738.

[53] PAN D, GUO L, ZHANG J, et al. Cutting $sp^2$ clusters in graphene sheets into colloidal graphene quantum dots with strong green fluorescence[J]. Journal of Materials Chemistry, 2012, 22(8):3314-3318.

[54] ZHU S, ZHANG J, QIAO C, et al. Strongly green-photoluminescent graphene quantum dots for bioimaging applications[J]. Chemical Communications, 2011, 47(24):6858-6860.

[55] HASSAN M, HAQUE E, REDDY K, et al. Edge-enriched graphene quantum dots for enhanced photo-luminescence and supercapacitance[J]. Nanoscale,2014,6(20):11988-11994.

[56] PENG J, GAO W, GUPTA B, et al. Graphene quantum dots derived from carbon fibers[J]. Nano Letters,2012,12(2):844-849.

[57] LI L, JI J, FEI R, et al. A facile microwave avenue to electrochemiluminescent two-color graphene quantum dots[J]. Advanced Functional Materials,2012,22(14):2971-2979.

[58] YAN X, CUI X, LI L. Synthesis of large, stable colloidal graphene quantum dots with tunable size[J]. Journal of the American Chemical Society,2010,132(17):5944-5945.

[59] DONG Y, SHAO J, CHEN C, et al. Blue luminescent graphene quantum dots and graphene oxide prepared by tuning the carbonization degree of citric acid[J]. Carbon,2012,50(12):4738-4743.

[60] CHUA C, SOFER Z, SIMEK P, et al. Synthesis of strongly fluorescent graphene quantum dots by cage-opening buckminsterfullerene[J]. ACS Nano,2015,9(3):2548-2555.

[61] LIU G, ZHANG K, MA K, et al. Graphene quantum dot based "switch-on" nanosensors for intracellular cytokine monitoring[J]. Nanoscale,2017,9(15):4934-4943.

[62] ZHANG J, TONG T, ZHANG L, et al. Enhanced performance of planar perovskite solar cell by graphene quantum dot modification[J]. ACS Sustainable Chemistry & Engineering,2018,6(7):8631-8640.

[63] ROMAN R, CRANFORD S. Strength and toughness of graphdiyne/copper nanocomposites[J]. Advanced Engineering Materials,2014,16(7):862-871.

[64] LIN T, WANG J. Applications of graphdiyne on optoelectronic devices[J]. ACS Applied Materials & Interfaces,2019,11(3):2638-2646.

[65] GLASER C. Beiträge zur Kenntniss des Acetenylbenzols[J]. Berichte der Deutschen Chemischen Gesellschaft,1869,2(1):422-424.

[66] GLASER C. Untersuchungen über einige Derivate der Zimmtsäure[J]. Justus Liebigs Annalen der Chemie,1870,154(2):137-171.

[67] LI G, LI Y, LIU H, et al. Architecture of graphdiyne nanoscale films[J]. Chemical Communications,2010,46(19):3256-3258.

[68] MATSUOKA R, SAKAMOTO R, HOSHIKO K, et al. Crystalline graphdiyne nanosheets produced at a gas/liquid or liquid/liquid interface[J]. Journal of the American Chemical Society,2017,139(8):3145-3152.

[69] ZHAO F, WANG N, ZHANG M, et al. In situ growth of graphdiyne on arbitrary substrates with a controlled-release method[J]. Chemical Communications,2018,54(47):6004-6007.

[70] ZHAO F, LI X, HE J, et al. Preparation of hierarchical graphdiyne hollow nanospheres as anode for lithium-ion batteries[J]. Chemical Engineering Journal,2021(413):127486.

[71] LIU R,GAO X,ZHOU J,et al. Chemical vapor deposition growth of linked carbon monolayers with acetylenic scaffoldings on silver foil[J]. Advanced Materials,2017,29(18):1604665.

[72] ZUO Z,SHANG H,CHEN Y,et al. A facile approach for graphdiyne preparation under atmosphere for an advanced battery anode[J]. Chemical Communications,2017,53(57):8074-8077.

[73] ZHANG J,TIAN J,FAN J,et al. Graphdiyne:a brilliant hole accumulator for stable and efficient planar perovskite solar cells[J]. Small,2020,16(13):1907290.

[74] CHEN Y,SUN Y,PENG J,et al. 2D ruddlesden-popper perovskites for optoelectronics[J]. Advanced Materials,2018,30(2):1703487.

[75] LIN H,ZHOU C,TIAN Y,et al. Low-dimensional organometal halide perovskites[J]. ACS Energy Letters,2017,3(1):54-62.

[76] STOUMPOS C,CAO D,CLARK D,et al. Ruddlesden-popper hybrid lead iodide perovskite 2D homologous semiconductors[J]. Chemistry of Materials,2016,28(8):2852-2867.

[77] NIU W,EIDEN A,VIJAYA PRAKASH G,et al. Exfoliation of self-assembled 2D organic-inorganic perovskite semiconductors[J]. Applied Physics Letters,2014,104(17):171111.

[78] HINTERMAYR V,RICHTER A,EHRAT F,et al. Tuning the optical properties of perovskite nanoplatelets through composition and thickness by ligand-assisted exfoliation[J]. Advanced Materials,2016,28(43):9478-9485.

[79] DOU L,WONG A,YU Y,et al. Atomically thin two-dimensional organic-inorganic hybrid perovskites[J]. Science,2015,349(6255):1518-1521.

[80] YANG S,NIU W,WANG A,et al. Ultrathin two-dimensional organic-inorganic hybrid perovskite nanosheets with bright,tunable photoluminescence and high stability[J]. Angewandte Chemie International Edition,2017,129(15):4316-4319.

[81] CHEN Z,WANG Y,SUN X,et al. Van Der Waals hybrid perovskite of high optical quality by chemical vapor deposition[J]. Advanced Optical Materials,2017,5(21):1700373.

[82] QUAN L,YUAN M,COMIN R,et al. Ligand-stabilized reduced-dimensionality perovskites[J]. Journal of the American Chemical Society,2016,138(8):2649-2655.

[83] NIE W,TSAI H,ASADPOUR R,et al. High-efficiency solution-processed perovskite solar cells with millimeter-scale grains[J]. Science,2015,347(6221):522-525.

[84] TSAI H,NIE W,BLANCON J,et al. High-efficiency two-dimensional ruddlesden-popper perovskite solar cells[J]. Nature,2016(536):312-316.

[85] Li T,DUNLAP-SHOHL W,Han Q,et al. Melt processing of hybrid organic-inorganic lead iodide layered perovskites[J]. Chemistry of Materials,2017,29(15):6200-6204.

[86] ZHANG J,ZHANG L,LI X,et al. Binary solvent engineering for high-performance two-dimensional perovskite solar cells[J]. ACS Sustainable Chemistry & Engineering,2019,

7(3):3487-3495.

[87] WATERHOUSE G,WATERLAND M. Opal and inverse opal photonic crystals: fabrication and characterization[J]. Polyhedron,2007,26(2):356-368.

[88] QI M,LIDORIKIS E,RAKICH P,et al. A three-dimensional optical photonic crystal with designed point defects[J]. Nature,2004(429):538-542.

[89] VON FREYMANN G,KITAEV V,LOTSCH B,et al. Bottom-up assembly of photonic crystals[J]. Chemical Society Reviews,2013,42(7):2528-2554.

[90] STÖBER W,FINK A,BOHN E. Controlled growth of monodisperse silica spheres in the micron size range[J]. Journal of Colloid and Interface Science,1968,26(1):62-69.

[91] FAN W,SNYDER M,KUMAR S,et al. Hierarchical nanofabrication of microporous crystals with ordered mesoporosity[J]. Nature Materials,2008(7):984-991.

[92] LI L,ZHAI T,ZENG H,et al. Polystyrene sphere-assisted one-dimensional nanostructure arrays:synthesis and applications[J]. Journal of Materials Chemistry,2011,21(1):40-56.

[93] WANG T,SEL O,DJERDJ I,et al. Preparation of a large mesoporous $CeO_2$ with crystalline walls using PMMA colloidal crystal templates[J]. Colloid and Polymer Science,2006(285):1-9.

[94] ZHANG Z,SHEN W,YE C,et al. Large-area, crack-free polysilazane-based photonic crystals[J]. Journal of Materials Chemistry,2012,22(12):5300-5303.

[95] ZHANG X,YAN W,YANG H,et al. Gaseous infiltration method for preparation of three-dimensionally ordered macroporous polyethylene[J]. Polymer,2008,49(25):5446-5451.

[96] ALESSANDRI I,ZUCCA M,FERRONI M,et al. Tailoring the pore size and architecture of $CeO_2/TiO_2$ core/shell inverse opals by atomic layer deposition[J]. Small,2009,5(3):336-340.

[97] LEE S,TESHIMA K,FUJISAWA M,et al. Fabrication of highly ordered, macroporous $Na_2W_4O_{13}$ arrays by spray pyrolysis using polystyrene colloidal crystals as templates[J]. Physical Chemistry Chemical Physics,2009,11(19):3628-3633.

[98] LI W,CHENG B,XIAO P,et al. Low-temperature-processed monolayer inverse opal $SnO_2$ scaffold for efficient perovskite solar cells[J]. Small,2022,18(49):2205097.

# 第10章 纳米电催化材料制备与电解水制氢

## 10.1 引 言

能源是人类社会生存和发展的基础,自工业革命以来,人类正以前所未有的规模和速度消耗煤炭、石油、天然气等传统化石燃料,造成了全球性的能源短缺问题[1-2]。此外,过度的能源消耗导致了全球变暖、大气污染、水污染等一系列的环境问题,严重限制了人类社会的可持续发展。2020年,我国"碳达峰、碳中和"发展目标的提出加速了碳减排和清洁可持续能源的开发。氢能是一种清洁高效的绿色能源。参照碳排放强度标准,氢气根据制备过程的碳排放量可分为灰氢(煤制氢)、蓝氢(天然气制氢)和绿氢(可再生能源电解水制氢)[3]。氢能产业发展初衷是零碳或低碳排放,因此灰氢和蓝氢将逐渐被绿氢替代,绿氢是未来能源产业的发展方向。国际氢能委员会预计,到2050年氢能产业将创造3000万个工作岗位、减少60亿 t $CO_2$ 排放、创造2.5万亿美元产值,届时氢能在全球能源体系中的占比将达到18%。此外,据中国氢能源及燃料电池产业创新战略联盟预测,中国氢需求量将在2030年达到3500万 t/a,占终端能源体系的5%,而到2050年氢需求量将占终端能源体系的10%以上[4]。由此可见,氢能将是我国能源结构转型的关键媒介,开发氢能对于我国减少对化石能源的依赖、实现"碳达峰、碳中和"目标、构建以清洁能源为主的多元能源供给体系具有重要的战略意义。

氢气($H_2$)具有高比能量密度(142MJ/kg)和燃烧产物无污染的优点,是高效、零碳的能源载体,受到了越来越多的关注[5]。$H_2$的利用领域包括燃料电池移动动力、化工加氢、氢燃料汽轮机、氢气冶金等。发展至今,$H_2$的制备方法已包括传统化石能源制氢、工业副产物制氢、生物质制氢、电解水制氢、太阳能制氢等,差别在于原料的再生性、$CO_2$排放量、制氢成本等。目前,世界上超过95%的$H_2$来源于传统化石能源制氢和工业副产物制氢。制氢不仅需要在高温条件下进行,能量消耗密集,而且排放的大量的$CO_2$加剧了空气污染和温室效应。此外,这两类制氢方法以不可再生的化石能源为原料,其大规模应用终将受到资源短缺的限制。相比之下,电解水制氢技术以地球储量丰富的水为原料,完全不受化石能源限制,且反应过程没有$CO_2$排放,展现出巨大的应用前景。电催化分解水($2H_2O \longrightarrow 2H_2 + O_2$,$\Delta G = 237 kJ/mol$)分别在阴极发生析氢反应(hydrogen evolution reaction,HER)、在阳极发生析氧反应(oxygen evolution reaction,OER),与氢-氧燃料电池阴极上发生的氢氧化反应(hydrogen oxidation reaction,HOR)和阳极上发生的氧还原反应(oxygen reduction reaction,ORR)共同构成一个与能量相关的水循环,即水循环的核心是一系列与$H_2$和$O_2$有关的电化学过程[6-7]。水循环的理想回路包括电解池通过 HER 和 OER 产生 $H_2$ 和 $O_2$，然后燃料电池通过 HOR 和 ORR 消耗 $H_2$ 和 $O_2$ 进行发电[图 10-1(a)]。图 10-1(b)显示了电解池和燃料电池的 4 种半反应及其相应的极化曲线。电解水制氢技术的开发在过去十几年里成为了一个突出的研究领域，研究者设计开发了众多具有优异电解水制氢性能的电催化材料，推动了氢能经济的发展。

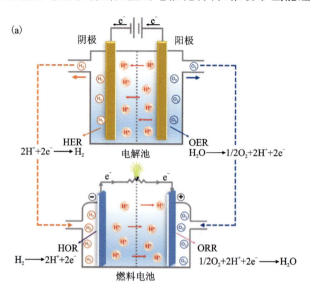

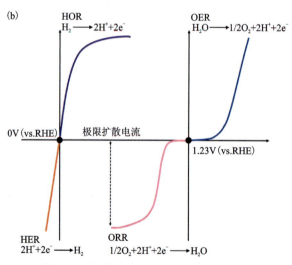

图 10-1 水循环回路图及各类半反应曲线

(a)电解池和燃料电池水循环示意图；(b)HER、OER、HOR 和 ORR 半反应极化曲线图

根据经典理论，HER 存在 Volmer、Heyrovsky 和 Tafel 三个反应步骤[8]。首先，质子（$H^+$）被吸附在催化材料的反应活性位点上（Volmer 步骤）。其次，吸附在反应活性位点上的 H 原子在得到一个电子之后进一步与另一个 $H^+$ 结合生成 $H_2$（Heyrovsky 步骤），亦或是吸附在反应活性位点上的 H 原子直接与另一个被吸附的 H 原子结合生成 $H_2$（Tafel 步骤）。HER 的总反应方程式如下：

$$2H^+ + 2e^- \longrightarrow H_2 \tag{10-1}$$

根据上述描述，HER 在酸性和碱性环境中的详细反应过程如下。

酸性 HER：

$$H^+ + e^- \longrightarrow H_{ads} \quad \text{Volmer 步骤}$$

$$H_{ads} + H_{ads} \longrightarrow H_2 \quad \text{Tafel 步骤}$$

$$H^+ + H_{ads} + e^- \longrightarrow H_2 \quad \text{Heyrovsky 步骤}$$

碱性 HER：

$$H_2O + e^- \longrightarrow H_{ads} + OH^- \quad \text{Volmer 步骤}$$

$$H_{ads} + H_{ads} \longrightarrow H_2 \quad \text{Tafel 步骤}$$

$$H^+ + H_{ads} + e^- \longrightarrow H_2 \quad \text{Heyrovsky 步骤}$$

OER 是水分解和 $CO_2$ 还原反应（$CO_2$ reduction reaction，$CO_2$RR）中在阳极发生的反应，在绿色能源转换技术中起着至关重要的作用。OER 因迟缓的反应动力学和较大的反应过电位，通常需要较高的能量才能驱动 $O_2$ 生成[9]。OER 的总反应方程式如下：

$$H_2O \longrightarrow 1/2 O_2 + 2H^+ + 2e^- \tag{10-2}$$

OER 在酸性和碱性环境中的详细反应过程如下。

酸性 OER：

$$* + H_2O \rightleftharpoons OH^* + H^+ + e^-$$

$$OH^* \rightleftharpoons O^* + H^+ + e^-$$

$$O^* + H_2O \rightleftharpoons OOH^* + H^+ + e^-$$

$$OOH^* \rightleftharpoons * + O_2 + H^+ + e^-$$

碱性 OER：

$$* + OH^- \rightleftharpoons OH^* + e^-$$

$$OH^* + OH^- \rightleftharpoons O^* + H_2O + e^-$$

$$O^* + OH^- \rightleftharpoons OOH^* + e^-$$

$$OOH^* + OH^- \rightleftharpoons * + O_2 + H_2O + e^-$$

注：* 是催化材料的反应活性位点，$OH^*$、$O^*$ 和 $OOH^*$ 分别代表被吸附的中间反应产物。

## 10.2 电催化分解水性能评价指标

尽管电解水制氢技术与传统制氢技术相比具有诸多优势，但现阶段全球电解水制氢规模仅占总制氢规模的 4% 左右，其大规模应用受到限制的主要原因之一是使用高含量贵金属电催化材料导致的高成本[4]。比如，贵金属 Pt 处于催化火山图的顶端（图 10-2），具有优异的反应动力学和接近于 0 的反应过电位，是目前公认最好的 HER 电催化材料[7]。即便如此，储量稀有和价格昂贵还是严重限制了 Pt 催化材料的大规模应用。但从图 10-2 也可以看到，Pt 并没有处于催化火山图的顶点，也就表明催化材料的开发和催化性能的提升还存在很大的空间，这也促使科研工作者进行了大量的实验探索。近年来，包括金属氧化物[10]、氢氧化物[11]、硫化物[12]、磷化物[13]、金属单原子[14]、合金[15]在内的大量纳米电催化材料被广泛合成并展现出优异的 HER 性能。为了客观公正地评价电催化材料的 HER 和 OER 性能，研究人员需要计算出反应过电位、塔菲尔(Tafel)斜率、电荷转移电阻、法拉第效率、转换频率、稳定性等重要指标参数并进行比较(图10-3),同时还要利用密度泛函理论(density functional theory,DFT)计算获得氢吸附自由能($\Delta G_{H^*}$)、巴德电荷转移数、$d$带中心等数据,以进一步合理解释电催化材料展现优异HER/OER性能的原因。本章节将对这些指标参数进行详细介绍。

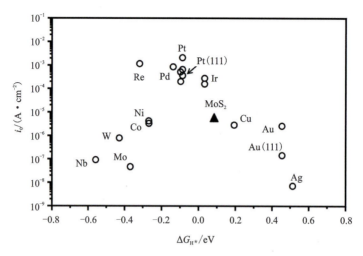

图10-2 不同金属交换电流密度与$\Delta G_{H^*}$之间的火山关系图[16]

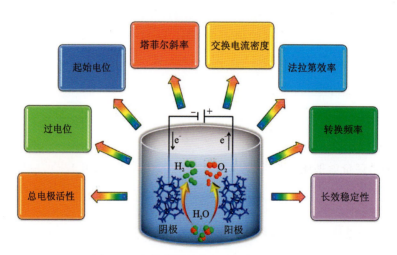

图10-3 电催化材料分解水性能评价指标

## 10.2.1 电极总活性

电极总活性通常通过循环伏安法(cyclic voltammetry,CV)或线性扫描伏安法(linear sweep voltammetry,LSV)进行初步评估[图10-4]。因为测试所得总电流经常包括一部分非法拉第电容电流(含碳催化材料时更加明显),CV或LSV通常是被用作电催化活性的初步评估手段。考虑到部分电催化材料的自然浸润效果较差,通常情况下需要对负载电催化材料的电极施加一定的恒电压/恒电流5~10min甚至更长时间,以使其达到稳定状态并体现出真实的催化活性。大部分研究工作通常将测得的电流转换为基于电极几何面积的电流密度(A/cm²),而在某些情况下为了得到单位质量活性,测试所得的电流需要被转换为基于单位质量的电流密度($A/mg_{催化材料}$)。

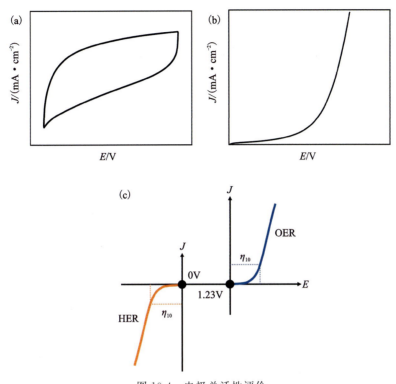

图 10-4　电极总活性评价
(a)CV 曲线;(b)LSV 曲线;(c)HER 和 OER 的 LSV 曲线及其 $\eta$ 示意图

## 10.2.2　过电位

过电位($\eta$)是评价电催化材料活性的一个重要指标。对于催化反应,理想情况下需要的电位($E$)与标准热力学下的理论电位相等。然而,由于反应势垒的存在,实际需要的电位通常高于理论电位。因此,电催化材料产生特定电流密度所需的实际电位与理论电位的差值被定义为过电位[17]。过电位越小,电催化材料需要的施加电压越低,其反应活性就越高。在 HER 和 OER 中,通常对比电催化材料达到 $10mA/cm^2$ 电流密度所需要的过电位(定义为 $\eta_{10}$)。之所以选取 $10mA/cm^2$ 的电流密度,是因为它是一个标准太阳能驱动分解水装置获得 12.3% 太阳能制氢转化效率所达到的电流密度[18]。在标准状态下,HER 发生的电位为 0V(vs. RHE),OER 发生的电位为 1.23V(vs. RHE)。实际情况中,HER 发生的电位比 0V 更负,而 OER 发生的电位比 1.23V 更正。因此,HER 的 $\eta_{10}=(0-E)V$,OER 的 $\eta_{10}=(E-1.23)V$[图 10-4(c)]。对于不同电催化材料来说,过电位是衡量催化活性好坏的标准,即获得同一电流密度所需要的过电位越小电催化材料性能越好。以电压(过电位)为 $X$ 轴,电流密度为 $Y$ 轴,两者作图即可得到反应极化曲线。

## 10.2.3 起始电位

起始电位是一个没有严格定义标准的评价指标。在研究中一般会选定一个特定的电流密度值(如 0.5mA/cm², 1mA/cm², 2mA/cm² 或者 5mA/cm²),该电流密度下对应的电位即被认为是起始电位[图 10-5(a)]。在这样的定义背景下,将电催化材料的起始电位与其他研究工作中电催化材料的起始电位进行对比以判断催化性能的好坏。需要特别说明的是,使用玻碳电极、导电玻璃等惰性平面电极负载电催化材料进行测试时,可以选取较低的电流密度值进行对比。而使用泡沫镍、泡沫铜、镍网、碳布等一些 3D 集流体电极负载电催化材料进行测试时,则不建议选取较低电流密度值,因为 3D 集流体电极通常存在不可忽略的电容电流,使得电催化材料在低电位区的电流密度不接近于 0,而是明显大于被选取的较低电流密度值。同时,泡沫镍、镍网等镍基集流体在 OER 中因镍自身氧化而产生的电流密度通常大于 10mA/cm²[图 10-5(b)],基于镍氧化峰得到的过电位和起始电位都是不正确的。

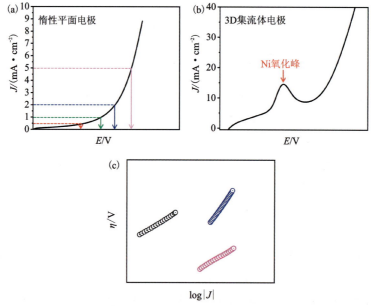

图 10-5 评价电解水制氢性能的起始电位和 Tafel 斜率
(a)惰性平面电极的 LSV 曲线及其不同电流密度所对应的起始电位;(b)3D 集流体电极的
LSV 曲线与 Ni 氧化峰;(c)基于 log|J| 和 η 的 Tafel 曲线

## 10.2.4 塔菲尔(Tafel)斜率

Tafel 斜率描述的是电催化材料稳态电流密度与过电位的关系。最常见的获得 Tafel 斜率的方法是将 LSV 曲线(电流密度 vs. 电位)转换成 Tafel 曲线(过电位 vs. 电流密度绝对值的对数),Tafel 曲线的线性区域斜率即为 Tafel 斜率[图 10-5(c)]。拟合 Tafel 斜率的方程式如下[19]:

$$\eta = a + b\log J \tag{10-3}$$

式中:$\eta$ 为过电位;$J$ 为电流密度;$b$ 为 Tafel 斜率。Tafel 斜率一般与电催化材料的本征催化活性有关,越小的 Tafel 斜率意味着增加相同电流密度所需的过电位越小,说明电催化材料具有更优异的反应动力学。

## 10.2.5 稳定性

稳定性是评价电催化材料性能的另一个重要指标。研究工作中通常采用 CV、恒电流法、恒电压法等方法对电催化材料进行稳定性测试。在 HER 或 OER 的电位区间进行数百上千次 CV 测试后,比较电催化材料产生相同电流密度所需过电位的变化,测试前后过电位的差值越小说明电催化材料的稳定性越好。此外,在一段时间内对电催化材料施加固定的电压或电流进行测试,若电催化材料在固定电压下产生的电流或达到固定电流所需的电压随着测试时间的延长而维持不变或发生微弱变化(可以忽略不计),则说明电催化材料具有良好的稳定性。

## 10.2.6 法拉第效率

法拉第效率(Faradaic efficiency,FE)是指在电化学反应中参与所期望反应所消耗的电子数与总消耗电子数的比值[10]。对于 HER 和 OER 来说,FE 定义为实验中实际检测的 $H_2$ 或 $O_2$ 产量与理论的 $H_2$ 或 $O_2$ 产量之比。理论的 $H_2$ 或 $O_2$ 产量可用 FE 为 100% 时的电流密度计算,即假定所有电子参与了 $H_2$ 和 $O_2$ 的转换过程。然而,实际情况是电化学反应体系的部分电子可能会被某些副反应消耗而造成电子的损失,也就是说 FE 不会达到 100%。理论的 $H_2$ 或 $O_2$ 产量可以根据理论电子得失计算得到,实际的 $H_2$ 或 $O_2$ 产量可以使用密闭的反应器收集并通过气相色谱仪检测,最终实际的 $H_2$ 或 $O_2$ 产量与理论的 $H_2$ 或 $O_2$ 产量比值即为电催化材料在 HER 或 OER 中的 FE 值。

## 10.2.7 转换频率

转换频率(turnover frequency,TOF)是指电催化材料在单位时间内每个反应活性位点可产生所需反应物的数量[19]。TOF 可以反映电催化材料的本征活性。理论上电催化材料的每个活性位点都会参与反应,但实际上绝大多数电催化材料内部的活性位点并没有完全暴露,即使知道所有的元素含量也难以得到十分精确的 TOF 值。一方面,部分研究工作只通过计算电催化材料表面的原子数或反应活性位点数来计算 TOF,但此方法得到的 TOF 比理论值小得多。另一方面,大多数研究工作会计算电催化材料所有的原子数或反应活性位点数,尽管部分原子或反应活性位点无法参与到反应中。后者虽不能得到精确的 TOF 值,但可以对电催化材料进行定性或者定量比较。

本章基于作者团队近年来的电化学研究工作,将主要介绍讨论过渡金属氧化物、过渡金属氢氧化物、过渡金属硫化物、金属单原子和自支撑电极电催化材料的可控制备、形貌和结构调控、电子结构调控及其在 HER 领域的研究与应用。

## 10.3 纳米电催化材料制备与制氢性能

### 10.3.1 过渡金属氧化物/氢氧化物

由储量丰富、价廉的元素组成的过渡金属氧化物/氢氧化物是十分重要的功能材料[20]。与其他类型的金属化合物相比，过渡金属氧化物/氢氧化物的显著优势在于其组分、晶体结构、电子结构等物化性质的多样性。由于成分和结构的多样、电子结构的可调控、储量丰富、易于合成、环境友好等优点，过渡金属氧化物/氢氧化物材料被广泛应用于HER[21]、OER[22]、ORR[23]、$CO_2$RR[24]、有机物氧化[25]等电化学研究领域，涵盖了Fe、Co、Ni、Zn、Cu、Mn、Ti、V等大多数3d过渡金属及Mo、Ru、W、Ir等少量4d/5d过渡金属（图10-6）。单一的过渡金属氧化物/氢氧化物作为阳极催化材料时具有很高的OER活性，但由于电导率低、氢吸附能力弱和反应活性位点有限，它们通常展现出较差的HER活性。近年来，研究人员发现Co基氧化物因具有独特可调控的电子结构而展现出作为HER电催化材料的巨大潜力，为合成低成本的、可替代贵金属Pt的HER电催化材料提供了有价值的参考[26-27]。然而，目前所报道的Co基氧化物材料几乎都被用作碱性HER电催化剂，用作酸性HER电催化剂的情况十分少见。这是因为与绝大多数氧化物一样，Co基氧化物难以在酸性溶液中稳定存在，不可避免的溶解导致了Co基氧化物活性位点的丢失和稳定性的衰减。尽管如此，研究电催化材料在酸性溶液中的HER性能仍然很有必要，因为电催化材料在酸性溶液中的HER活性通常比在碱性溶液中的HER活性高2~3个数量级[28]。因此，开发可在酸性溶液中稳定存在的金属氧化物/氢氧化物电催化材料对于实现大规模的HER具有重要意义。

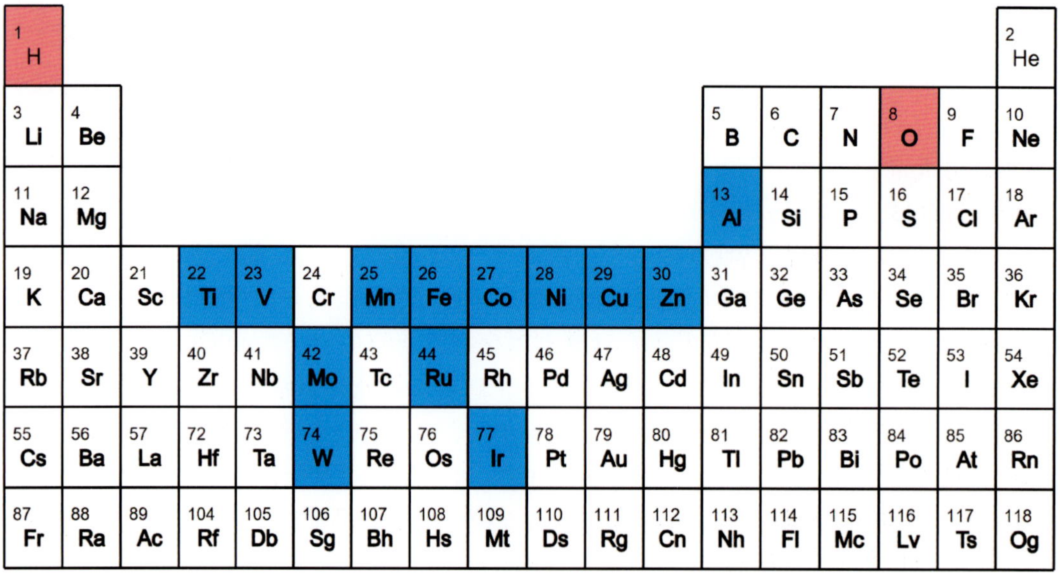

图10-6 过渡金属氧化物/氢氧化物包含的大部分3d过渡金属和少量的4d/5d过渡金属

在制备电催化材料时，合成方法的选择至关重要。传统的水浴和油浴方法无须复杂精密的仪器设备,被广泛用于合成电催化材料。盛放待加热反应物质的容器通常为玻璃和陶瓷制品,但在加热过程中应控制升温速率以防反应容器受热不均发生炸裂。当反应温度低于100℃时,宜采用水浴加热方法,而当反应温度高于100℃时,须采用油浴加热方法。在水浴或油浴过程中,加入还原剂,利用氧化/还原反应将高价金属离子还原成低价金属离子或零价金属的方法,称为液相还原法。所用还原剂一般为$NaBH_4$、$KBH_4$、$N_2H_4 \cdot H_2O$以及多元醇。液相还原法是一种新型、高效的制备方法,具有反应成本低、反应容易控制、反应设备简单、还原产物尺寸小及分布均匀等优点,且可通过改变反应温度、反应时间、还原剂用量等工艺参数来调控还原产物的晶形与尺寸。此外,反应物溶液中引入少量的其他金属盐,可以实现金属掺杂电催化材料的制备。液相还原法易于实现还原产物的宏量化制备,具有广阔的应用前景,科研人员对其进一步的开发和利用具有极大的兴趣。

例如,Wang等[29]采用简单的油浴加热法和液相还原法制备了一种空心碳球(HCS)负载的$Pt/Co_3O_4$前驱体复合材料(命名为pre-$Pt/Co_3O_4$-HCS)。pre-$Pt/Co_3O_4$-HCS前驱体复合材料在0.5mol/L $H_2SO_4$电解液中经3000圈CV循环后得到的$Pt/CoO_x$-HCS-3000复合材料展现出优异的酸性HER活性和稳定性[图10-7(a)]。首先,他们通过$SiO_2$硬模板法合成尺寸均一的HCS载体,随后将$Co(CH_3COO)_2 \cdot 4H_2O$和$H_2PtCl_6 \cdot 6H_2O$水溶液加入HCS的乙二醇分散液中。混合体系经过3h搅拌后置于油浴锅中加热至120℃,剧烈搅拌下缓慢滴加过量的$NaBH_4$溶液,以确保$PtCl_6^{2-}$离子被充分还原为Pt纳米颗粒,从而得到pre-$Pt/Co_3O_4$-HCS前驱体复合材料。图10-7(b)、(c)为pre-$Pt/Co_3O_4$-HCS的SEM图像和TEM图像,随机生长于HCS表面的$Co_3O_4$纳米片与Pt纳米颗粒紧密接触,为Pt调控$CoO_x$的电子结构并产生强电子相互作用创造了有利条件。此外,可以看到粒径在2~4nm之间的Pt纳米颗粒均匀地分布在HCS上,没有发生明显的聚集。从以上结果可以看出,$NaBH_4$液相还原法的优势在于能够得到尺寸较小、分散性较好的Pt纳米颗粒。通常而言,晶体的成核速率越大,其粒径越小,尺寸越均一。由于$NaBH_4$具有很强的还原性,可迅速将$H_2PtCl_6$中的$Pt^{4+}$还原成单质Pt。Pt晶体的成核速率明显大于生长速率,从而导致在HCS表面形成粒径较小的Pt纳米颗粒。图10-7(d)为pre-$Pt/Co_3O_4$-HCS在0.5mol/L $H_2SO_4$电解液中经过3000圈CV循环达到稳态后形成的$Pt/CoO_x$-HCS-3000的TEM图。Pt纳米颗粒依然均匀地分布在HCS表面,放大后可以观察到部分Pt纳米颗粒周边分布着未完全溶解的$CoO_x$,而其他区域单独分散的$Co_3O_4$纳米片则被完全溶解[图10-7(e)]。两者的形貌差异说明了Pt和$CoO_x$之间存在着强的电子相互作用,既防止了Pt纳米颗粒的团聚又使得$CoO_x$在酸性环境中稳定存在。值得一提的是,该工作选取0~0.1V (vs. RHE)的负电位区间对pre-$Pt/Co_3O_4$-HCS前驱体复合材料进行连续CV扫描,可将$Co^{3+}$还原为$Co^{2+}$,但无法将$Co^{2+}$进一步还原为Co单质(Co)。此外,根据Co氧化物的Pourbaix图[30],进行CV扫描时的电解液的pH值和所选取的电位区间共同决定了高价态Co不会被还原为Co单质。

HER性能测试结果表明,$Pt/CoO_x$-HCS-3000在0.5mol/L $H_2SO_4$电解液中达到10mA/$cm^2$电流密度所需的过电位为28mV,低于20wt% Pt/C所需的30mV和Pt-HCS-3000所需的41mV[图10-8(a)]。$Pt/CoO_x$-HCS-3000的过电位较Pt-HCS-3000的低,表明少量存在的$CoO_x$使得$Pt/CoO_x$复合材料具有比单一Pt更好的HER活性。如图10-8(b)所示,$Pt/CoO_x$-HCS-3000在0.5mol/L $H_2SO_4$电解液中展现的过电位(28mV)和Tafel斜率(31mV/dec)均低于

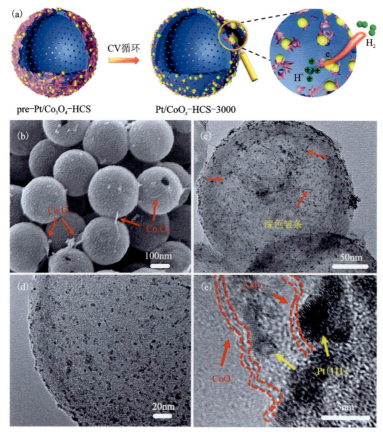

图 10-7　pre-Pt/$Co_3O_4$-HCS 和 Pt/$CoO_x$-HCS-3000 的转变示意图及微观形貌

(a)pre-Pt/$Co_3O_4$-HCS 前驱体复合材料经 CV 处理形成 Pt/$CoO_x$-HCS-3000 的示意图；
(b)、(c)采用油浴加热和液相还原法制备的 pre-Pt/$Co_3O_4$-HCS 的 SEM 图像和 TEM 图像；(d)、(e)经 CV 处理后的 Pt/$CoO_x$-HCS-3000 的 TEM 图像和 HRTEM 图像[29]

大部分已报道的酸性 HER 电催化材料。此外，Wang 等通过原位拉曼光谱揭示了 Pt 与 $CoO_x$ 之间的电子相互作用。如图 10-8(c)、(d)所示，在 0.5mol/L $H_2SO_4$ 电解液中进行 10 000 圈 CV 扫描后，pre-$Co_3O_4$-HCS 图谱中属于 $Co_3O_4$ 的 3 个散射峰全部消失，说明 $CoO_x$ 不能在 $H_2SO_4$ 电解液中稳定存在。相反，pre-Pt/$Co_3O_4$-HCS 图谱中 $Co_3O_4$ 的散射峰强度虽然随着 CV 循环圈数的增加而降低，但其主要的 $A_{1g}$ 散射峰在进行 20 000 圈 CV 扫描后依然存在，说明 Pt 纳米颗粒可以使 $CoO_x$ 在 $H_2SO_4$ 电解液中稳定存在。除了拉曼散射峰强度的变化，pre-Pt/$Co_3O_4$-HCS 的 $A_{1g}$ 散射峰位置随着 CV 圈数的增加发生了连续的蓝移。根据已有文献报道，拉曼散射峰位置的偏移由复合材料之间的电子相互作用与电子再分配效应导致[31]。

随后，Wang 等通过功函数测试和 DFT 计算进一步验证了 Pt 与 $CoO_x$ 之间的强电子相互作用。如图 10-9(a)、(b)所示，Pt-HCS-3000、Pt/$CoO_x$-HCS-3000 和 $CoO_x$-HCS-3000 的功函数分别为 4.63eV、4.56eV 和 4.49eV。Pt/$CoO_x$-HCS-3000 的功函数介于 Pt-HCS-3000 和 $CoO_x$-HCS-3000 之间，说明 Pt/$CoO_x$ 复合材料中电子由 $CoO_x$ 向 Pt 转移，进而在 Pt 位点上参与 $H_2$ 析出反应。此外，与单一的 Pt 和 $CoO_x$ 相比，Pt/$CoO_x$ 具有最接近于 0 的 $\Delta G_{H^*}$，表明其

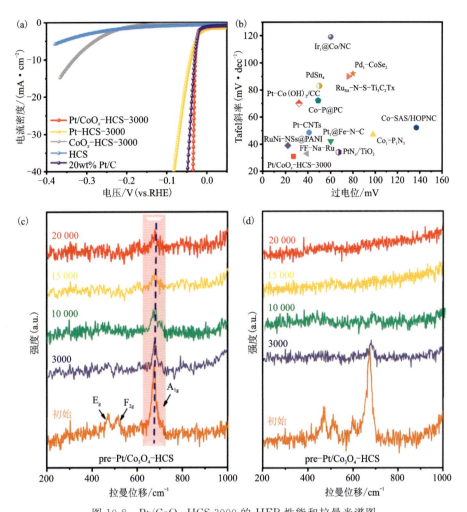

图 10-8　Pt/CoO$_x$-HCS-3000 的 HER 性能和拉曼光谱图

(a)Pt/CoO$_x$-HCS-3000 及其对比样品在 0.5mol/L H$_2$SO$_4$ 电解液中的 LSV 曲线；(b)Pt/CoO$_x$-HCS-3000 和部分已报道 HER 电催化材料的过电位和 Tafel 斜率对比图；(c)、(d)pre-Pt/Co$_3$O$_4$-HCS 和 pre-Co$_3$O$_4$-HCS 在不同 CV 圈数下的拉曼光谱图[29]

优异的 HER 活性[图 10-9(c)]。Pt/CoO$_x$ 的差分电荷密度（Δρ）结果显示，在 Pt 吸附 H 原子前，电子大量聚集在 Pt 一侧，与上述实验结果得出的电子由 CoO$_x$ 向 Pt 转移的结论一致；而在 Pt 吸附 H 原子后，更多的自由电子脱离 CoO$_x$ 并累积于 Pt 位点，进一步促进了 H$^+$ 的吸附与还原[图 10-9(d)、(e)]。

层状双金属氢氧化物（layered double hydroxides，LDHs）是一类 2D 阴离子层状化合物，由含有 M(OH)$_6$ 八面体带正电荷的水镁石层组成（M 是 Fe、Co、Ni、Al、Cr、Mn 等），层间通道内嵌有阴离子和水分子，使 LDHs 保持结构稳定[32]。其化学通式为 $[M_{1-x}^{2+}M_x^{3+}(OH)_2]^{z+}A_{z/n}^{n-}\cdot mH_2O$，其中 M$^{2+}$ 和 M$^{3+}$ 为水镁石层中的二价和三价金属阳离子，A$^{n-}$ 为层间插层阴离子，最终使 LDHs 正负电荷平衡呈现电中性[33]。LDHs 的组成、形貌、结构、表面缺陷、电子性质等可以通过不同方法进行可控调节，为促进多相催化的进行提供丰富的不饱和活性位

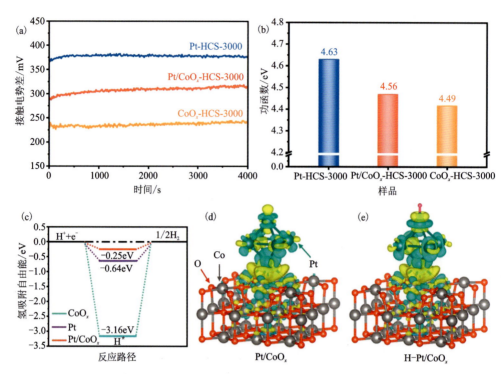

图 10-9　Pt/CoO$_x$-HCS-3000 的功函数和理论计算数据

(a)Pt/CoO$_x$-HCS-3000、Pt-HCS-3000 和 CoO$_x$-HCS-3000 的接触电势差；(b)功函数；(c)氢吸附自由能值；(d)、(e)Pt/CoO$_x$-HCS-3000 在吸附 H 原子前后的 $\Delta\rho$[29]

点。凭借着优异的物理和化学性质，LDHs 在非均相催化领域获得了广泛的关注、研究和应用。将 LDHs 与其他材料进行复合，通过调控几何结构和电子特性，可以大幅提升 LDHs 的催化性能。尤其是利用 LDHs 的拓扑结构转变，可以制备出一系列具有高催化活性、高选择性和优异稳定性的层状混合金属氧化物催化剂和负载型单金属/双金属催化剂。

在常见的 LDHs 中，研究最多的 LDHs 是 NiFe LDH，它在碱性环境中具有优异的催化活性[34-35]。研究表明，Ni 和 Fe 的协同作用可以改变催化材料的电子结构，增强其导电性，增加氧化还原反应活性位点，进而提高电催化活性[36]。在众多制备 NiFe LDH 的方法中，电化学沉积法是最常用的方法，具有原材料使用量少、合成效率高、操作简单等优点，同时也可实现 NiFe LDH 的均匀分布及其与载体的紧密接触，有助于实现催化材料优异的稳定性。电化学沉积是指体系通过电流后，电解质溶液中正负离子在外电场作用下定向迁移并在电极上发生得失电子的氧化还原反应而形成镀层的技术。电化学沉积法是目前纳米材料制备领域中研究最多的方法之一，具有以下几个优点。

(1)可以获得各种晶粒尺寸的纳米材料。电化学沉积法不仅可以实现纳米材料晶粒尺寸的可控调节，还能制备不同成分、形貌和结构的纳米材料，如金属单质(铜、镍、锌、钴等)、合金(钴钨、镍锌、镍铝、铬铜等)、半导体(硫化镉、硫化钼、氧化锌等)、纳米金属线、纳米叠层薄膜、纳米复合镀层等。

(2)方法简单易操作。与其他方法相比，电化学沉积法制备纳米材料简单易操作，极少受到纳米材料晶粒尺寸和形貌的限制，且所制备的纳米材料具有高密度和低孔隙率。

(3)制得的纳米材料具有独特的物理化学性质。通过电化学沉积法制备的纳米材料通常具备独特的物理化学性质。以电化学沉积制备纳米镍为例,所获得的纳米镍具有硬度高、结晶性好、催化活性高等优点。

(4)低成本、高效率。相对于物理方法,电化学沉积法制备纳米材料的成本较低且可以实现纳米材料的宏量制备,为纳米材料的规模化生产提供了一种切实可行的方法。

如图 10-10(a)所示,Ni 等[37]采用电化学沉积法在 Cu 纳米线(Cu NWs)表面制备了 NiFe LDH 纳米片(Cu NWs@NiFe)。图 10-10(b)、(c)显示的是 Cu NWs 在电化学沉积前后的 SEM 图像,原本表面光滑的 Cu NWs 被包裹了一圈 NiFe LDH 纳米片,形成了核-壳结构的

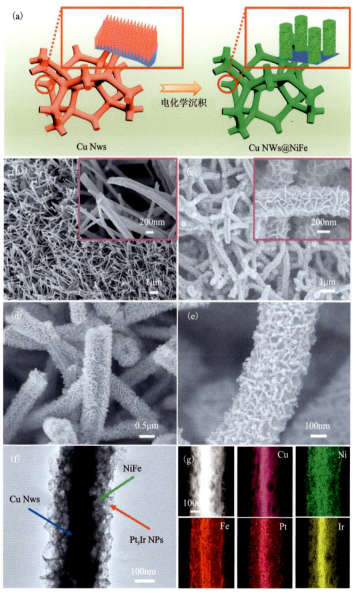

图 10-10 Cu NWs@NiFe 的制备过程及 Cu NWs@NiFe-Pt₃Ir 的表征结果

(a)Cu NWs@NiFe 的制备示意图;(b)Cu NWs 的 SEM 图像;(c)Cu NWs@NiFe 的 SEM 图像;(d)、(e)Cu NWs@NiFe-Pt₃Ir 的 SEM 图像;(f)Cu NWs@NiFe-Pt₃Ir 的 TEM 图像;(g)Mapping 图[37]

Cu NWs@NiFe,其直径较单独的 Cu NWs 有明显的增大。在电化学沉积过程中 NiFe LDH 垂直生长于 Cu NWs 上,所形成的分级结构不仅为下一步电化学沉积 $Pt_3Ir$ 合金纳米颗粒提供了大的表面积,而且为催化过程中的高效传质提供了充足的空间。图 10-10(d)—(g)是 Cu NWs@NiFe 进一步通过电化学沉积负载 $Pt_3Ir$ 合金纳米颗粒的 SEM 图像、TEM 图像和 Mapping 图,可以观察到直径在 8nm 左右的纳米颗粒均匀镶嵌在 NiFe LDH 分级结构中,扩大了 $Pt_3Ir$ 合金纳米颗粒与 NiFe LDH 纳米片之间的接触面积。此外,未观察到 $Pt_3Ir$ 合金纳米颗粒出现严重的聚集现象,表明分级结构的 NiFe LDH 在分散 $Pt_3Ir$ 合金纳米颗粒方面发挥着重要的作用。

得益于电化学沉积带来的 Cu NWs、NiFe LDH 纳米片和 $Pt_3Ir$ 合金纳米颗粒之间的紧密接触以及所形成的分级结构,Cu NWs@NiFe-$Pt_3Ir$ 电极材料获得了工业级的 HER 电流密度和十分优异的长效稳定性。如图 10-11(a)、(b)所示,在 1.0mol/L KOH 电解液中,CuNWs@NiFe-$Pt_3Ir$ 达到 500mA/$cm^2$ 和 1000mA/$cm^2$ 工业电流密度所需要的过电位仅为 210mV 和 239mV,远低于 Cu NWs@NiFe-Pt(309mV 和 382mV)、Cu NWs@NiFe-Ir(391mV 和 442mV)、Cu NWs@NiFe(427mV 和 487mV)和 Pt 丝(307mV 和 380mV)达到相同电流密度所需的过电位。$Pt_3Ir$ 合金纳米颗粒与 NiFe LDH 的紧密接触极大地促进了电极材料/电解质界面的电子消耗和 $H_2$ 产生速率,从而使 Cu NWs@NiFe-$Pt_3Ir$ 获得了显著提升的反应动力学[图 10-11(c)]。Cu NWs@NiFe-$Pt_3Ir$ 所具备的优异产氢性能不仅体现在低过电位下展现出工业电流密度,还体现在工业电流密度下长期稳定运行后过电位几乎保持不变。如

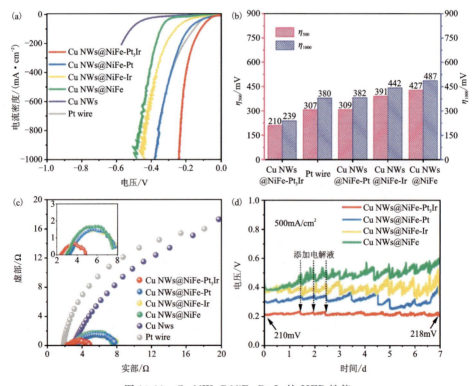

图 10-11 Cu NWs@NiFe-$Pt_3Ir$ 的 HER 性能

(a)Cu NWs@NiFe-$Pt_3Ir$ 及其对比样品在 1.0mol/L KOH 电解液中的 LSV 曲线;(b)500mA/$cm^2$ 和 1000mA/$cm^2$ 电流密度所需过电位对比图;(c)阻抗图谱;(d)稳定性测试图[37]

图 10-11(d)所示，Cu NWs@NiFe-Pt₃Ir 在 500mA/cm² 工业电流密度下连续测试 7d 后所需过电位仅增加了 8mV，远小于其他对比样品的过电位增加值，表明 Cu NWs@NiFe-Pt₃Ir 极具潜力的工业应用前景。随后，Ni 等[37]通过 DFT 计算研究了 Cu NWs@NiFe-Pt₃Ir 具有优异 HER 活性的原因(图 10-12)。NiFe LDH 和 Pt₃Ir 合金纳米颗粒间存在强的电子相互作用，电子由 NiFe LDH 向 Pt₃Ir 转移，在 Pt 活性位点被 H⁺ 还原反应所消耗，该电子转移与消耗路径为 Cu NWs@NiFe-Pt₃Ir 获得优异的反应动力学提供了有利条件。

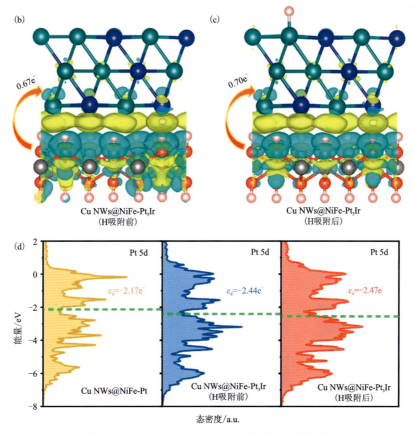

图 10-12 Cu NWs@NiFe-Pt₃Ir 的理论计算数据

(a)Cu NWs@NiFe-Pt₃Ir 及其对比样品的 $\Delta G_{H^*}$；(b)、(c)Cu NWs@NiFe-Pt₃Ir 吸附 H 原子前后的 $\Delta\rho$ 与巴德电荷转移数；(d)Cu NWs@NiFe-Pt₃Ir 与 Cu NWs@NiFe-Pt 的态密度(density of state,DOS)图[37]

Zhong 等[38]采用恒电流方法在多孔镍(PN)电极上沉积了具有高催化活性的 $NiFeO_xH_y$ 纳米片花球($NiFeO_xH_y$-PN)催化材料。图 10-13(a)、(b)显示了 $NiFeO_xH_y$-PN 的分级多孔结构,$NiFeO_xH_y$ 纳米片具有超薄特性,花球结构有利于促进电子转移并暴露更多反应活性位点。该分级多孔结构有利于大电流密度下的溶液传输和气体产物扩散。OER 性能研究结果表明,$NiFeO_xH_y$-PN 在 1.0mol/L KOH 电解液中产生 $100mA/cm^2$ 电流密度所需的过电位仅为 265mV,比 PN 和镍网(NM)达到相同电流密度所需过电位分别低 191mV 和 481mV [图 10-13(c)]。同时,得益于较快的反应动力学,$NiFeO_xH_y$-PN 也仅需 1.532V 和 1.556V 的低电压即可产生 $500mA/cm^2$ 和 $1000mA/cm^2$ 的工业电流密度。随后,他们进一步研究了

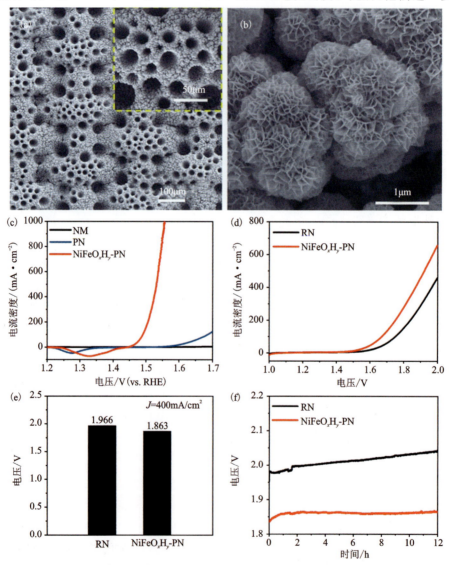

图 10-13 $NiFeO_xH_y$-PN 的表征、OER 与全水解性能

(a)、(b)$NiFeO_xH_y$-PN 的 SEM 图像;(c)$NiFeO_xH_y$-PN、PN 和 NM 在 1.0mol/L KOH 电解液中的 OER 活性对比;(d)$NiFeO_xH_y$-PN‖RN 和 RN‖RN 电极对在工况条件下的全水解性能图;(e)产生 $400mA/cm^2$ 电流密度所需槽电压;(f)长效稳定性测试图[38]

$NiFeO_xH_y$-PN 在工况条件下的全分解水性能。以 $NiFeO_xH_y$-PN 为阳极,商业雷尼镍(RN)为阴极,30wt% KOH 溶液为电解液,电解液温度维持在 85℃。如图 10-13(d)、(e)所示,在相同的槽电压下,$NiFe_xOH_y$-PN||RN 电极对具有比 RN||RN 电极对更大的电流密度。此外,$NiFe_xOH_y$-PN||RN 电极对获得 400mA/$cm^2$ 大电流密度所需的槽电压仅为 1.863V,远低于 RN||RN 电极对所需的 1.966V。图 10-13(f)展示了 $NiFe_xOH_y$-PN 在工况条件下的耐久性。在维持相同电流密度时,$NiFe_xOH_y$-PN||RN 电极对需要更小的槽电压,而且 $NiFe_xOH_y$-PN||RN 电极对展现出比 RN||RN 电极对更好的稳定性。此项研究工作展现了 $NiFe_xOH_y$-PN 分级多孔电极材料应用于实际工业条件下碱性电解水制氢的巨大潜力。

### 10.3.2 过渡金属硫化物

近年来,过渡金属硫化物(transition metal sulfides,TMS)因其良好的催化性能和低成本优势而在 HER、OER、ORR、$CO_2$RR 等领域获得了广泛关注与研究[39-42]。TMS 的结构分为两类:层状 $MS_2$(M=Mo 和 W)和非层状 $M_xS_y$(M=Fe、Co、Ni、Cu、Zn 等)。层状 $MS_2$ 是一种夹层结构,其中一层 M 原子与上下两层 S 原子结合[43]。每个 $MS_2$ 晶胞通过弱范德华力垂直堆叠,使 $MS_2$ 可以被剥离成单层结构。层状 $MS_2$ 根据构型的不同分为 1T、2H 和 3R 相(数字 1、2、3 代表层数;T、H、R 分别代表四方、六方和三方晶相)。H 相和 T 相在层状 $MS_2$ 中最常见,其中 M 分别处于三角棱柱和八面体构型的中心。此外,单层 H 相按不同顺序堆叠可形成 2H 相和 3R 相。层状 $MS_2$ 的电子特性和应用很大程度上取决于其所属晶相。例如,2H-$MoS_2$ 是一种半导体材料,在电子器件领域具有广泛应用;1T-$MoS_2$ 具有金属特性,在电催化领域具有广泛应用;而 3R-$MoS_2$ 是一种非中心对称半导体材料,在非线性光学领域展现出巨大的应用前景[44]。

层状 $MS_2$ 的电化学性质取决于其表面取向。例如,单一的 S—M—S 三层结构存在面内位点和边缘位点,分别展现出各向异性。一方面,层状 $MS_2$ 的面内位点具有较低的表面能,与高活性的边缘位点相比,通常是不活跃的。早在 2005 年,Hinnemann 等[45]研究发现 $MoS_2$ 的(1010)面边缘的 Mo 位点与一种产氢酶在稳定 H 原子过程中具有相似的性质,其中结合 H 原子的 S 原子与 Mo 原子是双重配位的。DFT 计算表明 $MoS_2$ 的边缘位点是 HER 的反应活性位点,并且 $MoS_2$ 具有接近于 Pt 的 $\Delta G_{H^*}$,从理论上验证了其作为优异 HER 电催化材料的可能性。随后,Jaramillo 等[16]通过实验证实了 $MoS_2$ 的边缘位点是 HER 的反应活性位点,调控 $MoS_2$ 的边缘结构和反应活性位点以加强对 H 原子的吸附,是提高 HER 活性的关键措施。另一方面,层状 $MS_2$ 的面内位点比边缘位点更易被调控与修饰,活化面内位点也是增强 HER 活性的重要途径之一。此外,非层状 $M_xS_y$ 一般具有黄铁矿结构,其中 M 原子以八面体形式与相邻的 S 原子结合,其表面能和电子结构与本征表面态有关[46]。过渡金属 M 不同的 d 电子数使得 $M_xS_y$ 展现出不一样的电子特性,例如,$NiS_2$ 是绝缘体,$FeS_2$ 是半导体,$CoS_2$ 是金属,$CuS_2$ 是超导体[47]。由于表面未配位阳离子展现出与氢化酶活性中心相似的性质,非层状 $M_xS_y$ 在 HER 领域也有潜在的应用。

常见的 TMS 合成方法包括水热法、化学气相沉积(chemical vapor deposition,CVD)法、化学浴沉积(chemical bath deposition,CBD)法。水热法是一种在密闭容器内完成的湿化学方法,与溶胶-凝胶法、共沉淀法等其他湿化学方法最大的区别在于高温高压的反应环境。水热过程中通过改变反应条件可调控纳米材料的晶体结构、结晶形态与晶粒纯度,既可以制备单组分微纳晶体,又能合成双组分或多组分化合物粉末。化学气相沉积是一种直接利用气体或将物质汽化后通过热、光、电、化学等作用使其发生热分解、还原或其他反应,而后从气相中析出纳米颗粒,经冷却后得到金属单质、合金、硫化物、氧化物、碳化物、氮化物等各类材料的制备技术。在化学气相沉积过程中,反应气体分子到达基底表面并被吸附,发生化学反应形成晶核。持续供给反应气体,晶核持续长大形成晶体。化学浴沉积是一种利用合适的还原剂使沉积液中的金属阳离子还原并沉积在基体表面上的化学制备技术。与电化学沉积法不同,化学浴沉积不需要使用电极并施加电压。该方法具有可控性好、均匀性好、成本低等优点,是当前应用最为广泛的纳米材料制备方法之一。

Kuang 等[48]首先通过水热法在 V-MXene 基底上生长 $Ni(OH)_2$,进一步采用 CVD 法使 $Ni(OH)_2$ 原位硫化为 $NiS_2$ 纳米颗粒,得到 $NiS_2$/V-MXene 复合电催化材料,如图 10-14 所示。水热合成的 $Ni(OH)_2$ 前驱体均匀覆盖在 V-MXene 上,为后续 $NiS_2$ 纳米颗粒的均匀包覆形成三明治层状结构提供了基础,为电催化过程中的电子转移和传质提供了更大的空间。$NiS_2$ 纳米颗粒的紧密覆盖不仅可以防止 V-MXene 薄片的面内堆叠,还有利于暴露更多的反应活性位点以加快催化反应速率[图 10-15(a)]。从 $NiS_2$/V-MXene 的 XRD 图谱可以看出[图 10-15(b)],CVD 法实现了对 $Ni(OH)_2$ 的充分硫化,并且获得了高结晶度的 $NiS_2$。V-MXene(002) 衍射峰的消失说明 $NiS_2$ 纳米颗粒有效抑制了 V-MXene 薄片的再堆叠。XPS 图谱表明,$NiS_2$ 和 V-MXene 之间发生了强电子相互作用,这归因于 $Ni(OH)_2$ 的原位生长及原位硫化形成的 $NiS_2$ 纳米颗粒与 V-MXene 之间的紧密接触。与单一 $NiS_2$ 和 V-MXene 相比,$NiS_2$/MXene 的 Ni 2p XPS 图谱和 V 2p XPS 图谱结合能分别发生了负偏移和正偏移,即电子由 V-MXene 向 $NiS_2$ 转移,进而在 $NiS_2$ 上参与 HER[图 10-15(c)—(e)]。如图 10-16(a) 所示,与 $NiS_2$/Ti-MXene、$NiS_2$、V-MXene 和 Ti-MXene 相比,$NiS_2$/V-MXene 产生 $10mA/cm^2$ 电流密度所需的过电位最小(179mV)。此外,$NiS_2$/V-MXene 在长效稳定性测试后达到 $10mA/cm^2$ 电流密度所需的过电位几乎没有变化[图 10-16(b)]。基于表征和测试结果,V-MXene 独特的三明治层状结构、$NiS_2$ 纳米颗粒抑制 V-MXene 堆积、$NiS_2$ 与 V-MXene 之间的界面耦合与协同效应是 $NiS_2$/V-MXene 获得增强 HER 活性的重要因素。

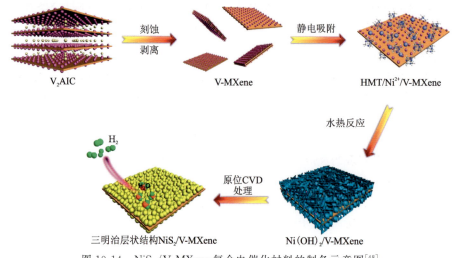

图 10-14　$NiS_2$/V-MXene 复合电催化材料的制备示意图[48]

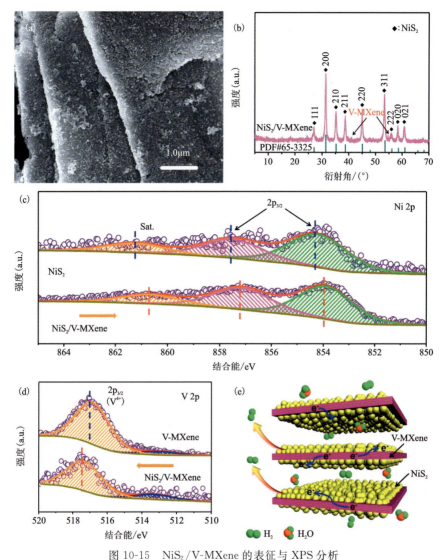

图 10-15 NiS$_2$/V-MXene 的表征与 XPS 分析

(a)NiS$_2$/V-MXene 的 SEM 图像；(b)XRD 图谱；(c)NiS$_2$/V-MXene 和 NiS$_2$ 的 Ni 2p XPS 谱图；(d)NiS$_2$/V-MXene 和 V-MXene 的 V 2p XPS 谱图；(e)NiS$_2$/V-MXene 的 HER 示意图[48]

研究发现，MoS$_2$ 以其丰富的边缘活性位点（未成键的 Mo—S 边缘）和有利于电子转移的层状结构而表现出良好的 HER 活性[49-50]。然而，大多数 MoS$_2$ 基电催化材料仅在酸性环境中展现出优异的 HER 活性，在碱性和中性环境中的 HER 活性相对较差，使得 MoS$_2$ 在分解水实际应用中受到限制[51-52]。与单一的 MoS$_2$ 相比，Ni-Mo 双金属硫化物因其每个组分具有丰富且易被暴露的反应活性位点而展现出更优异的 HER 性能[53-55]。同时，异质晶格界面产生的协同效应、界面工程实现的反应活性位点的富集和电子的重新分配，都是 Ni-Mo 双金属硫化物获得增强 HER 活性的重要因素[56]。在 Ni-Mo 双金属硫化物中，Ni 位点被认为是 H$_2$O 解离中心，Mo 位点对 H$^+$ 具有优异的化学吸附能力，NiMo$_3$S$_4$[53]、MoS$_2$-Ni$_3$S$_2$[54]、MoS$_2$/Ni$_3$S$_2$[55] 等 Ni-Mo 双金属硫化物增强的 HER 性能体现在 Volmer 步骤能量势垒的降低和反应动力学的提升。

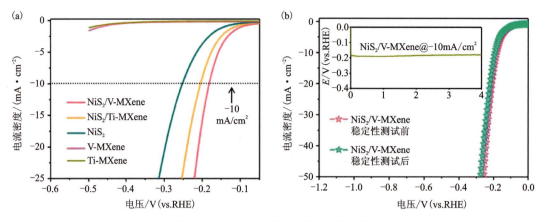

图 10-16 NiS$_2$/V-MXene 的 HER 性能

(a)NiS$_2$/V-MXene、NiS$_2$/Ti-MXene、NiS$_2$、V-MXene 和 Ti-MXene 的 LSV 曲线；(b)NiS$_2$/V-MXene 稳定性测试前后的 LSV 曲线对比，内嵌图为恒电流稳定性测试[48]

Kuang 等[57]通过 CVD 法合成了一种 NiS$_2$/MoS$_2$ 双金属硫化物杂化纳米线（命名为 NiS$_2$/MoS$_2$ HNW）。图 10-17(a)、(b)显示 NiS$_2$/MoS$_2$ HNW 由高度分散的 MoS$_2$ 纳米片和 NiS$_2$ 纳米颗粒组成，形成分级多孔的 1D 结构。这种结构既能暴露更多的反应活性位点，又可促进电子的快速转移和 H$_2$ 的脱附扩散。HRTEM 图像显示的 0.61nm 和 0.25nm 的晶面间距分别对应 MoS$_2$ 的(002)晶面和 NiS$_2$ 的(210)晶面[图 10-17(c)、(d)]。异质界面 A 和 B 的放大图显示 MoS$_2$ 的(002)晶面与 NiS$_2$ 的(210)晶面紧密接触，形成了使 NiS$_2$/MoS$_2$ HNW 在广泛 pH 值范围内高效产氢的异质晶格界面。

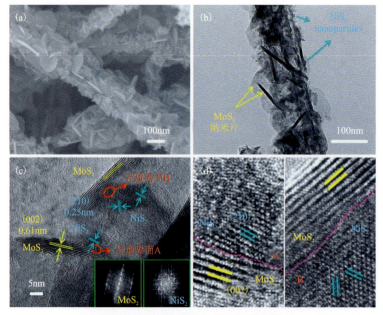

图 10-17 NiS$_2$/MoS$_2$ HNW 的表征

(a)SEM 图像；(b)TEM 图像；(c)、(d)HRTEM 图像[57]

图 10-18(a)—(c)展示的是 $NiS_2/MoS_2$ HNW 分别在 1.0mol/L KOH、0.5mol/L $H_2SO_4$ 和 0.1mol/L PBS 电解液中测得的 LSV 曲线,达到 $10mA/cm^2$ 电流密度所需的过电位分别为 204mV、235mV 和 284mV,均低于对比样品 $NiS_2$、$MoS_2$ 和 $NiMoO_4$ 所需的过电位。此外,$NiS_2/MoS_2$ HNW 在 1.0mol/L KOH 电解液中展现出良好的长效稳定性,且可明显观察到 $H_2$ 气泡从电极表面脱附析出[图 10-18(d)]。进一步,Kuang 等通过 DFT 计算证实了当在 $NiS_2$ 和 $MoS_2$ 的异质晶格界面发生 $H_2O$ 解离时,$OH^-$ 将被 $NiS_2$ 强烈吸附,而 $H^+$ 很容易被 $MoS_2$ 吸附[图 10-18(e)、(f)]。其结果是,相应中间体的吉布斯自由能被有效地降低,促进了 $H_2O$ 分子中 H—O 键的断裂,进而加快 HER 速率。此研究工作表明,$NiS_2/MoS_2$ HNW 是一种优异的 HER 电催化材料。更重要的是,不同于大多数已报道的低成本电催化材料只能在极窄的 pH 值范围(如碱性、酸性或中性)内应用,$NiS_2/MoS_2$ HNW 电催化材料可应用于广泛 pH 值范围电解液且具有较好的 HER 性能,使其具有在不同环境中高效稳定产氢的巨大潜力。

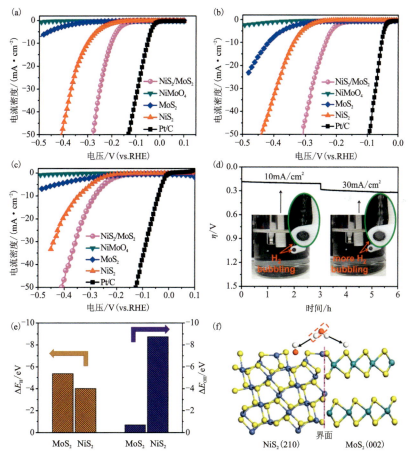

图 10-18 $NiS_2/MoS_2$ HNW 的 HER 性能与理论计算数据

$NiS_2/MoS_2$ HNW 及其对比样品在(a)1.0mol/L KOH、(b)0.5mol/L $H_2SO_4$ 和(c)0.1mol/L PBS 电解液中的 LSV 曲线图;(d)$NiS_2/MoS_2$ HNW 在 1.0mol/L KOH 电解液中的稳定性测试及产氢物像图;(e)$MoS_2$ 和 $NiS_2$ 对 $H^+$ 和 $OH^-$ 的化学结合能;(f)$NiS_2/MoS_2$ 异质晶格界面及其水裂解示意图[57]

得益于不仅可以暴露更多反应活性位点,还能促进 $H_2O$ 的解离提高催化效率,双金属硫化物也被广泛用作 OER 电催化剂[58-59]。考虑到电子转移速率对电催化反应性能的决定性作用,为进一步提高催化性能,石墨烯常被用于负载双金属硫化物以提高电导率,加速电子转移[60-61]。虽然石墨烯具有很高的电导率(约 $20m^2 \cdot V^{-1} \cdot s^{-1}$),但是在与其他催化材料进行复合时,由于范德华力和强 π—π 键相互作用的存在,石墨烯经常发生团聚或堆叠,不仅阻碍了催化材料的均匀分散,降低了催化材料的有效利用率,而且不利于气体的扩散与析出[62]。气体聚集于材料内部会极大地限制催化性能的提升,因为气泡附着于催化材料表面,对反应活性位点进行包覆,导致实际参与反应的活性位点大幅减少,从而导致较差的反应动力学。针对这个问题,Kuang 等[63]首先通过三聚氰胺模板法制备了 3D 多孔结构的 N 掺杂石墨烯泡沫(NGF),解决了石墨烯片的团聚或堆叠问题。以 NGF 为载体,通过水热法合成生长于石墨烯表面的 $MoO_2$-$Ni(OH)_2$ 纳米片,进一步采用 CVD 法使 $MoO_2$-$Ni(OH)_2$ 纳米片原位硫化为 $MoS_2$-$NiS_2$ 双金属硫化物纳米颗粒,成功制备了 $MoS_2$-$NiS_2$/NGF 复合电催化材料[63][图 10-19(a)]。如图 10-19(b)、(c)所示,NGF 具有中空管状结构,直径为 3~4μm,其高孔隙率和褶皱表面为催化材料的均匀分散创造了极其有利的条件。水热法制备的 $MoO_2$-$Ni(OH)_2$/NGF 呈现分级的 2D/3D 结构[图 10-19(d)、(e)],经 CVD 法处理后,转变为 $MoS_2$-$NiS_2$/NGF 分级的 0D/3D 结构[图 10-19(f)、(g)]。$MoS_2$-$NiS_2$ 双金属硫化物纳米颗粒均匀锚定于 NGF 表面,没有发生明显的团聚堆积。值得一提的是,NGF 的 3D 结构在经过水热法和 CVD 法处理后仍然完好保留,这为催化过程中的电子转移、离子传输和气体产物扩散提供了充足空间。

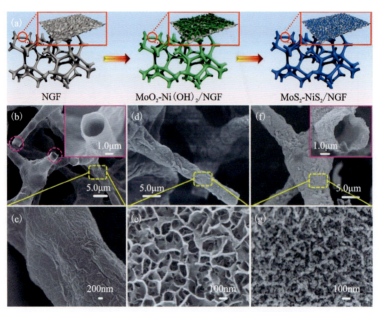

图 10-19 $MoS_2$-$NiS_2$/NGF 的制备过程与表征

(a)$MoS_2$-$NiS_2$/NGF 的制备示意图;(b)、(c)NGF 的 SEM 图像;(d)、(e)$MoO_2$-$Ni(OH)_2$/NGF 的 SEM 图像;(f)、(g)$MoS_2$-$NiS_2$/NGF 的 SEM 图像[63]

图 10-20(a)、(b)展示了 $MoS_2$-$NiS_2$/NGF、$MoS_2$-$NiS_2$、NGF 和 Pt/C 样品的 HER 活性。

通过对比 LSV 曲线和过电位与起始电位的柱状图,可以看到 $MoS_2$-$NiS_2$ 与 NGF 经化学方法结合后的 HER 性能获得了明显的提升。NGF 几乎没有 HER 活性,因为石墨烯表面除了含氧基团外没有其他活性位点参与产氢。与 $MoS_2$-$NiS_2$ 相比,$MoS_2$-$NiS_2$/NGF 在较低的起始电位下即可发生产氢反应,产生 $10mA/cm^2$ 电流密度所需的过电位下降了 53mV,表明其反应动力学的提升。在相同电压下,$MoS_2$-$NiS_2$/NGF 可以产生更大的电流密度,说明 NGF 在分散 $MoS_2$-$NiS_2$ 双金属硫化物纳米颗粒、提高反应活性位点有效利用率方面发挥了极其重要的作用。电化学活性表面积(electrochemical surface area, ECSA)测试证实 $MoS_2$-$NiS_2$/NGF 暴露了更多的反应活性位点[图 10-20(c)]。与 $MoS_2$-$NiS_2$ 相比,$MoS_2$-$NiS_2$/NGF 单位面积内的反应活性位点数增加了约 2/3,这完全归功于 NGF 作为催化材料载体发挥了很好的分散作用。此外,$MoS_2$-$NiS_2$/NGF 反应动力学的提升也得益于 3D 骨架中快速的电解液传输和 $H_2$ 扩散,使反应活性位点及时暴露并参与下一轮反应,整体提高了产氢效率。为了进一步验证通过化学方法制备的 $MoS_2$-$NiS_2$/NGF 具有很强的强相互作用,Kuang 等对比了 $MoS_2$-$NiS_2$/NGF 和 $MoS_2$-$NiS_2$+NGF($MoS_2$-$NiS_2$ 与 NGF 物理混合)的 HER 活性和表面性质。如图 10-20(d)所示,达到相同电流密度值时,$MoS_2$-$NiS_2$+NGF 所需的过电位均大于 $MoS_2$-$NiS_2$/NGF 所需过电位,说明通过物理混合制备的 $MoS_2$-$NiS_2$+NGF 因为缺少紧密结合而无法发生不同组分间的协同作用。

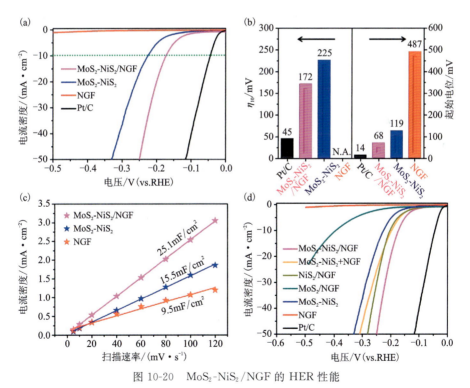

图 10-20 $MoS_2$-$NiS_2$/NGF 的 HER 性能

(a)$MoS_2$-$NiS_2$/NGF 及其对比样品在 1.0mol/L KOH 电解液中 OER 的 LSV 曲线图;(b)过电位和起始电位对比图;(c)ECSA 图;(d)$MoS_2$-$NiS_2$/NGF 与 $MoS_2$-$NiS_2$+NGF 的 LSV 曲线图[63]

### 10.3.3 金属单原子

近年来,金属单原子催化材料(single atom catalysts,SACs)在电催化领域引起了广泛的关注和研究,包括 HER、OER、ORR、$CO_2$RR、有机物氧化反应等[64-67]。传统的非均相催化材料通常包含粒径不一的金属颗粒,只有一小部分具有合适粒径尺寸的金属颗粒能发挥催化活性作用,而其他粒径尺寸的金属颗粒要么是催化惰性的,要么可能引发不需要的副反应[68]。此类催化材料通常因为金属利用效率低和选择性差而导致较大的金属消耗量和复杂繁琐的产物纯化分离过程。将金属纳米颗粒尺寸减小至纳米团簇甚至单个原子级别可以明显提高电化学反应的催化活性和选择性[69]。SACs 中金属原子的高度分散不仅有利于提高电催化反应的催化活性和选择性,而且还能提高原子利用率,降低大规模应用的成本[70]。然而,金属单原子因其高表面自由能而倾向于聚集,常常需要被锚定在载体上并与之形成稳定的构型[71]。到目前为止,被广泛用于负载金属单原子的载体包括但不限于碳材料[72]、氧化物[73]、金属有机框架(metal organic frameworks,MOFs)[74]、金属共价框架(covalent organic frameworks,COFs)[75]等。合适的载体不仅要作为分散金属的物理载体,还应与负载金属发生强金属-载体相互作用(strong metal-support interaction,SMSI),提高 SACs 的催化活性和稳定性。金属单原子与载体之间的 SMSI 以及金属单原子的不饱和配位环境都是电催化性能得以提升的主要因素。更详细的解释则可以是 SMSI 调节负载金属的电子结构和 d 带中心,不饱和配位环境优化反应物在催化活性位点上的吸附与活化过程,最终降低电化学反应能垒。

自 1978 年 Tauster 等[76]在非均相催化领域提出 SMSI 以来,SMSI 一直是各个催化领域的研究热点,但是对其本质机理仍缺乏更加透彻的理解。2012 年,Rodriguez 及其合作者[77]在研究 $CeO_2$ 负载 Pt 颗粒用于水煤气变换反应时发现了电子在 SMSI 中的重要作用。他们发现负载的 Pt 颗粒产生了明显的电子扰动现象,极大地提高了催化材料的产氢活性。同一年,Campbell 等[78]将这种由金属和载体之间的电子转移引起的电子扰动定义为金属-载体间电子相互作用(electronic metal-support interaction,EMSI)(图 10-21)。在随后的研究中,EMSI 作为一种电子结构描述符被大量用于精确解释负载型金属催化剂活性增强的内在原因。在上述提及的载体中,碳材料因制备成本低、电导率高、耐酸碱等优点而被广泛用于负载金属单原子。碳载体的结构和化学性质可以极大地影响负载金属单原子的电子结构、配位环境以及它们与碳载体的相互作用。例如,引入 N 原子可以显著改善碳载体的功能和性质,丰富的 N 配位位点有利于金属单原子的形成与稳定[79]。同时,碳载体中邻近的 C/N 原子与孤立的金

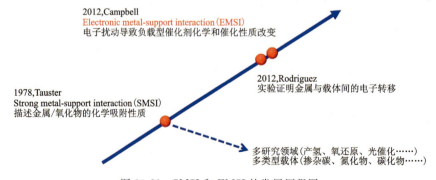

图 10-21 SMSI 和 EMSI 的发展历程图

属单原子形成共价键配位,实现对金属单原子电子结构的精准调控,使 EMSI 最大化[80]。相反,金属单原子与未掺杂的碳载体之间的相互作用通常比较弱,易导致金属单原子团聚并降低催化活性。因此,合理设计碳载体的结构和化学性质对于稳定金属单原子、调控 EMSI 以及获得最佳的催化活性具有重要的意义。

受前人工作的启发,Kuang 等[81]首先通过 $SiO_2$ 硬模板法制备了 N 掺杂介孔空心碳球(NMHCS),而后以 NMHCS 为载体,采用预沉淀法、冷冻干燥法和热分解法制备了 Pt 单原子负载的 NMHCS 产氢电催化剂($Pt_1$/NMHCS)[图 10-22(a)]。预沉淀法是被广泛用于制备金属单原子催化材料的湿化学方法之一,通过将金属前驱体与载体混合,使金属前驱体充分沉淀或浸渍到载体表面及内部,经干燥、热处理后,金属前驱体原位分解形成高度分散的金属单原子催化材料[82-85]。NMHCS 由正硅酸四乙酯水解生成 $SiO_2$ 球,盐酸多巴胺聚合包覆后经高温碳化和 HF 刻蚀得到,因为盐酸多巴胺中含有 N 元素,所以在空心碳球制备过程中即实现了原位 N 掺杂。大多数研究工作通过直接加入 $H_2PtCl_6$ 溶液制备 Pt 单原子,因为负电性的 $[PtCl_6]^{2-}$ 可以通过静电引力直接吸附在正电性的载体上。在此项研究工作中,考虑到 HF 刻蚀后 NMHCS 的表面呈微弱负电性,$[PtCl_6]^{2-}$ 难以吸附并分散在 NMHCS 表面,可能造成 $[PtCl_6]^{2-}$ 的聚集并最终形成 Pt 纳米颗粒。为此,Kuang 等在加入 $H_2PtCl_6$ 溶液的同时引入 $NH_4Cl$ 溶液,通过形成极细小的 $(NH_4)_2PtCl_6$ 络合物并使之预沉淀至 NMHCS 的表面和孔道内,巧妙地解决了带负电的 NMHCS 表面难以吸附 $[PtCl_6]^{2-}$ 的问题[86]。此外,$(NH_4)_2PtCl_6$ 络合物因呈电中性且具有一定的空间位阻,在预沉淀和液氮冷冻过程中即可保持良好的分散性,其在低温下受热分解形成 Pt 单原子的步骤如下。

$$H_2PtCl_6 + 2NH_4Cl \longrightarrow (NH_4)_2PtCl_6 + 2HCl(aq)$$
$$(NH_4)_2PtCl_6 \longrightarrow PtCl_6 + 2NH_3(g) + H_2(g)$$
$$PtCl_6 \longrightarrow Pt + 3Cl_2(g)$$

由图 10-22(b)、(c)可以看出,$Pt_1$/NMHCS 具有中空球体结构,直径在 300nm 左右,碳层厚度约为 20nm,较薄的碳层有利于电子的转移以及碳球内外物质的快速交换。通过球差校正的高角度环形暗场扫描透射电镜(HAADF-STEM)观察到 Pt 单原子均匀地分散在 NMHCS 上,没有发生明显的团聚[图 10-22(d)]。X 射线吸收近边结构(XANES)图谱显示 $Pt_1$/NMHCS 的白线(WL)强度介于 Pt 片、$Pt_{NP}$/MHCS(Pt 纳米颗粒负载于 NMHCS)和 $PtCl_4$ 之间,表明 $Pt_1$/NMHCS 中 Pt 单原子的正价态[图 10-22(e)]。通过拟合 WL 强度的积分面积和能量之间的关系,得到 $Pt_1$/NMHCS 中 Pt 单原子的价态为 +2.52,高于 $Pt_{NP}$/MHCS 中 Pt 的价态(+1.33),这可能是由于 N 元素的掺杂使得 Pt 单原子向载体转移更多电子。重要的是,XANES 结果表明 $Pt_1$/NMHCS 中的 Pt 具有最多的未占据 5d 电子轨道,这在提高 HER 活性方面发挥了重要的作用。扩展 X 射线吸收精细结构(EXAFS)图谱[图 10-22(f)]显示 $Pt_{NP}$/MHCS 和 Pt 片中 2.6Å 左右键长的峰归属于金属 Pt—Pt 键[87]。相反,$Pt_1$/NMHCS 的图谱中没有出现此峰,证实了 Pt 单原子的存在,而 1.9Å 左右键长的峰则源于 Pt—N/C 键[88]。对同步辐射数据进行精确拟合分析后,得到 Pt 单原子的配位数为 3,配位结构为 $N_1$—$Pt_1$—$C_2$,即 1 个 Pt 原子分别与 1 个 N 原子(Pt—N 拟合键长为 2.35Å)和 2 个 C 原子(Pt—C 拟合键长为 2.17Å)成键[图 10-22(g)]。

如图 10-23(a)、(b)所示,$Pt_1$/NMHCS 在 0.5mol/L $H_2SO_4$ 电解液中产生 $10mA/cm^2$ 电

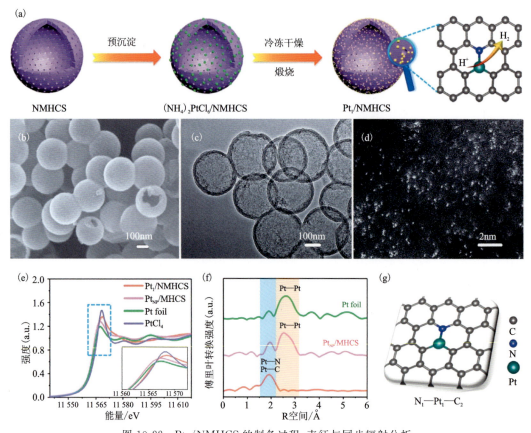

图 10-22 Pt₁/NMHCS 的制备过程、表征与同步辐射分析

(a)Pt₁/NMHCS 的制备示意图；(b)Pt₁/NMHCS 的 SEM 图像；(c)TEM 图像；(d)HAADF-STEM 图像；(e) XANES 图；(f)EXAFS 图；(g)原子配位结构图[81]

流密度需要的过电位为 40mV，远低于 Pt_{NP}/MHCS 所需的过电位(75mV)。与 20wt% Pt/C 相比，虽然 Pt₁/NMHCS 需要更大的过电位才能达到同一电流密度，但其质量活性却远高于 20wt% Pt/C。例如，Pt₁/NMHCS 在 50mV 过电位下的质量活性达到了 20wt% Pt/C 的 3.5 倍，证实了 Pt 单原子极高的原子利用率。此外，Pt₁/NMHCS 在 100mV、200mV 和 300mV 过电位下的 TOF 分别为 $4.47s^{-1}$、$12.02s^{-1}$ 和 $20.18s^{-1}$，高于 20wt% Pt/C 和大部分已报道的单原子催化剂[图 10-23(c)]。上述结果表明，Pt₁/NMHCS 在低 Pt 含量情况下仍展现出优于 20wt% Pt/C 的 HER 活性，说明 Pt 单原子与 NMHCS 之间的 EMSI 对于 HER 活性的提升至关重要。进一步由 DFT 计算可知，具有 $N_1$—$Pt_1$—$C_2$ 配位结构的 Pt 单原子催化剂具有非常接近于 0 的 $\Delta G_{H^*}$ 值(-0.05eV)，理论上证实 Pt₁/NMHCS 具有类 Pt 的 HER 活性[图 10-23(d)]。Kuang 等推断 N 掺杂是导致 Pt 单原子与载体间发生电子转移并引发 EMSI 的主要因素，EMSI 调控 Pt 的电子结构，使其获得更多的未占据 5d 空轨道，进而促进 $H^+$ 的还原以及 H—H 偶联。

金属单原子电催化剂因在催化领域展现出优异活性和高选择性，获得了持续的关注与研究。对于 N 掺杂碳负载的金属单原子电催化剂，金属单原子通常与载体形成 $N_x$—M—$C_y$ 配

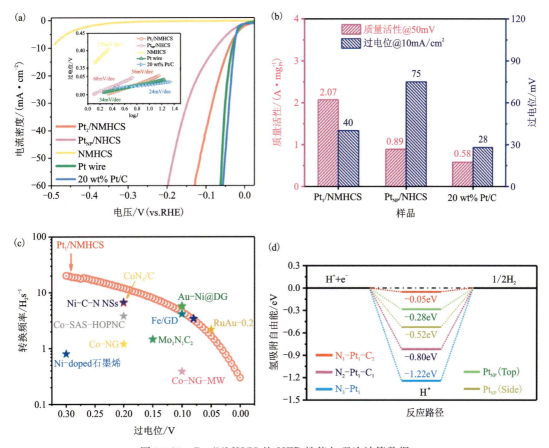

图 10-23 $Pt_1$/NMHCS 的 HER 性能与理论计算数据

$Pt_1$/NMHCS 及其对比样品在 0.5mol/L $H_2SO_4$ 电解液中的(a)LSV 曲线图和(b)质量活性和过电位对比图;(c)$Pt_1$/NMHCS 与已报道的 HER 单原子电催化材料的 TOF 对比图;(d)$Pt_1$/NMHCS 和 $Pt_{NP}$ 对比样品的 $\Delta G_{H^*}$ [81]

位结构,产生的 EMSI 对金属单原子的电子结构进行调控,从而产生显著提升的电催化性能。尽管研究人员在构建金属单原子 $N_x$—M—$C_y$ 配位结构方面进行了深入研究,但金属中心电子结构的精确调控仍然是一项巨大的挑战。最近,有研究表明金属双单原子催化剂(DACs)可以实现电子结构的更精确调控。两种金属原子键合形成 M(Ⅰ)—M(Ⅱ)二聚体,与碳载体中的 C/N 原子配位构成 $N_x$—M(Ⅰ)—M(Ⅱ)—$C_y$ 配位结构[89]。伴随着 M(Ⅰ)—M(Ⅱ)二聚体的形成,两种金属发生强烈的轨道耦合,产生电子再分配效应,既实现电子结构的调控,优化 $H^+$ 的吸附能和中间产物的结合能,又使 DACs 获得优异的长效稳定性[90]。比如,Zhou 等[91]合成的 Rh—Fe 二聚体电催化剂在 HER 应用中展现出了较低的过电位和 Tafel 斜率。他们认为 Rh 和 Fe 之间的电子再分配效应促进了电子由 Fe 向 Rh 转移,Rh 原子作为活性中心促进了 $H^+$ 的吸附。Zeng 等[92]制备了具有优异 $CO_2$RR 和 OER 性能的 Ni—Fe 二聚体双功能电催化剂。强烈的 d 轨道耦合作用致使 Fe 3d 轨道上的电子重新分布,使得 Fe 原子获得更高的氧化价态,促进了 $CO_2$ 活化、CO 脱附和 O—O 活化。上述研究工作表明,通过构建 M(Ⅰ)—M(Ⅱ)二聚体结构来调控金属中心的电子再分配是实现优异催化活性的有效途径。

近期,Zhao 等[93]制备了一种活化 N 掺杂介孔空心碳球(NMHCS-A)负载的 $Pt_1Ru_1$ 双单原子电催化剂($Pt_1Ru_1$/NMHCS-A)[图10-24(a)]。与前述Kuang等制备$Pt_1$/NMHCS单原子电催化材料的方法一样，此工作使用的Pt和Ru金属前驱体分别为$(NH_4)_2PtCl_6$和$(NH_4)_2RuCl_6$，通过预沉淀、液氮冷冻和热分解方法获得高度分散的$Pt_1Ru_1$双单原子二聚体结构。但不同的是此工作使用的碳载体经过KOH活化处理后比表面积达到了$1730m^2/g$，是未活化碳球比表面积的2～3倍。将NMHCS与KOH混合研磨后至高温加热，熔融状态的KOH对碳骨架进行刻蚀，产生丰富的微孔和介孔，使碳载体在维持空心结构的同时获得急剧增加的比表面积，以此使$(NH_4)_2PtCl_6$和$(NH_4)_2RuCl_6$分散得更加均匀。如图10-24(b)、(c)所示，HAADF-STEM图中红色方框标记的为单分散的$Pt_1Ru_1$双单原子二聚体，两种金属原子之间的距离在2.6Å左右，表明金属键的形成。EXAFS图谱进一步证实了$Pt_1Ru_1$双单原子二聚体的形成。在基于Pt拟合的结果中，$Pt_1Ru_1$/NMHCS-A中缺少Pt—Pt键(2.6Å)意味着Pt原子处于原子分散状态，位于约1.9Å的峰对应Pt—C/N键[94]。与Pt片中Pt—Pt键的强峰相比，$Pt_1Ru_1$/NMHCS-A中位于2.7Å的弱峰源于Pt—Ru键[图10-24(d)]。而在基于Ru拟合的结果中，位于1.5Å左右的峰对应Ru—N/C键[95]。与Ru粉末中Ru—Ru键的强峰相比，$Pt_1Ru_1$/NMHCS-A中位于2.4Å的弱峰来自Ru—Pt键[图10-24(e)]。根据同步辐射的测试与拟合结果，$Pt_1Ru_1$双单原子二聚体与一个C原子(Pt—$C_1$，拟合键长为1.91Å)和两个N原子(Ru—$N_2$，拟合键长为2.19Å)配位。确切地说，$Pt_1Ru_1$双单原子二聚体具有独特的$C_1$-Pt-Ru-$N_2$配位结构[图10-24(f)]。

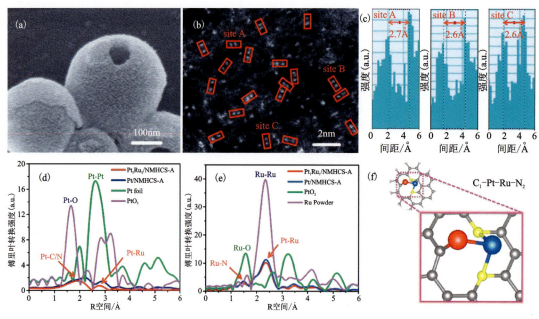

图10-24 $Pt_1Ru_1$/NMHCS-A的表征与同步辐射分析

(a)SEM图像；(b)HAADF-STEM图像；(c)选取$Pt_1Ru_1$双单原子二聚体的实际测量距离；$Pt_1Ru_1$/NMHCS-A以(d)Pt为中心和(e)Ru为中心的XANES图；(f)$Pt_1Ru_1$双单原子二聚体与NMHCS-A载体的原子配位结构图[93]

电化学测试结果表明$Pt_1Ru_1$/NMHCS-A具有优异的HER性能。图10-25(a)显示的是$Pt_1Ru_1$/NMHCS-A及其对比样品在$0.5mol/L\ H_2SO_4$电解液中的LSV曲线。令人印象深刻的是，$Pt_1Ru_1$/NMHCS-A在极低的过电位(22mV)下就能产生$10mA/cm^2$的电流密度，低于

PtRu$_{NP}$/NMHCS、Pt$_{NP}$/NMHCS-A、Ru$_{NP}$/NMHCS-A 以及 20wt% Pt/C 所需的 44mV、36mV、105mV 和 26mV。Pt$_1$Ru$_1$/NMHCS-A 在 0.5mol/L H$_2$SO$_4$ 电解液中所需的过电位已经低于绝大多数已报道的单原子电催材料,说明其在酸性 HER 中潜在的应用优势。相比于纳米颗粒或者团簇来说,单原子催化材料的金属原子理论上全部参与了反应,原子利用率接近 100%。从图 10-25(b)所示柱状图可以看到,Pt$_1$Ru$_1$/NMHCS-A 在 50mV 过电位下获得了 3.49A/mg$_{Pt}$ 的高质量活性,约为相同过电位下 20wt% Pt/C 的 6.7 倍(0.52A/mg$_{Pt}$),说明 Pt$_1$Ru$_1$/NMHCS-A 虽然金属含量低,但是却具有很高的金属原子利用率。基于 Pt 和 Ru 的精确含量,Pt$_1$Ru$_1$/NMHCS-A 催化剂的反应活性位点总数估算为 $4.579\times10^{16}$ 个/cm$^2$,约为体相 Pt(111)面的 30 倍($1.5\times10^{15}$ 个/cm$^2$)[96]。图 10-25(c)显示 Pt$_1$Ru$_1$/NMHCS-A 在 50mV、100mV 和 200mV 过电位下的 TOF 值分别为 12.48H$_2$/s、31.89H$_2$/s 和 74.14H$_2$/s,均远高于 20wt% Pt/C 和其他单原子电催化材料。在加速降解试验中,Pt$_1$Ru$_1$/NMHCS-A 经过 10 000 圈 CV 扫描后,达到 10mA/cm$^2$ 电流密度所需的过电位仅增加了 3mV,对比样品 Pt$_{NP}$/NMHCS-A 和 Ru$_{NP}$/NMHCS-A 所需的过电位分别增加了 32mV 和 14mV,测试结果表明,Pt$_1$Ru$_1$ 二聚体的形成及其与 NMHCS-A 之间的强 EMSI 在增强稳定性方面发挥了重要作用[图 10-25(d)]。

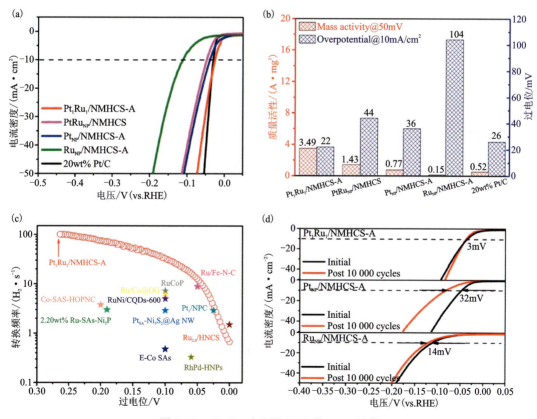

图 10-25 Pt$_1$Ru$_1$/NMHCS-A 的 HER 性能

(a)Pt$_1$Ru$_1$/NMHCS-A 及其对比样品在 0.5mol/L H$_2$SO$_4$ 电解液中 HER 的 LSV 曲线图;(b)质量活性和过电位对比图;(c)Pt$_1$Ru$_1$/NMHCS-A 与已报道的 HER 单原子电催化材料的 TOF 比较图;(d)Pt$_1$Ru$_1$/NMHCS-A、Pt$_{NP}$/NMHCS-A 和 Ru$_{NP}$/NMHCS-A 稳定性测试前后的 LSV 对比图[93]

进一步地，DFT 从理论上解释了 $Pt_1Ru_1/NMHCS-A$ 展现出优异 HER 性能的原因。如图 10-26(a)所示，先对参与 HER 的反应活性位点进行了确认。当 $H^+$ 分别吸附在 Pt 和 Ru 原子上时，$Pt_1Ru_1/NMHCS-A$ 的 $\Delta G_{H^*}$ 分别为 0.06eV 和 $-0.11$eV，前者的 $|\Delta G_{H^*}|$ 值最低，说明 Pt 是 $Pt_1Ru_1$ 双单原子二聚体的产氢活性位点。此外，$Pt_{NP}/NMHCS-A$ 和 $Ru_{NP}/NMHCS-A$ 的 $\Delta G_{H^*}$ 分别为 $-0.66$eV 和 $-0.82$eV，表明它们对 H 原子的吸附太强，不利于后续 $H_2$ 脱附。$C_1$—Pt—Ru—$N_2$ 配位结构赋予了 $Pt_1Ru_1$ 双单原子二聚体适中的 $H^+$ 吸附能和 $H_2$ 脱附能，从而获得了非常接近于 0 的 $|\Delta G_{H^*}|$ 值和优异的 HER 活性。不仅如此，$Pt_1Ru_1$ 双单原子二聚体的电子再分配现象由 $\Delta \rho$ 结果得到了很好验证。如图 10-26(b)所示，在 $Pt_1Ru_1/NMHCS-A$ 结构模型中，电子大量累积于 $Pt_1Ru_1$ 双单原子二聚体一侧，而在碳载体一侧几乎没有电子分布，这说明碳载体的给电子特性，电子在 $Pt_1Ru_1$ 双单原子二聚体上参与产氢反应。进一步地，巴德电荷分析显示在 $Pt_1Ru_1$ 双单原子二聚体中 Pt 原子的电子累积量（10.21 $e^-$）明显多于 Ru 原子的电子累积量（7.33 $e^-$），体现了 Pt 原子的富电子状态及其更强的 $H^+$ 还原能力。而在 $H^+$ 被吸附后，$Pt_1Ru_1$ 双单原子二聚体原有的电子分布状态被打破，Pt 和 Ru 之间强烈的电子再分配效应，表现为 Ru 原子向 Pt 原子转移更多的自由电子，进一步促进了 $H^+$ 的还原和 $H_2$ 的析出[图 10-26(c)]。上述实验和 DFT 计算结果共同验证了电子再分配效应改变了 $Pt_1Ru_1$ 双单原子二聚体的电子结构，降低了电子转移电阻，使 Pt 原子获得更多电子并展现出增强的 $H^+$ 还原能力。Zhao 等[93]认为该研究工作为合成具有优异催化活性和稳定性以及强协同效应的 M(Ⅰ)—M(Ⅱ)双单原子二聚体电催化材料提供了有价值的参考。

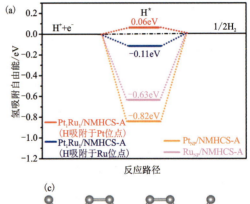

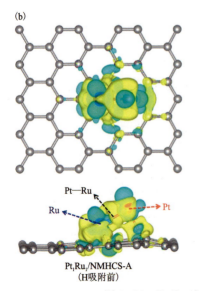

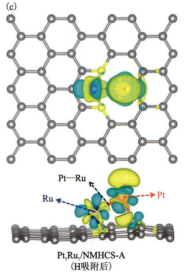

图 10-26 $Pt_1Ru_1/NMHCS-A$ 的理论计算数据

(a)$Pt_1Ru_1/NMHCS-A$、$Pt_{NP}/NMHCS-A$ 和 $Ru_{NP}/NMHCS-A$ 的 $\Delta G_{H^*}$ 图；(b)、(c)$Pt_1Ru_1/NMHCS-A$ 在吸附 $H^+$ 前后的 $\Delta \rho$ 对比图[93]

## 10.3.4 自支撑电极

粉体催化材料不仅在合成过程中倾向于团聚,而且需要复杂的工艺流程从反应体系中进行回收再利用。此外,具有毒性或污染性的粉体催化材料在使用过程中的流失不可避免地会对生物和环境造成危害。与粉体催化材料相比,催化材料原位生长于平面或3D载体上形成自支撑电极,既避免了粉体的损失,实现回收再利用,又能使其在高电压、大电流等严苛环境下展现出良好的稳定性[97]。一方面,在不使用任何黏结剂的情况下,催化材料通过电沉积法、水热法、CVD法等方法实现与载体(如泡沫镍、泡沫铜、镍网、碳布等集流体)的紧密结合,甚至与载体表面形成异质复合材料,通常可以获得良好的电子传导性能[98]。另一方面,泡沫镍、泡沫铜、钛网、碳布等3D载体具有很大的内部表面积和丰富的孔结构,既能提高催化材料的分散度,暴露更多反应活性位点,又为催化过程中高效的电子转移、离子传输和气体产物扩散提供了充足的空间[62,97]。自支撑电极所负载的催化材料通常表现为阵列结构,其形态多种多样,包括纳米棒阵列[99]、纳米针阵列[100]和纳米片阵列[101],以便在反应过程中加速电子的纵向传递,暴露更多反应活性位点以及增大催化材料与电解液的接触面积。从实际应用角度来看,粉体催化材料几乎没有竞争优势,自支撑电极因可大规模制备、可回收利用、可在高压电和大电流下长期稳定运行等优点而展现出极强的工业化应用前景。

在前述提到的研究工作中,Ni 等[37]采用化学氧化法、煅烧法、电化学还原法、电化学沉积法等方法成功制备了 Cu 纳米线阵列负载的 NiFe-Pt$_3$Ir 自支撑电极(Cu NWs@NiFe-Pt$_3$Ir)。该自支撑电极材料在碱性环境中展现出了 $1A/cm^2$ 的工业级电流密度以及在 $500mA/cm^2$ 电流密度下不间断运行 7d 的良好稳定性。图 10-27(a)显示的是纯泡沫铜到 Cu NWs 表观颜色的变化。将泡沫铜浸渍在 NaOH 和 $(NH_4)_2S_2O_8$ 混合溶液中 25min,经过温和的化学氧化反应后,Cu(OH)$_2$ NWs 阵列垂直生长于 Cu 表面[图 10-27(b)、(c)]。Cu(OH)$_2$ NWs 阵列经过马弗炉加热脱水后形成 CuO NWs 阵列,而后在 KHCO$_3$ 电解液中被电化学还原得到 Cu NWs 阵列[图 10-27(d)、(e)]。在制备 Cu(OH)$_2$ NWs 阵列的过程中,Ni 等对化学氧化反应时间进行了优化。如图 10-28 所示,化学氧化反应时间为 5min 和 15min 时,因生长时间短出现较多直径较小的 Cu(OH)$_2$ NWs;反应时间为 25min 时,Cu(OH)$_2$ NWs 呈现出较均一的直径和垂直的阵列结构;而当反应时间延长至 35min 时,Cu(OH)$_2$ NWs 因过度生长,直径变得过大,同时部分 NWs 发生了倾倒。基于形貌观察结果,化学氧化制备 Cu(OH)$_2$ NWs 阵列的最优反应时间确定为 25min。值得一提的是,Cu(OH)$_2$ 经过多个步骤转变为单质 Cu 后,NWs 阵列结构得到了完好的保留,这样牢固的结构为 NiFe 和 Pt$_3$Ir 催化材料的生长提供了充足的空间,同时也有利于 Cu NWs@NiFe-Pt$_3$Ir 自支撑电极在工业电流密度下展现出优异的长效稳定性。

Li 等[102]采用一步电沉积法在碳布(CC)基底上原位制备了 NiO/Ni$_3$S$_2$ 异质复合纳米片阵列(CC@NiO/Ni$_3$S$_2$),合成步骤如图 10-29(a)所示。图 10-29(b)为纯 CC 的 SEM 图像,可以看到其表面非常光滑。通过将 CV 的电位扫描区间定为 $-1.2\sim0.2V$(vs. SCE),扫速调整为 $10mV/s$,NiO/Ni$_3$S$_2$ 异质复合纳米片阵列成功生长并均匀分布在 CC 表面[图 10-29(c)]。通过改变 CV 电位扫描区间和电解液成分,分别实现了 Ni$_3$S$_2$ 和 NiO 纳米片阵列的合成。CC 牢固的结构和丰富的 NiO/Ni$_3$S$_2$ 异质界面使得 CC@NiO/Ni$_3$S$_2$ 自支撑电极展现出优异的碱性 HER 耦合苯甲醇氧化性能。

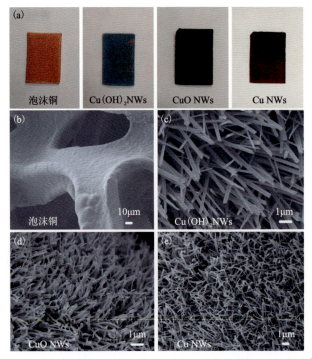

图 10-27　泡沫铜向 Cu NWs 的颜色转变以及对应的 SEM 图像[37]

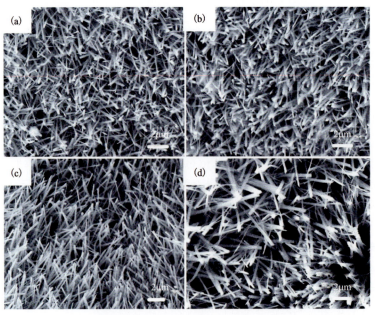

图 10-28　不同化学氧化时间制备的 $Cu(OH)_2$ NWs 微观形貌
(a)5min；(b)15min；(c)25min；(d)35min[37]

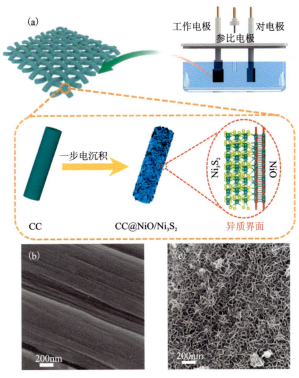

图 10-29　CC@NiO/Ni$_3$S$_2$ 的制备过程与微观形貌

(a)CC@NiO/Ni$_3$S$_2$ 的制备示意图；(b)CC 的 SEM 图像；(c)CC@NiO/Ni$_3$S$_2$ 的 SEM 图像[102]

在 1.0mol/L KOH 电解液中，CC@NiO/Ni$_3$S$_2$ 自支撑电极产生 10mA/cm$^2$ 电流密度所需的过电位为 91mV，显著低于 CC@NiO、CC@Ni$_3$S$_2$ 和 CC 的 248mV、188mV 和 471mV，这说明与单一的 NiO 和 Ni$_3$S$_2$ 相比，NiO/Ni$_3$S$_2$ 的异质界面在 HER 过程中发挥了非常重要的作用[图 10-30(a)]。此外，CC@NiO/Ni$_3$S$_2$ 具有最大的 ECSA 值，表明 NiO/Ni$_3$S$_2$ 异质界面为 HER 和后续的苯甲醇氧化反应提供了丰富的反应活性位点[图 10-30(b)]。图 10-30(c)所示的是 CC@NiO/Ni$_3$S$_2$、CC@NiO 和 CC@Ni$_3$S$_2$ 自支撑电极的 OER 和苯甲醇氧化 LSV 曲线。在 1.0mol/L KOH 电解液测试中，CC@NiO/Ni$_3$S$_2$、CC@NiO 和 CC@Ni$_3$S$_2$ 自支撑电极均展现出较差的 OER 性能，达到 50mA/cm$^2$ 水氧化电流密度所需的电压分别为 1.67V、1.69V 和 1.71V。当电解液中加入苯甲醇后(1.0mol/L KOH+0.2mol/L 苯甲醇)，CC@NiO/Ni$_3$S$_2$、CC@NiO 和 CC@Ni$_3$S$_2$ 自支撑电极达到 50mA/cm$^2$ 电流密度所需的电压均有大幅降低，分别降至 1.39V、1.40V 和 1.41V。苯甲醇加入前后所需电压的变化说明，苯甲醇的电催化氧化反应在热力学上较 OER 更容易发生。此外，异质界面在苯甲醇氧化反应中的重要作用也得以体现。在同一电压(1.42V)下，CC@NiO/Ni$_3$S$_2$ 达到了 85.7mA/cm$^2$ 的电流密度，而 CC@NiO 和 CC@Ni$_3$S$_2$ 则分别只获得了 70.8mA/cm$^2$ 和 57.2mA/cm$^2$ 的电流密度。进一步地，Li 等综合测试了 CC@NiO/Ni$_3$S$_2$ 自支撑电极的产氢耦合苯甲醇氧化性能。如图 10-30(d)所示，对 OER 来说，CC@NiO/Ni$_3$S$_2$‖CC@NiO/Ni$_3$S$_2$ 电极对需要较高的槽电压(1.61V)才能达到 10mA/cm$^2$ 的电流密度。而当电解液中加入苯甲醇后，CC@NiO/Ni$_3$S$_2$‖CC@NiO/Ni$_3$S$_2$ 电极对达到 10mA/cm$^2$ 电流密度的槽电压大幅降低至 1.46V，相当于节省了 9.4% 的电能。更重要的是,将CC@NiO/Ni₃S₂的阳极OER替换为苯甲醇氧化后,阴极在1.61V时的产氢速率提高了2.6倍,耦合反应达到50mA/cm²电流密度时所消耗的电能节省了10%。这些研究结果充分表明了CC@NiO/Ni₃S₂自支撑电极材料在实际应用中的巨大潜力。

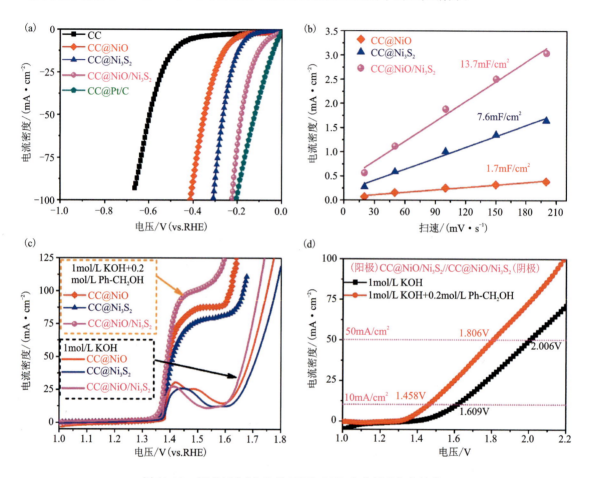

图10-30　CC@NiO/Ni₃S₂的HER、OER和苯甲醇氧化性能

(a)CC@NiO/Ni₃S₂及其对比样品的HER的LSV曲线图;(b)ECSA图;(c)CC@NiO/Ni₃S₂及其对比样品的甲醇氧化LSV曲线图;(d)CC@NiO/Ni₃S₂‖CC@NiO/Ni₃S₂电极对的全解水性能和产氢耦合苯甲醇氧化性能对比图[102]

镍基材料(如泡沫镍和镍网)由于价格低廉和生产工艺简单而常被用作自支撑电极的基底。Li等[103]以泡沫镍(NF)为基底,通过水热法和煅烧法合成了多孔长方体形态的Ni@O-Ni前驱体电催化材料[图10-31(a)]。通过CV电化学活化后,Ni@O-Ni前驱电催材料剂经历了表面自重构,并产生了真正参与催化反应的活性物种。具体而言,当在负电位区间进行电化学活化(阴极活化)后,O-Ni层逐渐转变为Ni/NiO$_x$异质结构,形成Ni@Ni/NiO$_x$核-壳结构,Ni/NiO$_x$是HER的反应活性物种[图10-31(b)];当在正电位区间进行电化学活化(阳极活化)后,O-Ni层完全转变为NiO$_x$,形成Ni@NiO$_x$核壳结构,NiO$_x$是苯甲醇的氧化活性物种[图10-31(c)]。

# 第10章 纳米电催化材料制备与电解水制氢

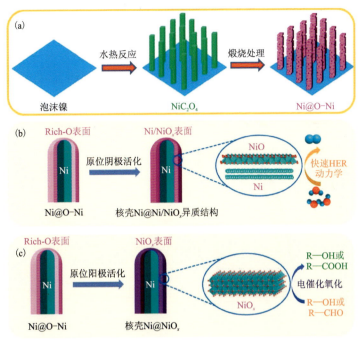

图 10-31　Ni@O-Ni、Ni@Ni/NiO$_x$ 和 Ni@NiO$_x$ 的制备过程

(a)Ni@O-Ni 前驱体电催化材料的制备示意图；(b)阴极活化制备 Ni@Ni/NiO$_x$ 核壳结构电催化材料示意图；(c)阳极活化制备 Ni@NiO$_x$ 核壳结构电催化材料示意图[103]

在 HER 性能测试中，Ni@Ni/NiO$_x$ 产生 10mA/cm² 电流密度所需的过电位为 71mV，较 NiO 和 NF 所需过电位分别降低了 217mV 和 249mV[图 10-32(a)]。此外，与 NiO 和 NF 较大的 Tafel 斜率(162.8mV/dec 和 164.1mV/dec)相比，Ni@Ni/NiO$_x$ 大幅减小的 Tafel 斜率(61.2mV/dec)表明其 Volmer 步骤显著提升的反应速率，实质性地促进了 H$_2$O 在 Ni/NiO$_x$ 异质结构的解离[图 10-32(b)]。对于苯甲醇氧化半反应(1.0mol/L KOH＋0.1mol/L 苯甲醇)，Ni@NiO$_x$ 达到 10mA/cm²、50mA/cm² 和 100mA/cm² 电流密度所需的电压分别为 1.31V、1.34V 和 1.37V，这些数值远低于 Ni@NiO$_x$ 在 1.0mol/L KOH 电解液(OER)中达到相同电流密度所需的电压，即 1.57V、1.62V 和 1.65V[图 10-32(c)]。在苯甲醇氧化反应中，Ni@NiO$_x$ 除了能在较低电压下产生较大电流密度，还具有很高的苯甲醇转化效率及其氧化产物选择性。如图 10-32(d)所示，随着反应的进行，苯甲醇的浓度逐渐降低，而苯甲酸的浓度逐渐升高。少量的苯甲醛在反应初始阶段产生，但随着反应的进行又逐渐被转化为苯甲酸。当反应进行至 120min 后，苯甲醇被完全氧化为苯甲酸，苯甲酸的产物选择性达到了 99%。受 Ni@Ni/NiO$_x$ 优异的 HER 性能和 Ni@NiO$_x$ 优异的苯甲醇氧化性能的鼓舞，Li 等进一步将 Ni@Ni/NiO$_x$‖Ni@NiO$_x$ 电极对应用于产氢耦合苯甲醇氧化反应，如图 10-32(e)、(f)所示。在没有苯甲醇存在时(即 HER＋OER)，Ni@Ni/NiO$_x$‖Ni@NiO$_x$ 电极对达到 10mA/cm² 电流密度所需的槽电压为 1.678V，即使显著低于 NiO‖NiO 电极对所需的 1.805V 槽电压，但事实却表明 Ni@Ni/NiO$_x$‖Ni@NiO$_x$ 电极对仍然需要 448mV 的高过电位才能使全解水发生。相比之下，在有苯甲醇存在时(即 1.0mol/L KOH＋0.1mol/L 苯甲醇)，Ni@Ni/NiO$_x$‖Ni@NiO$_x$ 电极对达到 10mA/cm² 电流密度所需的槽电压降低至 1.438V，低于 NiO‖NiO 电极对

所需的1.639V槽电压。此外，Ni@Ni/NiO$_x$‖Ni@NiO$_x$电极对产生10mA/cm$^2$、50mA/cm$^2$和100mA/cm$^2$电流密度所需的槽电压分别为1.438V、1.678V和1.910V，也显著低于没有苯甲醇存在时所需的电压，即1.678V、1.930V和2.144V。经过对比发现，在苯甲醇存在的情况下，Ni@Ni/NiO$_x$‖Ni@NiO$_x$电极对产氢耦合苯甲醇氧化达到10mA/cm$^2$、50mA/cm$^2$和100mA/cm$^2$电流密度的电能消耗分别节省了14.3%、13.1%和10.9%，表明其极大提高的产氢效率以及良好的实际应用前景。

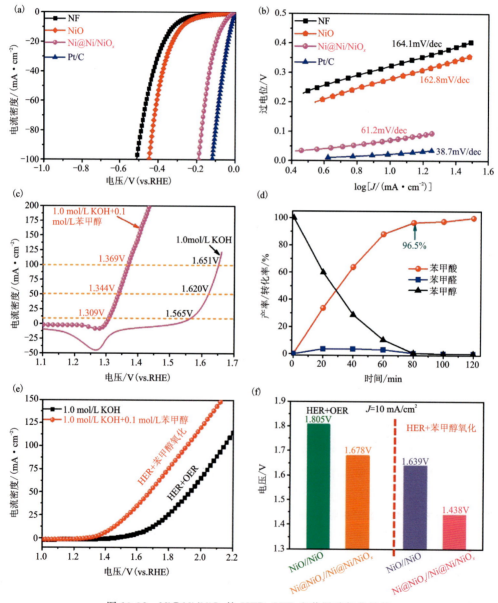

图10-32 Ni@Ni/NiO$_x$的HER、OER和苯甲醇氧化性能

(a) Ni@Ni/NiO$_x$及其对比样品的HER的LSV曲线图；(b) Tafel斜率图；(c) Ni@NiO$_x$的OER性能和苯甲醇氧化性能对比图；(d) Ni@NiO$_x$的苯甲醇转化为苯甲酸效率图；(e)、(f) Ni@Ni/NiO$_x$‖Ni@NiO$_x$电极对的全解水性能和产氢耦合苯甲醇氧化性能对比图[103]

对基底进行电化学处理形成分级多孔载体,其高比表面积和多孔结构有利于催化材料的均匀负载并扩大与电解液的接触面积,减小的传质阻力使反应动力学得以大幅提升。Zhong 等[104]基于 NF 基底,采用 $H_2$ 气泡模板法首先合成了一种多孔泡沫镍(PNF)基底,进一步通过电化学沉积法制备了 Fe 掺杂 $Ni_3S_2$($Fe-Ni_3S_2$)纳米片阵列负载的 PNF($Fe-Ni_3S_2$/PNF)自支撑电极,并将该电极应用于工况条件下(30wt% KOH,85℃)全解水。$Fe-Ni_3S_2$/PNF 制备过程如图 10-33(a)所示,首先将 NF 作为工作电极置于三电极体系中,电解液为 Ni 盐,在施加较大负电压时,NF 产生大量的 $H_2$ 气泡,与此同时,电解液中的 $Ni^{2+}$ 迅速沉积至 NF 上。在此过程中,动态溢出的 $H_2$ 作为模板,大量 Ni 颗粒沉积在 NF 的表面,形成覆盖于 NF 的分级多孔 Ni 层,即 PNF。随后,$Fe-Ni_3S_2$ 纳米片通过电化学沉积法垂直且均匀地生长在 PNF 表面[图 10-33(b)—(d)]。在此沉积过程中,通过电化学工作站向 PNF 施加负电压,溶液中 $CH_4N_2S$ 被还原释放出的 $S^{2-}$ 继而与 $Ni^{2+}$ 和 $Fe^{2+}$ 反应生成 $Fe-Ni_3S_2$ 纳米片。值得一提的是,采用电化学沉积法实现了 $Fe-Ni_3S_2$ 纳米片的原位生长及其与 PNF 基底的紧密结合,同时垂直生长的 $Fe-Ni_3S_2$ 纳米片暴露了更多的反应活性位点。在电化学沉积 $Fe-Ni_3S_2$ 纳米片后,PNF 的分级多孔结构没有发生改变。$Fe-Ni_3S_2$/PNF 的分级多孔结构和超亲水表面极其有利于电极/电解液界面的电子转移和传质。

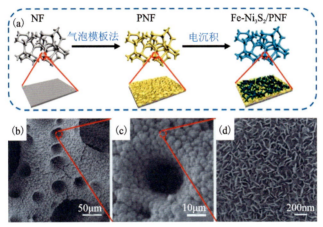

图 10-33　$Fe-Ni_3S_2$/PNF 自支撑电极的制备过程与表征
(a)$Fe-Ni_3S_2$/PNF 自支撑电极的制备示意图;(b)—(d)$Fe-Ni_3S_2$/PNF 的 SEM 图像[104]

图 10-34(a)、(b)展示的是 Fe 的摩尔含量为 5% 的 $Fe-Ni_3S_2$/PNF($Fe-Ni_3S_2$/PNF-5)自支撑电极及其对比样品在 1.0mol/L KOH 电解液中的 HER 和 OER 性能。$Fe-Ni_3S_2$/PNF-5 电极在 HER 过程中实现 100mA/$cm^2$ 电流密度所需过电位仅为 98mV,远低于 $Ni_3S_2$/PNF 和 PNF 所需的 165mV 和 251mV[图 10-34(a)]。令人印象深刻的是,随着施加电压的缓慢增加,$Fe-Ni_3S_2$/PNF-5 电极的电流密度急剧增加。$Fe-Ni_3S_2$/PNF-5 电极达到 1000mA/$cm^2$ 的工业电流密度所需的过电位极低,仅为 150mV,远低于 Pt/C/NF 和其他对比样品所需的过电位。$Fe-Ni_3S_2$/PNF-5 电极从 100mA/$cm^2$ 电流密度增加到 1000mA/$cm^2$ 电流密度的过电位增加值仅为 52mV,表明 $Fe-Ni_3S_2$/PNF-5 电极优异的 HER 反应动力学。此外,OER 测试结果显示[图 10-34(b)],$Fe-Ni_3S_2$/PNF-5 电极产生 100mA/$cm^2$ 电流密度所需过电位为 242mV,远低于 NF、PNF 和 $Ni_3S_2$/PNF 达到相同电流密度所需的 626mV、438mV 和 340mV。当电

流密度达到500mA/cm²工业级别时,Fe-Ni₃S₂/PNF-5电极展现的过电位为276mV,也远低于IrO₂/NF的506mV。Fe掺杂提高了Ni₃S₂的电导率,结合PNF的分级多孔结构,共同促使Fe-Ni₃S₂/PNF-5电极在低过电位下产生工业电流密度。进一步地,Zhong等[104]测试了Fe-Ni₃S₂/PNF-5电极在工况条件下(30wt% KOH,85℃)的全解水性能,以验证其实际应用的可能性。如图10-34(c)所示,与商业雷尼镍电极对(RN‖RN)的1.96V相比,Fe-Ni₃S₂/PNF-5‖Fe-Ni₃S₂/PNF-5电极对在较低的电压(1.75V)下即能达到400mA/cm²的工业电流密度。此外,Fe-Ni₃S₂/PNF-5‖Fe-Ni₃S₂/PNF-5电极对在100mA/cm²恒定电流密度下持续运行120h后所需施加的电压几乎没有变化,突显了其在实际应用中良好的稳定性[图10-34(d)]。

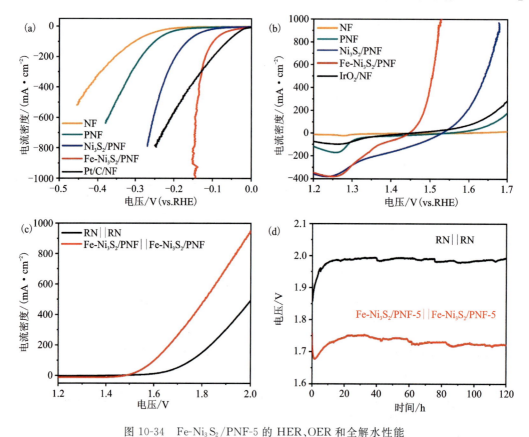

图10-34 Fe-Ni₃S₂/PNF-5的HER、OER和全解水性能

Fe-Ni₃S₂/PNF-5、Ni₃S₂/PNF、PNF、NF和Pt/C/NF电极的(a)HER和(b)OER性能图;(c)Fe-Ni₃S₂/PNF-5‖Fe-Ni₃S₂/PNF-5和RN‖RN电极对在工况条件下的全解水性能图;(d)长效稳定性测试图[104]

此外,Zhong等同样通过H₂气泡模板法在光滑的镍网(NM)上沉积了一层分级多孔Ni(PN)[图10-35(a)]。与光滑NM相比,PN的分级多孔结构实质性地促进了电解液传输和气体产物扩散。以PN为载体,进一步采用电化学沉积法合成了NiFeO$_x$H$_y$纳米片花球负载的PN(NiFeO$_x$H$_y$-PN)自支撑电极。同样地,纳米片花球的分级结构为NiFeO$_x$H$_y$-PN自支撑电极提供了更多的反应活性位点。为获得最佳的PN载体,Zhong等研究了电化学沉积时间对PN形貌及其孔结构的影响。如图10-35(b)—(d)所示,当电化学沉积时间为300s时,NM上负载的Ni颗粒较少,PN表面呈现较明显的裂缝,不利于Ni颗粒的紧密接触并获得良好的

电子传导能力。随着电化学沉积时间延长至 600s,NM 表面完整包覆了一层多孔 Ni,呈现出丰富且孔径大小不一的孔结构。然而,当电化学沉积时间延长至 900s 时,NM 表面的 Ni 颗粒层变得极其致密,过多的 Ni 使得表面孔的数量急剧减少,反而减少了反应活性位点的暴露并阻碍了传质。

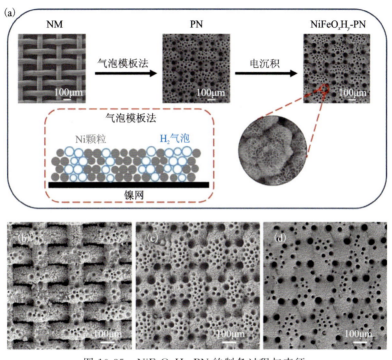

图 10-35　$NiFeO_xH_y$-PN 的制备过程与表征
(a)$NiFeO_xH_y$-PN 自支撑电极的制备示意图;不同电化学沉积时间制备的 PN 的
SEM 图像:(b)300s,(c)600s,(d)900s[38]

由图 10-36(a)可以看出,与 PN 和 NM 相比,$NiFeO_xH_y$-PN 自支撑电极的 OER 性能得到了显著提升。$NiFeO_xH_y$-PN 仅需极低的 265mV 过电位即可产生 100mA/cm² 的电流密度,该过电位不仅远低于对比样品 PN 和 NM 的 456mV 和 746mV,而且还低于部分已报道的 NiFe 基自支撑电极。如图 10-36(b)所示,与 PN 和 NM 相比,$NiFeO_xH_y$-PN 在低频区域展现出最小的半径,说明其在 OER 过程中最低的传质阻力与大幅提升的反应动力学。随后,以 $NiFeO_xH_y$-PN 为阳极,商业雷尼镍(RN)为阴极,Zhong 等考察了 $NiFeO_xH_y$-PN‖RN 电极对在工况条件下(30wt% KOH,85℃)的碱性全解水性能。得益于 $NiFeO_xH_y$ 纳米片花球的负载以及 PN 分级多孔结构带来的电解液快速传输与气体快速扩散,$NiFeO_xH_y$-PN‖RN 电极对仅需 1.863V 的槽电压即可产生 400mA/cm² 的大电流密度,低于 RN‖RN 电极对所需的 1.966V[图 10-36(c)]。在长效稳定性测试中,$NiFeO_xH_y$-PN‖RN 电极对维持 400mA/cm² 电流密度的槽电压低于 RN‖RN 电极对,且在不间断运行 12h 后没有发生明显变化,表明其在实际工业应用中的巨大潜力[图 10-36(d)]。

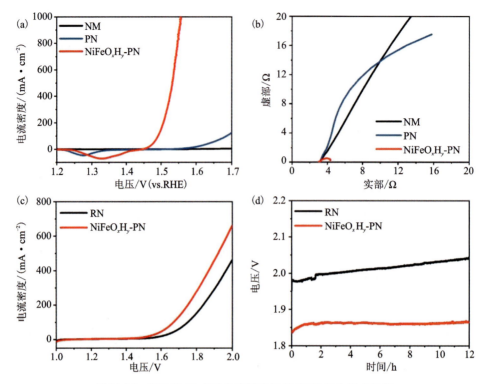

图 10-36 NiFeO$_x$H$_y$-PN 自支撑电极的 OER 和全解水性能

(a)NiFeO$_x$H$_y$-PN 自支撑电极及其对比样品在 OER 测试中的 LSV 曲线图;(b)Tafel 斜率;(c) NiFeO$_x$H$_y$-PN||RN 和 RN||RN 电极对在工况条件下的全解水性能图;(d)长效稳定性测试图[38]

## 10.4 小结与展望

随着化石燃料的日益消耗和世界范围内环境问题的不断增加,开发可持续和可再生能源变得尤为迫切。氢能是一种清洁、高效、可持续的二次能源,开发氢能对于实现"碳达峰、碳中和"目标、构建以清洁能源为主的多元能源供给体系具有重要的战略意义。本章围绕先进纳米电催化材料的制备与高效低成本制氢,重点介绍了作者团队近年来在电催化分解水制氢领域的研究工作,主要包括过渡金属氧化物、过渡金属氢氧化物、过渡金属硫化物、金属单原子、自支撑电极等电催化材料的可控制备、形貌结构调控、电子结构调控与 HER 应用。

(1)作为十分重要的功能材料,过渡金属氧化物/氢氧化物的显著优势在于它们组分、晶体结构、电子结构等物理化学性质的多样性并具备易于合成与环境友好的特点。由于在酸性溶液中难以稳定存在,Co 基氧化物几乎都被用作碱性 HER 电催化剂,开发 Co 基氧化物酸性 HER 电催化剂极具挑战。作者团队通过油浴加热、液相还原、电化学处理等方法制备了 Pt/CoO$_x$ 复合材料,Pt 和 CoO$_x$ 之间的强电子相互作用既防止了 Pt 纳米颗粒的团聚,又使得 CoO$_x$ 在酸性环境中稳定存在,使得该 Pt/CoO$_x$ 复合材料在酸性溶液中获得了优异 HER 活性和稳定性。层状双金属氢氧化物在碱性环境中具有优异的催化活性,双金属的协同作用可以改变催化材料的电子结构,增强导电性,增加反应活性位点的数量。作者团队通过电化学沉积方法合成了 NiFe LDH 和 $NiFeO_xH_y$-PN 分级结构催化材料,得益于与载体的紧密结合以及快的传质速率,所合成的分级结构催化材料展现出了工业级的制氢电流密度以及优异的长效稳定性。

(2) $MoS_2$、$NiS_2$ 等过渡金属硫化物通常展现出优异的 HER 活性,主要得益于其丰富的边缘活性位点和有利于电子转移的层状结构。然而,大多数过渡金属硫化物的酸性 HER 活性显著优于碱性和中性 HER 活性,使得电解水制氢的实际应用受到限制。相较而言,双金属硫化物因每个组分具有丰富且易被暴露的反应活性位点而展现出更优异的 HER 活性。作者团队结合水热法与 CVD 法制备的 $NiS_2/MoS_2$、$MoS_2$-$NiS_2$ 双金属硫化物展现出优异的广泛 pH 范围 HER 活性和碱性全解水性能,这归因于异质晶格界面的 Ni-Mo 双金属活性位点分别作为 $H_2O$ 解离中心和 $H^+$ 吸附中心,共同发挥了促进 $H_2O$ 解离、降低 Volmer 步骤能量势垒以及提升反应动力学的协同作用。

(3) 纳米颗粒通常因为金属利用率低和选择性差而导致较高的金属消耗量和复杂繁琐的产物纯化分离过程。金属单原子的高度分散不仅有利于提高催化活性和选择性,还能提高原子利用率,降低大规模应用的成本。然而,金属单原子因其高表面自由能而倾向于聚集,常常需要被锚定在载体上并与之形成稳定的构型。金属单原子与载体之间的 SMSI 可调节负载金属的电子结构和 d 带中心,金属单原子的不饱和配位环境可优化反应物在催化活性位点上的吸附与活化过程,最终降低电化学反应能垒。作者团队通过预沉淀、冷冻干燥、气相还原等方法制备了分别具有 $N_1$—$Pt_1$—$C_2$、$C_1$—$Pt$—$Ru$—$N_2$ 配位结构的 Pt 单原子电催化剂和 $Pt_1Ru_1$ 双单原子电催化剂。得益于载体与金属单原子之间的强 EMSI 效应以及金属之间的电子再分配效应,优化 $H^+$ 的吸附能和中间产物的结合能,Pt 单原子电催化剂和 $Pt_1Ru_1$ 双单原子电催化剂均获得了优异的酸性 HER 活性和稳定性。

(4) 催化材料原位生长于平面或 3D 载体上形成自支撑电极,既避免了粉体形态的损失,实现回收再利用,又能在高电压、大电流等严苛环境下展现出良好的稳定性。泡沫镍、泡沫铜、钛网、碳布等 3D 载体具有很大的内表面积和丰富的孔结构,既能提高催化材料的分散度,暴露更多反应活性位点,又为催化过程中高效的电子转移、离子传输和气体产物扩散提供了充足的空间。从实际应用角度来看,粉体催化材料几乎没有竞争优势,自支撑电极因可大规模制备、可回收利用、可在高压电和大电流下长期稳定运行等优点而展现出极强的工业化应用前景。作者团队通过电化学沉积方法制备的 Cu NWs@NiFe-$Pt_3$Ir、CC@NiO/$Ni_3S_2$、Ni@Ni/$NiO_x$||Ni@$NiO_x$、Fe-$Ni_3S_2$/PNF、$NiFeO_xH_y$-PN 等自支撑电极在碱性环境中获得了安培级工业产氢电流密度、优异的产氢耦合苯甲醇氧化性能以及良好的长期运行稳定性,表明它们极具潜力的实际应用前景。

总而言之,纳米电催化材料因其可调控的形貌结构和特殊的物理化学性质而在制氢方面具有广阔的应用前景。尽管近年来研究人员在先进纳米电催化材料的开发与制氢研究方面取得了巨大进展,但从大规模应用的角度来看,仍有许多关键科学问题亟待解决,如制备方法与合成工艺的简化、催化材料的宏量制备与活性提升、电极在苛刻环境中的耐腐蚀与稳定性维持等。虽然开发高性能纳米电催化材料并实现实际制氢应用仍然面临诸多困难,令人鼓舞的是科研人员的热情正推动着纳米电催化材料朝着实际应用不断前进,而纳米电催化材料的实际应用也正在为人类社会的持续健康发展提供着坚实的保障。

# 参考文献

[1] TURNER J A. Sustainable hydrogen production[J]. Science,2004,305(5686):972-974.

[2] BIE C,WANG L,YU J. Challenges for photocatalytic overall water splitting[J]. Chem,2022,8(6):1567-1574.

[3] ANANTHARAJ S,EDE S R,KARTHICK K,et al. Precision and correctness in the evaluation of electrocatalytic water splitting:revisiting activity parameters with a critical assessment[J]. Energy & Environmental Science,2018(11):744-771.

[4] URSUA A,GANDIA L M,SANCHIS P. Hydrogen production from water electrolysis:current status and future trends[J]. Proceedings of the IEEE,2012(2),100:410-426.

[5] ZOU X,ZHANG Y. Noble metal-free hydrogen evolution catalysts for water splitting[J]. Chemical Society Reviews,2015(44):5148-5180.

[6] DUAN H,LI D,TANG Y,et al. High-performance $Rh_2P$ electrocatalyst for efficient water splitting[J]. Journal of the American Chemical Society,2017,139(15):5494-5502.

[7] MICHAEL G W,EMILY L W,JAMES R M,et al. Solar water splitting cells[J]. Chemical Reviews,2010,110(11):6446-6473.

[8] SURAJ G,MAULIK K P,ANTONIO M,et al. Metal boride-based catalysts for electrochemical water-splitting:a review[J]. Advanced Functional Materials,2020,30(1):1906481.

[9] MENEZES P W,INDRA A,DAS C,et al. Uncovering the nature of active species of nickel phosphide catalysts in high-performance electrochemical overall water splitting[J]. ACS Catalysis,2016,7(1):103-109.

[10] ZHU Y,LIN Q,ZHONG Y,et al. Metal oxide-based materials as an emerging family of hydrogen evolution electrocatalysts[J]. Energy & Environmental Science,2020(13):3361-3392.

[11] LIU Q,WANG E,SUN G. Layered transition-metal hydroxides for alkaline hydrogen evolution reaction[J]. Chinese Journal of Catalysis,2020,41(4):574-591.

[12] GUO Y,ZHOU X,TANG J,et al. Multiscale structural optimization:highly efficient hollow iron-doped metal sulfide heterostructures as bifunctional electrocatalysts for water splitting[J]. Nano Energy,2020(75):104913.

[13] YU W,GAO Y,CHEN Z,et al. Strategies on improving the electrocatalytic hydrogen evolution performances of metal phosphides[J]. Chinese Journal of Catalysis,2021,42(11):1876-1902.

[14] LIU C,PAN G,LIANG N,et al. Ir single atom catalyst loaded on amorphous carbon materials with high her activity[J]. Advanced Science,2022,9(13):2105392.

[15] CHEN L, YANG S, QIAN K, et al. In situ growth of N-doped carbon coated CoNi alloy with graphene decoration for enhanced HER performance[J]. Journal of Energy Chemistry, 2019(29):129-135.

[16] JARAMILLO T F, JØRGENSEN K P, BONDE J, et al. Identification of active edge sites for electrochemical $H_2$ evolution from $MoS_2$ nanocatalysts[J]. Science, 2007, 317(5834): 100-102.

[17] SUEN N T, HUNG S F, QUAN Q, et al. Electrocatalysis for the oxygen evolution reaction: recent development and future perspectives[J]. Chemical Society Reviews, 2017(46):337-365.

[18] PINAUD B A, BENCK J D, SEITZ L C, et al. Technical and economic feasibility of centralized facilities for solar hydrogen production via photocatalysis and photoelectrochemistry[J]. Energy & Environmental Science, 2013(6):1983-2002.

[19] ZOU X, ZHANG Y. Noble metal-free hydrogen evolution catalysts for water splitting[J]. Chemical Society Reviews, 2015(44):5148-5180.

[20] CHEN D, CHEN C, BAIYEE Z M, et al. Nonstoichiometric oxides as low-cost and highly-efficient oxygen reduction/evolution catalysts for low-temperature electrochemical devices[J]. Chemical Reviews, 2015, 115(18):9869-9921.

[21] MIU E V, MCKONE J R, MPOURMPAKIS G. The sensitivity of metal oxide electrocatalysis to bulk hydrogen intercalation: hydrogen evolution on tungsten oxide[J]. Journal of the American Chemical Society, 2022, 144(14):6420-6433.

[22] KUANG P, ZHU B, LI Y, et al. Graphdiyne: a superior carbon additive to boost the activity of water oxidation catalysts[J]. Nanoscale Horizons, 2018(3):317-326.

[23] TOH R J, ENG A Y S, SOFER Z, et al. Ternary transition metal oxide nanoparticles with spinel structure for the oxygen reduction reaction[J]. ChemElectroChem, 2015, 2(7):982-987.

[24] TAYYEBI E, HUSSAIN J, ABGHOUI Y, et al. Trends of electrochemical $CO_2$ reduction reaction on transition metal oxide catalysts[J]. The Journal of Physical Chemistry C, 2018, 122(18):10078-10087.

[25] SANTHOSH S, TELLER H, SCHECHTER A, et al. Effect of Mn doped Ni-Co mixed oxide catalysts on urea oxidation[J]. ChemCatChem, 2022, 14(13):202200257.

[26] YAN X, TIAN L, HE M, et al. Three-dimensional crystalline/amorphous $Co/Co_3O_4$ core/shell nanosheets as efficient electrocatalysts for the hydrogen evolution reaction[J]. Nano Letters, 2015, 15(9):6015-6021.

[27] XIAO Z, WANG Y, HUANG Y C, et al. Filling the oxygen vacancies in $Co_3O_4$ with phosphorus: an ultra-efficient electrocatalyst for overall water splitting[J]. Energy & Environmental Science, 2017(10):2563-2569.

[28] STRMCNIK D,LOPES P P,GENORIO B,et al. Design principles for hydrogen evolution reaction catalyst materials[J]. Nano Energy,2016(29):29-36.

[29] WANG Y,ZHU B,CHENG B,et al. Hollow carbon sphere-supported Pt/$CoO_x$ hybrid with excellent hydrogen evolution activity and stability in acidic environment[J]. Applied Catalysis B:Environmental,2022(314):121503.

[30] BAJDICH M,GARCIA-MOTA M,VOJVODIC A,et al. Theoretical investigation of the activity of cobalt oxides for the electrochemical oxidation of water[J]. Journal of the American Chemical Society,2013,135(36):13521-13530.

[31] HUANG J,SHENG H,ROSS R D,et al. Modifying redox properties and local bonding of $Co_3O_4$ by $CeO_2$ enhances oxygen evolution catalysis in acid[J]. Nature Communications, 2021(12):3036.

[32] XU M,WEI M. Layered double hydroxide-based catalysts:recent advances in preparation,structure,and applications[J]. Advanced Functional Materials,2018,28(47):1802943.

[33] WANG Y,ZHANG M,LIU Y,et al. Recent advances on transition-metal-based layered double hydroxides nanosheets for electrocatalytic energy conversion[J]. Advanced Science,2023,10(13):2207519.

[34] DRESP S,DIONIGI F,KLINGENHOF M,et al. Molecular understanding of the impact of saline contaminants and alkaline pH on NiFe layered double hydroxide oxygen evolution catalysts[J]. ACS Catalysis,2021,11(12):6800-6809.

[35] CHEN G,WANG T,ZHANG J,et al. Accelerated hydrogen evolution kinetics on nife-layered double hydroxide electrocatalysts by tailoring water dissociation active sites[J]. Advanced Materials,2018,30(10):1706279.

[36] XUAN C,WANG J,XIA W,et al. Heteroatom (P,B,or S) incorporated NiFe-based nanocubes as efficient electrocatalysts for the oxygen evolution reaction[J]. Journal of Materials Chemistry A,2018(6):7062-7069.

[37] NI Z,LUO C,CHENG B,et al. Construction of hierarchical and self-supported NiFe-$Pt_3$Ir electrode for hydrogen production with industrial current density[J]. Applied Catalysis B:Environmental,2023(321):122072.

[38] ZHONG B,KUANG P,WANG L,et al. Hierarchical porous nickel supported $NiFeO_xH_y$ nanosheets for efficient and robust oxygen evolution electrocatalyst under industrial condition[J]. Applied Catalysis B:Environmental,2021(299):120668.

[39] SHANG X,YAN K L,LIU Z Z,et al. Oxidized carbon fiber supported vertical $WS_2$ nanosheets arrays as efficient 3D nanostructure electrocatalyts for hydrogen evolution reaction[J]. Applied Surface Science,2017(402):120-128.

[40] ZOU H,HE B,KUANG P,et al. $Ni_xS_y$ nanowalls/nitrogen-doped graphene foam is an

efficient trifunctional catalyst for unassisted artificial photosynthesis[J]. Advanced Functional Materials,2018,28(13):1706917.

[41] DING J,JI S,WANG H,et al. Mesoporous CoS/N-doped carbon as HER and ORR bifunctional electrocatalyst for water electrolyzers and zinc-air batteries[J]. ChemCatChem,2019,11(3):1026-1032.

[42] HONG X,CHAN K,TSAI C,et al. How doped $MoS_2$ breaks transition-metal scaling relations for $CO_2$ electrochemical reduction[J]. ACS Catalysis,2016,6(7):4428-4437.

[43] VOIRY D,MOHITE A,CHHOWALLA M. Phase engineering of transition metal dichalcogenides[J]. Chemical Society Reviews,2015(44):2702-2712.

[44] WANG R,YU Y,ZHOU S,et al. Strategies on phase control in transition metal dichalcogenides[J]. Advanced Functional Materials,2018,28(47):1802473.

[45] HINNEMANN B,MOSES P G,BONDE J,et al. Biomimetic hydrogen evolution: $MoS_2$ nanoparticles as catalyst for hydrogen evolution[J]. Journal of the American Chemical Society,2005,127(15):5308-5309.

[46] SUN R,CHAN M K Y,CEDER G. First-principles electronic structure and relative stability of pyrite and marcasite: implications for photovoltaic performance[J]. Physical Review B,2011(83):235311.

[47] GAO M R,ZHENG Y R,JIANG J,et al. Pyrite-type nanomaterials for advanced electrocatalysis[J]. Accounts of Chemical Research,2017,50(9):2194-2204.

[48] KUANG P,HE M,ZHU B,et al. 0D/2D $NiS_2$/V-MXene composite for electrocatalytic $H_2$ evolution[J]. Journal of Catalysis,2019(375):8-20.

[49] LU Q,YU Y,MA Q,et al. 2D transition-metal-dichalcogenide-nanosheet-based composites for photocatalytic and electrocatalytic hydrogen evolution reactions[J]. Advanced Materials,2016,28(10):1917-1933.

[50] WANG H,LU Z,KONG D,et al. Electrochemical tuning of $MoS_2$ nanoparticles on three-dimensional substrate for efficient hydrogen evolution[J]. ACS Nano,2014,8(5):4940-4947.

[51] ZHANG J,LIU S,LIANG H,et al. Hierarchical transition-metal dichalcogenide nanosheets for enhanced electrocatalytic hydrogen evolution[J]. Advanced Materials,2015,27(45):7426-7431.

[52] XING Z,YANG X,ASIRI A M,et al. Three-dimensional structures of $MoS_2$@Ni core/shell nanosheets array toward synergetic electrocatalytic water splitting[J]. ACS Applied Materials & Interfaces,2016,8(23):14521-14526.

[53] JIANG J,GAO M,SHENG W,et al. Hollow chevrel-phase $NiMo_3S_4$ for hydrogen evolution in alkaline electrolytes[J]. Angewandte Chemie International Edition,2016,55(49):15240-15245.

[54] ZHANG J, WANG T, POHL D, et al. Interface engineering of $MoS_2/Ni_3S_2$ heterostructures for highly enhanced electrochemical overall-water-splitting activity[J]. Angewandte Chemie International Edition, 2016, 55(23): 6702-6707.

[55] ZHANG L, ZHENG Y, WANG J, et al. Ni/Mo bimetallic-oxide-derived heterointerface-rich sulfide nanosheets with Co-doping for efficient alkaline hydrogen evolution by boosting volmer reaction[J]. Small, 2021, 17(10): 2006730.

[56] LONG X, LI G, WANG Z, et al. Metallic iron-nickel sulfide ultrathin nanosheets as a highly active electrocatalyst for hydrogen evolution reaction in acidic media[J]. Journal of the American Chemical Society, 2015, 137(37): 11900-11903.

[57] KUANG P, TONG T, FAN K, et al. In situ fabrication of Ni-Mo bimetal sulfide hybrid as an efficient electrocatalyst for hydrogen evolution over a wide pH range[J]. ACS Catalysis, 2017, 7(9): 6179-6187.

[58] XIAO F, HE P, YANG P, et al. Nickel-iron bimetallic sulfides nanosheets anchored on bacterial cellulose based carbon nanofiber for enhanced electrocatalytic oxygen evolution reaction[J]. Journal of Alloys and Compounds, 2023(938): 168573.

[59] ZOU Z, WANG Q. Synergistic effect of bimetallic sulfide synthesized by a simple solvothermal method for high-efficiency oxygen evolution reaction[J]. Energy & Fuels, 2021, 35(21): 17869-17875.

[60] GOVINDARAJU V R, SREERAMAREDDYGARI M, HANUMANTHARAYUDU N D, et al. Solvothermal decoration of $Cu_3SnS_4$ on reduced graphene oxide for enhanced electrocatalytic hydrogen evolution reaction[J]. Environmental Progress & Sustainable Energy, 2021, 40(3): e13558.

[61] ZHANG R, CHENG S, LI N, et al. N, S-codoped graphene loaded Ni-Co bimetal sulfides for enhanced oxygen evolution activity[J]. Applied Surface Science, 2020(503): 144146.

[62] KUANG P, SAYED M, FAN J, et al. 3D graphene-based $H_2$-production photocatalyst and electrocatalyst[J]. Advanced Energy Materials, 2020, 10(14): 1903802.

[63] KUANG P, HE M, ZOU H, et al. 0D/3D $MoS_2$-$NiS_2$/N-doped graphene foam composite for efficient overall water splitting[J]. Applied Catalysis B: Environment and Energy, 2019(254): 15-25.

[64] ZHOU X, SHEN Q, YUAN K, et al. Unraveling charge state of supported au single-atoms during CO oxidation[J]. Journal of the American Chemical Society, 2018, 140(2): 554-557.

[65] ZHANG T, HAN X, LIU H, et al. Quasi-double-star nickel and iron active sites for high-efficiency carbon dioxide electroreduction[J]. Energy & Environmental Science, 2021, 14(14): 4847-4857.

[66] SONG P, LUO M, LIU X, et al. Zn single atom catalyst for highly efficient oxygen

reduction reaction[J]. Advanced Functional Materials,2017,27(28):1700802.

[67] LI J,ZHAO S,ZHANG L,et al. Cobalt single atoms embedded in nitrogen-doped graphene for selective oxidation of benzyl alcohol by activated peroxymonosulfate[J]. Small, 2021,17(16):2004579.

[68] CORMA A,CONCEPCIÓN P,BORONAT M,et al. Exceptional oxidation activity with size-controlled supported gold clusters of low atomicity[J]. Nature Chemistry,2013 (5):775-781.

[69] LIU L,CORMA A. Metal catalysts for heterogeneous catalysis:from single atoms to nanoclusters and nanoparticles[J]. Chemical Reviews,2018,118(10):4981-5079.

[70] YANG X F,WANG A,QIAO B,et al. Single-atom catalysts:a new frontier in heterogeneous catalysis[J]. Accounts of Chemical Research,2013,46(8):1740-1748.

[71] QIN R,LIU P,FU G,et al. Strategies for stabilizing atomically dispersed metal catalysts[J]. Small Methods,2018,2(1):1700286.

[72] WANG T,ZHAO Q,FU Y,et al. Carbon-rich nonprecious metal single atom electrocatalysts for $CO_2$ reduction and hydrogen evolution[J]. Small Methods,2019,3(10): 1900210.

[73] MOCHIZUKI C,INOMATA Y,YASUMURA S,et al. Defective NiO as a stabilizer for Au single-atom catalysts[J]. ACS Catalysis,2022,12(10):6149-6158.

[74] YOUSUF M R,JOHNSON E M,MAYNES A J,et al. Catalytic CO oxidation by Cu single atoms on the UiO-66 metal-organic framework:the role of the oxidation state[J]. The Journal of Physical Chemistry C,2022,126(30):12507-12518.

[75] WANG R,YUAN Y,BANG K T,et al. Single-atom catalysts on covalent organic frameworks for $CO_2$ reduction[J]. ACS Materials Au,2023,3(1):28-36.

[76] TAUSTER S J,FUNG S C,GARTEN R L. Strong metal-support interactions. Group 8 noble metals supported on titanium dioxide[J]. Journal of the American Chemical Society,1978,100(1):170-175.

[77] BRUIX A,RODRIGUEZ J A,RAMIREZ P J,et al. A new type of strong metal-support interaction and the production of $H_2$ through the transformation of water on Pt/$CeO_2$(111) and Pt/$CeO_x$/$TiO_2$(110) catalysts[J]. Journal of the American Chemical Society,2012,134(21): 8968-8974.

[78] CAMPBELL C T. Catalyst-support interactions:electronic perturbations[J]. Nature Chemistry,2012(4):597-598.

[79] GUO J,HUO J,LIU Y,et al. Nitrogen-doped porous carbon supported nonprecious metal single-atom electrocatalysts:from synthesis to application[J]. Small Methods,2019,3 (9):1900159.

[80] ZHANG L,SI R,LIU H,et al. Atomic layer deposited Pt-Ru dual-metal dimers and

identifying their active sites for hydrogen evolution reaction[J]. Nature Communications, 2019(10): 4936.

[81] KUANG P, WANG Y, ZHU B, et al. Pt Single atoms supported on N-doped mesoporous hollow carbon spheres with enhanced electrocatalytic $H_2$-evolution activity[J]. Advanced Materials, 2021, 33(18): 2008599.

[82] SUN G, ZHAO Z J, MU R, et al. Breaking the scaling relationship via thermally stable Pt/Cu single atom alloys for catalytic dehydrogenation[J]. Nature Communications, 2018(9): 4454.

[83] TIAN S, WANG Z, GONG W, et al. Temperature-controlled selectivity of hydrogenation and hydrodeoxygenation in the conversion of biomass molecule by the $Ru_1$/mpg-$C_3N_4$ catalyst[J]. Journal of the American Chemical Society, 2018, 140(36): 11161-11164.

[84] KIM J, ROH C W, SAHOO S K, et al. Highly durable platinum single-atom alloy catalyst for electrochemical reactions[J]. Advanced Energy Materials, 2018, 8(1): 1701476.

[85] GU X K, QIAO B, HUANG C Q, et al. Supported single $Pt_1/Au_1$ atoms for methanol steam reforming[J]. ACS Catalysis, 2014, 4(11): 3886-3890.

[86] VERDE Y, ALONSO-NUñEZ G, MIKI-YOSHIDA M, et al. Active area and particle size of Pt particles synthesized from $(NH_4)_2PtCl_6$ on a carbon support[J]. Catalysis Today, 2005(107-108): 826-830.

[87] SHEN R, CHEN W, PENG Q, et al. High-concentration single atomic Pt sites on hollow $CuS_x$ for selective $O_2$ reduction to $H_2O_2$ in acid solution[J]. Chem, 2019, 5(8): 2099-2110.

[88] CHEN W, PEI J, HE C T, et al. Rational design of single molybdenum atoms anchored on N-doped carbon for effective hydrogen evolution reaction[J]. Angewandte Chemie International Edition, 2017, 56(50): 16086-16090.

[89] YING Y, LUO X, QIAO J, et al. "More is different:" synergistic effect and structural engineering in double-atom catalysts[J]. Advanced Functional Materials, 2021, 31(3): 2007423.

[90] FU J, DONG J, SI R, et al. Synergistic effects for enhanced catalysis in a dual single-atom catalyst[J]. ACS Catalysis, 2021, 11(4): 1952-1961.

[91] ZHOU Y, SONG E, CHEN W, et al. Dual-metal interbonding as the chemical facilitator for single-atom dispersions[J]. Advanced Materials, 2020, 32(46): 2003484.

[92] ZENG Z, GAN L Y, BIN YANG H, et al. Orbital coupling of hetero-diatomic nickel-iron site for bifunctional electrocatalysis of $CO_2$ reduction and oxygen evolution[J]. Nature Communications, 2021(12): 4088.

[93] ZHAO W, LUO C, LIN Y, et al. Pt-Ru dimer electrocatalyst with electron redistribution for hydrogen evolution reaction[J]. ACS Catalysis, 2022, 12(9): 5540-5548.

[94] ZHOU P,LV F,LI N,et al. Strengthening reactive metal-support interaction to stabilize high-density Pt single atoms on electron-deficient g-$C_3N_4$ for boosting photocatalytic $H_2$ production[J]. Nano Energy,2019(56):127-137.

[95] ZHANG C,SHA J,FEI H,et al. Single-atomic ruthenium catalytic sites on nitrogen-doped graphene for oxygen reduction reaction in acidic medium[J]. ACS Nano,2017,11(7):6930-6941.

[96] ZHUANG Z,DU C,LI P,et al. $Pt_{21}(C_4O_4SH_5)_{21}$ clusters:atomically precise synthesis and enhanced electrocatalytic activity for hydrogen generation[J]. Electrochimica Acta,2021(368):137608.

[97] WANG Z,GAO H,ZHANG Q,et al. Recent advances in 3D graphene architectures and their composites for energy storage applications[J]. Small,2019,15(3):1803858.

[98] WANG J,ZANG N,XUAN C,et al. Self-supporting electrodes for gas-involved key energy reactions[J]. Advanced Functional Materials,2021,31(43):2104620.

[99] LI X,DAI S M,ZHU P,et al. Efficient perovskite solar cells depending on $TiO_2$ nanorod arrays[J]. ACS Applied Materials & Interfaces,2016,8(33):21358-21365.

[100] MOOSAVIFARD S E,FANI S,RAHMANIAN M. Hierarchical $CuCo_2S_4$ hollow nanoneedle arrays as novel binder-free electrodes for high-performance asymmetric supercapacitors[J]. Chemical Communications,2016(52):4517-4520.

[101] HUANG L,GAO G,ZHANG H,et al. Self-dissociation-assembly of ultrathin metal-organic framework nanosheet arrays for efficient oxygen evolution[J]. Nano Energy,2020(68):104296.

[102] LI R,KUANG P,WANG L,et al. Engineering 2D $NiO/Ni_3S_2$ heterointerface electrocatalyst for highly efficient hydrogen production coupled with benzyl alcohol oxidation[J]. Chemical Engineering Journal,2022(431):134137.

[103] LI R,KUANG P,WAGEH S,et al. Potential-dependent reconstruction of Ni-based cuboid arrays for highly efficient hydrogen evolution coupled with electro-oxidation of organic compound[J]. Chemical Engineering Journal,2023(453):139797.

[104] ZHONG B,CHENG B,ZHU Y,et al. Hierarchically porous nickel foam supported Fe-$Ni_3S_2$ electrode for high-current-density alkaline water splitting[J]. Journal of Colloid and Interface Science,2023(629):846-853.

# 第 11 章 纳米结构光催化材料制备及其在产氢、$CO_2$ 还原和 $H_2O_2$ 合成中的应用

## 11.1 光催化技术

### 11.1.1 光催化的发展历史

光催化的历史可以追溯到十七世纪末。尽管"catalysis"（催化）一词是后来由 Jöns Jacob Berzelius 在 1835 年创造的，但催化的概念和光还原现象最早是由 Elizabeth Fulham 于 1794 年提出和发现的[1]。光还原现象在当时并没有引起很大的关注。1901 年，意大利化学家 Giacomo 系统地研究了光对化学反应的影响[2]。然而，这些实验并不涉及光催化剂。日文史料指出，"photokatalyse"和"photokatalytisch"这两个早期意为光催化的术语的首次出现是在 1910 年苏联人 J. Plotnikow 的光化学教科书中[3-4]。1911 年，德国化学家 Alexander 在研究氧化锌在光照下对普鲁士蓝的漂白作用时，将光催化的概念纳入了他的研究[5]。同年，Bruner 和 Kozak 发表了一篇文章，研究了铀酰盐在光照条件下对草酸的变质的影响[6]。两年后，Landau 发表了一篇解释光催化现象的文章[7]。这些早期研究推动了光测量的发展。光测量为确定光化学反应中的光子通量提供了基础。之后，Baly 等[8] 在 1921 年以铁氢氧化物和铀盐为催化剂，在可见光下合成了甲醛。1932 年，人们发现 $TiO_2$ 和 $Nb_2O_5$ 能将 $AuCl_3$ 和 $AgNO_3$ 光还原成 Au 和 Ag[9]。此后，Goodeve 和 Kitchener 在 1938 年发现了 $TiO_2$ 在有氧条件下具有光敏漂白作用[10]。他们发现 $TiO_2$ 能吸收紫外光，并在其表面产生活性氧物种，再通过光致氧化作用与有机物反应。这实际上标志着首次观察到多相光催化的基本特性。

1972 年，一项突破性的进展被日本学者 Fujishima 和 Honda 报道：他们在二氧化钛电极上发现了水的光解现象[11]。由于当时正处于第一次石油危机时期，这一发现让众多科研人员对光催化产生了浓厚的兴趣。自工业革命以来，化石能源的消耗量急剧上升及随之产生的污染迫使人们开始寻求更环保、储量更丰富的替代能源。太阳能以其近乎无限的储量和无污染的特性，引起了许多科学家的兴趣，他们迫切地想要利用太阳能这一几乎取之不尽的清洁能源，以改善这种日益恶化的局面。然而，太阳能难以实现以固有形式的储存。而传统的太阳

能发电虽然能将太阳能转化为电能，但是这种方式具有时变性。受天气条件和昼夜交替的限制，电能的产生与利用往往不能同步，其间还存在电能储存的问题。因此，将太阳能转化为可储存、可运输、24h 可用的化学能是利用太阳能的一种有效手段。Fujishima 和 Honda 的发现让人们开始对光催化寄予希望。

随着研究的深入，人们发现了越来越多的有关光催化的现象。而且，科技的进步催生了先进的表征设备，拓展了丰富的表征手段。这些进展与突破有助于研究人员逐渐深入探索并了解光催化的基本原理，促进了光催化技术的发展。

### 11.1.2 光催化的基本原理

光催化反应是由光和光催化剂（通常是半导体）驱动的化学反应。当光催化剂吸收具有足够能量的光子时，其价带中的电子被激发到导带，同时在价带中产生空穴。光生电子和空穴根据所占能级位置的不同具有不同的还原氧化电势，可以驱动还原氧化反应。如图 11-1 所示，光催化的微观反应步骤主要分为以下几步：①光催化剂吸收光子产生光生载流子；②光生载流子的分离和转移；③光生电子和光生空穴的复合；④光生载流子参与表面催化反应。上述过程可以分为两类：光物理过程和电催

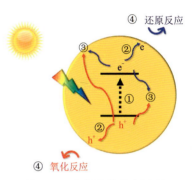

图 11-1　光催化的基本原理

化过程。光物理过程主要包括光子的吸收、激子的分离、载流子的扩散和转移等。而电催化过程对应于氧化还原电势驱动的表面化学反应。电催化过程的时间尺度比光物理过程的时间尺度长得多[12]。因此，与光物理过程相比，通过设计电催化过程可以更容易地提高光催化反应的效率。

## 11.2　光催化产氢

### 11.2.1　光催化全解水产氢的挑战

#### 11.2.1.1　绿色氢能简介

自工业革命以来，人类社会对化石燃料的过度依赖而导致的能源危机和环境问题引起了广泛关注。科学家们一直致力于探索与开发清洁且高效的能源。氢能作为能源技术革命的重要发展方向，其潜力和重要性愈发受到全球的普遍认可，被视为 21 世纪最具前景的清洁能源之一。氢能以其清洁环保、能效高、来源广、可储存等优势，被称为人类社会的"终极能源"，是未来替代化石能源的最佳选择，并且能够有效解决可再生能源的消纳问题，以解决能源危机、全球变暖及环境污染等问题。具体来说，氢能具有以下优势：①氢是自然界中最普遍的元素，主要以化合物的形态贮存于水中，而水是地球上最常见的物质；②除核燃料外，氢气的热值是所有化石燃料、化工燃料和生物燃料中最高的，是汽油热值的 3 倍；③氢气燃烧性能好，点燃快，与空气混合时可燃范围广；④氢气在空气中燃烧时除了生成水和少量氮气外，不会产

生对环境有害的污染物质,少量的氮气经过适当处理也不会污染环境,而且燃烧生成的水还可继续制氢,反复循环使用;⑤氢能利用形式多,既可以通过燃烧转化为热能,在热力发动机中进一步转化为机械功,又可以通过燃料电池转化成电能,或转换成固态氢用作结构材料,用氢气代替煤和石油,无须对现有的技术装备作重大的改造,现有的内燃机稍加改装即可使用;⑥氢可以以气态、液态或固态氢化物的形式出现,能满足贮运及各种应用环境的不同要求。因此,氢能在众多能源中极具竞争力,受到人们的广泛青睐。

在目前的能源结构中,石油、天然气、风能、太阳能等属于未经加工的一次能源,可以从自然界中直接获取。由它们加工转换成的电能、汽油等二次能源极大地方便了人类社会。然而,氢能是一种二次能源,不能直接从自然界中获取,而需要由其他能源转换而来。根据制备方式的不同,可以将获得的氢气分为灰氢、蓝氢和绿氢[13]。灰氢是通过化石燃料(煤炭、石油、天然气等)生产的氢气。在其生产过程中会产生大量的二氧化碳。而且,这种类型的氢气占当今全球氢气产量的份额最大,碳排放量也最大。蓝氢是将天然气通过甲烷蒸气重整或自热蒸气重整制成的氢气。在灰氢的基础上,蓝氢在生产过程中使用了碳捕集、利用与封存等先进技术,实现了低碳制氢。绿氢是通过使用可再生能源(如太阳能、风能、核能等)制造的氢气。绿氢的生产过程基本没有碳排放,因此这种类型的氢气也被称为"零碳氢气"。因此,不同颜色代表着制氢过程的环保程度,从灰氢过渡到蓝氢,再到最终实现绿氢的生产,是氢能未来低碳化、无碳化的趋势。

在"碳达峰、碳中和"发展理念的要求下,绿色制氢技术已成为世界关注的焦点。作为一种可持续发展的技术,光催化制氢为绿氢的生产提供了一种有前景的方案。得益于光驱动的光催化技术,以水为原料的制氢过程非常简单且无污染。而且,太阳能可以满足光催化制氢的长期需求。此外,通过光催化制氢技术由水生产氢气以及氢气燃烧产生水的循环过程为氢能的可持续利用奠定了基础。因此,光催化制氢工艺具有可持续性和环境效益,是一种很有前途的氢能生产技术。

### 11.2.1.2 光催化全解水产氢的热力学

光催化制氢是由光驱动的,以半导体为催化剂的析氢反应。在光催化全解水制氢的表面反应过程中,光生电子和空穴分别促进析氢反应和析氧反应(图11-2)。从反应式来看,一个水分子被分解成一个氢分子和半个氧分子[式(11-1)]。其热力学基础是半导体的导带底位置要高于 0V(相对于一般氢电极,NHE)[式(11-2)],而价带顶位置要低于 1.23V(相对于一般氢电极,NHE)[式(11-3)][14]。因此,用于光催化全解水制氢的半导体的理论带隙应该大于 1.23eV,即半导体的导带底和价带顶要分别高于 0V 和低于 1.23V。但是,由于热损失等因素,在实际的光催化全解水制氢反应中,半导体的带隙应该远大于这一数值。

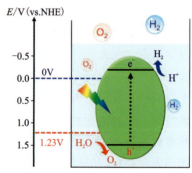

图 11-2 光催化分解水产氢的原理

$$H_2O \xrightarrow{h\nu} H_2 + \frac{1}{2}O_2 \tag{11-1}$$

$$2H^+ + 2e^- \longrightarrow H_2, E = 0V \tag{11-2}$$

$$H_2O + 2h^+ \longrightarrow 2H^+ + \frac{1}{2}O_2, E = 1.23V \tag{11-3}$$

此外,光催化全解水是一个"上坡"反应,吉布斯自由能为+237kJ/mol[15]。这个反应具有挑战性,因为打破水分子中的氢氧键需要大量的能量输入。相反,它的逆反应,即氢和氧结合生成水,是一个更容易发生的"下坡"反应(图11-3)。因此,光催化分解水在热力学上不易进行。

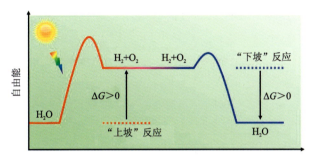

图 11-3　水分解成氢气和氧气以及氢气和氧气反应生成水的自由能变化

### 11.2.1.3　光催化全解水产氢的动力学

光催化全解水的动力学主要依赖于析氧反应。光催化全解水产生氢气和氧气所需的时间尺度分别为微秒和秒[16]。而且,析氢反应需要氢离子的持续供应,而析氧反应是氢离子的重要来源。因此,析氧反应被认为是光催化全解水的决速步骤。具体而言,析氧反应中载流子迁移、反应势垒、传质和产物脱附等步骤导致光催化全解水的动力学缓慢。第一,析氧反应依赖的光生空穴的有效质量大于析氢反应依赖的光生电子的有效质量[17],因此空穴的传输速率比电子的传输速率慢。第二,生产一个氧分子的析氧反应过程需要4个光生空穴参与,这导致了较大的反应过电位[18]。第三,氧的分子量远大于氢,因此氧分子传质缓慢。第四,许多光催化剂对氧分子具有很高的亲和力,使得氧分子难以从光催化剂表面解吸。

此外,从分子氢和分子氧到氢气和氧气气泡的演化也是光催化全解水需要考虑的一个动力学因素。在光催化全解水过程中,氢气和氧气气泡的形成需要经历气泡的成核、生长、长大、脱附等过程(图11-4)。以氧气为例,氧分子首先通过析氧反应在光催化剂表面产生。在浓度梯度和氧分子与水分子之间的氢键作用的驱动下,生成的氧分子会溶入水中形成溶解氧。随着生成的氧分子的不断溶解,水中溶解氧浓度增大。随着水中溶解氧达到饱和,氧气的溶解将达到动态平衡。由于氧分子具有较高的表面能,之后形成的氧分子可以吸附在光催化剂表面,并容易聚集成核。随后,氧气核逐渐成长为小气泡。在Oswald熟化的作用下,大气泡吸收小气泡而长大[19]。为了最小化表面能,氧气气泡在长大过程中将逐渐趋于球形。于是,气泡与光催化剂表面的接触面积减小,从而导致附着力相应减弱。当气泡生长到足够大时,其浮力将大于附着力,最终气泡从光催化剂表面脱附并逸出。总而言之,只有当水中的氧气饱和、氧气气泡长得足够大时,它们才能最终逸出。值得注意的是,如果光催化全解水反应发生在密闭的容器中,反应所释放的气体将导致容器内压力升高。在较高的压力下,光催化全解水发生逆反应的可能性增大,从而导致光催化分解水的活性下降。

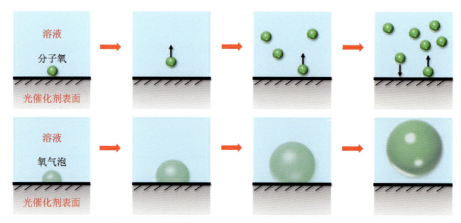

图 11-4 光催化水分解中氧气泡形成过程示意图

### 11.2.1.4 光催化全解水产氢的逆反应与副反应

光催化全解水中的溶解氢和溶解氧不可忽视,它们会导致严重的逆反应和副反应。根据亨利定律常数,在25℃时,氢气和氧气在水中的溶解度分别为0.78和1.3mmol·L$^{-1}$·atm$^{-1}$[20]。这意味着氢气比氧气更难溶于水。如果光催化全解水体系已经提前除氧,氢气与氧气的早期逸出速率比则应远大于2∶1。此外,溶解氢和溶解氧使光催化全解水在富含氢和氧的环境中进行。与氮气饱和的水溶液相比,氧气饱和的水溶液和氢气饱和的水溶液分别优先发生氧还原反应和氢氧化反应[21]。因此,光催化全解水过程中共存的氢气和氧气容易通过逆反应生成水,导致光催化效率低下。一些助催化剂可以促进氢和氧的结合。例如,金属铂被认为是光催化制氢中最有效的助催化剂之一。然而,它也被广泛用于燃料电池,催化氢和氧之间的反应,这也是光催化全解水中的逆反应。具体来说,光催化全解水的逆反应可分为4种类型[图11-5(a)]:①溶解氢[$H_2$(dis)]和溶解氧[$O_2$(dis)]的反应[式(11-4)];②溶解氢与吸附氧[$O_2$(ads)]的反应[式(11-5)];③吸附氢[$H_2$(ads)]与溶解氧的反应[式(11-6)];④吸附氢和吸附氧的反应[式(11-7)][22]。逆反应会消耗溶解氢和溶解氧,这导致新生成的氢气和氧气不会立刻从水溶液中逸出,而是会先溶解在水中形成溶解氢和溶解氧。这样的恶性循环导致了极低的光催化分解水效率。此外,溶解氧也可以与析氢反应竞争电子,从而生成超氧自由基甚至过氧化氢[图11-5(b)]。这些副反应对光催化全解水也有阻碍作用。

$$H_2(dis) + \frac{1}{2}O_2(dis) \longrightarrow H_2O \quad (11-4)$$

$$H_2(dis) + \frac{1}{2}O_2(ads) \longrightarrow H_2O \quad (11-5)$$

$$H_2(ads) + \frac{1}{2}O_2(dis) \longrightarrow H_2O \quad (11-6)$$

$$H_2(ads) + \frac{1}{2}O_2(ads) \longrightarrow H_2O \quad (11-7)$$

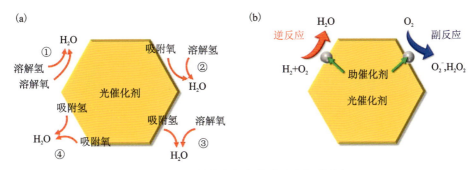

图 11-5　光催化全解水的逆反应与副反应

(a)光催化全解水中的 4 种逆反应,包括溶解氧、溶解氢、吸附氧、吸附氢之间的相互反应;
(b)光催化全解水中的逆反应与副反应并存

## 11.2.1.5　光催化产氢效率的优化

为了提高光催化全解水制氢的效率,人们尝试了各种方法来优化反应过程。光催化全解水过程可以分为光物理过程和电化学过程。光物理过程主要包括光子吸收和光生载流子的分离与转移。电化学过程则包括由光生载流子驱动的析氢反应和析氧反应。通常,光催化全解水中的光物理过程的时间尺度(飞秒到皮秒)比电化学过程的时间尺度(微秒到秒)要快得多[22]。因此,从可操纵性的角度来看,调控电化学过程比调控光物理过程在提高光催化全解水制氢效率方面更可行。

调控电化学过程的有效方法之一是在光催化剂上负载助催化剂。助催化剂在光催化中主要有 5 个作用:①能为光催化反应提供大量的活性位点;②能降低氧化还原反应的过电位,使反应顺利进行;③由于自身与光催化剂之间存在功函数差,因而可以捕获载流子,从而促进光生载流子的有效分离;④能富集和存储光生载流子,促进多电子反应;⑤能通过捕获光生载流子来抑制光催化剂的光腐蚀,如可导致 CdS 分解的光生空穴。一般来说,助催化剂通常分为还原助催化剂和氧化助催化剂。还原助催化剂,如贵金属、$MoS_2$ 和石墨烯等,能捕获光生电子以促进析氢反应。氧化助催化剂,如 $Co_3O_4$、$RuO_2$ 和 $MnO_2$ 等,能捕获光生空穴以促进析氧反应。此外,为了最大限度地分离光生载流子,在光催化全解水中经常采用由还原助催化剂和氧化助催化剂组成的双助催化剂。

使用牺牲剂也是一种调控电化学过程的有效方法。在典型的光催化全解水过程中,光生电子将 $H^+$ 还原为 $H_2$,而光生空穴则在析氧反应中被消耗[图 11-6(a)]。在牺牲剂参与的光催化制氢过程中,牺牲剂的作用是提供一条与空穴反应的简单途径。这个过程通常是单电子过程,以取代四电子析氧反应。与析氧反应相比,单电子反应通常具有更低的过电位和更快的反应速率。而且,牺牲剂辅助析氢反应可以避免析氧反应产生氧气,确保整个光催化反应在无氧条件下进行。同时,通过有效地清除光生空穴,牺牲剂可以抑制光催化剂的光腐蚀。此外,考虑到氢氧混合物的危险性和氧气的低经济价值,牺牲剂的选择性氧化是取代光催化分解水中的析氧反应的一种有前景的增值方法[图 11-6(b)][23]。

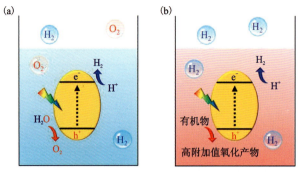

图 11-6　光催化全解水制氢与牺牲剂辅助的光催化制氢示意图
(a)光催化全水分解将水转变成氢气和低价值的氧气;(b)光催化产氢与有机合成耦合既能获得高效清洁的氢能,又能获得高附加值的氧化产物

## 11.2.2　纳米片光催化材料制备及其在产氢中的应用

二维纳米片在光催化领域的应用一直被广泛关注,高横纵比使其表面原子配位数、比表面积、表面体积比、表面缺陷、电子各向异性、能带结构等物理化学性质与体相材料相比具有特异性[24]。这些特性使二维纳米片材料在光催化领域具有以下优势[25]:①高比例的暴露表面使其具有大量的活性位点;②大比表面积有利于反应物与光催化剂表面的接触;③超薄结构极大地缩短了光生载流子从内部到表面的迁移距离,从而降低了载流子复合的可能性;④不饱和边缘位点和悬空键有助于稳定反应中间体和降低反应活化能垒;⑤作为一种良好的支撑材料,可以与其他材料构成异质结。

Cheng 等[26]制备了一种 CdS/聚合物纳米片 S 型异质结光催化剂用于光催化制氢。所制备的芘基共轭聚合物纳米片标记为 PT;CdS/聚合物复合物标记为 CP$x$,$x$ 表示 CdS/聚合物复合物中聚合物纳米片的质量分数为 $x\%$。其中,芘基共轭聚合物纳米片是通过一个简单的 Suzuki-Miyaura 交叉耦合聚合过程合成的[图 11-7(a)]。由于分子间的 π—π 相互作用,聚合物纳米片分子骨架紧密堆叠[图 11-7(b)]。然后,$Cd^{2+}$ 通过静电相互作用吸附在表面带负电的聚合物纳米片上。在随后的溶剂热过程中,硫脲分解释放 $S^{2-}$ 与吸附的 $Cd^{2+}$ 发生反应,最终形成牢固锚定在聚合物纳米片表面的 CdS 纳米晶体[图 11-7(c)]。原始的聚合物纳米片的横向尺寸为 100~200nm[图 11-7(d)]。负载 CdS 后,可以看到许多 CdS 纳米晶体生长在聚合物纳米片的表面[图 11-7(e)]。单个 CdS 纳米晶体的原子分辨率 HAADF-STEM 图像清楚地显示了六边形原子排列[图 11-7(f)]。连续的平面间距为 0.334nm 的晶格条纹对应 CdS 的(002)面,并揭示了它的高结晶度。此外,CdS/聚合物纳米片异质结复合物的元素分布图谱表明了聚合物纳米片上 CdS 晶体的均匀分布[图 11-7(g)—(k)]。

在可见光($\lambda>420$nm)照射下,以乳酸为牺牲剂,铂为助催化剂,对样品的光催化产氢活性进行了评估。如图 11-8(a)所示,负载铂后的 CdS(即 CdS/Pt)的光催化产氢活性为 1.21mmol·$h^{-1}$·$g^{-1}$。虽然负载 Pt 的 PT 聚合物纳米片(即 PT/Pt)没有显示出明显的光催化制氢活性,但负载聚合物纳米片后的 CdS/聚合物纳米片(即 CP1)的析氢速率达到 1.94mmol·$h^{-1}$·$g^{-1}$。这表明共轭聚合物 PT 与 CdS 之间存在某种相互促进作用,使它们

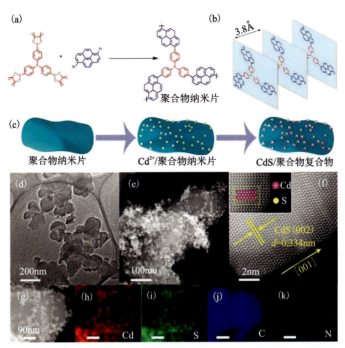

图 11-7 CdS/聚合物纳米片复合材料的合成路线与微观形貌

(a)聚合物纳米片 PT 的合成路线;(b)聚合物纳米片 PT 的分子堆叠模式;(c)CdS/聚合物纳米片复合材料的合成过程示意图;(d)纯聚合物纳米片 PT 的 TEM 图像;(e)CdS/聚合物纳米片复合材料的 HAADF-STEM 图像;(f)单个 CdS 纳米晶体的原子分辨率 HAADF-STEM 图像;(g)—(k)CdS/聚合物纳米片复合材料的 STEM 图像及元素分布图像[26]

的复合物在光催化析氢反应中具有优异的催化行为,甚至比具有促进作用的贵金属 Pt 更有竞争力。而且,PT 聚合物和 Pt 助催化剂的共同作用可以大幅提高 CdS 的光催化性能。在 1wt% 的 Pt 存在下,CP2 获得了最佳的光催化制氢活性,为 9.28 mmol·h$^{-1}$·g$^{-1}$,且在波长为 420nm 的光照下的表观量子效率为 24.3%。此外,通过长时间循环实验进一步研究 CP2 和纯 CdS 的光催化稳定性[图 11-8(b)]。经过 4 个循环反应(每个循环反应持续 3h)后的 CP2 复合物仍保持 8.26 mmol·h$^{-1}$·g$^{-1}$ 的高析氢速率。而 CdS 的析氢速率有明显的下降。由此可见,聚合物纳米片 PT 能有效地提高 CdS 纳米晶的光催化制氢活性和光稳定性。

CdS/聚合物纳米片复合材料增强的光催化制氢活性可以用 S 型异质结机理来解释[图 11-8(c)]。与 PT 共轭聚合物相比,CdS 拥有低能带位置和低费米能级。当 CdS 和 PT 紧密接触时,PT 中的自由电子会自发地穿过界面转移到 CdS 中,直到它们的费米能级对齐。在平衡状态下,电子积聚在 CdS 的界面上,而 PT 的界面上的电子密度减小,从而导致 CdS 的能带下弯和 PT 的能带上弯。同时,在界面处建立了一个内建电场,其方向从 PT 指向 CdS。在光照条件下,CdS 和 PT 中的电子分别从其价带被激发到导带。然后,界面上的内置电场驱动 CdS 导带上的光生电子与 PT 价带上的光生空穴复合,留下 CdS 价带中的光生空穴和 PT 导带中的光生电子。这样的 S 型电荷转移机制既保留了 PT 导带中具有强还原能力的光生电子,又保留了 CdS 价带中具有强氧化能力的光生空穴,从而为质子还原提供了强大的驱动力。

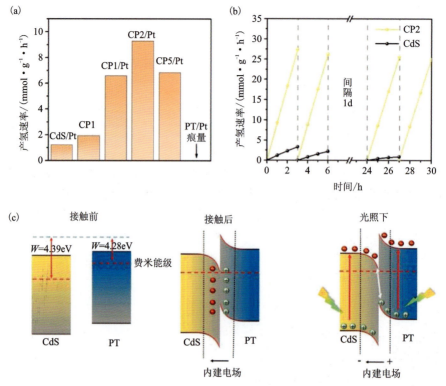

图 11-8　CdS/聚合物纳米片复合材料的光催化制氢活性与电荷转移机理

(a)在可见光($\lambda>420$nm)照射下,CdS、聚合物 PT 和 CdS/聚合物复合材料的光催化制氢活性的比较;(b)CdS 和 CP2 复合材料的光催化制氢循环实验;(c)CdS/聚合物纳米片复合材料的 S 型电荷转移机理[26]

## 11.2.3　量子点光催化材料制备及其在产氢中的应用

量子点是一种三维尺度都不大于其相应材料的激子玻尔半径两倍的半导体纳米晶体。由于其电子能级量子化,因而被称为量子点。一般来说,量子点的直径在 2~20nm 之间。量子点的独特结构使其在光子学、电子学和光电子应用等许多领域具有重要的研究价值。特别是与其他尺寸的光催化剂相比,量子点具有许多优点。例如,量子点的氧化还原能力可以通过改变尺寸大小来方便地调节。量子点的带隙随尺寸的减小而增大,带隙的增大为电荷转移带来了更大的驱动力,从而促进了光催化反应。

近年来,量子点材料在光催化制氢中得到了广泛的应用。Xiang 等[27]报道了 $Co^{2+}$ 修饰的 CdS 量子点光催化剂用于同时实现高效的光催化产氢和苯甲醇选择性氧化成苯甲醛。掺钴的水溶性 CdS 量子点的制备过程主要包括 3 个步骤:第一步,采用溶剂热法制备油溶性 CdS 量子点;第二步,以亲水巯基丙酸为盖帽剂,通过配体交换将制备好的油溶性 CdS 量子点转化为水溶性 CdS 量子点;最后,在 $CoCl_2 \cdot 6H_2O$ 存在下,通过直接光诱导沉积法制备掺钴的水溶性 CdS 量子点。TEM 图像显示水溶性 CdS 量子点为颗粒状,直径约为 4nm[图 11-9(a)],且具有高结晶性,晶格间距约为 0.33nm,对应于立方 CdS 晶体的(111)面。掺钴的水溶性 CdS 量子点具有与水溶性 CdS 量子点相似的形貌[图 11-9(b)]。均匀分布的 Cd、S、Co 元素的面扫图像表明 Co 元素在 CdS 量子点上分布均匀[图 11-9(c)]。在苯甲醇存在的条件下，水溶性 CdS 量子点的光催化产氢速率为 72.4mmol·$g^{-1}$·$h^{-1}$。随着 $Co^{2+}$ 助催化剂的加入，掺钴的水溶性 CdS 量子点的光催化产氢活性随之增强，当溶液中 $Co^{2+}$ 浓度为 1.6mmol/L 时，掺钴的水溶性 CdS 量子点的光催化产氢速率最高可达到 257.8mmol·$g^{-1}$·$h^{-1}$，是水溶性 CdS 量子点光催化产氢速率的 3.6 倍。在 365nm 光照射下，掺钴的水溶性 CdS 量子点的表观量子产率为 69.3%。为了进一步研究苯甲醇的氧化半反应的动力学和选择性，采用高效液相色谱监测了苯甲醇和氧化产物浓度的变化。同时，采用气相色谱法测定产生的氢气的量。如图 11-9(d)所示，由于添加的苯甲醇会吸附在 CdS 量子点表面，检测到的苯甲醇的初始量(1.49mmol)低于添加量(1.60mmol)。随着光反应的进行，苯甲醇的含量迅速减少，而苯甲醛和氢气的含量增加。在该光催化体系中，氢气的析出和苯甲醇氧化成苯甲醛均为双电子过程。苯甲醛与氢气的比值约为 1∶1，这表明光生电子和空穴分别被利用用于产氢和选择性将苯甲醇氧化。体系中的苯甲醇主要转化为苯甲醛，苯甲酸的收率可以忽略不计。反应 30min 时，苯甲醇的转化率和苯甲醛的选择性分别达到 27.3% 和 83.4%，反应 3h 后可以分别达到 83.9% 和 77.6%[图 11-9(e)]。

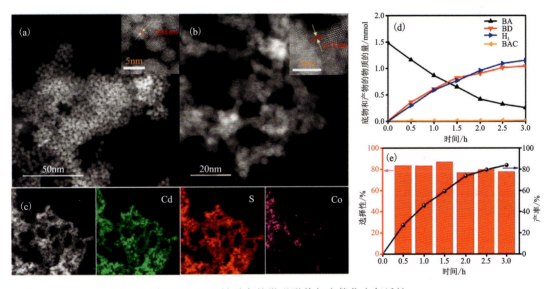

图 11-9 CdS 量子点的微观形貌与光催化产氢活性

(a)水溶性 CdS 量子点的 TEM 图像；(b)掺钴的水溶性 CdS 量子点的 TEM 图像；(c)掺钴的水溶性 CdS 量子点的 STEM 图像及 Cd、S、Co 元素的面扫图像；(d)掺钴的水溶性 CdS 量子点的光催化产氢与苯甲醇合成耦合反应测试，BA、BD 和 BAC 分别代表苯甲醇、苯甲醛、苯甲酸；(e)掺钴的水溶性 CdS 量子点对苯甲醛的选择性和产率的时间过程图[27]

利用密度泛函理论计算进一步研究了苯甲醇在掺钴的水溶性 CdS 量子点上的反应路径。苯甲醇的第一个脱氢步骤可能会导致碳中心自由基($^*$PhCHOH)或氧中心自由基($^*$PhCH$_2$O)的形成。然而，碳中心自由基的能垒比氧中心自由基的能垒低[图 11-10(a)]，说明苯甲醇中的甲醇基上的 C—H 键中的氢原子先解离，然后 O—H 键断裂形成苯甲醛。从图 11-10(b)的反应路径可以看出苯甲醇转化为苯甲醛的速率限制步骤是 C—H 的活化(0.51eV)。基于上述结论，推测出了一种可能的反应机制[图 11-10(c)]。苯甲醇最初吸附在掺钴的水溶性 CdS 量子点表面。在光照射下,CdS中的电子从价带被光激发到导带,并在价带中留下空穴。光生电子将氢离子还原为氢气。同时,空穴通过两个连续步骤转移到CoS助催化剂上,将吸附的苯甲醇氧化为苯甲醛。在第一步中,苯甲醇分子与空穴结合形成氢离子和碳中心自由基中间产物。随后,另一个空穴进一步将中间产物氧化为苯甲醛,同时释放另一个氢离子。然后苯甲醛脱附成为游离产物。氢离子被释放到水中,并可以被还原生成氢气。

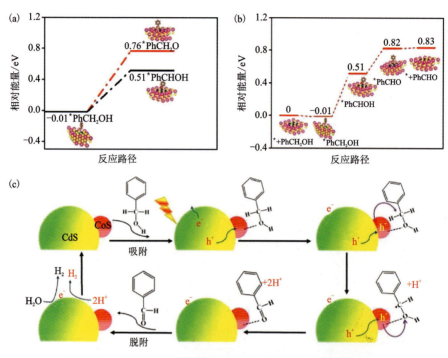

图11-10　CdS量子点光催化制氢耦合苯甲醛合成的反应机理

(a)由苯甲醇衍生的碳中心自由基能垒和氧中心自由基能垒;(b)苯甲醇氧化为苯甲醛的反应路径及相应的能垒图;(c)基于掺钴的水溶性CdS量子点的光催化产氢与苯甲醇合成苯甲醛耦合机理图[27]

## 11.2.4　空心球光催化材料制备及其在产氢中的应用

在各种形貌结构的光催化材料中,空心球具有独特的优势。从几何结构演化的角度来看,三维空心球可以看作是由二维纳米片经卷曲和封闭形成的。因此,空心球作为高效的催化剂,既具有二维材料的特征,又具有新奇的性能。中空结构的光催化剂具有较大的比表面积,这为氧化还原反应提供了丰富的活性位点。超薄的壳纳米片亚结构有利于通过缩短载流子从内部到表面的扩散路径来增强光生电荷的分离并暴露丰富的活性位点,促进表面氧化还原催化反应[28]。而且,壳层将外部与空心腔体分开,使不同的反应能在空间上分离。另外,空心结构产生的光散射和反射效应可以增强对太阳能的吸收和利用。空心结构促进的快速传质也可以进一步加速反应。此外,通过改变合成条件对催化剂的微观结构参数进行精确调整,如外表面、内表面、壳体孔隙结构等,使整个催化过程变得可控。可控合成结构良好的空心纳米材料,不仅可以在纳米尺度上对光催化机理进行系统深入的研究,而且为合理设计高效光催化剂提供了一种可行的途径。

Bie 等[23]设计了一种双功能 $CdS/MoO_2/MoS_2$ 光催化剂用于光催化制氢与丙酮酸合成耦合。如图 11-11(a)所示,$CdS/MoO_2/MoS_2$ 空心球的合成主要分为 4 个步骤:首先,采用化学浴法在 $SiO_2$ 球模板上生长 CdS 壳(黄色部分);其次,以钼酸铵为原料,将 CdS 壳的外表层转化为 $CdMoO_4$(绿色部分);第三,在二硫化碳的作用下,$CdMoO_4$ 原位一步转化为 $MoS_2$(黑色部分)和 $MoO_2$(蓝色部分);最后,用碱刻蚀法去除 $SiO_2$ 模板,得到 $CdS/MoO_2/MoS_2$ 空心球(标记为 CdMoOS)。此外,通过调节反应条件可以轻松获得 $CdS/MoS_2$ 和 $CdS/MoO_2$ 复合物(分别标记为 CdMoS 和 CdMoO),以及 $MoS_2$ 和 $MoO_2$ 化合物等。用 SEM 和 TEM 分析 CdMoOS 的形貌结构,如图 11-11(b)所示,CdMoOS 是由尺寸约为 400nm 的均匀空心球组成。TEM 图像证实了 $MoS_2$ 和 $MoO_2$ 的存在[图 11-11(c)]。$MoS_2$ 的横向尺寸约为 10nm,有 2~5 层。此外,元素面扫图显示 Cd、S、Mo 和 O 分布均匀[图 11-11(d)]。

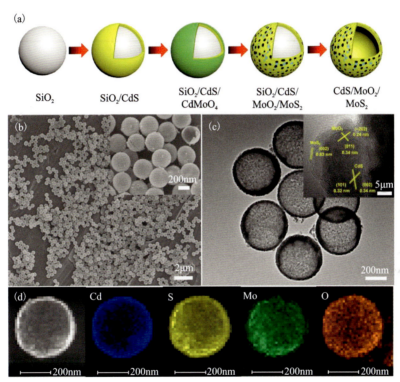

图 11-11 $CdS/MoO_2/MoS_2$ 空心球的合成路线与微观形貌
(a)$CdS/MoO_2/MoS_2$ 空心球的合成路线示意图;(b)$CdS/MoO_2/MoS_2$ 空心球的 SEM 图像;(c)$CdS/MoO_2/MoS_2$ 空心球的 TEM 图像;(d)$CdS/MoO_2/MoS_2$ 空心球的 STEM 图像及 Cd、S、Mo、O 元素的面分布图像[23]

光催化制氢性能测试是在含有乳酸底物的溶液中进行的。CdMoOS 的析氢活性远远超过 CdMoS 和 CdMoO,说明了双助催化剂的优越性[如图 11-12(a)]。液相产物分析表明,乳酸在析氢过程中逐渐转化为丙酮酸[如图 11-12(b)]。如图 11-12(c)所示,CdMoOS 在光照 5h 后转化了 131μmol 的乳酸,丙酮酸选择性约为 94.7%,其析氢活性和丙酮酸选择性均高于 CdS、CdMoS 和 CdMoO。从原位傅里叶变换红外光谱[如图 11-12(d)]可以看出,在暗态条件下,CdMoOS 样品对水和乳酸的吸附量逐渐增加,形成了一系列的特征峰,如 670$cm^{-1}$ 左右的醇羟基面外弯曲振动峰,1020cm$^{-1}$左右的C—O键的伸缩振动峰,1310cm$^{-1}$左右的次甲基变形振动峰,1540cm$^{-1}$左右的羧基的伸缩振动峰,1650cm$^{-1}$左右水的弯曲振动峰[29],3200cm$^{-1}$左右的醇羟基伸缩振动峰,3500cm$^{-1}$左右的水的特征峰。开灯后,除了1540cm$^{-1}$左右的羧基的伸缩振动峰,其他特征峰逐渐消失,并出现了位于1740cm$^{-1}$的新的羰基的伸缩振动峰。这表明在光照下,乳酸和水被消耗,生成了丙酮酸。此外,位于2350cm$^{-1}$的$CO_2$峰逐渐被消耗,位于2000cm$^{-1}$的$CO/CO_3^{2-}$峰逐渐增强。这种现象可能是由乳酸的脱羧或样品吸附环境中的$CO_2$的还原引起的。利用电子顺磁共振对体系中的自由基进行探测。如图11-12(e)所示,在没有乳酸存在的情况下,光辐射会诱导体系中羟基自由基的生成(峰强为1:2:2:1的黄色信号)。当乳酸存在时,羟基自由基信号消失,体系中能探测到碳自由基的信号(绿色信号),并与模拟的碳自由基信号(蓝色信号)完全吻合。这说明在光照下,乳酸分子的活化是由$\alpha$-C($sp^3$)—H的裂解和$\alpha$-H的去除引起的。同时,随着乳酸的加入,OH·信号消失,这可能是由OH·与去除的$\alpha$-H结合所致。为了验证氢气产物中氢原子的来源,使用同位素标记的氘水($D_2O$)代替$H_2O$进行光催化析氢耦合乳酸氧化。得到的气态产物是$H_2$、HD和$D_2$的混合物[图11-12(f)],说明从乳酸中分离出来的$\alpha$-H与OD·快速结合形成HDO,并参与随后的析氢反应。

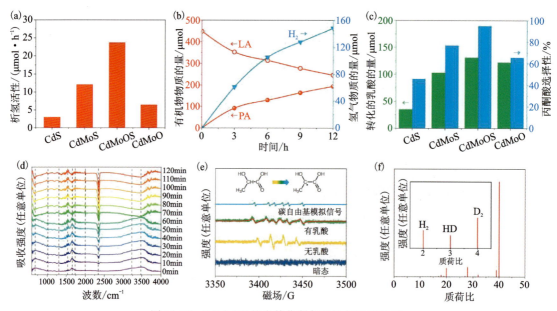

图11-12 CdMoOS的光催化制氢活性与反应机理

(a)CdS、CdMoS、CdMoO和CdMoOS的光催化析氢活性;(b)CdMoOS光催化反应过程中氢气和有机物含量的变化;(c)光催化反应5h后乳酸的转化量和对丙酮酸的选择性;(d)黑暗和光照条件下CdMoOS上吸附的$H_2O$和乳酸的时间分辨原位漫反射红外傅里叶变换光谱;(e)CdMoOS光催化体系中的电子顺磁共振信号;(f)以同位素标记的$D_2O$和乳酸为反应物的CdMoOS光催化析氢气体产物的质谱[23]

研究人员还对乳酸可能的转化路径进行了探索。如图11-13(a)所示,乳酸有两条最可能的转化路径:脱氢生成丙酮酸(途径①和②)或脱羧生成乙醇(途径③)。第一个脱氢位点可以为$\alpha$-H(路径①)和$\alpha$-OH上的氢(路径②)。采用密度泛函理论模拟了乳酸与$MoO_2$的相互作用,计算了不同反应路径下的吉布斯自由能。如图 11-13(b)所示,由于 $MoO_2$ 具有大量的碱性位点,乳酸分子通过其羧基上的氧原子与 $MoO_2$ 上的 Mo 原子相连,说明 $MoO_2$ 中的 Mo 原子是促进乳酸氧化反应的活性位点。由于 $MoO_2$ 中的 $Mo^{4+}$ 不是最高价态,具有储存空穴的能力,因而 $MoO_2$ 上的 Mo 原子作为氧化活性位点是合理的。另外,如图 11-13(c)所示,不同反应路径下的自由能计算结果表明,路径①所需能量最低。即先后脱去乳酸中 α-H 和 α-OH 中的氢,最终生成丙酮酸的路线占主导地位。这与上述 α-C($sp^3$)—H 的优先激活机制一致。相反,通过路径②和路径③转化乳酸要困难得多,这就解释了丙酮酸的高选择性。在上述分析的基础上,推导出以下反应机理:在光照射条件下,CdMoOS 中的光生电子和空穴分别向 $MoS_2$ 和 $MoO_2$ 迁移。$MoS_2$ 上的光生电子使氢离子还原为氢气。分离的光生空穴具有强氧化作用,能诱导羟基自由基的生成。羟基自由基进一步活化乳酸分子中的 α-C($sp^3$)—H,使乳酸分子失去 α-H 形成碳中心自由基。脱离乳酸分子的 α-H 与羟基结合形成水,用于后续反应。同时,碳中心自由基上的 α-OH 中的氢继续脱去生成羰基,最终转化为丙酮酸。

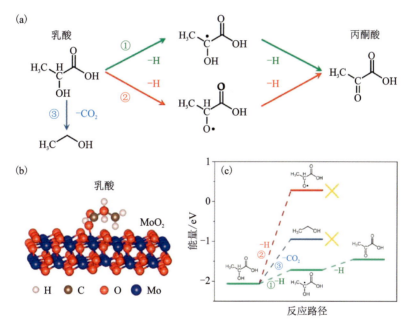

图 11-13 光催化制氢耦合丙酮酸合成的反应路径
(a)乳酸转化的可能路径;(b)乳酸与 $MoO_2$ 相互作用模型;(c)乳酸转化路径的自由能图[23]

## 11.3 光催化 $CO_2$ 还原

### 11.3.1 光催化 $CO_2$ 还原简介

大气中的二氧化碳作为碳循环中有效碳的来源,是地球上生命的主要碳源。在前工业时代,大气中二氧化碳的浓度主要受地质现象和光合作用调节[30]。如火山喷发会将大量的二氧化碳从地底带到大气中,大气中的二氧化碳浓度就会升高。植物光合作用旺盛,二氧化碳就会被大量消耗。然而,自工业革命以来,人类活动(主要包括燃烧化石燃料和砍伐森林)导致二氧化碳浓度大幅增加,已不能通过自然现象来平衡。据报道,2020年初全球二氧化碳平均浓度为 $412\times10^{-6}$(体积浓度),远高于工业化前的 $280\times10^{-6}$(体积浓度)[31]。虽然二氧化碳对可见光具有高度透过性,但它是一种能够吸收红外辐射的温室气体。温室气体是指能吸收红外辐射且能在大气中存在很长时间的气体[32]。温室气体吸收红外辐射的能力是由它的分子结构决定的。一个相关的参数是分子的偶极矩($\mu$),用来表示分子极性的强弱。只有偶极矩发生变化的振动才能引起可观测的红外吸收,该分子就是红外活性的。即,$\Delta\mu\neq 0$ 的分子为红外活性分子;而 $\Delta\mu=0$ 的分子(如 Ar、$N_2$ 和 $O_2$)的振动不能产生红外振动吸收,是非红外活性的。这里要说明的是,虽然有些气体(如 HCl)确实可以吸收红外辐射,但由于它们的高反应性或高溶解性,这些分子在大气中存在的寿命很短。因此,它们对温室效应的贡献不大。大气中的二氧化碳和其他长期存在的气体(如 $H_2O$、$CH_4$、$N_2O$ 和 $O_3$)浓度的增加导致了全球平均温度的升高。其中,二氧化碳是最令人担忧的,因为它对全球变暖的贡献比除水蒸气以外的任何其他气体都要大,而且它在大气中存在的时间很长。二氧化碳浓度的增加不仅会导致全球气温的升高,还会通过溶于海水导致海洋酸化。pH 值的下降会严重扰乱海洋生物系统的平衡。此外,全球气温升高会导致二氧化碳浓度增加,从而形成恶性循环[33]。因此,在当前的工业化时期,在不阻碍社会进步的前提下降低大气中的二氧化碳浓度,对人类的生存和发展至关重要。

光催化 $CO_2$ 还原在降低大气中二氧化碳浓度方面具有广阔的前景,是一种理想的二氧化碳处理技术。与光催化制氢类似,光催化 $CO_2$ 还原也是一个主要利用光生电子的过程。它有两个主要优点:首先,它的驱动力可以是永恒的太阳能[34];其次,光催化二氧化碳还原是一个变废为宝的过程,它能将二氧化碳转化为有价值的化学产品(如一氧化碳、甲烷、甲醇、甲醛、甲酸等)。因此,这种极具吸引力的技术引起了越来越多的关注。

二氧化碳是具有 $\sigma$ 键和 $\pi$ 键的由 O=C=O 线性结构构成的热力学稳定分子[35]。当处于平衡状态时,二氧化碳分子具有以碳原子为对称中心的线性结构。它是一种强亲电试剂[36],有利于光催化还原 $CO_2$ 动力学。但是,二氧化碳分子的线性几何结构和闭壳电子构型使其自身具有热力学稳定性[36]。因此,光催化 $CO_2$ 还原是一个能量"上坡"的吸热过程。为了将二氧化碳转化为高附加值的化学品,必须消耗大量能量来克服反应势垒,以打破二氧化碳中的 C=O 键,并促进产物的形成[35]。二氧化碳分子的吸附是触发光还原反应的先决条件。通常,光催化剂对二氧化碳分子的吸附可分为物理吸附和化学吸附[37]。在物理吸附过程中,二氧化碳分子通过范德华力与光催化剂相互作用。在化学吸附过程中,具有路易斯酸特征的碳原子和充当路易斯碱的氧原子可以分别与光催化剂表面的路易斯碱和酸位点配位[38]。这种情况会使二氧化碳分子的线性结构发生弯曲,并形成 $CO_2^{\cdot-}$[39]。同时,弯曲的结构将导致二氧化碳分子的最低未占据分子轨道(LUMO)下降,这有利于电子向二氧化碳分子的转移[25]。理论上,通过单电子转移产生的 $CO_2^{\cdot-}$ 可以引发各种后续反应,而且,$CO_2^{\cdot-}$ 的产生被认为是众多光催化 $CO_2$ 还原反应的限制步骤。然而,光催化剂导带上的光生电子普遍不足以驱动 $CO_2^{\cdot-}$ 的生成反应,这种情况不利于光催化还原 $CO_2$[40]。所幸的是,一系列涉及质子耦合的多电子转移过程可以绕过高能 $CO_2^{\cdot-}$ 的形成[41]。根据参与反应的质子数和反应中转移的电子数,二氧化碳可以被还原为各种产物(图11-14 和表11-1)[42-43]。

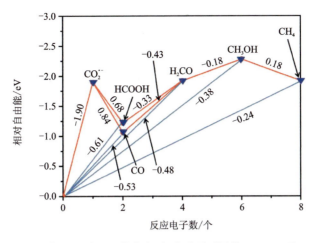

图 11-14　pH 值为 7 时 $CO_2$ 的多电子、多质子还原的 Latimer-Frost 图[44]

表 11-1　光催化 $CO_2$ 还原中的相关反应及其还原电势[44]

| 反应式 | 电势/V（相对于一般氢电极） |
| --- | --- |
| $2H^+ + 2e^- \longrightarrow H_2$ | $-0.41$ |
| $CO_2 + e^- \longrightarrow CO_2^-$ | $-1.9$ |
| $CO_2 + 2H^+ + 2e^- \longrightarrow HCO_2H$ | $-0.61$ |
| $CO_2 + 2H^+ + 2e^- \longrightarrow CO + H_2O$ | $-0.53$ |
| $CO_2 + 4H^+ + 4e^- \longrightarrow C + 2H_2O$ | $-0.2$ |
| $CO_2 + 4H^+ + 4e^- \longrightarrow HCHO + H_2O$ | $-0.48$ |
| $CO_2 + 6H^+ + 6e^- \longrightarrow CH_3OH + H_2O$ | $-0.38$ |
| $CO_2 + 8H^+ + 8e^- \longrightarrow CH_4 + 2H_2O$ | $-0.24$ |
| $2CO_2 + 8H_2O + 12e^- \longrightarrow C_2H_4 + 12OH^-$ | $-0.34$ |
| $2CO_2 + 9H_2O + 12e^- \longrightarrow C_2H_5OH + 12OH^-$ | $-0.33$ |
| $3CO_2 + 13H_2O + 18e^- \longrightarrow C_3H_7OH + 18OH^-$ | $-0.32$ |
| $2H_2CO_3 + 2H^+ + 2e^- \longrightarrow H_2C_2O_4 + 2H_2O$ | $-0.8$ |
| $H_2CO_3 + 2H^+ + 2e^- \longrightarrow HCOOH + H_2O$ | $-0.576$ |
| $H_2CO_3 + 4H^+ + 4e^- \longrightarrow HCHO + 2H_2O$ | $-0.46$ |
| $H_2CO_3 + 6H^+ + 6e^- \longrightarrow CH_3OH + 2H_2O$ | $-0.366$ |
| $H_2CO_3 + 4H^+ + 4e^- \longrightarrow C + 3H_2O$ | $-0.182$ |
| $2CO_3^{2-} + 4H^+ + 2e^- \longrightarrow C_2O_4^{2-} + 2H_2O$ | $0.07$ |
| $CO_3^{2-} + 3H^+ + 2e^- \longrightarrow HCOO^- + H_2O$ | $-0.099$ |
| $CO_3^{2-} + 6H^+ + 4e^- \longrightarrow HCHO + 2H_2O$ | $-0.213$ |
| $CO_3^{2-} + 8H^+ + 6e^- \longrightarrow CH_3OH + 2H_2O$ | $-0.201$ |
| $CO_3^{2-} + 6H^+ + 4e^- \longrightarrow C + 3H_2O$ | $0.065$ |

这些产物能否生成主要取决于光催化剂的导带底电位。它们的选择性与中间体的稳定性以及中间体之间的相互作用有关[45]。此外，提高反应中的质子浓度可以促进质子辅助的多电子反应，有利于光催化$CO_2$还原[46]。这里需要强调的是二氧化碳分子在光催化剂上的吸附过程。因为光生电子必须转移到与催化剂表面直接接触的二氧化碳分子上才能触发反应。光催化还原二氧化碳主要分为固液反应和固气反应。对于固液反应，即使不考虑光催化剂对液体反应物分子的吸附作用，与光催化剂直接接触并围绕光催化剂的液体反应物分子也可以为反应的发生提供良好的环境。然而，气态二氧化碳分子的动能比液态水分子的动能大得多，这种气态分子的高熵性质使得光催化剂更难吸附二氧化碳分子。换句话说，与催化剂直接接触的二氧化碳分子很少，大多数二氧化碳分子反而分散在光催化剂的外部空间中。因此，在光催化$CO_2$还原的固气反应中，二氧化碳的吸附值得关注。

此外，还应注意到以水为质子源的光催化$CO_2$还原反应中的$H_2O$和$CO_2$之间的竞争反应。因为在热力学上，析氢反应比某些二氧化碳还原反应更有利。通常，对于光催化$CO_2$还原中质子耦合的多电子转移过程，水应该是理想的空穴受体和质子源。当$H_2O$和$CO_2$共存时，理想的光催化反应是$H_2O$被空穴氧化为$O_2$和$H^+$，$CO_2$通过$H^+$辅助的多电子过程被还原[47]。然而，使用$H_2O$作为单纯的质子供体是困难的。$CO_2$吸附和活化难度大，以及从热力学看$H_2O$会优先被还原为$H_2$等导致了$H_2O$与$CO_2$之间的激烈竞争[48]。也就是说，在光催化$CO_2$还原过程中，$H_2O$不仅可以被空穴氧化为$O_2$，$H^+$还可以与$CO_2$竞争电子生成$H_2$。由于这些因素，目前光催化$CO_2$还原的效率比光催化制氢的效率低几个数量级[49]。因此，光催化$CO_2$还原技术仍需进一步发展。

## 11.3.2 暴露高能面的$TiO_2$光催化材料制备及其在$CO_2$还原中的应用

异质结不仅可以存在于两种材料结合的界面处，而且可以在同一种材料的不同晶面的交界处建立。Yu等[50]研究了{001}和{101}晶面的比例对锐钛矿$TiO_2$光催化还原$CO_2$性能的影响。在密度泛函理论计算的基础上，提出了一个新的"表面异质结"概念来解释暴露{001}和{101}面的$TiO_2$光催化活性的差异。

$TiO_2$是以钛酸四丁酯为前驱体，氢氟酸溶液为盖帽剂，通过溶剂热法合成的。当氢氟酸溶液的加入量为0mL、3mL、4.5mL、6mL、9mL时，将制备的$TiO_2$样品分别标记为HF0、HF3、HF4.5、HF6、HF9。TEM图像显示，HF0的形状与天然锐钛矿相似，为八面体双棱锥纳米颗粒，平均边长约为13nm，宽度约为11nm[图11-15(a)]。在前驱体中加入4.5mL和9mL的HF[图11-15(b)、(c)]，$TiO_2$变成纳米片。HF4.5的平均边长约为80nm，厚度约为30nm。HF9的平均边长约为100nm，厚度约为6nm，形成了更大的晶体。此外，与HF0相比，HF4.5和HF9暴露的{001}面明显占有更大的表面百分比，这表明$F^-$在形成具有高暴露{001}面百分比的$TiO_2$纳米板中起着关键作用。

对制备的$TiO_2$样品的光催化$CO_2$还原性能进行了考察。如图11-16(a)所示，$TiO_2$样品的光催化活性受到暴露{001}与{101}面的比例的强烈影响。对于HF0，由于导带电子与价带空穴的快速复合，其$CH_4$产率相对较低（$0.15\mu mol\cdot h^{-1}\cdot g^{-1}$）。随着HF的加入量从3mL增加到4.5mL，样品的光催化活性逐渐提高，表明这种提高受到了{001}晶面占比的影响。其

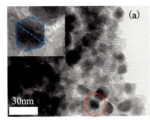 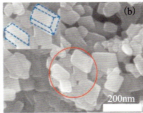 

图 11-15 不同 $TiO_2$ 样品的微观形貌

(a)HF0 的 TEM 图像;(b)HF4.5 的 FESEM 图像;(c)HF9 的 FESEM 图像[50]

中,HF4.5 的 $CH_4$ 产率最大,为 $1.35\mu mol \cdot h^{-1} \cdot g^{-1}$。这个值是 HF0 的 $CH_4$ 产率的 9 倍。然而,进一步增加 HF 量(6mL 和 9mL)将导致光催化活性降低。当样品受到光照射时,锐钛矿型 $TiO_2$ 的价带电子被激发到导带能级,而价带中留下空穴。如图 11-16(b)所示,对于 HF0,由于{001}面的比例较低,电子和空穴主要集中在{101}面。因此,光生载流子很容易复合,只有一小部分电子和空穴参与光催化反应。随着 HF 的量增加到 4.5mL,暴露的{001}和{101}面达到最佳百分比[图 11-16(c)]。在这种情况下,电子和空穴对可以有效地分别迁移到{101}面和{001}面。{101}面作为还原位点,而{001}面作为表面的氧化位点。然而,进一步增加 $TiO_2$ 表面{001}面的数量可能会引发电子向{101}面的溢出效应[图 11-16(d)]。因此,{001}面的电子很难转移到{101}面,并很容易与{001}面的空穴重新结合。因此,与 HF4.5 相比,HF9 的光催化活性明显降低。

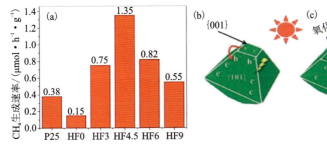 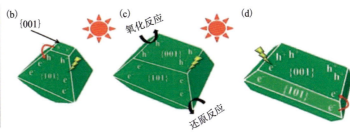

图 11-16 不同 $TiO_2$ 样品的光催化 $CO_2$ 还原性能与暴露的晶面结构

(a)不同 HF 用量制备的 $TiO_2$ 与商业 P25(成分为 $TiO_2$)光催化 $CO_2$ 还原产 $CH_4$ 活性的比较;(b)$TiO_2$ 纳米颗粒 HF0,(c)$TiO_2$ 纳米片 HF4.5,(d)$TiO_2$ 纳米片 HF9 样品上氧化还原位点的空间分离示意图[50]

## 11.3.3 异质结薄膜光催化材料制备及其在 $CO_2$ 还原中的应用

由于锐钛矿型 $TiO_2$ 的{001}面和{101}面具有不同的电子结构,它们之间能形成表面异质结,导致光生电子和空穴在空间上分离,并分别富集在{101}面和{001}面上。这种空间分离的光生电子和空穴有助于形成多重异质结。例如,Meng 等[51]采用水热法制备了同时暴露{001}面及{101}面的锐钛矿型 $TiO_2$ 纳米片薄膜。{001}面富集空穴,而{101}面则富集电子,从而形成了表面异质结。当 $TiO_2$ 受到光照射时,光生电子和空穴受到表面异质结的影响而分别迁移到{101}面和{001}面。利用{001}面上的光生空穴将 $Mn^{2+}$ 氧化成 $MnO_x$,而{101}面上的电子会把 $Pt^{4+}$ 还原为金属 Pt。最终,Pt 和 $MnO_x$ 选择性地分别光沉积在{101}面和

{001}面上,在 TiO₂ 纳米片薄膜上分别形成了金属-半导体异质结和 p-n 结[52]。

图 11-17 呈现了 TiO₂ 纳米片以及沉积有 MnO$_x$ 纳米片和 Pt 纳米颗粒的 TiO₂ 纳米片的形貌。TiO₂ 纳米片样品暴露了两种晶面,即顶部和底部的{001}面以及侧面的梯形{101}面。图 11-17(a)显示,TiO₂ 纳米片的{001}面和{101}面都很光滑,纳米片的长度约为 $1\mu m$,厚度约为 120nm。HRSEM 图像显示,{001}面和{101}面之间的夹角为 68°,与理论值相符。此外,根据式(11-8),可以计算出{001}面在总表面中的占比为 76%[50]。

$$S_{\{001\}}\% = \frac{S_{\{001\}}}{S_{\{001\}}+S_{\{101\}}} = \frac{\cos\theta}{\cos\theta+\frac{b^2}{a^2}-1} \tag{11-8}$$

式中:$\theta$ 为锐钛矿型 TiO₂{001}面和{101}面的理论夹角;$a$ 和 $b$ 分别表示正方形{001}面的边长和梯形{101}面的长底边长度。当将 TiO₂ 纳米片浸入醋酸锰溶液进行光沉积时,MnO$_x$ 纳米片会有选择地沉积在 TiO₂ 富集空穴的{001}面上,而{101}晶面仍然保持光滑[图 11-17(b)]。当 TiO₂ 纳米片浸入氯铂酸溶液进行光沉积时,Pt 纳米颗粒会选择性地沉积在电子富集的{101}面上,而{001}面上则没有观察到任何颗粒[图 11-17(c)]。经过光氧化和光还原两步沉积后,MnO$_x$ 和 Pt 分别被沉积在 TiO₂ 的{001}面和{101}面上[图 11-17(d)][52]。

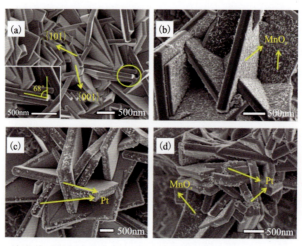

图 11-17  TiO₂ 纳米片以及沉积 MnO$_x$ 纳米片和 Pt 纳米颗粒的 TiO₂ 纳米片的微观形貌
(a)暴露{001}面及{101}面的锐钛矿型 TiO₂ 纳米片薄膜的 SEM 图像;(b)在{001}面上负载 MnO$_x$ 纳米片后的 TiO₂ 纳米片的 SEM 图像;(c)在{101}面上负载 Pt 纳米颗粒后的 TiO₂ 纳米片的 SEM 图像;(d)分别在{001}面和{101}面上负载 MnO$_x$ 纳米片和 Pt 纳米颗粒后的 TiO₂ 纳米片的 SEM 图像[51]

对锐钛矿型 TiO₂ 纳米片(标记为 T)、在{001}面上负载 MnO$_x$ 纳米片后的 TiO₂ 纳米片(标记为 TM)、在{101}面上负载 Pt 纳米颗粒后的 TiO₂ 纳米片(标记为 TP)、分别在{001}面和{101}面上负载 MnO$_x$ 纳米片和 Pt 纳米颗粒后的 TiO₂ 纳米片(标记为 TMP)进行了光催化 CO₂ 还原性能测试。图 11-18(a)展示了这 4 个样品在光照 3h 后甲烷和甲醇的产率。锐钛矿型 TiO₂ 纳米片在光照 3h 后的甲烷和甲醇产率分别为 $28\mu mol/m^2$ 和 $31\mu mol/m^2$。负载 MnO$_x$ 纳米片后的 TiO₂ 纳米片的产率略有提高。负载 Pt 纳米颗粒后的 TiO₂ 纳米片的甲烷产率提升至 $85\mu mol/m^2$,是纯的 TiO₂ 纳米片的三倍多。同时,甲醇的产率也有所提升。当 MnO$_x$ 和 Pt 纳米颗粒同时沉积在 TiO₂ 的两个晶面上后,甲烷和甲醇的产率都显著提高。循环稳定性

测试表明负载 $MnO_x$ 和 Pt 纳米颗粒的 $TiO_2$ 纳米片的产物产率和光照时间呈线性关系,甲烷和甲醇的最高产率分别为 $104\mu mol/m^2$ 和 $91\mu mol/m^2$[图 11-18(b)]。经过 3 次循环后,产物产率没有明显下降,表明负载 $MnO_x$ 和 Pt 纳米颗粒的 $TiO_2$ 纳米片具有良好的光稳定性。对于负载 $MnO_x$ 和 Pt 纳米颗粒的 $TiO_2$ 纳米片,其光催化 $CO_2$ 还原性能的显著提升可以通过以下机制解释:由于 $TiO_2$、$MnO_x$、Pt 纳米颗粒在接触前具有不同的功函数[图 11-18(c)],它们的费米能级会在形成多重异质结后达到平衡。一方面,当 p 型 $MnO_x$ 沉积在 n 型 $TiO_2$ 的{001}面时,在接触界面形成了 p-n 结。此时,$TiO_2$ 的费米能级下降,$MnO_x$ 的费米能级上升,直到两者达到平衡。在此过程中,$MnO_x$ 的能带向上弯曲,$TiO_2$ 的能带向下弯曲。在电子迁移的动态过程中,电子会聚集在 $MnO_x$ 上,而空穴聚集在 $TiO_2$ 上,从而形成内建电场,电场方向从 $TiO_2$ 指向 $MnO_x$。另一方面,当 Pt 纳米颗粒沉积在 $TiO_2$ 的{101}面时,电子由 $TiO_2$ 转移到 Pt 上,形成肖特基结。当三元异质结体系受光激发时,光生电子由 $TiO_2$ 价带激发到导带上,价带上留下光生空穴[11-18(d)]。由于表面异质结的作用,光生电子和空穴分别迁移到{101}面和{001}面上。在{001}面上,光生空穴受到 p-n 结内建电场的牵引力,会继续迁移至 $MnO_x$,而光生电子则向反方向迁移。同时,在{101}面上,由于肖特基势垒的作用,电子会迁移到作为反应活性位的 Pt 纳米颗粒上参与还原反应,将 $CO_2$ 转换为碳氢化合物。因此,在三元异质结体系中,光生载流子的空间分离是表面异质结、p-n 结和肖特基结共同作用的结果。三元异质结协同抑制了光生载流子的复合,从而提高了光催化 $CO_2$ 还原效率[52]。

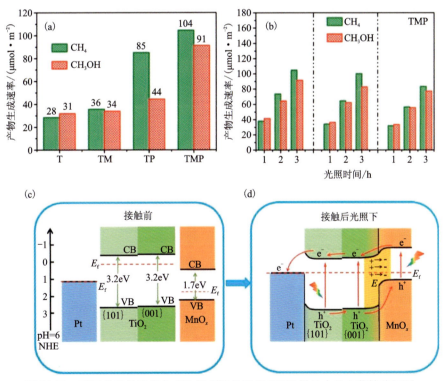

图 11-18 不同样品的光催化 $CO_2$ 还原活性以及 TMP 样品中的电荷转移机理
(a)样品 T、TM、TP 和 TMP 光照 3h 后的光催化 $CO_2$ 还原活性;(b)样品 TMP 的光催化 $CO_2$ 还原循环活性;(c)$TiO_2$、$MnO_x$、Pt 接触前的能带结构;(d)$TiO_2$、$MnO_x$、Pt 构成三元异质结后的能带结构以及光照下的载流子转移机制[51]

## 11.3.4 纳米纤维光催化材料制备及其在$CO_2$还原中的应用

纳米纤维是一种一维结构材料。它的径向有限尺寸能产生相关的量子尺寸效应。而它的轴向结构为载流子的传导提供了优良的电荷传输路径。因此,纳米纤维结构为有效的人工太阳能转化提供了广阔的前景。Xu等[34]利用$TiO_2$/$CsPbBr_3$复合纳米纤维实现了增强的光催化$CO_2$还原活性。该异质结由$TiO_2$纳米纤维和$CsPbBr_3$量子点自组装而成。从不同放大倍数的TEM图像[图11-19(a)、(b)]中可以看出$CsPbBr_3$量子点是边长为6~9nm的立方体;HRTEM图像[图11-19(c)]显示$CsPbBr_3$量子点的晶格条纹间距为0.413nm,对应于$CsPbBr_3$的(110)晶面。X射线衍射图谱[图11-19(d)]表明制备的$CsPbBr_3$量子点为立方相。从紫外-可见漫反射吸收光谱中可以观察到$CsPbBr_3$量子点在450nm和500nm具有较强的可见光吸收[图11-19(e)]。相应的荧光光谱在520nm处呈现出很强的荧光发射峰[图11-19(e)]。此外,$CsPbBr_3$量子点溶液在365nm的紫外光照射下表现出明亮的绿色荧光。

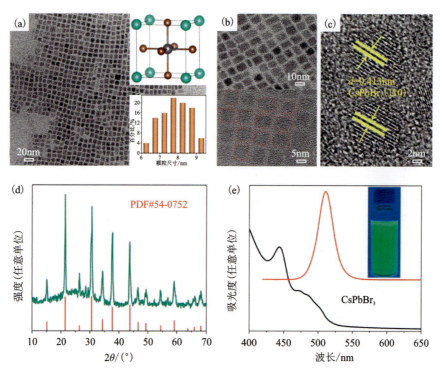

图11-19 $CsPbBr_3$量子点的微观形貌、晶体结构、光吸收性质
(a)、(b)TEM图像、晶粒尺寸分布[图(a)右下角]、几何结构[图(a)右上角];(c)HRTEM图像;(d)X射线衍射图谱;(e)紫外-可见漫反射吸收光谱(黑线)及荧光光谱(红线),插图是量子点溶液在365nm紫外光照下的照片[34]

纯$TiO_2$纳米纤维的形貌和晶相如图11-20所示。从图11-20(a)中可以看出,$TiO_2$纳米纤维的平均直径大约为200nm。$CsPbBr_3$量子点与$TiO_2$纳米纤维静电自组装后,$CsPbBr_3$量子点均匀地沉积在$TiO_2$纳米纤维表面[图11-20(b)]。在HRTEM图像中可以同时观察到锐钛矿型$TiO_2$、金红石型$TiO_2$及$CsPbBr_3$量子点的晶格条纹[图11-20(c)]。复合样品的能量色散X射线能谱图[图11-20(d)]显示,除了主要的Ti和O元素外,复合样品中还存在Cs、Pb和

Br 元素；复合样品的 HAADF 图像及各元素的能量色散 X 射线元素面分布图像[图 11-20(e)]进一步证实了 $TiO_2/CsPbBr_3$ 复合纳米纤维的形成。

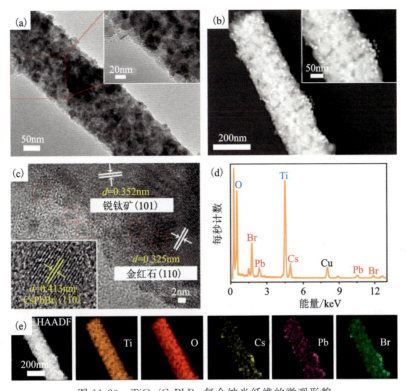

图 11-20 $TiO_2/CsPbBr_3$ 复合纳米纤维的微观形貌

(a)TEM 图像；(b)SEM 图像；(c)HRTEM 图像；(d)能量色散 X 射线能谱图；(e)HAADF 图像及各元素的元素面分布图像[34]

当 $TiO_2/CsPbBr_3$ 复合纳米纤维中 $CsPbBr_3$ 量子点的质量分数为 0%、0.5%、1%、2%、3%、4%、100% 时，将样品分别标记为 T、TC0.5、TC1、TC2、TC3、TC4、C，并对这些样品进行光催化 $CO_2$ 还原性能测试。纯 $TiO_2$ 纳米纤维和纯 $CsPbBr_3$ 量子点之所以表现出较低的 $H_2$ 和 CO 生成速率[图 11-21(a)、(b)]，主要是因为单一光催化剂的光生载流子极易复合。随着 $CsPbBr_3$ 量子点负载量的增加，复合纳米纤维生成 $H_2$ 和 CO 速率逐渐加快。当 $CsPbBr_3$ 量子点的负载量为 2% 时，复合样品的 CO 生成速率达到最大值（$9.02 \mu mol \cdot g^{-1} \cdot h^{-1}$），选择性为 95%。这主要得益于 $TiO_2/CsPbBr_3$ 异质结中光生载流子得到了有效的分离。而进一步增加量子点的负载量（TC3、TC4），光催化 $CO_2$ 还原活性反而降低，主要是因为 $TiO_2$ 纳米纤维表面负载过多 $CsPbBr_3$ 量子点会屏蔽 $TiO_2$ 对光的吸收，同时降低复合材料的比表面积。值得注意的是，如图 11-21(c)所示，随着反应时间的延长，氧化端产物 $O_2$ 的含量先减少后增加。反应体系中的初始 $O_2$ 来自高纯度 $CO_2$ 气体中的少量杂质。在整个光催化 $CO_2$ 还原过程中，氧化端利用光生空穴氧化 $H_2O$ 产生 $O_2$，同时，反应体系中的 $O_2$ 也会夺取还原端的光生电子，将其还原为超氧自由基，即反应过程中既能产生 $O_2$，也会消耗 $O_2$。在光催化 $CO_2$ 还原前 2h，$O_2$ 的消耗速率要高于其生成速率；而在后 2h，其生成速率要高于其消耗速率，所以导致体系中 $O_2$ 的总含量先减少后增加。为了探究光催化 $CO_2$ 还原产物的来源，进行了同位素标记的 $^{13}CO_2$

光还原实验。如图 11-21(d)所示,总离子流图中约 3.44min 处出现的色谱峰对应于 CO,该峰在质谱图中产生 3 个信号峰,其中质荷比($m/z$)为 29 处的质谱峰属于 $^{13}CO$,另外两个质谱峰($m/z$ 为 13 和 16)则对应 $^{13}CO$ 的 $^{13}C$ 和 O 的碎片峰,这一结果表明在 $TiO_2/CsPbBr_3$ 复合纳米纤维上进行光催化 $CO_2$ 还原得到的产物 CO 的确来自 $CO_2$ 气体,而不是其他含碳材料。此外,总离子流图(插图)中约 2.36min 和 2.48min 处出现的色谱峰分别对应 $O_2$ 和 $N_2$。

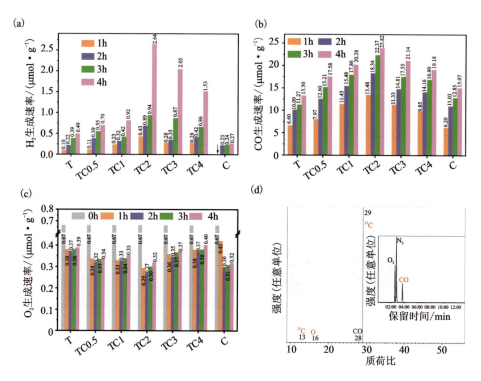

图 11-21 $TiO_2$ 纳米纤维(T)、$TiO_2/CsPbBr_3$ 复合纳米纤维(TC0.5、TC1、TC2、TC3、TC4)和 $CsPbBr_3$ 量子点(C)的光催化 $CO_2$ 还原活性

(a)$H_2$ 产率;(b)CO 产率;(c)$O_2$ 产率;(d)基于 TC2 的同位素标记的 $^{13}CO_2$ 光还原实验的质谱图和总离子流色谱图(插图)[34]

$TiO_2/CsPbBr_3$ 复合纳米纤维增强的光催化 $CO_2$ 还原活性主要归因于 $CsPbBr_3$ 量子点具有较强的 $CO_2$ 吸附能力,以及 $TiO_2$ 纳米纤维和 $CsPbBr_3$ 量子点之间形成了 S 型异质结(图 11-22)。$TiO_2$ 纳米纤维与 $CsPbBr_3$ 量子点接触前,其费米能级低于 $CsPbBr_3$ 量子点;两者复合后,电子倾向于从 $CsPbBr_3$ 量子点迁移至 $TiO_2$ 纳米纤维,使 $TiO_2$ 和 $CsPbBr_3$ 的能带弯曲,并在两者界面处形成由 $CsPbBr_3$ 指向 $TiO_2$ 的内建电场。在光照下,$TiO_2$ 和 $CsPbBr_3$ 价带上的电子首先被激发跃迁到导带上,在能带弯曲和内建电场的驱动下,$TiO_2$ 导带上的电子自发地转移到 $CsPbBr_3$ 价带上与其空穴复合,形成 S 型异质结。此时,$CsPbBr_3$ 导带上富集的电子用于光还原 $CO_2$,$TiO_2$ 价带上富集的空穴用于光氧化 $H_2O$。显然,S 型异质结中光生电子的迁移路径既有助于光生载流子的有效分离,又保留了光生电子和空穴较强的还原氧化能力。

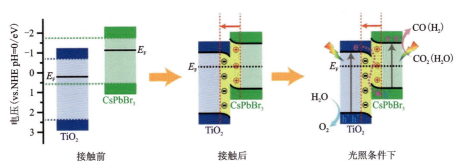

图 11-22　S 型 $TiO_2/CsPbBr_3$ 异质结及其光生电荷载流子转移机制示意图[34]

## 11.3.5　纳米空心球光催化材料制备及其在 $CO_2$ 还原中的应用

得益于优异的结构优势,空心球材料在光催化 $CO_2$ 还原中也具有良好的应用前景。Bie 等[53]制备了一种在 CdS 空心球上原位生长氮掺杂石墨烯(标记为 NG)的光催化剂用于光催化 $CO_2$ 还原。NG/CdS 空心球的总体制备策略包括 3 个主要步骤。如图 11-23(a)所示,首先,以 $SiO_2$ 球[图 11-23(b)]为模板,在其表面生长 CdS 壳。其中,$SiO_2$ 球通过改良的 Stöber 法制备。然后,将得到的 $CdS/SiO_2$ 复合材料[图 11-23(c)]置于管式炉中以吡啶为原料原位生长氮掺杂石墨烯。具体来说,吡啶会通过热裂解过程转化为小分子碳氢化合物。此外,小分子碳氢化合物在高温下发生脱氢反应,由此产生的碳质碎片通过氮和镉原子的配位作用与 CdS 表面紧密结合。由于有序碳和无序碳的自由能不同,在冷却过程中,无序碳质小分子石墨化成石墨烯[图 11-23(d)]。值得注意的是,$SiO_2$ 具有高熔点,在高温下仍能保持其球形外观,有利于形成 CdS 球形壳层。最后,用碱刻蚀法去除 $SiO_2$ 模板,同时得到空心结构的 NG/CdS[图 11-23(e)]。此外,当吡啶用量为 $10\mu L$、$20\mu L$、$30\mu L$、$50\mu L$ 时,将制备的样品分别标记为 CdG1、CdG2、CdG3、CdG5。图 11-23(f)显示 NG/CdS 空心球具有均一的尺寸,这表明 $SiO_2$ 模板的辅助能精确控制空心球的大小。TEM 图像[图 11-23(g)]显示 CdS 壳层上生长有氮掺杂石墨烯。此外,Cd、S、C 和 N 元素的均匀分布也表明了氮掺杂石墨烯的成功负载[图 11-23(h)]。

光催化剂上 $CO_2$ 的吸附量会直接影响光催化 $CO_2$ 还原性能。如图 11-24(a)所示,纯 CdS 在低压和高压范围内均表现出较差的 $CO_2$ 吸附活性。相比之下,在表面负载氮掺杂石墨烯后,CdG2 对 $CO_2$ 的吸附活性显著提高。在常压下,CdG2 对 $CO_2$ 的吸附活性约为 CdS 的两倍。这是由于氮掺杂石墨烯具有较高的 $CO_2$ 吸附活性,在常压下可以达到约 $0.35mmol/g$。纯 CdS 对 $CO_2$ 的吸附活性较 CdG2 较差。这可以归因于氮掺杂石墨烯的高 $CO_2$ 吸附活性。而且,CdG2 更大的比表面积也有助于其与更多的 $CO_2$ 分子结合。因此,NG 能通过有效吸附 $CO_2$,促进光催化 $CO_2$ 还原反应的进行。利用原位漫反射傅里叶变换红外光谱来探测基于 CdG2 样品的光催化 $CO_2$ 还原的中间体及其反应过程。原位漫反射傅里叶变换红外光谱信号的采集过程主要包括暗态和光照两部分:①前 1h 在无光照的探测室中通入流动的 $CO_2$ 和 $H_2O$ 气体;②后 1h 保持流通的气氛条件不变,并加以光照。如图 11-24(b)所示,在吸附 $CO_2$ 的 1h 内,可以看到不同的碳酸盐物种的峰出现在 $1323cm^{-1}$、$1346cm^{-1}$、$1435cm^{-1}$、$1515cm^{-1}$ 和 $1540cm^{-1}$ [54],说明 CdG2 对 $CO_2$ 具有较强的吸附作用。在光照下,逐渐出现了位于

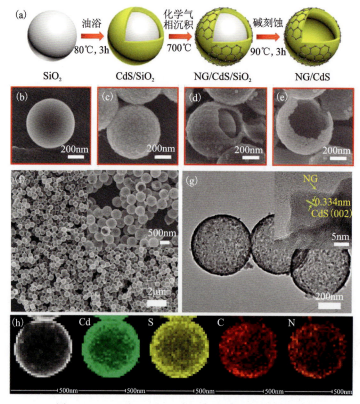

图 11-23　NG/CdS 空心球的合成路线与微观形貌

(a)以硬模板法制备负载氮掺杂石墨烯的 CdS 空心球的工艺流程图；(b)—(e)各阶段样品的 SEM 图像；(f)CdG2 样品的 SEM 图像；(g)CdG2 样品的 TEM 图像；(h)CdG2 样品的 STEM 图像及 Cd、S、C、N 元素的面分布图像[53]

1557cm$^{-1}$ 和 1749cm$^{-1}$ 的甲酸盐信号[55]，位于 1405cm$^{-1}$ 和 1778cm$^{-1}$ 的甲醛信号[56]，位于 1815cm$^{-1}$、1960cm$^{-1}$ 和 2017cm$^{-1}$ 的 CO 信号[57]，以及位于 1103cm$^{-1}$ 的甲氧基信号[58]。这些结果表明，$CO_2$ 分子被吸附后生成甲酸、甲醛、CO 和甲氧基等一系列中间产物。值得注意的是，甲烷由于其非极性和低亲和性而无法被检测到。对样品的光催化 $CO_2$ 还原性能测试表明光催化 $CO_2$ 还原产物以 CO 和 $CH_4$ 为主，其中 CO 占主导地位[图 11-24(a)]。此外还检测到一些作为氧化产物的 $O_2$。随着氮掺杂石墨烯负载量的增加，CO 和 $CH_4$ 的产率逐渐增大。其中 CdG2 的 CO 和 $CH_4$ 产率在所有样品中最大，分别达到 2.59 和 0.33μmol·g$^{-1}$·h$^{-1}$，约为纯 CdS 的 4 倍和 5 倍。进一步负载氮掺杂石墨烯会降低光催化二氧化碳还原性能，这可能与氮掺杂石墨烯的光屏蔽效应有关，即过量的氮掺杂石墨烯会吸收大部分辐射在样品上的光，导致 CdS 能有效利用的光很少。持续时间为 12h 的循环光催化 $CO_2$ 还原实验[图 11-24(b)]显示 CdG2 具有良好的光稳定性。此外，还进行了产物的碳同位素示踪实验。以 $^{12}CO_2$ 和 $^{13}CO_2$ 为碳源的光催化 $CO_2$ 还原产物的质谱信号[图 11-24(c)和 11-24(d)]表明，获得的含碳产物的确来自 $CO_2$，而不是其他任何杂质。需要注意的是，CO 质谱信号中质荷比为 28 的信号可能来自大气环境中难以消除的 $N_2$ 杂质。

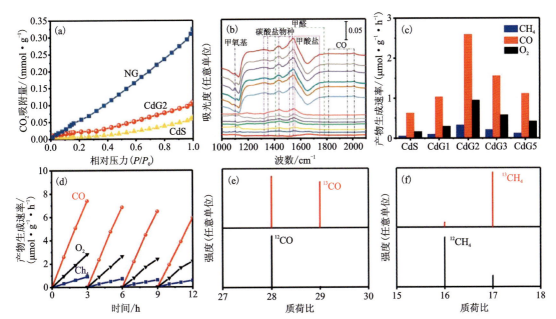

图 11-24 不同样品的 $CO_2$ 吸附能力、光催化 $CO_2$ 还原性能及反应机理

(a) NG、CdS 和 CdG2 对 $CO_2$ 的吸附能力；(b) 基于 CdG2 样品的原位漫反射傅里叶变换红外光谱(自下而上为每 10min 记录一次的红外光谱)；(c) CdS、CdG1、CdG2、CdG3 和 CdG5 的光催化 $CO_2$ 还原性能；(d) 基于 CdG2 的循环光催化 $CO_2$ 还原性能；(e) 以 $^{12}CO_2$ 和 $^{13}CO_2$ 为碳源得到的 CO 产物的质谱信号；(f) 以 $^{12}CO_2$ 和 $^{13}CO_2$ 为碳源得到的 $CH_4$ 产物的质谱信号[53]

综上所述，该研究介绍了一种在 CdS 空心球上直接原位生长氮掺杂石墨烯的方法。所制备的 NG/CdS 复合空心球光催化剂能有效提高光催化 $CO_2$ 还原性能，其原因是空心球结构可以通过多次光的反射促进光的利用；薄壳结构可以减少载流子的复合；负载的氮掺杂石墨烯有利于二氧化碳分子的吸附和活化。此外，CdS 空心球和氮掺杂石墨烯之间建立的紧密接触为光生载流子提供了高效的分离和转移界面。

## 11.4 光催化合成 $H_2O_2$

### 11.4.1 光催化合成 $H_2O_2$ 简介

过氧化氢又叫双氧水，分子式为 $H_2O_2$。由于过氧化氢中的氧元素处于中间价态，过氧化氢表现出矛盾的氧化还原性质，既可作为氧化剂又可作为还原剂。它的氧化还原行为直接取决于环境的 pH 值。酸性条件会增强氧化作用，碱性条件会增强还原作用。过氧化氢的分解速率随温度、浓度和 pH 值的升高而增大。因此，过氧化氢在低温、酸性的稀溶液中稳定性最好。过氧化氢分解后产生水和氧气，对环境无二次污染，是一种绿色化学品。目前，过氧化氢已成为一种重要的无机化工原料和精细化工产品，广泛应用于燃料电池、消毒、漂白、化学合成、废水处理和造纸工业[59]。

过氧化氢的工业生产主要基于蒽醌法,即 Riedl-Pfleiderer 工艺,其产量占过氧化氢总产量的 95% 以上[60]。蒽醌法生产过氧化氢主要经历氢化和氧化两个阶段(图 11-25)。氢化阶段:首先将烷基蒽醌溶解在有机溶剂(一般为重芳烃和磷酸三辛酯的混合溶剂)中,然后在一定温度及压力条件下通入氢气,利用钯催化剂将烷基蒽醌(如 2-乙基蒽醌或 2-戊基衍生物)加氢还原为相应的氢蒽醌。氧化阶段:向含有氢蒽醌的有机混合物中通入氧气。在氧气存在的情况下,氢蒽醌的羟基上不稳定的氢原子转移到氧分子上生成过氧化氢,同时氢蒽醌恢复为蒽醌。大多数商业化工艺是通过在氢蒽醌溶液中鼓泡压缩空气来实现氧化的。然后,用纯水从有机溶液中萃取过氧化氢,并将蒽醌回收进行连续的加氢和氧化循环[60]。该工艺的经济效益很大程度上取决于萃取溶剂、加氢催化剂和昂贵的蒽醌的有效回收。虽然这种合成方法涉及蒽醌的加氢与氧化过程,但最终蒽醌没有发生实质性的变化。因此,这种工艺的净反应式是氢气和氧气反应生成过氧化氢[式(11-9)]。

$$H_2 + O_2 \longrightarrow H_2O_2 \tag{11-9}$$

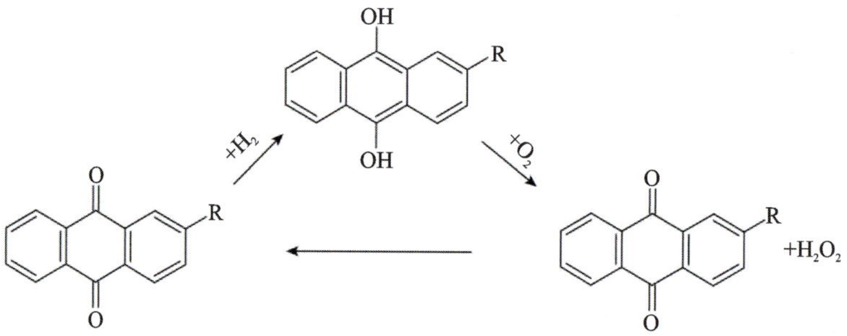

图 11-25 蒽醌法生产过氧化氢工艺示意图

从上述反应历程可知,蒽醌法的关键阶段为氢化阶段。它涉及的影响因素很多,有机溶剂种类、催化剂种类、反应温度、反应压力、氢气通入量等均会直接影响蒽醌的加氢历程,容易导致加氢副产物增多,直接影响产品收率。因此,蒽醌法生产过氧化氢也有如下缺点:①制备过程中使用的有机溶剂是有毒的;②需要使用昂贵的贵金属催化剂;③生产过程中可能产生大量有害副产物。为了替代蒽醌法,人们探索了一些其他方法,如由氧气和氢气直接合成过氧化氢[61]。但是,这种涉及氢气和氧气直接反应的过程具有发生爆炸的危险,难以应用于大规模的工业生产。通过超声波促进氧气和水的相互作用来制备过氧化氢是另一种方法[62]。然而,声化学环境下的长时间暴露可能会导致过氧化氢分解并降低产率,同样不是一种有效的方法。近年来,太阳能驱动的光催化合成 $H_2O_2$ 引起了人们的极大兴趣。该技术以水和氧气为原料,通过半导体光催化剂制备过氧化氢。这不仅取代了具有爆炸性的氢气和氧气的混合物原料,而且在整个生产过程中不会产生有害污染物。因此,光催化合成 $H_2O_2$ 被认为是一种有前途的方法。

以水和氧气为原料的光催化合成 $H_2O_2$ 是一个"上坡"反应,相应的吉布斯自由能为 117kJ/mol[63]。光催化合成 $H_2O_2$ 主要涉及 2 种机制:一步两电子还原和两步单电子还原。在 2 个光生电子的作用下,氧分子与 2 个质子结合形成过氧化氢的过程是一步两电子还原[式(11-10)]。在两步单电子还原过程中,氧分子首先被光生电子还原成超氧自由基($O_2^{\cdot-}$)

[式(11-11)]。然后,超氧自由基和氢离子结合形成过氧化羟基自由基(HOO·)[式(11-12)]。最后,在另一个电子的作用下,HOO·和另一个 $H^+$ 结合生成 $H_2O_2$[式(11-13)]。需要注意的是,各种具有氧化还原活性的离子或化合物能催化双氧水分解,包括大多数过渡金属及其化合物(如 $MnO_2$、Ag、Pt、$Fe^{2+}$、$Ti^{3+}$ 等)。因此,应谨慎选择用于光催化合成 $H_2O_2$ 的光催化剂。

$$O_2 + 2H^+ + 2e^- \longrightarrow H_2O_2 \tag{11-10}$$

$$O_2 + e^- \longrightarrow O_2^{\cdot -} \tag{11-11}$$

$$O_2^{\cdot -} + H^+ \longrightarrow HOO\cdot \tag{11-12}$$

$$HOO\cdot + e^- + H^+ \longrightarrow H_2O_2 \tag{11-13}$$

## 11.4.2 纳米实心球光催化材料制备及其在 $H_2O_2$ 合成中的应用

可悬浮的纳米结构光催化剂由于对三相界面处发生的光催化反应可能起到意想不到的促进效果而引起了人们的关注。He 等[64]设计了一种可悬浮的聚苯乙烯球支撑的 $TiO_2/Bi_2O_3$ 光催化剂,用于光催化合成 $H_2O_2$ 和氧化糠醇。如图 11-26(a)所示,首先通过苯乙烯的乳液聚合制备聚苯乙烯球。然后在十六胺和氨水的辅助下,利用钛酸异丙酯的水解使 $TiO_2$ 前驱体在聚苯乙烯球上生长。经过水热处理后,$TiO_2$ 前驱体在聚苯乙烯球表面转变成高结晶性 $TiO_2$(标记为 TO)。随后,通过在光照条件下加入不同比例的 $Bi(NO_3)_3 \cdot 5H_2O$,使 Bi 纳米颗粒光还原生长在 $TiO_2$ 上。最终在 80℃的空气中氧化,得到 $TiO_2/x\%Bi_2O_3$ 复合样品(标记为 TBO$x$)。如图 11-26(b)所示,当 $TiO_2$ 前驱体生长在聚苯乙烯球模板上时,呈现出具有凹坑的粗糙表面。经水热处理后,可以观察到外表面分布均匀的 $TiO_2$ 纳米晶[图 11-26(c)]。即使 $Bi_2O_3$ 的负载量为 40%,纳米球的形貌并没有明显变化[图 11-26(d)],平均直径仍保持在 600nm 左右。TEM 图像显示 TBO40 具有均匀的尺寸,且壳层厚度约为 25nm[图 11-26(e)、(f)]。HRTEM 图像中 0.35nm 和 0.32nm 的晶格条纹距离分别对应于 $TiO_2$ 的(101)面和 $Bi_2O_3$ 的(201)面[图 11-26(g)]。选区快速傅里叶变换图像[图 11-26(h)]中外层的衍射环属于 $Bi_2O_3$ 的(321)面和(431)面;两个内层衍射环分别属于锐钛矿型 $TiO_2$ 的(101)面和(103)面。此外,通过 HAADF 图像[图 11-26(i)]和相应的 X 射线能量色散元素分布图[图 11-26(j)—(m)],可以证实 Ti、Bi 和 O 元素在壳体上的均匀分布[65]。

在糠醇水溶液中进行了光催化 $H_2O_2$ 合成实验。如图 11-27(a)所示,由于光生电子-空穴对的快速复合,$TiO_2$(标记为 TO)和 $Bi_2O_3$(标记为 BO)在 1h 内产生的 $H_2O_2$ 浓度都很低,约为 $300\mu mol/L$。然而,在构建了 TBO$x$ 异质结后,复合催化剂的光催化性能大幅提高。随着 $Bi_2O_3$ 负载量的增加,光催化活性逐渐升高,达到 TO 或 BO 的 2~4 倍。在不同比例的复合样品中,TBO40 表现出最高的 $H_2O_2$ 产率,为 $1760\mu mol/L$,约为 TO 或 BO 的 6 倍,表观量子效率可达 1.25%。然而,当负载比例超过 40%时,由于 $Bi_2O_3$ 量过多,会产生光屏蔽效应,从而削弱了 $TiO_2$ 的光激发,使得 $H_2O_2$ 的产率下降。值得注意的是,在光催化产 $H_2O_2$ 过程中,$H_2O_2$ 的生成和分解反应互相竞争,同时影响了光催化材料的活性。因此,根据 $H_2O_2$ 生成和分解对应的零级和一级动力学过程,得到如式(11-14)所示的动力学方程:

$$[H_2O_2] = \frac{K_f}{K_d}(1 - e^{-K_d t}) \tag{11-14}$$

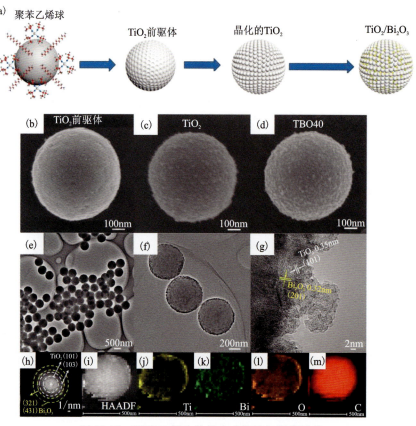

图 11-26　TBO40 复合物的合成路线与微观形貌

(a)以聚苯乙烯球为模板,通过水热法和光沉积法合成 $TiO_2/Bi_2O_3$ 复合物的过程示意图;(b)在聚苯乙烯球上生长 $TiO_2$ 前驱体后的 SEM 图像;(c) $TiO_2$ 前驱体经过水热晶化得到的 $TiO_2$ 的 SEM 图像;(d)TBO40 复合物的 SEM 图像;(e)TBO40 复合物的低倍 TEM 图像;(f)TBO40 复合物的高倍 TEM 图像;(g)TBO40 复合物的 HRTEM 图像;(h)TBO40 复合物上选区快速傅里叶变换图像;(i)TBO40 复合物的 HAADF 图像。(j)—(m)Ti、Bi 和 O 元素的 X 射线能量色散分布图像[64]

式中:$K_f$ 为生成速率($\mu mol \cdot L^{-1} \cdot h^{-1}$);$K_d$ 为分解速率常数($h^{-1}$)。

通过拟合图 11-27(a)中的曲线,可计算出相应的 $K_f$ 和 $K_d$[图 11-27(b)]。对于单组分催化剂,TO 和 BO 的 $H_2O_2$ 生成速率常数较小,分解速率常数较大。当 $Bi_2O_3$ 负载比例达到 40%时,$K_f$ 最大,达到 1 772.6 $\mu mol \cdot L^{-1} \cdot h^{-1}$。与 $K_f$ 的变化趋势不同,TBO10 的分解速率常数 $K_d$ 最大。随着 $Bi_2O_3$ 加入量的增加,复合样品的 $K_d$ 显著降低,并且在 TBO40 样品中表现出最低值。而且,在 $N_2$ 氛围下的降解实验结果也表明 TBO40 的 $H_2O_2$ 分解速率最小[图 11-27(c)],与拟合结果一致。这表明适量沉积 $Bi_2O_3$ 能有效抑制 $H_2O_2$ 的分解。鉴定氧化端的有机产物表明,糠醇主要被氧化为糠酸。如图 11-27(d)所示,TBO40 的糠酸产量最高,为 0.45 $\mu mol \cdot L^{-1} \cdot h^{-1}$,相应的 $H_2O_2$ 产量为 1.15 $\mu mol \cdot L^{-1} \cdot h^{-1}$,均远高于 TO 和 BO[65]。

# 第 11 章 纳米结构光催化材料制备及其在产氢、$CO_2$ 还原和 $H_2O_2$ 合成中的应用

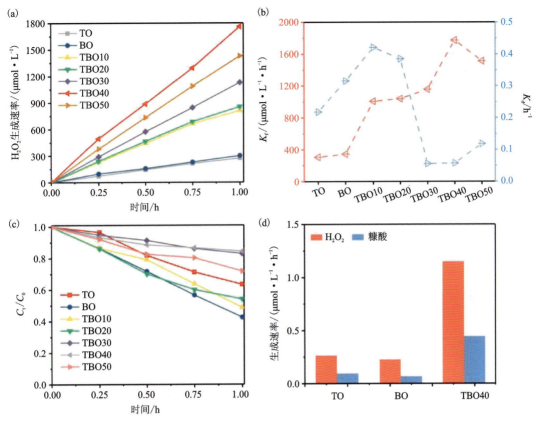

图 11-27 不同样品的光催化 $H_2O_2$ 合成性能

(a) TO、BO 和 TBO$x$ 样品经过光照 1h 后的光催化 $H_2O_2$ 产率;(b) TO、BO 和 TBO$x$ 的生成速率常数和分解速率常数;(c) 在 $H_2O_2$ 初始浓度为 1mmol/L 的条件下,TO、BO 和 TBO$x$ 样品在光照下对 $H_2O_2$ 的分解曲线;(d) 经过 12h 光催化反应后,TO、BO 和 TBO40 的 $H_2O_2$ 和糠酸的产率[64]

为了探究糠醇氧化过程中的反应中间体,研究人员使用原位漫反射傅里叶变换红外光谱测试了糠醇在前 1h 黑暗条件下的吸附过程以及后 1h 在光照条件下的转化过程。在黑暗条件下,糠醇分子被吸附在 $TiO_2$ 的路易斯酸位点上[66]。如图 11-28(a) 显示,在 732cm$^{-1}$ 处观测到新出现的呋喃环弯曲振动峰。此外,如图 11-28(b)、(c) 所示,在 1470~1560cm$^{-1}$ 之间的峰对应于呋喃环的呼吸振动;在 1146cm$^{-1}$、1507cm$^{-1}$ 和 1588cm$^{-1}$ 处的吸收带分别归属于呋喃环的 $C^1$—O—$C^4$、$C^1$=$C^2$ 和 $C^3$=$C^4$[C 原子的顺序在图 11-28(d) 中标出)][67];位于 2925cm$^{-1}$ 处的吸收峰是亚甲基的不对称伸缩振动(—$C^5H_2$);1105cm$^{-1}$ 处的峰表明糠醇通过 $C^5$—O 键与 $Ti^{4+}$ 位点形成线性吸附;位于 1717cm$^{-1}$ 的峰归属于物理吸附的糠醛。由此可见,糠醛是糠醇氧化为糠酸过程中的关键中间体。此外,1699cm$^{-1}$ 处观察到的红外振动峰表明糠醛是通过 $C^5$=O 垂直吸附在 $TiO_2$ 上[68]。随着时间的推移,2855cm$^{-1}$ 处的振动峰强度逐渐减弱,1167cm$^{-1}$ 处糠酸的伸缩振动峰出现,表明糠醛进一步氧化为糠酸。而且,位于 1684cm$^{-1}$ 处的糠酸中 $C^5$=O 拉伸峰强度随时间的推移逐渐增强,表明糠酸的形成。如图 11-28(d) 为基于原位漫反射傅里叶变换红外光谱的结果总结的光催化反应机理图。首先,在光照条件下,光生电子从晶格氧转移到邻近的 $Ti^{4+}$,并形成电荷分离态。糠醇分子被吸附后,其醇羟基的氢原

子首先被脱去,去质子化后的醇基化学吸附在 $Ti^{4+}$ 位点上。随着电子从晶格氧转移到邻近的 $Ti^{4+}$ 以及空穴转移到 $C^5$,$C^5$ 上的氢原子脱去,生成碳自由基[69-70]。接着,光生空穴诱导生成的·OH 与从 $Ti^{3+}$ 位点脱附的碳自由基发生反应,进一步脱氢,最终形成糠酸。根据所提出的反应机理,他们通过理论计算进一步验证糠酸的选择性生成路径。自由能图[图 11-28(e)]显示,决速步是醇羟基的去质子化过程,能垒为 2.94eV。生成 R—CHO 时,计算得出 R—CHO 的自由能为 1.94eV。相比之下,*R—CHO 转化为 *R—C(OH)$_2$ 的自由能为 −0.48eV,这是一个自发的反应过程。因此,被吸附的 *R5—CHO 中间体更倾向于被进一步氧化为糠酸后脱附[65]。

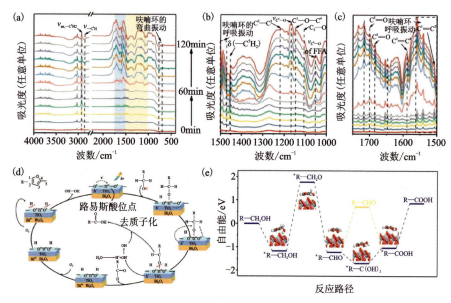

图 11-28 TBO40 复合物光催化合成 $H_2O_2$ 的反应机理

(a)TBO40 光催化剂的原位漫反射傅里叶变换红外光谱,其中每个数据的采集间隔为 10min;(b)原位漫反射傅里叶变换红外光谱中 1000~1500$cm^{-1}$ 区域的放大图;(c)原位漫反射傅里叶变换红外光谱中 1500~1750$cm^{-1}$ 的区域的放大图;(d)在 $TiO_2/Bi_2O_3$ 光催化剂表面,光催化糠醇氧化偶联合成 $H_2O_2$ 的机理示意图;(e)糠醇氧化成糠酸的各个步骤的自由能图[64]

## 11.4.3　分级纳米纤维光催化材料制备及其在 $H_2O_2$ 合成中的应用

分级结构材料具有相互连接的多孔网络结构和高比表面积,不仅提高了光收集和吸附反应物的效率,而且还促进了客体物质到结合位点的运输。因此,不同维度水平和多模态孔隙结构的协同效应往往导致分级光催化剂性能的显著增强。分级纳米结构光催化剂的这些突出特性使其在多相光催化领域显示出巨大潜力。例如,Gu 等[71]制备了分级 $ZnIn_2S_4@BiVO_4$ 光催化剂用于无牺牲剂的 $H_2O_2$ 生产。首先,通过静电纺丝法制备 $BiVO_4$ 纳米纤维(标记为 BVO)。如图 11-29(a)所示,SEM 图像显示 $BiVO_4$ 纳米纤维的平均直径为 300~400nm。然后,通过简单的化学浴沉积过程在 $BiVO_4$ 纳米纤维上生长了 $ZnIn_2S_4$ 纳米片(标记为 ZIS),制备出 $ZnIn_2S_4@BiVO_4$ 复合材料。当 $ZnIn_2S_4@BiVO_4$ 复合材料中 $BiVO_4$ 的理论摩尔含量为 5%、10%、15%时,分别将样品标记为 ZB-5、ZB-10、ZB-15。所获得的 $ZnIn_2S_4@BiVO_4$ 复合材料具有明显的核壳结构，BiVO$_4$纳米纤维为骨架，ZnIn$_2$S$_4$纳米片为壳[图11-29(b)]。HAADF图像再次验证了ZnIn$_2$S$_4$@BiVO$_4$复合材料的核壳结构[图11-29(c)]。X射线元素面分布图像揭示了Bi、V、O、Zn、In和S元素的空间分布情况[图11-29(d)]。显然，BiVO$_4$纳米纤维在内部，而ZnIn$_2$S$_4$纳米片在外部，表明ZnIn$_2$S$_4$纳米片成功地负载到BiVO$_4$纳米纤维表面。

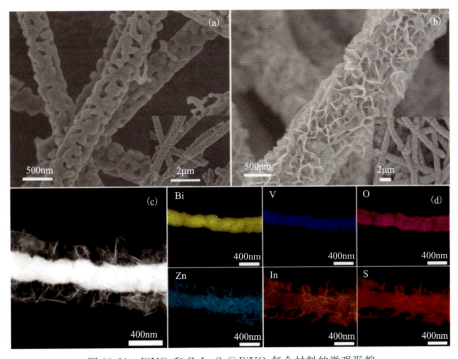

图11-29　BiVO$_4$和ZnIn$_2$S$_4$@BiVO$_4$复合材料的微观形貌
(a)BiVO$_4$和(b)ZnIn$_2$S$_4$@BiVO$_4$复合材料的SEM图像；(c)ZnIn$_2$S$_4$@BiVO$_4$复合材料的HAADF图像；(d)ZnIn$_2$S$_4$@BiVO$_4$复合材料中Bi、V、O、Zn、In、S元素的能量色散元素分布图[71]

在O$_2$饱和的溶液中测试了所制备样品的光催化合成H$_2$O$_2$性能。如图11-30(a)所示，在氙灯(400nm≤λ≤1000nm)照射1h后，BiVO$_4$纳米纤维可以产生忽略不计的H$_2$O$_2$(16μmol·g$^{-1}$·h$^{-1}$)。这表明BiVO$_4$的还原能力不足以将O$_2$还原为·O$_2^-$，因此H$_2$O$_2$的产率极低。而ZnIn$_2$S$_4$纳米片的H$_2$O$_2$产率较高，为0.65mmol·g$^{-1}$·h$^{-1}$，这可归因于其较大的比表面积和合适的能带位置。当BiVO$_4$纳米纤维含量为5%时，过量的ZnIn$_2$S$_4$会形成自聚集的颗粒，这将导致聚集的ZnIn$_2$S$_4$表面的光生载流子重新组合。当BiVO$_4$含量增加到10%时，光催化活性显著提高，光照1h后达到1.4mmol/g左右，是纯ZnIn$_2$S$_4$的2倍以上。然而，当BiVO$_4$的含量进一步增加到15%时，ZB-15的ZnIn$_2$S$_4$活性位点比其他样品少，会导致H$_2$O$_2$的产率降低。ZB-10和其他光催化剂的H$_2$O$_2$析出速率在15min后降低。这种现象可能与液相中的氧含量有关。由于氧气是通过鼓泡进入封闭系统的，所以初始阶段水中氧含量较高，随着光照时间的延长，氧含量逐渐降低。最初，氧气的扩散不能补偿它的消耗。之后，氧气的扩散和消耗形成动态平衡，这使得H$_2$O$_2$的生成速率相对稳定。随后，在相同条件下测试了ZB-10的循环稳定性[图11-30(b)]。经过4次循环试验，H$_2$O$_2$产率略有下降，这是由每次循环试验后有部分光催化剂损失导致。此外,还对 ZB-10 在不同气氛下的 $H_2O_2$ 产率进行了监测[图 11-30(c)]。当在 $N_2$ 气氛中进行光催化合成 $H_2O_2$ 时,无法检测到 $H_2O_2$,说明难以通过分解纯水的途径来生产 $H_2O_2$。而在 $O_2$ 饱和的气氛中产生的 $H_2O_2$ 大约是在空气中产生的 $H_2O_2$ 的 4.5 倍,这说明氧分子在整个反应过程中起着不可或缺的作用。值得注意的是,在催化过程中,$H_2O_2$ 的生成和分解反应是并存的。因此,通过拟合准一阶动力学方程获得的 $H_2O_2$ 生成速率常数($K_f$)和分解速率常数($K_d$)可以评估 $H_2O_2$ 在不同光催化剂上的生成和分解速率[图 11-30(d)]。从拟合数据来看,$ZnIn_2S_4$ 纳米片的 $H_2O_2$ 生成速率常数(16.9 $\mu mol \cdot L^{-1} \cdot min^{-1}$)远高于 $BiVO_4$ 纳米纤维的 $H_2O_2$ 生成速率常数(1.7 $\mu mol \cdot L^{-1} \cdot min^{-1}$),说明 $ZnIn_2S_4$ 纳米片表面有更多有利于 $H_2O_2$ 生成的活性位点。随着 $BiVO_4$ 含量从 5% 增加到 15%,复合材料的 $K_f$ 值从 38.7 $\mu mol \cdot L^{-1} \cdot min^{-1}$(ZB-5)显著增加到 50.2 $\mu mol \cdot L^{-1} \cdot min^{-1}$(ZB-10),然后稳定在 51.2 $\mu mol \cdot L^{-1} \cdot min^{-1}$(ZB-15)。$K_d$ 值也随着 $BiVO_4$ 添加量的增加而增大(0.028~0.052)。在优化配比的情况下,ZB-10 具有较高的 $K_f$ 值和较低的 $K_d$ 值,因此可以促进 $H_2O_2$ 的生成,抑制 $H_2O_2$ 的分解。

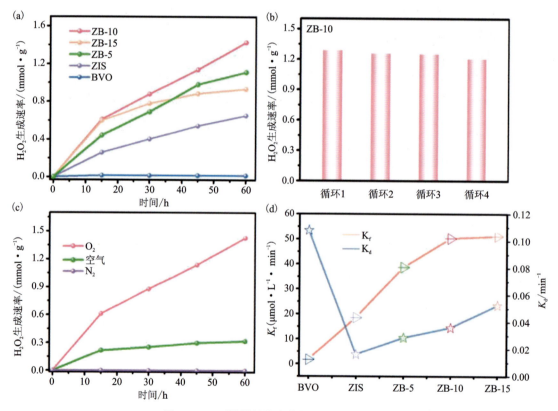

图 11-30　不同样品的光催化 $H_2O_2$ 合成性能

(a)$ZnIn_2S_4$ 纳米片、$BiVO_4$ 纳米纤维、$ZnIn_2S_4$@$BiVO_4$ 复合材料的光催化剂 $H_2O_2$ 合成性能;(b)基于 ZB-10 样品的光催化 $H_2O_2$ 合成循环稳定性;(c)不同气氛对光催化 $H_2O_2$ 合成的影响;(d)不同样品的光催化 $H_2O_2$ 生成速率常数($K_f$)和分解速率常数($K_d$)[71]

电子顺磁共振技术可以用于探索光催化合成 $H_2O_2$ 中活性氧物种的形成。5,5-二甲基-1-吡咯啉-N-氧化物(DMPO)和 2,2,6,6-四甲基哌啶(TEMP)分别作为 $\cdot O_2^-$ 和 $^1O_2$ 的捕获剂。如图 11-31(a)和图 11-31(c)所示,在 ZB-10 和 $ZnIn_2S_4$ 体系中检测到明显的 DMPO—$\cdot O_2^-$ 和 TEMP—$^1O_2$ 信号峰;而在 $BiVO_4$ 体系中发现了较弱的分裂峰[图 11-31(a)],这与 DMPO—$\cdot OOH$ 的形成有关[72]。这些结果表明,双电子氧还原反应在 $H_2O_2$ 合成过程中占主导地位。此外,DMPO—$\cdot OH$ 自由基仅出现在 ZB-10 体系和 $BiVO_4$ 体系中[图 11-31(b)]。虽然 $\cdot OH$ 的产生可能由于 $H_2O_2$ 的分解,但由于在 $ZnIn_2S_4$ 体系中没有发现 $\cdot OH$,因此 $\cdot OH$ 可能是通过光生空穴与吸附的水分子(或表面羟基)之间的反应产生的。在 ZB-10 体系中,DMPO—$\cdot O_2^-$ 和 DMPO—$\cdot OH$ 信号共存,证明了 S 型异质结的成功构建。由于 S 型异质结保留了较强的氧化还原能力,因而 ZB-10 复合材料的 $^1O_2$ 信号最强[图 11-31(c)]。此外,为了证明 $^1O_2$ 的生成路径,采用 TEMP 作为自旋捕获剂,对苯醌(标记为 p-BQ)作为 $\cdot O_2^-$ 捕获剂,草酸铵(标记为 AO)作为空穴捕获剂,在 ZB-10 和 $ZnIn_2S_4$ 体系中进行了自由基捕获实验[图 11-31(d)]。加入 p-BQ 后,在 ZB-10 上检测不到 $^1O_2$ 的信号(弱单峰归属于 p-BQ),说明 $^1O_2$ 来源于 $\cdot O_2^-$。同样,加入草酸铵后,$^1O_2$ 信号急剧下降,说明空穴在 $^1O_2$ 的生成中也发挥着不可或缺的作用。

此外,以 β-胡萝卜素(β-CT)为 $^1O_2$ 清除剂、三乙酸锰[Mn(AC)$_3$]为电子清除剂、对苯醌(p-BQ)为 $\cdot O_2^-$ 清除剂、异丙醇(IPA)为 $\cdot OH$ 清除剂、三乙醇胺(TEA)为空穴清除剂对 ZB-10 的光催化合成 $H_2O_2$ 效率进行了测试。从图 11-31(e)可以看出,加入三乙酸锰和对苯醌

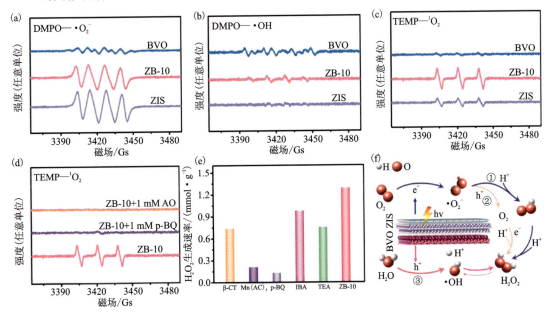

图 11-31 不同样品光催化 $H_2O_2$ 合成性能与机理

(a)$ZnIn_2S_4$ 纳米片、$BiVO_4$ 纳米纤维、$ZnIn_2S_4$@$BiVO_4$ 复合材料在甲醇体系中的 DMPO—$\cdot O_2^-$ 信号;(b)$ZnIn_2S_4$ 纳米片、$BiVO_4$ 纳米纤维、$ZnIn_2S_4$@$BiVO_4$ 复合材料在水中的 DMPO—$\cdot OH$ 信号;(c)$ZnIn_2S_4$ 纳米片、$BiVO_4$ 纳米纤维、$ZnIn_2S_4$@$BiVO_4$ 复合材料在水中的 TEMP—$^1O_2$ 信号;(d)当加入对苯醌($\cdot O_2^-$ 捕获剂)或草酸铵(空穴捕获剂)时,ZB-10 体系的 TEMP—$^1O_2$ 信号;(e)β-胡萝卜素(β-CT)、三乙酸锰[Mn(AC)$_3$]、对苯醌(p-BQ)、异丙醇(IPA)、三乙醇胺(TEA)对 ZB-10 的光催化 $H_2O_2$ 生成效率的影响;(f)$ZnIn_2S_4$@$BiVO_4$ 复合材料的光催化 $H_2O_2$ 合成机理图[71]

后，ZB-10 的光催化合成 $H_2O_2$ 效率大幅下降。这表明 ZB-10 体系中促进光催化合成 $H_2O_2$ 的主要活性物质是 $e^-$ 和 $\cdot O_2^-$；同时，β-胡萝卜素、异丙醇、三乙醇胺也会造成 ZB-10 的光催化 $H_2O_2$ 合成活性下降。$h^+$、$^1O_2$、$\cdot OH$ 也在光催化 $H_2O_2$ 合成反应中发挥了一定的作用。因此，光催化 $H_2O_2$ 合成的反应过程可以用图 11-31(f) 表示。当氧分子被吸附在催化剂表面后，$O_2$ 与光生电子反应生成 $\cdot O_2^-$。随后，$H_2O_2$ 可由 $\cdot O_2^-$ 通过两种途径生成：一种是 $\cdot O_2^-$ 与 $H^+$ 反应先转化成 $\cdot OOH$，然后再与另一个 $H^+$ 反应转化为 $H_2O_2$（路径①），这种路径不涉及电子的作用；另一种是 $\cdot O_2^-$ 先与空穴反应转化成 $^1O_2$，然后再与电子以及两个 $H^+$ 反应生成 $H_2O_2$（路径②）。从图 11-31(e) 中可以看出，当 $e^-$ 和 $\cdot O_2^-$ 被捕获时，光催化 $H_2O_2$ 合成的性能显著降低，表明路径②是产生 $H_2O_2$ 的主要途径。此外，双电子水氧化反应也可能产生 $H_2O_2$（路径③）。双电子水氧化反应可通过直接过程（$2H_2O+2h^+ \longrightarrow H_2O_2+2H^+$）或间接过程（$H_2O+h^+ \longrightarrow \cdot OH+H^+$；$\cdot OH+\cdot OH \longrightarrow H_2O_2$）实现。由于直接过程的反应电位较低，因而它在热力学上有利，但在动力学上不利，因为需要两个光生空穴来同时驱动反应。而间接过程的双电子水氧化反应在动力学上是有利的。前面的电子顺磁共振可以检测到 $\cdot OH$ 自由基，表明双电子水氧化反应的间接过程参与了 $H_2O_2$ 的合成。值得注意的是，空穴在反应过程中主要起氧化 $\cdot O_2^-$ 生成 $^1O_2$ 或氧化 $H_2O$ 生成 $\cdot OH$ 的作用。因此，在纯水中，空穴也作为活性物质参与了 $H_2O_2$ 的生成。

### 11.4.4　无机-有机复合纳米光催化材料制备及其在 $H_2O_2$ 合成中的应用

共价有机框架材料(COFs)是一类结构单元由共价键连接的有机材料。自 2005 年首次合成含硼共价有机框架材料以来[73]，共价有机框架材料的发展进展迅速。共价有机框架材料主要包括硼基、亚胺基和三嗪基共价有机框架材料。随着前驱体和合成条件的优化，共价有机框架材料逐渐发展成为多孔和结晶材料，即使在极端条件下也具有优异的稳定性。共价有机框架材料相对于传统无机材料最显著的优势之一是其良好的结构和功能可调性[74]。此外，共价有机框架材料具有化学稳定性高、比表面积大、化学和物理性质可控、合成策略多样等特点，在光催化领域备受关注。

近年来，基于共价有机框架材料的 S 型光催化剂得到了发展[75]。例如，Yang 等[76]采用席夫碱反应在纳米 $TiO_2$ 纤维表面生长了 COF（简称 BTTA），构建了 $TiO_2$/BTTA 复合 S 型光催化材料。如图 11-32 所示，首先通过静电纺丝法和煅烧法合成了 $TiO_2$ 纳米纤维。随后，以均苯三甲醛(BT)和 4,4′,4″-(1,3,5-三嗪-2,4,6-三基)三苯胺(TA)为单体，通过席夫碱反应在 $TiO_2$ 表面生长了 BTTA，形成具有核壳结构的 $TiO_2$@BTTA 复合物。

用扫描电子显微镜和透射电子显微镜观察样品的形貌和结构。如图 11-33(a) 所示，$TiO_2$ 纳米纤维平均直径为 100nm 左右，且表面较为光滑。当生长了 BTTA 后，$TiO_2$/BTTA 的 FESEM 图像[图 11-33(b)]显示了由 BTTA 导致的粗糙表面，其厚度约为 20nm[图 11-33(c)]。图 11-33(d) 中的 HRTEM 图像显示纤维主体的晶格间距为 0.248nm，归属于金红石型 $TiO_2$ 的(101)晶面。能量色散 X 射线图谱[图 11-33(e)]揭示了 $TiO_2$/BTTA 中 C、N、O 和 Ti 元素的均匀分布。

# 第 11 章 纳米结构光催化材料制备及其在产氢、$CO_2$ 还原和 $H_2O_2$ 合成中的应用

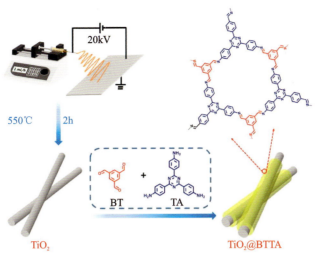

图 11-32 制备 $TiO_2$/BTTA 复合光催化剂的示意图

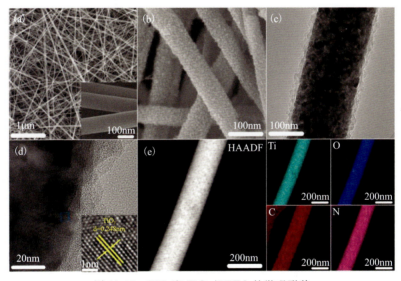

图 11-33 $TiO_2$ 和 $TiO_2$/BTTA 的微观形貌

(a)$TiO_2$ 的 FESEM 图像;(b)$TiO_2$/BTTA 的 FESEM 图像;(c)$TiO_2$/BTTA 的低倍 TEM 图像;(d)$TiO_2$/BTTA 的 HRTEM 图像;(e)$TiO_2$/BTTA 的 STEM 图像和相应的能量色散 X 射线元素图谱[76]

为了充分利用光生载流子,在含有糠醇的氧饱和水溶液中进行了光催化反应。在这种条件下,光生电子被用来将 $O_2$ 还原成 $H_2O_2$,而光生空穴将糠醇氧化成糠醛和糠酸。图 11-34 (a)显示了 $TiO_2$、BTTA 和 TB-X 样品的光催化 $H_2O_2$ 产率。TB-X 表示 $TiO_2$ 和 BTTA 的质量比为 $X$($TiO_2$∶BTTA=$X$∶1)的复合样品。由于光生载流子的快速复合,$TiO_2$ 表现出最差的光催化性能,$H_2O_2$ 生产活性为 31.3 $\mu mol \cdot L^{-1} \cdot h^{-1}$。形成 TB-X 复合材料后,$H_2O_2$ 产率显著提高。特别是 TB-6 显示出最高的 $H_2O_2$ 析出速率(740 $\mu mol \cdot L^{-1} \cdot h^{-1}$),比纯 $TiO_2$ 高约 24 倍。一般来说,光催化 $H_2O_2$ 的合成过程是一个包括过氧化氢生成和分解的动态过

程,其速率分别可用零级动力学和一级动力学拟合。通过拟合生产 $H_2O_2$ 的时间过程,得到了 $H_2O_2$ 的生成速率常数($K_f$,$\mu mol \cdot L^{-1} \cdot min^{-1}$)和分解速率常数($K_d$,$min^{-1}$)。如图11-34(b)所示,TB-6 的 $K_f$ 为 14.8 $\mu mol \cdot L^{-1} \cdot min^{-1}$,大约是 $TiO_2$(0.69 $\mu mol \cdot L^{-1} \cdot min^{-1}$)的 22 倍。与此同时,TB-6 的 $K_d$ 值最低,这导致 TB-6 的光催化 $H_2O_2$ 活性最高。由于光催化反应是在含有糠醇的水溶液中进行的,因此光催化 $H_2O_2$ 的产生还伴随着糠醇的氧化。图11-34(c)显示了在光照 6h 后,$H_2O_2$、糠醛和糠酸在 $TiO_2$、BTTA 和 TB-6 体系中的产率。显然,TB-6 的 $H_2O_2$ 和糠酸的生产活性最高。具体而言,TB-6 的糠醇转化率约为 92%,且表现出 96% 的糠酸选择性[图11-34(d)]。$TiO_2$/BTTA 复合材料的光催化性能的提高可以通过 S 型异质结机制来解释[图11-34(e)]。当 $TiO_2$ 与 BTTA 接触时,由于功函数的差异,电子从 BTTA 转移到 $TiO_2$。因此,$TiO_2$ 和 BTTA 在界面处分别形成带负电的电子聚集层和带正电的电子耗尽层,同时,产生了一个从 BTTA 指向 $TiO_2$ 的内建电场。当 $TiO_2$/BTTA 复合材料在光照下被激发时,由于内建电场的作用,$TiO_2$ 的导带中的光生电子与 BTTA 的价带中的光生空穴结合,而 $TiO_2$ 价带中的光生空穴和 BTTA 导带中的光生电子被保留。因此,形成的 S 型异质结有效地分离了光生载流子,并赋予 $TiO_2$/BTTA 复合材料最大的氧化还原能力。从而使 $TiO_2$/BTTA 的光催化活性显著增强。

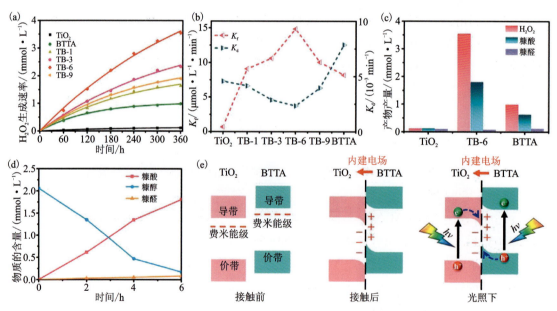

图 11-34 不同样品光催化合成 $H_2O_2$ 耦合糠醇氧化的反应活性与机理

(a)$TiO_2$、BTTA、TB-X 的光催化产 $H_2O_2$ 活性;(b)光催化产 $H_2O_2$ 的生成速率常数($K_f$)和分解速率常数($K_d$);(c)$TiO_2$、BTTA 和 TB-6 光催化剂经过 6h 光催化反应后的 $H_2O_2$、糠酸、糠醛产量;(d)TB-6 光催化剂的光催化糠醇氧化过程中糠醇、糠醛和糠酸浓度随时间的变化[76];(e)无机-有机 $TiO_2$/BTTA 光催化剂中的 S 型电荷转移机制

## 11.5 小结与展望

随着环境问题的日益严峻,光催化技术作为一种环保高效的能源转化技术受到了广泛的关注和研究。特别是一些因具有高比表面积、丰富的活性位点、优异的光学性质和光电性能等优点的纳米结构光催化材料,已经成为了能源光催化研究中的重要组成部分。本章介绍了不同的纳米结构材料在能源光催化中的应用,包括光催化产氢、$CO_2$还原、$H_2O_2$合成等。随着纳米科学与技术的快速发展,纳米结构光催化材料也将面临一些机遇与挑战。

首先,如何精准控制纳米结构材料的合成和组装是一个难点。需要进一步发展新的纳米结构材料合成技术和制备方法,实现更加可控和精确的纳米结构材料的合成和组装。其次,还应考虑纳米结构光催化材料在实际应用中所面临的制备成本、规模化生产难度等问题。最后,虽然目前的新型光催化材料层出不穷,但是几乎没有真正能实现工业化生产的光催化材料。所以,需要进一步开发和优化纳米结构光催化材料,探索不同纳米结构材料的相互作用和协同效应,提高光催化的效率和稳定性,以实现更高效、经济和环保的光催化反应。

未来,随着纳米技术的不断发展和进步,纳米材料在光催化领域的应用前景将会更加广阔。将纳米材料在光催化领域的应用与其他领域进行深度融合和创新将起到出其不意的效果。例如,利用人工智能等技术快速筛选出优异的光催化材料,优化光催化反应的条件和机制,将纳米结构材料与量子计算等领域进行结合以实现更加高效和智能的光催化反应等。通过不断地探索和创新,纳米结构材料将会在光催化领域发挥更加重要的作用,为人类的新能源事业作出更大的贡献。

## 参考文献

[1] LINDSTRÖM B, PETTERSSON L J. A brief history of catalysis[J]. CATTECH, 2003,7(4):130-138.

[2] ALBINI A, FAGNONI M. 1908: Giacomo Ciamician and the concept of green chemistry[J]. Chemsuschem, 2008,1(1-2):63-66.

[3] SERPONE N, EMELINE A V, HORIKOSHI S, et al. On the genesis of heterogeneous photocatalysis: a brief historical perspective in the period 1910 to the mid-1980s[J]. Photochemical & Photobiological Sciences, 2012,11(7):1121-1150.

[4] PLOTNIKOW J. Textbook of photochemistry[M]. Berlin: Verlag von Wilhelm Knapp,1910.

[5] EIBNER A. Action of light on pigments I[J]. Chemiker-Zeitung, 1911(35): 753-755.

[6] BRUNER L, KOZAK J. Information on the photocatalysis I the light reaction in uranium salt plus oxalic acid mixtures[J]. Zeitschrift für Elektrochemie und angewandte physikalische Chemie, 1911(17):354-360.

[7] LANDAU M. Le phénomène de la photocatalyse[J]. Comptes Rendus,1913(156): 1894-1896.

[8] BALY E C C,HEILBRON I M,BARKER W F. CX.—Photocatalysis. Part I. The synthesis of formaldehyde and carbohydrates from carbon dioxide and water[J]. Journal of the Chemical Society,Transactions,1921(119):1025-1035.

[9] GUO Q,ZHOU C,MA Z,et al. Fundamentals of $TiO_2$ photocatalysis: concepts, mechanisms,and challenges[J]. Advanced Materials,2019,31(50):1901997.

[10] GOODEVE C F,KITCHENER J A. The mechanism of photosensitisation by solids [J]. Transactions of the Faraday Society,1938(34):902-908.

[11] FUJISHIMA A,HONDA K. Electrochemical photolysis of water at a semiconductor electrode[J]. Nature,1972,238(5358):37-38.

[12] CALVO E J. Fundamentals. The basics of electrode reactions[M]//BAMFORD C H,TIPPER C,COMPTON R. Electrode kinetics: principles and methodology. Amsterdam: Elsevier Science B. V. ,1986.

[13] DASH S K,CHAKRABORTY S,ELANGOVAN D. A brief review of hydrogen production methods and their challenges[J]. Energies,2023,16(3):1141.

[14] CHEN S,TAKATA T,DOMEN K. Particulate photocatalysts for overall water splitting[J]. Nature Reviews Materials,2017,2(10):17050.

[15] ZHANG G,WANG X. Oxysulfide semiconductors for photocatalytic overall water splitting with visible light[J]. Angewandte Chemie International Edition,2019,58(44):15580-15582.

[16] TANG J,DURRANT J R,KLUG D R. Mechanism of photocatalytic water splitting in $TiO_2$. Reaction of water with photoholes,importance of charge carrier dynamics, and evidence for four-hole chemistry[J]. Journal of the American Chemical Society,2008,130(42):13885-13891.

[17] ZHANG J,ZHOU P,LIU J,et al. New understanding of the difference of photocatalytic activity among anatase,rutile and brookite $TiO_2$[J]. Physical Chemistry Chemical Physics,2014,16(38):20382-20386.

[18] SERPONE N,EMELINE A V,RYABCHUK V K,et al. Why do hydrogen and oxygen yields from semiconductor-based photocatalyzed water splitting remain disappointingly low? Intrinsic and extrinsic factors impacting surface redox reactions[J]. ACS Energy Letters,2016, 1(5):931-948.

[19] HUANG Z,SU M,YANG Q,et al. A general patterning approach by manipulating the evolution of two-dimensional liquid foams[J]. Nature Communications,2017(8):14110.

[20] SANDER R. Compilation of Henry's law constants (version 4. 0) for water as solvent[J]. Atmospheric Chemistry and Physics,2015,15(8):4399-4981.

[21] MATSUMOTO Y, UNAL U, TANAKA N, et al. Electrochemical approach to evaluate the mechanism of photocatalytic water splitting on oxide photocatalysts[J]. Journal of Solid State Chemistry, 2004, 177(11): 4205-4212.

[22] BIE C, WANG L, YU J. Challenges for photocatalytic overall water splitting[J]. Chem, 2022, 8(6): 1567-1574.

[23] BIE C, ZHU B, WANG L, et al. A bifunctional $CdS/MoO_2/MoS_2$ catalyst enhances photocatalytic $H_2$ evolution and pyruvic acid synthesis[J]. Angewandte Chemie International Edition, 2022, 61(44): e202212045.

[24] GUO Y, XU K, WU C, et al. Surface chemical-modification for engineering the intrinsic physical properties of inorganic two-dimensional nanomaterials[J]. Chemical Society Reviews, 2015, 44(3): 637-646.

[25] SUN Z, TALREJA N, TAO H, et al. Catalysis of carbon dioxide photoreduction on nanosheets: fundamentals and challenges[J]. Angewandte Chemie International Edition, 2018, 57(26): 7610-7627.

[26] CHENG C, HE B, FAN J, et al. An inorganic/organic S-scheme heterojunction $H_2$-production photocatalyst and its charge transfer mechanism[J]. Advanced Materials, 2021, 33(22): 2100317.

[27] XIANG X, ZHU B, ZHANG J, et al. Photocatalytic $H_2$-production and benzyl-alcohol-oxidation mechanism over CdS using $Co^{2+}$ as hole cocatalyst[J]. Applied Catalysis B: Environmental, 2023(324): 122301.

[28] ZHANG P, LOU X W D. Design of heterostructured hollow photocatalysts for solar-to-chemical energy conversion[J]. Advanced Materials, 2019, 31(29): 1900281.

[29] VANDERKOOI J M, DASHNAU J L, ZELENT B. Temperature excursion infrared (TEIR) spectroscopy used to study hydrogen bonding between water and biomolecules[J]. Biochimica et Biophysica Acta (BBA)-Proteins and Proteomics, 2005, 1749(2): 214-233.

[30] KAUFMAN D G, FRANZ C M. Biosphere 2000: protecting our global environment[M]. Dubuque: Kendall/Hunt Publishing Company, 1996.

[31] EGGLETON T. A short introduction to climate change[M]. Cambridge: Cambridge University Press, 2012.

[32] GALASHEV A E, RAKHMANOVA O R. Emissivity of the main greenhouse gases[J]. Russian Journal of Physical Chemistry B, 2013, 7(3): 346-353.

[33] GENTHON G, BARNOLA J M, RAYNAUD D, et al. Vostok ice core: climatic response to $CO_2$ and orbital forcing changes over the last climatic cycle[J]. Nature, 1987(329): 414-418.

[34] XU F, MENG K, CHENG B, et al. Unique S-scheme heterojunctions in self-assembled $TiO_2/CsPbBr_3$ hybrids for $CO_2$ photoreduction[J]. Nature Communications, 2020

(11):4613.

[35] LI K,PENG B,PENG T. Recent advances in heterogeneous photocatalytic $CO_2$ conversion to solar fuels[J]. ACS Catalysis,2016,6(11):7485-7527.

[36] LI Z,MAYER R J,OFIAL A R,et al. From carbodiimides to carbon dioxide: quantification of the electrophilic reactivities of heteroallenes[J]. Journal of the American Chemical Society,2020,142(18):8383-8402.

[37] FAVARO M,XIAO H,CHENG T,et al. Subsurface oxide plays a critical role in $CO_2$ activation by Cu(111) surfaces to form chemisorbed $CO_2$,the first step in reduction of $CO_2$[J]. Proceedings of the National Academy of Sciences of the United States of America, 2017,114(26):6706-6711.

[38] WANG L,CHEN W,ZHANG D,et al. Surface strategies for catalytic $CO_2$ reduction: from two-dimensional materials to nanoclusters to single atoms[J]. Chemical Society Reviews, 2019,48(21):5310-5349.

[39] INDRAKANTI V P,KUBICKI J D,SCHOBERT H H. Photoinduced activation of $CO_2$ on Ti-based heterogeneous catalysts:current state,chemical physics-based insights and outlook[J]. Energy & Environmental Science,2009,2(7):745-758.

[40] SCHWARZ H A,DODSON R W. Reduction potentials of $CO_2^-$ and the alcohol radicals[J]. The Journal of Physical Chemistry,1989,93(1):409-414.

[41] INOUE T,FUJISHIMA A,KONISHI S,et al. Photoelectrocatalytic reduction of carbon dioxide in aqueous suspensions of semiconductor powders[J]. Nature,1979(277):637-638.

[42] ZHANG Y,XIA B,RAN J,et al. Atomic-level reactive sites for semiconductor-based photocatalytic $CO_2$ reduction[J]. Advanced Energy Materials,2020,10(9):1903879.

[43] CHEN S,QI Y,LI C,et al. Surface strategies for particulate photocatalysts toward artificial photosynthesis[J]. Joule,2018,2(11):2260-2288.

[44] LI X,WEN J,LOW J,et al. Design and fabrication of semiconductor photocatalyst for photocatalytic reduction of $CO_2$ to solar fuel[J]. Science China Materials,2014,57(1):70-100.

[45] KUHL K P,HATSUKADE T,CAVE E R,et al. Electrocatalytic conversion of carbon dioxide to methane and methanol on transition metal surfaces[J]. Journal of the American Chemical Society,2014,136(40):14107-14113.

[46] KIM W,SEOK T,CHOI W. Nafion layer-enhanced photosynthetic conversion of $CO_2$ into hydrocarbons on $TiO_2$ nanoparticles[J]. Energy & Environmental Science,2012,5(3):6066-6070.

[47] YUAN L,XU Y-J. Photocatalytic conversion of $CO_2$ into value-added and renewable fuels[J]. Applied Surface Science,2015(342):154-167.

[48] CHANG X,WANG T,GONG J. $CO_2$ photo-reduction:insights into $CO_2$ activation

and reaction on surfaces of photocatalysts[J]. Energy & Environmental Science,2016,9(7):2177-2196.

[49] CORMA A,GARCIA H. Photocatalytic reduction of $CO_2$ for fuel production: possibilities and challenges[J]. Journal of Catalysis,2013(308):168-175.

[50] YU J,LOW J,XIAO W,et al. Enhanced photocatalytic $CO_2$-reduction activity of anatase $TiO_2$ by coexposed {001} and {101} facets[J]. Journal of the American Chemical Society,2014,136(25):8839-8842.

[51] MENG A,ZHANG L,CHENG B,et al. $TiO_2$-$MnO_x$-Pt hybrid multiheterojunction film photocatalyst with enhanced photocatalytic $CO_2$-reduction activity[J]. ACS Applied Materials & Interfaces,2019,11(6):5581-5589.

[52] 孟爱云. 二氧化钛基光催化材料的改性与光催化性能研究[D]. 武汉:武汉理工大学,2018.

[53] BIE C,ZHU B,XU F,et al. In situ grown monolayer N-doped graphene on CdS hollow spheres with seamless contact for photocatalytic $CO_2$ reduction[J]. Advanced Materials,2019,31(42):1902868.

[54] XU F,ZHANG J,ZHU B,et al. $CuInS_2$ sensitized $TiO_2$ hybrid nanofibers for improved photocatalytic $CO_2$ reduction[J]. Applied Catalysis B:Environmental,2018(230):194-202.

[55] CAO S,LI Y,ZHU B,et al. Facet effect of Pd cocatalyst on photocatalytic $CO_2$ reduction over g-$C_3N_4$[J]. Journal of Catalysis,2017(349):208-217.

[56] CHEN C,WU T,WU H,et al. Highly effective photoreduction of $CO_2$ to CO promoted by integration of CdS with molecular redox catalysts through metal-organic frameworks[J]. Chemical Science,2018,9(47):8890-8894.

[57] ZHANG C,HE H,TANAKA K-I. Catalytic performance and mechanism of a Pt/$TiO_2$ catalyst for the oxidation of formaldehyde at room temperature[J]. Applied Catalysis B:Environmental,2006,65(1-2):37-43.

[58] XIA P,ZHU B,YU J,et al. Ultra-thin nanosheet assemblies of graphitic carbon nitride for enhanced photocatalytic $CO_2$ reduction[J]. Journal of Materials Chemistry A,2017,5(7):3230-3238.

[59] GURRAM R N,AL-SHANNAG M,LECHER N J,et al. Bioconversion of paper mill sludge to bioethanol in the presence of accelerants or hydrogen peroxide pretreatment[J]. Bioresource Technology,2015(192):529-539.

[60] CAMPOS-MARTIN J M,BLANCO-BRIEVA G,FIERRO J L G. Hydrogen peroxide synthesis:an outlook beyond the anthraquinone process[J]. Angewandte Chemie International Edition,2006,45(42):6962-6984.

[61] GARCÍA-SERNA J,MORENO T,BIASI P,et al. Engineering in direct synthesis

of hydrogen peroxide: targets, reactors and guidelines for operational conditions[J]. Green Chemistry, 2014, 16(5): 2320-2343.

[62] ZIEMBOWICZ S, KIDA M, KOSZELNIK P. The impact of selected parameters on the formation of hydrogen peroxide by sonochemical process[J]. Separation and Purification Technology, 2018(204): 149-153.

[63] HOU H L, ZENG X K, ZHANG X W. Production of hydrogen peroxide by photocatalytic processes[J]. Angewandte Chemie International Edition, 2020, 59(40): 17356-17376.

[64] HE B, WANG Z, XIAO P, et al. Cooperative coupling of $H_2O_2$ production and organic synthesis over a floatable polystyrene-sphere-supported $TiO_2/Bi_2O_3$ S-scheme photocatalyst[J]. Advanced Materials, 2022, 34(38): 2203225.

[65] 何博文. 金属氧化物及硫化物基异质结材料的设计及其光催化性能的研究[D]. 武汉: 武汉理工大学, 2023.

[66] KITANO M, NAKAJIMA K, KONDO J N, et al. Protonated titanate nanotubes as solid acid catalyst[J]. Journal of the American Chemical Society, 2010, 132(19): 6622-6623.

[67] ZHU Y, ZHAO W, ZHANG J, et al. Selective activation of C—OH, C—O—C, or C=C in furfuryl alcohol by engineered Pt sites supported on layered double oxides[J]. ACS Catalysis, 2020, 10(15): 8032-8041.

[68] LI S, FAN Y, WU C, et al. Selective hydrogenation of furfural over the Co-based catalyst: a subtle synergy with Ni and Zn dopants[J]. ACS Applied Materials & Interfaces, 2021, 13(7): 8507-8517.

[69] SHIRAISHI Y, KANAZAWA S, TSUKAMOTO D, et al. Selective hydrogen peroxide formation by titanium dioxide photocatalysis with benzylic alcohols and molecular oxygen in water[J]. ACS Catalysis, 2013, 3(10): 2222-2227.

[70] WANG H, SONG Y, XIONG J, et al. Highly selective oxidation of furfuryl alcohol over monolayer titanate nanosheet under visible light irradiation[J]. Applied Catalysis B: Environmental, 2018(224): 394-403.

[71] GU M, YANG Y, ZHANG L, et al. Efficient sacrificial-agent-free solar $H_2O_2$ production over all-inorganic S-scheme composites[J]. Applied Catalysis B: Environmental, 2023(324): 122227.

[72] BONKE S A, RISSE T, SCHNEGG A, et al. In situ electron paramagnetic resonance spectroscopy for catalysis[J]. Nature Reviews Methods Primers, 2021(1): 33.

[73] CÔTÉ A P, BENIN A I, OCKWIG N W, et al. Porous, crystalline, covalent organic frameworks[J]. Science, 2005, 310(5751): 1166-1170.

[74] XIA C, KIRLIKOVALI K O, NGUYEN T H C, et al. The emerging covalent organic frameworks (COFs) for solar-driven fuels production[J]. Coordination Chemistry Reviews, 2021(446): 214117.

[75] WANG J, YU Y, CUI J, et al. Defective g-$C_3N_4$/covalent organic framework van der Waals heterojunction toward highly efficient S-scheme $CO_2$ photoreduction[J]. Applied Catalysis B:Environmental,2022(301):120814.

[76] YANG Y, LIU J, GU M, et al. Bifunctional $TiO_2$/COF S-scheme photocatalyst with enhanced $H_2O_2$ production and furoic acid synthesis mechanism[J]. Applied Catalysis B:Environmental,2023(333):122780.